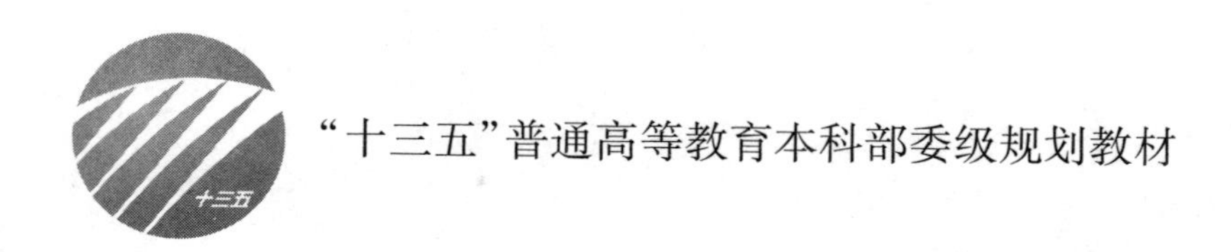

“十三五”普通高等教育本科部委级规划教材

染料化学

（第2版）

何瑾馨　主编

中国纺织出版社

内 容 提 要

本书按照染料的应用分类，叙述了各类染料（包括天然染料）、颜料和荧光增白剂的基本特性和应用范畴；着重阐述染料的化学结构与其应用性能和颜色坚牢度的关系、染料应用中所涉及的化学反应及其影响因素；同时，介绍了染料及其中间体合成中的一些主要化学反应。

本书为轻化工程（纺织化学和染整工程方向）的专业基础教材，同时也可供轻化工程、应用化学和纺织工程专业的科研人员参考。

图书在版编目（CIP）数据

染料化学/何瑾馨主编. --2 版. --北京：中国纺织出版社，2016.11（2024.1重印）
"十三五"普通高等教育本科部委级规划教材
ISBN 978-7-5180-2910-5

Ⅰ.①染… Ⅱ.①何… Ⅲ.①染料化学—高等学校—教材 Ⅳ.①TQ610.1

中国版本图书馆 CIP 数据核字（2016）第 208441 号

责任编辑：范雨昕　　责任校对：王花妮
责任设计：何　建　　责任印制：何　建

中国纺织出版社出版发行
地址：北京市朝阳区百子湾东里 A407 号楼　邮政编码：100124
销售电话：010—67004422　传真：010—87155801
http://www.c-textilep.com
中国纺织出版社天猫旗舰店
官方微博 http://weibo.com/2119887771
三河市宏盛印务有限公司印刷　各地新华书店经销
2024 年 1 月第 13 次印刷
开本：787×1092　1/16　印张：20.25
字数：436 千字　定价：50.00 元

第 2 版前言

编写《染料化学》的初衷是为了提高我国印染行业技术人员的理论水平和高等院校轻化工程专业（染整工程方向）学生理论联系实际的能力，并为刚进入印染行业的技术人员提供比较全面的染料化学基础知识。本教材自 2009 年 1 月出版发行以来已印刷多次，受到了读者的欢迎并于 2011 年获得上海市普通高校优秀教材一等奖；《染料化学》作为国内轻化工程专业基础课的主要教材，现在市场仍有需求，我们深感欣慰，同时也感谢广大读者对本教材的肯定。

《染料化学》第 1 版发行至今已有八年。在这期间，科学与技术飞速发展，并取得了空前的进步，染料和印染行业出现了不少新概念、新技术、新工艺及新产品，再版时我们本着“夯实基础，拓宽口径，提高素质，强化能力”的基本原则，尽可能将这些内容补充在相关章节中，以体现学科发展与人才需求的时代特征，注重生态纺织标准和检测等领域的交叉渗透，使学生能适应现代纺织染整工程与多学科高度融合发展的趋势。同时，考虑到现有课程体系的完整性和少学时教学的需要，我们保留了教材构架，对部分章节的内容进行了增删和调整。

《染料化学》再版时，我们还对第 1 版存在的错误进行了修改。但由于作者水平所限，难免仍有错误与不妥之处，敬请读者批评指正。

本教材的再版得到了中国纺织出版社范雨昕的热情支持和帮助。东华大学董霞副教授和本人指导的博士研究生王振华、瞿建刚、张宾和张韡参与了资料的收集和教材的修订工作；华东理工大学的沈永嘉教授审定了相关章节的修改稿，在此深表感谢。

编者
2016 年 5 月

第1版前言

自1856年英国W. H. Perkin发明苯胺紫以来，染料的合成及其应用性能的研究随着现代有机化学、胶体化学、物理化学和量子化学等学科的发展历经150多年。合成染料现已能满足各类天然纤维和合成纤维的印染要求，染料研究的重点已从新染料的研发向生态友好合成技术、功能染料和染料商品化加工技术方向转移。

我国是纺织品和纺织化学品的生产大国，染整加工在提升纺织品的品质，增加其附加值和市场竞争力等方面发挥着重要作用。“染料化学”课程是轻化专业的专业基础课程。从20世纪80年代起，国内轻化工程专业的染料化学教材主要采用由东华大学王菊生教授主编的《染整工艺原理》第三册，内容包括染料化学及染色原理和工艺的有关内容。2002年，受教育部轻工与食品学科教学指导委员会轻化工程专业教学指导分委员会的推荐，作者负责主编了《染料化学》教材并于2004年7月由中国纺织出版社正式出版。教材较好地体现了轻化专业“染料化学”课程的教学要求，为国内众多相关院校选用。2006年，由教育部轻工与食品学科教学指导委员会轻化工程专业教学指导分委员会推荐，《染料化学》列为普通高等教育“十一五”国家级规划教材。

在《染料化学》教材的编写过程中，作者力求保持《染料化学》教材固有的教学体系和基础理论，充分反映轻化专业多学科交叉的特点和显著的行业应用特性以及节能减排生态染整的时代要求。教材编写遵循“基础、创新和发展”的主导思想，注重当今新知识、新概念和新方法、新技术的引入，并提出作者或他人的创新性观点，建议今后进一步发展的方向。在有限的教学时间里，使学生对“染料化学”课程的精粹和当前发展有一个简明扼要的认识，对染料化学的研究方法和研究方向有所了解，以拓宽学生的知识面。

作者根据轻化专业人才培养的目标，对专业所需知识点进行了进一步的梳理，在反映专业发展前沿的同时增加了实用性的教学内容，加强了与后续专业课程间的衔接；教材编写注重理论联系实际，把对学生应用能力的培养融汇于教材之中，并贯穿始终。

在教材内容的安排上，第一章“染料概述”中，以适当的篇幅介绍了功能染料及其在纺织染整加工中的应用。为保持教材的系统性和完整性，精简后续各章染料合成的教学内容，保留了第二章“中间体及重要的单元反应”。第二章除了简明扼要地介绍染料中间体合成中主要采用的亲电取代、亲核置换和成环缩合等反应机理及其在染料中间体合成中的作用外，还详细介绍了磺化、硝化、卤化、氨化、羟基化、还原、氧化、烷基化、考尔培(Kolbe)、弗－克(Friedel－Crafts)等反应在中间体合成中的反应机理、合成方法以及引入这些取代基的目的。重点阐述了重氮化和偶合反应的机理及其影响反应的各种因素，给出了各类芳胺的重氮化方法，以方便学生自学不溶性偶氮染料等章节。在第三章“染料的颜色和结构”中，阐述了染料对光的吸收和吸收光谱曲线、吸收光谱曲线的量子概念以及染料颜色与分子结构的关系和外界条件的影响，对分子轨道等量子化学理论仅作一般介绍。在新增的第四章“染料的光化学反应及光致变色色素”中，结合编者近年来的科研工作，较系统地描述了染料的各种光化学反应及其影响染料光褪色的因素；同时，根据功能色素在纺织印染行业应用发展的需要，介绍了各类光致变色色素。结合生态纺织品发展的需要，增编了第十四章“天然染料”。按照染料的应用分类，在随后的各类染料章节中，叙述了各类染料，包括颜料和荧光增白剂的基本结构特性、分类和应用范畴。在这些章节中，除了一般介绍各类染料的主要合成途径外，还着重阐述了染料的化学结构与其应用性能和颜色坚牢度的关系、染料应用中所涉及的化学反应及其影响因素，包括重氮和偶合反应（不溶性偶氮染料）、氧化和还原反应（还原染料）、亲核取代和亲核加成反应（活性染料）。因此，教材的教学重点应放在染料应用性能的概述及其在应用过程中所涉及的化学反应，以增强教材的实际参考价值。作者还增加了相关领域的最新综述性阅读材料，在体现严谨求实的科学态度的同时，注重引导学生扩展对专业文献的阅读量。

为了方便教学，在第五章至第八章分别阐述了用于纤维素纤维染色的直接染料、不溶性偶氮染料、还原染料和硫化染料；第九章和第十章阐述了用于蛋白质纤维染色的酸性染料和酸性媒染与酸性含媒染料；而活性染料的教学内容放在第十一章，主要基于如下考虑：活性染料的母体染料主要选自酸性染料，便于阐述活性染料母体结构与应用性能的关系；有利于阐述活性染料对纤维素纤维和蛋白质纤维这两类纤维的染色机理；有利于简化活性染料合成的教学。

本书第十五章和第十六章由华东理工大学沈永嘉教授编写；第六章和第十三章主要参考西安工程大学李质和教授编写的内容，由南通大学王春梅副教授作补充修订。其余各章由东华大学何瑾馨教授编写并负责全书的统稿和修订工作。东华大学青年教师俞丹、刘栋良以及研究生薛旭婷、庄德华、李玲等参加了部分章节的编写和资料收集工作。

由于本教材的内容涉及面较广，且限于编者的水平，谬误之处在所难免，敬请读者批评指正。

编者

2008 年 10 月于东华大学松江校区

课程设置指导

课程名称:染料化学

适用专业:轻化工程专业

总 学 时:32～42

理论教学课时数:32～42

课程性质

本课程是轻化工程专业基础课

课程目的

通过课程学习,使学生获得染料、颜料和荧光增白剂的基本知识及其相关的合成途径;掌握染料结构与颜色以及应用性能间的关系、染料应用中涉及的化学反应及其影响因素;了解染料和颜料的发展趋势(功能染料、商品化加工技术和生态纺织化学品等),为学习染整工艺原理打下扎实的基础。

课程教学基本要求

教学环节包括课堂教学、专题或读书报告、作业及考试。实践教学包含在染整专业实验和工厂实习课程中。

1. 课堂教学:课堂教学遵循"基础、创新和发展"的主导思想,注重当今新知识、新概念和新方法、新技术的引入,使学生对"染料化学"课程的精髓和当前发展有一个简明扼要的认识,对染料化学的研究方法和研究方向有所了解,以拓宽学生的知识面。同时,教学中应注重对学生应用能力及创新能力的培养。教学时可根据课程的学时数增删标注"自学"的章节,并鼓励学生自学。

2. 作业:作业布置既重视基本理论与各章知识点,更要重视相关的拓展阅读资料和发展前沿,加强对学生综合素质与创新能力的培养。

3. 考试:期末安排一次考试,采用闭卷笔试。课程成绩考试由作业(10%)、专题报告(10%)和期末考试(80%)组成。

课程设置指导

教学学时分配

章目	讲授内容	学时分配
第一章	染料概述	2
第二章	中间体及重要的单元反应	6
第三章	染料的颜色和结构	4
第四章	染料的光化学反应及光致变色色素	自学
第五章	直接染料	2
第六章	不溶性偶氮染料	自学
第七章	还原染料	2
第八章	硫化染料	自学
第九章	酸性染料	2
第十章	酸性媒染染料与酸性含媒染料	2
第十一章	活性染料	4
第十二章	分散染料	4
第十三章	阳离子染料	2
第十四章	天然染料	自学
第十五章	有机颜料	2
第十六章	荧光增白剂	自学
合计		32

目录

第一章　染料概述

第一节　有机染料与颜料的概念

一般工业和民用着色剂(Colorant)主要分为染料(Dyestuff)和颜料(Pigment)两大类。

染料是能将纤维或其他基质染成一定颜色的有色有机化合物。染料主要用于织物的染色和印花,它们大多可溶于水,或通过一定的化学处理在染色时转变成可溶状态。染料可直接或通过某些媒介物质与纤维发生物理的或化学的结合而染着在纤维上。有些染料不溶于水而溶于醇、油,可用于油蜡、塑料等物质的着色。

颜料是不溶于水和一般有机溶剂的有机或无机有色化合物。它们主要用于油漆、油墨、橡胶、塑料以及合成纤维原浆的着色,也可用于纺织品的染色及印花。颜料本身对纤维没有染着能力,使用时通过高分子黏合剂的作用,将颜料的微小颗粒黏着在纤维的表面或内部。

染料主要的应用领域是各种纺织纤维的着色,同时也广泛地应用于塑料、橡胶、油墨、皮革、食品、造纸等工业。颜料的主要应用领域是油墨,约占颜料产量的1/3,其次为涂料、塑料、橡胶等工业。同时,在合成纤维的原浆着色、织物的涂料印花及皮革着色中也有广泛的应用。

近年来,染料在光学和电学等方面的特性正逐渐为人们所认识,并逐步向信息技术、生物技术、医疗技术等现代高科技领域中渗透。

第二节　有机染料的发展史

很早以前,人类就开始使用来自植物和动物体的天然染料对毛皮、织物和其他物品进行染色。我国是世界上最早使用天然染料的国家之一,靛蓝、茜素、五倍子、胭脂红等是我国最早应用的动、植物染料。这些染料虽然历史悠久,但品种不多,染色牢度也较差。

1856年,从年仅18岁的英国化学家Perkin研制出了第一个合成染料——苯胺紫开始,发展至今合成染料已有150多年的历史。当时由于纺织工业的发展,而天然染料在数量和质量上远不能满足需要,便对合成染料提出了迫切的需求;加上煤焦油中发现了有机芳香族化合物,为合成染料提供了所需的各种原料,同时四价碳(1858年)和苯结构理论模型(1856年)的确立,使人们能够通过染料分子的结构设计有目的地合成染料。正是由于上述几个契机,促成了现代染料工业的产生和发展。

在此之后,各种合成染料相继出现。如1868年Graebe和Liebermann阐明了茜素(1,2－

二羟基蒽醌)的结构并合成出了这一金属络合染料母体,1890年人工合成出靛蓝,1901年Bohn发明了还原蓝即所谓阴丹士林蓝,20世纪20年代出现了分散染料,30年代诞生了酞菁染料,50年代又产生了活性染料等。合成纤维的快速发展,更促进了各类染料的研究和开发,各国科学家先后合成出上万种染料,其中具有实际应用价值的染料已达千种以上,许多国家建立了本国的染料工业,染料已成为精细化工领域中的一个重要分支。

进入20世纪70年代,染料工业的发展已转向寻找最佳的制备路线和最经济的应用方法,同时,染料和颜料在新的非染色领域(如功能染料)中的应用也变得越来越重要。近年来,染料和颜料的绿色制备技术和生态应用技术受到了世界各国的广泛重视,这些都为染料和印染工业的发展带来新的契机。

我国染料工业在过去的60年中取得了长足的进步,已形成了门类齐全,科研、生产和应用服务健全的工业链,可生产2000余种商品染料,常年生产的染料品种近八百个,年产量近80万吨;超过一百个品种的染料有分散染料、活性染料和酸性染料等。目前,我国还是世界上第一大染料出口国,占世界染料贸易量的1/4以上。但必须看到,尽管我国的染料工业在相当大程度上满足了国内市场的需要,而且染料的大量出口已成为我国染料工业的发展重点,但无论在染料品种上还是在产品质量上与发达国家相比仍有一定的差距,特别是一些高档染料仍需进口。染料工业的发展重点为高品质染料商品化技术和生态友好的染料合成工艺。

我国有机颜料产品品种约120种,颜料的总产量近15万吨,已成为世界上重要的有机颜料生产国和出口国。今后的发展趋势是大力开发大分子、耐高温、易分散、无毒性的高档有机颜料新品种,努力提升我国的颜料商品化技术。

第三节　染料的分类及命名

一、染料的分类

染料可按其化学结构和应用性能进行分类。根据染料的应用特性和应用方法来分类称为应用分类,根据染料共轭体系的结构特征进行分类称为结构分类。同一种结构类型的染料,某些结构的改变可以获得不同的应用性质,而成为不同应用类型的染料;同样,同一应用类型的染料,可以有不同的共轭体系(如偶氮、蒽醌等)结构特征,因此应用分类和结构分类常结合使用。为了方便染料的使用,一般商品染料的名称大都采用应用分类,而结构分类则主要在染料合成研究中使用。

(一)按化学结构分类

按照染料共轭体系结构的特点,染料的主要结构类别有:

1. 偶氮染料　含有偶氮基(—N═N—)的染料。

2. 蒽醌染料　包括蒽醌和具有稠芳环结构的醌类染料。

3. 芳甲烷染料　根据一个碳原子上连接的芳环数的不同,可分为二芳甲烷和三芳甲烷两种类型。

4. 靛族染料　含有靛蓝和硫靛结构的染料。

5. 硫化染料　由某些芳胺、酚等有机化合物和硫、硫化钠加热制得的染料，需在硫化钠溶液中还原染色。

6. 酞菁染料　含有酞菁金属络合结构的染料。

7. 硝基和亚硝基染料　含有硝基（$—NO_2$）的染料称为硝基染料，含有亚硝基（—NO）的染料称为亚硝基染料。

此外还有其他结构类型的染料，如甲川和多甲川类染料、二苯乙烯类染料以及各种杂环染料等。

（二）按应用性能分类

用于纺织品染色的染料按应用性能主要可分为以下几类：

1. 直接染料（Direct dyes）　直接染料是一类水溶性阴离子染料。染料分子中大多含有磺酸基，有的则含有羧基，染料分子与纤维素分子之间以范德华力和氢键相结合。直接染料主要用于纤维素纤维的染色，也可用于蚕丝、纸张、皮革的染色。

2. 酸性染料（Acid dyes）　酸性染料是一类水溶性阴离子染料。染料分子中含磺酸基、羧基等酸性基团，通常以钠盐的形式存在，在酸性染浴中可以与蛋白质纤维分子中的氨基以离子键结合，故称为酸性染料。常用于蚕丝、羊毛和聚酰胺纤维（锦纶）以及皮革的染色。也有一些染料，其染色条件和酸性染料相似，但需要通过某些金属盐的作用，在纤维上形成螯合物才能获得良好的耐洗性能，称为酸性媒染染料。还有一些酸性染料的分子中具有螯合金属离子，含有这种螯合结构的酸性染料叫做酸性含媒染料。适宜于中性或弱酸性染浴中染色的酸性含媒染料又称为中性染料，它们也可用于聚乙烯醇缩甲醛纤维（维纶）的染色。

3. 阳离子染料（Cationic dyes）　阳离子染料可溶于水，呈阳离子状态，故称阳离子染料，主要用于聚丙烯腈纤维（腈纶）的染色。因早期的染料分子中具有氨基等碱性基团，常以酸式盐形式存在，染色时能与蚕丝等蛋白质纤维分子中的羧基负离子以盐键形式相结合，故又称为碱性染料或盐基染料。

4. 活性染料（Reactive dyes）　活性染料又称为反应性染料。这类染料分子结构中含有活性基团，染色时能够与纤维分子中的羟基、氨基以共价键方式结合而牢固地染着在纤维上。活性染料主要用于纤维素纤维纺织品的染色和印花，也能用于羊毛和锦纶的染色。

5. 不溶性偶氮染料（Azoic dyes）　这类染料染色过程中，由重氮组分（色基）和偶合组分（色酚）直接在纤维上反应，生成不溶性色淀而染着，这种染料称为不溶性偶氮染料。其中，重氮组分是一些芳伯胺的重氮盐，偶合组分主要是酚类化合物。这类染料主要用于纤维素纤维的染色和印花。由于染色时需在冰水浴中（0～5℃）进行，故又称为冰染染料。

6. 分散染料（Disperse dyes）　这类染料分子中不含水溶性基团，染色时染料以微小颗粒的稳定分散体对纤维进行染色，故称为分散染料。分散染料主要用于各种合成纤维的染色，如涤纶、锦纶、醋酯纤维等。

7. 还原染料（Vat dyes）　还原染料不溶于水。染色时，它们在含有如连二亚硫酸钠（$Na_2S_2O_4 \cdot 2H_2O$）等还原剂的碱性溶液中被还原成水溶性的隐色体钠盐后上染纤维，再经氧化后重新成为不溶性染料而固着在纤维上。还原染料主要用于纤维素纤维的染色。

8. 硫化染料(Sulfur dyes) 硫化染料和还原染料相似,也是不溶于水的染料。染色时,它们在硫化碱溶液中被还原为可溶状态,上染纤维后,又经过氧化形成不溶状态固着在纤维上。硫化染料主要用于纤维素纤维的染色。

9. 缩聚染料(Polycondensation dyes) 缩聚染料可溶于水。它们在纤维上能脱去水溶性基团而发生分子间的缩聚反应,成为相对分子质量较大的不溶性染料而固着在纤维上。目前,此类染料主要用于纤维素纤维的染色和印花,也可用于维纶的染色。

10. 荧光增白剂(Fluorescent whitening agents) 荧光增白剂可看作一类无色的染料,它们上染到纤维、纸张等基质后,能吸收紫外线,发射蓝光,从而抵消织物上因黄光反射量过多而造成的黄色感,在视觉上产生洁白、耀目的效果。不同类型的荧光增白剂可用于各种纤维的增白处理。

此外,还有用于纺织品的氧化染料(如苯胺黑)、溶剂染料、丙纶染料以及用于食品的食品色素等。

二、染料的命名

染料通常是分子结构较复杂的有机芳香族化合物,若按有机化合物系统命名法来命名较复杂,而且商品染料中还会含有异构体以及其他添加物,同时,学名也不能反映出染料的颜色和应用性能,因此必须给予专用的染料名称。我国对染料采用统一命名法,按规定,染料名称由三部分组成:第一部分为冠称,表示染料的应用类别,又称属名;第二部分是色称,表示染料色泽的名称;第三部分是词尾,以拉丁字母或符号表示染料的色光、形态及特殊性能和用途。由于我国还使用部分进口染料,有些染料品种一直沿用国外的商品名称,本节也将国外染料厂商的命名作适当的说明。

(一)冠称

冠称是根据染料的应用对象、染色方法以及性能来确定的。我国的冠称有31种,如直接、直接耐晒、直接铜盐、直接重氮、酸性、弱酸性、酸性络合、酸性媒介、中性、阳离子、活性、毛用活性、还原、可溶性还原、分散、硫化、可溶性硫化、色基、色酚、色盐、快色素、氧化、缩聚、混纺等。

国外的染料冠称基本上与国内相同,但常根据各国厂商而异。

(二)色称

色称即色泽名称,表示染料的基本颜色。我国采用了30个色泽名称:嫩黄、黄、金黄、深黄、橙、大红、红、桃红、玫红、品红、红紫、枣红、紫、翠蓝、湖蓝、艳蓝、深蓝、绿、艳绿、深绿、黄棕、红棕、棕、深棕、橄榄绿、草绿、灰、黑等。颜色的名称一般可加适当的形容词,如“嫩”“艳”“深”三个字,而取消了过去习惯使用的“淡”“亮”“暗”“老”“浅”等形容词,但由于习惯,至今还仍沿用。有时还以天然物的颜色来形容染料的颜色,如天蓝、果绿、玫瑰红等。

(三)词尾(尾注)

有不少染料,其冠称与色称虽然都相同,但应用性能上尚有差别,故常用词尾来表示染料色光、牢度、性能上的差异，写在色称的后面。我国根据大多数国家的习惯，并结合我国使用情况，用符号代表染料的色光、强度（力份）、牢度、形态、染色条件、用途以及其他性能，而国外有些厂商的染料词尾是任意附加的，不一定具有确切的意义。我国使用词尾中的符号通常用一个或几个大写的拉丁字母来表示，常用符号代表的意义概述如下。

1. 表示色光和颜色品质的常用符号

（1）表示色光和颜色的常用符号：

B(Blue)——带蓝光或青光；

G(德语中 gelb 为黄色，grun 为绿色)——带黄光或绿光；

R(Red)——带红光。

（2）表示色品质的常用符号：

F(Fine)表示色光纯；

D(Dark)表示深色或色光稍暗；

T(Talish)表示深色。

2. 表示性质和用途的常用符号

C(Chlorine，cotton)——耐氯或棉用；

I(Indanthren)——相当于士林还原染料坚牢度；

K(德语 Kalt)——冷染(国产活性染料中 K 代表热染型)；

L(Light，leveling)——耐光牢度或匀染性好；

M(Mixture)——混合物(国产染料中 M 表示含双活性基)；

N(New，normal)——新型或标准；

P(Printing)——适用于印花；

X(Extra)——高浓度(国产染料中 X 代表冷染型)。

有时可用两个或多个字母来表明色光的强弱或性能差异的程度，如 BB、BBB(分别可写成 2B、3B)，其中 2B 较 B 色光稍蓝，3B 较 2B 更蓝，依此类推。同样，LL 比 L 有更高的耐光性能。但需注意，各国染料厂由于标准不同，故各厂商之间所用的符号难以比较。

3. 表明染料形态、强度(力份)的常用符号

pdr(Powder)——(普)粉状；

gr(Grains)——粒状；

liq(Liquid)——液状；

paste(Paste)——浆状；

sf(Supra fine)——超细粉。

染料强度(力份)是按一定浓度的染料作标准，标准染料强度为 100%。若染料的强度比标准染料浓一倍，则其强度为 200%，以此类推，所以染料的强度通常是一个相对数值。

有时对同一类别的不同类型染料，常在词尾前用字母来区别，并用短线“-”分开，如活性艳红 X-3B、活性艳红 K-3B 等。

目前我国染料命名法还存在不少问题，许多词尾符号尚未有统一的意义，有时还借用外国商品牌号,没有统一型号,因此不能满足国内染料工业发展的需要,尚需进一步简化统一。

第四节　染料的商品化加工

原染料经过混合、研磨,并加以一定数量的填充剂和助剂加工处理成商品染料,使染料达到标准化的过程称为染料商品化加工。染料商品化加工对稳定染料成品的质量、提升染料的应用性能和产品质量至关重要。

染料可加工成粉状、超细粉状、浆状、液状和粒状商品。浆状不便于运输,长期储存易发生分层、浓度不匀现象。某些染料做成液状方便应用,节约能源,又可降低劳动强度。根据染料种类、品种不同而定出一定规格,粉状和粒状一般规定细度,用通过一定目数的筛网的质量百分数来表示,同时说明外观的色泽。

在染料商品加工过程中,为了获得某些应用性能,往往选用各种助剂,这些助剂在染料应用时可以帮助染料或纤维润湿、渗透,促使染料在水中均匀分散或溶解,使染色或印花过程顺利进行。

对非水溶性染料如分散染料、还原染料要求能在水中迅速扩散,成为均匀稳定的胶体状悬浮液,染料颗粒的平均粒径在 1 μm(10^{-6} m)左右。因此,在商品化加工过程中加入扩散剂、分散剂和润湿剂等一起进行研磨,达到所要求的分散度后,加工成液状或粉状产品,最后进行标准化混合。

直接染料主要用硫酸钠作填充剂,溶解性能较差的直接染料常常再加入纯碱以提高其溶解性,倘若溶解度低,需再添加磷酸氢二钠。

酸性染料一般用硫酸钠作填充剂,不易溶解的品种,加纯碱以提高染料的溶解性能。阳离子染料可用白糊精作填充剂。国外活性染料商品用的填充剂种类很多,但国内在这方面的研究还有待加强。中性染料用于染维纶时一般加扩散剂。溶靛素本身是可溶性的,常加碱性稳定剂。

我国染料的合成技术及原染料质量与国外先进技术相比并不逊色,但由于商品化加工设备和技术问题,有些产品的应用性能与国外相比仍有差距。研究和完善染料商品化技术除需进一步提高硬件水平外,更重要的是需研究添加剂的品种、配方和加入方式,以及染料粒子的形状、晶型和粒径的控制等以使染料获得优异的应用性能。

第五节　染色牢度

经过染色、印花的纺织品,在服用过程中要经受日晒、水洗、汗浸、摩擦等各种外界因素的作用。经染色、印花以后,有的纺织品还需另外进行一些后加工处理(如树脂整理等)。在服用或加工处理过程中,纺织品上的染料经受各种因素的作用而在不同程度上能保持其原来色泽的性能叫做染色牢度。

染料在纺织品上根据所受外界因素作用的性质不同，而具有相应的染色牢度，例如日晒、皂洗、气候、氯漂、摩擦、汗渍、耐光、熨烫牢度以及毛织物上的耐缩绒和分散染料的升华牢度等。纺织品的用途或加工过程不同，它们的牢度要求也不一样。为了对产品进行质量检验，参照国际纺织品的测试标准，我国制订了一套染色牢度的测试方法。纺织品的实际服用情况比较复杂，这些试验方法只是一种近似的模拟。

（1）耐日晒色牢度分 8 级。1 级为最低，8 级为最高。每级有一个用规定的染料染成一定浓度的蓝色羊毛织物标样。它们在规定条件下日晒，发生褪色所需的暴晒时间大致逐级成倍地增加。这些标样称为蓝色标样。测定试样的耐日晒牢度时，将试样和 8 块蓝色标样在同一规定条件下进行暴晒，观察其褪色情况和哪一个标样相当而评定其耐日晒牢度。

蓝色标样是将羊毛织物用表 1－1 所列染料按规定浓度染色制成。

表 1－1 蓝色标样所用染料及其结构类别

级 别	染料(染料索引编号)	结构类别	级 别	染料(染料索引编号)	结构类别
1	C.I. 酸性蓝 104	三芳甲烷类	5	C.I. 酸性蓝 47	蒽醌类
2	C.I. 酸性蓝 109	三芳甲烷类	6	C.I. 酸性蓝 23	蒽醌类
3	C.I. 酸性蓝 83	三芳甲烷类	7	C.I. 暂溶性还原蓝 5	靛类
4	C.I. 酸性蓝 121	吖嗪类	8	C.I. 暂溶性还原蓝 8	靛类

（2）耐皂洗色牢度分 5 级。以 5 级为最高，在规定条件下皂洗后，肉眼看不出色泽有什么变化；1 级最低，褪色最严重。测定试样皂洗牢度时，将试样按规定条件进行皂洗（根据品种的不同，皂洗温度一般分为 40℃、60℃、95℃三种），经淋洗、晾干后，和衡量褪色程度的灰色标准样卡（褪色样卡）对照进行评定。在试验时，还可以将试样和一块白布缝叠在一起，经过皂洗以后，根据白布沾色的程度和衡量沾色的灰色标样对照，评定沾色牢度级别。5 级表示白布不沾色，1 级沾色最严重。

（3）耐汗渍色牢度的定级方法和皂洗牢度一样，也分为 5 级，也有褪色和沾色两种测试方法。

（4）耐摩擦色牢度以白布沾色程度作为评价指标，共分 5 级，数值越大，表示摩擦牢度越好。摩擦有干、湿两种摩擦情况。试验时按规定条件将白布和试样摩擦，按原样褪色和白布沾色情况分别与褪色、沾色灰色样卡对照而评定级别。织物的摩擦褪色是在摩擦力的作用下使染料脱落而引起的，湿摩擦除了外力作用外，还有水的作用，因此湿摩擦一般比干摩擦牢度约降低一级。

（5）其他染色牢度一般也分为 5 级。评定染料的染色牢度应将染料在纺织品上染成规定的色泽浓度才能进行比较。这是因为色泽浓度不同，测得的牢度是不一样的。例如浓色试样的耐日晒色牢度比淡色的高，耐摩擦色牢度的情况与此相反。为了便于比较，应将试样染成一定浓度的色泽。主要颜色各有一个规定的标准浓度参比标样。这个浓度写为“1/1”染色浓度。一般染料染色样卡中所载的染色牢度都注有“1/1”“1/3”等染色浓度。“1/3”的浓度为“1/1”标准浓度的1/3。

第六节 《染料索引》简介

除了少数天然染料外,现代纺织品加工中所用的染料和颜料都是化学合成产品。《染料索引》(Colour Index,缩写为C.I.)是一部国际性的染料、颜料品种汇编。它将世界各主要染料生产企业的商品,分别按照它们的应用性能和化学结构归纳、分类、编号,逐一说明它们的应用特性,列出它们的结构式,有些还注明合成方法,并附有同类商品名称对照表。

《染料索引》最初由英国利兹大学教授F.M.洛主编,1924年由英国染色工作者协会(SDC)出版发行。1928年发行续编本。SDC于1956～1958年与美国纺织品化学师与染色师协会(AATCC)合编,发行第2版,共4卷。1963年又发行了第2版的续编(1卷),新增了活性染料的内容。1971年两协会合编发行第3版,共5卷。1982年将全书做了第二次修订并发行了《颜料及溶剂染料》卷。1999年出版了合订光盘检索版。第3版《染料索引》共分5卷,增订本2卷,共收集染料品种近八千种,对每一种染料详细地列出了其应用分类类属、色调、应用性能、各项牢度等级、在纺织及其他方面的用途、化学结构式、制备途径、发明者、有关资料来源以及不同商品名称等,以下就其编排加以介绍。

第1、第2、第3卷,按染料应用分类分成20大类[如酸性、不溶性偶氮偶合组分、碱性染料(阳离子染料)、直接染料、分散染料、荧光增白剂、食品染料、媒染染料、颜料、活性染料、溶剂染料、硫化染料和还原染料等],并在各类染料中将颜色划分为10类(黄、橙、红、紫、蓝、绿、棕、灰、黑、白),然后再在同一颜色下,对不同染料品种编排序号,称为“染料索引应用类属名称编号”。如卡普隆桃红BS(C.I. Acid Red 138)、分散藏青H-2GL(C.I. Disperse Blue 79)、还原蓝RSN(C.I. Vat Blue 4)。在这三卷中还以表格形式给出了应用方法、用途、较重要的牢度性质和其他基本数据。

第4卷对已明确化学结构的染料品种,按化学结构分类分别给予《染料索引》化学结构编号,结构未公布的染料无此编号。如卡普隆桃红BS(C.I. 18073)、分散藏青H-2GL(C.I. 11345)、还原蓝RSN(C.I. 69800)。在这卷中还列出了一些染料的结构式、制造方法概述和参考文献(包括专利)。第1、第2、第3卷和第4卷之间的内容可交错参考,相互补充。

第5卷为索引,包括各种牌号染料名称对照、制造厂缩写、牢度试验的详细说明、专利索引以及普通名词和商业名词的索引。

国外染料名称非常繁杂,通过《染料索引》的两种编号,便能查出某染料品种的结构、色泽、性能、来源、染色牢度以及其他可供参考的内容,在各国的刊物和资料中也广泛采用染料索引号来表示某一特定染料。

目前,SDC和AATCC共同开设了《染料索引》网络版,称为《染料索引》第4版。

第七节　禁用染料

禁用染料原本指的是某些染料因在生产制造过程中的劳动保护问题而被禁止生产的染料，如苯胺黑在生产过程中会产生有毒物质而被明令禁止生产。而现在是指可以通过一个或多个偶氮基分解出有害芳香胺的染料。目前常用染料中涉及的禁用染料总共有240种(含涂料)，这些禁用染料在整个染料品种中占有很大的比例，再加之配色的需要，纺织品上含有禁用染料的比例就更大。

一、偶氮染料

近些年来，有关芳香胺偶氮染料的致癌性备受关注。因为某些染料可能会从纺织品转移到人的皮肤上，特别是染色牢度不佳时，在细菌的生物催化作用下，皮肤上已沾有的染料可能发生还原反应，并释放出22种致癌芳香胺，然后这些致癌物透过皮肤扩散到人体内，经过人体的代谢作用使细胞的脱氧核糖核酸(DNA)发生结构与功能的变化，成为人体病变的诱发因素，从而诱发癌症或引起过敏。为此，德国政府在1994年7月15日颁布了一项禁止使用以22种中间体为原料制造偶氮染料的法令。2002年9月11日，欧盟发出第六十一号令，禁止使用在还原条件下会分解产生22种致癌芳香胺的偶氮染料之后，又增加了2,4-二甲基苯胺和2,6-二甲基苯胺两种芳胺，共24种(表1-2)。这些染料属于禁用染料。通过严格测试，规定织物上允许含有致癌芳香胺的最高浓度为30 mg/kg。实际上，如果使用这些禁用染料进行印染加工，织物上的被分解芳香胺肯定超过这一指标。

表1-2　染料禁用的中间体

序号	英　文　名	中　文　名	结　构　式
1	4-aminodiphenyl	4-氨基联苯	—NH_2
2	4,4′-diaminodiphenyl	联苯胺	H_2N— —NH_2
3	*p*-chloro-*o*-toluidine	对氯邻甲苯胺	CH_3; Cl— —NH_2
4	2-naphthylamine	2-萘胺	—NH_2
5	*p*-chloroaniline	对氯苯胺	Cl— —NH_2
6	*o*-toluidine	邻甲苯胺	CH_3; —NH_2
7	2,4-diaminoanisole	2,4-二氨基苯甲醚	NH_2; H_2N— —OCH_3

续表

序号	英文名	中文名	结构式
8	2,4－diaminotoluene	2,4－二氨基甲苯	NH_2 H_2N CH_3
9	2－amino－4－nitrotoluence	2－氨基－4－硝基甲苯	NH_2 O_2N CH_3
10	2－methoxyl－5－methylaniline	2－甲氧基－5－甲基苯胺	OCH_3 NH_2 H_3C
11	2,4,5－trimethylaniline	2,4,5－三甲基苯胺	CH_3 H_3C NH_2 H_3C
12	*o*－tolidine	邻联甲苯胺	H_3C CH_3 H_2N NH_2
13	*o*－dianisidine	邻联茴香胺	H_3CO OCH_3 H_2N NH_2
14	3,3′－dichlorobenzidine	3,3′－二氯联苯胺	Cl Cl H_2N NH_2
15	*o*－aminoazotoluene	4,4′－二氨基－3,3′－二甲基偶氮苯	H_3C CH_3 H_2N $N=N$ NH_2
16	4,4′－oxydianiline	4,4′－二氨基二苯醚	H_2N O NH_2
17	4,4′－thiodianiline	4,4′－二氨基二苯硫醚	H_2N S NH_2
18	4,4′－diaminodiphenylmethane	4,4′－二氨基二苯甲烷	H_2N CH_2 NH_2
19	3,3′－dimethyl－4,4′－diaminodiphenylmethane	3,3′－二甲基－4,4′－二氨基二苯甲烷	H_3C CH_3 H_2N CH_2 NH_2
20	4,4′－methylenebis－(2－chloroaniline)	3,3′－二氯－4,4′－二氨基二苯甲烷	Cl Cl H_2N CH_2 NH_2

续表

序号	英 文 名	中 文 名	结 构 式
21	*o* - aminoanisole	邻氨基苯甲醚	2-(OCH_3)苯环-NH_2
22	*p* - aminoazobenzene	对氨基偶氮苯	苯环—N═N—苯环—NH_2
23	2,4 - xylidine	2,4 -二甲基苯胺	H_3C—苯环(2-CH_3)—NH_2
24	2,6 - xylidine	2,6 -二甲基苯胺	苯环(2,6-二CH_3)—NH_2

纺织行业所使用的大约70%染料为偶氮染料，大约有2000种结构不同的偶氮染料。根据德国化学工业协会的研究和从1994年第三版《染料索引》中所登录的染料结构分析，这24种中间体所涉及的禁用偶氮染料有155种；若按染料的应用类别来区分，则禁用的直接染料有88种，酸性染料34种，分散染料9种，碱性(阳离子)染料7种，不溶性偶氮染料的色基5种，氧化色基1种，媒染染料2种和溶剂型染料9种等。欧洲经济联盟、瑞士、美国以及亚洲许多国家也相继提出禁止生产和进口使用禁用偶氮染料染色的纺织品、皮革制品和鞋类，并停止上述纺织品、皮革制品和鞋类的市场销售。这一举措对全世界的染料制造业以及人们的日常生活造成了巨大的影响。为此，国外许多公司都致力于禁用染料的代用品研究和产业化工作。一方面大量开发联苯胺类型的中间体的代用品(双胺类化合物)以及邻甲苯胺或邻氨基苯甲醚的代用品，另一方面寻找经济可行的工业化路线，生产出对人体无害的中间体及其性能优良的染料来满足市场要求。我国印染业对替代染料的开发研制工作进行了积极摸索，并取得了较好的成效。

二、致敏染料

致敏染料是指某些会引起人体或动物的皮肤、黏膜或呼吸道过敏的染料。染料的过敏性并非其必然的特性，而仅是其毒理学的一个内容。有专家将染料直接接触人体的过敏性分成六类：

1. 强过敏性染料　即直接接触的病人发病率高，皮肤接触试验呈阳性的染料。

2. 较强过敏性染料　即有多起过敏性病例或多起皮肤接触试验呈阳性的染料。

3. 一般过敏性染料　即发现过敏性病例较少的染料。

4. 轻微过敏性染料　即仅发现一起过敏性病例或较少皮肤接触试验呈阳性的染料。

5. 很轻微过敏性染料　即仅有一起皮肤接触试验呈阳性的染料。

6. 无过敏性染料　即与皮肤接触试验呈阴性的染料。

大量研究表明，目前市场上初步确认的过敏性染料有28种(但不包括部分对人体具有吸入过敏和接触过敏反应的活性染料)，其中有23种分散染料，2种直接染料，2种阳离子染料和1

种酸性染料。这类染料主要用于聚酯、聚酰胺和醋酯纤维的染色。在生态纺织品的监控项目中的分散染料,其中的17种早期用于醋酯纤维的染色。

三、致癌染料

致癌染料是指染料未经还原等化学变化即能诱发人体癌变的染料,其中品红(C.I. 碱性红9)染料,早在一百多年前已被证实与男性膀胱癌的发生有关联。目前市场上已知的致癌染料有14种,其中分散染料3种,直接染料3种,碱性染料3种,酸性染料2种和溶剂型染料3种。

拓展阅读:功能染料概述

功能性染料是一类具有特殊功能或应用性能的染料。这种特殊功能指的是染料用于着色用途以外的性能,通常都与近代高、新技术领域关联的光、电、热、化学、生化等性质相关。目前,功能染料已被广泛地应用于液晶显示、热敏压敏记录、光盘记录、光化学催化、光化学治疗等高新技术领域。在光电子学领域,功能性染料的一个重要应用是作为电荷生成材料,通过光诱导电荷分离和电场诱导载流子迁移,形成静电潜影,进而用于激光打印或静电复印。

功能染料主要有两种开发途径:一是筛选原有染料,利用传统的染料和颜料的某些潜在性能;二是改变传统染料的发色体系,使其具有新的功能。所以,功能性染料的开发应用是功能性高分子和染料化学的一个新领域。

一、功能染料及其主要用途

功能性染料按照功能分类主要有:

1. *激光染料*(Laser dyes) 在高技术中的最早应用是激光染料。染料激光器是一种以染料为工作物质,将染料受激光辐射所产生的光辐射沿某一特定方向反复传播、放大,使之形成一束强度大、方向集中的光束的光电发生装置。由于染料在可见光区域均有较强的吸收,因此可实现激光输出波长的连续可调。可用于同位素分离、光化学、疾病诊断、环境污染检测及彩色全息照相等方面。按化学结构可分为四类:菁类染料(激光范围为540～1 200nm);香豆素类染料(激光范围为425～565nm);噁嗪类染料(激光范围为650～700nm);闪烁材料,主要是些含噁嗪、噁二唑、苯并噁唑环的芳香族化合物,是紫到紫外区域中的激光染料。

2. *液晶染料*(Dichroic dyes) 液晶染料主要指可在液晶中掺杂的具有二色性的染料。二色性染料沿着不同的轴具有不同的光吸收,因而具有不同的颜色。存在于液晶中的二色性染料分子的排列往往取决于主液晶(Host liquid crystal)的取向。在不加电场的情况下,主体液晶及客体染料分子均随机取向,透过液晶显示器的颜色将是不同色轴颜色的混合色;在施加电场的情况下,主液晶的矢量将沿场排列,此时染料主分子轴也将沿场排列,透过液晶显示器的将是主分子轴方向的颜色,从而实现彩色液晶显示。

3. 光致变色色素(Photochromic colorants) 这类色素受到光照射后，通过共轭链变化、顺一反式结构变化、分子内质子转移、开环一闭环反应、加氧一脱氧反应和光氧化一还原反应等光化学反应，使色素的最大吸收波长(或反射光的波长)发生变化。这类色素有可能在显示材料、传感器以及装潢等方面得到应用。

4. 热致变色色素(Thermochromic colorants) 这类色素在受热时，通过结构和金属络合物几何构型的变化、热分解以及酸碱反应、电荷转移、质子传递和螯合等反应使色素发生颜色变化。热致变色可以是可逆的，也可以是不可逆的。热致变色材料可以是单一的化合物，也可以是由多种成分复合而成的混合物。根据工艺配方的不同，可得到不同变色温度和不同颜色变化的热致变色材料(或色素)。热致变色材料可制成示温材料、丝网印刷和凹版印刷用油墨，用于各种薄膜、标签、包装物、日用品、玩具等需要随温度变色制品的印刷。通常先要将热致变色材料制成微胶囊或其他剂型。

5. 电致变色色素(Electrochromic colorants) 这类色素能在外接电压或者电流的驱动下，发生电化学氧化还原反应而引起颜色变化。即在外加电场作用下，物质的光学性能(透射率、反射率等)在可见光范围内产生稳定的可逆变化。电致变色色素分为无机电致变色色素和有机电致变色色素(如紫精类、稀土酞菁、吡嗪类、吩噻嗪类等)。无机电致变色材料主要集中在过渡金属氧化物、络合物、普鲁士蓝、杂多酸等。有机电致变色材料分为有机小分子电致变色材料和高分子电致变色材料。电致变色材料具有:颜色变化的可逆性、方便性、灵敏性、多色性，颜色深度的可控性，颜色的记忆性，电致变色材料的驱动电压低，颜色环境适应性强等优异的特性。近年来已研制开发出了多种电致变色器件，主要有电致变色显示器(Electrochromic display，简称ECD)、电致变色智能窗、无眩反光镜、电色储存器件等。此外还包括变色太阳镜、高分辨率光电摄像器材、光电化学能转换和储存器、电子束金属版印刷技术等高新技术产品，前景十分广阔。

6. 电致发光色素(Electroluminescent colorants) 这类色素能在外界电场的作用下，将电能直接转换成光能。发光二极管(LED)是由无机半导体材料制成的。20 世纪 60 年代初发现有机电致发光现象。1987 年美国柯达公司的 C. W. Tang(邓青云)博士制备了以 8 -羟基喹啉铝为发光材料的高亮度的多层器件，使有机电致发光研究取得了突破性进展。电致发光器件的发光机理是:将从阴极和阳极产生的电子和空穴分别注入夹在电极之间的有机功能薄膜层，并分别从电子传输层和空穴传输层向发光层迁移。电子和空穴结合产生激子;由电能产生的激子属于高能态物质，其能量可以将发光色素分子中的电子激发到激发态。最后发生电致发光，激发态能量通过辐射失活，产生光子，释放能量。有机电致发光器件(Organic Light Emitting Diode，OLED)具有响应速度快、亮度高、视角广、功耗低、易弯曲、易加工的特点，可制成薄型的、平面的、甚至是柔性的发光器件。正是这些潜在的优势，有机电致发光技术的研究引起了国内外许多科研工作者以及许多企业的极大兴趣。

7. 光盘用色素 这类色素主要用于可刻录式光盘(CD－R)的制作。CD－R 是在一定强度激光的照射下，使记录层发生不可逆的物理或化学变化，从而改变光的反射和透射强度来进行信息记录的。有机材料具有:熔化或软化温度低，记录灵敏度高;热导系数小，记录点小，从而可获得高的信噪比;可通过旋转涂布法成膜，成本低、效率高;光学和热变形性质可通过改变有机分子的结构来调整;来源广,毒性小等特点。因而,光盘记录介质的开发已转向功能染料。目前CD-R光盘主要用菁染料、酞菁染料和偶氮染料。在市售的CD-R光盘中,绿盘使用的是菁染料,金盘使用的是酞菁染料,而蓝盘使用的是偶氮染料。

8. 太阳能存储用色素 这类色素能通过光化学的方法将太阳能转换为化学能,从而加以存储,用于这一用途的色素又称为太阳能光敏化剂。在太阳能光敏化剂、光催化剂存在下,利用太阳光把H_2O分解为H_2和O_2,再在需要时把氢和氧燃烧,从而放出热能,或者是单独使用氢气。这类色素主要是吡啶钌络合物、喹啉菁染料、苝类化合物和卟啉类化合物等。

9. 生物医用色素 随着染料化学的发展,人们发现可以通过物理作用或者化学反应将染料分子引入生物大分子的主链或侧链上,染料和底物在分子水平上的结合只要极少量染料便可获得所需的颜色深度,或者发出较强的荧光,从而衍生出生物医学用色素。这类色素的种类很多,主要是荧光探针、DNA测序用荧光染料和光动力学治疗用色素。

(1)荧光探针色素:借助荧光探针色素分子的光物理和光化学性质对微环境变化的敏感性,可以在分子水平上研究生物体内结构的变化。根据荧光染料分子与生物大分子作用方式的不同,可以分为嵌入式荧光探针和键合式荧光探针。一般来说,嵌入式荧光探针染料本身不带有活性基团,荧光探针与蛋白质、DNA、核酸等生物大分子只是通过静电吸引或疏水作用相结合并嵌入生物分子中,因此这类染料探针被称为嵌入式荧光探针。键合式荧光探针利用本身带有的活性反应基团与蛋白质、核酸等生物分子中的氨基或巯基等基团反应形成化学键,与生物分子牢固地结合。荧光探针技术方法多样、直观性强、灵敏度高、检测快速、设备依赖性小,因而这种技术已成为人们研究与分子间和分子内弱相互作用密切相关的超分子物理与化学问题的有力手段,广泛应用于蛋白质结构及其微环境的研究、组织化学染色、抗原抗体反应的监测及定位、疾病诊断等方面。随着仪器水平的逐渐提高,利用荧光探针技术,人们不仅可以研究稳态超分子物理与化学问题,而且可以研究与超分子结构形成与破坏相关的动态物理与化学问题。

在生物医学检测方面,荧光探针法与传统的同位素检测方法相比具有响应快、重复性好、用样量少、无辐射等优点,因而在DNA自动测序、抗体免疫分析、疾病诊断、抗癌药物分析等方面得到了广泛的应用,也可用于电子学、聚合物化学、医学、法医学和其他领域。

(2)DNA测序荧光染料:荧光染料特别适合于生物应用,可以形成高灵敏度的试剂,用能与样品中的特定生物组分优先结合的染料,测定特定组分的存在及其数量,能监测特定细胞在不同环境中的分布,进而测定细胞的离子、电荷及新陈代谢性能。对所用的荧光染料的要求是:最大吸收波长应在可见光区,最大发射波长尽量靠近红光区,以避免DNA自身的蓝色荧光干扰;能发射足够强度的荧光;不影响DNA片段在电场中的泳动;染料本身无毒害。DNA测序用的荧光染料主要是菁类、荧光素和若丹明、菲啶类染料、1,8-萘酰亚胺类染料和二吡咯烷硼二氟类等化合物,荧光多为黄、绿、红色,荧光量子产率较高。

(3)光动力治疗用色素:光动力疗法(Photodynamic therapy,简称PDT)的基本原理是:用对光有特殊敏感作用的色素(即光敏化剂)标识肿瘤细胞,然后再用强光或激光照射,在氧气参与下,使癌细胞或癌组织上的标记物发生光化学反应,从而杀灭癌细胞。光动力疗法的最大优势在于它的选择性杀伤作用。由于光敏化剂作为有特殊性能的光标识材料,在正常细胞中很容易代谢、排除，而在肿瘤细胞上却能停留相当长的时间。因此，在一定时间之后正常细胞组织上的标记物减少了，甚至消失，但在癌细胞组织上尚保留着这些标记物，这样标记物富集在肿瘤组织内，用适当的光激发可以检测出癌症发病位置，病症的伤害程度等信息，再用特定波长的激光激发，产生能破坏肿瘤组织的自由基物质或引发氧分子转变为能杀灭癌细胞的单线态氧，达到治疗的目的。所以光动力疗法只造成肿瘤的坏死，而不伤害周围的正常细胞组织，从而实现了它的选择性杀伤作用目标。光动力治疗为肿瘤等疑难疾病的诊治开辟一个新的领域。

10. 化学发光用色素 化学发光（Chemiluminscence）指由化学反应释放的能量引发它周围的物质使其达到激发态，被激发的物质再通过光辐射衰减能量回到基态的过程。简言之，化学发光是一个将化学反应产生的能量转变成光能的过程。用作照明的化学发光器件是在20世纪60年代实现商业化的，美国氰胺公司于1971年推出人工荧光灯——化学光棒。

化学发光大多伴随着氧化反应的发生，化学发光材料首先被氧化剂（如过氧化氢）氧化，生成高能过氧化物，它降解产生的化学能转移给体系内的某种荧光剂，后者因获得能量而被激发，最后处于激发态的荧光剂回到基态，同时以光的形式衰减能量。常见的化学发光试剂有3－氨基邻苯二甲酰肼、光泽精、吖啶酯、三苯基咪唑、1，10－邻菲啰啉、草酸酯类等。

11. 有色聚合物（高分子染料）具有发色体系的高分子聚合物。具有颜料着色和溶剂染料着色的优点，可用于塑料或纤维的原液着色和纺织品的涂层和印花，甚至可以和被着色的高分子物质发生反应，通过共价键结合为一体。

有色聚合物具有非吸收性，由于对细胞膜几乎没有渗透性，也不易被细菌和酶分解，因此有色聚合物误食后不会被体内吸收，仍原封不动排出体外，不对肌体产生毒害作用。偶氮苯是一类具有鲜明颜色的化合物，但是小分子偶氮苯是潜在的致癌物质，经高分子化后可以阻止被人体吸收。许多在小分子状态下有毒不能作为食用色素的偶氮类化合物，通过高分子化后毒性消失，广泛用作食品和幼儿玩具色素；可用于粉、霜、发蜡、指甲油等化妆品的着色，提高化妆品的安全性。有色聚合物按色素分子结构可分为偶氮、蒽醌、杂环、酞菁、螺吡喃、芳甲烷型以及噻嗪类、苝四甲酸酐类、萘四甲酐类、卟啉类等；按连接的聚合物单体的性质可分为苯乙烯类、聚丙烯酸酯类、有机硅类等；按发色体和高分子链的相对位置分为骨架式有色聚合物和垂挂式有色聚合物两大类，骨架式有色聚合物是通过聚合方法合成，而垂挂式有色聚合物通常由聚合物化学改性合成。

二、功能染料在纺织染整中的应用

功能染料已经在纺织印染行业中进入实用阶段或已显示出其潜在的应用前景。目前主要应用和研究的有以下几类：

1. 光变色染料和颜料 具有光致变色（即颜色随光照而变化）性的染料或颜料。

2. 荧光染料和颜料 能在可见光范围强烈吸收和辐射出荧光的染料。而荧光颜料实质上是颗粒很细的荧光染料的树脂固溶体。

3. 红外线吸收染料和红外线伪装染料 红外线吸收染料是指对红外线有较强吸收的染料，被用于太阳能转换和储存；红外线伪装染料（或颜料）指的是红外线吸收特性和自然环境相似的一些具有特定颜色的染料,可以伪装所染物体,使物体不易被红外线观察所发现,主要用于军事装备和作战人员的伪装。

4. 热变色染料和颜料 具有热敏变色性的染料和颜料已越来越多地用于纺织品的染色和印花。

5. 湿敏涂料 由钴盐制成的无机涂料。

6. 有色聚合物 可用于塑料或纤维的原液着色和纺织品的涂层和印花。由于功能高分子染料耐高温性,耐溶剂性和耐迁移性,特别适用于纤维及其织物的着色,可提高被染物的耐摩擦性和耐洗涤性;由于有色聚合物的耐迁移性能优异,安全性高,可用于食品包装材料、玩具、医疗用品等的染色。此外,还应用于皮革染色、彩色胶片和光盘等染色。

7. 远红外保温涂料 由具有很强的发射红外线特性的无机陶瓷粉末以及一些镁铝硅酸盐加工而成。主要用于加工阳光蓄热保温织物。此外,通过涂料印花或涂层加工,还可赋予织物发射红外线的功能,使织物具备良好的隔热性或保温性。

功能染料的研究与开发,扭转了染料工业被认为是“夕阳工业”的局面,使古老的染料工业焕发出青春。功能高分子染料用量少,作用效果好,耐溶剂性和稳定性较强,在酸碱指示剂、光电显示材料、印染、彩色胶片、核酸亲和色谱、光电化学电池的电极增敏膜以及激光光盘记录材料、液晶显示、国防科技等许多领域有广泛的应用,但真正实用化、器件化的高分子染料种类较少,开发更多、稳定性强、可器件化的功能染料将是以后发展的趋势。

复习指导

1. 了解染料和颜料的定义、构成染料的条件以及染料与有机颜料的异同点。
2. 掌握染料的分类方法;按应用分类,了解各类染料的结构和性质特点、染色对象和一般应用性能。
3. 了解现代染料工业的发展历程及其发展前沿。
4. 了解染料的商品化加工作用及其重要性。
5. 了解常规染色牢度及其评价方法。
6. 了解对染料的生态要求。
7. 了解功能染料在功能纺织品和生物医疗中的应用。

思考题

1. 什么是染料以及构成染料的条件是什么?试述染料与颜料的异同点。
2. 试述染料和颜料的分类方法,写出各类纺织纤维染色适用的染料(按应用分类)。
3. 按染料应用分类,列表说明各类染料的结构和性质特点、染色对象、方法。
4. 试述现代染料工业的发展历程以及目前的发展前沿。
5. 什么是染料的商品化加工?举例说明染料商品化加工的作用和重要性。
6. 什么是染色牢度?主要有哪些指标来评价染料的染色牢度?

7. 什么是功能染料？试述功能染料在功能纺织品和生物医疗中的应用。

参考文献

[1]沈永嘉．精细化学品化学[M]．北京：高等教育出版社，2007.
[2]何瑾馨．染料化学[M]．北京：中国纺织出版社，2004.
[3]王菊生．染整工艺原理(第三册)[M]．北京：纺织工业出版社，1984.
[4]钱国坻．染料化学[M]．上海：上海交通大学出版社，1987.
[5]沈永嘉．有机颜料——品种与应用[M]．北京：化学工业出版社，1992.
[6]沈永嘉，李红斌，路炜．荧光增白剂[M]．北京：化学工业出版社，2004.
[7]莫述诚，陈洪，施印华．有机颜料[M]．北京：化学工业出版社，1988.
[8]Venkatarman K. The Chemistry of Synthetic Dyes[M]. New York：Academic Press，1952.
[9]周学良．精细化工助剂[M]．北京：化学工业出版社，2002.
[10]Griffiths J. Colour and Constition of Organic molecules[M]. New York：Academic press，1976.
[11]Bird C L，Boston W S. The Theory of Coloration of Textile[M]. Bradford：Dyers，1975.
[12]陈荣圻，王建平．禁用染料及其代用[M]．北京：中国纺织出版社，1996.
[13]沈永嘉．精细化学品化学[M]．北京：高等教育出版社，2007.
[14]田禾，苏建华，孟凡顺，等．功能性色素在高新技术中的应用[M]．北京：化学工业出版社，2000.
[15]辛忠，冯岩，黄德音．高分子染料的进展[J]．功能高分子学报，1994(3)：344.
[16]Guthrie J T. Polymeric colorants[J]. Rev. Prog. Coloration and Related Topics，1990(20)：40－52.
[17]Marechal E. Polymeric dyes－synthesis，properties and uses[J]. Progress in organic coatings，1982(10)：251－287.
[18]王润梅．光盘中的化学知识[J]．化学教育，2005(8)：4－6.
[19]余响林，王世敏，许祖勋，等．光电功能性有机染料及其应用研究进展[J]．染料与染色，2004，41(2)：64－66.
[20]宋心远，沈煜如．功能染料及其在染整中的应用(一～五)[J]．染整科技，1999，1－5.

第二章　中间体及重要的单元反应

第一节　引言

合成染料是最早发展起来的有机合成工业，其品种虽然非常多，但主要是由为数不多的几种芳烃（苯、甲苯、二甲苯、萘和蒽醌等）作为基本原料而制得的。从这些基本原料开始，要先经过一系列化学反应把它们制成各种芳烃衍生物，然后再进一步合成染料。习惯上，将这些还不具有染料特性的芳烃衍生物叫做染料中间体，简称中间体或中料。

随着化学工业的发展，中间体的应用范围日益广泛，现在不仅用于染料的制备，而且还用于合成纤维、塑料、农药、医药、炸药及其稳定剂、有机颜料、照相试剂、增塑剂、抗氧剂、紫外线吸收剂、橡胶的防老剂和硫化促进剂、纺织印染助剂、香料和防腐剂等各种化学物质的制备，由此可见，中间体工业是十分重要的。

从芳香族原料制得的中间体虽然品种繁多，但从分子结构看，它们大多数是在芳烃环上含有一个或多个取代基的芳烃衍生物。重要的取代基有：$—NH_2$、$—N(CH_2CH_2OH)_2$、—OH、$—OCH_3$、$\rangle C{=}O$、$—NO_2$、—Br、—Cl、$—SO_3Na$、—COOH、$\rangle N^+(CH_3)_2$ 等。它们对染料的颜色、溶解度、化学性质和染色性能均具有显著的影响。

为了构成染料的共轭体系并在分子中引入或形成上述各种取代基团，苯、甲苯、萘、蒽醌、芘、芘、咔唑等有机原料要经过磺化、硝化、卤化、氨化（引入氨基）、羟基化、还原、氧化、烷基化、考尔培、弗—克、偶合等反应才能合成染料。

这些反应主要可归纳为三类反应，其一是通过亲电取代使芳环上的氢原子被$—NO_2$、—Br、—Cl、$—SO_3Na$、—R 等基团取代的反应；其二是芳环上已有取代基转变成另一种取代基的反应，如氨化、羟基化等；其三是形成杂环或新的碳环反应，即成环缩合。上述三类反应之间有着密切的联系。第一类取代反应常为后两类反应准备条件，第一类反应引入的取代基的位置常常是进行第二类反应时，由这个取代基转化为新取代基的位置，而第三类反应常需要由芳环上的取代基来提供 C、N、S 或 O 原子等以形成杂环或新的碳环。通常，利用亲电取代只能在芳环上引入磺基、硝基、亚硝基、卤基、烷基、酰基、羰基和偶氮基等取代基，而在芳环上，氢原子的亲核取代反应相当困难，因此为了在芳环上引入—OH、—OR、—OAr、$—NH_2$、—NHR、$—NR_1R_2$、—CN、—SH 等取代基，常要用到这类芳环上已有取代基的亲核置换反应。前面已提到，当芳环有吸电子基（主要是—Cl、—Br、$—SO_3H$、$—N_2^+Cl^-$ 和$—NO_2$）时，会使芳环上同它相连的碳原子上的电子云密度比其他碳原子降低得更多一些。因此亲核质子容易进攻这个已有吸电子基的碳原子并发生已有取代基的亲核置换反应。

第二节 重要的单元反应

一、磺化反应

磺化是在有机化合物分子中引入磺酸基的反应。烷烃(除含叔碳原子者外)很难磺化,且收率很低。而芳香族化合物的磺化则为其特征反应之一。

(一)磺化的目的

(1)通过引入磺酸基赋予染料水溶性。

(2)染料分子中的磺酸基能和蛋白质纤维上的$—NH_3^+$生成盐键结合而赋予染料对纤维的亲和力。

(3)通过亲核置换,将引入的磺酸基置换成其他基团,如$—OH$、$—NH_2$、$—Cl$、$—NO_2$、$—CN$等,从而制备酚、胺、腈、卤代物、硝基化合物等一系列中间体。在染料中间体合成中主要是$—SO_3Na$经碱熔成$—ONa$的反应。

(二)磺化试剂和主要磺化法

磺化过程中,磺酸基取代碳原子上的氢称为直接磺化;磺酸基取代碳原子上的卤素和硝基称为间接磺化。常用的磺化试剂有浓硫酸、发烟硫酸、三氧化硫和氯磺酸。

芳烃的磺化是一个可逆反应。磺化反应的难易主要取决于芳环上取代基的性质。

$$C_6H_5CH_3 \xrightarrow{H_2SO_4} o\text{-}CH_3C_6H_4SO_3H + p\text{-}CH_3C_6H_4SO_3H$$

$$C_6H_5NO_2 \xrightarrow{H_2SO_4 \cdot SO_3} m\text{-}NO_2C_6H_4SO_3H$$

萘的磺化随磺化条件,特别是随温度的不同可以得到不同的磺化产物。低温(<60℃)磺化时,由于α位上的反应速率比β位高,主要产物为α取代物。随着温度的提高(165℃)和时间的延长,α位上的磺酸基会发生转位生成β磺酸。萘在不同条件下磺化可以获得各种磺化产物,主要产物如下所示。

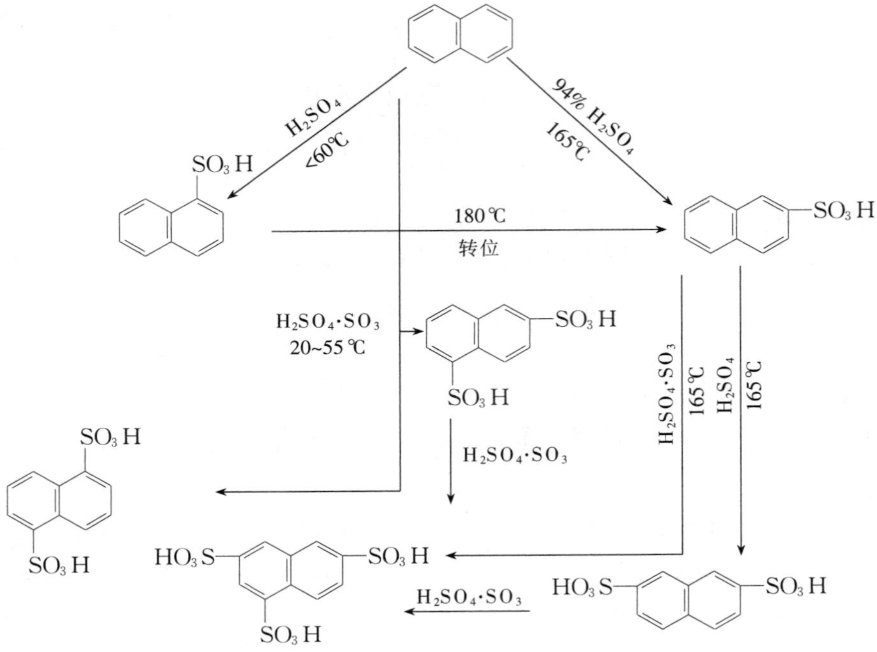

从蒽醌的结构式可以看到,它的两个苯环是通过两个互为邻位的羰基连接而成的。由于两个相邻羰基的吸电子效应,蒽醌本身的磺化、硝化、卤化需用比较剧烈的反应条件,而且会在两个苯环上都发生取代,导致反应复杂化,影响产率及纯度。

为了避免因过高的温度而导致蒽醌的分解,蒽醌的磺化一般都用发烟硫酸。磺化时,往往会在两个苯环上同时发生磺化反应。为了制备单磺酸,一般以控制一定比例的蒽醌未被磺化为度;在没有汞盐存在的条件下,由于空间位阻效应,磺酸基进入β位。在少量汞盐的存在下,则进入α位。人们正在寻找比较满意的方法来克服因汞盐的使用而引起的环境污染问题。

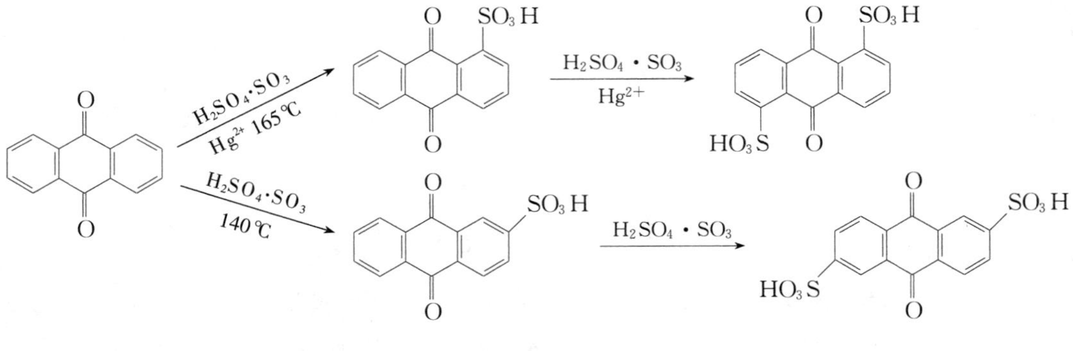

二、硝化反应

在芳环上引入硝基的反应称为硝化。

$$Ar—H + HNO_3 \longrightarrow Ar—NO_2 + H_2O$$

(一)硝化的目的

(1)作为制取氨基化合物的一条重要途径。

$$C_6H_5—NO_2 \xrightarrow[H^+]{[H]} C_6H_5—NH_2$$

$$C_6H_5—NO_2 \xrightarrow[OH^-]{Zn} C_6H_5—NH—NH—C_6H_5 \xrightarrow[H^+]{分子重排} H_2N—C_6H_4—C_6H_4—NH_2$$

(2)硝基是一个重要的发色团,利用它的极性,可加深染料颜色。

(3)利用硝基的吸电子性使芳环的其他取代基活化,易于发生亲核置换反应。

(二)硝化试剂和硝化反应

常用的硝化试剂有硝酸和混酸(硝酸和浓硫酸混合物),硝化反应难易程度与被硝化物的性质有关,硝化条件亦随之而异。N-酰基芳胺、酚类和酚醚类等较活泼化合物的一硝化可在较温和条件下进行。除用于制备1-硝基蒽醌等少数硝基化合物外,大多数芳烃化合物硝化时常用混酸作硝化试剂。混酸中的硝酸作为碱,从酸性更强的硫酸中接受一个质子形成质子化的硝酸,后分解为硝酰正离子。硝酰正离子进攻苯环与苯环的π电子形成σ络合物后失去一个质子形成硝基苯。

$$C_6H_6 + NO_2^+ \rightleftharpoons [C_6H_6NO_2]^+$$

$$[C_6H_6NO_2]^+ + HSO_4^- \rightleftharpoons C_6H_5NO_2 + H_2SO_4$$

萘硝化时,硝基主要进入α位,产物以1-硝基萘为主;二硝化时,主要产物为1,5-二硝基萘。蒽醌的硝化反应条件较激烈,且产物异构体较多。

$$C_{10}H_8 \xrightarrow[35\sim50℃]{混酸} 1-C_{10}H_7NO_2$$

三、卤化反应

在有机化合物分子中引入卤素的反应称为卤化。

(一)卤化的目的

(1)可改善染色性能,提高染料的染色牢度。如四溴靛蓝的牢度比靛蓝好,色泽更加鲜艳,牢度好。

(2)通过卤基(主要是—Cl、—Br)水解、醇解和氨化引入其他基团,主要是—OH、—OR和—NH_2。

(3)通过卤基,进行成环缩合反应,进一步合成染料。

(二)卤化试剂和卤化反应

常用的卤化试剂有氯气、溴素,有时也常用盐酸加氧化剂(如 NaClO、$COCl_2$)在反应中获得活性氯。在染料合成中通过已有的—Cl、—Br 取代基置换可引入—F 取代基。

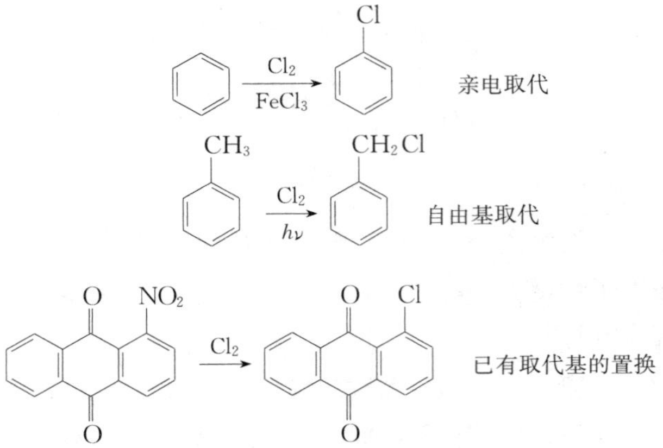

亲电取代

自由基取代

已有取代基的置换

苯和蒽醌中料的卤化反应大都是在 $FeCl_3$ 和 $MgBr_2$ 催化作用下直接与氯气或溴素反应。萘系中料为防止副产物过多一般不常用直接卤化,萘环上的卤代基主要通过桑德迈尔(Sandmeyer)或希曼(Schiemann)反应获得。

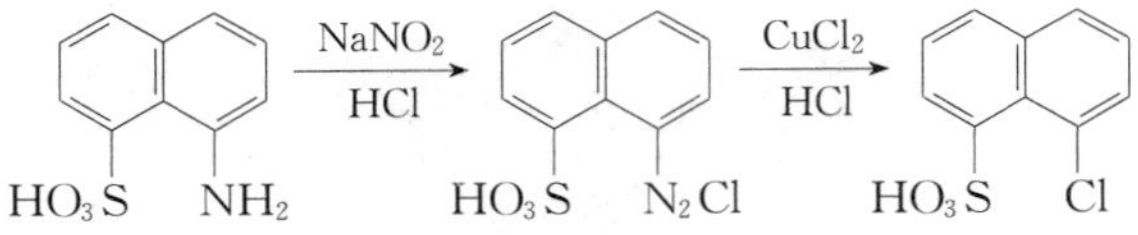

染料生产中采用较多的氟化方法是经过侧链氯化,制成三氯甲基的衍生物,再由它来制备相应的三氟甲烷衍生物。

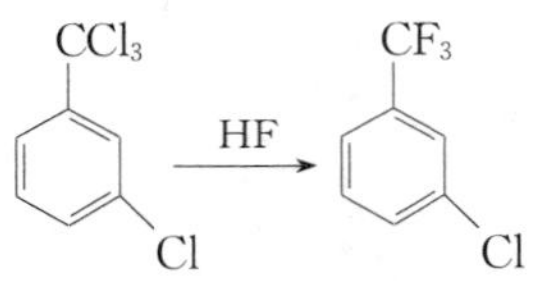

溴胺酸的制备:1-氨基-4-溴蒽醌-2-磺酸是制备深色蒽醌系染料的重要中间体,生产上简称溴胺酸。

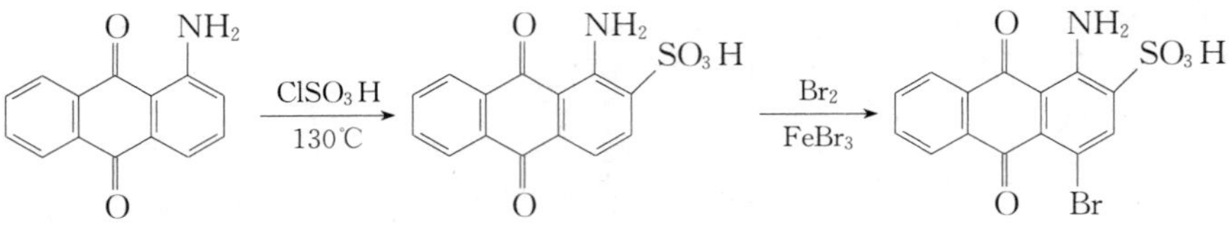

四、胺化反应

在有机化合物分子中引入氨基的反应称为胺化。

(一)胺化的目的

(1)氨基是供电子基，在染料分子的共轭系统中引入氨基，往往可使染料分子的颜色加深。

(2)可以和纤维上的羟基、氨基、氰基等极性基团形成氢键，可提高染料的亲和力(或直接性)。

(3)通过芳伯胺重氮化、偶合，可合成一系列偶氮染料。

(4)通过氨基可以引入其他基团。

(5)生成杂环化合物。

(二)引入氨基的反应

在有机化合物分子中引入氨基的反应，主要是硝基还原和氨解反应。

1. 硝基还原反应　硝基还原反应是制备芳胺的主要途径。

$$Ar-NO_2 \xrightarrow{[H]} Ar-NH_2$$

硝基还原方法包括：催化加氢还原、在电解质中用铁粉还原、硫化碱还原和电解还原等。如：

$$(NO_2)C_6H_4(SO_3H) \xrightarrow[\text{或 } Fe+HCl]{H_2/Pt} (NH_2)C_6H_4(SO_3H)$$

对于多硝基化合物，若只需还原一个硝基或对硝基偶氮化合物仅还原硝基而不破坏偶氮基，进行选择性还原时，则可采用硫化碱还原。

$$(OH)C_6H_2(NO_2)_3 \xrightarrow[OH^-]{Na_2S_x} (OH)C_6H_2(NO_2)_2(NH_2)$$

$$O_2N-C_6H_4-N=N-C_{10}H_5(NH_2)(SO_3H) \xrightarrow[OH^-]{Na_2S_x} H_2N-C_6H_4-N=N-C_{10}H_5(NH_2)(SO_3H)$$

硝基苯化合物在强碱性介质中还原，可依次生成氧化偶氮苯和氢化偶氮苯。氢化偶氮苯在酸性介质中进行分子内重排，可得到重要的联苯胺衍生物。

$$Ar-NO_2 \xrightarrow[NaOH]{[H]} Ar-\underset{\downarrow \atop O}{N}=N-Ar \xrightarrow[NaOH]{[H]} Ar-NH-NH-Ar \xrightarrow{H^+} H_2N-Ar-Ar-NH_2$$

2. 氨解反应　除了采用硝基还原法外，对那些用硝化—还原法不能引入氨基的化合物还可以用氨解反应制得。在染料中料合成中，主要应用的是—Cl、—SO_3H和—OH等基团的氨解反应,如 β-氨基蒽醌。

$$\text{2-氯蒽醌} \xrightarrow[\text{高温,高压}]{NH_3} \text{2-氨基蒽醌}$$

$$\text{蒽醌-2-磺酸}(SO_3H) \xrightarrow[\text{高温,高压}]{NH_3,\text{cat.}} \text{2-氨基蒽醌}$$

β-萘胺一般采用 β-萘酚的氨解反应制得。该方法称为勃契勒(Bucherer)反应。这是一个可逆反应,可实现氨基和羟基间的相互转换,在萘系中料的合成中具有重要的意义。

$$\beta\text{-萘酚(OH)} \underset{NaOH,NaHSO_3}{\overset{NH_3,NH_4HSO_3}{\rightleftharpoons}} \beta\text{-萘胺}(NH_2)$$

1,4-二氨基蒽醌可经如下反应由 1,4-二羟基蒽醌制得:

$$\text{1,4-二羟基蒽醌} \xrightarrow{[H]} \text{隐色体} \rightleftharpoons \text{2,3-二氢-1,4-二羟基蒽醌} \underset{}{\overset{2H_2N—R}{\rightleftharpoons}}$$

$$\text{加成物(O—H, NHR)} \xrightarrow{-2H_2O} \text{1,4-二(RNH)-9,10-二羟基蒽} \xrightarrow{[O]} \text{1,4-二(RNH)蒽醌}$$

五、羟基化反应

在有机化合物分子中引入羟基的反应称为羟基化反应。

(一)羟基化的目的

(1)羟基本身是个助色团。

(2)羟基能与纤维上的氨基、羟基形成氢键,可提高染色牢度。

(3)羟基具有媒染的特性。

(4)含羟基的酚类化合物可作偶合组分。

(5)通过羟基引入其他基团。如：

$$\text{2-萘酚(OH)} \xrightarrow{PCl_3} \text{2-氯萘(Cl)}$$

(二)引入羟基的反应

1. 磺酸基碱熔反应　芳磺酸在高温下(300℃)与氢氧化钠或氢氧化钾共熔时，磺酸基转变成羟基，生成酚类的过程称为碱熔。这是一个亲核置换过程。碱熔的方法有熔融碱的常压碱熔、浓碱液的常压碱熔和稀碱液的加压碱熔。如：

$$\text{萘-2-}SO_3H \xrightarrow[270℃]{NaOH} \text{萘-2-}ONa \xrightarrow{H^+} \text{萘-2-}OH$$

氨基萘多磺酸碱熔时，可将其中一个磺酸基被—OH取代而不影响其他磺酸基或氨基，其中，α-磺酸基较活泼，容易碱熔成羟基，由此可制得J酸、H酸、γ酸等重要的氨基萘酚磺酸中料。

$$\text{(}NaO_3S\text{, }NH_2\text{, }SO_3Na\text{)} \xrightarrow[205℃]{58\%\ NaOH} \text{(}NaO_3S\text{, }NH_2\text{, }ONa\text{)} \xrightarrow{H^+} \text{(}HO_3S\text{, }NH_2\text{, }OH\text{)}$$

J酸

$$\text{(}NaO_3S\text{, }NH_2\text{, }NaO_3S\text{, }SO_3Na\text{)} \xrightarrow[180℃]{50\%\ NaOH} \text{(}NaO\text{, }NH_2\text{, }NaO_3S\text{, }SO_3Na\text{)} \xrightarrow{H^+} \text{(}OH\text{, }NH_2\text{, }HO_3S\text{, }SO_3H\text{)}$$

H酸

2. 羟基置换卤素　羟基置换卤素反应通常是由卤素衍生物与氢氧化钠溶液加热而完成的，简称“水解”。

$$Ar—Cl + 2NaOH \longrightarrow Ar—ONa + NaCl + H_2O$$

$$Ar—ONa \xrightarrow{H^+} Ar—OH$$

$$\text{(}Cl\text{, }NO_2\text{, }NO_2\text{)} \longrightarrow \text{(}ONa\text{, }NO_2\text{, }NO_2\text{)} \xrightarrow{H^+} \text{(}OH\text{, }NO_2\text{, }NO_2\text{)}$$

3. 羟基置换氨基　用硝基还原法先在芳环上引入氨基，然后将氨基转化成羟基。这是芳环上引入羟基的方法之一，主要用于α-萘酚及其衍生物的制备，常用方法分为酸性水解法、勃

契勒反应、重氮盐水解法(桑德迈尔反应)。酸性水解法如:

$$\text{1-萘胺}(NH_2) \xrightarrow[200^\circ C]{15\%\sim20\%\ H_2SO_4} \text{1-萘酚}(OH)$$

重氮盐水解法(桑德迈尔反应)如:

$$Ar-N_2^+HSO_4^- + H_2O \longrightarrow Ar-OH + H_2SO_4 + N_2\uparrow$$

4. 异丙基芳烃的氧化—酸解 该方法主要用于生产苯酚,同时联产丙酮,具有不消耗大量的酸碱、三废污染少、连续生产和成本低等优点。若采用磺化—碱熔法,则杂质较多。

$$C_6H_6 + CH_2{=}CH-CH_3 \xrightarrow{AlCl_3} C_6H_5-CH(CH_3)_2 \xrightarrow{O_2}$$

$$C_6H_5-C(CH_3)_2OOH \xrightarrow{H^+} C_6H_5OH + CH_3-\overset{\displaystyle O}{\overset{\|}{C}}-CH_3$$

六、烷基化和芳基化反应(Friedel-Crafts 反应)

在染料分子中引入烷基的反应称为烷基化反应。同样,引入芳基则称为芳基化反应。

(一)烷基化和芳基化的目的

(1)在染料分子中引入烷基和芳基后,可改善染料的各项坚牢度和在染浴及纤维中的溶解性能。

(2)在芳胺的氨基和酚羟基上引入烷基和芳基,可改变染料的颜色和色光。

(3)可克服某些含氨基、酚羟基染料遇酸、碱变色的缺点。

(二)烷基化和芳基化试剂

芳烃的烷基化主要常用卤烷和烯烃类作烷化剂,氨基的烷基化或芳基化试剂有醇、酚、环氧乙烷、卤烷、硫酸酯和烯烃衍生物,酚类的烷氧基和芳氧基化试剂主要为卤烷、醇和硫酸酯等。

(三)烷基和芳基化反应

在酸性卤化物(如 $AlCl_3$)或质子酸等的催化作用下,卤烷和烯烃类烷化剂分别通过亲电取代和亲电加成反应在芳环上引入烷基。

$$C_6H_6 + CH_3CH_2Cl \xrightarrow{AlCl_3} C_6H_5-CH_2CH_3$$

$$C_6H_6 + (CH_3)_2C{=}CH_2 \xrightarrow{H^+} C_6H_5-C(CH_3)_3$$

控制不同的烷化剂用量可分别得到芳胺的一取代物和二取代物,如:

$$\text{NHCOCH}_3\text{-C}_6\text{H}_3(\text{OCH}_3)\text{-NH}_2 + CH_2{=}CH{-}CN \longrightarrow \text{NHCOCH}_3\text{-C}_6\text{H}_3(\text{OCH}_3)\text{-NHCH}_2CH_2CN \xrightarrow{CH_2{=}CHCN} \text{NHCOCH}_3\text{-C}_6\text{H}_3(\text{OCH}_3)\text{-N}(CH_2CH_2CN)_2$$

在芳胺的氨基上引入芳基可用下列通式表示：

$$Ar{-}Y + Ar'{-}NH_2 \longrightarrow Ar{-}NH{-}Ar' + HY$$

其中，Y 为—Cl、—Br、—OH、—NH_2 或—SO_3Na，如：

$$NO_2\text{-C}_6\text{H}_3(SO_3Na)\text{-Cl} + NH_2\text{-C}_6\text{H}_4\text{-OCH}_3 \xrightarrow[170℃]{MgO} NO_2\text{-C}_6\text{H}_3(SO_3Na)\text{-NH-C}_6\text{H}_4\text{-OCH}_3$$

$$\text{HO-C}_6\text{H}_4\text{-OH} + NH_2\text{-C}_6\text{H}_4\text{-CH}_3 \xrightarrow{H_2SO_4} \text{HO-C}_6\text{H}_4\text{-NH-C}_6\text{H}_4\text{-CH}_3$$

$$\text{HO}_3\text{S-C}_{10}\text{H}_6\text{-NH}_2 + \text{C}_6\text{H}_5\text{NH}_2 \xrightarrow{95\%\ H_2SO_4} \text{HO}_3\text{S-C}_{10}\text{H}_6\text{-NH-C}_6\text{H}_5$$

另外，酚类化合物可以与醇类、硫酸酯和卤烷反应在芳环上引入烷氧基。

七、考尔培(Kolbe-Schmitt)反应

酚类化合物的钠盐与二氧化碳反应，在芳环上引入羧基的反应称为考尔培反应。

(一)反应目的

在芳香族酚类化合物上引入羧基，使染料具有水溶性和媒染性能。在工业上，羧基化反应主要用于从芳烃的羟基化合物制备羟基羧酸，它们除了可以直接用作偶氮染料的偶合组分外，其酰芳胺衍生物有些还被用作不溶性偶氮染料的色酚。因此羧基化对于中间体及染料工业具有重要的意义。

(二)考尔培反应

羟基羧酸主要是从无水酚碱金属盐在高温下(加压力)与二氧化碳作用而得。

$$\text{C}_6\text{H}_5\text{ONa} \xrightarrow[160\sim200℃]{CO_2} \text{NaO-C}_6\text{H}_4\text{-COONa} \xrightarrow{HCl} \text{HO-C}_6\text{H}_4\text{-COOH}$$

水杨酸

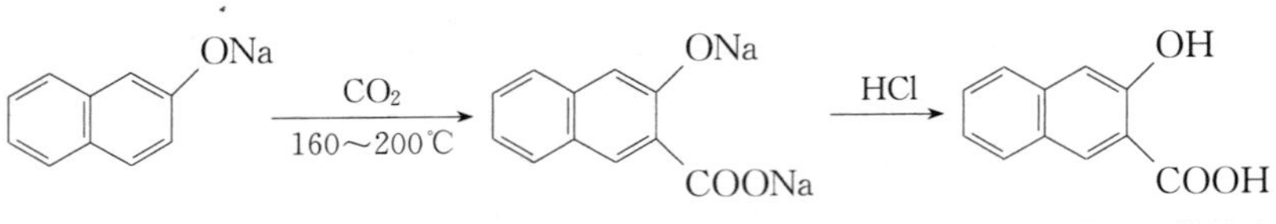

2-羟基-3-萘甲酸

八、氨基酰化反应

在有机化合物的氨基上引入酰氨基的反应称为氨基酰化反应。

(一)氨基酰化的目的

(1)提高染料的坚牢度,改变色光和染色性能。

(2)作为进一步合成其他化合物的中间过程。

(二)酰化试剂和酰化反应

常用酰化试剂有脂肪酸、酸酐、酰氯和酯类等。酰化反应属亲电取代反应,氮原子上的电子云密度越高越易被酰化;对酰化剂而言,酰基碳原子所带部分正电荷越多越易起酰化反应。常用酰化试剂的反应能力为:酰氯>酸酐>脂肪酸。

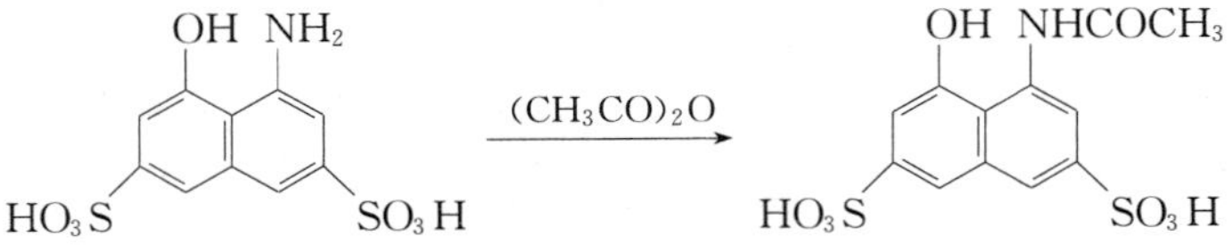

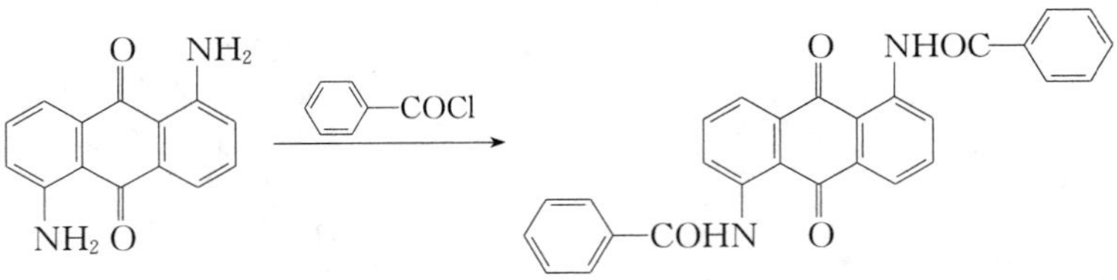

酰氯活性强,一般在常温下即可反应。由于生成的 HCl 会与胺反应成盐,故常采用过量胺,或加入有机碱(吡啶、三乙胺和季铵盐等)或无机碱($NaOH$、Na_2CO_3 等)。

九、氧化反应

在染料合成中主要有两种氧化反应:

(1)在氧化剂存在下,在有机分子中引入氧原子,形成新的含氧基团。如:

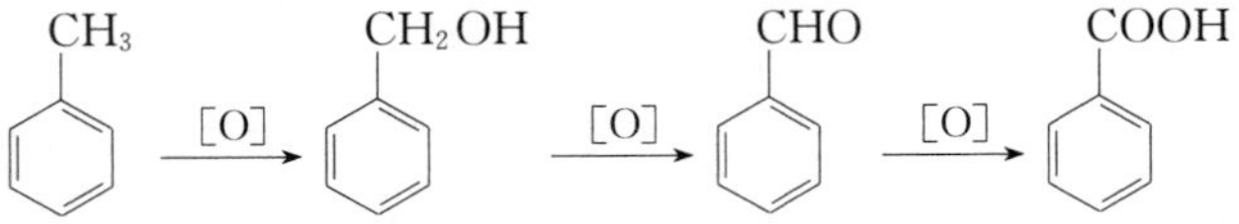

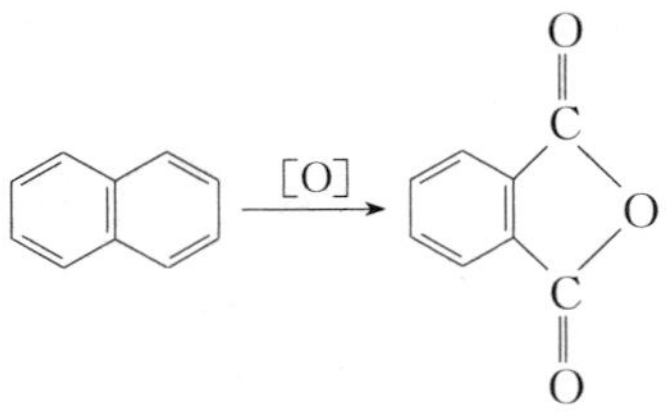

(2)使有机分子失去部分氢的反应。用氧化法除去氢原子而同时形成新的碳键是制备二苯乙烯(芪)类中间体的常用方法。

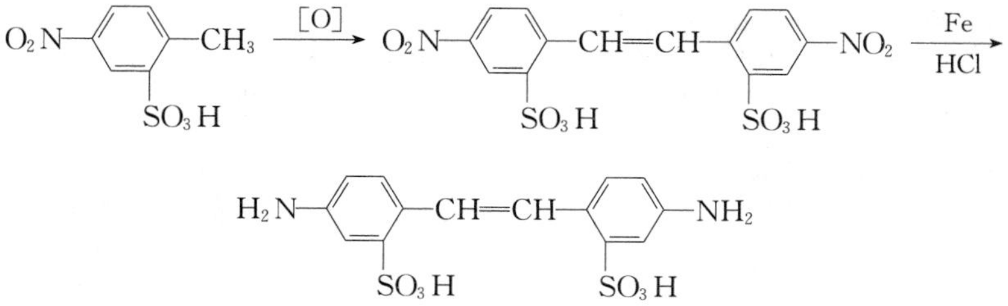

O_2N—⟨苯环, SO_3H⟩—CH_3 $\xrightarrow{[O]}$ O_2N—⟨苯环, SO_3H⟩—CH═CH—⟨苯环, SO_3H⟩—NO_2 $\xrightarrow[HCl]{Fe}$

H_2N—⟨苯环, SO_3H⟩—CH═CH—⟨苯环, SO_3H⟩—NH_2

DSD酸

十、成环缩合反应

成环缩合反应简称闭环或环化。成环缩合首先是两个反应分子缩合成一个分子,然后在这个分子内部的适当位置(一般有反应性基团)发生闭环反应形成新环或在具有两个芳环的邻位进行缩合。

(一)生成新的碳环

蒽醌可用蒽氧化制得,更重要的是可用邻苯二甲酸酐和苯及其衍生物合成蒽醌及其衍生物。

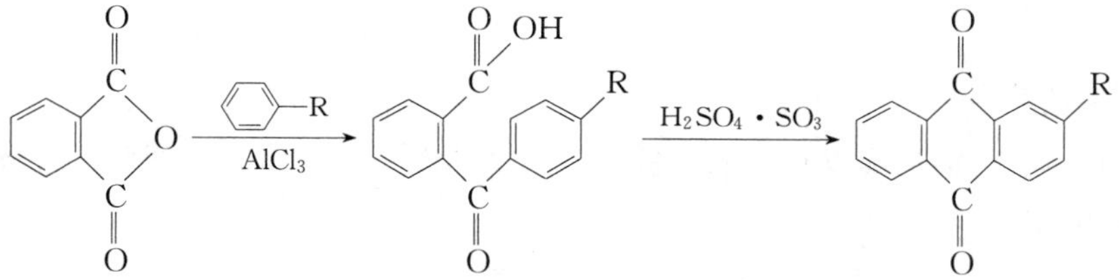

邻苯二甲酸酐(C═O, O, C═O) $\xrightarrow[AlCl_3]{⟨苯环⟩—R}$ 2-(4-R-苯甲酰基)苯甲酸(C(═O)OH, C═O, R) $\xrightarrow{H_2SO_4 \cdot SO_3}$ 2-R-蒽醌(C═O, C═O, R)

苯并蒽酮是合成许多稠环蒽醌染料的一个重要中料。反应过程中蒽醌被还原成蒽酮,甘油脱水生成丙烯醛,两者发生缩合,继而闭环生成苯并蒽酮。

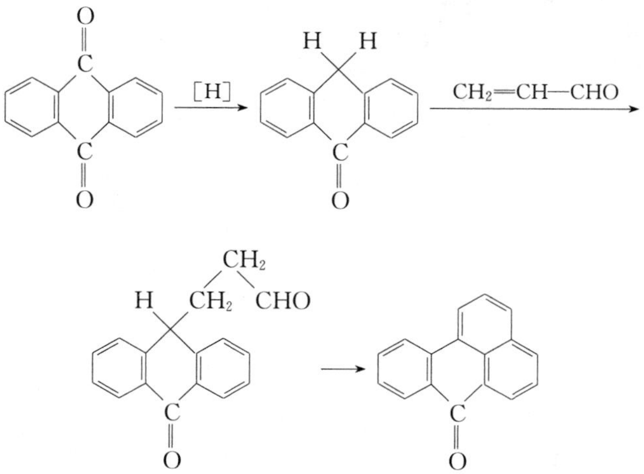

蒽醌(C═O, C═O) $\xrightarrow{[H]}$ 蒽酮(H H, C═O) $\xrightarrow{CH_2═CH—CHO}$

10-(3-氧代丙基)蒽酮(H, CH_2—CH_2—CHO, C═O) ⟶ 苯并蒽酮(C═O)

(二)生成杂环

含氮杂环常用胺类或肼类化合物合成。硫酚、硫脲、二硫化碳或硫氰酸盐等常用于合成含硫杂环。

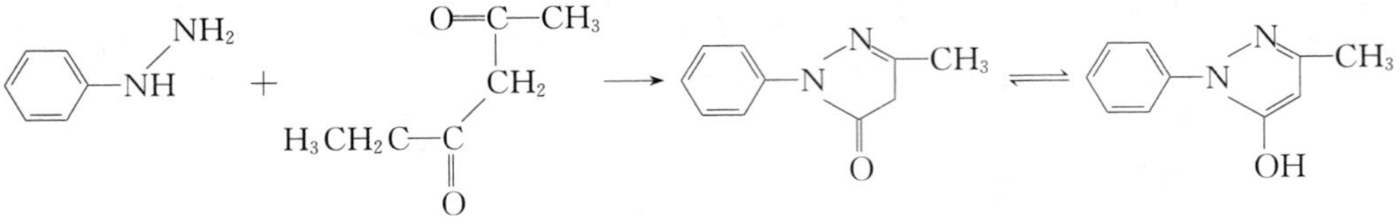

NH_2 NH ＋ O=C—CH_3 CH_2 H_3CH_2C—C O → N N CH_3 O ⇌ N N CH_3 OH

1-苯基-3-甲基吡唑酮

NH_2 —NaSCN→ NH C—NH_2 S —[O]→ N C—NH_2 S

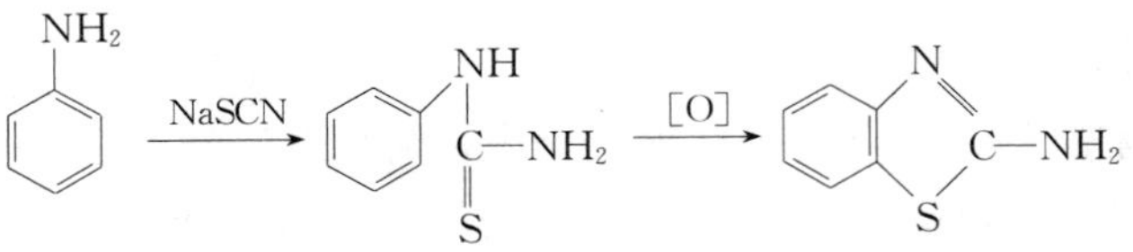

2-氨基苯并噻唑

第三节　常用苯系、萘系及蒽醌系中料

一、苯系中料

由苯、甲苯、氯苯、硝基苯以及苯的其他衍生物为原料,可合成一系列常用的苯系中料。常用的苯系中料有:

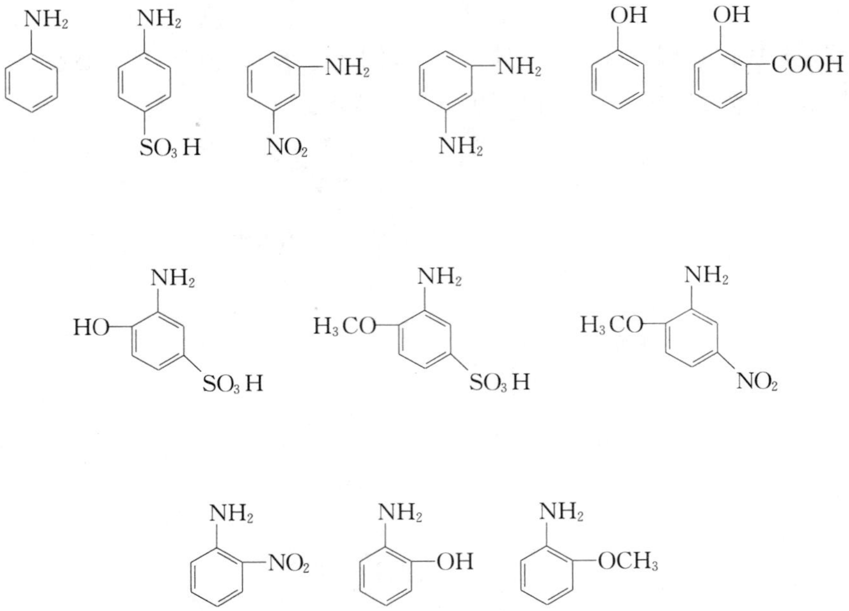

NH_2　NH_2 SO_3H　NH_2 NO_2　NH_2 NH_2　OH　OH COOH

NH_2 HO SO_3H　NH_2 H_3CO SO_3H　NH_2 H_3CO NO_2

NH_2 NO_2　NH_2 OH　NH_2 OCH_3

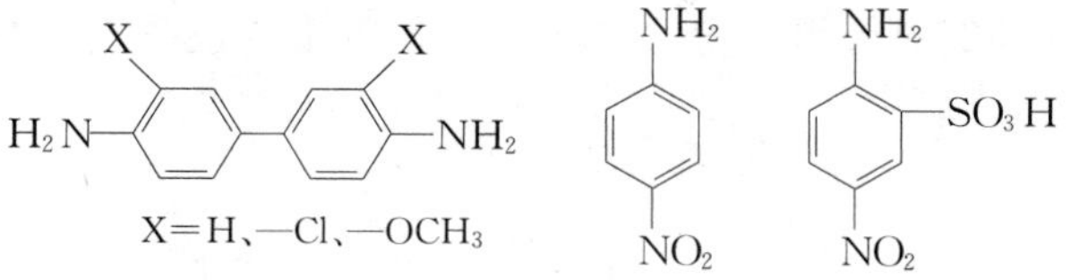

X=H、—Cl、—OCH_3

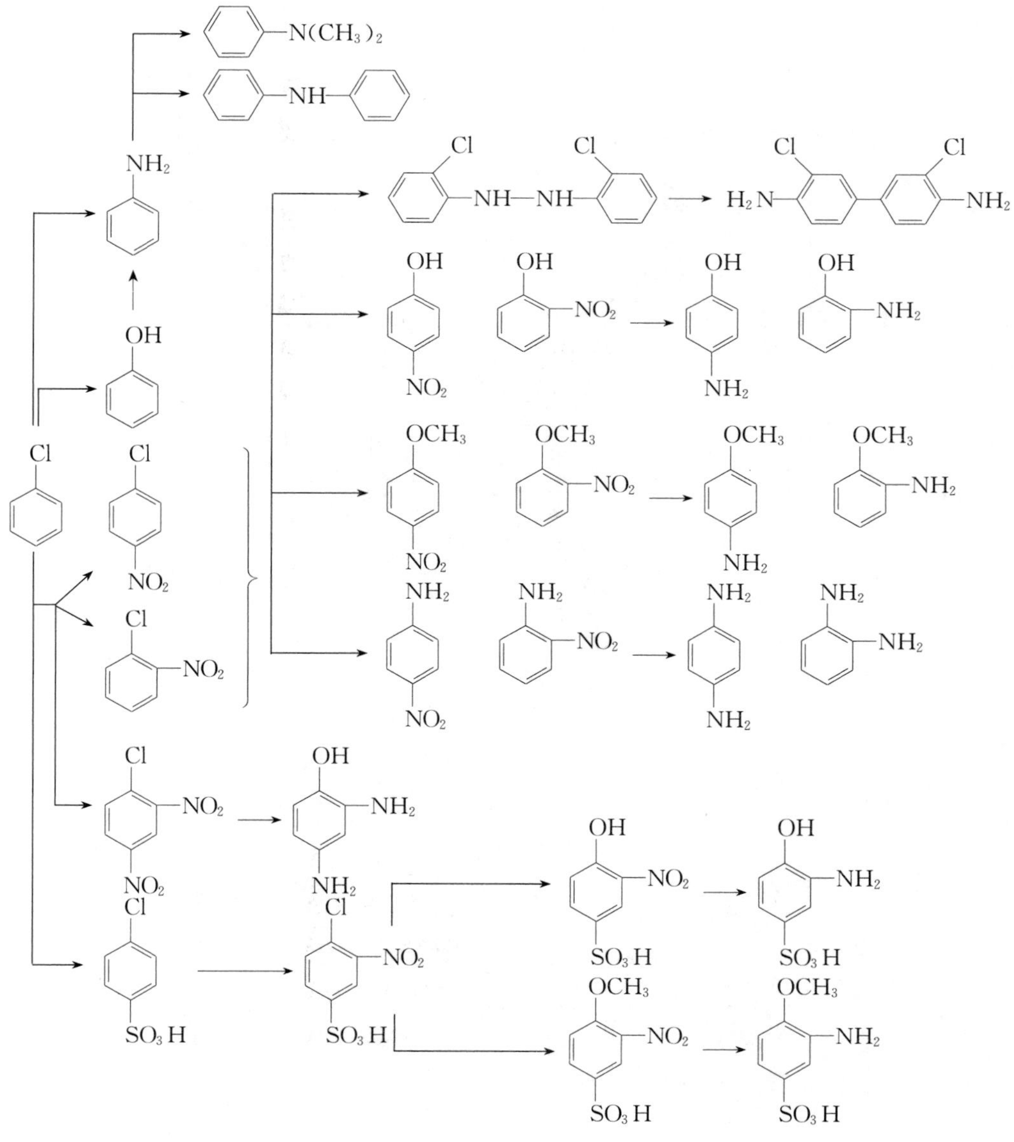

二、萘系中料

萘系中料是染料合成中十分重要的中料。它品种繁多，其中萘酚、萘胺及其磺酸衍生物和各种氨基、羟基萘磺酸化合物是各种偶氮染料的重要中料。一些常用的萘系中料的合成途径如下所示：

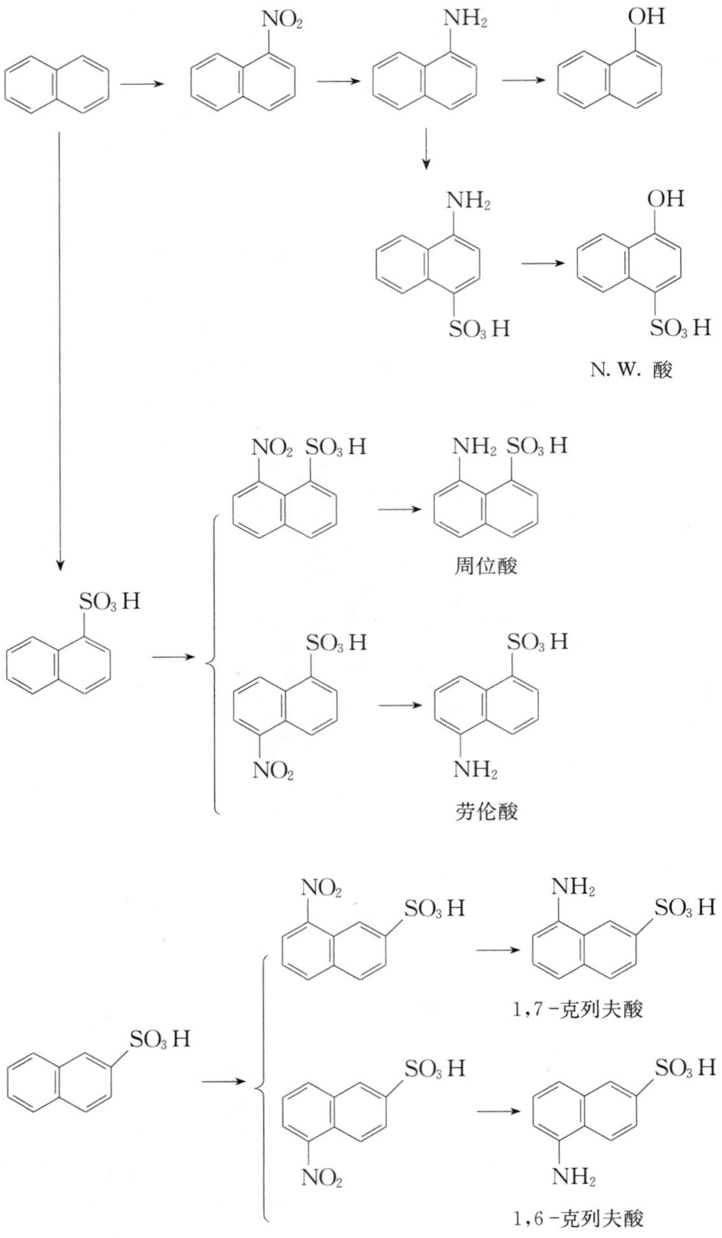

NO_2 NH_2 OH

NH_2 OH

SO_3H SO_3H

N. W. 酸

NO_2 SO_3H NH_2 SO_3H

周位酸

SO_3H

SO_3H SO_3H

NO_2 NH_2

劳伦酸

NO_2 SO_3H NH_2 SO_3H

1,7-克列夫酸

SO_3H

SO_3H SO_3H

NO_2 NH_2

1,6-克列夫酸

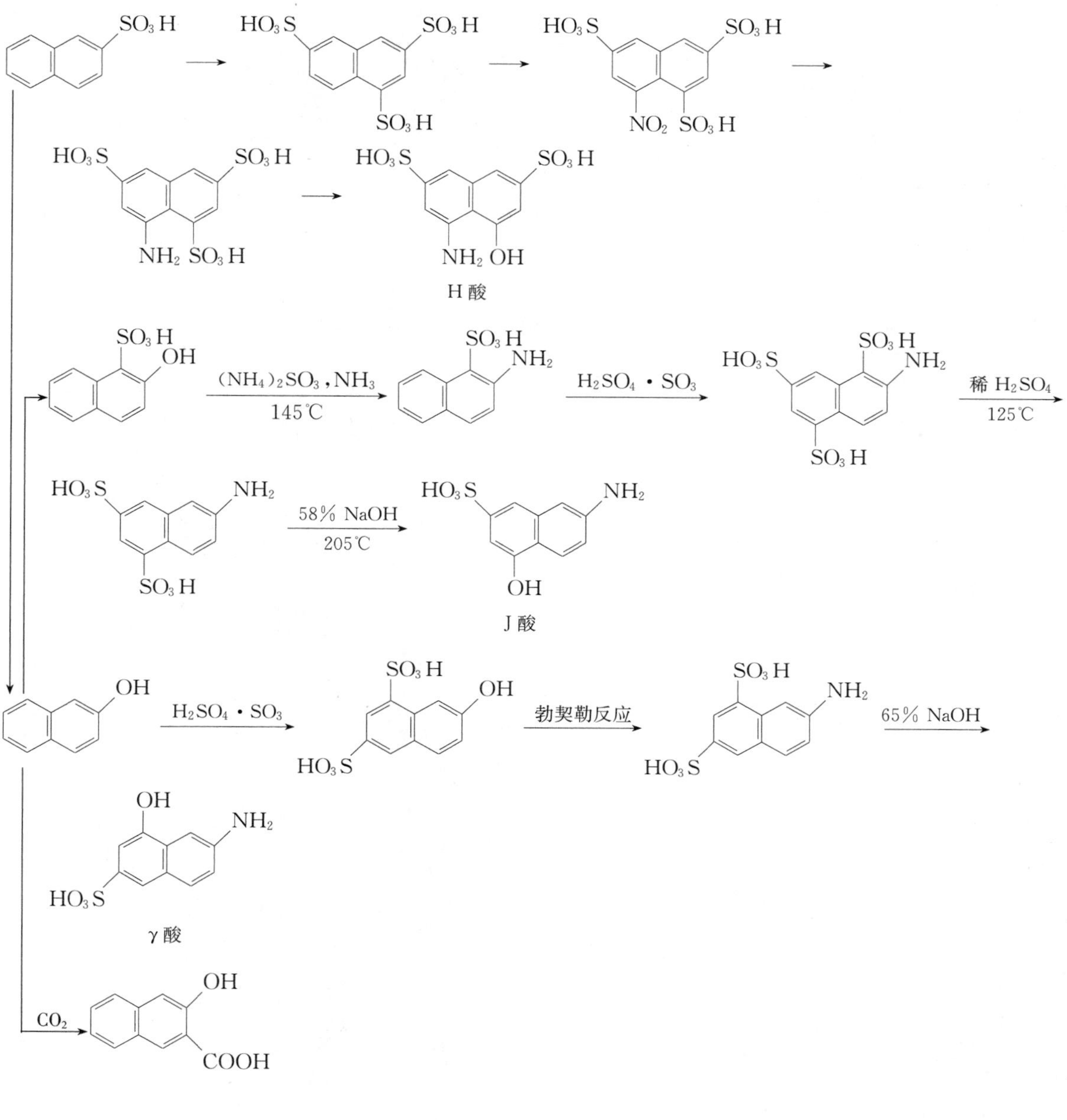

SO_3H　HO_3S　SO_3H　SO_3H　HO_3S　SO_3H　NO_2　SO_3H

HO_3S　SO_3H　NH_2　SO_3H　HO_3S　SO_3H　NH_2　OH

H 酸

SO_3H　OH　$(NH_4)_2SO_3$，NH_3　145℃　SO_3H　NH_2　$H_2SO_4 \cdot SO_3$　HO_3S　SO_3H　NH_2　SO_3H　稀 H_2SO_4　125℃

HO_3S　NH_2　SO_3H　58% NaOH　205℃　HO_3S　NH_2　OH

J 酸

OH　$H_2SO_4 \cdot SO_3$　SO_3H　OH　HO_3S　勃契勒反应　SO_3H　NH_2　HO_3S　65% NaOH

OH　NH_2　HO_3S

γ 酸

CO_2　OH　COOH

三、蒽醌系中料

蒽醌系中料包括蒽醌及其各种衍生物。通常蒽醌是由邻苯二甲酸酐在三氯化铝存在下与苯作用后经硫酸闭环而得。如下所示，这个方法可广泛用于制造一系列蒽醌衍生物，它们常作为酸性、分散、活性、还原等蒽醌类染料的重要中料。一些主要蒽醌中料的合成途径可归纳如下：

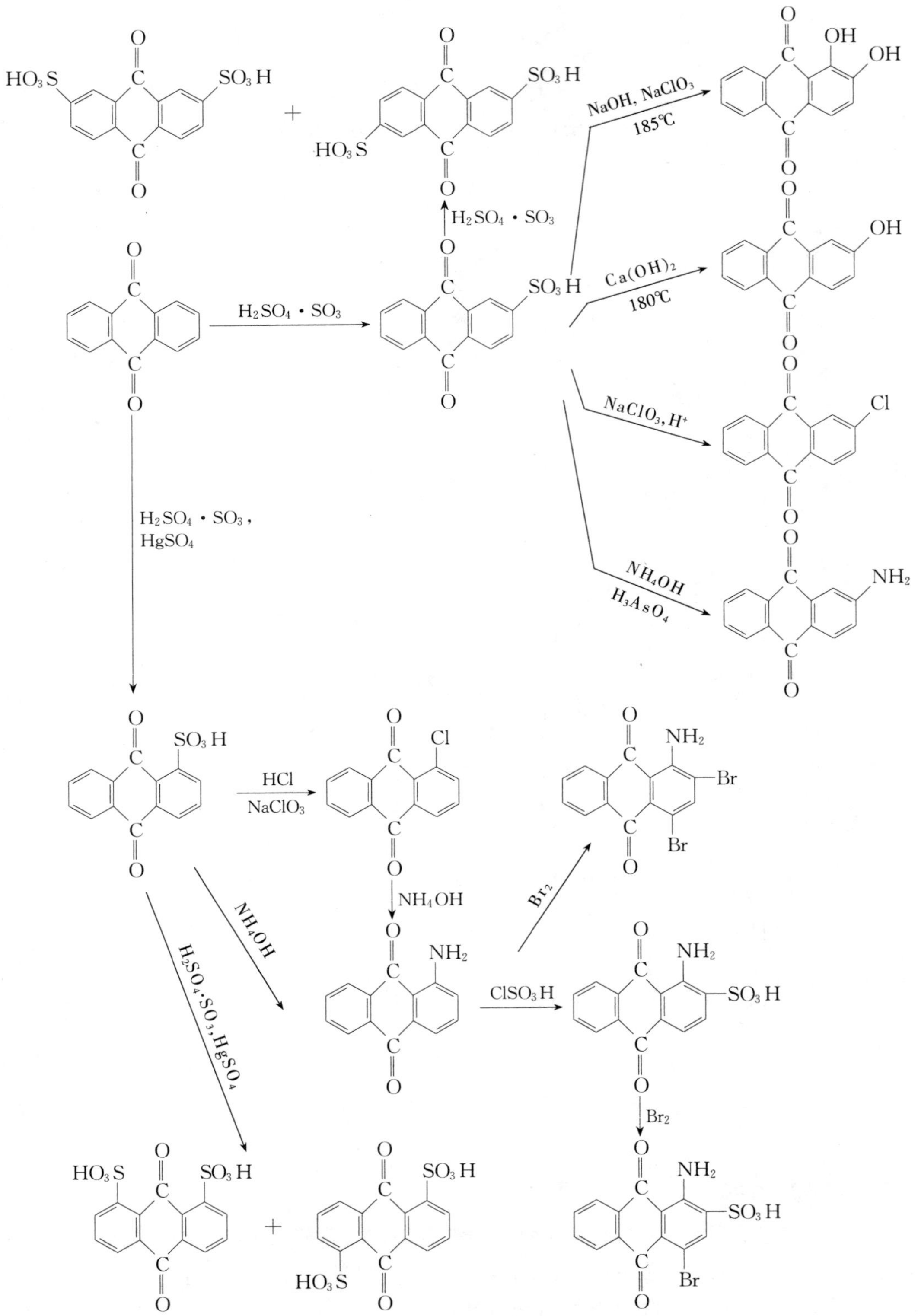

$H_2SO_4 \cdot SO_3$

$H_2SO_4 \cdot SO_3$

NaOH, $NaClO_3$, 185℃

$Ca(OH)_2$, 180℃

$NaClO_3$, H^+

NH_4OH, H_3AsO_4

$H_2SO_4 \cdot SO_3$, $HgSO_4$

HCl, $NaClO_3$

NH_4OH

NH_4OH

$H_2SO_4 \cdot SO_3$, $HgSO_4$

Br_2

$ClSO_3H$

Br_2

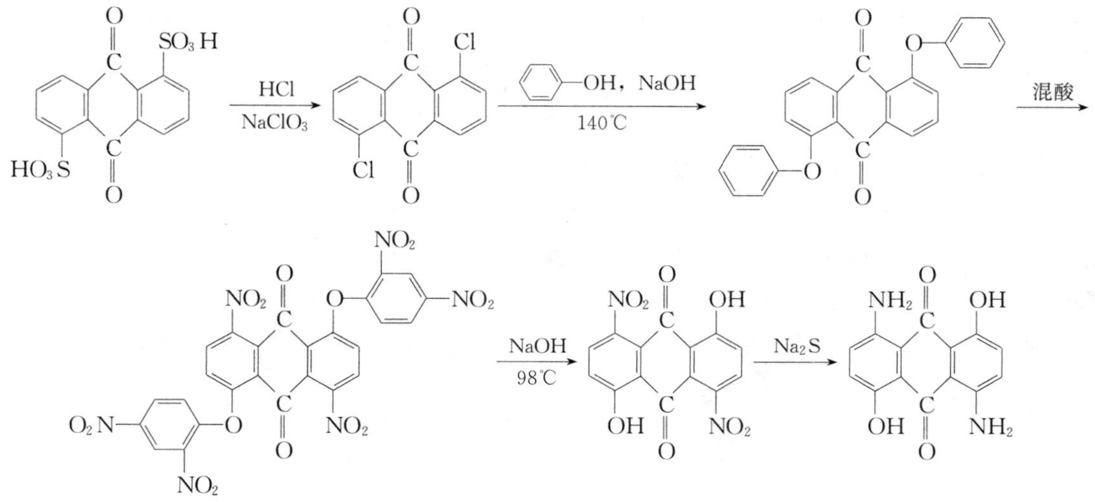

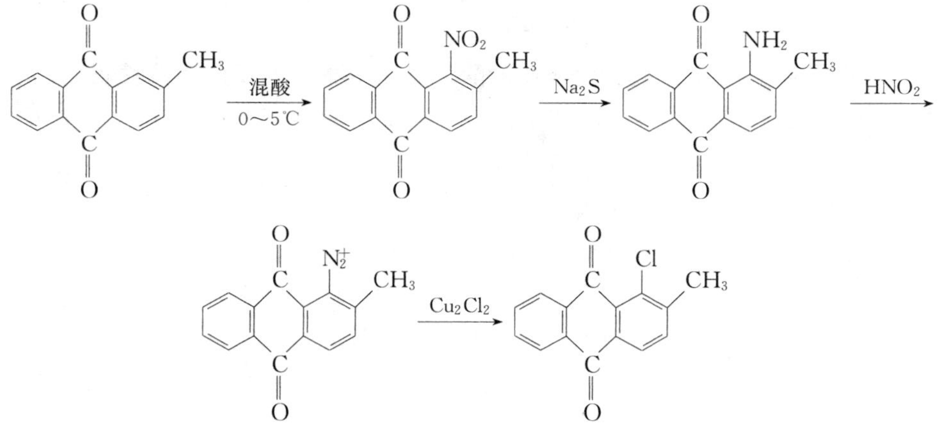

第四节　重氮化和偶合反应

两个烃基分别连接在—N═N—基两端的化合物称为偶氮化合物。凡染料分子中含有偶氮基的统称为偶氮染料。在合成染料中，偶氮染料是品种数量最多的一类染料，占合成染料品种的50%以上。在应用上包括酸性、冰染、直接、分散、活性、阳离子染料等类型。在偶氮染料的生产中，重氮化与偶合是两个主要工序及基本反应。也有少量偶氮染料是通过氧化缩合的方法合成的，而不是通过重氮盐的偶合反应。对染整工作者来说，重氮化和偶合是两个很重要的反应，人们常运用这两个反应进行不溶性偶氮染料的染色和印花。

一、重氮化反应

如果—N═N—基只有一个氮原子与烃基相连，而另一个氮原子连接其他基团，这样的化合物称为重氮化合物。芳伯胺和亚硝酸作用生成重氮盐的反应称为重氮化反应，芳伯胺常称重氮组分，亚硝酸为重氮化试剂。因为亚硝酸不稳定，通常使用亚硝酸钠和盐酸或硫酸，使反应生成的亚硝酸立即与芳伯胺反应，避免亚硝酸的分解，重氮化反应后生成重氮盐。

$$ArNH_2 + 2HX + NaNO_2 \longrightarrow Ar—N{=}N^+ X^- + NaX + 2H_2O$$

(一)重氮化反应机理和反应动力学

对于重氮化反应本身来说，溶液中具有一定的质子浓度是一个必要的条件。在稀酸($[H^+]=0.002\sim0.05$ mol/L)中对反应动力学的研究结果表明，苯胺的重氮化反应和 N-甲基苯胺的亚硝化反应的动力学规律是一致的。人们认为，重氮化是通过游离胺的 N-亚硝化，生成亚硝胺来实现的。后者一经生成便立即发生质子转移而生成重氮化合物。亚硝化的速率对整个重氮化过程起着决定性的作用。

$$Ar—NH_2 \xrightarrow{N\text{-亚硝化}} Ar—\overset{+}{N}H_2—NO \xrightarrow[\text{迅速}]{-H^+} (ArNH—NO) \xrightarrow[\text{迅速}]{}$$

$$(ArN{=}NOH) \xrightarrow[-H_2O\ \text{迅速}]{+H^+} Ar—N{\equiv}\overset{+}{N}$$

在一定的质子浓度下，亚硝酸钠生成亚硝酸。亚硝酸本身的反应活泼性很弱，它接受质子成为 $H_2O^+—NO$ 后迅速和亚硝酸根阴离子(NO_2^-)作用，生成亚硝酸酐 N_2O_3。亚硝酸酐与游离芳伯胺发生亚硝化反应，这些反应可写成下列反应式：

$$HONO \rightleftharpoons H^+ + ONO^-$$

$$HONO + H^+ \rightleftharpoons H_2O^+—NO$$

$$H_2O^+—NO + ONO^- \rightleftharpoons ONONO + H_2O$$

$$2HONO \rightleftharpoons ONONO + H_2O$$

$$\frac{[N_2O_3]}{[HNO_2]^2} = K_{N_2O_3}$$

式中：$K_{N_2O_3}$ 为反应平衡常数。

重氮化速率 $\frac{d[ArN_2^+]}{dt}$ 为：

$$\frac{d[ArN_2^+]}{dt} = K[ArNH_2][N_2O_3] = K'[ArNH_2][HNO_2]^2$$

式中：K、K' 为反应速率常数。

在稀盐酸中，亚硝酸与盐酸作用生成亚硝酰氯 Cl—NO，其反应活泼性比亚硝酸酐高，它对芳伯胺的反应速率，受胺的碱性强弱影响也不大。反应过程如下：

$$HONO + H^+ \rightleftharpoons H_2O^+—NO$$

$$H_2O^+—NO + Cl^- \rightleftharpoons Cl—NO + H_2O$$

$$HONO + H^+ + Cl^- \rightleftharpoons Cl—NO + H_2O$$

$$\frac{[Cl—NO]}{[HONO][H^+][Cl^-]} = K_{Cl—NO}$$

重氮化速率 $\frac{d[ArN_2^+]}{dt}$ 为：

$$\frac{d[ArN_2^+]}{dt}=K_2[ArNH_2][Cl—NO]=K_2'[ArNH_2][HONO][H^+][Cl^-]$$

式中：K_2、K_2'为反应速率常数。

与亚硝酸酐比较，亚硝酰氯对芳伯胺的重氮化速率也较高。以苯胺的重氮化为例，25℃亚硝酰氯和苯胺的反应速率常数 K_2 为 2.6×10^9 L/(mol·s)，而亚硝酸酐和苯胺的反应速率常数 K 为 10^7 L/(mol·s)。对于碱性较弱的芳伯胺来说，差距更大。由此可见，在稀盐酸中进行重氮化的过程中，亚硝酰氯浓度对重氮化反应的总速率具有决定性的意义。

在浓硫酸中进行重氮化，反应情况更为复杂。亚硝酸钠和冷的浓硫酸作用，生成亚硝基阳离子（$—NO^+$），它的亲电反应性能更强。

综上所述，在稀酸（$[H^+]<0.5$ mol/L）条件下，重氮化反应的各种反应历程，按现有的研究结果，可归纳如下式。

$$HNO_2 \overset{H^+}{\rightleftharpoons} H_2O^+—NO \begin{cases} \xrightarrow{X^-} X—NO \xrightarrow{ArNH_2} \\ \xrightarrow{ArNH_2} \\ \xrightarrow{NO_2^-} N_2O_3 \xrightarrow{ArNH_2} \end{cases} Ar—\overset{+}{N}H_2—NO \xrightarrow[迅速]{-H^+} (ArNH—NO) \xrightarrow[迅速]{}$$

$$(ArN{=}NOH) \xrightarrow[-H_2O\ 迅速]{+H^+} Ar—N{\equiv}\overset{+}{N}(或\ Ar\ \overset{+}{N}{\equiv}N)$$

式中：X 为—Cl 或—Br。

（二）影响重氮化反应的因素

1. 酸的用量和浓度　在重氮化反应中，无机酸的作用是：首先使芳胺溶解，次之和亚硝酸钠生成亚硝酸，最后与芳胺作用生成重氮盐。重氮盐一般是容易分解的，只有在过量的酸液中才比较稳定。所以，尽管按反应式计算，1mol 氨基重氮化仅需要 2mol 酸；但要使反应得以顺利进行，酸量必须适当过量。酸过量的多少取决于芳伯胺的碱性。碱性越弱，N-亚硝化反应越难进行，需酸量越多，一般是过量 25%～100%。有的过量更多，甚至需在浓硫酸中进行。

重氮化反应时若酸用量不足，生成的重氮盐容易和未反应的芳胺偶合，生成重氮氨基化合物。

$$Ar—N{=}N^+ + H_2N—Ar \longrightarrow Ar—N{=}N—NH—Ar + H^+$$

这是一种不可逆的自偶合反应，它使重氮盐的质量变差，影响偶合反应的正常进行并降低偶合收率。在酸量不足的情况下，重氮盐容易分解，且温度越高分解越快。一般重氮化反应完毕时，溶液仍应呈强酸性，能使刚果红试纸变色。

无机酸的浓度对重氮化的影响可以从不溶性芳胺的溶解生成铵盐，铵盐水解生成溶解的游离胺及亚硝酸的电离等几个方面加以讨论。

$$Ar—NH_2 + H_3^+O \rightleftharpoons Ar—\overset{+}{N}H_3 + H_2O$$

$$HNO_2 + H_2O \rightleftharpoons H_3^+O + NO_2^-$$

酸可使原来不溶性的芳胺变成季铵盐而溶解。由于铵盐是弱碱强酸生成的盐，在溶液中水解生成游离胺。当无机酸浓度升高时，平衡向铵盐生成的方向移动，从而降低游离胺浓度，使重氮化速度变慢。对亚硝酸的电离平衡而言,无机酸浓度增加,可抑制亚硝酸的电离而加速重氮化。若无机酸为盐酸,则酸浓度增加,还有利于亚硝酰氯的生成。一般说,无机酸浓度较低时,后一影响是主要的。酸浓度升高时,反应速率增加。但随着酸浓度的进一步增加,前一影响逐渐显现,成为主要影响因素。这时,酸浓度的增加会降低参与重氮化反应的游离胺的浓度,从而降低重氮化反应速率。

2. 亚硝酸的用量 按重氮化反应方程式,1mol 氨基重氮化需要 1mol 的亚硝酸钠。重氮化反应进行时,自始至终必须保持亚硝酸稍过量,否则也会引起自偶合反应。这可由加入亚硝酸钠溶液的速度来控制。加料速度过慢,未重氮化的芳胺会和重氮盐作用发生自偶合反应。加料速度过快,溶液中产生的大量亚硝酸会分解或发生其他副反应。反应时,测试亚硝酸过量的方法是用淀粉—碘化钾试纸试验,1 滴过量亚硝酸的存在,可使淀粉—碘化钾试纸变为蓝色。由于在酸性条件下空气中的氧气可使淀粉—碘化钾试纸氧化而变色,所以,试验的时间以0.5~2s 显色为准。亚硝酸稍过量时,淀粉—碘化钾试纸显微蓝色;过量时显暗蓝色;若亚硝酸大大过量时,则显棕色。

过量的亚硝酸对下一步偶合反应不利,会使偶合组分亚硝化、氧化或发生其他反应。所以,反应结束后,常加入尿素或氨基磺酸来分解过量的亚硝酸。

$$H_2N-\overset{\overset{\displaystyle O}{\|}}{C}-NH_2+2HNO_2 \longrightarrow CO_2\uparrow+2N_2\uparrow+3H_2O$$

$$NH_2SO_3H+HNO_2 \longrightarrow H_2SO_4+N_2\uparrow+H_2O$$

3. 反应温度 重氮化反应一般在 0~5℃时进行,这是因为大部分重氮盐在低温下较稳定,在较高温度下重氮盐分解速度加快。另外,亚硝酸在较高温度下也容易分解,因此,重氮化反应温度常取决于重氮盐的稳定性。如,对氨基苯磺酸重氮盐的稳定性高,可在 10~15℃进行重氮化反应。1-氨基萘-4-磺酸重氮盐的稳定性更高,可在 35℃下进行重氮化反应。

4. 芳胺的碱性 从反应机理看,芳胺的碱性越强,越有利于 *N*-亚硝化反应(亲电反应),从而提高重氮化反应速率。但强碱性的胺类能与酸生成铵盐而降低了游离胺的浓度。因此,这也抑制了重氮化反应速率。当酸的浓度很低时,芳胺的碱性对 *N*-亚硝化的影响是主要的,这时芳胺的碱性越强,反应速率越快。在酸的浓度较高时,铵盐的水解难易(游离胺的浓度)是主要影响因素,这时碱性较弱的芳伯胺的重氮化速率快。

(三)重氮化合物的结构和化学特性

重氮盐在水溶液中以离子状态存在,可用 $[Ar-\overset{+}{N}\equiv\ddot{N}]X^-$ 表示。受共轭效应影响,正电荷并不完全定域在连接芳烃的氮原子上,故重氮盐结构由电子结构 A 和 B 的叠加表示,两种结构均可采用。

$$\Big[\underset{A}{Ar-\overset{+}{N}\equiv\ddot{N}} \longleftrightarrow \underset{B}{Ar-\ddot{N}=\overset{+}{N}}\Big]X^-$$

重氮盐在水溶液中和低温时是比较稳定的。重氮盐的热稳定性还受芳环上取代基的影响,含吸电子基团的重氮盐热稳定性较好;而含供电子基团,如 $-CH_3$、$-OH$ 和 $-OCH_3$ 等都会降低重氮盐的稳定性。固态和高浓度的重氮盐很不稳定,容易受光和热作用分解,温度升高,分解速度加快。干燥时，重氮盐受热或震动会剧烈分解，甚至引起爆炸。在酸性介质中，金属铜、铁等或它们的金属盐会加速重氮化合物的分解。

重氮化合物结构和性质随着介质 pH 的不同而变化。重氮盐在介质 pH＜3 时才较稳定。随着介质 pH 的升高，重氮盐变成重氮酸，最后变成无偶合能力的反式重氮酸盐。

$$[Ar-\overset{+}{N}\equiv\ddot{N}]X^- \xrightarrow{K_1} [Ar-N=N-OH] \xrightarrow{K_2} Ar-N=N-O^-Na^+$$

式中：K_1、K_2 为反应速率常数，且 $K_2 \geqslant K_1$。

重氮酸的浓度极低，几乎为零。重氮酸盐有顺反异构现象存在，高温下有利于生成反式重氮酸盐。

(四)各种芳伯胺的重氮化方法

根据芳胺的不同性质，可以确定它们的重氮化条件，如重氮化试剂(即选用的无机酸)、反应温度、酸的浓度和用量以及反应时的加料顺序。

1. 碱性较强的一元胺与二元胺　如苯胺、甲苯胺、甲氧基苯胺、二甲苯胺及 α-萘胺、联甲氧基苯胺等，这些芳胺的特征是碱性较强，分子中不含有吸电子基，容易和无机酸生成稳定的铵盐。铵盐较难水解，重氮化时，酸量不宜过量过多，否则溶液中游离芳胺存在量太少，影响反应速率。重氮化时，一般先将芳胺溶于稀酸中，然后在冷却的条件下，加入亚硝酸钠溶液(即顺法)。

2. 碱性较弱的芳胺　如硝基甲苯胺、硝基苯胺、多氯苯胺等，这些芳胺分子中含有吸电子取代基，碱性较弱，难以和稀酸成盐，生成铵盐。在水中也很容易水解生成游离芳胺。因此它们的重氮化反应速率比碱性较强的芳胺快，所以必须用浓度较高的酸加热使芳胺溶解，然后冷却析出芳胺沉淀，并且要迅速加入亚硝酸溶液以保持亚硝酸在反应中过量，否则，偶合活泼性很高的对硝基苯胺重氮液容易和溶液中游离的对硝基苯胺自偶合生成黄色的重氮氨基化合物沉淀。

3. 弱碱性芳胺　若芳胺的碱性降低到即使用很浓的酸也不能溶解时，它们的重氮化就要用亚硝酸钠和浓硫酸为重氮化试剂。在浓硫酸或冰醋酸中，这些芳胺的铵盐很不稳定，并且很容易水解，在浓硫酸中仍有游离胺存在，故可重氮化。对铵盐溶解度极小的芳胺(形成钠盐)，也可采用反式重氮化。即等相对分子质量的芳胺和亚硝酸钠混合后，加入到盐酸(或硫酸)和冰的混合物中，进行重氮化。

4. 氨基偶氮化合物　氨基偶氮化合物如：

在酸性介质中迅速达成如下平衡：

偶氮体　　　　醌腙体

生成的醌腙体难溶于水,不能进行重氮化反应。为了防止醌腙体的盐生成,当偶氮染料生成后,加碱溶解,然后盐析,使之全部成为偶氮体的钠盐,析出沉淀过滤。加入亚硝酸钠溶液,迅速倒入盐酸和冰水的混合物中,可使重氮化反应进行到底。

5. 邻氨基苯酚类 在普通的条件下重氮化时,邻氨基苯酚类化合物很容易被亚硝酸所氧化,因此它的重氮化是在醋酸中进行的。醋酸是弱酸,与亚硝酸钠作用缓慢放出亚硝酸,并立即与此类化合物作用,可避免发生氧化作用。

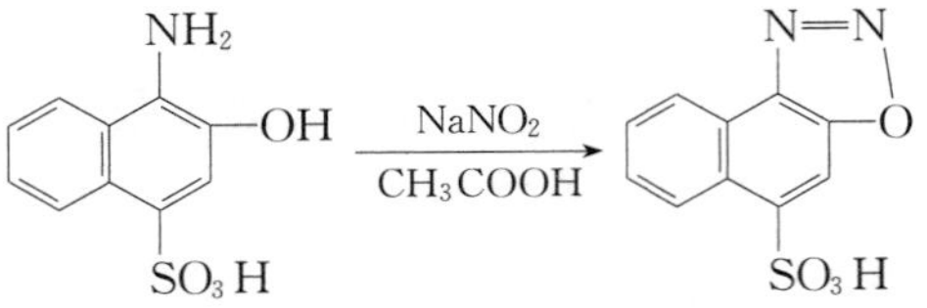

NH_2 —OH SO_3H $\xrightarrow[CH_3COOH]{NaNO_2}$ N=N —O SO_3H

二、偶合反应

芳香族重氮盐与酚类和芳胺作用,生成偶氮化合物的反应称为偶合反应。酚类和芳胺称为偶合组分。

重要的偶合组分有:

(1)酚类:苯酚、萘酚及其衍生物。

(2)芳胺类:苯胺、萘胺及其衍生物。

(3)氨基萘酚磺酸类: H 酸、J 酸、γ 酸等。

(4)活泼的亚甲基化合物:如乙酰乙酰苯胺、吡唑啉酮等。

(一)偶合反应机理

偶合反应条件对反应过程影响的各种研究结果表明,偶合反应是一个芳环亲电取代反应。在反应过程中,第一步是重氮盐阳离子和偶合组分结合形成的一种中间产物;第二步是这种中间产物释放质子给质子接受体,生成偶氮化合物。

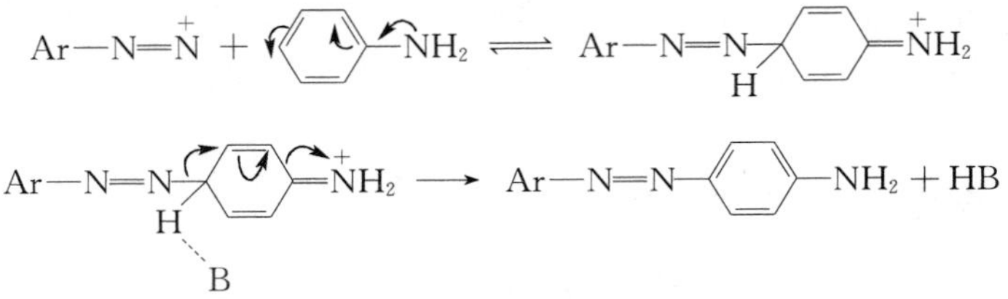

$$Ar—N=\overset{+}{N} + C_6H_5—NH_2 \rightleftharpoons Ar—N=N—C_6H_5(H)=\overset{+}{N}H_2$$

$$Ar—N=N—C_6H_5(H\cdots B)=\overset{+}{N}H_2 \longrightarrow Ar—N=N—C_6H_4—NH_2 + HB$$

(二)影响偶合反应的因素

1. 重氮盐 偶合反应是芳香族亲电取代反应。重氮盐芳核上有吸电子取代基存在时,加强了重氮盐的亲电子性,偶合活性高;反之,芳核上有给电子取代基存在时,减弱了重氮盐的亲电子性,偶合活性低。不同的对位取代苯胺重氮盐和酚类偶合时的相对活性如下所示:

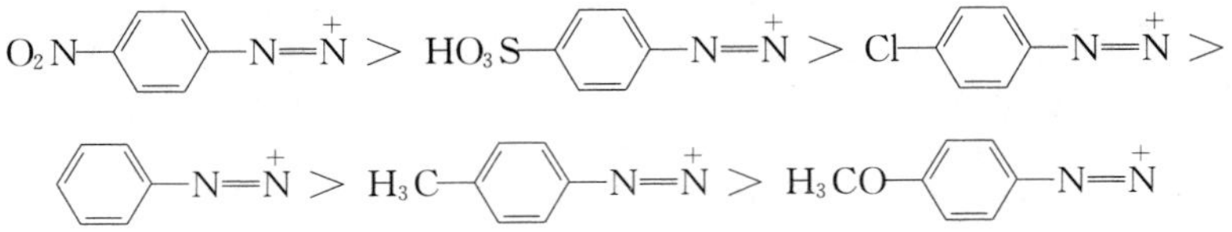

$$O_2N—C_6H_4—N=\overset{+}{N} > HO_3S—C_6H_4—N=\overset{+}{N} > Cl—C_6H_4—N=\overset{+}{N} >$$

$$C_6H_5—N=\overset{+}{N} > H_3C—C_6H_4—N=\overset{+}{N} > H_3CO—C_6H_4—N=\overset{+}{N}$$

2. 偶合组分的性质　偶合组分芳环上取代基的性质，对偶合活性具有显著的影响。在芳环上引入供电子取代基，增加芳环上的电子云密度，可使偶合反应容易进行，如酚、芳胺上的羟基、氨基是供电子取代基。重氮盐常向电子云密度较高的取代基的邻对位碳原子上进攻，当酚及芳环上有吸电子取代基—Cl、—COOH和$—SO_3H$等存在时，偶合反应不易进行，一般需用偶合活性较强的重氮盐进行偶合。

苯酚、苯胺发生偶合时，主要生成对位偶合产物；若对位有其他取代基，则生成邻位偶合产物。1-萘酚、1-萘胺的3位或5位如有磺酸基，由于空间位阻效应，除非重氮盐的偶合能力很强或使用吡啶作催化剂，一般在邻位偶合。2-萘酚、2-萘胺的偶合只发生在1位，3位是不发生偶合的。若8位有磺酸基，空间位阻将大大降低偶合速率。如下式中，箭头表示偶合组分的偶合位置。

3. 偶合介质的pH　偶合介质的pH对偶合反应速率和偶合位置有很大的影响。偶合反应动力学研究表明，酚和芳胺类偶合组分的偶合反应速率与介质pH之间的关系如左图所示。

对于酚类偶合组分，随着介质pH的升高：

$$Ar—OH \rightleftharpoons Ar—O^- + H^+$$

有利于生成偶合组分的活泼形式（酚负氧离子），偶合速率迅速增大，当pH增至9左右时，偶合速率达到最大值。当pH大于10后，继续增加pH，重氮盐会转变成无偶合能力的反式重氮酸钠盐 $Ar—N{=}N—O^-Na^+$。由此，降低了偶合反应速率。因此，重氮盐与酚类的偶合反应通常在弱碱性介质中（pH为9～10）进行。

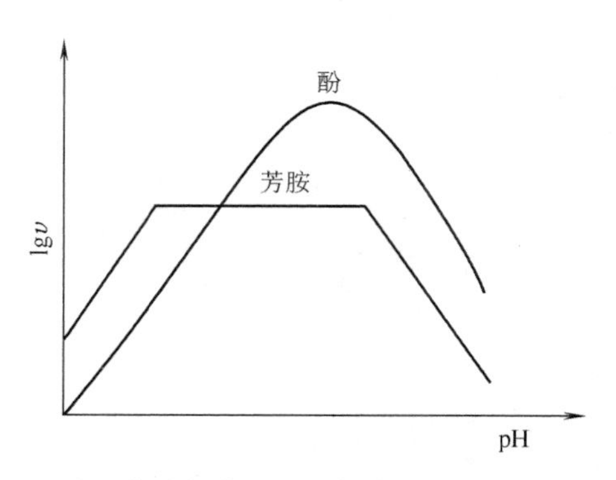

酚和芳胺偶合组分的偶合反应速率与介质pH之间的关系

对于芳胺类偶合组分，芳胺在强酸性介质中，氨基变成$-\overset{+}{N}H_3$,降低了芳环上的电子云密度而不利于重氮盐的进攻。

$$Ar-NH_2 + H^+ \underset{OH^-}{\overset{H^+}{\rightleftharpoons}} Ar-\overset{+}{N}H_3$$

随着介质pH的升高,增加了游离胺浓度,偶合速率增大。当pH为5左右时,介质中已有足够的游离胺浓度与重氮盐进行偶合。这时偶合速率和pH关系不大,出现一平坦区域。待pH为9以上时,偶合速率降低,是由于活泼的重氮盐转变为不活泼的反式重氮酸盐的缘故。所以芳胺的偶合在弱酸性介质(pH为4～7)中进行。

吡唑啉酮在碱性溶液中存在着如下平衡:

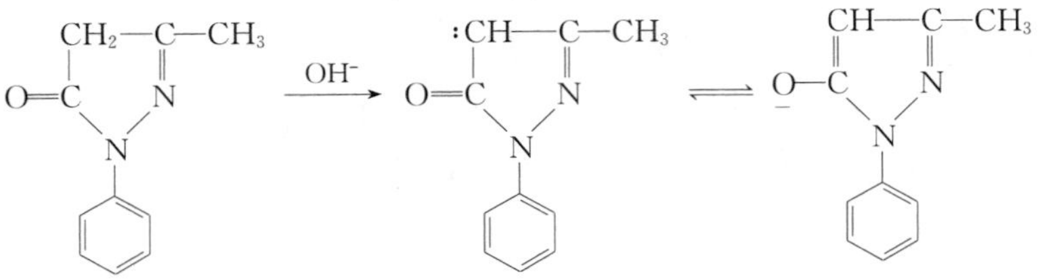

OH⁻

生成的吡唑啉酮负离子是参加偶合反应的活泼形式,所以它们的偶合反应也是在弱碱性介质(pH为7～9)中进行的。

氨基萘酚磺酸在弱酸性介质中偶合,氨基起指向作用;在碱性介质中偶合,则羟基起指向作用。在羟基负离子邻、对位的偶合速率比在氨基邻位的偶合速率快得多。H酸在不同pH介质中的偶合位置如下:

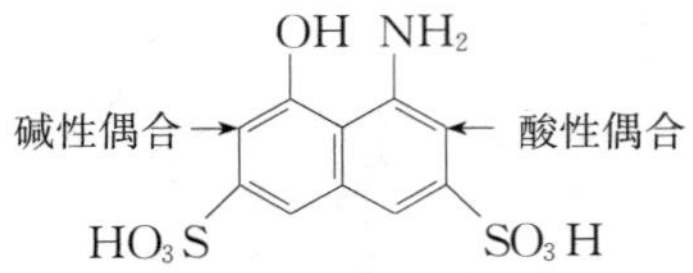

OH NH₂
碱性偶合 酸性偶合
HO₃S SO₃H

如果2,7两个位置上都要进行偶合,那么必须先在酸性介质中偶合,然后再在碱性介质中进行第二次偶合,生成双偶氮染料。但是若H酸先在碱性介质中偶合,则不能进行第二次偶合。这是因为$-NH_2$的给电子性能远比$-O^-$小,而且偶氮基也是一个弱的吸电子基,因此难以在氨基一侧进行第二次偶合。但也有下列氨基萘酚磺酸,依介质pH的不同,只能在氨基邻(对)位或羟基邻位发生一次偶合反应,不能进行第二次偶合。

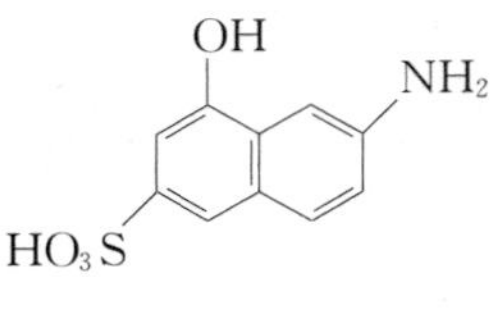

γ酸 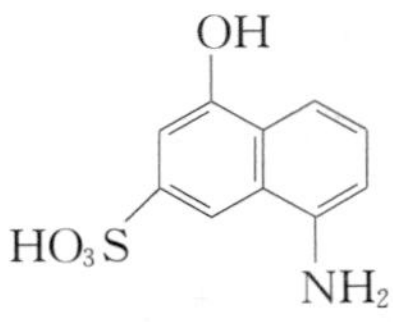　　M酸 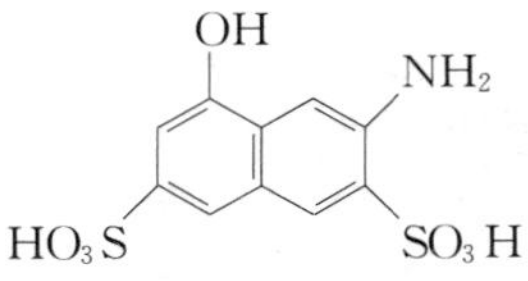　　RR酸

γ酸在酸性条件下偶合形成如下结构的单偶氮染料,由于羟基和迫位上的偶氮基生成氢键,形成稳定的六元环,难以释放出氢质子变成酚负离子,因而失去了第二次偶合的能力。

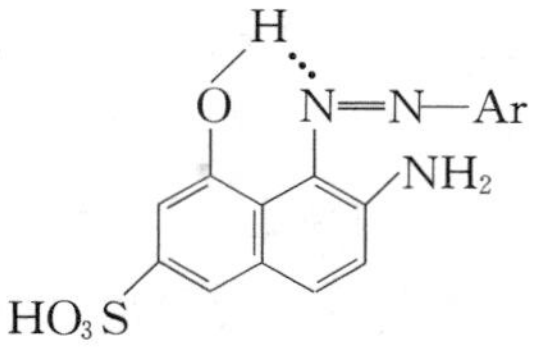

H
O　N=N—Ar
NH₂
HO₃S

4. 偶合反应温度　在进行偶合反应的同时，也发生重氮盐分解等副反应，且反应温度的提高对分解速率的影响比偶合速率要大得多。为了减少和防止重氮盐的分解，生成焦油状物质，偶合反应一般在较低的温度下进行。另外，当 pH 大于 9 时，温度升高，也有利于反式重氮酸盐的生成，而不利于偶合反应的进行。

5. 盐效应　溶液中两个离子 A、B 间的反应速率常数和它们的活度系数 γ_A、γ_B 以及过渡态活度系数 γ 有关。而活度系数则为溶液的离子强度 I 的函数。电荷符号相同的离子间的反应速率常数可以通过加盐，增加溶液离子强度、减小反应离子间的斥力、增加碰撞而获得提高。反之，电荷符号相反对离子间的反应速率常数会由于溶液离子强度的增加而下降。中性分子则没有这种影响。设 K_0 为溶液无限稀释条件下的反应速率常数，Z_A、Z_B 分别为反应物 A、B 所带的电荷数，则反应速率常数 K 和它们之间的关系如下：

$$\lg K=\lg K_0+2\alpha Z_A Z_B \sqrt{I}$$

式中：α 为常数，随介质的介电常数、温度而异，在 25℃水溶液中约为 0.509。

溶液离子强度 I 为：

$$I=\frac{1}{2}\sum C_i Z_i^2$$

式中：C_i 为 Z_i 离子的质量摩尔浓度(mol/kg)。

偶合反应的情况也是如此。例如，$^{-}O_3S$—(萘环)—NH_2 和重氮盐 H_3C—(苯环)—N_2^+ 偶合，两者所带电荷相反，反应速率常数随溶液中盐浓度的增加而降低；与电荷中性的重氮盐 $^{-}O_3S$—(苯环)—N_2^+ 偶合，速率常数不受影响；与具有负电荷的（SO_3^-、$^{-}O_3S$ 取代苯环）—N_2^+ 进行偶合，则反应速率常数随盐浓度的增加而增加。

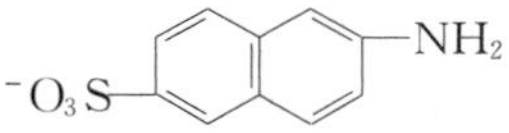

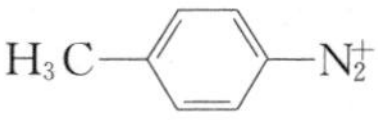

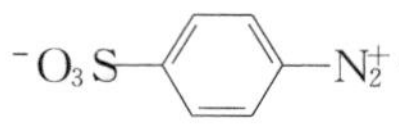

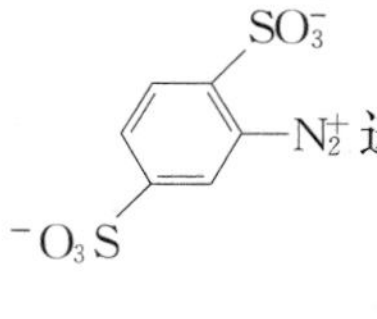

6. 催化剂存在的影响　对有些存在空间位阻的偶合反应，加入催化剂(如吡啶)时能加速脱氢，可提高偶合反应速率。

拓展阅读：非诱变性染料中料研究进展

1994 年德国政府公布了因还原分解出 22 种致癌芳胺的 118 种禁用染料规定，在染料、纺织品生产与出口领域引起较大震动。2000 年版《世界染料品种手册》禁用染料达

335种。这些染料之所以被禁用，主要原因是合成它们的中料具有诱变性。所谓诱变性是指某一化学品引起生命组织中DNA分子的改变或损伤，包括组成、原子之间的连接顺序、空间排列方式以及二级、三级或四级结构的任何变化。如被广泛应用的联苯胺，在动物(或人)体内代谢，或在热辐射或光照条件下，会分解出芳氮烯阳离子，极易与代谢系统中蜂窝状大分子亲核体作用而诱发癌变，直接影响人类健康。因此，研究开发非诱变性染料中料成为近年来人们研究的热点。

目前，非诱变性染料中料的研究主要在以下几个方面：非诱变性联苯胺衍生物，非诱变性二氨基化合物，5，10－二氢磷杂吖嗪环系衍生物，磺酸衍生物。

一、非诱变性联苯胺衍生物染料中料的研究

联苯胺作为二胺类化合物用于合成多偶氮染料有许多优点，因此，合成联苯胺的非诱变性衍生物来代用联苯胺是一条捷径，可以使所合成染料的性质与联苯胺类染料类似，代用成功的可能性较大。文献中报道的联苯胺类衍生物的诱变性与联苯胺苯环上取代基的关系如表2－1所示。

联苯胺类衍生物

表2－1 联苯胺类衍生物的诱变性与取代基的关系

物质代号	R_1	R_2	R_3	R_4	R_5	R_6	诱变与否
a	H	H	H	H	H	H	M
b	Me	H	H	Me	H	H	M
c	OMe	H	H	OMe	H	H	M
d	Cl	H	H	Cl	H	H	M
e	SO_3H	H	H	SO_3H	H	H	NM
f	Pr	H	H	Pr	H	H	NM
g	OPr	H	H	OPr	H	H	NM
h	OBu	H	H	OBu	H	H	NM
i	OC_2H_4OH	H	H	OC_2H_4OH	H	H	NM
j	$OC_2H_4OCH_3$	H	H	$OC_2H_4OCH_3$	H	H	NM
k	Me	Me	Me	Me	H	H	NM
l	OPr	H	H	OPr	Me	Me	NM
m	OPr	H	H	OPr	OMe	OMe	NM
n	OPr	H	H	OPr	Cl	Cl	NM

注 M——诱变，NM——非诱变。

目前，使用联苯胺类衍生物代用联苯胺主要有以下两种方法。一是通过在芳环上引入亲水性基团，增加芳胺的水溶性，降低芳胺的致诱变性。如上表中 e，通过引入磺酸基后，获得非诱变的中料。目前已有采用这类中料合成染料的例子，但是由于引入亲水性基团后，会增大染料的水溶性，从而降低染料的直接性和水洗牢度，因此这类中料在代用联苯胺的研究中使用不多。

另一方法是向联苯胺的氨基邻位引入大体积基团来降低或消除联苯胺分子的致诱变性。

已有专利和文章报道利用烷氧基取代的联苯胺分子合成染料和颜料。1986 年，Hunger 等合成了表 2-1 中 f 和 g。随后，Bauer 等利用这些中料合成了非诱变二偶氮黑色水溶性染料，结构式如下所示，并用于喷墨打印墨水。

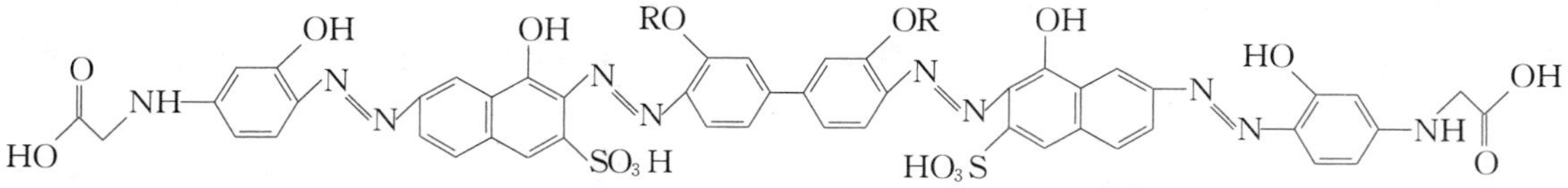

R=—Pr，—Bu

最近，Hinks 等合成了一系列 2，2′，5，5′-四取代的联苯胺衍生物，并将它们应用于颜料的合成，以替代致癌性中料 3，3′-二氯联苯胺。所合成的颜料结构式为：

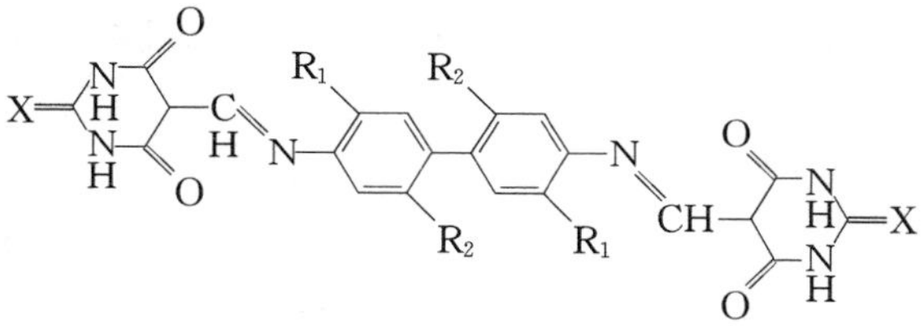

R_1=—OPr，—OBu，—Pr　R_2=—CH_3，—OCH_3　X=O，S

从以上实例可知，在联苯胺的氨基邻位以大体积基团取代可以消除联苯胺的诱变性，获得完全非诱变性的分子。

二、非诱变性二氨基化合物染料中料的研究

1. 二氨基杂环化合物　20 世纪 70 年代后，含有杂环的芳胺越来越受到重视，杂原子不仅使这些芳香胺毒性大为降低或消除，而且合成的偶氮染料具有特殊色调，从而弥补传统偶氮染料的不足。用二氨基芳基杂环化合物取代联苯胺及其衍生物可合成无致癌毒性的直接染料，色谱较广，用于染棉、羊毛、聚酰胺纤维。这类化合物主要有 3，5-二(对氨基苯基)-1，2，4-三氮唑、2-(对氨基苯基)-5-氨基苯并咪唑、2，5-二(对氨基苯基)-1，3，4-三唑、3，5-双(4′-氨基苯基)-4H-1，2，4-三唑、3-(4-氨基苯基)-7-氨基喹啉、5，5′-二氨基联吡啶、2-(4′-氨基苯基)-5-氨基吡啶、苯并膦嗪类等，部分结构式如下所示。

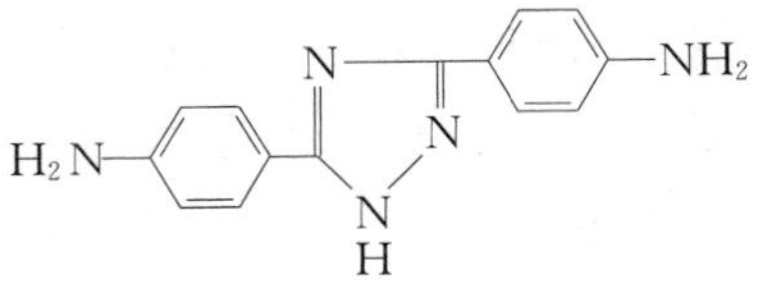

3,5-二(对氨基苯基)-1,2,4-三氮唑

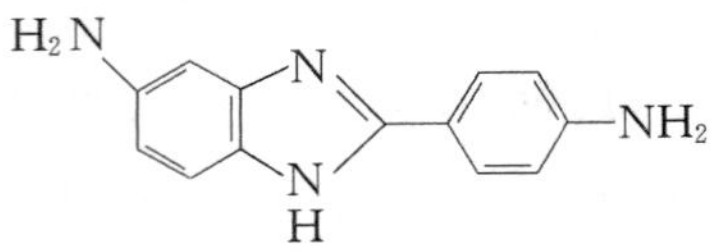

2-(对氨基苯基)-5-氨基苯并咪唑

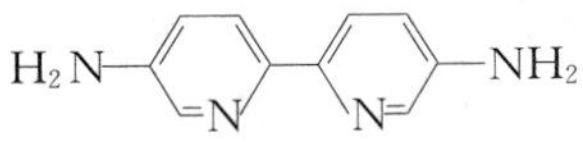

5,5′-二氨基联吡啶

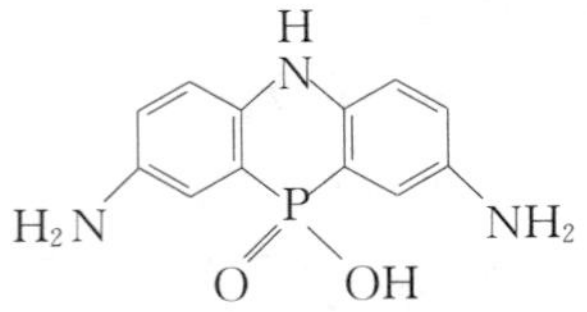

苯并膦嗪类

上述不对称氨基芳基杂环化合物分子中的两个可重氮化的氨基具有不同的活性,苯环上的氨基更活泼,对于合成不对称的双偶氮染料很有用。这类中料得到的染料它牢度和直接性都很好。

除了二氨基杂环化合物之外,其他二氨基化合物作为禁用染料中料的替代品层出不穷,如二氨基苯甲酰苯胺及其磺酸衍生物、二氨基苯磺酰胺及其衍生物、二氨基二苯乙烯及其磺酸衍生物、二氨基二苯脲及其磺酸衍生物、二氨基苯胺及其磺酸衍生物、二氨基萘、4,4′-二氨基二苯硫醚的磺酸衍生物、4,4′-二氨基偶氮苯及其磺酸衍生物、二氨基脂肪烃二胺衍生物等。

2. 5,10-二氢磷杂吖嗪环系染料中料 5,10-二氢磷杂吖嗪可由二苯胺与三氯化磷基二苯胺在加热条件下反应制得。5,10-二氢磷杂吖嗪及其氨基衍生物结构式如下所示。

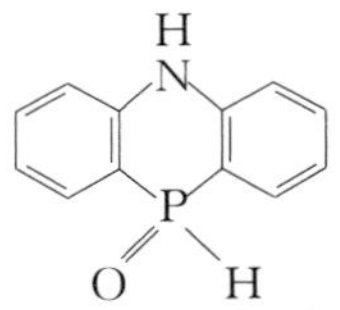

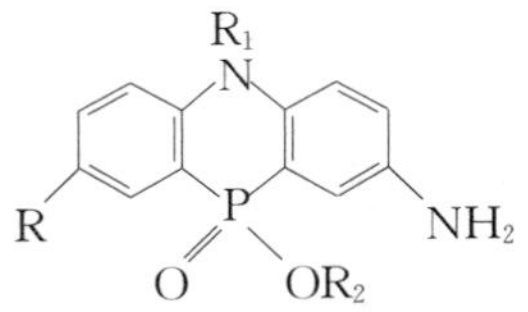

$R,R_1,R_2 = H, —Me, —NO_2$

5,10-二氢磷杂吖嗪

5,10-二氢磷杂吖嗪环系氨基衍生物

由于氨基的引入,5,10-二氢磷杂吖嗪环系氨基衍生物经重氮化后可与萘、吡唑啉酮等反应,合成非诱变染料。

研究表明,5,10-二氢磷杂吖嗪环系芳胺与吡唑啉酮偶合形成的黄色或橙色偶氮染料比一般芳香胺形成的偶氮染料具有更深的色调,它们的最大吸收波长发生较大红移。与萘系酚类化合物偶合形成单偶氮染料呈蓝色色调,也比一般芳香胺形成的单偶氮染料具有更深的色调,它们的最大吸收波长发生较大红移。5,10-二氢磷杂吖嗪环系芳二胺与萘系酚类化合物偶合成的双偶氮染料同样呈蓝色调,由于中间含磷杂环与两个苯环不是共平面,故色调与相应的单偶氮染料差别不大。

复习指导

1. 了解染料中间体合成中主要采用的反应类型及其作用。

2. 掌握染料中间体合成中引入各种取代基的目的、采用的试剂和合成方法。

3. 熟悉苯、萘和蒽醌系中间体的合成途径。

4. 掌握芳胺的重氮化反应机理、影响反应的因素以及各类芳胺的重氮化方法。

5. 掌握重氮盐的偶合反应机理、影响反应的因素以及各类偶合组分的偶合反应条件。

思考题

1. 什么是染料中料？有哪些常用的中料？它们主要通过哪几类反应来合成？试写出下列中料的合成途径(从芳烃开始)。

① OH NH$_2$ NaO$_3$S SO$_3$Na　② O$_2$N—⟨⟩—CH═CH—⟨⟩—NO$_2$ SO$_3$Na NaO$_3$S　③ HC—C—CH$_3$ HO—C N N

④ OH NaO$_3$S NH$_2$　⑤ OH NH$_2$ NaO$_3$S　⑥ O NH$_2$ NH$_2$ O

⑦ O OH OH O　⑧ O NH— O NH—　⑨ O NH$_2$ O

2. 以氨基萘磺酸的合成为例说明萘的反应特点以及在萘环上引入羟基、氨基的常用方法。

3. 以蒽醌中料的合成为例说明在蒽醌上引入羟基、氨基的常用方法。

4. 试述芳胺的重氮化反应机理及其影响反应的因素，阐述各类芳胺的重氮化方法及反应条件。

5. 试述重氮盐的偶合反应机理及其影响反应的因素，阐述各类偶合组分的偶合反应条件。

6. 试从重氮化，偶合反应机理出发比较说明：

(1)凡拉明蓝B色基 H$_3$CO—⟨⟩—NH—⟨⟩—NH$_2$，大红色基G NH$_2$ CH$_3$ O$_2$N，红B色基 NH$_2$ OCH$_3$ NO$_2$ 的重氮化反应的快慢，重氮化方法和酸用量的比例。

(2)分别写出它们的重氮盐和色酚AS偶合的反应式,比较偶合反应的快慢,以及偶合时的pH。

7. 查阅相关的文献资料,指出在染料中料合成方面有哪些新进展?

参考文献

[1]何瑾馨. 染料化学[M]. 北京:中国纺织出版社,2004.

[2]沈永嘉. 精细化学品化学[M]. 北京:高等教育出版社,2007.

[3]王菊生. 染整工艺原理(第三册)[M]. 北京:纺织工业出版社,1984.

[4]侯毓汾,朱振华,王任之. 染料化学[M]. 北京:化学工业出版社,1994.

[5]Venkatarman K. The Chemistry of Synthetic Dyes[M]. New York: Academic Press, 1952.

[6]周学良. 精细化工助剂[M]. 北京:化学工业出版社,2002.

[7]Griffiths J. Colour and Constitution of Organic Molecules[M]. New York: Academic Press, 1976.

[8]唐培堃. 中间体化学及工艺学[M]. 北京:化学工业出版社,1984.

[9]赵雅琴,魏玉娟. 染料化学基础[M]. 北京:中国纺织出版社,2006.

[10] Shenai Dr V A. Some aspects of toxicity of aromatic amines and azo dyes[J]. Colorage, 1997, 44(12): 41-52.

[11] Basu T, Chakrabarty M. Recent achievement in the field of ecoprocessing of textiles [J]. Colorage, 1997, 44 (2): 17-18.

[12] Hunger K, Frolich H, Hertel H, et al. Manufacture of 3, 3′- dialkoxybenzidines [P]. DE 3511544, 1986.

[13] Hunger K, Frolich H, Hertel H, et al. Benzidine derivatives[P]. DE 3511545, 1987.

[14] Bauer W, Hunger K. Water-soluble diazodyes[P]. DE 3534634, 1987.

[15] Hinks D, Freeman H S, Nakpathom M, et al. Synthesis and evaluation of organic pigments and intermediates, 1. nonmutagenic benzidine analogs[J]. Dyes and Pigments, 2000 (44): 199-207.

[16] Hinks D, Freeman H S, Ar Y, et al. Synthesis and evaluation of organic pigments. 2. Studies of bisazomethine pigments based on planar nonmutagenic benzidine analogs[J]. Dyes and Pigments, 2001 (48): 7-13.

第三章　染料的颜色和结构

第一节　引　言

早在 19 世纪 60 年代 W. H. Perkin 发明合成染料以后，人们就对染料的颜色和结构的关系进行了研究，并提出了各种理论。

众所周知，物体所呈现的颜色是由色素颜色和结构色共同作用的结果。色素产生的颜色是染料和颜料等色素分子对光产生选择性吸收作用的结果；而结构色是物体表面的微结构由光的色散、散射、干涉和衍射引起的通过选择反射产生的颜色。色素物质对光的吸收特性和它们分子结构的关系原是光谱学的主要研究内容。量子力学的发展使人们对物质结构的认识有了一个新的突破，它使光谱学进入了一个新的境界。此后人们对染料的颜色和结构的关系才开始从一个新的角度，即从量子力学的角度来进行研究。

在早期的理论中，以维特(O. N. Witt，1876)提出的发色团、助色团理论影响较大。维特认为，有机化合物的颜色是由于分子结构中的发色团引起的。主要的发色团有 —N═N—、$>$C═C$<$、$—NO_2$、$>$C═O 等不饱和基团。含有发色团的分子结构称为发色体。维特还认为，作为染料的有机化合物分子还应具有助色团，它们能加强发色团的作用，并使染料具有对纤维染色的能力。主要的助色团有 $—NH_2$、—NHR、$—NR_2$、—OH 等。现在看来，维特的理论仅仅是对一些现象的归纳且有许多例外，它不能从本质上说明问题。如碱性染料孔雀绿色基分子虽然有发色团和助色团，却仍然是无色的；碘仿(CHI_3)虽无发色团，却是黄色的。

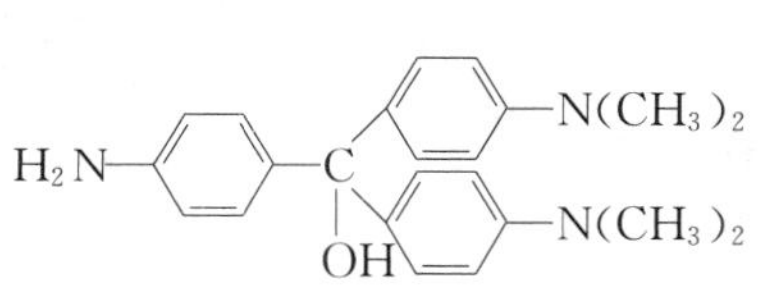

孔雀绿色基

由于历史原因，发色团、助色团这两个名词现在还被广泛使用着，不过它们的含义已经有了变化。现在所谓的发色团，一般指的是那些能对波长为 200～1 000 nm 的电磁波发生吸收的基团。实际上，染料要对波长为 380～780nm 的光波发生吸收才能显现颜色。它们的分子结构里要有一个由若干共轭双键构成的共轭体系。这些共轭体系往往还带有助色团，构成一个发色体系。助色团，指的是那些接在 π 共轭体系上的 $—NH_2$、—NHR、$—NR_2$、—OH、—OR 等供电子基团。

本章的任务在于说明：染料对光的吸收现象、吸收现象的量子概念以及染料的颜色和结构的一般关系。这里所谓染料的颜色一般是指染料稀溶液的吸收特性,也就是指染料分子呈分散状态时的吸收特性。同一染料由于聚集状态或晶体结构的不同,呈现的颜色也会有差异。

第二节　吸收现象和吸收光谱曲线

一、颜色和吸收

光是一种可见的电磁波。电磁波的波长范围很广,可见光仅仅是其中一个很狭的波段,波长为 380～780 nm。人的视觉神经对于超过这个范围的电磁波不产生色的反应。

不同波长的光波在人的视觉上产生不同的反应。如波长在 400 nm 左右的光波看起来是紫色的,波长在 550 nm 左右的光波是绿色的,750 nm 左右的光波是红色的,阳光和钨丝灯光都呈白色,它们都是由无数不同波长的光波各自按一定的强度混合组成的。用棱镜将日光加以色散便可得一个由红、橙、黄、绿、青、蓝、紫等色光波所组成的连续光谱。阳光照射染料溶液,不同颜色的染料对不同波长的光波产生不同程度的吸收。黄色染料溶液所吸收的主要是蓝色光波,透过的光呈黄色;紫红色染料溶液所吸收的主要是绿色光波;青色(蓝—绿色)染料溶液所吸收的主要是红色光波;如果把上述各染料所吸收的光波和透过的光分别叠加在一起,便又得到白光。这种将两束光线相加可成白光的颜色关系称为补色关系。黄色和蓝色、紫红色和绿色、青色(绿—蓝色)和红色等各互为补色。图 3－1 所示为各波段光波的颜色,其光谱上两两相对的颜色互为补色。如图中所示 480～490 nm 波段的光波呈蓝—绿色,它的补色是橙色。由此可见,染料的颜色是它们所吸收的光波颜色(光谱色)的补色,是它们对光的吸收特性在人们视觉上产生的反应。染料分子的颜色和结构的关系,实质上就是染料分子对光的吸收特性和它们的结构之间的关系。

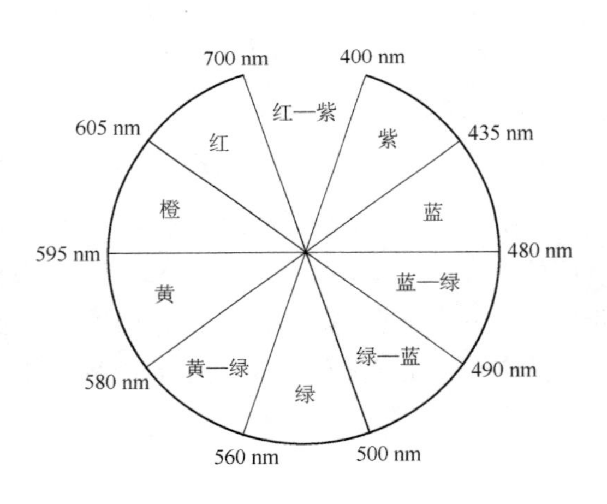

图 3－1　光谱的色及其补色

二、吸收定律

染料的理想溶液对单色光(单色光是波长间隔很小的光,严格地说是由单一波长的光波组成的光)的吸收强度和溶液浓度、液层厚度间的关系服从朗伯特—比尔(Lambert-Beer)定律。

将波长为 λ 的单色光平行投射于浓度为 c 的稀溶液,温度恒定,入射光强度为 $I_{0\lambda}$,散射忽略不计,通过厚度为 l 的液层后,由于吸收,光强减弱为 I_{λ},I_{λ} 与 $I_{0\lambda}$ 它们之间的关系为:

$$
\begin{aligned}
I_\lambda &= I_{0\lambda} e^{-k_\lambda cl} \\
\ln\frac{I_\lambda}{I_{0\lambda}} &= -k_\lambda cl \\
\lg\frac{I_\lambda}{I_{0\lambda}} &= \frac{-k_\lambda cl}{2.303} \\
\frac{I_\lambda}{I_{0\lambda}} &= 10^{\frac{-k_\lambda cl}{2.303}}
\end{aligned}
\tag{3-1}
$$

式中：k_λ 为常数。

为了方便起见，将角标略去，并令 $a=k_\lambda/2.303$ 代入，则：

$$I=I_0\times 10^{-acl} \tag{3-2}$$

这便是常用的朗伯特—比尔定律方程式。

上式中透过光和入射光的光强之比 I/I_0 称为透光度，常以 T 代表。如厚度 l 以厘米(cm)为单位，浓度 c 以克/升(g/L)为单位，a 称为吸光系数。浓度如以摩/升(mol/L)为单位，则 a 改写为 ε，称为摩尔吸光系数。它是溶质对某一单色光吸收强度特性的衡量。εcl 是指数，无因次，故 ε 的因次与 c^{-1}、l^{-1} 的因次一致，即升/(摩尔·厘米)[L/(mol·cm)]，一般文献中往往只列数字而不写明因次。

$$T=I/I_0 \tag{3-3}$$

$\lg T^{-1}$ 称为吸光度，以 A 表示（也称光密度，以 D 表示）。

$$A=\lg(I_0/I) \tag{3-4}$$

根据式(3-2)的关系，浓度 c 以摩/升(mol/L)为单位，吸光度 A 和摩尔吸光系数 ε 的关系为：

$$A=\varepsilon cl \tag{3-5}$$

朗伯特—比尔方程式只适用于理想溶液。在应用时，应事先检验试样在试验条件下的吸收情况，以确定其是否合乎朗伯特—比尔定律。

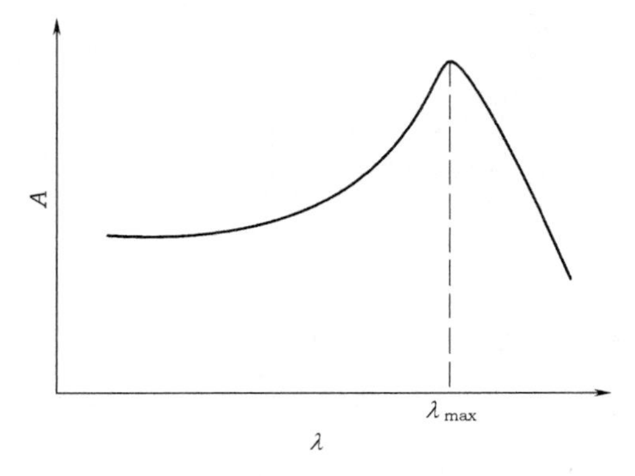

图 3-2　吸收光谱曲线

三、吸收光谱曲线

由于染料对光的选择吸收，染料的摩尔吸光系数随波长不同可有很大变化。以吸光度为纵坐标，吸收波长为横坐标，可以把染料的吸收特性绘成如图3-2 所示的吸收光谱曲线。从中可以看出，在某一波段内有一个吸收带，它的最大吸收波长称为该吸收带的最大吸收波长，以 λ_{max} 表示，用相应的吸光度可计算出摩尔吸光系数 ε_{max}。

光波的能量和波长成反比，和频率成正比。为了便于表示吸收和能量的关系，可以用每厘米的波数 $\tilde{\nu}$ 为横坐标进行作图。$\tilde{\nu}=\lambda^{-1}$，这里的单位是厘米。一般分光光度计的光波波长在 200～1 000nm。物质对这个波长范围的光波发生吸收是该物质在光的作用下，分子结构中的价电子运动状态发生变化的结果。所以这种吸收光谱称为电子吸收光谱。

在电子吸收光谱曲线图里，一个吸收带反映一种电子运动状态的变化。它和原子吸收光谱不同，不是线状，而是带状的。有时一个吸收带里还会有若干小峰，称为振动结构，因为这是分子中原子核不同振动状态的反映。在一个电子吸收光谱曲线图里可以有几个吸收带，它们分别反映电子运动状态的不同变化。为了便于区别，人们往往把波长最长的吸收带称为第一吸收带，以区别于波长较短的其他吸收带。

吸收带的面积称为积分吸收强度，它表示整个谱带的吸收强度。

$$\text{积分吸收强度}=\int \varepsilon \, d\tilde{\nu} \tag{3-6}$$

图 3－3 所示影线部分的面积为萘在异辛烷中第二个吸收带的积分吸收强度。从图中虚线长方形面积可粗略地估算积分吸收强度为：$4\ 000\times(41-35)\times10^3=2.4\times10^7$。吸收带的宽度和颜色的鲜艳度有关。谱带越宽，颜色越灰暗。

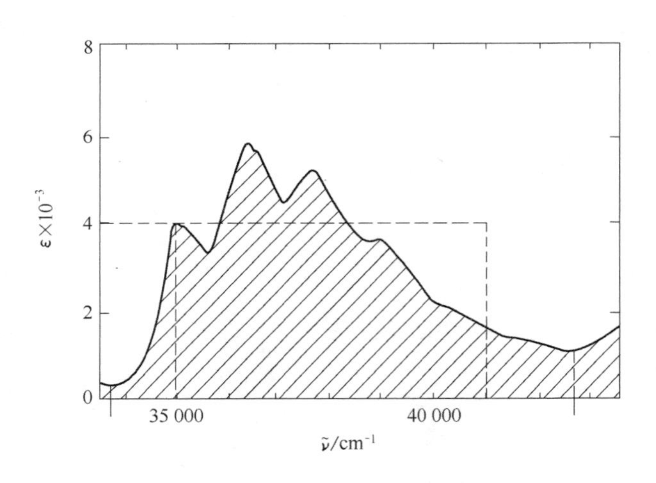

图 3－3 萘在异辛烷中的吸收光谱曲线(第二吸收谱带)

第三节 吸收光谱曲线的量子概念

为了更好地理解吸收光谱曲线的意义，可以先就吸收带的吸收波长、吸收强度、吸收带的形状的量子概念加以讨论。

一、吸收波长和能级

光是一种电磁波，具有波和微粒二象性。它的波动频率 ν 和光速 c 成正比，和波长成反比。

$$\nu=c/\lambda \tag{3-7}$$

在真空中，$c=2.997\ 9\times10^{10}$ cm/s。光又具有微粒性质。它的能量发射、传播和转移都不连续，而是量子化的，以能量微粒光子为最小单元的。光子的能量和光的频率成正比。

$$E=h\nu \tag{3-8}$$

式中：E 为一个光子的能量，h 为普朗克常数（$6.625\ 6\times10^{-27}$ erg · s，1erg＝10^{-7} J）。

分子吸收光能也是量子化的。分子里的电子有一定的运动状态，原子核之间有一定的相对振动状态，整个分子则有一定的转动状态。这些运动状态各有其对应的能量，即电子能量、振动能量和转动能量。它们的变化也都是量子化的，是阶梯式而不是连续的。这种能量的高低叫做能级。能级之间的间隔就是它们之间的能量差。运动状态发生变化时，能级也随之而发生变化。这种运动状态的变化叫做跃迁。电子运动状态的变化叫做电子跃迁。

分子转动状态变化的能级间隔很小，一般都远小于 4 184 J/mol（1 kcal/mol），相当于远红外线和微波的辐射能量范围。振动能级间隔虽然比较大一些，但也常只有几个 4 184 J/mol，相当于近红外线辐射能范围。1 mol 气体分子由于热效应所具的动能为 $3/2RT$［R 为气体常数，$R=1.987\times4.184$ J/(℃ · mol)，T 为绝对温度］，在室温下远小于 4 184 J/mol。所以在一般条件下，绝大多数分子处于最低振动能级状态。电子能级间隔比振动能级间隔大得多。电子能级的高低随它们所处条件的不同而有极大的不同。总的来说，价电子的能级间隔为 96～1 046 kJ/mol，相当于紫外光和可见光的辐射能量范围，内层电子跃迁的能量变化则属于 X 射线的能量级。显然，一般热效应是不足以使电子能级发生变化的，所以在一般条件下，分子总处于最低电子能级状态，称为电子基态，简称基态。

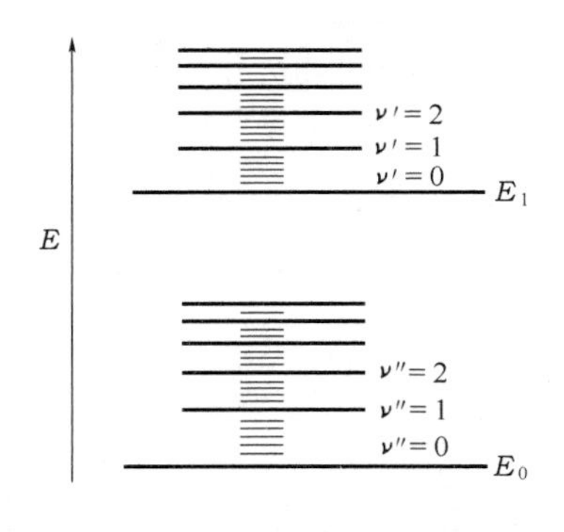

图 3－4 分子的能级示意

E_0，E_1—电子能级 ν'，ν''—振动能级

如前所述，转动能级间隔比振动能级间隔小得多，而振动能级间隔则又比电子能级间隔小得多。一个电子能级的分子可处于若干不同振动能级状态，同一电子能级而且振动能级也相同的分子又可处于若干不同的转动能级状态。如图 3－4 所示，电子发生跃迁时，分子的电子能级发生变化，原子核的振动状态和分子的转动状态也会随之而发生改变。所以，由于电子跃迁而发生的分子能量变化 ΔE 是由电子能量变化 ΔE_e，振动能量变化 ΔE_ν 和转动能量变化 ΔE_r 所构成的，而且也是量子化的。

$$\Delta E=\Delta E_e+\Delta E_\nu+\Delta E_r \tag{3-9}$$

在光的作用下，当光子的能量和分子的能级间隔一致时，便可能发生吸收，分子的能级增高而成为激发态。这种增高能级的过程叫做激发。

如以 E_0、E_1 分别代表分子基态和第一激发态能量（按能级高低，分子可以激发成为第一激发态、第二激发态等。除非另有说明，以后讨论中一般所谓的激发态是指第一激发态而言的），则：

$$\Delta E = E_1 - E_0 \tag{3-10}$$

吸收时，光子能量和它相等，即：

$$\Delta E = h\nu \quad 或 \quad \Delta E = hc/\lambda \tag{3-11}$$

吸收波长为：

$$\lambda = hc/\Delta E$$

由上可知，激发态和基态的能级间隔越小，吸收光波的频率越低，而吸收波长则与之成反比。作为染料，它们的主要吸收波长应在380～780nm。染料激发态和基态之间的能级间隔 ΔE 必须与此相对应。这个能级间隔的大小虽然包含着振动能量和转动能量的变化，但主要是由价电子激发所需的能量决定的。对有机染料分子而言，可见光吸收的能级间隔是由它们分子中 π 电子运动状态所决定的。σ 键电子所处的能级比较低，激发的能级间隔较大，所需能量属于远紫外线的能量范围。$>C{=}O$、$-N{=}N-$ 等氧、氮原子上的孤对电子的能级比较高，激发所需的能量较小，在一定条件下会对可见光产生吸收，但吸收的强度都很低，对染料的颜色所起的作用不大。

二、吸收强度和选律

电子光谱的吸收强度决定于电子跃迁的概率。如前所述，对光的吸收波长决定于分子激发态和基态的能级间隔。分子激发态和基态间的能差和光子的能量一致时才可能发生吸收。但这并不是说，只要满足了这个条件，任何跃迁发生的概率都是相同的。电子在分子里所处条件不同，即使满足了这个能量上的要求，发生跃迁的概率也可有很大的不同。

在光子的能量和吸收物质分子的激发能级间隔一致的条件下，实现电子跃迁的概率大小随该物质分子受电磁波作用时产生的瞬间偶极矩的大小而不同。这种瞬间偶极矩叫做跃迁偶极矩，简称跃迁矩。电子跃迁的概率和跃迁矩 M 的平方成正比。

在光谱学中，人们用跃迁矩来估算吸收强度。据估算，许多具有共轭结构的有机化合物的电子跃迁，吸收强的 ε_{max} 可达 10^5 数量级。人们把 ε_{max} 很小的跃迁称为“禁戒”的，而把 ε_{max} 大的跃迁称为“允许”的。通常 ε_{max} 小于 10^2 的就算是“禁戒”的了。

要发生具有一定跃迁矩的“允许”的跃迁，要有一定的条件。这些条件称为选律。

（一）对称选律

π 电子跃迁的对称选律问题可以1,3-丁二烯为例加以讨论（图3-5）。它的四个碳原子各有一个处于同一平面上的 $2p_z$ 原子轨道（各有一个 $2p$ 电子）。这些轨道杂化形成四个分子轨道 ϕ_1、ϕ_2、ϕ_3、ϕ_4，对应的能级为 E_1、E_2、E_3、E_4。四个 $2p$ 电子按照最低能量原理、保里(Pauli)不相容原理顺着轨道的能级由低到高占据这些轨道。每个轨道最多可以容纳两个自旋方向相反的电子。这样，ϕ_1、ϕ_2 就被四个电子占满了，成为成键轨道，其中 ϕ_2 是能量最高的成键轨道；而 ϕ_3、

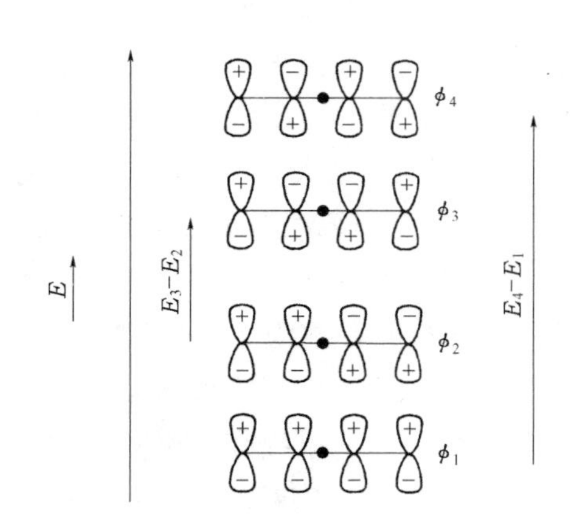

图 3－5 1,3-丁二烯的 π 电子 $\pi\rightarrow\pi^*$ 跃迁示意

ϕ_4 是空轨道,称为反键轨道,其中 ϕ_3 是能量最低的空轨道。以原点 ● 为分子轨道的对称中心可知,ϕ_2、ϕ_4 是对称的轨道,ϕ_1、ϕ_3 是反对称的轨道。当处于电子基态的丁二烯被激发成第一激发态时,一个 π 电子从最高成键轨道 ϕ_2 跃迁至最低空轨道 ϕ_3,就产生一个瞬间偶极矩 M,能级间隔 $\Delta E=E_3-E_2$。这种一个电子在对称和反对称轨道间的跃迁是“允许”的,跃迁的概率较高。而对称性相同的轨道之间的跃迁是“禁戒”的,跃迁的概率很低。

(二)自旋选律

在一般的基态分子中,电子是自旋方向相反(自旋反平行的电子对可写作 ↓↑)而成对的,但有时分子中也有两个自旋方向相同的电子(自旋平行的电子对可写作 ↑↑)。前一种状态称为单态,后一种状态称为三态。因为在一定强度的磁场作用下,单态的原子光谱只有一条谱线;三态的原子光谱有三条谱线。这种态数称为自旋多重性。三态的能级比相应的单态低一些。在没有外界磁场等因素的作用下,伴有态数改变的跃迁是“禁戒”的。换言之,单态、三态间的跃迁(S⟷T,S 代表单态,T 代表三态)机率一般是很低的,这种激发对染料的光化学反应具有重要意义,但对染料的颜色并不重要。除非另有说明,在本章以下的讨论中所说的激发和吸收波长都是指单态→单态激发而言的。

(三)吸收的强度分布和法兰克—康登(Frank-Condon)原理

如前所述,一个电子能级的分子可处于若干不同的振动能级状态。发生电子跃迁时,它们可以被激发成不同能级的振动、转动状态。吸收光谱可表现为具有振动结构的连续谱带。转动能级的间隔很小,在电子吸收光谱里不能分辨。在许多情况下,振动结构也不能分辨。因此,吸收光谱曲线图里的一个电子跃迁吸收带实际上是一个包含着若干振动谱带和转动谱带的谱带系。它的形态反映了电子跃迁过程中,分子被激发成各种振动和转动能级状态的概率分布情况。

电子跃迁过程中,分子被激发成各种振动状态的概率问题可以用法兰克—康登原理加以说明。

电子跃迁所需的时间极为短暂(约 10^{-15} s),比原子核之间的往复振动一次所需的时间(约 10^{-13} s)短得多。在电子跃迁过程中,核间距离是来不及发生改变的。这就是法兰克—康登原理的基本论点。用这个原理来分析分子被激发成各种振动状态的概率,需先讨论分子的振动位能曲线和振动过程中原子核处在不同位置上的概率。

设有一个双原子分子,原子核作不断的相对振动。将一个原子核固定于 y 轴,另一个原子核沿 x 轴对它作相对的往复振动。按条件不同,分子可处于各种振动能级。振动能级越高,原子核的振幅越大,如图 3－6 中各横线所示。图中横坐标为核间距离,纵坐标为能量 E。横线的长度代表振幅;$\nu=0$,$\nu=1$,$\nu=2$ 等表示振动能级。对吸收光谱的振动结构加以分析,可根据所得结果将分子的振动位能对核间距离的关系绘成位能曲线,亦称莫尔斯(Morse)曲线,如图

3-6所示。在核振动过程中,总的能量不变,但位能和动能随着核间距离而不断转化。处于平衡距离 r_0 时,位能全部转化为动能;核振动达到端点时,全部动能转化为位能。图中曲线表示了这种位能随着核间距离而变化的情况。位能曲线的左臂说明分子间处于压缩状态,核间距离越小,位能越高,动能越低。曲线右臂说明分子处于展开状态,核间距离越大,位能越高,动能越低。位能曲线走向与横坐标平行时,分子开始分解,两个原子可分离到无限距离而位能不变。在振动过程中,原子核在不同距离上出现的概率服从波动力学原理。分子处于不同核距离状态的概率分布情况随振动能级而不同。振动能级 $\nu=0$ 时,分子处于核间距离为 r_0(平衡距离)的概率最高。$\nu=1$ 时,概率有两个高峰。随着振动能级的增高,概率的两个最高峰移向振幅的两端,如图中各振动能级上虚线阴影所示。发生电子跃迁时,整个分子的能级提高。用同样方法可作出电子激发态分子的位能曲线。随分子性质的不同,激发后分子的核间距离可能发生不同程度的增大(激发态的核间平衡距离为 r_0', $r_0'>r_0$),也可能基本不变($r_0'\approx r_0$)。前一种情况如图3-6所示,后一种情况如图3-7所示。

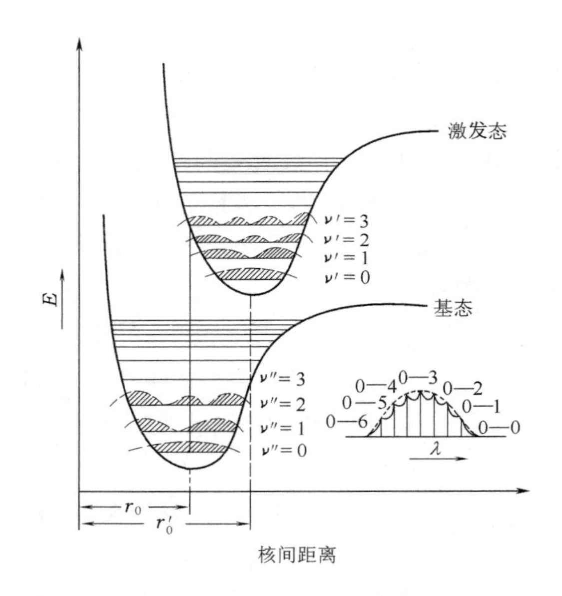

图3-6 法兰克—康登原理($r_0'>r_0$)双原子分子位能曲线示意

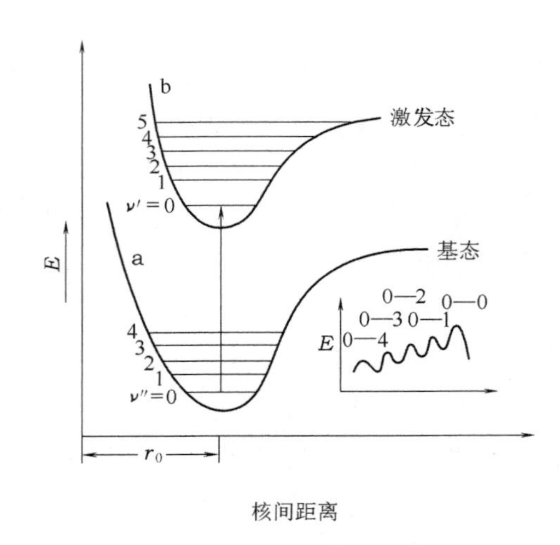

图3-7 法兰克—康登原理($r_0'\approx r_0$)双原子分子位能曲线示意

处于基态时,绝大部分分子处于最低振动能级。发生电子跃迁时,它们可以激发成属于若干不同振动能级的电子激发态。但根据法兰克—康登原理,在电子跃迁的瞬间,核间距离可以认为是不变的,基态和激发态的核间距离相等。而跃迁的概率随着基态和激发态两者处于该核间距离状态的概率大小而变化。图3-7中垂直箭头所示为最大概率的跃迁,吸收最强。按图3-6所示的情况,从 $\nu''=0$ 的基态激发成 $\nu'=3$ 的激发态概率最大,吸收最强。激发成其他振动能级的吸收强度与它相比,有如图中右下方吸收曲线所示。图中0—3,0—4,0—2等标记的第一个数字代表基态的振动能级,第二个数字代表激发态的振动能级。这样吸收的概率分布比较分散,表现的吸收带比较宽。按图3-7所示为分子激发前后核间平衡距离基本不变的情况,以

0—0激发的概率最大，概率的分布就比较集中，表现在吸收光谱中，0—0激发的吸收最强，吸收带比较狭窄。由上述可见，由于激发前后核间平衡距离的变化和激发成不同振动能级的概率分布的不同，电子吸收光谱曲线就相应地表现为不同的形态。

以上讨论的是双原子分子的情况，染料分子的结构要比双原子分子复杂得多。用同样的原理作图，得到的不是二维的位能曲线而是多维的位能曲面。它们的振动能级更多、更密，再加上溶剂—溶质分子间可能的互相作用，这样，电子跃迁吸收带由于振动结构不能分辨，便成为一个光谱的曲线。

吸收曲线中是否出现振动结构，一方面和分子的结构有关；另一方面还和它们所处的环境条件有关。分子结构比较硬挺、有同平面结构、溶剂极性低、溶液浓度低、温度低都有利于出现振动结构。如苯在250 nm左右波段中的吸收光谱曲线有显著的振动结构，而苯甲醛就没有。又如苯酚在正己烷中的吸收光谱曲线有振动结构，而在乙醇中则没有这种结构。

第四节　染料的颜色和结构的关系

以上各节讨论了分子激发态和基态间能级间隔大小、电子跃迁概率及其分布和吸收波长、吸收强度、吸收带形状间的关系。而这些因素，从根本上来说，是由分子结构的发色体系所决定的。作为染料，它们的主要吸收波长要在可见光范围内，吸收强度ε_{max}一般为$10^4 \sim 10^5$。如前所述，染料对可见光的吸收特性主要是由它们分子中π电子运动状态所决定的。要具有上述吸收特性，染料分子结构中需有一个发色体系。这个发色体系一般是由共轭双键系统和在一定位置上的供电子共轭基，即助色团所构成的。有许多染料分子除了供电子共轭基外，还同时具有吸电子基团。也有一些染料（为数不多）的发色体系中是没有所谓助色团的。

为了方便讨论，人们把增加吸收波长的效应叫做深色效应，增加吸收强度的效应称为浓色效应。反之，降低吸收波长的效应叫做浅色效应，降低吸收强度的效应叫做淡色效应。对同系物来说，增加共轭双键系统的共轭双键，会产生不同程度的深色和浓色效应。在共轭双键系统的一定位置上，引入供电子基会产生深色和浓色效应，特别是在吸电子基的协同作用下，效果更明显。

一、共轭双键系统

许多醌类染料分子中的共轭双键系统是由稠芳环构成的。如二苯并芘为黄色，二苯并芘醌为黄色还原染料。

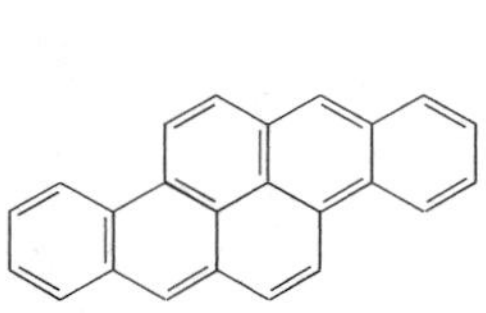

二苯并芘（黄色） 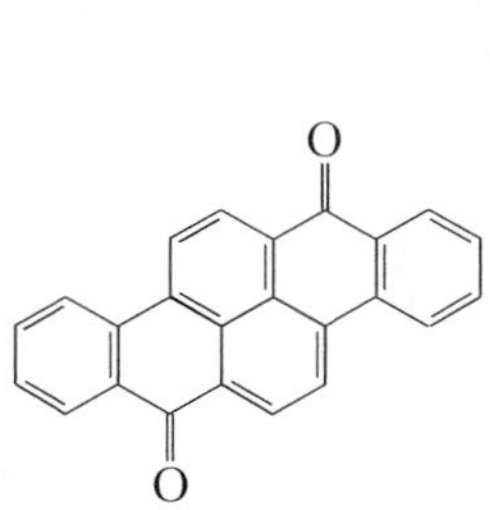　　二苯并芘醌还原染料（还原金黄GK）

增加稠合的苯环,就产生深色、浓色效应。例如:

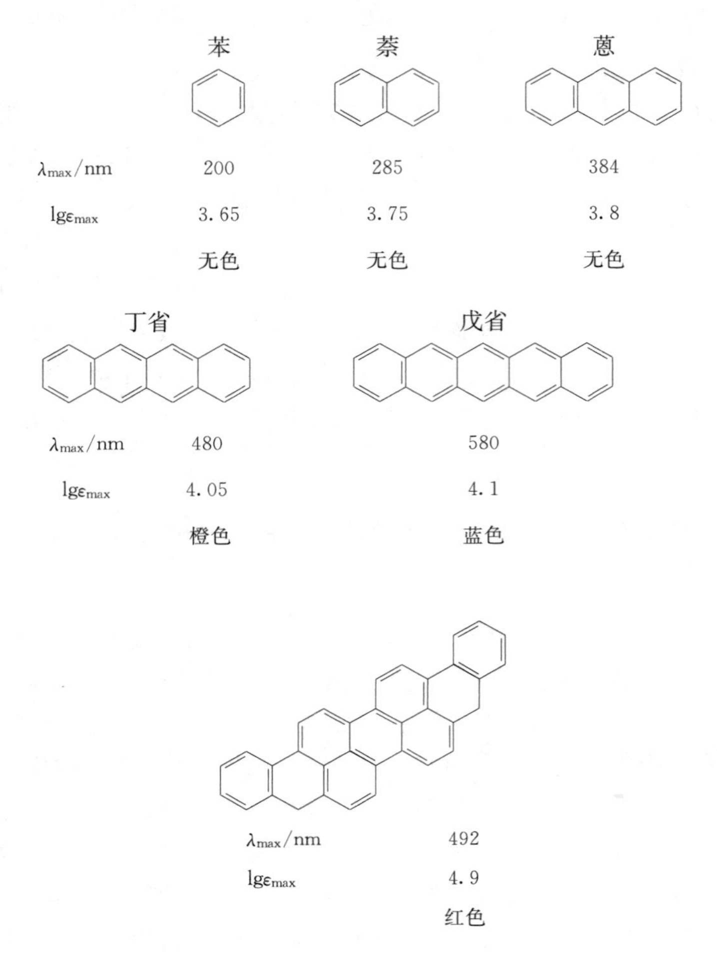

将戊省和二苯并芘等稠芳烃加以比较,还可以知道,直向稠合的深色效应比角向稠合者显著。

酞菁类染料分子的基本发色体系是由 8 个碳原子和 8 个氮原子的芳环共轭系统构成的。8 个碳原子和 6 个氮原子各提供一个电子,另有两个氮原子各有一对孤电子参与共轭,从而构成一个具有 16 个原子,18 个电子的共轭系统,而且它的键级是平均化的。

铜酞菁(蓝色)

更多染料的共轭双键系统是由偶氮基连接芳环构成的。例如:

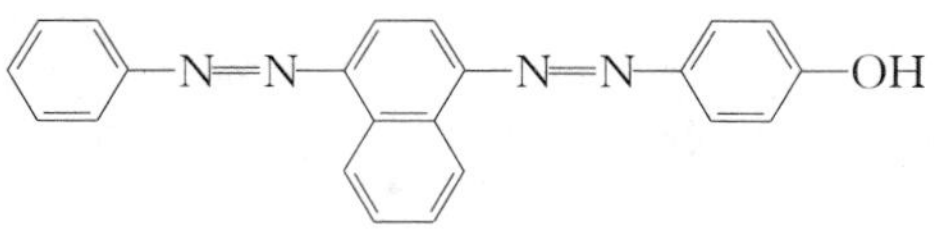

分散橙 B

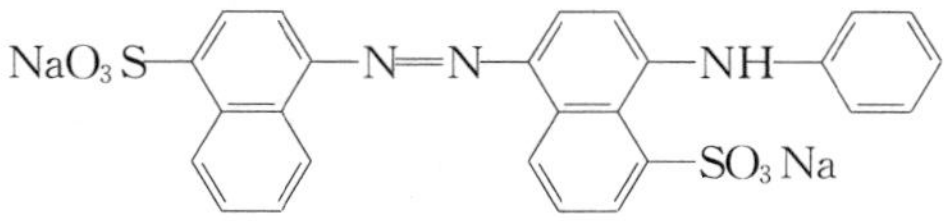

酸性蓝

通过偶氮基增长共轭系统产生深色效应，但偶氮基超过两个以后，深色效应便显著降低。例如：

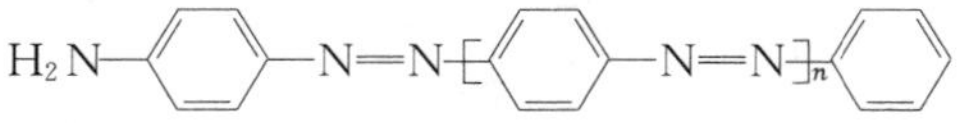

	λ_{max}/nm	$\Delta\lambda$/nm
$n=0$	385（乙醇中）	
$n=1$	416（苯中）	31
$n=2$	428（苯中）	12
$n=3$		

三芳甲烷染料的共轭双键系统是由一个碳原子连接三个芳环而形成的，如孔雀绿的共轭双键体系为：

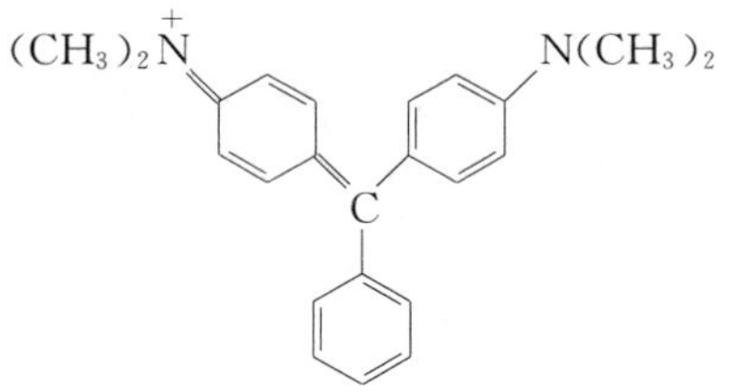

（多）甲川染料的共轭双键系统是以多甲川 —CH═(CH—CH═)$_n$ 为骨干构成的。如多甲川染料碱性桃红 FF 的结构式为：

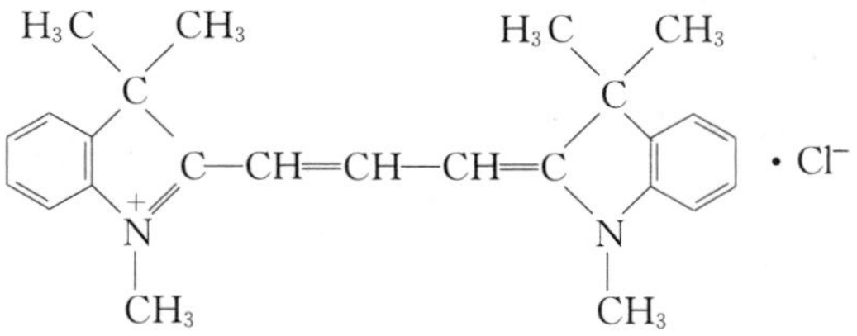

碱性桃红 FF

对称菁类染料分子上的两个氨基是完全对称的，这类染料的长波最大吸收波长 λ_{max} 随着 $\left[\mathrm{CH{=}CH}\right]_n$ 数的增加而增大，而且吸收带的宽度也随之缩小，因而色泽变得更为鲜艳。

二、供电子基和吸电子基

许多染料的共轭系统上都接有 —OH 、—OR 、—NH_2 、—NHR 、—NR_2 等供电子基，产生深色效应和浓色效应。

如前所述，许多染料的分子结构中不仅在共轭系统上接有供电子基，而且还具有 $—NO_2$、$—CN$、$\rangle C═O$ 等吸电子基，如：

偶氮染料：

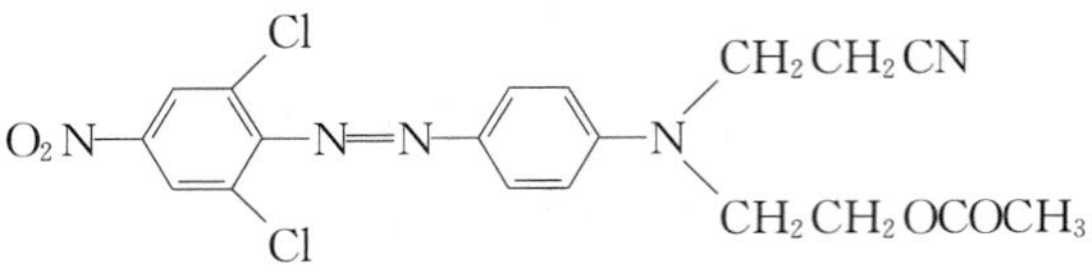

O_2N、Cl、Cl、$—N═N—$、N、CH_2CH_2CN、$CH_2CH_2OCOCH_3$

分散黄棕 S—2RFL

蒽醌染料：

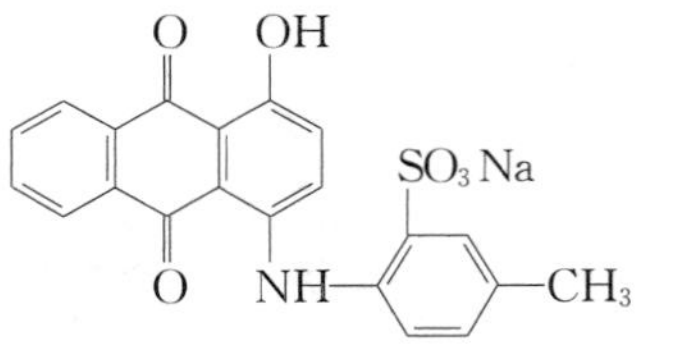

O、OH、SO_3Na、O、NH、CH_3

酸性蓝

靛类染料：

H、N、O、C、C═C、C、N、O、H

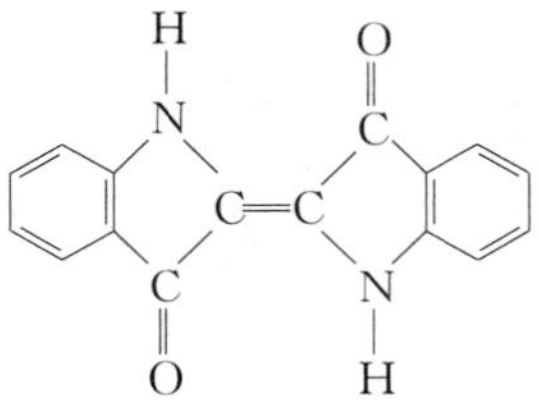

靛蓝

供、吸电子基的协同作用比它们各自单独作用的和要大。如偶氮苯、4 - *N*,*N* -二甲氨基偶氮苯、4 -硝基偶氮苯和 4 - *N*,*N* -二甲氨基- 4′-硝基偶氮苯（均为反式）共轭双键系统的最大吸收波长 λ_{max} 的比较如表 3 - 1 所示。

表 3 - 1　供、吸电子基与 λ_{max} 和 ε_{max} 的关系

供、吸电子基	λ_{max}/nm (C_2H_5OH 中)	$\lg\varepsilon_{max}$	$\Delta\lambda$/nm
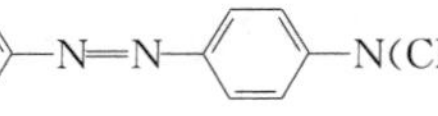 $C_6H_5—N═N—C_6H_5$	318	4.33	—
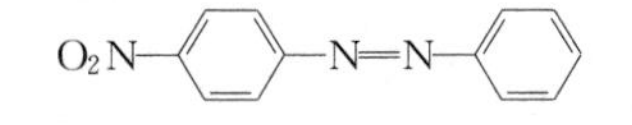 $C_6H_5—N═N—C_6H_4—N(CH_3)_2$	408	4.44	+90
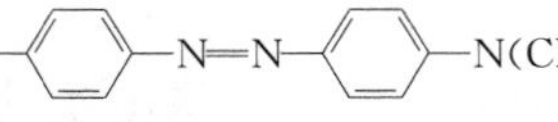 $O_2N—C_6H_4—N═N—C_6H_5$	332	4.38	+14
$O_2N—C_6H_4—N═N—C_6H_4—N(CH_3)_2$	478	4.52	+160

供、吸电子基之间如能生成氢键则深色效应更为显著，如氨基在蒽醌的 1 位上的深色效应比在 2 位上强。

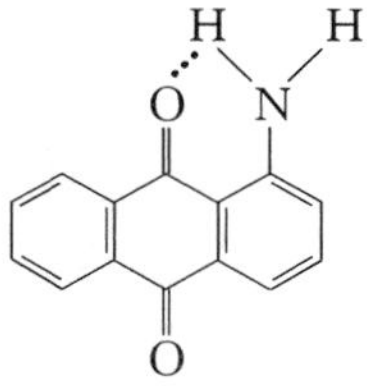

λ_{max}=465nm

（在 CH_2Cl_2 中）

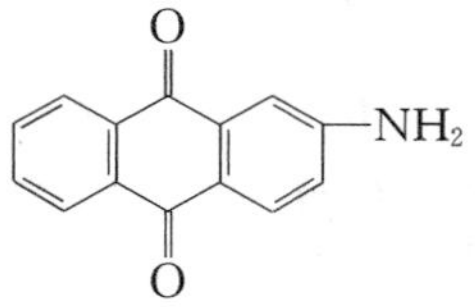

λ_{max}=416nm

（在 CH_2Cl_2 中）

在染料合成中有时采用隔离基的方法把两个发色体系连接在一起，互不干扰而成为一个染料分子，以得到绿色、棕色或其他颜色。常用的隔离基有：

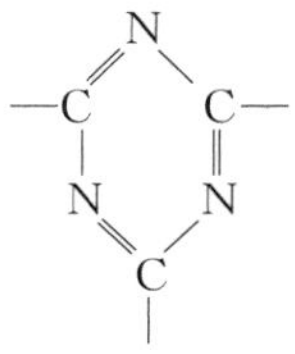

均三嗪基 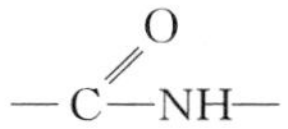　　酰氨基 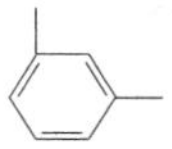　　间次苯基

如通过均三嗪基把黄色和蓝色的组分连接起来可以得到一个绿色染料。

三、分子的吸收各向异性和空间位阻

如前所述，物质分子对光的吸收强度和它的跃迁矩的平方成正比。跃迁矩是一个矢量，所以分子对光的吸收是有方向性的。这可以米契勒（Michler）蓝和孔雀绿的吸收情况为例加以说明。

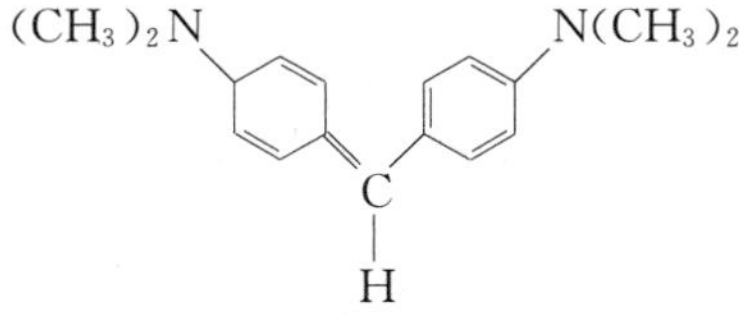

米契勒蓝 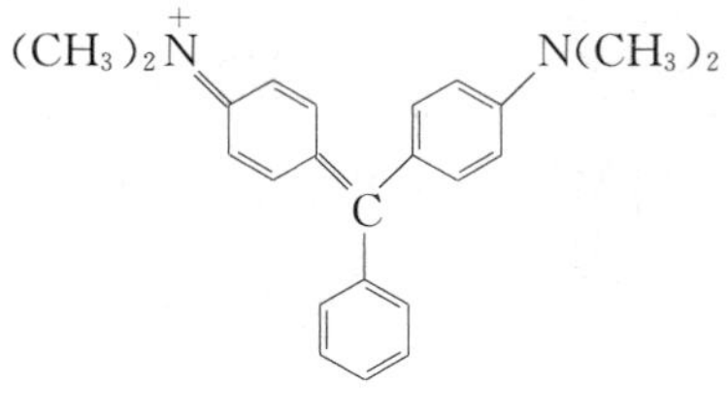　　孔雀绿

米契勒蓝的共轭体系是向一个方向展开的。在可见光范围内，它的吸收带 λ_{max} 为 603 nm。孔雀绿的共轭体系有两个朝不同方向展开的共轭轴。其中一个共轭轴较长，和米契勒蓝相当，它的吸收带称为 x 带，λ_{max} 为 623 nm；另一个较短，它的吸收带称为 y 带，λ_{max} 为 420 nm，如图 3－8 所示。共轭体系向一个方向展开的染料分子取向地吸附在纤维上（如偶氮直接染料上染麻纤维），以适当波长的偏振光照射，便会出现显著的二色性。

在一般染料的共轭体系的一定位置上引入取代基，由于空间位阻效应，随结构的不同会发

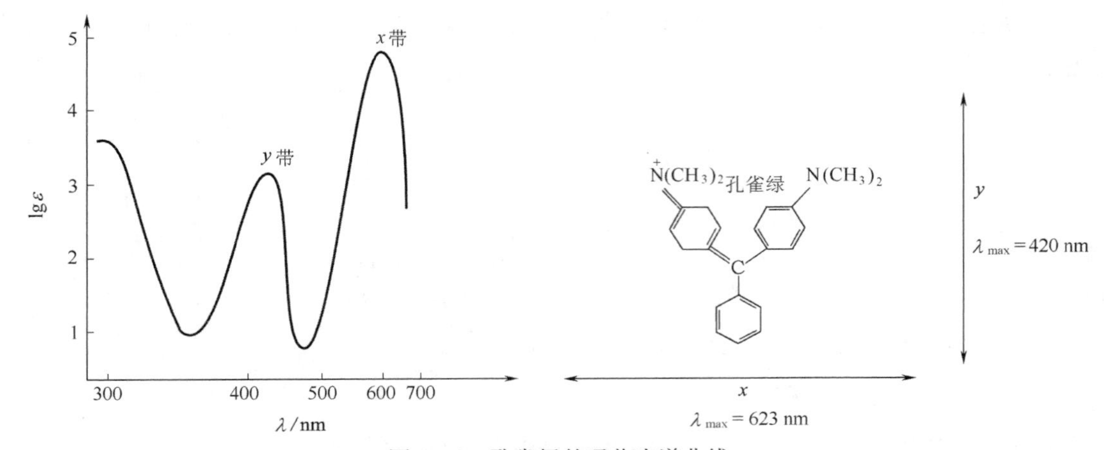

图 3-8　孔雀绿的吸收光谱曲线

生浅色效应或深色效应。前一种情况见于偶氮染料、蒽醌染料；后一种情况见于菁类染料。如在联苯的不同位置上引入甲基的影响如下所示：

联苯　$\lambda_{max}=248$ nm　$\varepsilon_{max}=17\ 000$

$-CH_3$（4-甲基联苯）　$\lambda_{max}=251$ nm　$\varepsilon_{max}=19\ 000$

H_3C（2-甲基联苯）　$\lambda_{max}=236$ nm　$\varepsilon_{max}=10\ 250$

H_3C，H_3C（2,6-二甲基联苯）　$\lambda_{max}=231$ nm　$\varepsilon_{max}=5\ 600$

在联苯胺偶氮染料分子的 2,2′或 6,6′位置上各接一个取代基，所得染料的最大吸收波长 λ_{max} 和半边分子的差不多，而 ε_{max} 则几乎为半边分子的两倍。

一般菁类染料分子的共轭体系中引入取代基会产生空间位阻，产生深色效应。

空间位阻效应使染料的吸收强度显著地下降，以上所列联苯的 ε_{max} 的变化充分说明了这种情况。

第五节　外界条件对吸收光谱的影响

吸收光谱曲线的测定一般都在稀溶液状态下进行。溶剂的性质、溶液的浓度和温度都会对吸收光谱发生影响。

对于一般 $\pi\rightarrow\pi^*$ 跃迁来说，激发态在极性溶剂里比较稳定、能量较低，因而产生深色效应。

如苯酚蓝 $(CH_3)_2N$—⟨苯环⟩—N=⟨环⟩=O 的分子右边是吸电子基，左边是供电子基，激发时，电荷发生转移。它的激发态可写成下式：

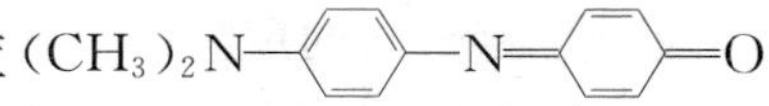

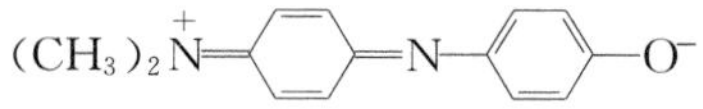

$$(CH_3)_2\overset{+}{N}=\langle\text{环}\rangle=N-\langle\text{苯环}\rangle-O^-$$

苯酚蓝在极性溶剂中比较稳定，因而产生深色效应。苯酚蓝在不同溶剂中的 λ_{max} 如表 3－2 所示。

表 3－2　苯酚蓝在不同溶剂中的 λ_{max}

溶剂	环己烷	丙酮	甲醇	水
λ_{max}/nm	652	582	612	668

但如果基态在非极性溶剂中比较稳定，则增加溶剂的极性反而会对 $\pi \rightarrow \pi^*$ 跃迁产生浅色效应。如下式两性离子在二苯醚中为绿色（λ_{max} 为 810 nm），在水中为黄色（λ_{max} 为 453 nm）。

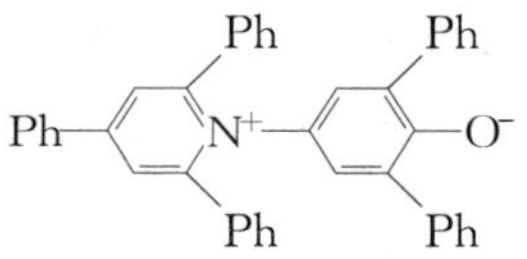

(2,4,6-三苯基吡啶鎓-N^+—2,6-二苯基苯酚盐 O^-；取代基 Ph)

溶剂的极性还会影响吸收光谱曲线的振动结构。极性基团间的互相作用会使吸收光谱曲线的振动结构消失，这在前面已经有过叙述。

有些染料对溶液的 pH 敏感，因而可作为 pH 指示剂使用。如甲基橙和酚酞，它们在不同 pH 的溶液中形成不同的互变异构体。甲基橙在酸性溶液中呈腙式结构，一端是强吸电子基 $(CH_3)_2\overset{+}{N}=$，另一端是强供电子基—NH—⟨苯环⟩—，因而由橙色变成红色，如下所示：

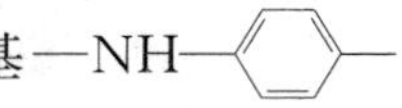

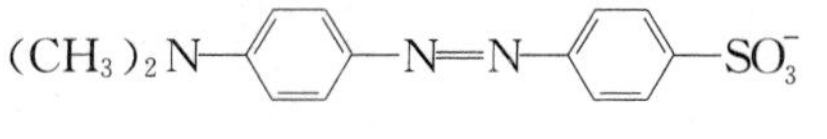

$$(CH_3)_2N-\langle\text{苯环}\rangle-N=N-\langle\text{苯环}\rangle-SO_3^-$$

橙色

$$(CH_3)_2\overset{+}{N}=\langle\text{环}\rangle=N-NH-\langle\text{苯环}\rangle-SO_3^-$$

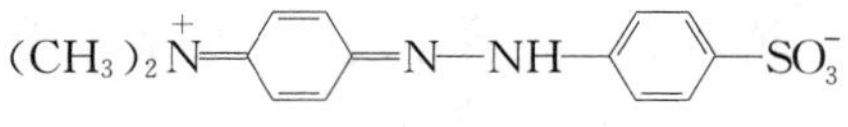

红色

苯酚磺酞（酚红）在不同 pH 的溶液中，由于供电子基—OH 性质的转化而产生颜色的变化如下：

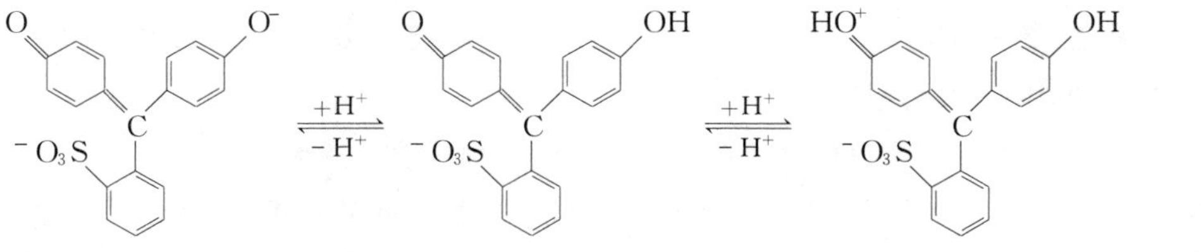

O, O^-, C, ^-O_3S 　$\underset{-H^+}{\overset{+H^+}{\rightleftharpoons}}$　 O, OH, C, ^-O_3S 　$\underset{-H^+}{\overset{+H^+}{\rightleftharpoons}}$　 HO^+, OH, C, ^-O_3S

红色　　　　黄色　　　　红色

染料溶液，特别是水溶液，浓度超过某一限度以后就会发生分子间的聚集而引起吸收光谱曲线的变化。如浓度分别为 10^{-6} mol/L、10^{-2} mol/L 的吖啶橙水溶液的吸收光谱曲线如图3－9所示。

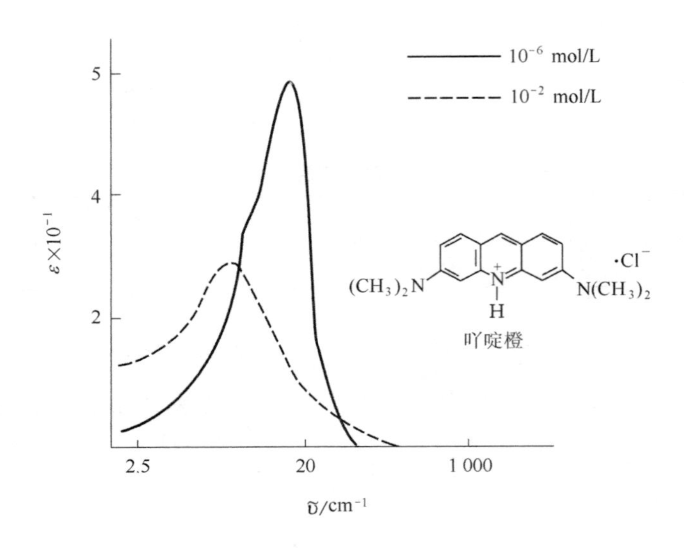

图 3－9　吖啶橙浓度对吸收光谱的影响

染料分子的聚集还和溶液的温度有关。染料分子的聚集倾向随着温度的升高而降低，它们的吸收光谱曲线也随之而不同。

从以上所述可知，由于分子之间的互相作用，在溶液中染料的吸收光谱随其分子所处的条件不同而有变化。固体状态的吸收状况较溶液更为复杂。染料的结晶状态、晶体颗粒的细度及其分布情况都会影响其吸收特性和散射情况，从而使颜色有所不同。

复习指导

1. 以量子概念，分子激发理论阐述染料对光选择吸收的原因。

2. 掌握染料颜色与染料分子结构的关系以及外界因素的影响。

思考题

1. 名词解释：

①互补色，②单色光，③深色效应，④浓色效应，⑤浅色效应，⑥淡色效应，⑦积分吸收强度，⑧吸收选律，⑨Beer 吸收定律。

2. 试以法兰克—康登原理说明双原子分子对光的吸收强度的分布。

3. 试用量子概念，分子激发理论解释染料对光选择吸收的原因，阐述染料分子结构和外界条件对染料颜色的影响。比较下列各组染料颜色深浅，并说明原因。

① —N=N— NH_2　—N=N— NH_2　—N=N— NH_2

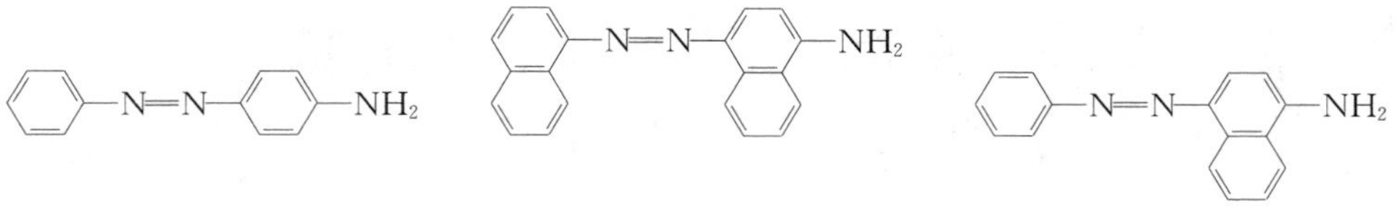

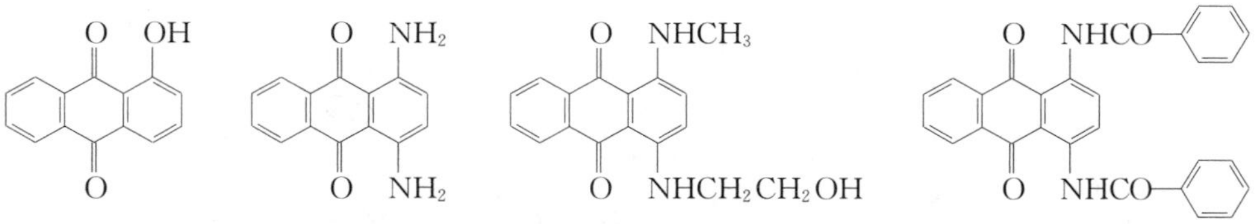

② O　OH　O　NH_2　O　$NHCH_3$　O　NHCO—

O　O　NH_2　O　$NHCH_2CH_2OH$　O　NHCO—

③ $(CH_3)_2N$—X=$\overset{+}{N}(CH_3)_2$

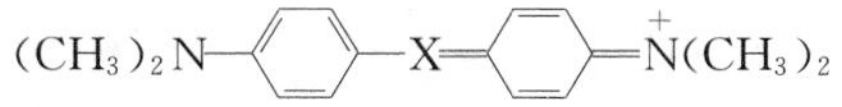

X=CH　　λ_{max}=610nm

X=N　　λ_{max}=710nm

X=NH—N　　λ_{max}=420nm

④ $(CH_3)_2N$—C=$\overset{+}{N}(CH_3)_2Cl^-$（绿）

$(CH_3)_2N$—C=$\overset{+}{N}(CH_3)_2Cl^-$（紫）

NH_2

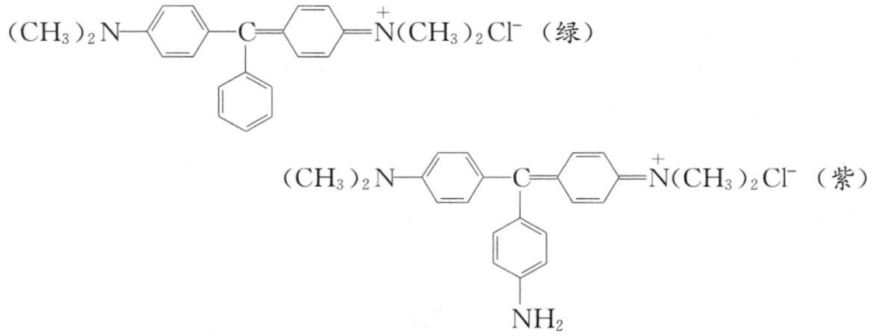

参考文献

[1] 沈永嘉．精细化学品化学[M]. 北京:高等教育出版社,2007.

[2] 何瑾馨．染料化学[M]. 北京:中国纺织出版社,2004.

[3] 王菊生．染整工艺原理(第三册) [M]. 北京:纺织工业出版社,1984.

[4] 侯毓汾,朱振华,王任之．染料化学[M]. 北京:化学工业出版社,1994.

[5] 钱国坻．染料化学[M]. 上海:上海交通大学出版社,1987.

[6] 黑木宣彦．染色理论化学[M]. 陈水林,译．北京:纺织工业出版社,1981.

[7] 沈阳化工研究院染料情报组．染料品种手册[M]. 沈阳:沈阳化工研究院,1978.

[8] 格里菲思．颜色与有机分子结构[M]. 侯毓汾,吴祖望,胡家振,等,译．北京:化学工业出版社,1985.

[9] Peters R H. Textile Chemistry, Vol. Ⅲ, The Physical Chemistry of Dyeing[M]. Elsevier, 1975.

[10] Griffiths J. Colour and Constitution of Organic Molecules[M]. New York: Academic press, 1976.

[11] Hallas G. Colour of Organic Compounds——Application of the Perturbational Molecular Orbital[J]. Method, J. S. D. C., 1968 (84): 510.

*第四章　染料的光化学反应及光致变色色素

第一节　染料的光化学反应

在光(主要是紫外光)的作用下,染料分子中的化学键发生改变甚至断裂,使得染料的结构遭到破坏,从而失去颜色;也可能在紫外线的照射下,染料的立体结构发生改变,致使颜色发生变化,表现出来就是色变。

光照对染料产生的影响可以从染料分子中电子结构及能量变化的情况来解释。当一个染料分子吸收一个光子的能量后,将引起分子的外层价电子由基态跃迁到激发态。按结构的不同,染料分子在不同波长光波的作用下可以发生不同的激发过程,有 $\pi \rightarrow \pi^*$、$n \rightarrow \pi^*$、CT(电荷转移)、S→S(单线态)、S→T(三线态)、基态→第一激发态和基态→第二激发态等。单线态的基态写作 S_0,第一和第二激发单线态分别写作 S_1 和 S_2。相应的三线态则以 T_0、T_1、T_2 表示。$\pi \rightarrow \pi^*$ 激发态写作 $\pi\pi^*$ 态、电荷转移激发态写作 CT 态、$n \rightarrow \pi^*$ 激发态写作 $n\pi^*$ 态。激发分子的电子多重性可以在上述符号的左上角加数字表示。如 $^1(\pi\pi^*)$、$^3(\pi\pi^*)$ 分别表示 $\pi \rightarrow \pi^*$ 激发所成的单线态和三线态。一般 T 态的能级总是低于相应的 S 态。

在激发过程中,染料分子被激发成各种振动能级的电子激发态,它们的振动能级会迅速降低,将能量转化为热而消散,这种降低能级的过程称为振动钝化。在振动钝化过程中,振动能级低的 S_2 激发态也会转化成为振动能级较高的 S_1 激发态,并继续发生振动钝化。这样,原来能级较高的 S_2 激发态迅速转化为最低振动能级的 S_1 激发态。等能量相交条件下的 S_2、S_1 电子能态之间的转化不包含电子自旋多重性的变化,被称为内部转化。单线态和三线态之间也会发生转化,从 S_1 态转化成 T_1 激发态。这种伴有电子自旋多重性变化,在等能量相交条件下的电子能态转化叫做系间窜越。由于受电子自旋选律的"禁戒",系间窜跃的速率一般是比较低的。

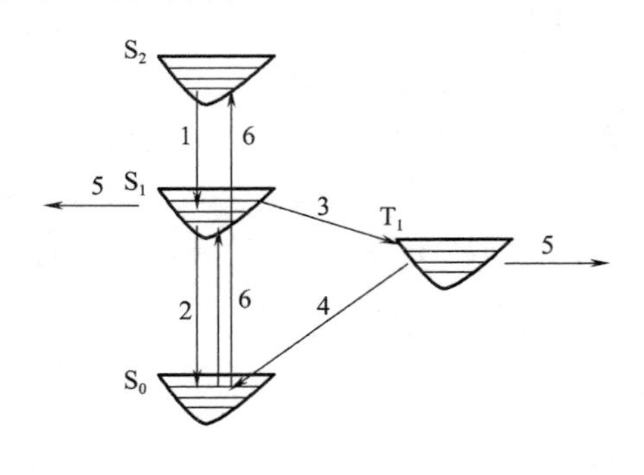

图 4－1　染料激发分子能级间的转化

1—内部转化　2—荧光　3—系间窜跃　4—磷光

5—光化学反应　6—S_0 至 S_1 或 S_2 的激发

染料激发分子在发生一般光化学反应之前会通过振动钝化、内部转化、系间窜越而迅速转化成最低振动能级的 S_1 态或 T_1 态如图 4－1 所示。S_1 和 T_1 态如果和基态的能级间隔较小,它们也会继续发生迅速的非辐射消散而成为基态(S_0)。但在刚性、共平面的分子结构和较高黏度介质等条件下,这种转化速率比较低，S_1 态或 T_1 态便有较高的机会发生辐射消散、能量转移和光化学反应。

激发的染料分子与其他分子间发生光化学反应，导致了染料的光褪色和纤维的光脆损。

由于第一激发三线态 T_1 的寿命比第一激发单线态 S_1 的寿命长，增加了 T_1 态与其他分子的反应概率。因此，染料分子大都是经过激发三线态引起光褪色。

处于激发态的染料分子可能经过下列过程失活或与其他分子进行光化学反应：

(1)激发的染料分子迅速将激发能转变成热能(Q)回到基态：

$$D^* \longrightarrow D + Q$$

(2)激发的染料分子经发射荧光或磷光回到基态：

$$D^* \longrightarrow D + h\upsilon$$

(3)激发的染料分子与其他分子发生光化学反应：

$$D^* + RH \longrightarrow DH\cdot + R\cdot \text{（最普通的是从基质中吸收氢）}$$

$$D^* + M \longrightarrow D^+ + M^- \text{（给出氧化态的染料）}$$

$$D^* + M \longrightarrow D^- + M^+ \text{（给出还原态的染料）}$$

(4)激发的染料分子与其他分子碰撞将能量传递给其他分子使之成为激发态，而自身回复成为基态：

$$D^* + M \longrightarrow D + M^*$$

在能量转移过程中，原来的激发分子被称为供能体或光敏剂；而接受能量被激发的分子称为受能体。按供能体和受能体激发态的电子自旋情况，能量转移体系有：单线态—单线态能量转移、三线态—三线态能量转移和三线态供能体使三线态氧分子转化为单线态激发氧分子的能量转移。

一般来说，染料分子的光化学反应主要是异构反应、还原和氧化反应、分解反应、光敏反应等，另外光取代、光聚合等光化学反应也有报道。染料光褪色是处于激发态的染料分子分解或与其分子发生光化学反应所引起的，其中光氧化和光还原反应是光褪色的两个重要途径。

一、光致异构化反应

对二甲氨基偶氮苯等在偶氮基邻位上没有—OH 或—NH_2 的偶氮染料在溶液中或染在醋酯纤维上，在光照下会发生反—顺式异构变化，色泽逐渐变淡。一些硫靛染料在受到光照时也会发生此类异构反应。而对于邻位有—OH 存在的偶氮染料(如含 H 酸、J 酸等中间体的偶氮染料)在受到光照作用时，偶氮—腙互变异构时常发生，且二组分的比例与染料结构关系密切：

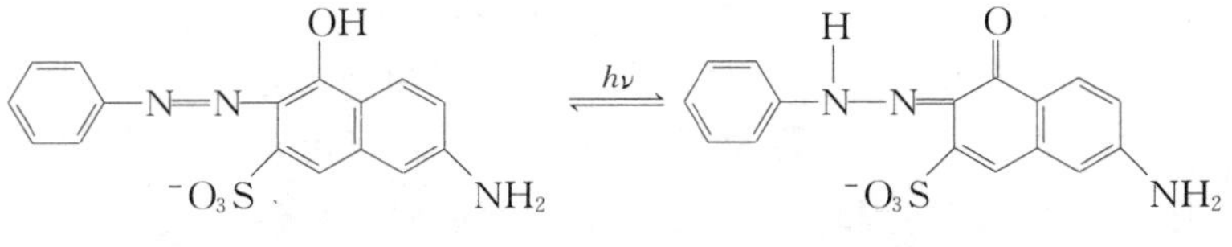

二苯乙烯结构的染料受到紫外线作用会产生顺—反式互变异构现象。经研究发现以下结构的染料在溶液中以及锦纶 66 上都会发生顺反异构转化。

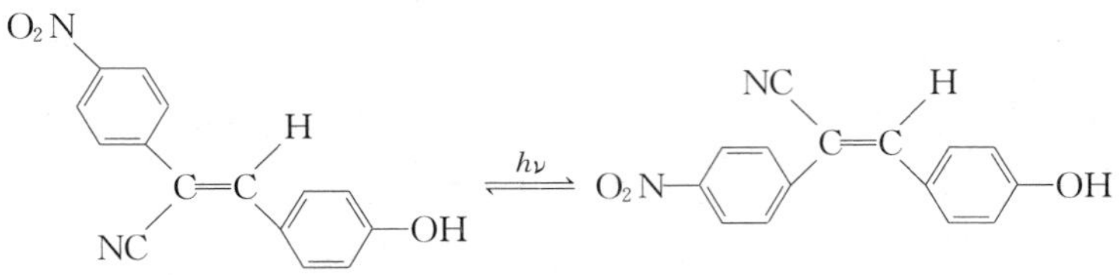

$$O_2N-C_6H_4-C(CN)=CH-C_6H_4-OH \xrightleftharpoons{h\nu} O_2N-C_6H_4-C(CN)=CH-C_6H_4-OH$$

三芳甲烷结构的染料在光照作用下也有可能发生反应而导致色变。如以下结构的染料在乙醇溶液中会发生如下反应：

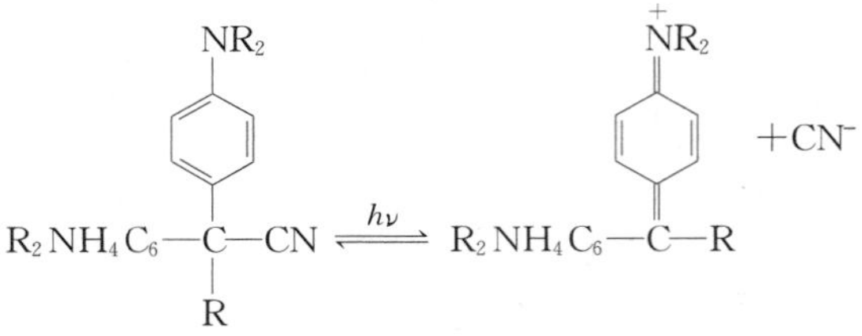

$$R_2NH_4C_6-C(R)(C_6H_4NR_2)-CN \xrightleftharpoons{h\nu} R_2NH_4C_6-C(R)=C_6H_4=\overset{+}{N}R_2 + CN^-$$

二、光致氧化—还原反应

织物上的染料在光照作用下，光还原或光氧化反应常常伴随发生，有时甚至共同作用于染料光褪色过程的始末，是决定染料光褪色机理的主要因素。

一般认为染料的光致氧化过程经历了以下几个过程(式中S可以是染料分子或其他敏化剂)：

$S \longrightarrow {}^3S^*$(光照)　　①敏化剂受光激发成三线态${}^3S$；

${}^3S^* + O_2 \longrightarrow S + {}^1O_2{}^*$　　②处于三线态的敏化剂和氧反应生成单线态氧；

${}^1O_2{}^* + D \longrightarrow$ 褪色　　③单线态氧和染料进行氧化反应。

在蛋白质纤维和少数疏水的高分子纤维上的染料都可能发生光致还原褪色。其褪色机理为：

$S \longrightarrow {}^1S^* \longrightarrow {}^3S$　　①敏化剂受光激发成三线态；

${}^3S + SH_2 \longrightarrow 2SH\cdot$　　②${}^3S$从氢供给剂(SH_2)中吸收氢形成游离基($SH\cdot$)；

$SH\cdot + D \longrightarrow DH\cdot + S$　　③敏化剂释放氢原子给染料(D)形成自由基($DH\cdot$)；

$DH\cdot + SH\cdot \longrightarrow DH_2 + S$　　④染料被还原成DH_2。

$DH\cdot + SH\cdot \longrightarrow D + SH_2$

(一)偶氮染料

对于偶氮染料而言，在染料分子上引入供电子基将使偶氮基电子云密度增加，相对更容易发生光氧化反应；而吸电子基团的引入往往会导致偶氮基电子云密度降低，使染料更倾向于发生光还原反应。由于取代基的电子效应及其影响大小可用Hammett常数σ表示，因此在研究不同介质中偶氮染料的光反应历程时，通常是以染料光照时的褪色相对速率的对数与取代基的σ值关系作图，如果得到的图像近似是一条斜率为正值的直线，则染料的褪色主要遵循还原反应历程，反之则氧化反应占主导。Chipalkatti等曾选用数种偶氮染料对蛋白质纤维及纤维素纤维进行染色，并研究了不同纤维上染料的光褪色情况，认为蛋白质纤维上的染料在光照作用下主要发生还原反应，而在非蛋白质纤维上则是染料的光氧化反应占主导，将造成上述差异的原因归结为是由蛋白质具有的还原性所引起的。但也有研究表明，并非所有染料在蛋白质纤维和非蛋白质纤维上的光褪色都是如此，如天然植物染料苏木精在羊毛上的光褪色便是一个氧化反应。N. Victorin 等将数种 β-萘酚偶氮苯类染料上染于聚丙烯纤维，分别在无氧及有氧条件下使染料发生光褪色，结果发现在聚丙烯这类非蛋白质纤维上染料主要遵循光还原反应历程。

在染料发生光致氧化反应过程，单线态氧所起的关键作用早已引起广泛关注。J. G. Neevel 等人曾研究了数种 1-偶氮苯-2-萘酚类染料在 2，3-丁二酮溶液中的光褪色情况，发现染料在氧气存在时能够被迅速氧化为酚类及醌类结构。J. G. Neevel 认为这是由于在光照作用下 2，3-丁二酮首先被激发为三态分子，进而对氧分子进行能量转移，生成活泼的单态氧，使染料被氧化。反应过程及染料分解产物如下所示：

$$^{3}R-\underset{\substack{\|\\O}}{C}-\underset{\substack{\|\\O}}{C}-R+O_2 \longrightarrow R-\underset{\substack{\|\\O}}{C}-\underset{\substack{\|\\O}}{C}-R+{}^{1}O_2$$

HO

N═N

$h\nu$

$\xrightarrow[{}^{1}O_2]{h\nu}$ —OH + N_2 + O═

O

H

N—N═

O

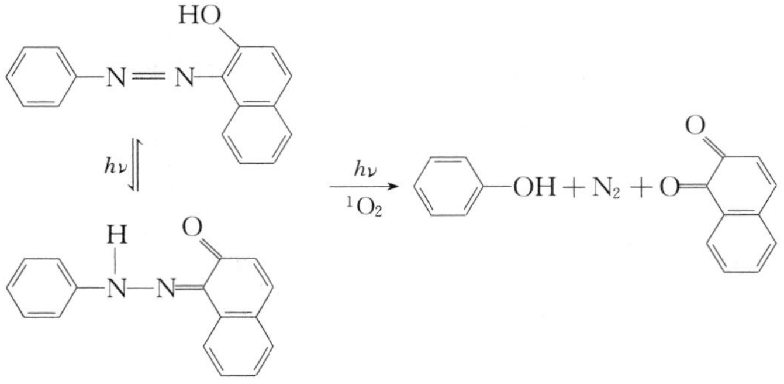

Tullio Catonna 等利用光敏剂油酸甲酯和孟加拉红(Bengal rose)证实了单线态氧参与了对二乙氨基偶氮苯类染料在丙酮溶液中发生的光致褪色反应，并指出此类染料在反应初始阶段首先失去一个乙基，而最终光照产物则受各染料芳环上的取代基影响显著。以两种不同取代基的染料为例，其反应过程及各自产物如下所示：

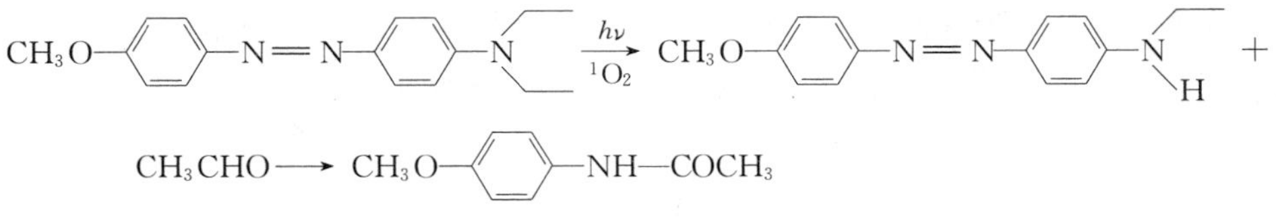

CH_3O—N═N—N $\xrightarrow[{}^{1}O_2]{h\nu}$ CH_3O—N═N—N—H +

$CH_3CHO \longrightarrow CH_3O$—NH—$COCH_3$

(最终产物)

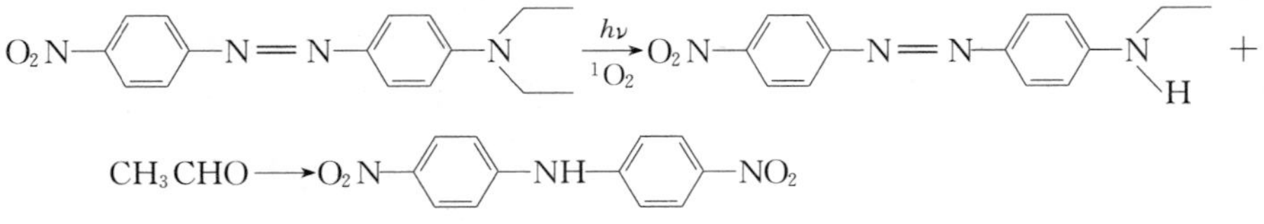

O_2N—N═N—N $\xrightarrow[{}^{1}O_2]{h\nu}$ O_2N—N═N—N—H +

$CH_3CHO \longrightarrow O_2N$—NH—$NO_2$

(最终产物)

Hillson 和 Rideal 曾将对羟基单偶氮染料涂在铂电极上，浸在 KCl 溶液中，以甘汞电极作参比，用光照射，发现铂电极的电位会随溶液 pH 等条件的不同而发生正、负变化。在酸性溶液中，将光照在涂有染料的铂电极上，铂电极呈正极，说明染料在正极上得到电子，发生还原反应；在中性和碱性溶液中，光照在涂有染料的铂电极上或照在电极周围的溶液中，铂电极呈负极，表明染料发生氧化反应。在还原、氧化过程中，染料表现出褪色现象。上述变化按如下反应进行：

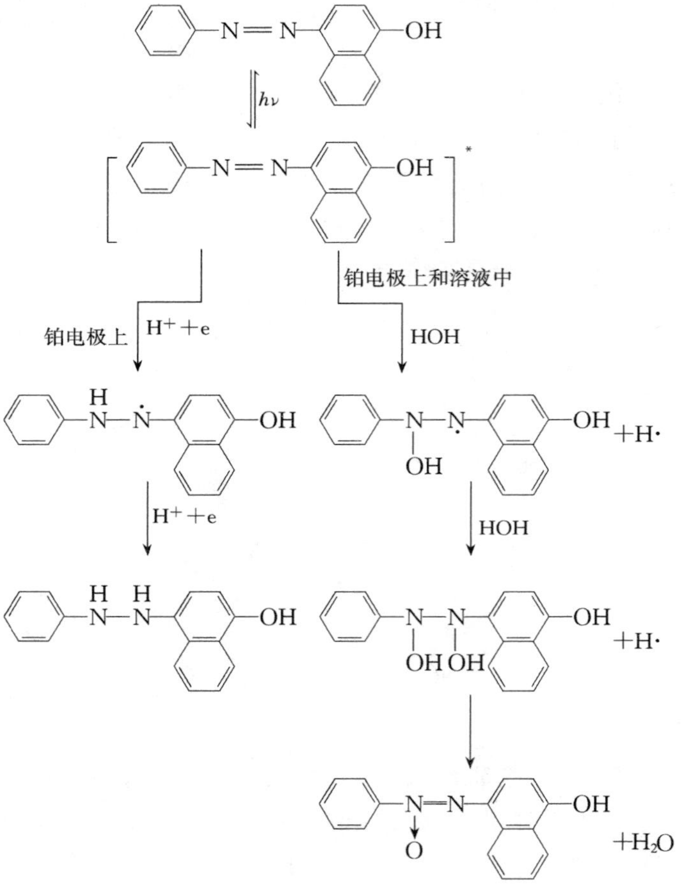

染料在暴晒过程中如果受到还原组分的作用还会被分解成各种胺类还原产物。H. C. A. Van Beek 等曾研究了数种酸性染料在 D，L－扁桃酸的水溶液中发生的光褪色反应，通过分离、鉴定反应产物，认为在光照过程中染料因被 D，L－扁桃酸还原而褪色。反应过程如下所示：

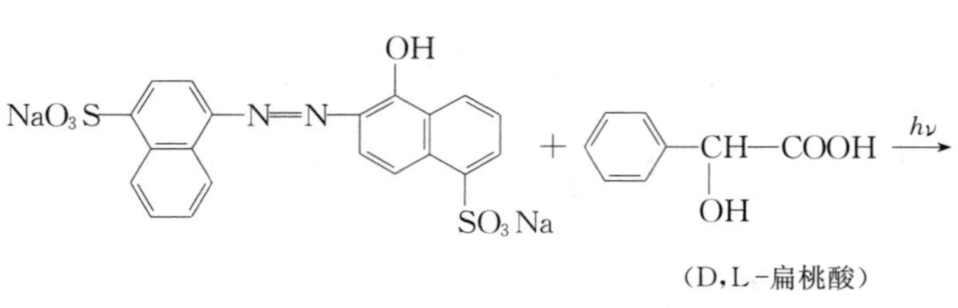

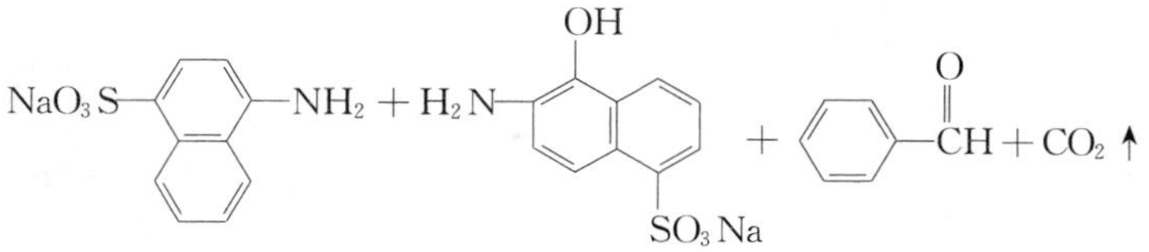

H. S. Freeman 等根据两种偶氮类分散染料分散红 1 号和分散红 17 号在尼龙薄膜上光褪色的研究结果，证实了这两种染料在光照作用下主要发生还原反应。在此过程中染料分子的偶氮基和硝基被还原，在反应产物中可以检测到各种胺类物质。以分散红 1 号为例，反应历程如下：

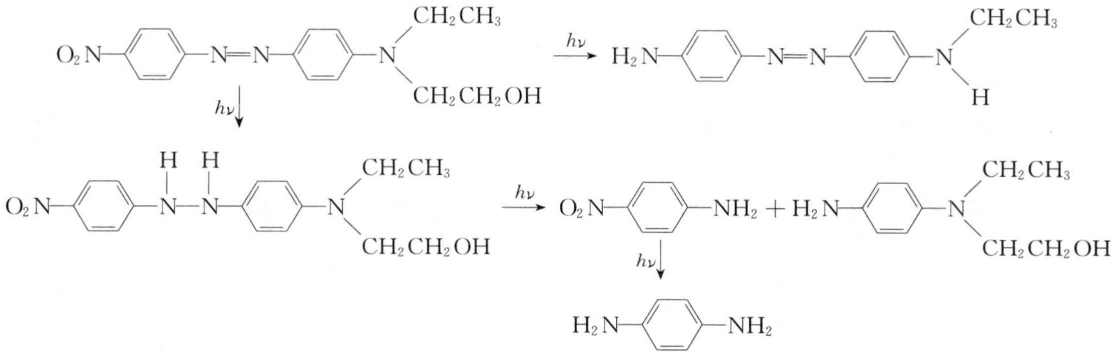

偶氮染料在光照过程中还可能同时发生氧化、还原反应，这类反应往往被称作不规则反应。Nobuhiro Kuramoto 等在研究 1 -对硝基偶氮苯- 2 -萘酚在甲醇、乙醇及 2 -丙醇中的光褪色反应时，发现染料被单态氧氧化的同时还会被具有 α - H 原子的醇类还原，光氧化、还原反应的共同作用使得染料褪色速率极快。各种主要氧化、还原产物的含量因溶剂性质不同而有所差异，如表 4 - 1 所示：

表 4 - 1　1 -对硝基偶氮苯- 2 -萘酚在不同溶剂中的光照产物

溶　剂	暴晒时间/h	转化率/%	氧化产物/%		还原产物/%	
			邻苯二甲酸	硝基苯	苯　胺	邻硝基苯胺
甲醇	5	72.8	11.3	4.1	18.1	13.8
乙醇	5	85.3	3.4	8.7	6.6	28.3
2 -丙醇	3	58.1	微量	3.4	21.7	7.8

(二)蒽醌染料

长期以来，蒽醌染料被认为是一类耐光牢度较好的染料。这是因为蒽醌在受到光照作用时，分子上的羰基很容易被激发，生成$^1(n\pi^*)$激发态分子，$^1(n\pi^*)$态越系窜跃成为$^3(n\pi^*)$态。由于氧原子的电子云密度下降，$^3(n\pi^*)$态具有较强的亲电性，因此不容易被氧气氧化。而一些具有还原性的介质则易使蒽醌发生还原。如蒽醌会被一些分子中含有 α - H 原子的物质还原生成半醌，半醌还可以进一步被还原为蒽二酚，使染料发生褪色。

上述反应可表示如下：

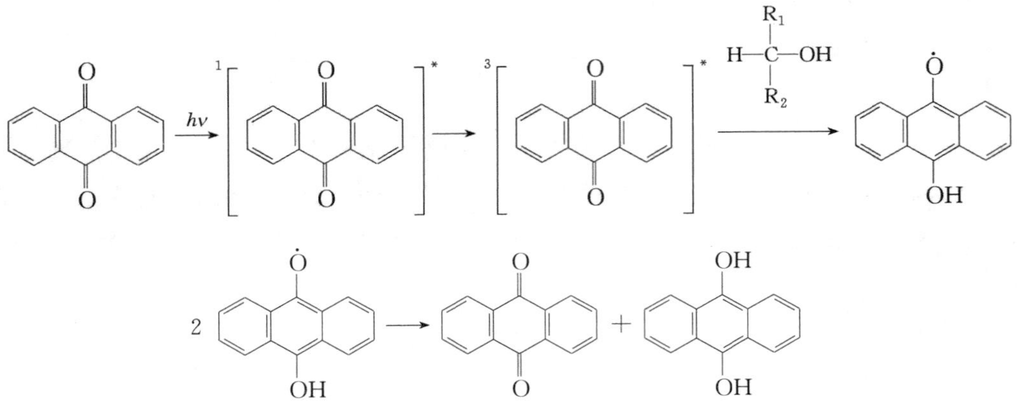

蒽醌染料的光氧化褪色一般是通过蒽醌分子上的取代基被氧化进而改变发色体系来完成的。H. S. Freeman 等曾研究过蒽醌结构的分散蓝3号染料在聚酯纤维及锦纶上的光褪色情况，通过对染料褪色产物进行光谱分析，认为染料主要发生光氧化反应，主要氧化产物如下所示：

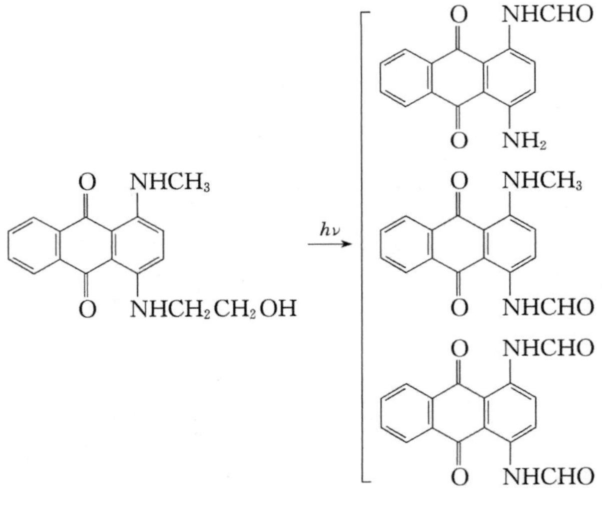

(三)其他染料

三芳甲烷类染料在光照时也会因发生还原和氧化反应而导致色变或褪色。如在氧气及光的共同作用下，孔雀绿会被氧化至无色：

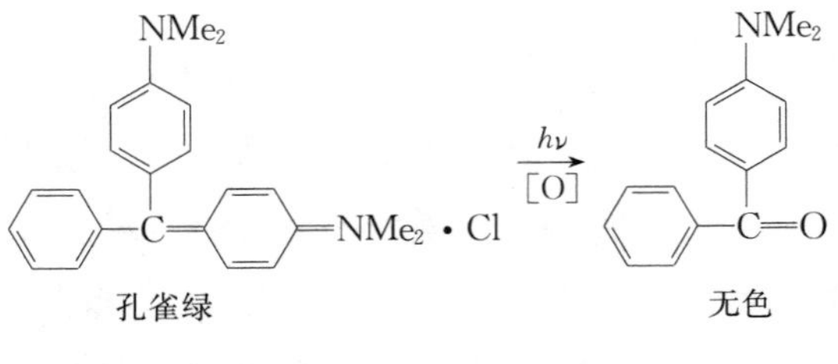

孔雀绿　　无色

而在溶液中结晶紫接受光照时会发生如下还原反应：

结晶紫 $\xrightarrow{h\nu}$ 品红

一些靛蓝染料在受到单态氧作用时也会发生褪色，在此过程中，染料分子首先被氧化生成过氧化物中间体，然后碳碳双键断裂生成靛红：

$\xrightarrow[h\nu]{^1O_2}$ [过氧化物中间体] $\xrightarrow[h\nu]{^1O_2}$ 靛红

靛红在湿态条件下还会被进一步被氧化为邻氨基苯甲酸：

靛红 $+ H_2O \xrightarrow{[O]}$ 邻氨基苯甲酸 $+ CO_2$

二苯乙烯结构的染料在受到光照和氧气共同作用时也首先被单态氧氧化为过氧化物中间体，而后碳碳双键断裂生成醛、酸类氧化产物：

$CH_3CONH-C_6H_4-CH=CH-C_6H_4-NHCOCH_3 \xrightarrow[^1O_2]{h\nu} [CH_3CONH-C_6H_4-CH(O)-CH(O)-C_6H_4-NHCOCH_3]$

$\longrightarrow CH_3CONH-C_6H_4-CHO + CH_3CONH-C_6H_4-COOH$

三、光敏反应

许多染料本身是光敏剂，具有光敏作用。在染色和印花过程中，染料的光敏现象给人们带来的问题主要体现在两个方面：一方面，染着在纤维上的染料分子经光照激发后，将能量转移给纤维，使纤维在暴晒过程中容易氧化脆损；另一方面，当织物用几种染料混拼染色时，有的染料分子被光照激发后，能将能量转移给其他染料，使之转化成激发态而发生化学变化，造成织物的色光变化。

具有蒽醌结构的染料是一类比较容易发生光敏现象的染料。以还原染料为例，某些黄、橙、红色还原染料会使纤维素纤维和蚕丝、聚酰胺纤维发生严重的脆损。如芘蒽酮及其卤化物、具有噻唑结构的黄色蒽醌类还原染料、二苯并芘醌系及蒽缔蒽醌系染料都会发生光敏脆损。这些染料的结构举例如下：

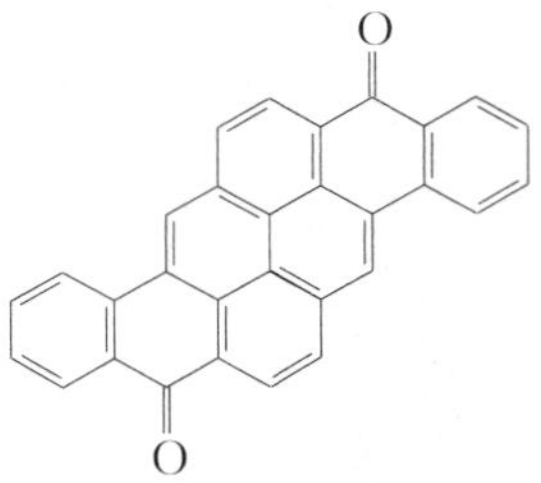

芘蒽酮(还原橙 9 号) 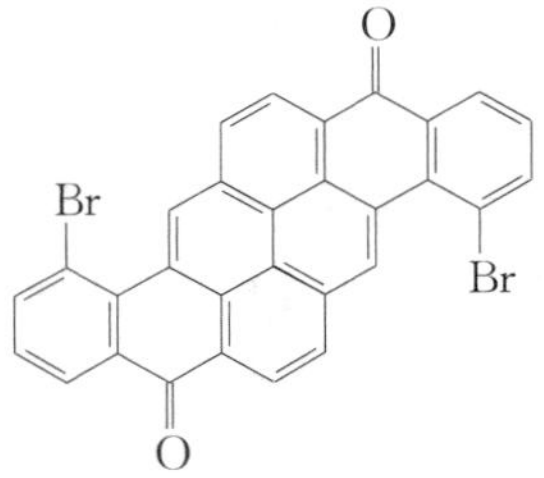　　二溴芘蒽酮(还原橙 2 号)

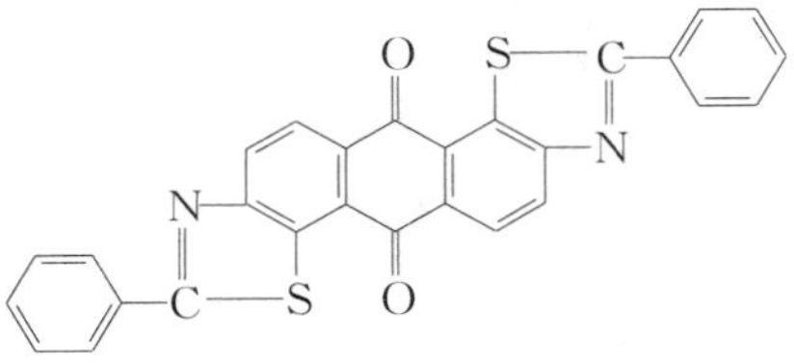

还原黄 2 号 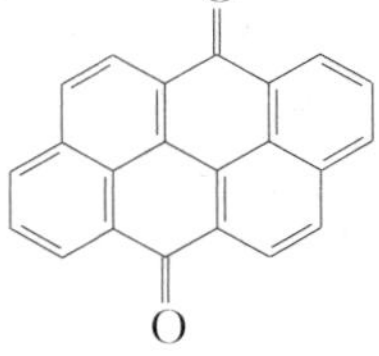　　蒽缔蒽醌

然而上述染料的染色牢度又比较高,因而引起了人们的广泛关注。没有染色的纱线和用这类染料染色的纱线交织在一起也会发生脆损。

对于还原染料易引起纤维脆损的原因,长期以来人们提出了两种不同的反应机理,各有一定的实验依据。一种认为纤维脆损是由于染料在光照作用时首先被激发,进而夺取纤维分子中的氢原子而引起的,因此被称为夺氢理论。早期的研究者们以醇类物质模拟纤维素纤维,在溶液中证实了光照时蒽醌染料可以夺取醇分子上的 α－H 原子。P. J. Baugh 等通过研究 1－磺酸基蒽醌与 2－磺酸基蒽醌在光照作用下对纤维素纤维的光敏氧化作用,认为染料的夺氢理论依然成立。当受到最大照射波长为 365nm 的光照时,蒽醌分子发生 $n \rightarrow \pi^*$ 跃迁,被激发成 $^3(n\pi^*)$ 态,然后夺取纤维素纤维的氢原子生成染料自由基与纤维素自由基,在氧气作用下,纤维素自由基被氧化而造成纤维降解。以 A 表示蒽醌染料,Cell—OH 表示纤维素纤维,上述反应过程如下：

$$\mathrm{A} \xrightarrow{h\nu} {}^3\mathrm{A}^*$$

$$^3\mathrm{A}^* + \mathrm{Cell{-}OH} \longrightarrow \mathrm{AH}\cdot + \mathrm{Cell{-}O}\cdot \xrightarrow{O_2} \mathrm{AH}\cdot + \mathrm{Cell{-}OO}\cdot \longrightarrow \mathrm{Cell{-}CO_2H} + \mathrm{A}$$

另一种观点是活化氧理论,认为纤维的脆损是由染料的 $^3(n\pi^*)$ 态和氧分子进行能量转移生成活泼的单态氧而引起的。反应过程如下：

$$^3\mathrm{A}^* + \mathrm{O_2} \xrightarrow{h\nu} \mathrm{A} + {}^1\mathrm{O_2}$$

$$\mathrm{Cell{-}OH} + {}^1\mathrm{O_2} \longrightarrow \text{氧化纤维素}$$

在水蒸气存在条件下,特别是在碱性条件下单态氧还会生成过氧化氢而使纤维素氧化。

混拼染色织物受到光照作用时,不同结构的染料分子间会发生能量转移而导致拼色织物的色光变化，原因是有的染料分子被光照激发后将能量转移给其他染料，使之转化成激发态而导致褪色，通常在偶氮染料与蒽醌染料进行拼色时此类褪色更易发生，而且往往是偶氮染料褪色严重。研究认为单态氧在此过程中起到了至关重要的作用，但到目前为止此类反应的机理尚未有定论。

随着对染料光反应的深入研究，人们越来越清楚地认识到提高染色织物耐光稳定性的重要性和必要性。尤其是对服用纺织品而言，由于衣物上的染料不可避免地受到光照作用，因此会发生不同程度的褪色。特别是染色织物在受到光照、氧气及其他化学物质的共同作用时，褪色将更加剧烈。如纺织品的在光、汗复合作用下的褪色便是一例，尽管目前染料在此种情况下的褪色机理还未得以揭示，但可以确定的是，染色织物在光、汗条件下的褪色不仅影响服装的耐久性，一些染料降解后还有可能形成对人体有危害的褪色产物，当它们直接接触皮肤后，便可能对人体健康造成隐患。因此，若要有效提高染色织物的耐光及与之相关的复合色牢度，首要解决的问题便是对染料在各种环境中的光致褪色机理有较为透彻的认识，进而分析在特定情况下影响染料耐光稳定性的各种因素，最终得出合理的牢度提升方法。相信随着对染料光反应机理的深入研究，人们必将在这一领域取得突破性进展，从而进一步提高服用纺织品的生态安全性，将绿色、环保进行到底。

第二节　影响染料光褪色的因素

前人在染料光褪色方面已做了大量的研究工作，目前普遍认为影响染料在各种环境下发生光照褪色的主要因素包括：

一、光源与照射光的波长

如何选用合适的人造光源来模拟实际日光从而更准确、有效地反映染料光褪色情况一直是学者们研究的热点。在大量研究的基础上，氙弧灯测试被普遍认为是模拟实际日晒情况的最佳光源，国际标准化组织（ISO）耐光色牢度的蓝色羊毛标准也是将氙弧灯确定为标准测试光源。当然，在从事染料耐光色牢度的研究过程中，学者们根据不同的试验要求往往需要使用不同的人造光源，应用比较广泛的还有碳弧灯、高压汞灯、高压钨灯等。研究表明，使用这几种光源进行染料耐光牢度测试时，同样可以较好地模拟天然日光，测试效果与氙弧灯相似。

当附着在纤维上的染料受到不同波长范围的光照射时，其耐光性能也会受到不同程度的影响。早期的研究表明，日光中的紫外光、可见光部分以及空气中的氧气都是引起染料光褪色关键因素，但对三者之间相互作用的研究始终是一个比较复杂的课题，至今仍没有规律性的结论。Mclaren 在大量实验基础上提出耐光牢度较好的染料的褪色是由蓝、紫光波和紫外光引起的，波长更长的波段对其褪色所起的作用不大；而耐光牢度较差的染料是由于吸收各种波长的光发生褪色的。Bedford 等研究蓝、红、绿三种染料在薄膜上的光褪色，从光谱发射曲线计算出三刺激值并推算出褪色量的对数值与辐射量呈线性关系，发现牢度好的染料只有范围较窄的波长能够对其产生作用。S. N. Batchelor 等选用了数种含偶氮—腙异构体系的商品活性染料，以氙弧灯为测试光源，在分别隔绝氧气、紫外光以及同时隔离氧气和紫外光的情况下考查染料的褪色程度，指出可见光与紫外光均为引起光褪色的原因，而且对于偶氮染料可见光为主要因素，对酞菁染料紫外光为主要因素，得出了“可见光对含偶氮—腙异构体系的活性染料的光褪色起决定性作用”的结论，同时指出：氧气仅参与由可见光导致的褪色过程，而紫外光引起的染料褪色不需要氧气的作用。从而进一步揭示了照射光与氧气在染料光褪色过程中的相互作用关系。

二、环境因素

染料在光照过程中，空气中的氧气组分历来被认为是影响大多数染料褪色程度的一个重要因素。大量研究表明，许多染料在隔绝氧气的条件下其耐光牢度比氧气存在时高得多。氧气的作用是复杂的，它可以直接参与染料激发态的氧化过程或通过氧化纤维与染料发生作用，也可以和染料分子激发态发生能量转移，生成单线态氧或生成过氧化氢使染料氧化。但有时染料是由于激发态分子被还原而褪色的，所以氧气并不是对任何染料染色试样的光照褪色都是必需的。

空气的湿度及试样的含湿率同样是影响染料耐光牢度的一个关键因素。通常，试样的耐光牢度会随着含湿率的增加而降低，这是由于空气或织物的含湿率越高，纤维溶胀越充分，水分与空气在纤维中的扩散速率也越快，因此染料褪色越严重，具体影响效果在很大程度上还取决于织物的组织结构及理化性质。但有些现象是难以用这些理论来说明的，如下列两个结构十分类似的活性染料，干、湿耐光牢度差异却非常大：

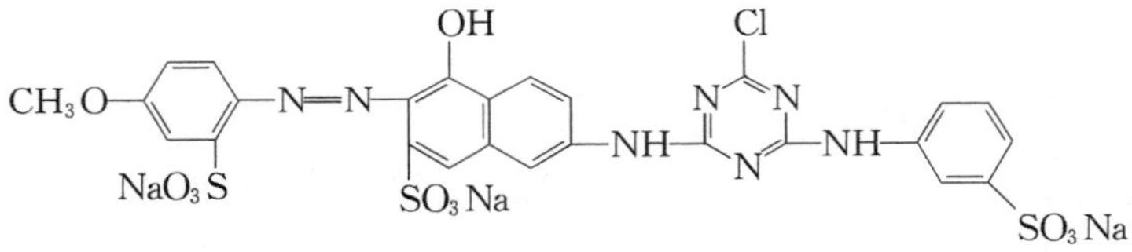

湿耐光牢度低

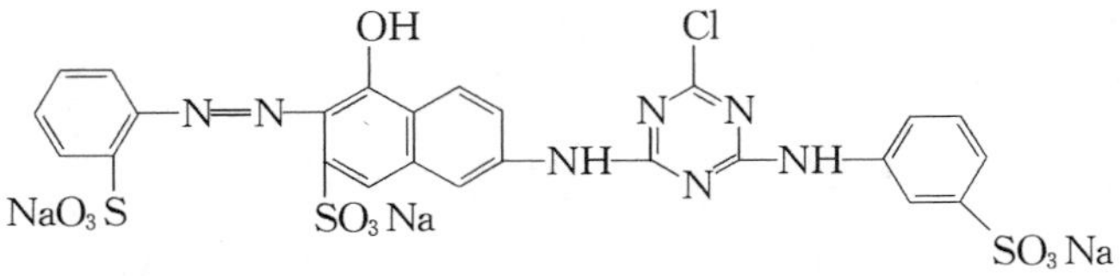

干、湿耐光牢度差别较小

同时也有研究表明，羊毛染色后在光照条件下的褪色程度与试样含湿率之间并没有必然的联系，而众所周知羊毛的吸水性比棉更强。由此可知水分在染料光褪色过程中起到的作用十分复杂。

温度高低也会影响染料的耐光性能。如酸性蓝 RS 染在羊毛上，以碳弧灯照射，空气的相对湿度为100%时，60℃发生显著褪色所需时间为110h，25℃所需时间则为500h。

三、纤维的化学性质与结构

蛋白质纤维上染料的光褪色通常认为是染料被还原所致；而在非蛋白质纤维上通常是氧化的。比较一系列染料在不同纤维上的耐光牢度发现，当纤维属于同一类型时，耐光牢度的差异在染料整个范围内几乎是均匀的；而当纤维属于不同类型时，耐光牢度较差的染料在蛋白质纤维上的牢度要比在非蛋白质纤维上的高；耐光牢度较好的染料则相反。如耐光牢度较低的直接染料通常在羊毛上的耐光牢度比棉或黏胶纤维要好一些；而耐光牢度较好的金属络合染料在羊毛或丝绸上的耐光牢度比在黏胶纤维上要低一些。

纤维的微结构对染料的耐光牢度也有影响。许多分散染料在纤维上的耐光牢度随着纤维内晶区比例的增大而提高，而一些阳离子染料在聚丙烯腈纤维上的耐光牢度也较其在纤维素纤维及蛋白质纤维上更高。其主要原因被认为是由气体在不同结晶度纤维中扩散速率不同所致。Gile等曾选用数种分散染料，将其分别上染于CA（Secondary cellulose acetate）、CTA（Cellulose triacetate）、N（Nylon 66）、PET（Polyethylene terephthalate）等纤维（结晶度高低顺序依次为：PET>CA>N>CTA），数据表明，纤维结晶度增加在一定程度上有利于染料耐光牢度的提高。

如前所述，染料上染纤维后耐光牢度与纤维含湿率及空气中的氧气都有极为密切的关系。纤维中晶区比例越高，水汽及氧气在纤维中的扩散速率越慢，从而减缓了水分子及氧气分子与染料分子的相互作用。同时对于染料分子而言，只有当其处于激发态情况下才可能与氧气分子发生反应，但分子激发态持续的时间往往十分短暂，如果染料分子不能在第一时间与氧气分子发生碰撞、反应，那它将很快回复到基态，同时将能量释放到环境中去。因此，气体在介质中的扩散性能在很大程度上决定了染料的降解速率。

四、染料与纤维的键合强度

染料的耐光牢度和染料与纤维之间的作用力大小有关。人们早期认为，键合越强，染料分子更容易将吸收的光能传递给织物，从而减少了染料降解的可能性。活性染料与纤维素纤维以坚牢的共价键结合，因此应该具有较高的耐光牢度。Deepali等曾研究过数种单、双官能团活性染料在蚕丝和棉上的光褪色性能，通过比较正常上染的活性染料与水解染料染色后的耐光牢度，发现在棉上形成共价键的活性染料显示出较好的耐光牢度，而对蚕丝来说，固着和未固着染料的耐光牢度差异不大，其原因被认为是由于水解的活性染料与蚕丝间也可以形成比较强的离子键而在一定程度上保持了染料的耐光性能。

有时，即使染料与纤维形成比较强的键合作用，但如果染料分子之间作用力更强，那么则有可能更容易发生能量转移，从而在一定程度上降低染料的耐光牢度。一般认为在下面三个染色系统中“键合越强，染料的耐光性能越好”的结论是正确的，即碱性染料染聚丙烯腈纤维、直接染料染纤维素纤维以及酸性染料染蛋白质纤维。此外，直接染料、还原染料和活性染料在黏胶纤维上的耐光牢度比在纤维素纤维上要高,尽管这些染料与纤维之间亲和力是相同的,这说明染料与纤维之间作用力大小不是影响染料耐光牢度的决定性因素。

五、染料的化学结构

改变染料分子结构是提高耐光牢度的一种有效的方法。如在分散染料中引入氰基可以明显提高染料耐光牢度,使用金属络合的方法也可以提高牢度。

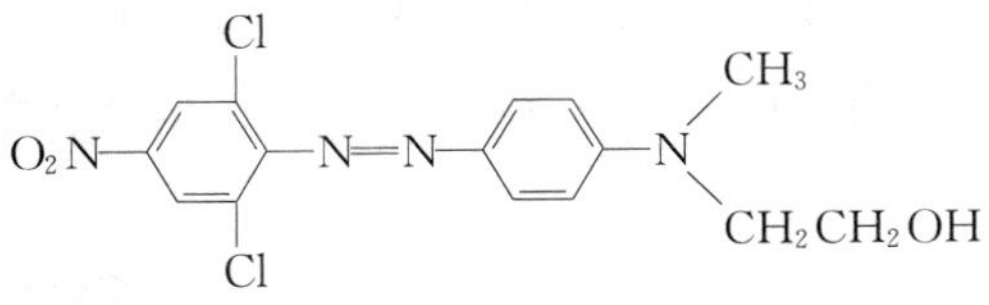

C.I. 分散橙 5　耐光牢度 4～5 级

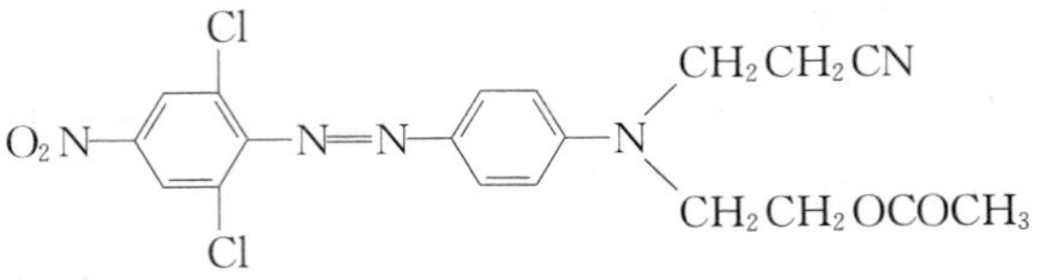

C.I. 分散橙 30　耐光牢度 6～7 级

Jolanta 研究了一系列金属络合染料在不同条件下的光褪色情况,如表 4-2 所示:

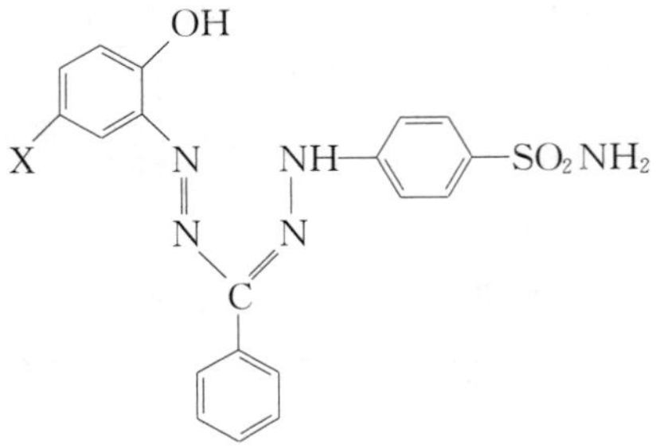

表 4-2　不同金属络合染料在不同条件下的光褪色情况

染　料	X	金属络合	耐光牢度
a	NO_2	未络合	—
b	Cl	未络合	—
c	H	未络合	—
d	NO_2	1∶2Fe(Ⅲ)	6 级
e	Cl	1∶2Fe(Ⅲ)	5～6 级
f	H	1∶2Fe(Ⅲ)	5～6 级
g	NO_2	1∶2Co(Ⅲ)	7 级
h	Cl	1∶2Co(Ⅲ)	6～7 级
i	H	1∶2Co(Ⅲ)	6 级

研究结果表明,经金属络合处理的染料的耐光牢度明显高于未处理的染料;Co(Ⅲ)络合染料的牢度高于 Fe(Ⅲ)的络合染料,Co(Ⅲ)络合染料是有效的单重态氧猝灭剂;偶氮组分取代基的种类对结果影响很大,硝基($—NO_2$)可以明显提高耐光牢度。

一般来说,在染料的基本化学结构相同时,增加抗氧化性能的取代基可以提高染料在纤维素纤维上的耐光牢度，而增加抗还原性能的取代基有利于上染于蛋白质纤维上染料的耐光牢度。对于基本结构不相同的染料，取代基和染料耐光牢度之间不存在规律性的联系。

N. S. Allen 曾对一系列不同结构的蒽醌染料的耐光性能进行了深入研究，得到如下重要结论：

(1)在蒽醌染料分子中引入吸电子基团将有利于提高其在非纤维素纤维上的耐光牢度。如对羟基蒽醌而言，在 2 位上引入吸电子基，如—Cl、—Br、—CF_3、—O—⟨苯环⟩，可提高耐光牢度，如分散红 3B，在涤纶上的耐光牢度在 6 级以上，其结构式如下。

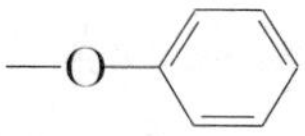

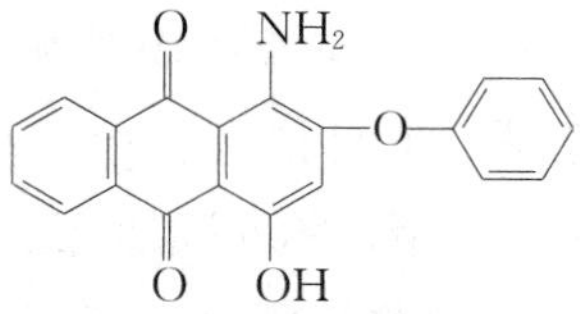

(2)蒽醌染料分子中，如果 1 位上存在可与羰基形成分子内氢键的基团则有利于提高染料的耐光牢度，如 1 -氨基- 4 -羟基蒽醌，虽然氨基和羟基都是供电子基，但由于羟基和氨基都可和羰基形成分子内氢键，故该染料的耐光牢度仍然很好。

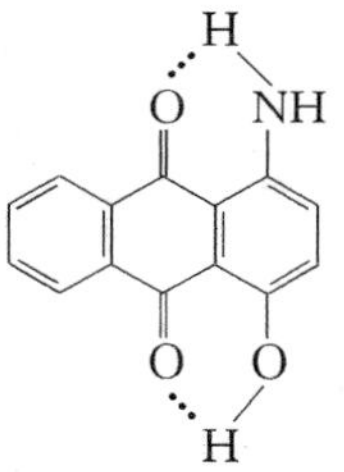

(3)1 -氨基蒽醌在氧气存在的情况下，光褪色的第一阶段可能生成羟胺化合物。因此蒽醌环上氨基的碱性越强，染料的耐光牢度越低。如下列染料的耐光牢度和取代基 R 的关系为：

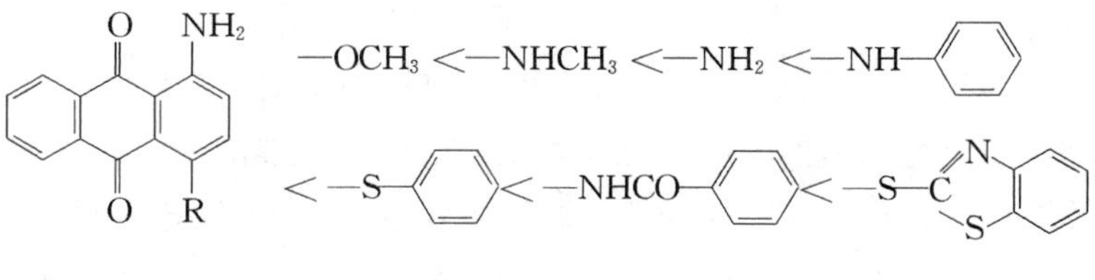

—OCH_3 < —$NHCH_3$ < —NH_2 < —NH—⟨苯环⟩ < —S—⟨苯环⟩ < —NHCO—⟨苯环⟩ < —S—C⟨苯并噻唑⟩

(4)在蒽醌染料的 1 位上引入大的芳环将会阻碍染料分子由基态到激发态的转化从而提高染料的耐光牢度。

而对于偶氮染料来说，除了在染料分子中引入吸、供电子基团会影响染料的耐光牢度之外，染料分子上的其他基团对染料耐光牢度的影响也不容忽视。N. Victorin 等在研究数种 β -萘酚偶氮苯类染料在聚丙烯纤维上的耐光性能时，发现不同偶氮染料分子中偶氮—腙互变异构组分的比例与染料的耐光牢度之间有着密切的关系，腙组分比例越高，染料褪色越快；而 K. Imada

在研究数种以J酸、γ酸、H酸及K酸为偶合组分的偶氮类活性染料的耐光/汗复合色牢度时也得到了相似的结论:在光、汗共同作用下,不同偶合组分的染料褪色的剧烈程度大致按以下顺序递增:J酸<γ酸<H酸≈K酸,原因也与不同偶合组合的染料在发生偶氮—腙互变异构时,所含偶氮及腙比例不同有关。

六、染料浓度与聚集态

众所周知,染色试样的耐光牢度会随染色浓度不同而不同。许多试验结果表明,将各种染料按类别染在一种纤维上,它们的平均耐光牢度和染料浓度的对数作图可得到直线关系。一般而言,水溶性染料的CF(Concentration-fastness)曲线斜率为正,斜率大小与染色纤维有关,如弱酸性染料上染锦纶、蚕丝、羊毛得到的CF曲线的斜率大小为:羊毛>蚕丝>锦纶;而在棉纤维上,硫化染料和不溶性偶氮染料的CF曲线的斜率大于还原染料。而个别分散染料上染疏水性纤维以及一些分散型荧光增白剂上染聚酰胺薄膜时,它们的CF曲线斜率为负值。

一般说来,染料耐光牢度会随染料浓度增加而提高的原因被认为是由染料在纤维上的聚集体颗粒大小分布变化而引起的。只有那些暴露于空气的染料颗粒表面才有可能发生褪色,褪色速率与暴露程度有关,因此,聚集体颗粒越大,单位质量的染料暴露于空气、水分等作用的面积越小,耐光牢度也越高。还原、不溶性偶氮染料等不溶性染料染色皂煮后处理具有同样效果。以橙色基GC和色酚AS染在纤维素纤维上,皂煮后耐光牢度较皂煮前有明显提高,同时可通过显微镜观察到皂煮后的试样上染料呈显著的聚集状态。

七、汗液在染料光褪色中所起的作用

纺织品耐光/汗复合色牢度,即纺织品的色泽对其在服用过程中所受人体汗液和日光共同作用影响而保持原有色泽的能力,是目前纺织生态学上的世界难题之一,也是我国近几年纺织品对外贸易中遇到的新壁垒。

染着在织物上的染料在汗液和日光共同作用下会发生不同程度的褪色,给消费者带来了一系列的问题。尤其是在炎热的夏季,人们进行户外运动时往往大量出汗,在日光和汗液的共同作用下染料褪色更为显著,具体表现就是衣物的领子和背部的颜色明显比其他部位浅很多。另外,脱离纺织品的染料及其光褪色反应的副产物会直接接触皮肤,对人体的服用安全性造成严重隐患。

事实上,有关染料在光照及汗液复合条件下的褪色问题自20世纪70年代末就引起了纺织工作者的关注。1978年S. Oe将汗液纳入染料光致褪色的研究环境。1980年M. Hida等系统地研究了染料的光致褪色情况,尤其是建立了染料在水溶液中褪色反应的动力学模型。同年,日本学者N. Kuramoto和T. Kitao等开始研究单线态氧在染料光致褪色反应中的系列研究以及其他关于提高染料耐光牢度的后续研究。1986年,W. B. Achwal和V. G. Habbu等系统地研究了酸/碱性汗液和光在涤/棉织物上的活性染料及分散染料光致褪色反应中的作用,提出由于汗液中组氨酸的催化作用使汗液和光在染料褪色方面具有协同增效作用,使染料色调显著变化而且随着织物中涤纶组分的增加褪色程度加剧。1990年,日本学者Y. Okada和T. Kato等采用了日本工业标准 JIS L 0888 中关于耐光/汗复合色牢度的测试方法研究了乙烯砜系列活性染料在纤维素纤维上的褪色情况。1993 年，美国学者 G. Mishra 和 M. Norton 采用电子顺磁共振光谱(EPR)测定了光敏化染料分子产生的单线态氧的量与汗液酸碱性的关系，得出酸性汗液 pH 为 4.2 时几乎没有单线态氧产生的重要结论。同年，日本学者 Y. Okada 等在原有的基础上具体地讨论了乳酸在乙烯砜型活性染料染纤维素纤维中的作用。1994 年 Y. Okada 等采用多种测试方法评价了活性染料的耐光/汗复合色牢度，通过比较得出了 ATTS 标准比 JIS L 0888 能更准确地表征牢度。同年，日本学者 K. Imada 等系统地研究了偶氮类活性染料的耐光/汗复合色牢度，指出此类染料在只有光照条件下为光氧化机理，而在光、汗复合条件下为光致还原机理。1996 年，德国学者 A. Vig 等采用 EPR 手段研究了活性染料光褪色反应中稳定自由基的形成，结果表明在光褪色反应中偶氮类染料均有稳定自由基生成，蒽醌类和酞菁类染料均没有自由基生成。2003 年，英国学者 S. N. Batchelor 等通过对一系列棉用活性商品染料的光致褪色机理的研究，指出可见光与紫外光均为引起光褪色的原因，而且对于偶氮类染料可见光为主要影响因素，对酞菁类染料紫外光为主要因素，氧气对可见光反应至关重要，对紫外光则作用不大。2004 年，日本学者 T. Hihara 和 Y. Okada 等基于光化学性质如光氧化性能，光敏化能力以及光还原能力解释了棉纤维上染料在人工汗液中的光褪色反应。

染料在光、汗条件下的褪色情况之所以复杂，是因为该体系中增加了汗液组分的作用。目前，国际上测试耐光汗复合色牢度常用的标准有 ISO 标准、AATCC 标准和 ATTS(纤维制品技术研究会)标准。我国 SN/T 1461—2004 采用 ISO 标准。不同标准中人工汗液的组分有所差异，直接影响染料耐光/汗复合色牢度试验结果。

1998 年，日本学者 Y. Okada 发现：汗液逐渐蓄积浓缩后，由于日光等的作用波及染料结构的特殊部分，与染料发生作用后导致衣料变色。在耐光/汗复合色牢度试验中，对染料起作用的主要是人体汗液中的有机组分。其中氨基酸组分会与金属络合染料中的金属离子作用，降低染料对光的抵抗力，进而降低其色牢度。因此，近年来棉染色印花产品上的金属络合染料的用量已大为减少。此外，人们还通过研究发现，人工汗液中单有氨基酸组分已不能反映实际情况。ISO、AATCC 和 ATTS 三种人工汗液中除都含有氨基酸外，AATCC 和 ATTS 人工汗液中都加入了乳酸。值得注意的是，乳酸在 ATTS 人工汗液中的含量要远远大于其在 AATCC 中的含量，而 ATTS 汗液中更独有葡萄糖组分。

到目前来看，人们普遍认为人工汗液在染料光褪色中所起的作用包括：

(1)汗液组成中的 L－组氨酸、DL－天冬酰氨酸等有机物在光照条件下会与铜络合染料中的铜离子作用，造成铜离子脱落，使染料对光的稳定性下降。因此金属络合染料的耐光/汗复合色牢度一般不高。

(2)汗液中的某些组分具有还原性，在光照作用下，会与染料发生光致还原作用，导致染料的一些发色团被破坏。

(3)汗液的预浸渍，使试样饱含水分，这对活性染料染棉的光照褪变色会产生明显的促进作用。据研究，活性染料染棉时，纤维的含湿率对染料的耐日晒牢度影响明显。若将空气相对湿度从 45%提高到 80%，活性染料染色织物的耐日晒褪变色速率可提高到原来的两到三倍。

(4)汗液的酸碱性。在光照条件下,一方面会促进上述反应的发生,另一方面会造成染料—纤维键的断裂,生成新的浮色。浮色染料的增加,也会降低试样的耐日晒牢度。研究表明,浮色染料的耐日晒牢度低于键合固着的染料。

通常,改善染料耐光稳定性的方法主要有两种:一是对染料结构进行改进,使其能够在消耗光能量的同时尽量降低染料发色体系受到的影响,从而保持原有色泽;二是在染色过程中或染色后添加合适的助剂,使其在受到光照时先于染料发生光反应,消耗光能量,以此起到保护染料分子的作用,主要的后整理剂有单线态氧捕捉剂和紫外线吸收剂,此外日本学者还研制出的最新的提高耐光牢度的紫外线吸收剂两性反离子。而实际上,施加助剂对染色后织物进行后整理的方法仅对提高染料耐光牢度比较有效,对提高染料耐光/汗复合色牢度稳定性的效果并不显著。因此,一些知名染料公司从开发新结构染料入手,陆续推出了一些耐光/汗复合色牢度好的不含金属络合的活性染料系列,如 Zeneca 于 1998 年推出的 4 只具有良好耐光/汗复合色牢度和耐氯牢度的 Procion H—EXL 系列染料,即:Emerald,Sappahire,Turquoise 及 Flavine。1998 年住友公司推出的 Sumifix Supra HF 及 NF 系列,化药公司 Kayacion E—LE 系列染料,以及 Clariant 公司的 DrimareneCL—C 型,耐光/汗复合色牢度都可以达到 4～5 级。

八、整理剂的影响

目前,通过施加整理剂来提高染料的耐光牢度是比较可行的方法。根据不同的褪色机理,整理剂的种类也不同,可以是光吸收剂、激发态猝灭剂或者是抗氧剂等。光吸收剂和激发态猝灭剂直接或间接地吸收光能将其转化为热能并回归基态。这样的过程一般是通过可逆的氢传递和顺—反异构反应来实现的。而抗氧剂如受阻胺光稳定剂,降低了由光激发产生的自由基的浓度,从而降低了导致氧化的链式反应的速率。在蛋白质纤维中,施加少量氧化剂以减弱蛋白质纤维的还原能力;在非蛋白质纤维中加少量还原剂以减弱非蛋白质纤维的氧化能力,这一方面还有很多工作有待研究。

除三线态猝灭剂以外,还有文献报道使用紫外线吸收剂,紫外线吸收剂可以吸收阳光及荧光光源的紫外线部分,本身并不发生变化。将紫外线吸收剂应用于染色工艺中或染整后整理过程中,这种方法在实践中应用较多。A. H. Kehayoglou 和 E. G. Tsatsaroni 在研究中对此问题有细致的探讨。他们的研究结果表明:对于各种染料,无论原有的牢度等级的高低,紫外线吸收剂的加入均可提高其牢度值。在紫外线吸收剂加入量较小时,牢度提高明显,达到一定的数量后,继续加入吸收剂对牢度基本没有进一步的影响。

染整加工中的固色剂和柔软剂对耐光牢度也有一定的影响。阳离子多胺缩合的树脂型固色剂和阳离子型柔软剂应用于织物后整理,将使染色物的耐日晒牢度下降。因此选用固色剂及柔软剂时必须注意它们对染色物耐日晒牢度的影响。

染料的光化学变化是一个很复杂的过程,必须借助于量子化学、光谱学以及各种跟踪检测方法,通过研究染料分子在光作用下形成的激发分子的激发状态及其变化过程才有可能分析清楚褪色机理。染料的光褪色是各种因素的复杂效应,同样的染料在不同的条件下,光褪色机理也可以不同,必须具体分析,有待于科学工作者更深入地研究,以便提高染料的耐光牢度,扩大染料的应用范围。

第三节　光致变色色素

光致变色现象(Photochromism)最早发现于 1867 年，当时发现黄色的四并苯经光照后颜色褪去，经过加热又呈现黄色。1956 年有人发现具有光致变色性能的物质可用作光记录介质，于是引起了 IT 产业界的兴趣。

光致变色现象指的是物质(有机分子或无机晶体)受到光照射后，其最大吸收波长(或反射光的波长)发生变化的现象。具有这种性质的物质称为光致变色材料或光致变色色素 (Photochromic colorant)，这类色素有可能在显示材料、传感器以及装潢等方面得到应用，但这类色素要实用化必须同时满足以下条件：

(1)变化前后的两个最大吸收波长(或反射光的波长)至少有一个在可见光区。

(2)变化前后的物理状态具有足够的稳定性。

(3)两种状态之间的变化要有较高的抗疲劳性，即有足够长的循环寿命。

(4)两种状态之间变换的响应速度要足够快，灵敏度要足够高。

(5)制造成本要足够低。

光致变色材料或光致变色色素分为无机和有机两大类。本节主要介绍有机光致变色色素。

一、有机光致变色色素

有机光致变色色素的种类根据变色机理划分：

1. 由共轭链变化导致变色的光致变色色素　这类色素分子经光激发，其化学结构因电荷转移发生变化，导致化合物由无色变为有色，或由有色变为无色，颜色的变化较明显。这类色素的化学结构类别主要有螺吡喃类、螺噁嗪类、联吡啶类、氮丙啶类、噁嗪类等，其中螺吡喃类是有机光致变色色素中研究最早和最多的体系。1952 年 Hirsbberg 提出这类化合物具有作为光化学记忆和可变密度的光学快门的可能性。

螺吡喃类

螺噁嗪类

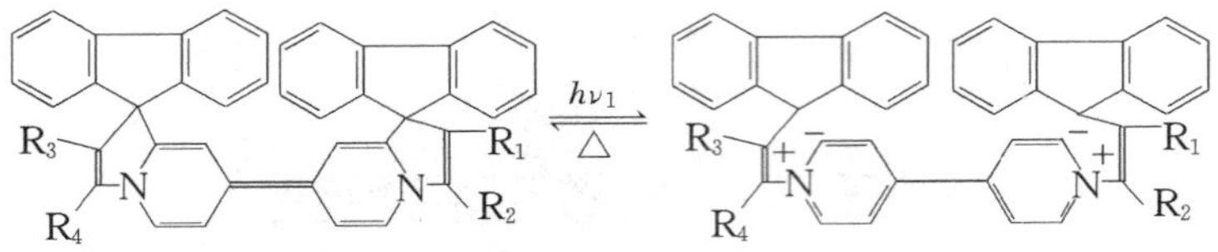

R_3 N R_4 N R_1 R_2 $h\nu_1$ △ R_3 + − N R_4 − + N R_1 R_2

联吡啶类

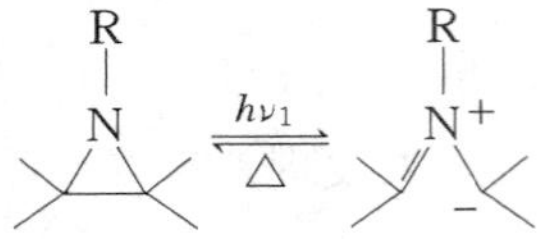

R N $h\nu_1$ △ R N^+ −

氮丙啶类

N R R_1 O R_2 CH_3 N CH_3 $h\nu_1$ $h\nu_2$ N R_1 O R_2 R CH_3 N CH_3

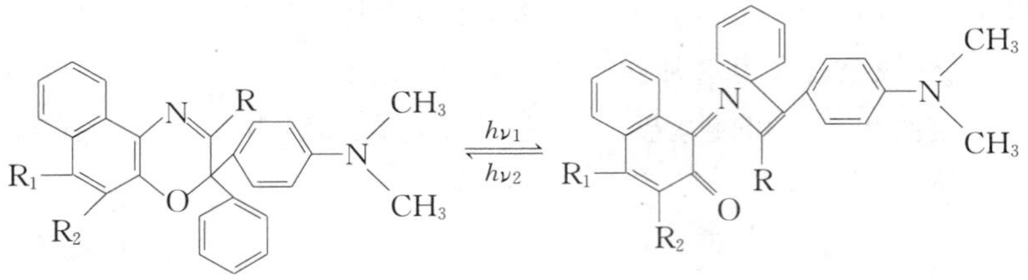

噁嗪类

2. 由顺—反式结构变化引起变色的光致变色色素 这类分子吸收光能量后可使分子构造由顺式向反式或由反式向顺式转化,同时使分子的颜色发生变化,色差往往不大但可区别,这类色素的化学类别有硫靛类、偶氮类等。

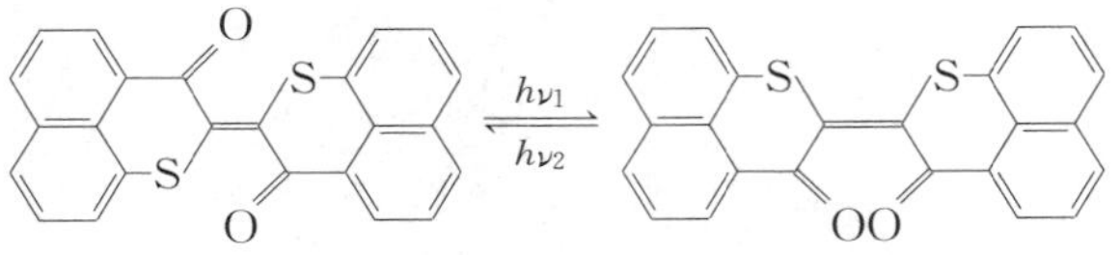

O S S O $h\nu_1$ $h\nu_2$ S S OO

硫靛类

N N $h\nu_1$ $h\nu_2$ N=N

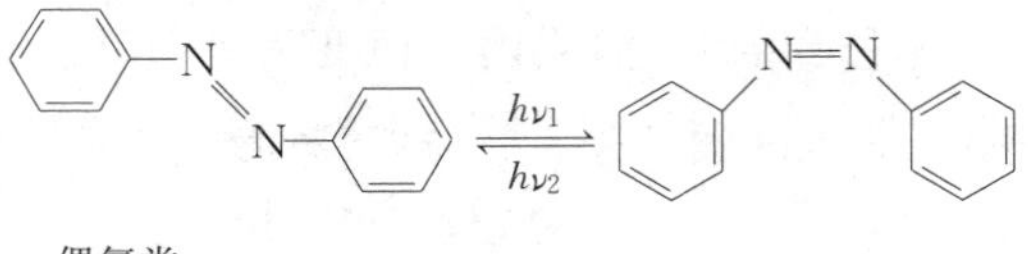

偶氮类

3. 由分子内质子转移产生颜色变化的光致变色色素 这类分子在光照下会发生分子内质子的转移,使得分子的颜色由无色或浅黄色变为橙红色,如席夫碱类、咕吨类化合物。席夫碱类化合物具有良好的抗疲劳性能,不易光化学降解,其成色—消色循环可达 $10^4 \sim 10^5$ 次。此外,席夫碱类化合物还具有光响应速度快的优点,光致变色可在皮秒级范围内发生。

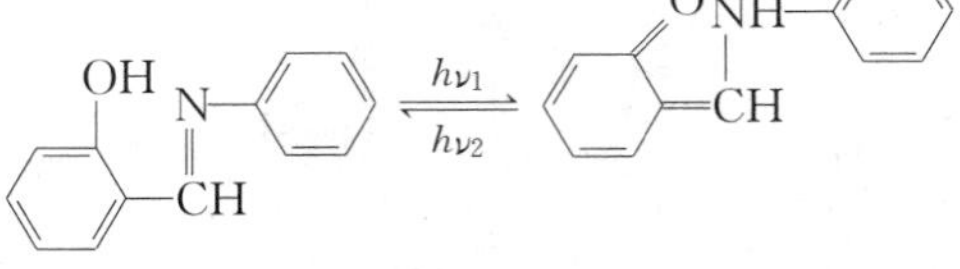

OH N CH $h\nu_1$ $h\nu_2$ O NH CH

席夫碱类

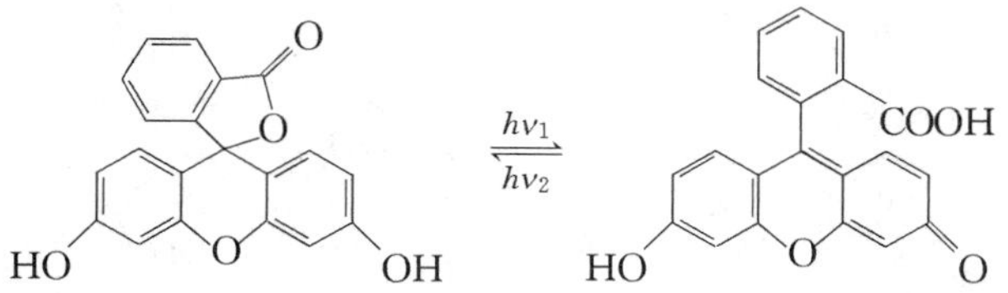

呫吨类

4. 由开环—闭环反应引起变色的光致变色色素　这类分子在光照下会发生分子内开环—闭环反应，它们通常具有良好的热稳定性。如俘精酸酐类、二杂芳乙烯类、二甲基芘类化合物等。俘精酸酐类化合物是取代的琥珀酸衍生物，多呈艳丽的黄色。1978 年，杂环类俘精酸酐的问世导致了对俘精酸酐类光致变色色素研究的迅速发展。

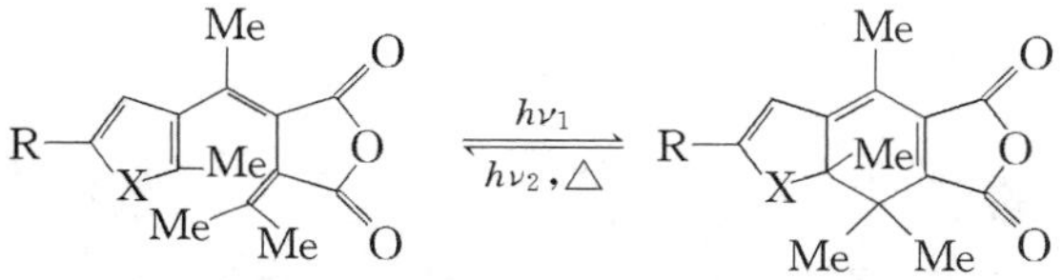

俘精酸酐类

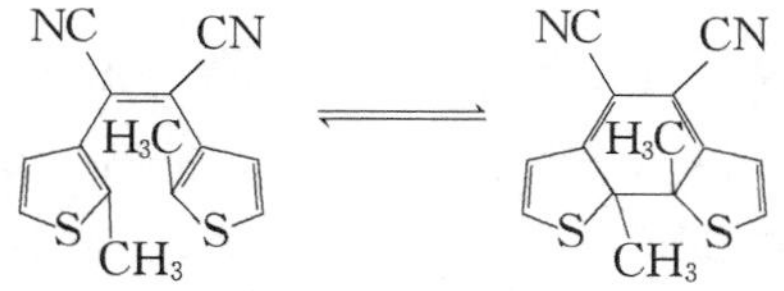

二杂环乙烯类

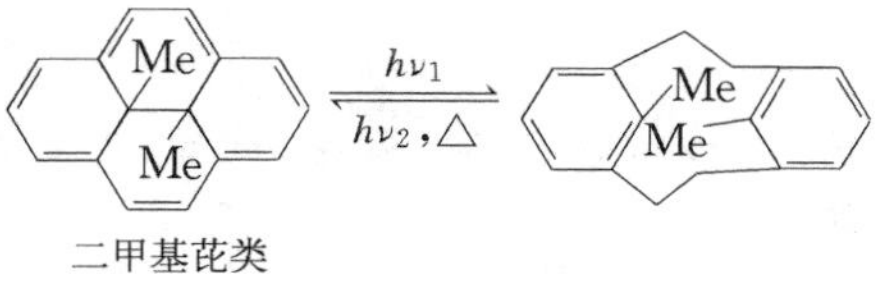

二甲基芘类

5. 由加氧—脱氧反应引起变色的光致变色色素　这类色素一般为芳香稠环类化合物，它们在氧的作用下，经一定波长的光照射，稠环内会形成过氧桥构造，经另一波长光照射又会失去氧，回复原状，在此过程中伴随着颜色的改变。这类化合物大多具有荧光和光致变色的双重特性。

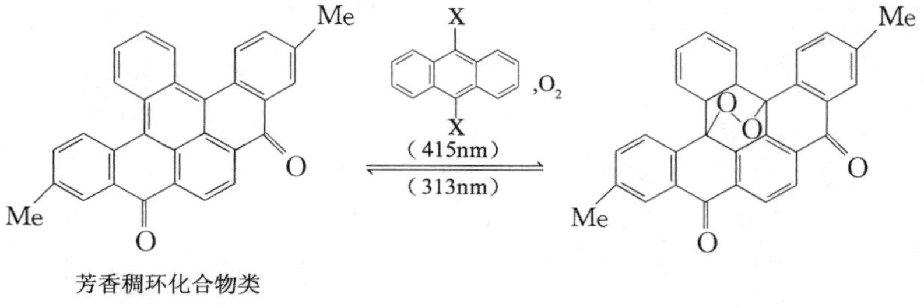

芳香稠环化合物类

6. 由光氧化—还原反应引起变色的光致变色色素　三芳二吡嗪醌经光化学还原反应，其中的羰基会转变成羟基，在此过程中伴随着颜色的变化，由原先的黄色转变成绿色。

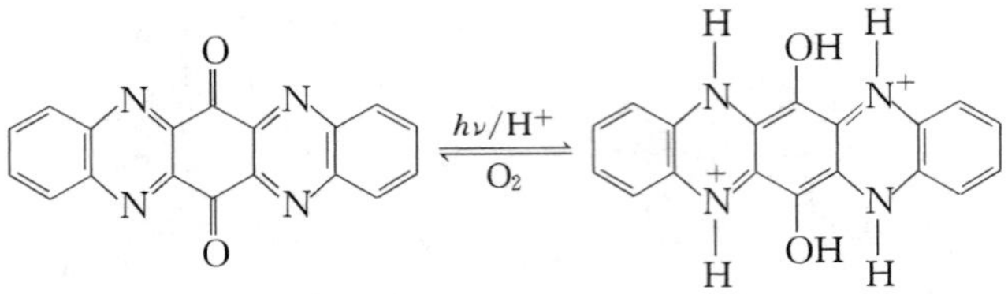

$$\text{(黄色)} \underset{O_2}{\overset{h\nu/H^+}{\rightleftharpoons}} \text{(绿色)}$$

黄色　　　　　　绿色

7. 由均裂反应引起变色的光致变色色素　四氯萘酮分子受光照发生键的均裂，产生了一个橙色的三氯萘氧自由基和一个氯自由基，这个反应是可逆的。

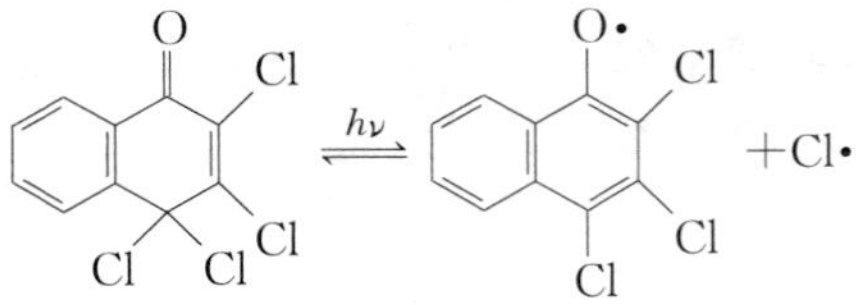

$$\text{四氯萘酮} \overset{h\nu}{\rightleftharpoons} \text{三氯萘氧自由基} + Cl\cdot$$

二、光致变色色素的应用

光致变色色素可以用来制光致变色油墨；将光致变色色素加入透明树脂中，制成光变色材料，可用于太阳眼镜片、服装、玩具等。

(1)光致变色油墨的配方及制备工艺：3份螺-吲哚-萘噁嗪类化合物，溶于57份醋酯纤维素丙酸酯、20份甲苯和20份乙醇中，混合物在60℃下加热15min，在80℃减压下将溶剂蒸干，将残余物粉碎成1～20μm微粒，即可作为光致变色色素的制备物使用。

(2)水性油墨的配方及制备工艺：48%丙烯酸聚合物的水乳液(Joncryl 89)69份，49%丙烯酸聚合物的水乳液(Joncryl 74)6份，消泡剂0.02份，聚乙烯蜡1.0份，异丙醇8份，水3份以及上述光致变色制备物13份，在三辊机中调合成油墨，用普通的方法印在纸上，印品在360nm波长的光照射下，会由无色变成蓝色。

用同样的方法，以俘精酸酐类光致变色色素替换螺噁嗪类色素，可以制成水性凹版印刷油墨，在光照下由无色变成桃红色。

将光致变色色素与高聚物结合在一起，可以制成具有光变色性能的材料，在光电技术和光控装置中有很好的应用前景，如通过磺酰氨基将偶氮苯和赖氨酸接枝在一起，可制成含偶氮基团的多肽高聚物：

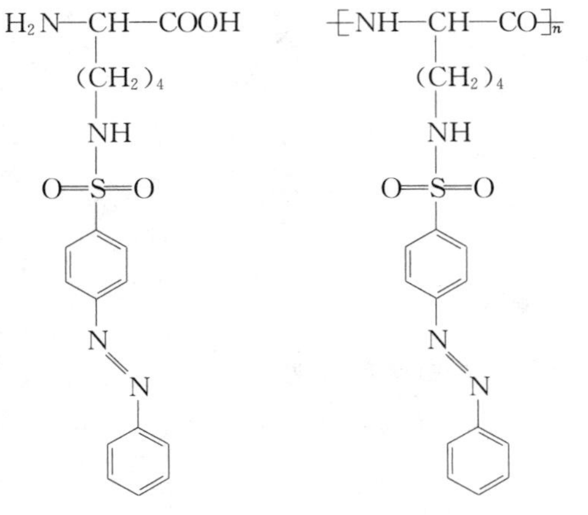

$H_2N-CH-COOH$，侧链 $(CH_2)_4-NH-SO_2-C_6H_4-N=N-C_6H_5$

$\left[NH-CH-CO\right]_n$，侧链 $(CH_2)_4-NH-SO_2-C_6H_4-N=N-C_6H_5$

将这种多肽化合物溶于六氟丙烯中，会由偶氮苯的顺—反光异构化而引起颜色的变化。通过下列方法可将螺吡喃引入 L－赖氨酸高聚物的侧链上：

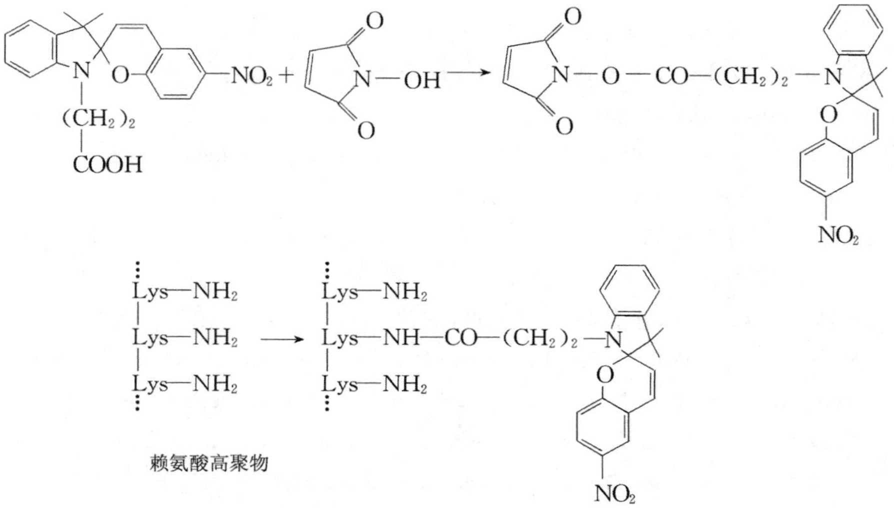

赖氨酸高聚物

可逆的光致变色化合物作为可擦拭激光光盘染料具有潜在的应用价值，它作为信息存储介质具有可提高读写速度、增加信息存储、降低生产成本等优点。前面所述的俘精酸酐类化合物是很有希望的可用于可擦拭光盘的色素。

复习指导

1. 掌握染料分子受光激发后可能发生的光化学反应。
2. 了解影响染料光褪色的因素以及提高染料耐光牢度的可能途径。
3. 了解功能色素的光致变色的机理及其应用。

思考题

1. 染料受光激发后能量是如何进行转化的？
2. 激发态的染料可发生哪些光反应？
3. 阐述影响染料的光褪色的因素以及提高染料耐光牢度的可能途径。
4. 阐述色素的光致变色机理及其应用。

参考文献

[1] 于新瑞，张淑芬，杨锦宗．有机染料光褪色机理及主要原因[J]．感光科学与光化学，2000，18(3)：243－253.

[2] Imada K，Harada N，Takagishi T. Fading of azo reactive dyes by perspiration and light[J]. Journal of the Society of Dyers and Colourists，1994，110(7－8)：231－234.

[3] Victorin N，Mallet B，Brian T. Fading of phenyazo－β－naphthol dyes on polypropylene[J]. Journal of the Society of Dyers and Colourists，1974，90：4－7.

[4] Hal S. Blair, Neil L Boyd. The fading in solution and on nylon 66 of model disperse dyes based on stilbene[J]. Journal of the Society of Dyers and Colourists, 1973, 89: 245 - 248.

[5] Allen N S. Photofading mechanisms of dyes in solution and polymer media[J]. Review of Progress in Coloration and Related Topics, 1987, 17: 61 - 71.

[6] Ahmed M, Mallet V. Fading of azo dyes and pigments on polypropylene[J]. Journal of the Society of Dyers and Colourists, 1968, 84: 313 - 314.

[7] Giles C H, Shan C D, Watts W E. Oxidation and reduction in light fading of dyes[J]. Journal of the Society of Dyers and Colourists, 1972, 88:433 - 435.

[8] Chipalkatti, Desai, Giles, et al. The influence of the substrate upon the light fading of azo dyes[J]. Ibid, 1954,70:487.

[9] 赵冠华. 提高天然染料苏木精在真丝绸上染深性的研究[D]. 上海:东华大学硕士论文,2006.

[10] Neevel J G, van Beek H C A, Den Ouden H H I, et al. Photo-oxidation of azo dyes in presence of biacetyl and oxygen[J]. Journal of the Society of Dyers and Colourists, 1990, 106: 433 - 435.

[11] Tullio Catonna. Francesca Fontana and Bruno Marcandalli, Elena Selli. Photostability of substituted 4 -diethylaminoazobenzenes[J]. Dyes and Pigments, 2001, 49: 127 - 133.

[12] 王菊生. 染整工艺原理(第三册)[M]. 北京:纺织工业出版社,1984.

[13] Van Beek H C A, Heertjes P M. Photochemical reactions of azo dyes in solution with different substracts[J]. Journal of the Society of Dyers and Colourists. 1963, 79: 661.

[14] Freeman H S, Hsu W N. Photolytic behavior of some popular disperse dyes on polyester and nylon substrates[J]. Textile Research Journal, 1987, 57: 223 - 234.

[15] Nobuhiro Kuramoto, Teijiro Kitao. The photofading of 1 - arylazo - 2 - naphthols in solution. Part Ⅱ-Contribution of photoreduction to the anomalous photofading of 1 -(*p* - and *o* - nitrophenylazo)- 2 naphthols in alcoholic solvents[J]. Journal of the Society of Dyers and Colourists, 1980, 96: 529 - 534.

[16] Egerton G S, Morgan A G. The photochemistry of dyes Ⅱ - Some aspects of the fading process[J]. Journal of the Society of Dyers and Colourists, 1970, 86: 242 - 248.

[17] Nobuhiro Kuramoto. Contribution of singlet oxygen to the photofading of Indigo[J]. Journal of the Society of Dyers and Colourists, 1979, 95: 257 - 261.

[18] Novotná P, Boonk J J, van der Horst J, et al. Photodegradation of indigo in dichloromethane solution [J]. Coloration Technology, 2003, 119: 121 - 127.

[19] Kuramoto N, Kitao T. Contribution of single oxygen to the photofading of some dyes[J]. Journal of the Society of Dyers and Colourists. 1982, 98: 334 - 340.

[20] 何瑾馨. 染料化学[M]. 北京:中国纺织出版社,2004.

[21] Baugh P J, Phillips G O, Worthington N W. Photodegradation of cotton cellulose I - Reaction sensitized by anthraquinone sulphonates[J]. Journal of the Society of Dyers and Colourists, 1969, 85: 241 -245.

[22] Egerton G S, Morgan A G. The photochemistry of dyesⅣ - The role of singlet oxygen and hydrogen peroxide in photosensitized degradation of polymers[J]. Journal of the Society of Dyers and Colourists, 1971, 87: 268 - 276.

[23] Manfred W Rembold, Horst E A Kramer. The role of anthraquinonoid dyes in the 'catalytic fading' of dye mixtures – substituent-dependent triplet yield of diaminoanthraquinones [J]. Journal of the Society of Dyers and Colourists, 1980, 96: 122 – 126.

[24] Manfred W Rembold, Horst E A Kramer. Singlet oxygen as an intermediate in the catalytic fading of dye mixtures [J]. Journal of the Society of Dyers and Colourists, 1978, 94: 12 – 17.

[25] Hironori Oda, Teijiro Kitao. The role of intramolecular quenching in the catalytic fading of dye mixtures [J]. Journal of the Society of Dyers and Colourists, 1986, 102: 305 – 307.

[26] 王潮霞. 蒽醌染料光褪色机理及其影响因素分析[J]. 上海染料,2001(3):26 – 29.

[27] Bachelor S N, Carr D, Coleman C E, et al. The photofading mechanism of commercial reactive dyes on cotton [J]. Dyes and Pigments, 2003, 59: 269 – 275.

[28] Eubini-Paglia E, Beltrame P L, Seves A , et al. The influence of a polymer substrate on the light fastness and isomerisation of some azo dyes [J]. Journal of the Society of Dyers and Colourists, 1989, 105: 107 –111.

[29] Sinclair R S. Effects of gaseous diffusion in the substrate on light fastness of dyes[J]. Journal of the Society of Dyers and Colourists, 1972, 88: 59 – 62.

[30] Rastogi D, Sen K, Gulrajani M. Photofading of reactive dyes on silk and cotton: Effect of dye-fibre interactions[J]. Coloration Technology, 2001, 117: 193 – 198.

[31] Jolanta Sokowska Gajda. Photodegradation of some metal complexed formazan dyes in an amide environment [J]. Journal of the Society of Dyers and Colourists, 1996, 112 – 364.

[32] Norman S Allen, Peter Bentley, John F Mckellar. The light fastness of anthraquinone disperse dyes on poly(ethylene terephthalate)[J]. Journal of the Society of Dyers and Colourists, 1975, 91: 366 –369.

[33] Rosinskaya C, Djani M, Kizil Z, et al. Improvement of UV protection of cotton fabrics dyed with binary mixtures of the reactive dyes [J]. Melliand International, 2003, 9(2): 147 – 148.

[34] Dodd K J. Health and safety legislation: Issues for the synthetic dyestuff industry in the UK[J]. Review of Progress in Coloration and Related Topics, 2002, 32: 103 – 117.

[35] Oe S. Colour fastness to light and perspiration of cotton fabrics dyed with reactive dyes [J]. Kenkyu Hokoku Gifu Ken Sen Shikenjo, 1978, 1: 1 – 3.

[36] Hida M, Yabe A. Studies on the light fading of dyes-VII. Kinetic model of light fading of dyes in solution [J]. Sen-i Gakkaishi, 1980, 36(2): 85 – 92.

[37] Kuramoto N, Kitao T. Contribution of superoxide ion to the photofading of dyes [J]. Journal of the society of dyers and colourists, 1982, 98: 159 – 162.

[38] Achwal W B, Habbu V G. Simultaneous effect of light and perspiration on fastness of polyester/cotton dyeings [J]. Man-made Textiles in India, 1986, 29(6): 286 – 291.

[39] Okada Y, Kato T, Motomura H, et al. Fading mechanism of reactive dyes on cellulose by simultaneous effect of light and perspiration[J]. Sen-i Gakkaishi, 1990, 46(8): 346 – 355.

[40] Mishra G, Norton M. Singlet oxygen generation of photosensitized dyes relating to perspiration pH [J]. American Dyestuff Reporter, 1993, 82(4): 45 – 47, 49.

[41] Okada Y, Murata J, Morita Z. Effect of lactate on the lightfastness of vinylsulphone reactive dyes on

cellulose fibres [J]. Journal of the Japan Research Association for Textile End-uses, 1993, 34(12): 678 - 685.

[42] Okada Y, Murata J, Morita Z. Assessment of some testing methods of colourfastness to light and perspiration for vinylsulphonyl reactive dyes on cellulose fibre and the pH effect on their fading by the compound action[J]. Journal of the Japan Research Association for Textile End-uses, 1994, 35(1): 34 - 40.

[43] Vig A, Rusznak I, Rockenbauer A, et al. Stable free radical formation in photofading of reactive-dyed cotton fabrics in the presence of finishing agents [J]. Melliand Textilberichte, 1996, 77(1/2): 58 -62.

[44] Hihara T, Okada Y, Morita Z. Relationship between photochemical properties and colour fastness due to light-related effects on monoazo reactive dyes derived from H-acid and related naphthalene sulfonic acids[J]. Dyes and Pigments, 2004, 60: 23 - 48.

[45] 翟保京,邓学进. 从三种人工汗液组成看汗光牢度评价标准[J]. 印染,2003,29(9):37 - 38.

[46] Yasuyo Okada, Akimi Sugane, Fumiko Fukuoka, et al. An assessment of testing methods of color fastness to light, water and perspiration, and related methods with some reactive dyes[J]. Dyes and Pigments, 1998, 39: 1 - 23.

[47] Yasuyo Okada, Akimi Sugane, Aki Watanabe, et al. Effects of histidine on the fading of Cu-complex azo dyes on cellulose and a testing method for color fastness to light and perspiration[J]. Dyes and Pigments, 1998, 38: 19 - 39.

[48] Oda H, Kitao T. Role of intramolecular quenching in the catalytic fading of dye mixtures[J]. Journal of the Society of Dyers and Colourists, 1986, 102: 305 - 307.

[49] Oda H, Kitao T. Effect of singlet oxygen quenchers with additional ultraviolet absorbing functionality on the photofading of acid dyes [J]. Journal of the Society of Dyers and Colourists, 1987, 103: 205 - 208.

[50] Oda H. Effect of hydroxybenzophenone derivatives on the photofading of some dyes[J]. Sen-i Gakkaishi, 1988, 44(4): 199 - 203.

[51] Mogi K, Kubokawa H, Komatsu H, et al. Effects of an UV-absorber on the light fastness of dyed polylactide fabrics [J]. Sen-i Gakkaishi, 2003, 59(5): 198 - 202.

[52] Oda H. New developments in the stabilization of leuco dyes: Effect of UV absorbers containing an amphoteric counter-ion moiety on the light fastness of color formers[J]. Dyes and Pigments, 2005, 66: 103 - 108.

[53] Kehayoglou A H, Tsatsaroni E G, Eleftheriadis I C, et al. Effectiveness of various UV-absorbers in dyeing of polyester with disperse dyes. Part Ⅲ[J]. Dyes and Pigments, 1997, 34(3):207 - 218.

[54] 沈永嘉. 精细化学品化学[M]. 北京:高等教育出版社,2007.

第五章　直接染料

第一节　引言

直接染料是1884年保蒂格(Bottiger)发现了刚果红(Congo red)后发展起来的。在这以前,棉纤维用靛蓝和其他天然染料染色,操作麻烦。当时合成染料的发展刚起步,不能对棉纤维直接染色,要将棉纤维用媒染剂处理以后才能上染,而且染色牢度很低。刚果红可溶于水,无须先用媒染剂处理就能直接上染棉纤维,工艺简单,合乎当时纺织工业发展的需要,类似的染料便迅速发展起来。由于该类染料能对棉纤维无须媒染剂而直接上染,所以称为直接染料(Direct dyes)。染料能对纤维直接上染的性能就称为直接性。

直接性是染料分子和纤维分子间吸引力所致。分子间的吸引力有两种:一种为极性引力,即染料分子和纤维分子间产生的氢键;另一种为非极性引力,即范德华力。作为直接性染料,染料分子与纤维分子间应有较大的作用力。构成直接染料的条件为:

(1)染料分子具有线型结构,使其能按长轴方向水平地吸附在纤维轴上,最大限度地使范德华力发生作用。

(2)染料分子中共平面结构部分范围要大,若染料分子具有延伸的共轭体系,共轭体系部分即呈平面性。若平面性分子吸附在纤维表面上的面积大而又紧密,则两者间的范德华力也大。

(3)染料分子中具有可以形成氢键的基团,如氨基、羟基能与纤维素纤维分子的羟基形成氢键。在纤维素纤维分子中,两个伯醇羟基相隔约1.03nm,染料分子中两个羟基、氨基或羟基与氨基间相隔1.08nm时,染料与纤维生成氢键的机会也最大。

染料与纤维分子间的引力越大,直接性越强,则染料的水洗牢度和耐日晒牢度越好。

直接染料具有染色简便,价格便宜,色谱齐全等优点,曾被广泛用于棉织物的染色。直接染料的染色牢度,尤其是湿处理牢度较低,可以通过固色后处理来提高染色牢度。随着科学技术的发展,尤其是染料化学的发展,直接染料的研究者不断改进染料的应用性能,以满足印染行业对直接染料提出的更高要求。

第二节　直接染料的发展

自从1884年保蒂格用化学合成的方法获得第一只直接染料——刚果红以来,直接染料已历经了一百多年漫长的历史。在此期间,这类染料在不断地发展变化,其染色理论也在不断深化和完善。

早期的直接染料在化学结构上多为联苯胺类偶氮染料，尤以双偶氮类的结构为主，如刚果红即为对称联苯胺双偶氮染料。刚果红的发现，使得以芳二胺为中料，通过重氮化反应和偶合反应来制备直接染料成为当时用化学合成方法得到直接染料的唯一途径。这一时期主要是通过制造和采用不同种类的偶合组分(各种氨基萘酚磺酸)来获得不同颜色品种的直接染料，因而具有较大的市场占有量。随着染料合成技术的发展，出现了酰替苯胺、二苯乙烯、二芳基脲、三聚氰胺等偶氮类直接染料以及二噁嗪和酞菁系的非偶氮类结构的杂环类直接染料。20 世纪 60～70 年代，医学界发现联苯胺对人体有严重的致癌作用，各国相继禁止联苯胺的生产。目前在直接染料的化学结构中，早期以联苯胺发展起来的品种已被淘汰。

促使直接染料发展的另一个重要因素是人们对染色牢度的要求不断提高。在 20 世纪 30 年代前后，棉用染料出现的还原染料和不溶性偶氮染料以及 50 年代出现的棉用活性染料，均以其良好的染色牢度获得了消费者的青睐，对直接染料形成巨大的冲击。为解决这个问题，百年来人们进行了不懈的努力。早期是在染色后处理方面进行改进，较为成熟并广泛应用的方法是铜盐后处理及重氮化后处理，形成称之为直接铜盐染料和直接重氮染料的两类直接染料。随后出现的是有铜络合结构的偶氮类直接染料和某些杂环结构的非偶氮类直接染料，它们最主要的特点是耐光色牢度达到 4 级以上。为了方便应用，人们又补充了直接染料中不需后处理而有较好耐光色牢度的品种，形成了直接耐晒染料。

从 20 世纪 30～70 年代，人们对纤维素纤维染色的兴趣似乎集中于还原、不溶性偶氮及活性染料上。在这期间，直接染料在结构的改进上没有重大进展，主要是利用有机化学的发展，开发了阳离子型的固色剂，使用比较多的品种是固色剂 Y 和固色剂 M。它们使直接染料在耐水浸、耐洗、耐汗渍等染色牢度方面得到一定的改善，但耐光及耐摩擦色牢度均有不同程度的下降。

随着洗衣机的出现及普及，人们对纺织品的染色牢度提出了更高的要求。同时为适应棉涤混纺产品同浴染色，20 世纪 70～80 年代，国内外的染料研究者进行了新型直接染料的研究开发。这些新型染料有不同于以往直接染料的特点：130℃以上的高温条件下要稳定，不降解，能够耐酸性染色条件；在高温酸性条件下，仍然有较高的直接性和上染率；有明显高于以往直接染料的染色牢度，尤其是湿处理牢度。为了达到这些要求，在染料的分子设计上，采用了两种方法：

(1)染料分子中引入金属原子，形成螯合结构，提高分子抗弯能力；引入含有相当活泼的氢原子的亲核基团。同时设计了特殊的固色剂，在染后经固色处理，与染料和纤维之间形成一个多维结构的交联状态，达到较高的染色牢度。

(2)在染料分子中，引入具有强氢键形成能力的隔离基——三聚氰酰基。染料分子中不含金属离子，而是设计一个由阳离子多胺聚合体与特殊金属盐的混合物作为固色剂来提高色牢度。

20 世纪 80 年代，瑞士山德士(Sandoz)公司[现科莱恩(Clariant)公司]采用的是前一种方法，研究并生产了一套新型直接交联染料：商品牌号为 Indosol SF，中文名称是直接坚牢素染料。这套染料是由含有铜络合结构及一些特殊的配位基团与多官能团螯合结构阳离子型固色剂组成的一个染色体系，具有直接染料对纤维素纤维上染的直接性和还原染料的染色牢度。这套染料于同时期进入我国，引起了工作者们对染料的应用、研究、生产三个方面的兴趣，并经多年努力，开发生产了国产同类品种，即直接交联染料。这套染料同样具备新型直接染料的优点，适合于涤棉混纺织物同浴染色。通过生产实践，人们发现这套染料与分散染料同浴染色时往往引起分散染料的变色。经研究，这是由于染料中游离的铜使得某些分散染料结构被破坏。为了解决这个问题，人们又研制了高分子的新型金属络合剂，从而弥补了这类染料的缺陷。

20 世纪 90 年代 Clariant 公司在原来生产 Indosol SF 染料的基础上，又推出了环保型新型直接交联染料 Optisal，配套多官能化合物——固色交联剂 Optifix F，可获得 50℃坚牢洗涤结果，共有 9 个品种，全部适于成衣和婴儿服装，不存在含甲醛和铜的问题。近年来，Clariant 公司还在补充品种，如不含金属离子的 Optisal Red 7B 和 Optisal Royal Blue 3RL，它们均具有优异着色率和高温稳定性，尤其适于涤棉混纺一浴法染色，染色后用 Optifix F 进行固色可进一步提高湿处理牢度。

日本的化药公司采用了第二种方法，推出了 Kayacelon C 型的新型直接染料，共包括 12 个品种(含 4 个 C—K 型染料)。为了进一步提高湿处理牢度，一般 C 型染料采用聚胺固色剂 Kayafix D 进行后处理，C—K 型染料采用含铜多胺固色剂 Kayafix CDK 处理。Kayafix C 部分品种属于三嗪型高级直接染料。

我国的染料工作者按此思路，经多年研究，开发并生产了一套 D 型的直接混纺染料。该直接染料有 10 个品种，三原色品种为黄 D—RL、红玉 D—BLL、蓝 D—RGL。D 型染料部分也属三嗪型高级直接染料。这类染料同样具有前述新型直接染料的优点。因染料分子中引入的是三聚氰酰基，不含有金属原子，在染色时不会对分散染料造成影响，尤其适合涤棉混纺织物的染色。之所以称为混纺染料，是因为该染料互混性好，能与各种分散染料同浴染色，而非这套染料中含有分散染料。

新型直接染料的诞生，重新为直接染料注入了新的活力，为纤维素纤维的染色提供了新的手段，进一步扩展了直接染料的应用范围。

第三节　直接染料的结构分类

直接染料可分为直接染料、直接耐晒染料、直接铜盐染料、直接重氮染料、直接交联染料和直接混纺染料。

一、直接染料

这里所称的一般直接染料，是指具有磺酸基($—SO_3H$)或羧基(—COOH)等水溶性基团，对纤维素纤维具有较大亲和力，在中性介质中能直接染色，也能染丝、毛、维纶等纤维，染法简便的直接染料。但直接染料色牢度较差，部分染料在染色后，经固色处理，可提高湿处理牢度。这类染料结构以双偶氮及多偶氮染料为主，并以联苯胺及其衍生物占多数。

(一)联苯胺偶氮染料

联苯胺直接染料曾经在直接染料中占有重要地位。其品种多，色谱齐全，包括红、蓝、绿、黑、灰、棕等色。其中黑色染料直接黑(元青)BN 不仅能染棉，还能用于羊毛、绢丝、皮革等染色。但联苯胺现已被确认能诱发环境性膀胱癌,所以自 1971 年以来,世界各国已经先后停止生产。因此,联苯胺染料的代用是染料工业中目前亟待解决的重大问题之一,现已逐步改用酰替苯胺或其他代用中间体。

联苯胺直接染料通式为:

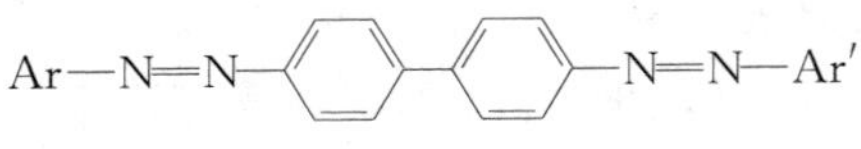

Ar—N═N—C₆H₄—C₆H₄—N═N—Ar′

(Ⅰ)　　　　(Ⅱ)

联苯氨基有保持平面性倾向,两个苯环相连的 C—C 键较正常的 C—C 键长缩短约 0.01nm,故基本上是单键,两个苯环可以环绕 C—C 键而旋转。故联苯胺染料是线型、平面型分子,具有直接性,但其发色可以看作是单偶氮染料(Ⅰ)和(Ⅱ)的混合。

联苯胺染料的颜色随偶合组分不同而变化。一般以邻羟基苯甲酸为偶合组分的染料是黄色,以 1 -萘胺- 4 -磺酸及其衍生物为偶合组分的是红色,以氨基萘酚磺酸为偶合组分的是紫色或蓝色。分别举例如下:

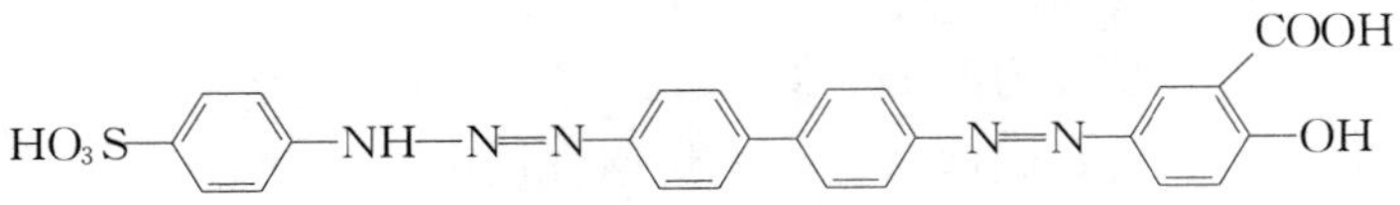

直接黄 GR(C. I. 22010)

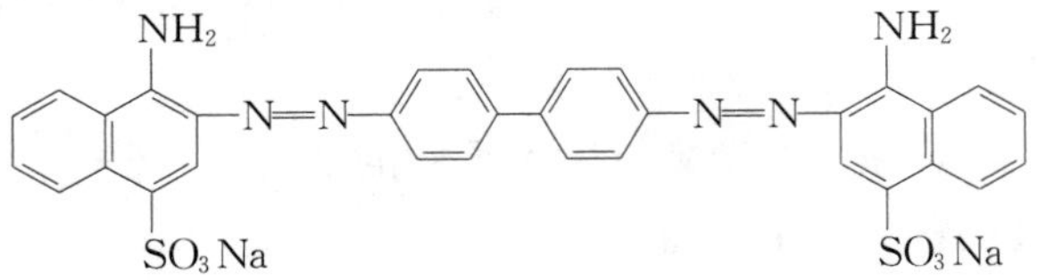

直接大红 4B(C. I. 22120)

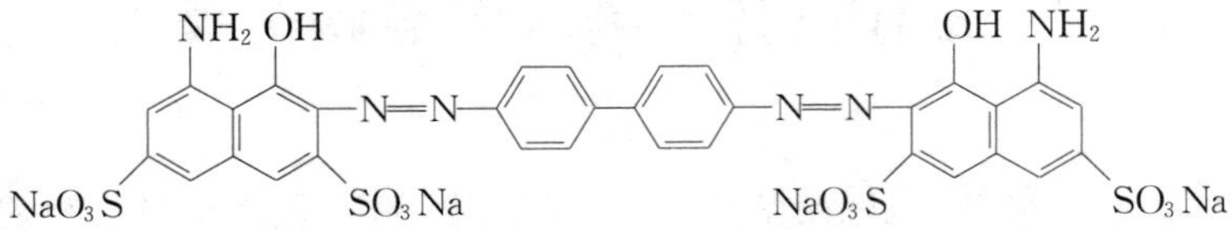

直接蓝 2B(C. I. 22610)

联苯胺衍生物 3,3′-二甲基联苯胺和 3,3′-二甲氧基联苯胺也常作为重氮组分合成直接染料,如直接湖蓝 6B。此外,还有以联苯胺制成的多偶氮染料,大都是绿色、褐色、黑色等深色品种。如:

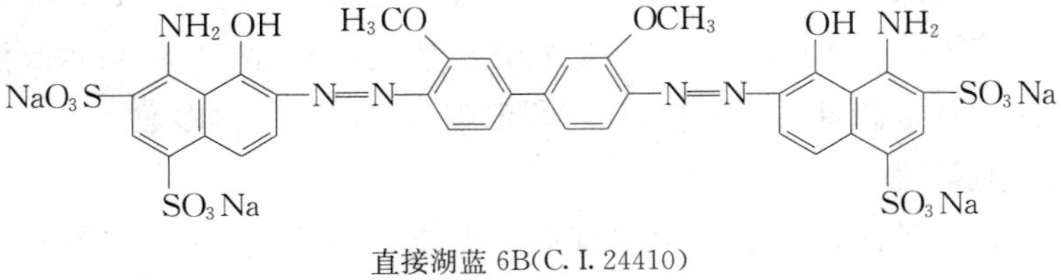

直接湖蓝 6B(C. I. 24410)

(二)二苯乙烯偶氮直接染料

二苯乙烯直接染料的通式为：

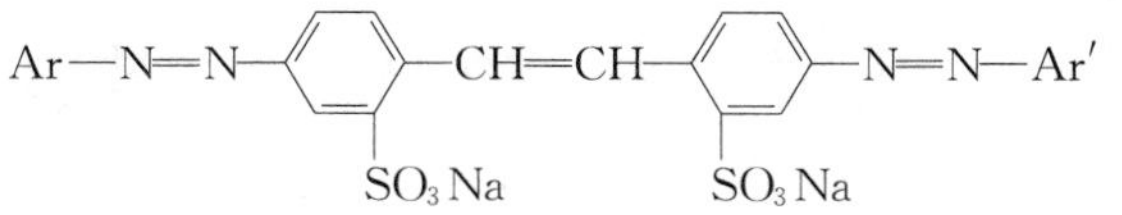

$$Ar—N=N—C_6H_3(SO_3Na)—CH=CH—C_6H_3(SO_3Na)—N=N—Ar'$$

二苯乙烯为一平面型分子，染料具有线型、平面型分子特点。染料以黄、橙色为主。如直接冻黄 G(C. I. 24895)，该染料具有良好的染色性能，但湿处理牢度稍差。

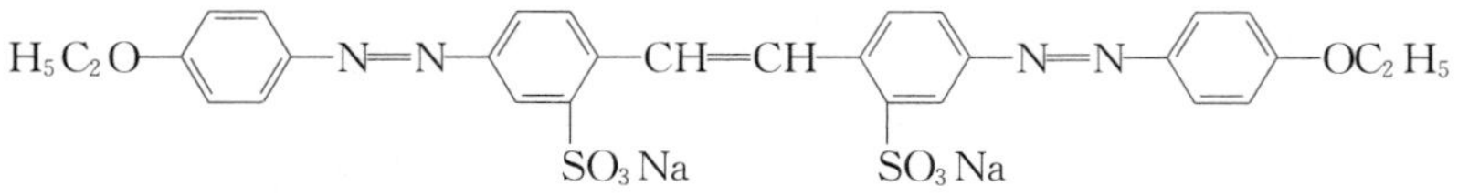

$$H_5C_2O—C_6H_4—N=N—C_6H_3(SO_3Na)—CH=CH—C_6H_3(SO_3Na)—N=N—C_6H_4—OC_2H_5$$

二、直接耐晒染料

直接耐晒染料的日晒牢度(大于 4 级)较一般直接染料高。这类染料的化学结构主要是偶氮、噻唑、二芳基脲、三聚氰胺、二噁嗪、酞菁及部分含络合金属的偶氮染料。

(一)二芳基脲偶氮染料

二芳基脲($C_6H_5—NH—CO—NH—C_6H_5$)分子中的C—N键具有部分双键的特性，整个染料分子也倾向于保持平面性。但取代脲基团又为一隔离基团，将整个分子分隔成为两个独立的发色体系。二芳基脲的合成步骤如下：

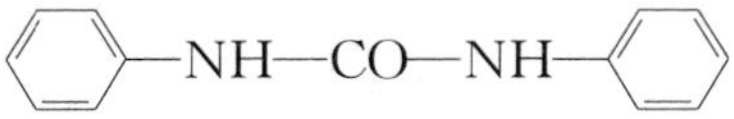

$$\underset{1}{2Ar—NH_2} + 1/3\ \underset{2}{Cl_3C—O—CO—OCCl_3} \longrightarrow \underset{3}{Ar—NH—CO—NH—Ar} + HCl$$

OH
HO_3S
NH_2

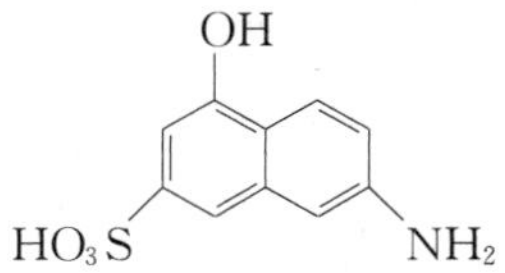

1a(J 酸)

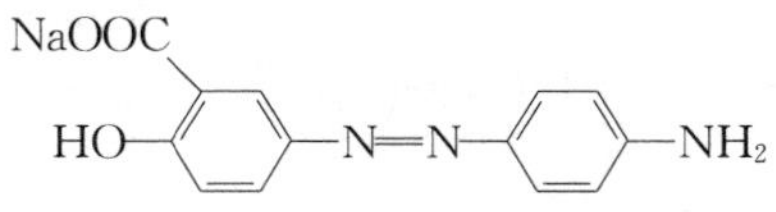

NaOOC
HO
N=N
NH_2

1b

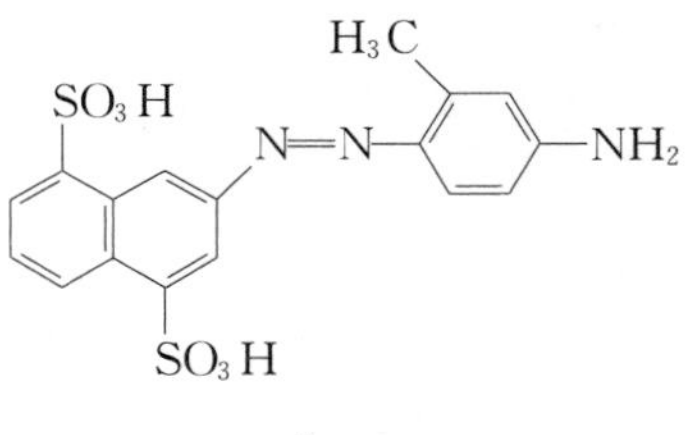

H_3C
SO_3H
N=N
NH_2
SO_3H

1c

NaO_3S
OH
SO_3Na
N=N
NH_2
NH_2

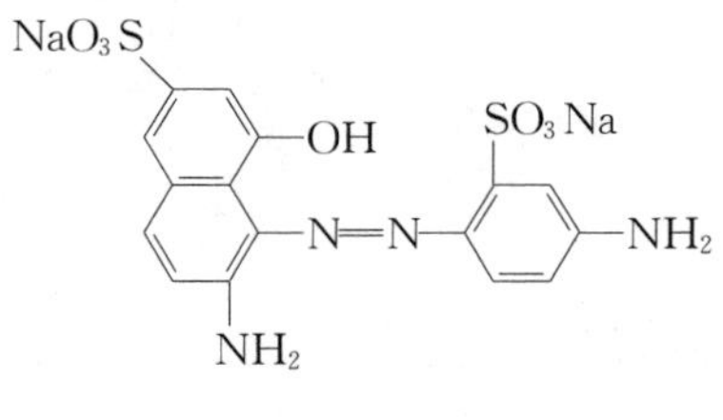

1d

其中 1 为上面 1a、1b、1c、1d 的染料中间体。最主要的二芳基脲染料中料是 3，3′-二磺酸基-4，4′-二氨基二芳基脲(PS)和 4，4′-二磺酸基-3，3′-二氨基二芳基脲(MS)。结构如下：

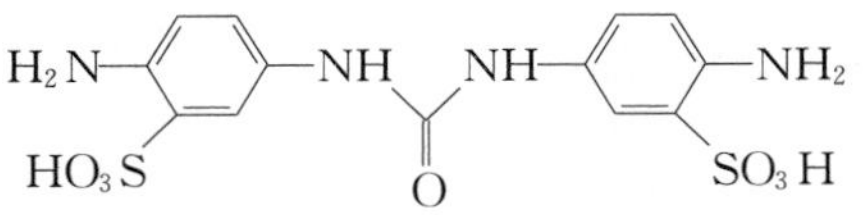

PS

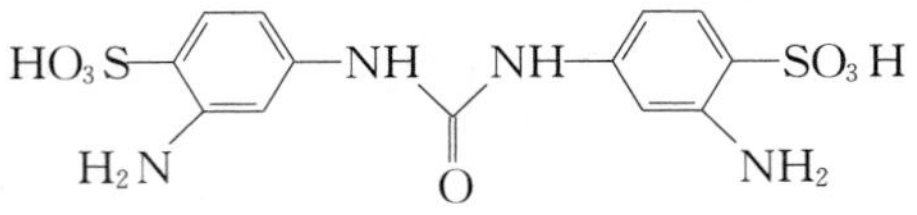

MS

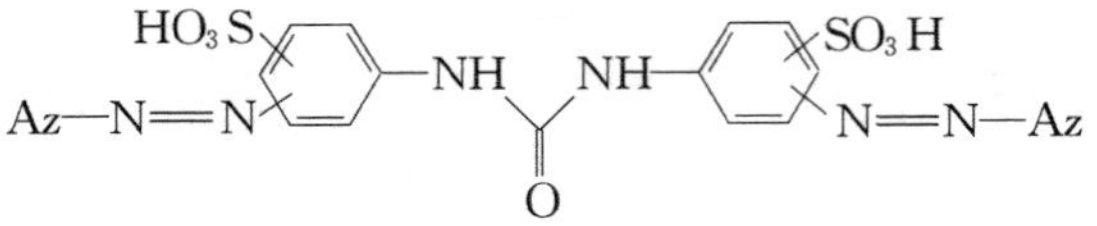

Az 可以是：

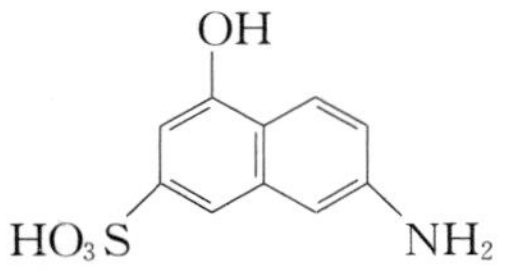

J 酸

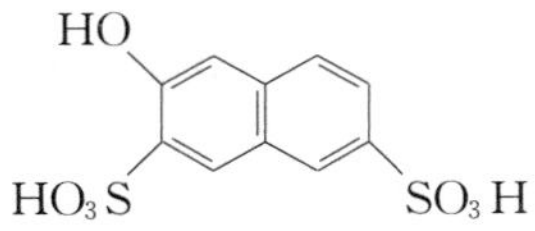

R 酸

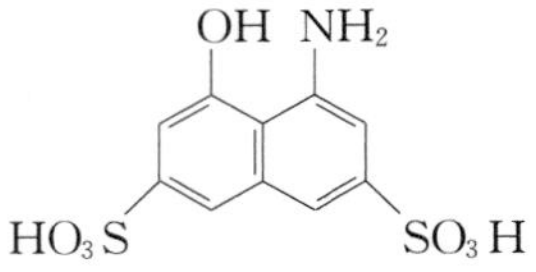

H 酸

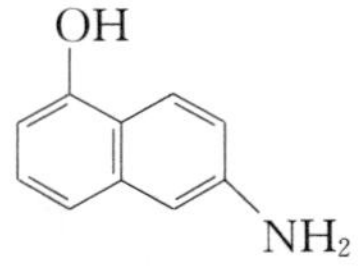

N 酸

二芳基脲偶氮染料的耐光性能优良，一般具有较好的耐日晒牢度。其色泽以黄、橙、红、蓝等色为主。如：

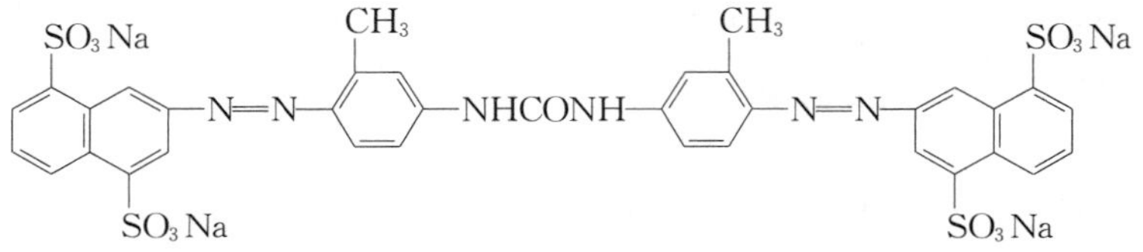

直接耐晒黄 RS(C. I. 29025)

直接耐晒红青莲 RLL 是具有铜络合结构的二芳基脲类偶氮染料，其耐日晒牢度可高达 7 级，能与还原染料相媲美，但色泽较暗，在沸浴中易于发生水解。

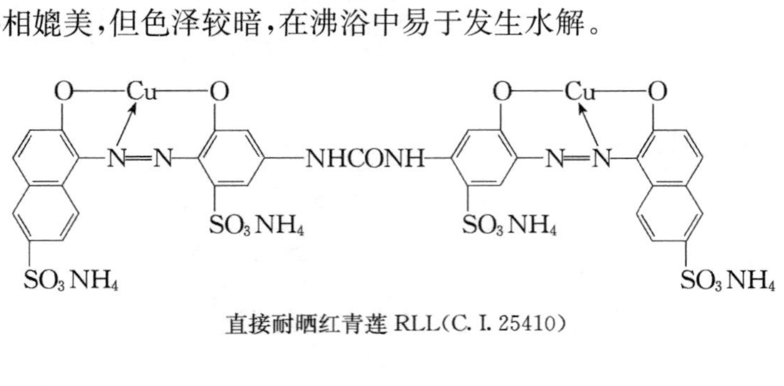

直接耐晒红青莲 RLL(C. I. 25410)

(二)三聚氰胺偶氮染料

三聚氰胺偶氮染料的分子结构中含有三聚氰胺结构，对纤维素纤维具有很好的亲和力，耐日晒牢度也较好，但是品种不多，一般只有绿、红和蓝三种颜色。它们是由三聚氯氰与具有氨基的染料或芳香胺缩合而成。绿色染料可通过隔离基连接黄和蓝两种染料而合成，且应用简便。举例如下：

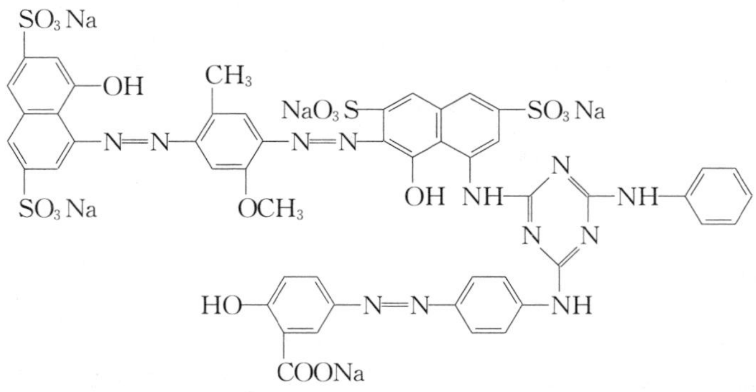

直接耐晒绿 BLL(C. I. 34045)

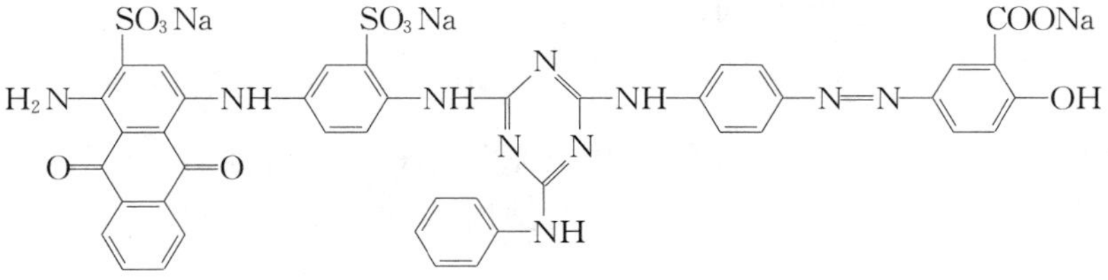

直接耐晒绿 5GLL(C. I. 14155)

(三)二噁嗪染料

二噁嗪直接染料有比较鲜艳的蓝色。染料具有很好的耐光牢度，并且不为保险粉(连二亚硫酸钠)和雕白粉(次硫酸氢钠甲醛)所破坏，但水洗牢度较差。结构举例如下：

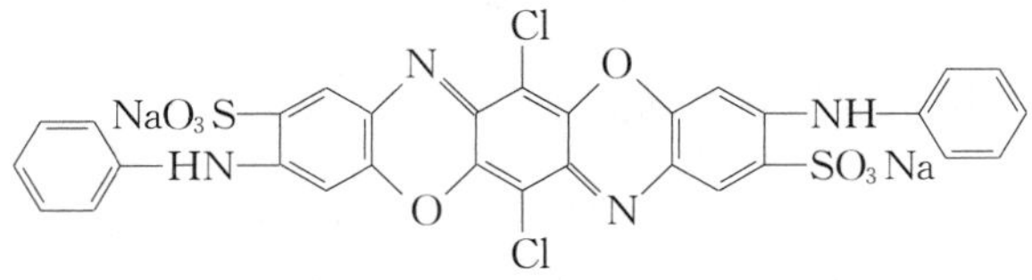

直接耐晒艳蓝 FF2G(C. I. 51300)

(四)酞菁系直接染料

酞菁系直接染料主要是铜酞菁的衍生物，颜色鲜艳纯正，耐晒牢度优异。由于染料结构属非线性共平面构型，对纤维的直接性低，上染速率和上染率也较低，颜色单一。如直接耐晒翠蓝 GL(C. I. 74180)：

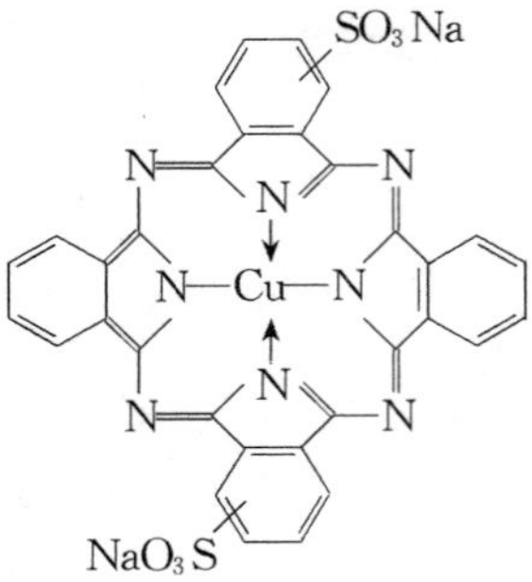

三、直接铜盐染料

直接铜盐染料是指必须进行铜盐后处理，才能得到真实色光和最佳色牢度的一类直接染料。这类染料的结构特征是在偶氮基两侧的邻位有配位基，或在染料分子的末端有水杨酸结构，配位结构如下：

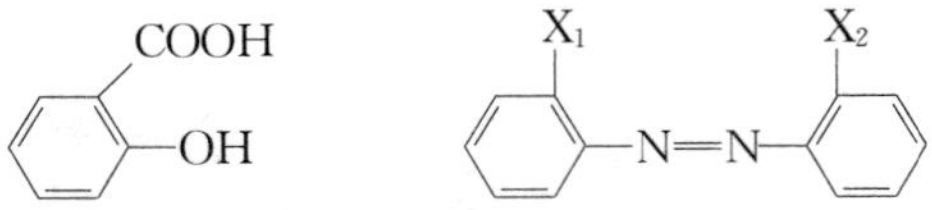

X_1 为—OH，X_2 为—OH、—OCH_3、—COOH、—OCH_2COOH 或—OC_2H_5

铜盐处理时，染料与 Cu^{2+} 形成络合结构，降低了染料的水溶性，改善了染料的水洗牢度和耐日晒牢度，但色泽同时显著变得深暗。水杨酸结构的染料与铜络合后，色泽变化较少，耐日晒牢度提高不多。

含有水杨酸结构的染料举例如下：

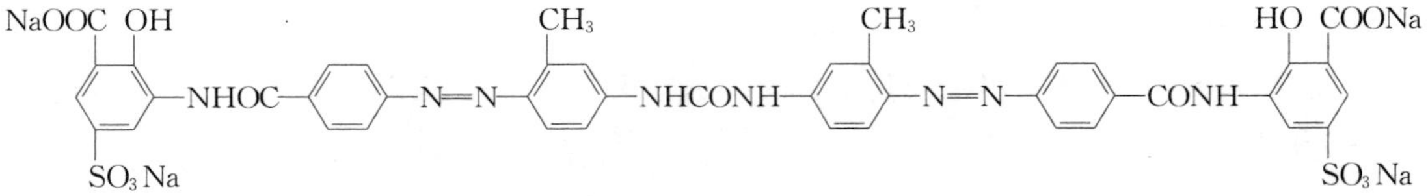

直接铜盐黄 FRRL(C. I. 29020)

偶氮基两侧有配位基结构的染料举例如下：

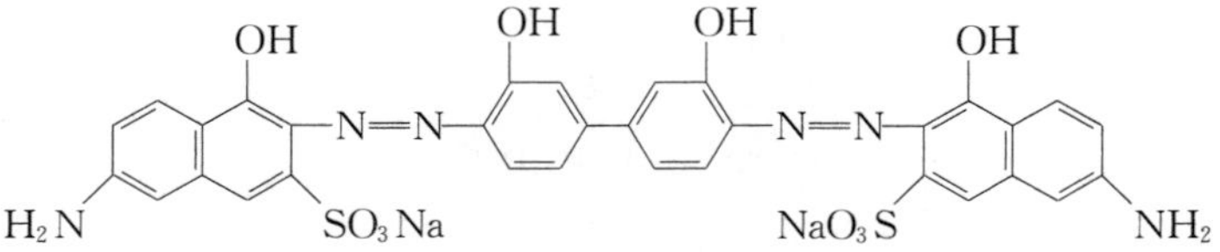

直接铜盐蓝 2RL(C. I. 23165)

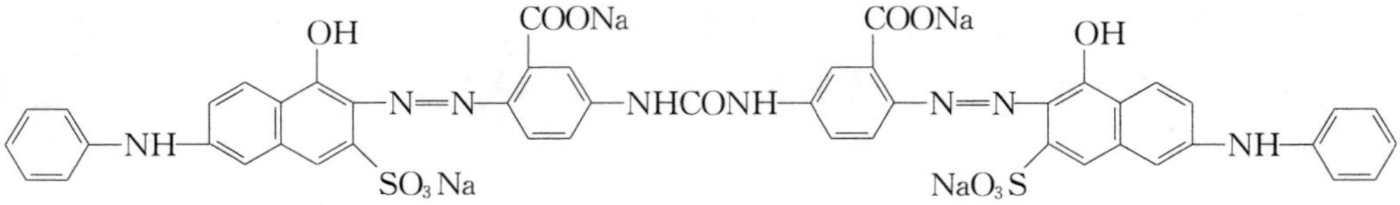

直接铜盐紫 3RL(C. I. 25355)

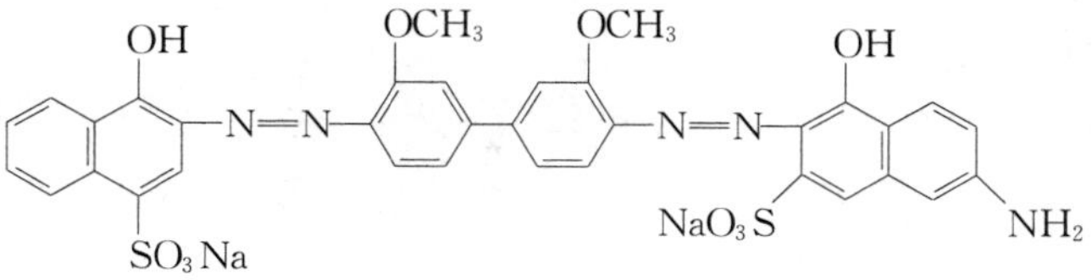

直接铜盐蓝 2R(C. I. 24175)

需要指出的是，有些直接耐晒染料与上述染料结构类似，所不同的是铜络合反应已在染料合成中完成，染色时就不需再进行铜盐后处理。如：

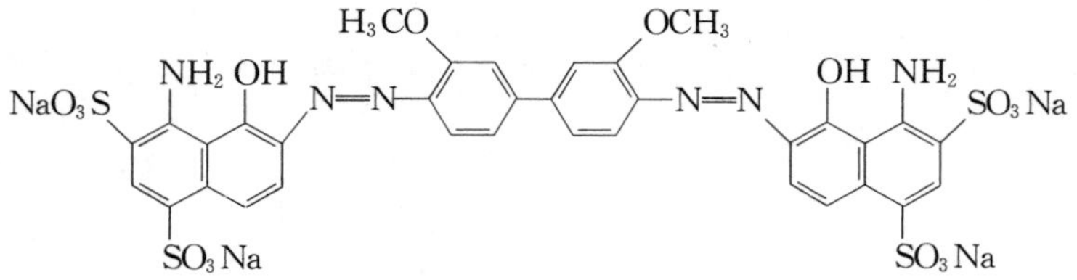

C. I. 直接蓝 1

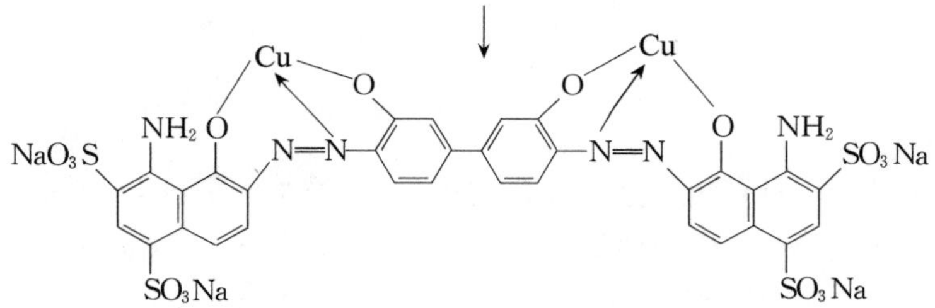

C. I. 直接蓝 76

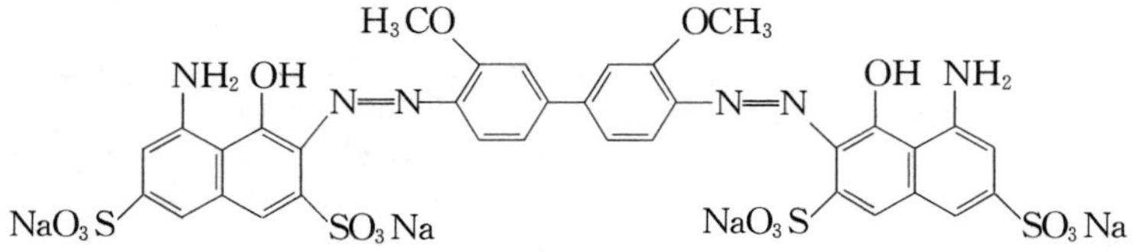

C. I. 直接蓝 15

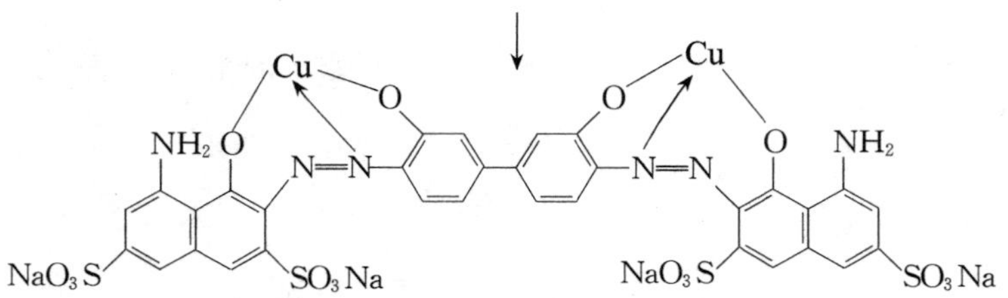

C. I. 直接蓝 218

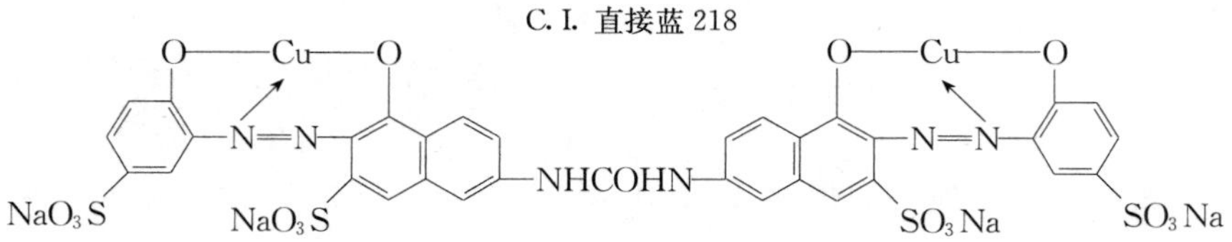

直接耐晒紫 2RLL(C. I. 29225)

四、直接重氮染料

直接重氮染料的分子结构中具有可重氮化的氨基（$—NH_2$）。应用时按常规的方法染色后，再使染料在纤维上进行重氮化，最后再用偶合剂进行偶合，形成较深的色泽，并能提高其湿处理牢度。

直接重氮染料分子结构中可以重氮化的氨基，主要是在偶氮基对位上。此外，染料分子的末端具有间位二氨基苯或间位氨基萘酚等结构的，也均可选择适当的偶合剂与之偶合。分别举例如下。

(一)在偶氮基对位上具有氨基的染料

这些染料在直接重氮染料中是用得比较多的。偶合剂一般均采用2-萘酚。如直接重氮蓝BBLS(C. I. 27115)的结构式为：

(二)在染料分子末端具有间二氨基苯或间氨基萘酚结构的染料

这些染料所用的偶合剂比前一种要广泛得多，一般可采用2-萘酚、对硝基苯胺、间甲苯二胺等。如直接重氮橙GG(C. I. 23365)为分子末端具有间二氨基苯的染料，结构式为：

该类染料采用对硝基苯胺作为偶合剂，可提高其耐皂洗及耐水浸牢度。因为在染料分子的另一末端具有水杨酸基团，所以也可用硫酸铜后处理。

直接重氮黑BH(C. I. 22590)为分子末端具有间氨基萘酚的染料，其结构式为：

该类染料染在纤维素纤维上为暗蓝色，经2-萘酚偶合后得蓝光黑色，经间甲苯二胺偶合后得黑色。

总之，直接重氮染料的偶合剂很多，可视其重氮氨基位置的不同，选择适当的偶合剂进行偶合。但必须注意某些偶合剂，如对硝基苯胺对人体和环境有危害，必须采取相应的措施才能应用。

五、直接交联染料

直接交联染料是由含有铜络合结构及一些特殊配位基团的染料与多官能团螯合结构阳离子型固色剂组成的染色体系。国产直接交联染料品种全部为铜络合直接染料，都是双偶氮型染料，国外个别直接交联染料就是普通直接染料或直接耐晒染料。

染料对纤维素纤维具有直接性，还含有能与固色交联剂起反应的活泼氢原子。染料与纤维之间既有离子键合，又有化学共价键合。固色交联剂为多官能团反应固色剂，是由多乙烯多胺与双氰胺缩聚成多胺树脂，再在亚氨基上引入酰氨羟甲基成盐而成。

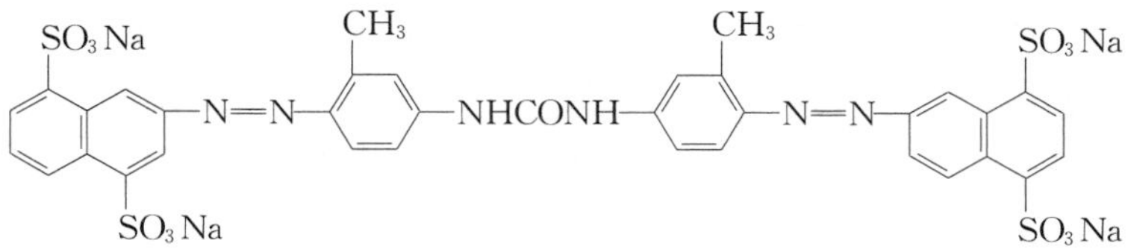

SO_3Na　CH_3　CH_3　SO_3Na
—N=N—　—NHCONH—　—N=N—
SO_3Na　SO_3Na

直接交联黄 SF—R(C. I. 直接黄 50)

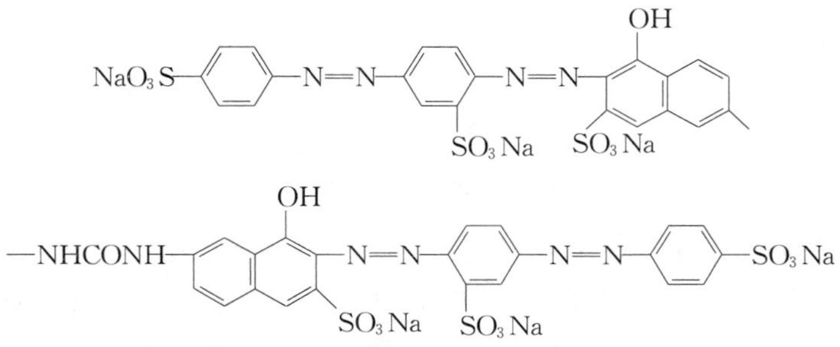

OH
NaO_3S—　—N=N—　—N=N—
SO_3Na　SO_3Na

OH
—NHCONH—　—N=N—　—N=N—　—SO_3Na
SO_3Na　SO_3Na

直接交联艳红 SF—F3B(C. I. 直接红 80)

六、直接混纺染料

大部分直接混纺染料品种既可当作直接混纺染料使用，也当作直接耐晒染料使用。这里应该指出，实际上有的直接混纺染料品种本身也是直接耐晒染料，部分品种对应关系如表 5 - 1 所示：

表 5 - 1　部分直接混纺染料品名与直接耐晒染料品名对应关系

直接混纺染料品名	C. I. 编号	直接耐晒染料品名
直接混纺黄 D—2RL/D—RL	直接黄 86	直接耐晒黄 D—RL/D—RLG
直接混纺黄 D—3RLL	直接黄 106	直接耐晒黄 3RLL/ARL
直接混纺黄 D—3RNL	直接黄 161	直接耐晒黄 3RNL
直接混纺红玉 D—BLL	直接红 83	直接耐晒红玉 BLL
直接混纺红玉 D—BL	直接红 83:1	直接耐晒红玉 BL
直接混纺大红 D—F2G	直接红 224	直接耐晒大红 F2G/玫红/F2G
直接混纺艳红 D—FR	直接红 227	直接耐晒红 FR/玫红 FR
直接混纺紫 D—5BL	直接紫 66	直接耐晒紫 4BL/5BL
直接混纺蓝 D—RGL	直接蓝 70	直接耐晒蓝 RGL
直接混纺黑 D—ANBN	直接黑 166	直接耐晒黑 ANBN

在直接混纺染料中,个别品种属于禁用染料,如直接混纺棕 D—NBR (C. I. 直接棕 95)。该染料是用联苯胺合成的三偶氮铜络合染料。

表 5－1 中,除 C. I. 直接蓝 70、黑 166 为三偶氮型结构外,只有 C. I. 直接黄 106 为单偶氮对称型结构,其余 7 个品种皆为双偶氮型对称结构,它们分别是通过三嗪环、猩红酸、二苯乙烯或双 J 酸将两个相同的单偶氮化合物连接起来,形成左右对称的双偶氮染料。该结构染料的色谱主要为浅到中色。

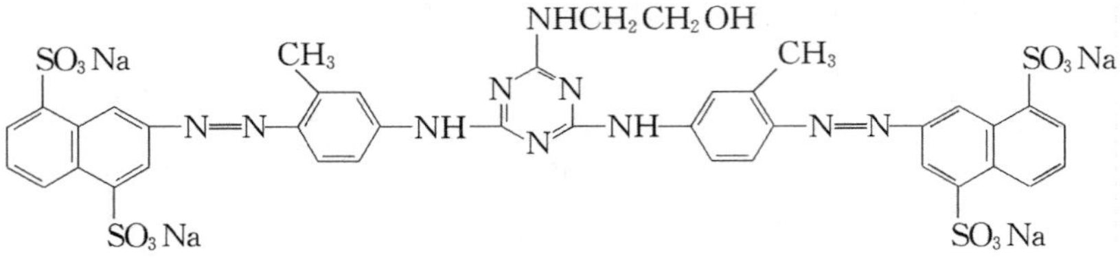

C. I. 直接黄 86(29325)

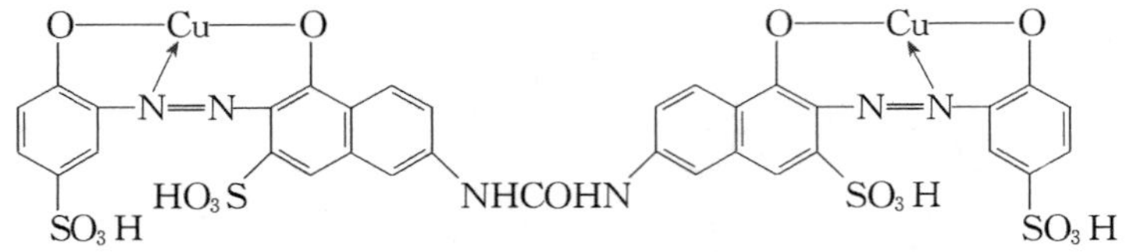

C. I. 直接红 83(29225)

直接混纺 D 型染料对纤维素纤维直接性高,上染率好,在少用无机盐的条件下也有较高的上染率;染料溶液的稳定性好,即使在 130℃染浴中也不会发生凝聚现象,具有较高的相对上染率;分散染料染色一般在酸性条件下进行,而直接混纺染料在酸性条件下,对纤维素纤维具有较好的上染率,对染浴的酸碱度适应范围较广,同时具有良好的染色牢度。

第四节　直接染料的染色性能

直接染料都含有亲水性基团(—SO_3Na 或—COONa),它的溶解度大小主要决定于染料分子中亲水性基团的多少。另外,染料的溶解度也和温度有关,通常提高温度,染料的溶解度便随着增大。大部分染料能与钙盐或镁盐结合生成不溶性的沉淀,因此染色时必须采用软水。染色用水如果硬度较高,应加纯碱或六偏磷酸钠,既有利于染料溶解,又有软化水的作用。无机的中性盐类,如食盐、元明粉等,在水溶液中会发生电离。无机的阳离子(Na^+,K^+)体积较小,因此在水溶液中活性较大,容易吸附在纤维分子的周围,从而降低纤维分子表面的负电荷,相对地增加了染料阴离子与纤维素分子间的吸附量,达到促染的效果。因此中性盐类可作为促染剂,但当盐类增加过多时,又会因染料溶解度降低而析出沉淀。对于不同的直接染料,盐的促染效果是不同的。

根据直接染料对温度、上染率及盐效应的不同,大致可以分为以下三类:

A 类:这类染料的分子结构比较简单,一般为单偶氮或双偶氮结构,在染液中聚集倾向较小,对纤维的亲和力低,在纤维内的扩散速率较高,移染性好,容易染得均匀的色泽。食盐的促染作用不十分显著，在常规的染色时间内，它们的平衡上染率往往随着染色温度的升高而降低。因此染色温度不宜太高，一般在70～80℃染色即可。这类染料的湿处理牢度较低，一般仅适宜于染浅色。

A类染料习惯上也称为匀染性染料，如直接冻黄G（C. I. 直接黄12）便属此类：

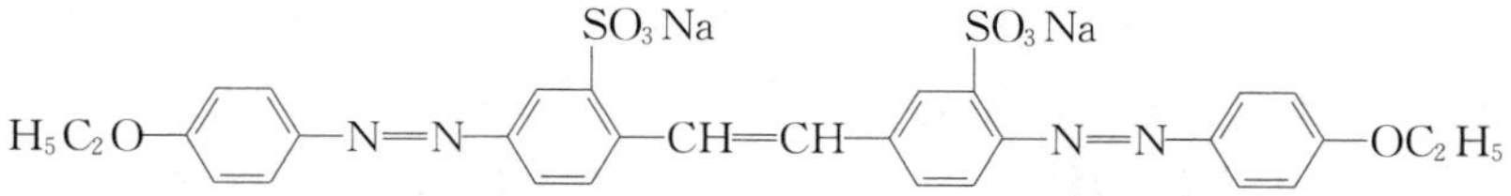

直接冻黄G

B类：这类染料的分子结构比较复杂，常为双偶氮或三偶氮结构，对纤维的亲和力高，分子中有较多水溶性基团，染料在纤维内的扩散速率低，移染性能较差，如果上染不匀，难以通过移染加以纠正。而食盐等中性电解质对这类染料的促染效果显著，故必须注意控制促染剂的用量和加入时间以获得匀染效果和提高上染率。如使用不当，则因初染率太高，容易造成染花。这类染料的湿处理牢度较高。

B类染料又称为盐效应染料，如直接耐晒绿BB（C. I. 直接绿33）便属此类：

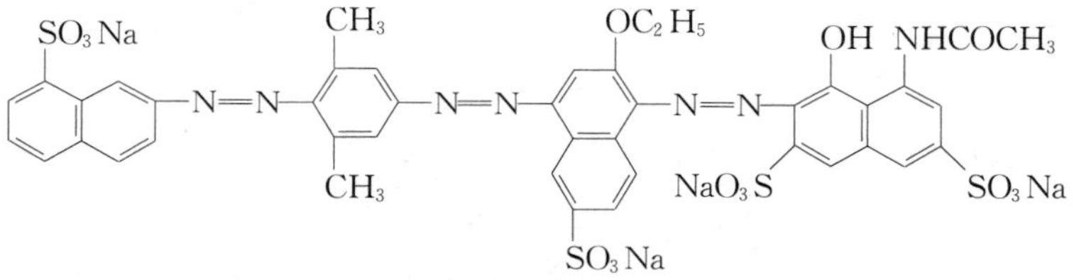

直接耐晒绿BB

C类：这类染料的分子结构也比较复杂，常为多偶氮结构，对纤维的亲和力高，扩散速率低，移染及匀染性较差。染料分子中含有水溶性基团较少，在含有少量的中性电解质染浴里上染也能达到较高的上染率。染色时要用较高的温度，以提高染料在纤维内的扩散速率，提高移染性和匀染性。在实际的染色条件下，上染率一般随着染色温度的升高而增加，但始染温度不能太高，升温不能太快，要很好地控制始染温度和升温速率，否则容易造成染色不匀。

C类染料又称为温度效应染料，如直接黄棕D3G（C. I. 直接棕1）便属此类：

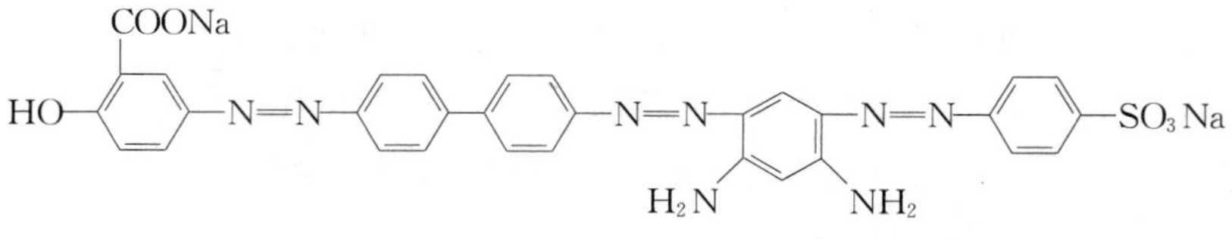

直接黄棕D3G

在拼色时，要注意选用性能相近的同类染料为宜。

直接染料染色时，纤维吸收染液中的水分而发生溶胀，这种溶胀是沿着纤维的表面，由表及里逐渐发生的，而且只发生在纤维的无定形区。染料分子随着水分子的运动与纤维发生吸附作用，并由外向内扩散至纤维的全部无定形区。随着时间的延长，吸附作用加剧，出现了聚集和解吸作用，这些作用既发生在染料与纤维之间，也发生在染料分子之间。发生在染料分子与纤维之间的聚集与解聚也可称为吸附和解吸。吸附和解吸两作用最终达到动态平衡，这一过程即结束。其表象是纤维由“环染”到“透染”的过程。

直接染料分子和纤维素分子均为线型大分子。在纤维内部，染料与纤维主要以分子间作用力进行结合。因染料分子上磺酸基具有强烈的水溶性，故时常发生解吸，使染料回到溶液中，尤其是在服用过程中的洗涤时，水中无染料，由于动态平衡作用，织物上的染料易回到水中，再重新吸附在织物上，导致发生沾污、串色，这也是直接染料水洗色牢度差的原因。选择阳离子表面活性剂作为固色剂，利用阳离子基团与直接染料分子中的磺酸基(阴离子性的水溶性基团)发生离子键合反应，降低其水溶性，使其无法解吸从而达到固色的目的。但这种结合是不完全的，且结合的能量较低，效果往往不尽如人意。

棉和黏胶纤维的形态结构和超分子结构不同，使得它们的物理性质存在差异：如天然棉纤维结晶区高达70%，无张力丝光棉为50%，黏胶纤维为30%～40%。因为溶胀主要发生在结晶区以外部分即无定形区，所以它们的溶胀程度就不同。在最大溶胀时，棉纤维的横截面积增加40%～50%，黏胶纤维则增加70%～100%。反映在染色上，黏胶纤维的得色率及对染料的吸收率均高于棉。对染色时间的掌握是以透染为准，黏胶纤维的染色时间比棉短。同样，黏胶纤维的染色牢度也比棉好，原因在于黏胶纤维对染料的吸收相对于棉而言更充分和深入。

蚕丝和羊毛等是蛋白质纤维，蛋白质分子是由氨基酸按一定的顺序排列，用酰键联结在一起，呈螺旋结构的大分子。虽然蚕丝与羊毛各自氨基酸的排列顺序和方式并不相同，但它们同属蛋白质纤维，因而具有蛋白质分子的一些特性：如蛋白质的两性性质和膜平衡性。这些特性在染色时表现为：蛋白质纤维为两性高分子电解质，调节溶液的pH，它们表现出不同的离子性及等电点。羊毛和桑蚕丝的等电点分别为4.2～4.8和3.5～5.2。

直接染料的部分品种可以用于蛋白质纤维的染色，尤其是蚕丝产品深色产品的染色，这是因为这些品种的染料分子结构与弱酸性的酸性染料分子结构相近，它们的染色过程与前述相似。对纤维的结合主要是染料分子中的水溶性基团磺酸基与蛋白质纤维在等电点以下离解出的阳离子氨基发生离子键合，其染色牢度要高于纤维素纤维，所以丝绸行业一直将直接染料作为染色的基本品种。但是在等电点以上(即蛋白质纤维的碱性条件下)进行染色，蛋白质纤维呈阴离子，直接染料也为阴离子性，因此不发生离子键合反应；又因蛋白质分子的螺旋结构，直接染料分子的直线型结构，使得分子间力的结合很弱，染色牢度更低。

在羊毛与纤维素纤维混纺后进行同浴染色时，染色牢度一般比它们各自染色时所得到的牢度低。究其原因，是羊毛与纤维素纤维混纺时同浴染色时，为避免酸、碱对纤维素纤维和羊毛的损伤，一般采用中性浴和弱酸浴进行染色，这时染液的pH在等电点以上，出现上述情况。这时，若要提高染色牢度，对直接染料的品种必须进行选择。标准是在所需的染色条件下，直接染料对蛋白纤维的上染率最小。换言之，即直接染料对蛋白纤维的沾污最少甚至没有，这一点是至关重要的。直接交联染料的一个优点就是对羊毛的沾污明显低于其他直接染料。

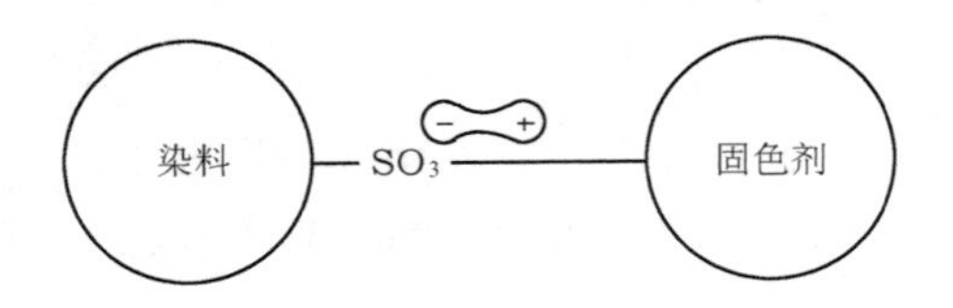

直接染料常用的阳离子固色剂有固色剂 Y 和固色剂 M。固色剂 Y 是双氰胺与甲醛缩合物的醋酸盐或氯化铵溶液，可提高直接染料染色织物的湿处理牢度。固色剂 M 是由固色剂 Y 和铜盐作用而得到的，可同时提高湿处理牢度和耐日晒牢度，但固色后上染物的色光常会发生变化，故常用于深色染色产品的固色。固色剂 Y 和固色剂 M 为含醛固色剂，被固色处理后的染色织物会残留超标的甲醛，且固色剂 M 还存在较多的铜离子，现已逐渐被无甲醛固色剂所取代。无甲醛阳离子固色剂主要是聚季铵盐化合物，这类固色剂对人体的危害性小，固色时被染颜色基本不变，对耐晒牢度和耐氯牢度的影响较小。

直接染料反应型固色剂也称为固色交联剂，其活性官能团主要为羟甲基和环氧基。固色交联剂可与纤维和染料发生反应，形成网状结构，从而提高染色产品的湿处理牢度。有时固色交联剂为阳离子型，同时具有阳离子固色剂的固色作用和固色交联剂的交联作用。近年来，在新型染色固色剂的研制方面，国内外均取得了较大的进展。这些固色剂能提升直接染料的各项染色牢度，进一步拓展了直接染料的应用范围。

复习指导

1. 掌握直接染料的结构特征和分类。

2. 了解直接染料结构与染料对纤维素纤维直接性大小的关系，以及提高染料直接性的可能途径。

3. 了解各类直接染料的合成途径及其染色性能。

思考题

1. 按结构直接染料可分为哪几类？试各举一例，并写出具体的合成路线。

2. 简述直接染料对纤维素纤维具有直接性的原因，试从染料结构考虑提高染料直接性的可能途径。

3. 比较各类直接染料的染色性能。

4. 试比较下列各组染料的水洗牢度，并从结构上的差异来说明原因。

① NaO_3S—⟨苯环⟩—N═N—⟨苯环⟩—N═N—（萘环，含 NaO_3S、OH、NH_2）

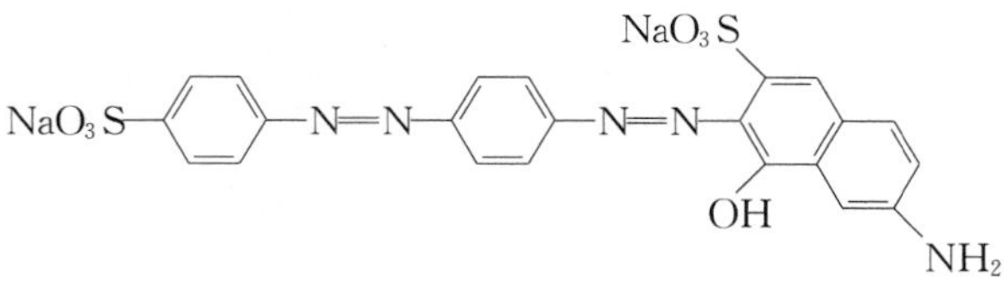

② NaO_3S—⟨苯环⟩—N═N—⟨苯环⟩—N═N—（萘环，含 NaO_3S、HO、NH_2）

③ NaO_3S—⟨苯环⟩—N═N—⟨苯环⟩—N═N—（萘环，含 NaO_3S、HO、NH—⟨苯环⟩）

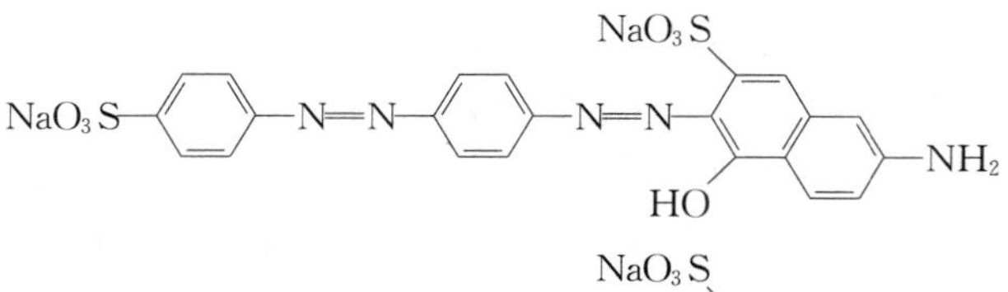

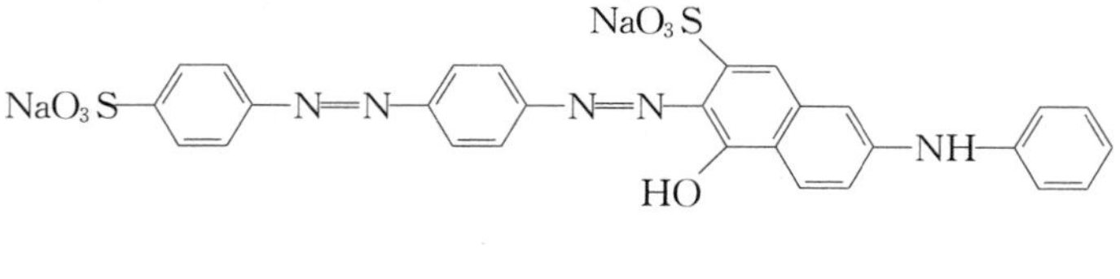

NaO_3S

④ NaO_3S —N=N— —N=N— —NHCO—

HO

参考文献

[1] 沈永嘉．精细化学品化学[M]．北京:高等教育出版社,2007.

[2] 何瑾馨．染料化学[M]．北京:中国纺织出版社,2004.

[3] 王菊生．染整工艺原理(第三册)[M]．北京:纺织工业出版社,1984.

[4] 侯毓汾，朱振华，王任之．染料化学[M]．北京:化学工业出版社,1994.

[5] 黄茂福．化学助剂分析与应用手册[M]．北京:中国纺织出版社,2001.

[6] 钱国坻．染料化学[M]．上海:上海交通大学出版社,1987.

[7] 上海市印染工业公司．印染手册(上、下册)[M]．北京:纺织工业出版社,1978.

[8] 黑木宣彦．染色理论化学[M]．陈水林,译．北京:纺织工业出版社,1981.

[9] 杨锦宗．染料的分析与剖析[M]．北京:化学工业出版社,1987.

[10] 陈荣圻，王建平．禁用染料及其代用[M]．北京:中国纺织出版社,1996.

[11] 沈阳化工研究院染料情报组．染料品种手册[M]．沈阳:沈阳化工研究院,1978.

[12] 格里菲思．颜色与有机分子结构[M]．侯毓汾，吴祖望，胡家振，等，译．北京:化学工业出版社,1985.

[13] 周学良．精细化工助剂[M]．北京:化学工业出版社,2002.

[14] Peters R H. Textile Chemistry, Vol. Ⅲ, The Physical Chemistry of Dyeing[M]. Elsevier,1975.

[15] Griffiths J. Colour and Constitution of Organic molecules[M]. New York: Academic press, 1976.

[16] Bird C L, Boston W S. The Theory of Coloration of Textile[M]. Dyers,1975.

[17] Venkatarman K. The Chemistry of Synthetic Dyes[M]. New York: Academic Press, 1952.

[18] Weston C D, Griffith W S. Dykolite Dyestuff for Cellulosic Fibers, T. C. C. 1969,1(22):67－82.

[19] 杨薇，杨新玮．直接染料的进展概况[J]．染料工业，1999,36(1): 6－17.

[20] 章杰．世界纤维素纤维用染料现状和发展趋势[J]．精细与专用化学品，2004，12(8):1－5.

[21] 杨新玮，臧文琴．直接染料发展动向[J]．化工商品科技情报，1991(3):1－6.

[22] 博鹏．1992 年世界市场上的新染料(下)[J]．江苏印染，1993(5):25－28.

[23] Xiaojun Peng, Hai Yu, Yanhong Hang, et al. N&V'－Phosgenation with Triphosgene in the Synthesis of Direct Dyes Containing the Ureylene Group [J]. Dyes and Pigments, 1996, 32(4):193－198.

[24] Szadowski J, Niewiadomski Z, Wojciechowski K. Direct Urea-based Dyes Derived from Diamines with Increased Solubilities [J]. Dyes and Pigments, 2001(5):87－92.

[25] 施锋，李宏洋，彭孝军．酞菁直接染料的合成及性能测试[J]．染料与染色，2003，40(4):201－202.

[26] Jin-Seok Bae, Harold S Freeman, Ahmed El-Shafei. Metallization of Non-genotoxic Direct Dyes[J]. Dyes and Pigments, 2003(57):121－129.

[27] 许捷，张红鸣．染料和颜料实用着色技术——纺织品的染色和印花[M]．北京:化学工业出版社，2006.

[28] 杨新玮．关于直接染料发展的思考[J]. 上海染料，2005，33(3)：14－21.
[29] 戈建华，程德文．DSD 酸系列中间体下游染料产品的开发应用及发展前景[J]. 精细化工原料及中间体，2005(9)：26－29.
[30] 唐增荣．固色剂的研制与应用探讨[J]. 印染助剂，2006，23(3)：15－17.
[31] 胡毅，赵振河．无甲醛固色剂 Fix—H 的合成与应用[J]. 印染助剂，2004，21(1)：33－35.
[32] 陈忻，袁毅桦，刘世华．无醛固色剂 L—CS 的研制与应用[J]. 印染助剂，2004，21(4)：35－36.
[33] 杜鹃，冯见，陈水林．聚阳离子固色剂对直接染料的固色[J]. 印染助剂，2005，22(4)：27－30.
[34] 唐增荣．纺织品印花助剂综述[J]. 印染助剂，2005，22(6)：2－3.

*第六章　不溶性偶氮染料

第一节　引言

不溶性偶氮染料由无水溶性基团的偶合组分和芳伯胺的重氮盐在纤维上偶合成不溶于水的偶氮染料，故名为不溶性偶氮染料(Azoic dye)。前者称为色酚(Naphthol)，后者称为色基(Base)。一般染色过程是先用色酚打底，色酚与纤维借氢键和范德华力相结合，然后与色基重氮盐发生偶合反应而显色。色基重氮化时需用冰，所以又被称为冰染料(Ice dye)。色酚和色基未经显色前实为染料中间体，而非染料。

1880年，美国的霍立代(Read Halliday)兄弟用2-萘酚的烧碱溶液作打底剂，将棉布浸渍、脱液、干燥后与对硝基苯胺重氮液偶合后生成毛巾红(Para red)。虽然颜色鲜艳，湿处理牢度好，但2-萘酚钠盐对纤维素纤维的直接性很低，染色物耐摩擦牢度和耐日晒牢度不高。后来用羟基-萘甲酸(2,3-酸或BON酸，即β-oxy-Naphthoic的缩写)及其衍生物作打底剂，稳定性和对纤维的亲和力有所提高，但仍不够理想。1912年，德国Criesheim-Elekfrom公司用2-羟基-3-萘甲酰苯胺(简称纳夫妥AS)作打底剂，各方面的效果均优于前两者，而被广泛应用。1921年，Zitcher等发现用二乙酰胺邻甲苯及其衍生物作打底剂，与色基重氮盐偶合，可以得到黄色系列的色相。

1930～1938年，IG公司合成并筛选了大量的色酚和色基，得到以红色系列为中心，包括黄色—黑色整个色相的不溶性偶氮染料。后经进一步研究和开发，不同结构的色酚和色基商品各有五十个左右，理论上有两千多个组合，但考虑产品的色泽、染色牢度和显色条件，实际上使用的组合要少得多。

现在常用的色酚主要是邻羟基芳甲酰芳胺类和乙酰乙酰芳胺类。改变芳甲酰基中芳基结构和氨基上引入不同取代基，可以调整染料的色光或改变其性能。最主要的2-羟基-3-萘甲酰苯胺的衍生物，结构式如下：

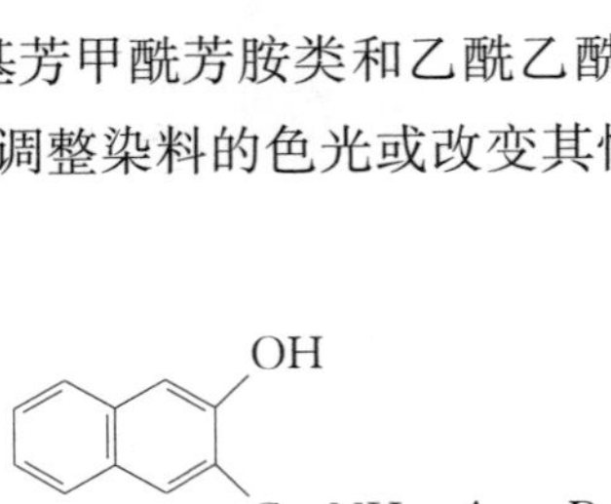

OH
C—NH—Ar—R
‖
O

改变Ar或R，均影响其对纤维的亲和力、色相和色牢度。作为色基的芳伯胺，同样改变芳基结构或芳环上的取代基，亦可实现上述影响。色基重氮化是比较复杂的化学反应过程，将重氮化的芳胺预先与无机化合物形成稳定的盐类，或转变成某种稳定形式的化合物后与色酚混合，染色或印花后改变条件，再转变为活泼形式而偶合显色，简化了染色和印花的过程。

不溶性偶氮染料主要用于纤维素纤维的染色和印花，可以获得浓艳的各种色谱，尤以橙、红、蓝、酱红和棕等浓色为优。其水洗牢度较好，只稍逊于还原染料，但价格却便宜得多，染色也简单，因而得到广泛应用。但这类染料的色谱不及还原染料齐全，耐光牢度也不及还原染料好。尤其不宜染淡色，否则不但耐光牢度差，且遮盖力较弱，得色不够丰满。

不溶性偶氮染料在纤维素纤维上应用过程是：先将色酚溶解在一定浓度的烧碱溶液中，再上染到织物上，在色酚供电子基（羟基）邻位或对位与重氮化的色基偶合。用于涤纶的不溶性偶氮染料主要采用低分子量的芳酰胺和纳夫妥。芳酰胺能充分地在纤维内部扩散，染色的色泽较深。但随着分散染料的大量应用，不溶性偶氮染料在涤纶中的应用逐渐趋于淘汰。在锦纶染色中，采用色酚与游离胺在80～85℃下同时打底，然后在15～20℃进行重氮化。不溶性偶氮染料对尼龙有很好的遮盖性，并可获得优良的耐光牢度和湿处理牢度。

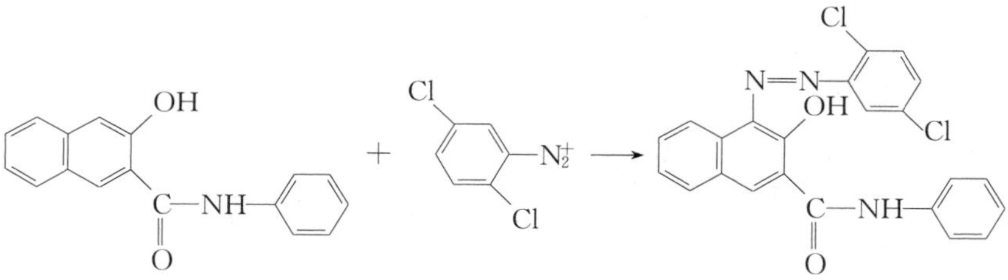

第二节 色酚

一、2-羟基萘-3-甲酰芳胺及其衍生物

2-羟基萘-3-甲酰芳胺及其衍生物的品种较多，由BON酸酰化苯胺或萘胺而得，苯胺或萘胺环上无水溶性基团。常见合成方法是将等摩尔比的BON酸和芳伯胺在溶剂（如氯苯）中与三氯化磷一起加热而成。

$$2Ar—NH_2 + PCl_3 \longrightarrow Ar—N=P—NH—Ar$$

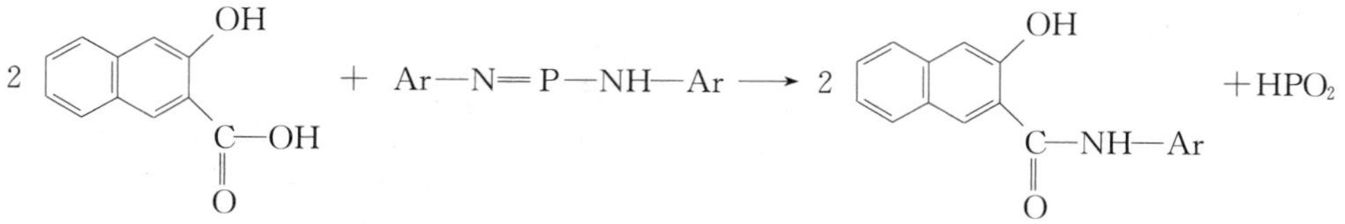

改变芳烃Ar或芳环上的取代基，可以得到一系列不同结构的色酚。常见的品种有：

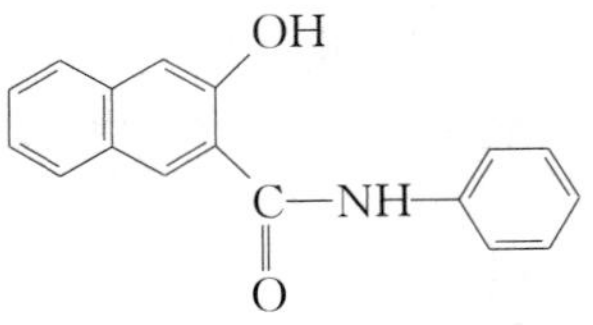

AS 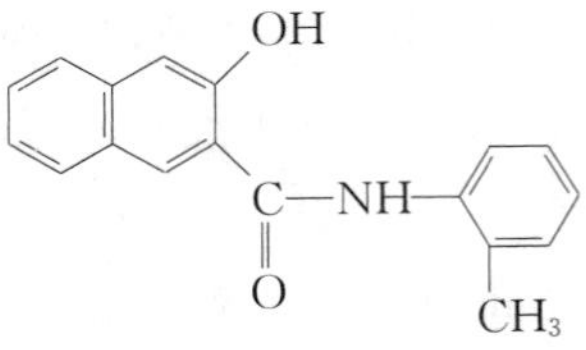　　AS—D 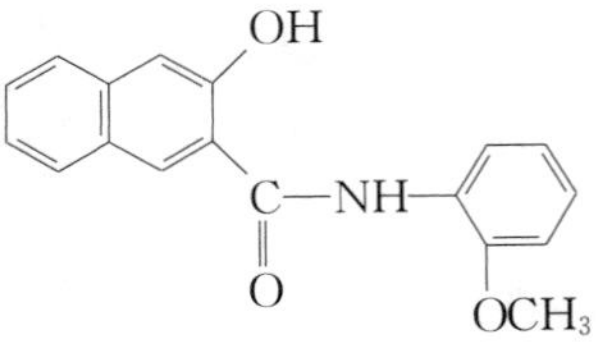　　AS—OL

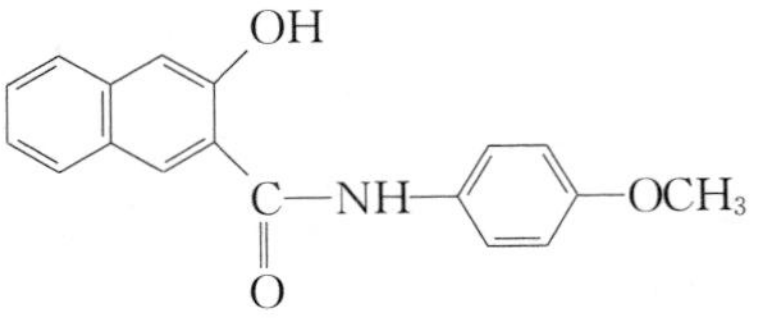

AS—RL 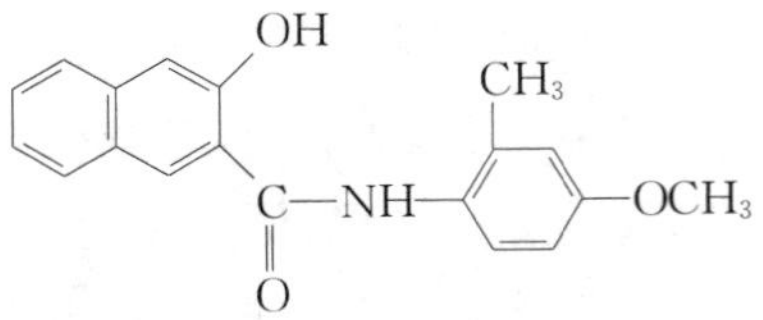　　AS—LT 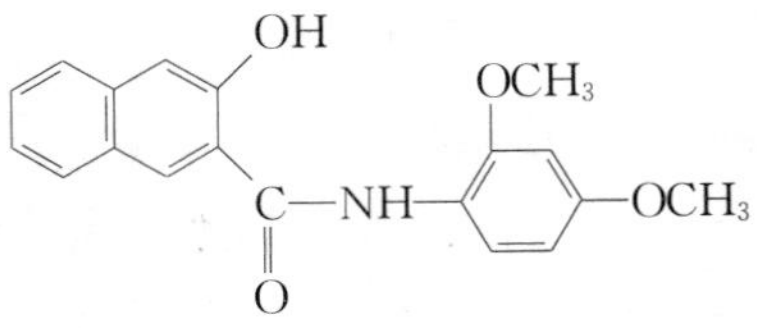　　AS—BG

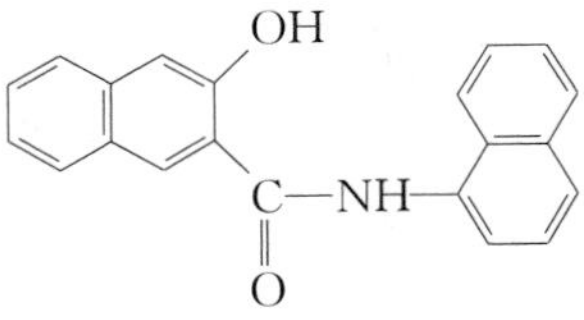

AS—BO 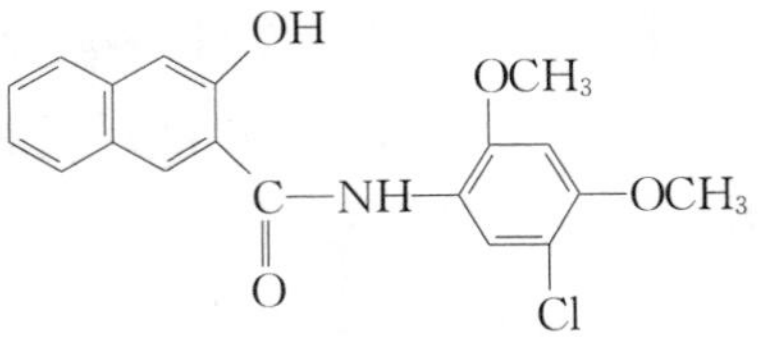　　AS—IRT

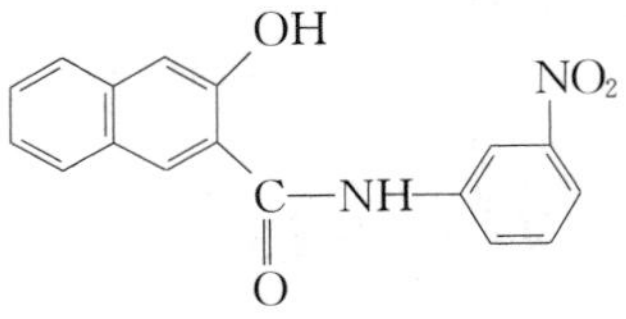

AS—BS 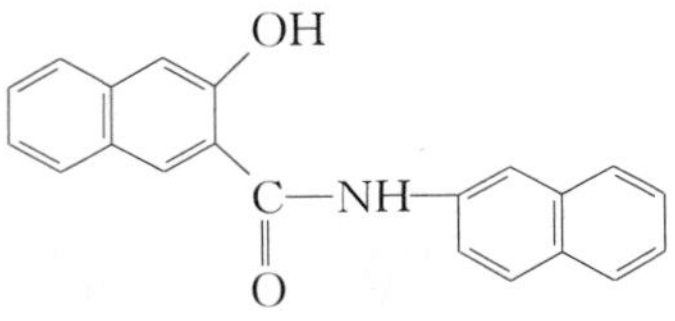　　AS—SW

AS—D 打底后易洗净，AS—OL 打底后织物稳定，耐光性好，与大红色基 GG 偶合后得到著名的国旗红。

色酚的命名中没有颜色的名称，但某些品种可以从其名称的尾注字母的意义中看出它们主要用于染得某种颜色。如色酚 AS—TR 主要适用于染红色(T. R. 为英文 Turkey Red，土耳其红的第一个字母)，色酚 AS—ITR 的后三个字母表示可染得阴丹士林级染色牢度的红色，色酚 AS—LAG 中的 LAG 表示适用于染耐晒的黄色，色酚 AS—GR 中的 GR 表示适用于染绿色，AS—SG、AS—SR 中的 SG、SR 分别表示适用青光的黑色和红光的黑色(S 为德语黑色的第一个字母)等。

色酚 AS 的酸性很弱，不溶于水，在强碱水溶液中形成钠盐而溶解。反应是可逆的，烧碱应稍过量一些，否则钠盐水解而降低其溶解性。水解稳定性随结构而异。若织物打底后发生水解，会妨碍以后的偶合。

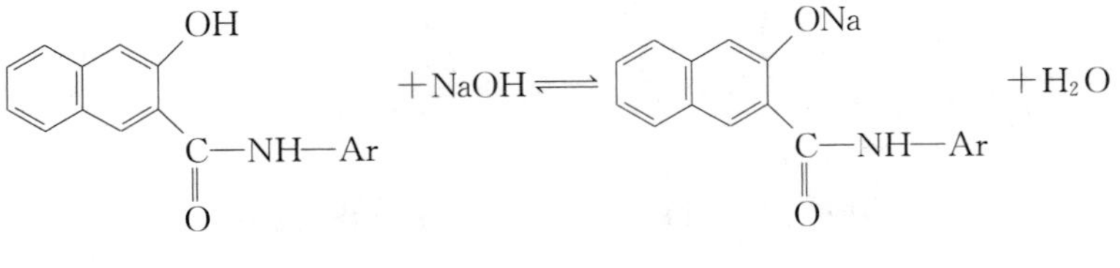

$$+NaOH \rightleftharpoons \quad + H_2O$$

烧碱过量较多时，在光催化作用下能够使色酚 AS 被空气氧化，形成没有偶合能力的醌式结构。

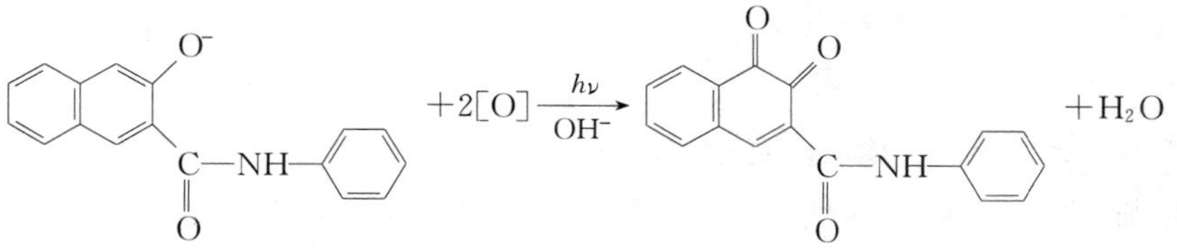

$$+2[O] \xrightarrow[OH^-]{h\nu} \quad + H_2O$$

显色时，如果色基重氮液中有过量的亚硝酸，将使色酚发生亚硝化反应。

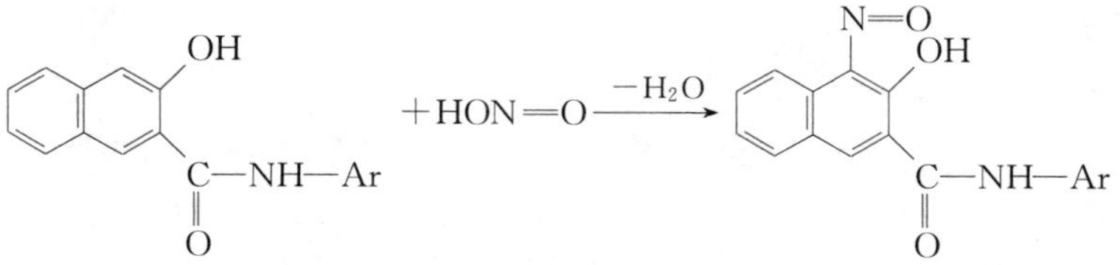

$$+HON{=}O \xrightarrow{-H_2O}$$

色酚亚硝基化合物遇三价铁离子，会生成棕色的金属络合物。

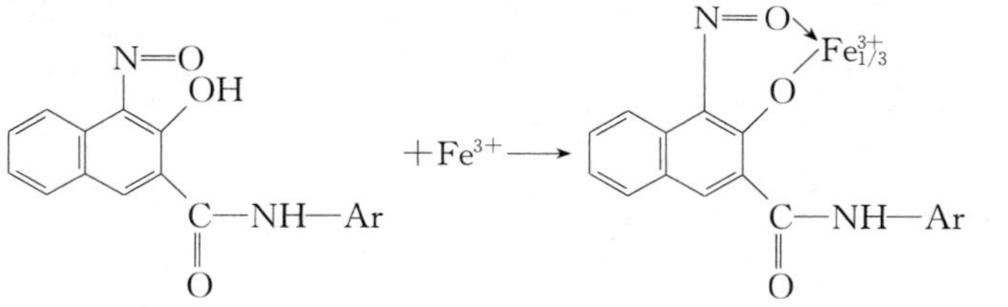

$$+Fe^{3+} \longrightarrow$$

为了防止色酚的氧化和亚硝化，保护羟基邻位，在色酚碱溶液中加入甲醛，即在羟基的邻位引入羟甲基。

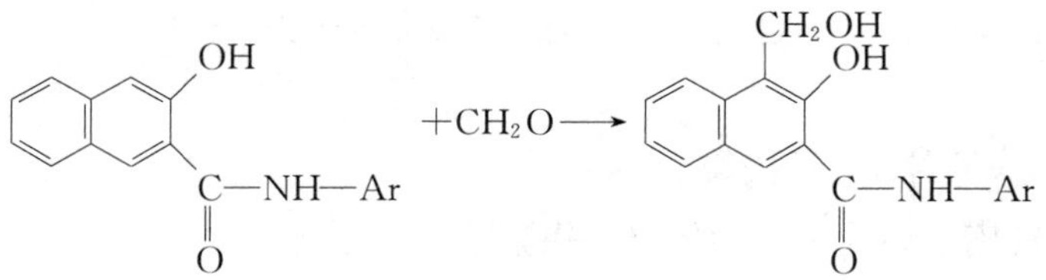

$$+CH_2O \longrightarrow$$

显色时，因条件变化，羟甲基脱落，恢复偶合能力。但当温度太高时，两分子化合物羟甲基之间会发生交联而失去偶合能力。

发生偶合反应时，色基重氮盐在羟基邻位偶合，其偶合能力与色酚的分子结构有关。色酚 AS 类的偶合能力不及有活泼亚甲基的化合物，偶合 pH 为中性或弱碱性。

在色酚 AS 类酰芳胺的芳环上引入取代基，使染料的颜色发生变化，不同取代基的深色效应为：

$$-NO_2 > -Cl > -CH_3 > -H > -OCH_3$$

同一取代基因位置不同，深色效应也不同。通常在酰氨基对位，深色效应最明显，间位次之，邻位最浅。

色酚 AS 的结构对其耐日晒牢度也有影响，酰芳胺苯环的 2 位、4 位、5 位上有取代基时其耐日晒牢度有所提高，以甲氧基最佳。

二、乙酰乙酰芳胺(β-酮基酰胺)衍生物

AS 系色酚，因含有萘环，经偶合后不能得到黄色的不溶性偶氮染料。

乙酰乙酰芳胺类又称 AS—G 类，分子结构中有活泼的亚甲基，与色基偶合，可以生成不同色光的黄色。它们是由乙酰乙酸乙酯与芳伯胺在二甲苯等溶剂中加热缩合制成的。主要的结构如下：

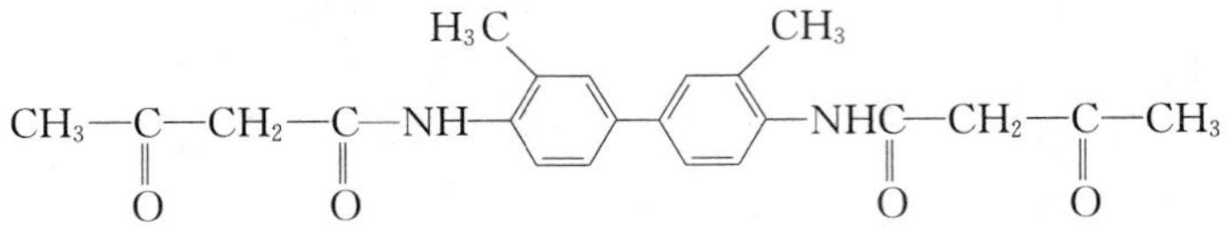

色酚 AS—G

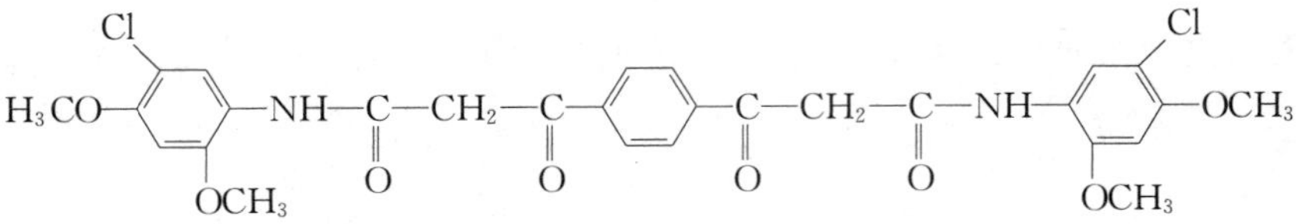

色酚 AS—LG

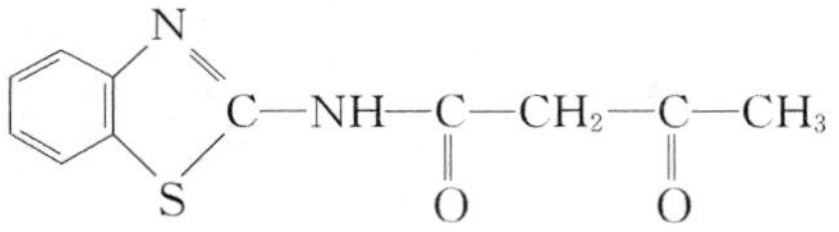

色酚 AS—L4G

色酚 AS—G 类与纤维素纤维的亲和力较高，但耐晒牢度差，其中以 AS—LG、AS—LAG 的耐晒牢度较好。这类色酚的偶合能力最强，最佳偶合 pH 为 3～4.5。

三、其他邻羟基芳甲酰芳胺类

(一)含二苯并呋喃杂环的 2-羟基-3-甲酰芳胺色酚

如色酚 AS—BT、AS—KN，它们主要用于染棕色，结构分别如下：

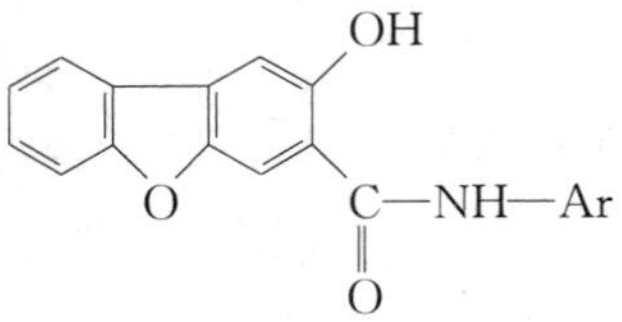

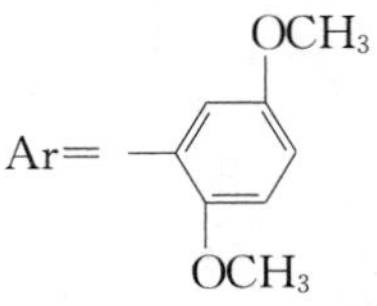

AS—BT

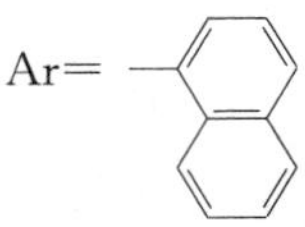

AS—KN

(二)含咔唑杂环结构的邻羟基甲酰芳胺色酚

如主要染棕色的色酚 AS—LB 和主要染黑色的色酚 AS—SG、AS—SR。其结构分别如下：

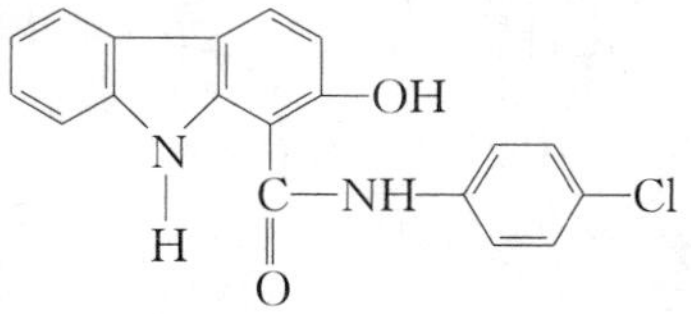

OH
N
H
C—NH—
O
Cl

AS—LB

X
N
H
C—NH—
OH　O
OCH_3

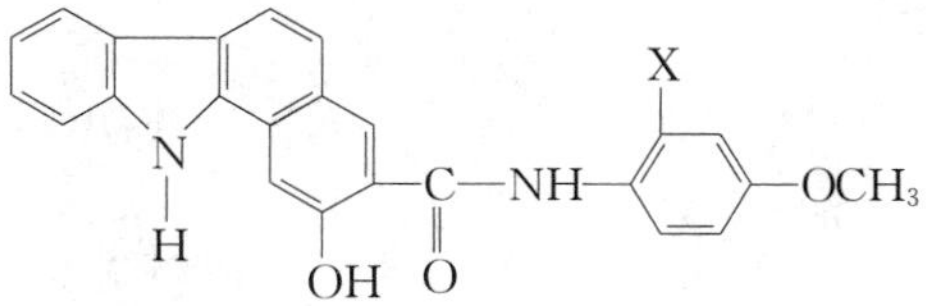

X=H　AS—SG

X=—CH_3　AS—SR

上述两类杂环色酚的偶合能力最弱，必须在碱性介质中进行反应。

(三)2-羟基-3-蒽甲酰芳胺

2-羟基-3-蒽甲酰芳胺是类似 AS—D 而具有蒽环结构的色酚，如 AS—GR，与蓝色基 BB 偶合，可得到蓝光绿色。

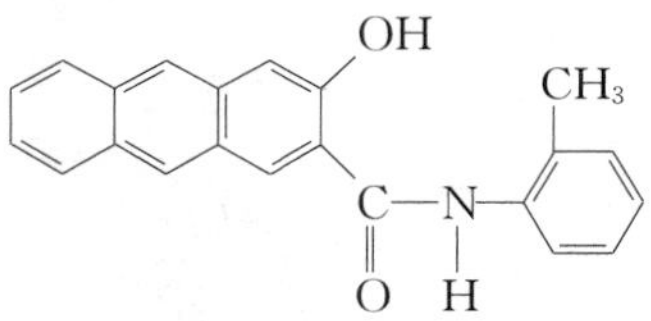

OH
CH_3
C—N—
O　H

AS—GR

酞菁磺酰氨基吡唑啉酮类，如色酚 AS—FGGR，它与邻氯苯胺等色基重氮盐偶合，呈比较鲜艳的蓝色，耐日晒及耐气候牢度都比较好，偶合能力与色酚 AS 相近，其结构式为：

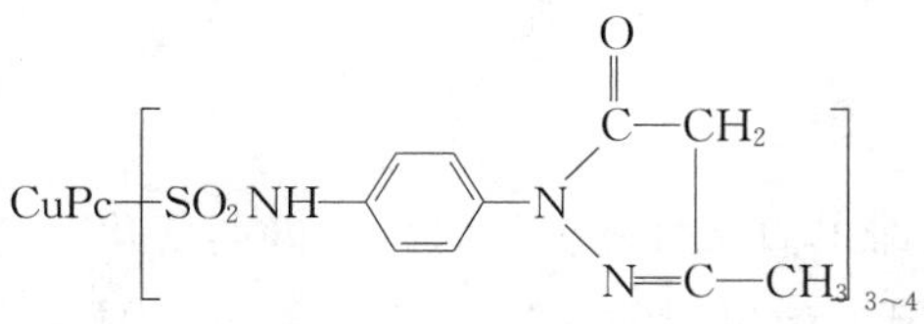

O
C—CH_2
CuPc—[SO_2NH—　—N
N=C—CH_3]$_{3\sim4}$

AS—FGGR

上述结构式中 CuPc 代表酮酞菁结构。

四、色酚与纤维的直接性

色酚分子中酰胺键与两边芳环间构成的共轭系统影响色酚对纤维素纤维的直接性。色酚钠盐存在下式所示的酰胺—异酰胺的互变异构现象，异酰胺式分子中有一个较长的共平面的共轭系统，增加了对纤维的直接性。

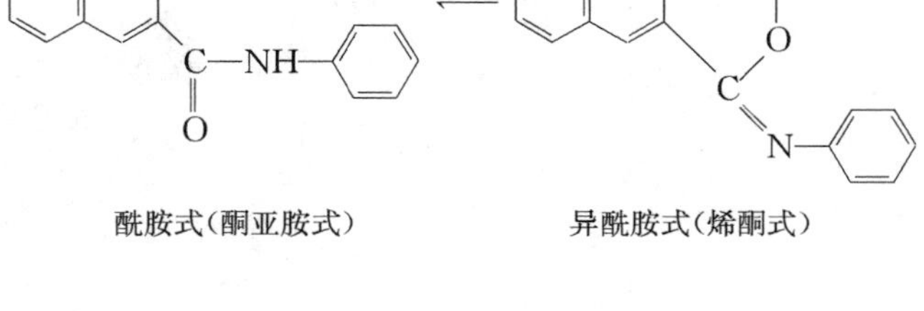

O^-
C—NH—
O
⇌
O…H
O
C
=N—

酰胺式(酮亚胺式)　　异酰胺式(烯酮式)

如果亚氨基氮原子上的氢原子被甲基取代，则不能发生互变异构，不但失去了对纤维的直接性，在烧碱中的溶解度也将大大下降。

在萘和酰氨基间插入烷基，如下两个化合物，其结构与AS极相似，但两芳环间的共轭系统被破坏，对纤维没有直接性。

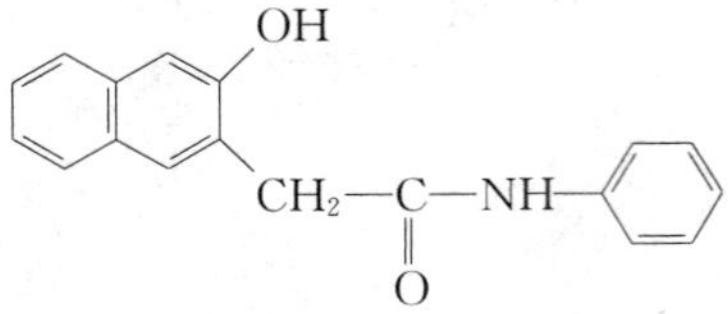

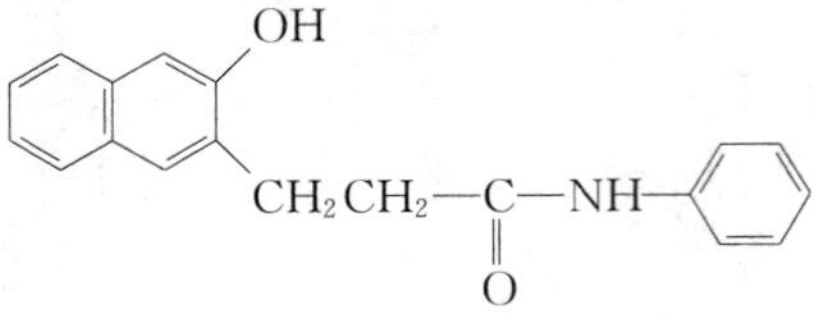

但是下面两个化合物，对纤维素纤维的直接性却比AS要高。

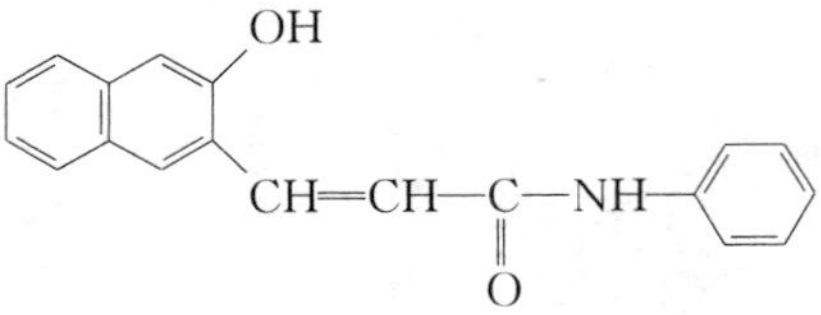

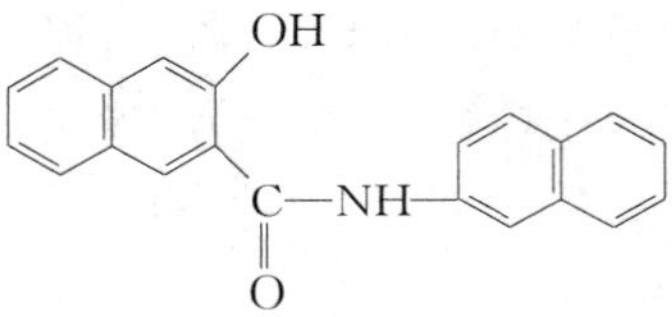

色酚AS类对纤维素纤维的直接性随芳胺结构不同而变化。芳胺芳环上引入极性基，增加色酚的直接性，且对位取代基的效果比邻、间位大。芳酰胺芳环稠合性增加，直接性提高。由萘胺制得色酚的直接性一般较苯胺衍生物高，其中2-萘胺衍生物的直接性又高于1-萘胺衍生物，部分色酚AS类直接性顺序如下：

AS—SW>AS—BO>AS—IRT>AS—BS>AS—RL>AS—OL>AS—D>AS

打底时，色酚上酰氨基与纤维素纤维上羟基形成氢键结合，然后显色，染料分子中的偶氮基与纤维分子呈垂直状态。结合式如下所示：

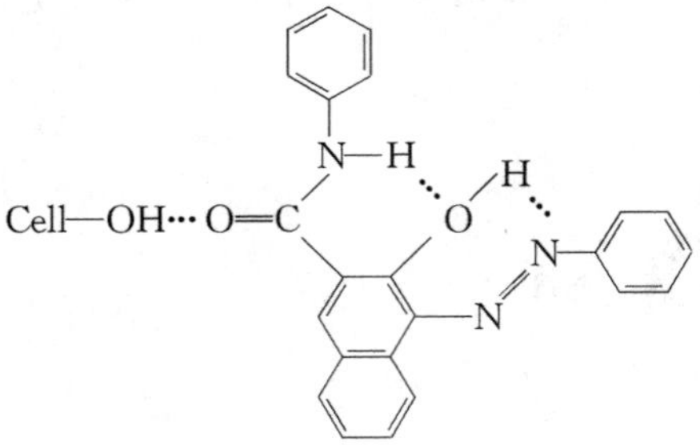

从应用角度看，色酚对纤维的直接性应适宜。若太高，染缸中色酚打底时虽吸收比较完全，耐摩擦牢度较好，但因不易控制补充液的浓度而引起色差，不宜用于轧染，也不适用于拔染印花，否则从织物上清除被拔染的部分比较困难。当然直接性也不能太小，因为容易产生浮色，湿处理牢度也不会好。

第三节　色基和色盐

一、色基

色基是一类不含磺酸基等水溶性基团的芳伯胺，其数量很大，但从偶合后的色泽、染色牢度、偶合条件等各种因素考虑，目前主要应用的品种有五十多种。

色基的命名中有色称，是根据和它们适当的或常用的色酚偶合的颜色而定的，而和另一些色酚偶合可得到与色称完全不同的颜色。如色基大红 GG 与色酚 AS 偶合成为大红色，而与色酚 AS—G 偶合则得到黄色。同一色基和不同色酚偶合，不但色泽不同，染色牢度也不尽相同。因此，合理选用色基和色酚甚为重要。常用色酚和色基组合见表 6－1。

表 6－1　常用色酚和色基偶合后的颜色

颜色	色　酚	色　基	颜色	色　酚	色　基
黄	AS—L4G	红 KB，黄 GC	红酱	AS—BD	红酱 GP
	AS—G	红 KB		AS—VL	红酱 GP
	AS—L3G	大红 GGS		AS—RL	红酱 GPC
	AS—G	橙 GC		AS	紫 B
橙	AS	橙 GC	蓝	AS—RL	蓝 BB
	AS—D	橙 GC		AS	蓝 VB
	AS—OL	橙 R		AS	蓝 B
桃红	AS—LC	红 KL		AS—D	蓝 VRT
红	AS—D	红 KB		AS—IRT	藏青 RT
	AS—OL	红 3GL	棕	AS—BT	大红 GGS
	AS—BO	红 RL		AS—BG	红 B
黑	AS	黑 LS		AS—KN	大红 G
	AS—LB	红 RL		AS—LB	红 RL
	AS	黑 ANS		AS—LB	红 RC
大红	AS—OL	大红 GGS		AS—OL	棕 V
	AS	大红 GGS		AS—VL	橙 GC
	AS—SW	大红 G	锈红	AS—LB，AS—BO	大红 G

按化学结构分类，色基大致可分为下列三类。

(一)苯胺及其衍生物

这是一类结构最简单的色基，它们和色酚显色可得到橙色和红色，色光纯正。如间氯苯胺(橙色基GC)显橙色，2-甲基-5-硝基苯胺(大红色基G)、2,5-二氯苯胺(大红色基GG)显大红色，2-甲氧基-4-硝基苯(红色基B)显枣红色等。

这类色基偶合后的耐晒牢度不好，若在氨基的间位有供电子基，邻位有吸电子基，则耐晒牢度则可获得较大的提高。但氨基邻位不能引入硝基，否则耐日晒牢度下降，易受还原物质的影响而改变色光。常见的取代基有—Cl、$—NO_2$、—CN、$—CH_3$、$—CONH_2$、—R、—OR、$—CF_3$、$—SO_2NH_2$等。在色基分子上引入氟、氰基等基团，色光较艳；引入三氟甲基、磺酰乙基、磺酰二乙氨基等有利于提高染料的耐晒牢度。在氨基的间位引入吸电子基团或在氨基的邻位引入给电子基团，均可以提高生成染料的色牢度和改进染料的鲜艳度。

属于此类色基的一些常用品种有：

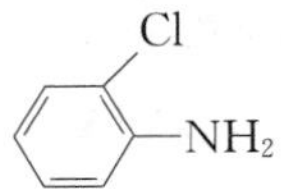

黄色基GC 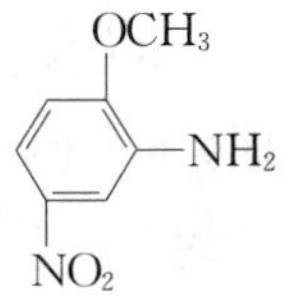　大红色基RC 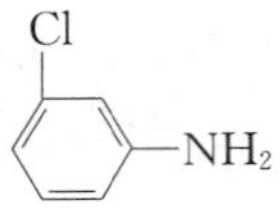　橙色基GC 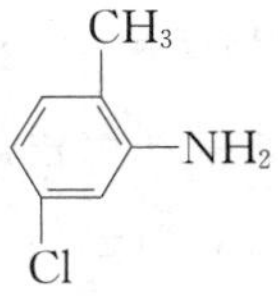　红色基KB

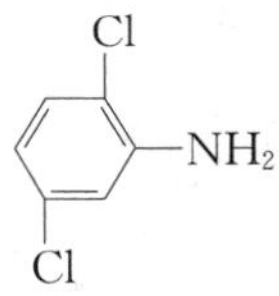

大红色基GG 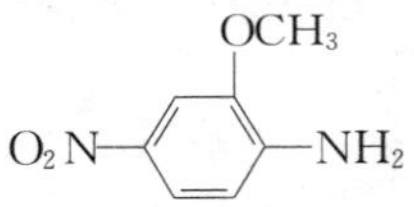　红色基B 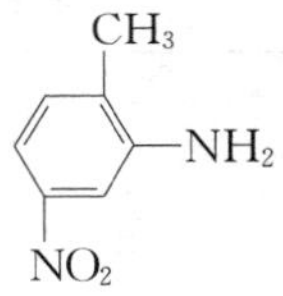　大红色基G

(二)对苯二胺N-取代物

对苯二胺N-取代物色基与色酚AS偶合可得紫色、蓝色等。如：

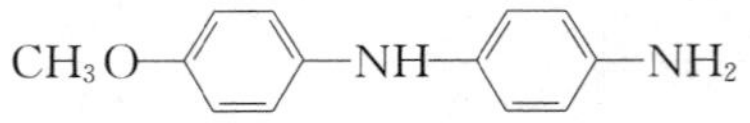

凡拉明蓝色基B

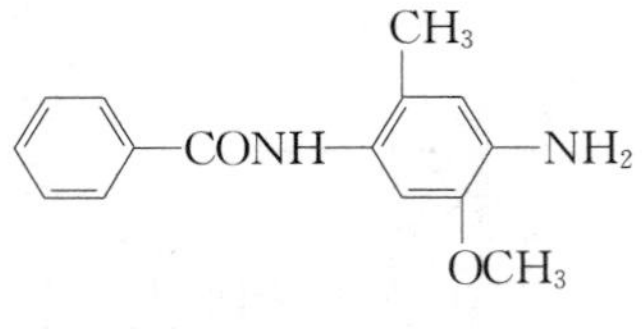

紫色基B

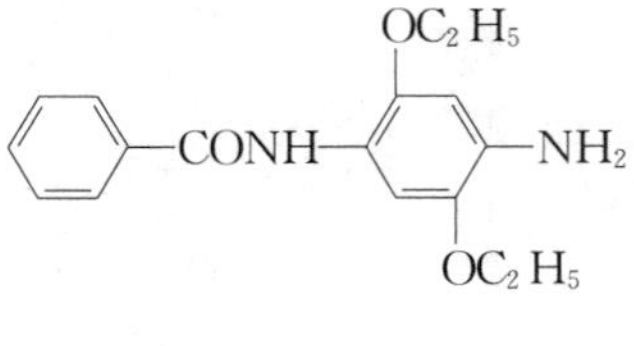

蓝色基BB

(三)氨基偶氮苯衍生物

氨基偶氮苯衍生物色基与杂环色酚偶合可染得黑色。如：

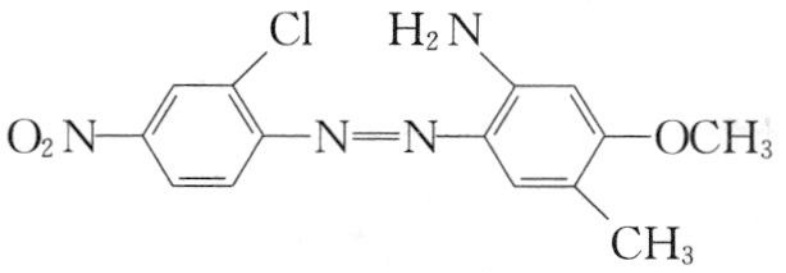

棕 V 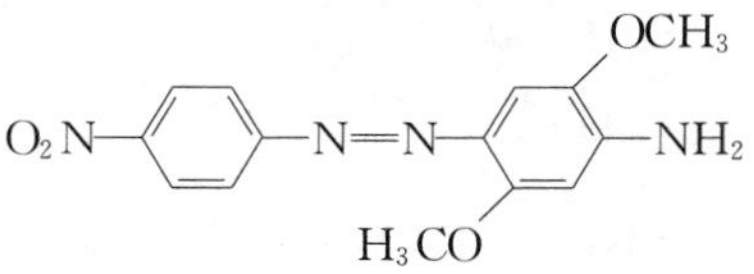　　　　黑 K

(四)杂环结构的色基

近年来出现了杂环结构如苯并吲哚和苯并三唑的色基，与色酚 AS—X 偶合后，再用铜盐和钴盐后处理，得到橄榄绿色和灰蓝色，具有很高的耐日晒、耐摩擦牢度和良好的耐氯牢度。如：

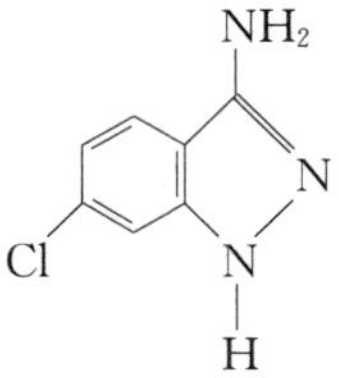

Variogen 色基 1 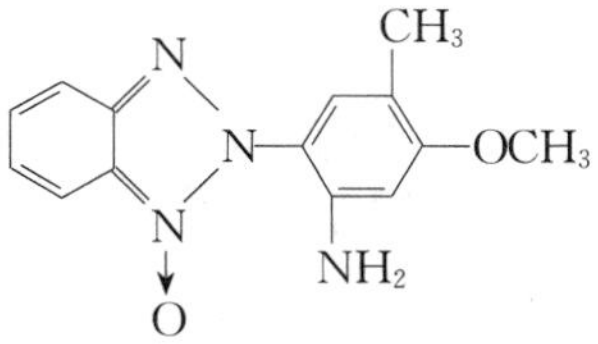　　Variogen 色基 2 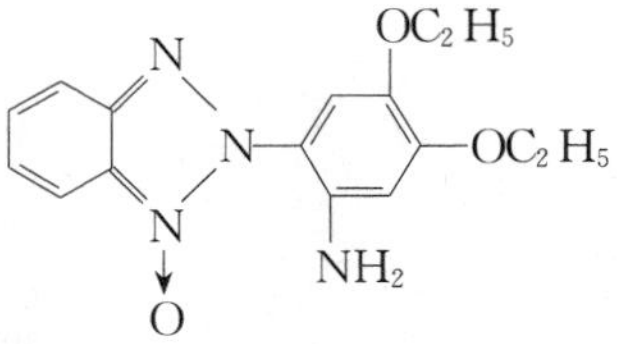　　Variogen 色基 3

二、色盐

色盐是色基重氮盐的稳定形式。

重氮盐的稳定性随结构不同而有很大差别。氨基偶氮苯和对氨基二苯胺类重氮盐一般比较稳定，但有的则很不稳定，干燥状态容易爆炸。一般色基在染色前先重氮化，然后偶合显色，使印染厂的工序增多，而且某些色基的重氮化比较困难。为了解决上述问题，染料厂将一些色基预先重氮化成为重氮盐，再加入适当的稳定剂和稀释剂制成稳定的粉状色盐，使用时只要将它们溶于水中即可与色酚偶合显色。

色盐作为稳定的重氮化合物，须满足以下几个要求：

(1)能够耐受 50～60℃。

(2)能够保存一定时间。

(3)在运动和撞击时不会发生爆炸。

(4)使用时容易转化成偶合的活泼形式。

色盐主要有四种形式：

(一)稳定的重氮硫酸盐或盐酸盐

重氮硫酸盐或盐酸盐是一种比较简单的色盐。如蓝色盐 VB 及 RT 为色基重氮化合物的盐酸盐，可与色酚 AS 偶合，成为色光鲜艳的蓝色。枣红色盐 GBC 为色基重氮化合物的硫酸盐。它们的结构式如下：

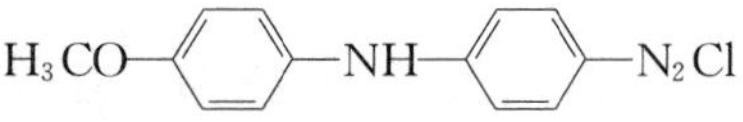

蓝色盐 VB 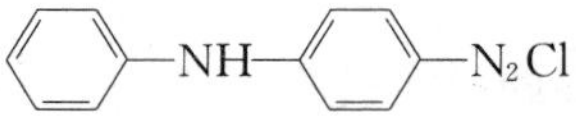　　　　蓝色盐 RT

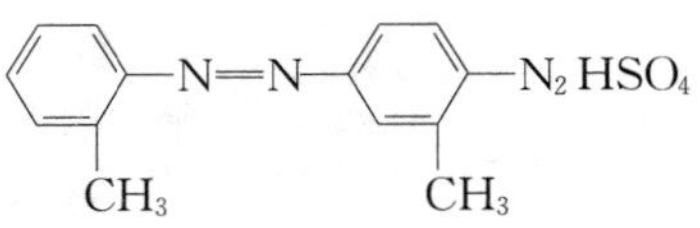

N_2HSO_4 枣红色盐 GBC

CH_3 CH_3

这些重氮盐本身稳定，不需要其他稳定化处理。加入50%～70%的无水硫酸钠作为吸湿剂和稀释剂与之混合，可以长期保存而不分解。

(二)稳定的重氮复盐

许多重氮化合物能够与具有配位键的金属盐类生成稳定的复盐。金属盐以氯化锌最多，其次是氯化钴、氯化镉、氯化钍、氯化汞等。生成的复盐溶解度下降，容易析出，其稳定性也比一般重氮盐好。如：

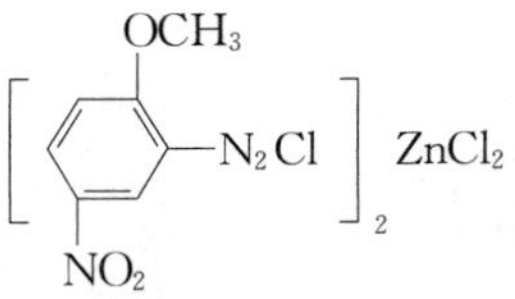

OCH_3

$[\ N_2Cl\ ]_2\ ZnCl_2$ 大红色盐 RC

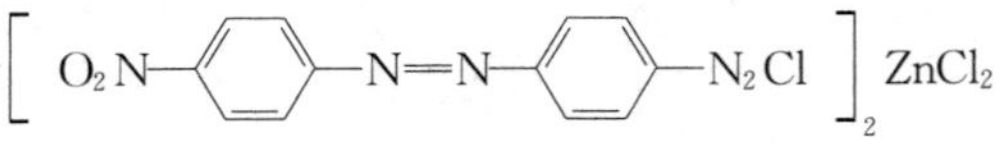

NO_2

$[\ O_2N\text{—}\ \text{—}N{=}N\text{—}\ \text{—}N_2Cl\ ]_2\ ZnCl_2$ 黑色盐 K

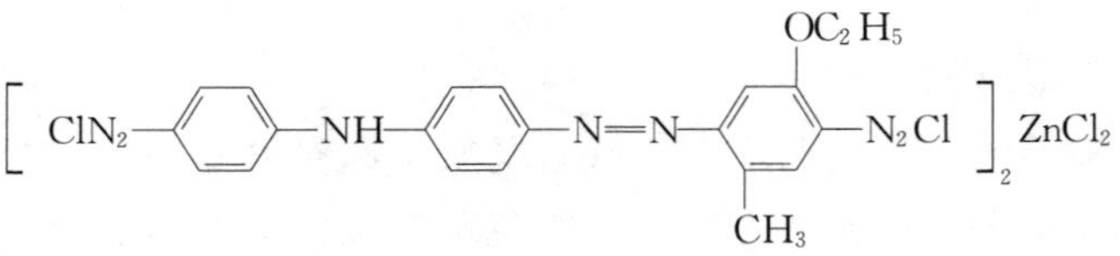

OC_2H_5

$[\ ClN_2\text{—}\ \text{—}NH\text{—}\ \text{—}N{=}N\text{—}\ \text{—}N_2Cl\ ]_2\ ZnCl_2$ 黑色盐 G

CH_3

(三)稳定的重氮芳磺酸盐

不能与金属盐类形成稳定复盐的重氮化合物一般能与芳磺酸(苯磺酸及其衍生物及1,5-萘二磺酸和1,6-萘二磺酸)生成稳定的重氮盐，从溶液中分离出来，也易干燥和磨细。如：

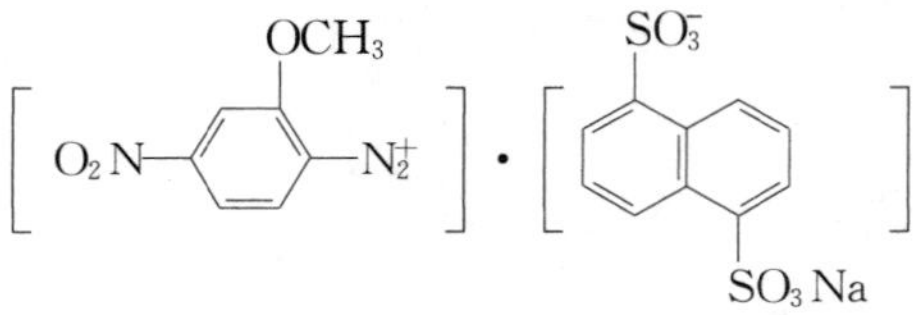

OCH_3 SO_3^-

$[\ O_2N\text{—}\ \text{—}N_2^+\ ]\cdot[\ \ ]$ 红色盐 B

SO_3Na

(四)稳定的重氮氟硼酸盐

重氮化合物与氟硼酸作用生成很稳定的复盐，但难溶于水。染色时可加入铵盐或钠盐提高其溶解度。如：

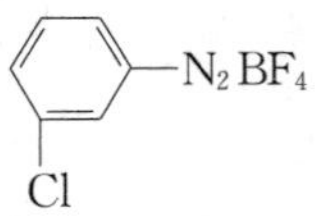

N_2BF_4 橙色盐 GC

Cl

以上无论哪种稳定的重氮盐，在制备过程中，均需加入无水硫酸钠(或硫酸铝、硫酸镁)稀释，使重氮化合物实际含量为20%左右，便于安全地进行研磨、干燥和保存。

第四节　印花用稳定的不溶性偶氮染料

按不溶性偶氮染料染棉布的程序进行印花，即先浸轧色酚碱液，再与重氮化的色基偶合显色时，必须将未显色部分的色酚洗去，这不仅浪费色酚，而且污染水质。有时未印花处色酚洗净很困难，洗涤不当易损伤纤维，还会造成白底不白，且工艺流程比较长，对色基的选择也很有限。为了克服上述缺点，简化印花工序，可将色酚和重氮化色基以某种稳定形式混合，印到织物上后再偶合显色。这类染料目前有快色素、快磺素、快胺素和中性素。

一、快色素染料

快色素染料又称重氮色酚染料，是色酚和反式重氮酸盐的混合物，于1915年问世。

芳胺的重氮酸盐随pH变化存在顺、反互变异构，反式重氮酸盐无偶合能力。当pH下降时转变成活泼的顺式重氮酸盐，恢复偶合能力。

$$\underset{Ar}{\diagup}N{=}N\underset{ONa}{\diagdown} \underset{H^+}{\overset{OH^-}{\rightleftharpoons}} \underset{Ar}{\diagup}N{=}N\overset{ONa}{\diagup}$$

印花时将此混合物调浆印花，印花织物经汽蒸后再经酸性介质处理就可以显色。

芳环上含有多个弱吸电子基或有较强的吸电子基的重氮化合物，转变成反式重氮酸盐形式要求pH较低，用碱量少，温度也不高，易制备成快色素染料。如：快色素嫩黄G是苯胺重氮盐与色酚AS—G的混合物；快色素大红3R是红色基KB的重氮盐与色酚AS—OL的混合物。

快色素的缺点是对酸高度敏感，甚至空气中的二氧化碳也会使其分解而生成染料，不宜长期储存。

二、快磺素染料

重氮化合物的中性或微酸性溶液与亚硫酸作用，生成具有偶合能力的重氮亚硫酸盐，在水溶液中很快转变成稳定的重氮磺酸盐，再经加热处理可转变为有偶合能力的顺式重氮亚硫酸盐，或被氧化成为活泼的重氮硫酸盐。

$$Ar{-}N{=}N^+\ Cl^- \xrightarrow{Na_2SO_3} \underset{\text{重氮亚硫酸盐(不稳定)}}{Ar{-}N{=}N{-}OSO_2Na} \underset{\text{汽蒸}}{\overset{\text{放置(冷)}}{\rightleftharpoons}}$$

$$\underset{\text{重氮磺酸盐(稳定)}}{Ar{-}N{=}N{-}SO_3Na} \xrightarrow{[O]} \underset{\text{重氮硫酸盐(不稳定)}}{Ar{-}N{=}NOSO_3Na}$$

芳环上有供电子基，易制备成稳定的重氮磺酸盐。将此化合物与色酚混合，则制成快磺素染料，于1934年问世。印花后经汽蒸处理，稳定的磺酸盐转变为活泼的亚硫酸盐，或经氧化剂如重铬酸钠汽蒸，转变为活泼的硫酸盐，均可与混入的色酚偶合显色。

由于快磺素显色比较困难，应用有限。二苯胺衍生物常用此法制备快磺素，且比较稳定。如：

1. 快磺素深蓝G

$$H_3CO-C_6H_4-NH-C_6H_4-N{=}N-SO_3Na + AS-D$$

2. 快磺素蓝IB

$$H_3CO-C_6H_4-NH-C_6H_4-N{=}N-SO_3Na + AS$$

3. 快磺素黑B

$$H_3CO-C_6H_4-NH-C_6H_4-N{=}N-SO_3Na + AS-OL(88\%) + AS-G(12\%)$$

三、快胺素染料

重氮化合物与脂肪族或芳香族伯胺、仲胺作用，生成无偶合能力的重氮氨基或重氮亚氨基化合物。

$$ArN_2Cl + \begin{cases} Ar'NH_2 \\ RNH_2 \end{cases} \longrightarrow \begin{cases} Ar-N{=}N-NH-Ar' \\ Ar-N{=}N-NH-R \end{cases}$$

重氮氨基化合物

$$ArN_2Cl + \begin{cases} Ar'NHR' \\ RNHR' \end{cases} \longrightarrow \begin{cases} Ar-N{=}N-NR'-Ar' \\ Ar-N{=}N-NR'-R \end{cases}$$

重氮亚氨基化合物

当介质的pH下降，上述产物可以转变为原来的重氮化合物和胺。将这样的重氮氨基化合物与色酚混合，就成为快胺素染料。这些胺类称为稳定剂。印花后织物经有机酸(如乙酸)蒸气处理时，重氮氨基化合物分解，生成具有偶合能力的重氮化合物，与相混的色酚偶合显色。

快胺素染料中的重氮氨基化合物应具有水溶性和化学稳定性好，且在酸性蒸气中易分解放出重氮化合物的特性。因此制备重氮氨基化合物时应当选择合适的重氮化合物和胺类。

一般选用含有磺酸基或羧基的仲胺作稳定剂。脂肪族伯胺碱性较强时，易与2 mol重氮化合物生成二重氮亚氨基化合物，溶解度比较低。

$$2ArN_2Cl + H_2N-R \longrightarrow (Ar-N{=}N)_2NR\downarrow + 2HCl$$

若稳定剂为芳香族伯胺，重氮化合物与芳伯胺形成的重氮氨基化合物，存在下列互变异构平衡：

$$Ar-N{=}N-NH-Ar' \rightleftharpoons Ar-NH-N{=}N-Ar'$$

酸解显色时，产生两种不同结构的重氮化合物，偶合后造成色光不纯。

$$Ar—N=N—NH—Ar' \longrightarrow ArN_2Cl + H_2NAr'$$

$$Ar—NH—N=N—Ar' \xrightarrow{HCl} ArNH_2 + Ar'N_2Cl$$

常用稳定剂包括以下几类：

CH_3NHCH_2COOH 甲氨基乙酸

$CH_3NHCH_2CH_2SO_3H$ 甲氨基乙磺酸

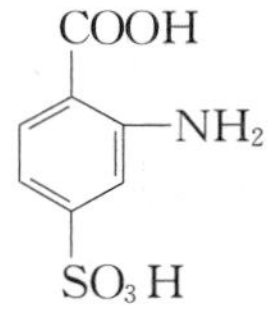

2-氨基-4-磺酸基苯甲酸 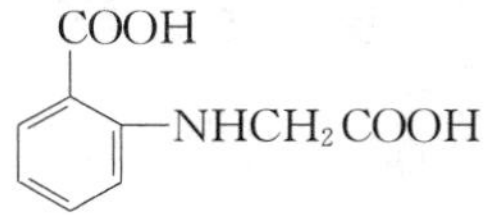　　邻羧基苯氨基乙酸 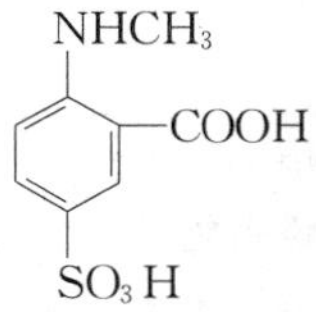　　2-甲氨基-5-磺酸基苯甲酸

选用稳定剂时还需要考虑色基的性能以及色基和稳定剂的酸碱性。当色基芳环上有几个吸电子基而选用强碱性芳胺作稳定剂时，生成过于稳定的重氮氨基化合物而不易分解；若色基芳环上没有吸电子基或有供电子基时，选用弱碱性芳胺作稳定剂，则生成极不稳定的重氮氨基化合物，会自行分解；只有芳环上含弱吸电子基的色基与碱性较弱的胺类形成重氮氨基化合物时，才既具有相当的稳定性，又能为酸性蒸气所分解。

四、中性素染料

使用快胺素染料印花的织物，需在酸性蒸气中显色，既造成设备腐蚀严重，又不能与还原染料共印，因此使其应用受到限制。20 世纪 50 年代产生了中性素染料。此类染料也由色基的重氮氨基化合物与色酚混合而成，它们与快胺素的区别在于选择的稳定剂不同，以碱性较弱的邻羧基芳仲胺为主。如：

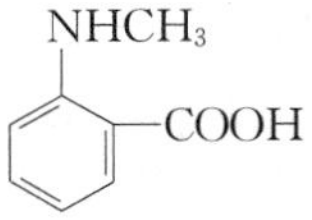

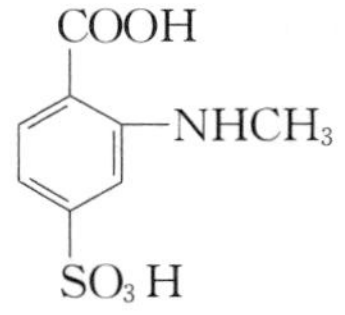

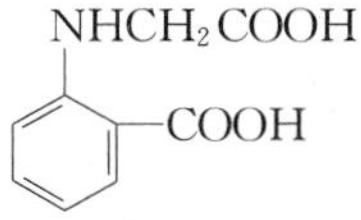

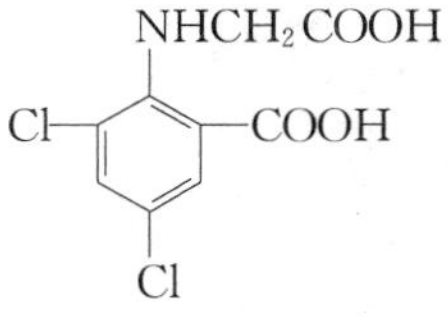

将中性素染料印花织物在中性蒸气中分解产生重氮化合物，与相混的色酚偶合显色。

复习指导

1. 掌握不溶性偶氮染料的结构特征及其一般应用性能。
2. 熟悉不溶性偶氮染料的常规染色过程和涉及的化学反应。
3. 了解色酚的结构类型及其对纤维素纤维具有直接性的原因。
4. 掌握各类色基的结构类型、重氮化方法和一般应用性能。
5. 了解色盐、快色素、快磺素、快胺素和中性素的主要结构及其应用。

思考题

1. 什么是不溶性偶氮染料？阐述其常规染色过程和涉及的化学反应。
2. 色酚为什么对纤维素纤维具有直接性，主要有哪几种结构类型？
3. 什么是色盐？阐述色盐的性能要求和主要结构。
4. 什么是快色素、快磺素、快胺素和中性素？

参考文献

[1] 沈永嘉．精细化学品化学[M]．北京：高等教育出版社，2007.
[2] 何瑾馨．染料化学[M]．北京：中国纺织出版社，2004.
[3] 王菊生．染整工艺原理(第三册)[M]．北京：纺织工业出版社，1984.
[4] 侯毓汾，朱振华，王任之．染料化学[M]．北京：化学工业出版社，1994.
[5] 上海市印染公司．染色[M]．北京：纺织工业出版社，1975.
[6] 上海市纺织工业局《染料应用手册》编写组．染料应用手册(第九分册，不溶性偶氮染料)[M]．北京：纺织工业出版社，1984.
[7] 黑木宣彦．染色理论化学[M]．陈水林，译．北京：纺织工业出版社，1981.
[8] Weston C D，Griffith W S. Dykolite Dyestuff for Cellulosic Fibers，T. C. C. 1969，1(22)：67－82.
[9] 沈阳化工研究院染料情报组．染料品种手册[M]．沈阳：沈阳化工研究院，1978.
[10] Peters R H. Textile Chemistry，Vol. Ⅲ，The Physical Chemistry of Dyeing[M]. Elsevier，1975.
[11] Bird C L，Boston W S. The Theory of Coloration of Textile [M]. Dyers，1975.
[12] 杨锦宗．染料的分析与剖析[M]．北京：化学工业出版社，1987.
[13] 陈荣圻，王建平．禁用染料及其代用[M]．北京：中国纺织出版社，1996.
[14] 王秀玲．不溶性偶氮染料应用在聚酯和耐纶上的新方法[J]．染整科技，200(3)：57－58.
[15] 游哲铭．不溶性偶氮染料亲和力对染色的影响[J]．印染，1997(11)：25－27.
[16] 何岩彬，杨新玮．国内冰染染料发展概况[J]．上海染料，2000(2)：8－13.

第七章　还原染料

第一节　引言

还原染料本身不能直接溶解于水，必须在碱性溶液中以强还原剂（如保险粉）还原后，成为能溶于水的可溶性状态，才能上染于纤维。

还原染料大都属于多环芳香族化合物，其分子结构中不含有磺酸基、羧基等水溶性基团。它们的基本特征是在分子的共轭双键系统中，含有两个或两个以上的羰基，因此可以在保险粉的作用下，使羰基还原成羟基，并在碱性水溶液中成为可溶性的隐色体钠盐。还原染料的隐色体对纤维具有亲和力，能上染纤维。染色后吸附在纤维上的还原染料隐色体，经空气或其他氧化剂氧化，又转变为原来不溶性的还原染料，而固着在纤维上。

还原染料品种繁多，有全面的染色坚牢度，耐晒和耐洗坚牢度尤为突出，许多品种的耐晒牢度都在 6 级以上。因此，还原染料历来都是棉布染色、印花的一类重要染料。此外，还原染料也可用于麻、黏胶、维纶等天然纤维、再生纤维素纤维、合成纤维的染色和印花，以及涤棉混纺织物中的棉的染料。在染料工业中，还原染料是一类很重要的染料，在颜料工业中也是优质颜料。进入 21 世纪，我国还原染料产量的年均增长率达 10%，发展较快。这一方面与出口增长有关，另一方面，人们对纺织品的质量档次及织物色牢度要求的提高，也是还原染料需求量大增的一个非常重要的因素。我国已有黄、橙、红、紫、蓝、绿、灰、棕和黑色等数十个品种还原染料的生产。这类染料的主要缺点是合成步骤较多、收率较低、相对比其他类染料价格高些，有些黄、橙、红等浅色染料品种有光敏脆化作用，染色纤维易发生光脆损。

由于还原染料一般生产工艺繁杂，三废污染严重，价格较贵，所以还原染料及其中间体生产工艺的改进是这类染料的发展方向。

第二节　还原染料的发展

人类使用的第一个天然还原染料——靛蓝，据传始于中国殷周时代，当时用它来染丝织品。靛蓝存在于木蓝属植物茎中，早在数千年前，中国、埃及和印度就有培植、提取和使用这种染料的记载。靛蓝首先是从存在于木蓝属植物和菘蓝属植物中的水溶性吲哚酚的葡萄糖苷中提取的，然后将这种非水溶性的蓝色产物通过一种天然的发酵过程溶解于木制的还原染缸（vat）中，这就是还原染料英文名称的由来。在合适的条件下，动、植物纤维吸收溶解于还原染缸中的绿光黄色的物质,经空气氧化,其颜色回复到原来的靛蓝颜色。直到19世纪末,各种含靛蓝的植物是获得靛蓝染料的唯一来源。

1883年,A. Baeyer与其学生经过18年的研究,终于确定了靛蓝的结构式。1897年按K. Heumann方法在德国首先进行了合成靛蓝的生产,而后美国于1917年,法国于1922年,意大利于1924年,苏联于1936年相继进行了合成靛蓝的生产。

1901年,R. Bohn按合成靛蓝的工艺路线,以2-氨基蒽醌代替苯胺,用乙酰氯酰化得到了2-乙酰氨基蒽醌,再在苛性钠中熔融,无意中得到一种染棉坚牢度很好的蓝色染料,这是第一个合成的蒽醌还原染料,取名为阴丹士林(Indanthrene)。这个新染料色泽鲜艳,牢度优异,很快成了商品,名为阴丹士林蓝RS(RSN),它的出现为发展还原染料开辟了新的技术途径。

在此后20年间,先后发明了红、绿、橙、黄等色谱的还原染料,其中以1920年英国Davis等人发明的还原艳绿FFB最为重要。还原艳绿FFB的鲜艳度与孔雀绿相似,而坚牢度可与阴丹士林蓝RS相媲美,为还原染料的发展增辉添彩。

1921年开始出现了可溶性还原染料,简化了还原染料印染工艺,在改进应用方法上迈出了可喜的一步。

第二次世界大战前约15年是德国IG公司的全盛时代,在这段时期,还原染料稳步发展,几乎每年都有新结构的品种成为商品进入市场。第二次世界大战后,BIOS、FIAT、CIOS等公司公开报道了IG公司经销的还原染料品种,打破了IG公司还原染料一统天下的局面,对世界还原染料的发展起到了推动作用。英、美、法、日等国的还原染料生产可以说是第二次世界大战后才全面发展的,而意大利和印度则更晚一些。曾经人们还一度把各国还原染料生产情况视作该国染料工业发展水平的标志。

还原染料最重要的助剂是还原剂,自从强还原剂——保险粉问世以来,还原染料得到了很大的发展。由于工艺的需要,一系列高效、耐高温的还原剂,如朗茄尔A(Rongal A)、朗茄尔HT(Rongal HT)、朗茄留脱FD(Rongalite FD)、赫屈留克斯D(Hydrix D)、孟诺法司脱(Monofast)及文海脱(Venhit)等相继出现。这些都促使还原染料在应用方面获得了进展。

近年国外开发的新型还原染料不多。2003年,DyStar公司开发的一类新型还原染料Indanthrene E型染料。它是一类特别适用于电化学染色加工的还原染料,其中"E"即Ecology缩写,意指环保生态型。这类染料的化学结构并不属新型结构,但经过专门的处理,染料的纯度对电化学染色加工是最合适的。

我国的还原染料是新中国成立后开始研究、试制、生产的,目前已有八十多个品种,生产能力已名列世界前茅。还原染料由于其优异的各项染色牢度,在纤维素纤维织物的染色和印花中占据着重要的地位。我国还原染料在品种、数量、质量等方面仍有相当大的发展前景。

目前市场上供应的还原染料剂型有超微剂型或Colloisol剂型、超细粉剂型和细粉剂型等。对悬浮体轧染工艺而言,超微剂型还原染料是最合适的;若从浸染工艺考虑,虽然三种剂型都可以使用,但匀染的效果以超微剂型最好。此外,国外还开发超微分散的液状剂型还原染料,商品名为Indanthrene Colloisol Liq. 染料,适用于棉织物印花。

为了制造高附加价值和功能性的纤维素纤维制品,目前乃至今后一段时期内,活性染料和其他棉用染料还无法完全取代还原染料，因此，它仍是一类重要的棉用染料。

第三节　还原染料的分类、结构和性质

按照化学结构和性质，还原染料原本分成蒽醌、靛族和稠环三类，加上后来出现的硫酸酯衍生物的可溶性类，共为四大类。近年来还出现了一些新的衍生物，如带有活性基团的活性还原染料。

一、蒽醌类还原染料

蒽醌类还原染料是还原染料中最重要的一类。凡是以蒽醌或其衍生物合成的还原染料以及具有蒽醌结构的染料，都可属于这一类。具有各项坚牢度优良、色泽较鲜艳、色谱较齐全、染料隐色酸钠盐对纤维亲和力高的特点，但某些浅色品种对棉纤维有脆损作用。这类染料的隐色酸钠盐大部分均较未还原的色泽为深，只有极少数和未还原的色泽近似。这是由于被还原成隐色酸钠盐后，共轭体系增大的缘故。

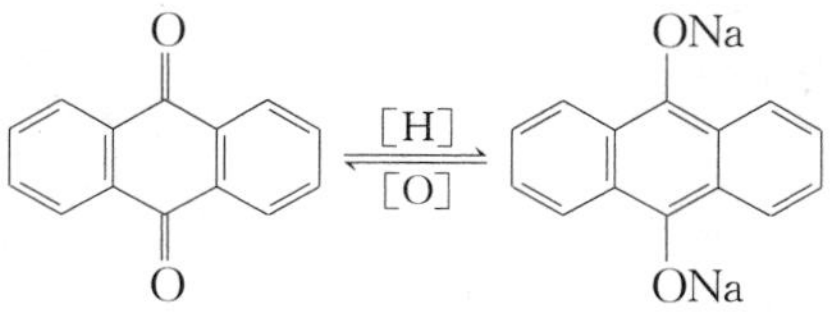

O / O ⇌ [H] / [O] ⇌ ONa / ONa

共轭双键的增减，还决定着染料的隐色酸钠盐对棉纤维直接性的高低。凡是还原后隐色酸钠盐结构中共轭双键较多的染料，它的直接性就比共轭双键较少的染料高。

蒽醌类还原染料按照结构又可分成：

(一)酰胺系和亚胺系

酰胺系染料中，由于分子中酰氨基的位置和数目不同，能生成黄、橙、红、紫等不同色泽的还原染料，但不能生成蓝、绿和黑等颜色品种。酰胺系中结构最简单的是还原黄 WG，它的结构为：

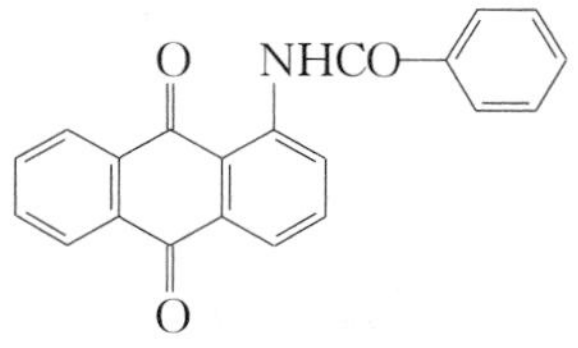

O　NHCO— / O

还原黄 WG 也是蒽醌类还原染料中结构最简单的染料。

亚胺系蒽醌还原染料的色谱包括橙、红、紫酱、灰和黑色等。一般来说，色光不鲜艳，但坚牢度优良，耐日晒牢度在 6～8 级，湿处理牢度在 4～5 级，橙色品种有光脆敏性。隐色体钠盐对棉亲和力不大。

亚胺系染料通常含有 2 个或 3 个蒽醌结构，通过亚氨基相连。其中最简单的是 1，2 -二蒽醌亚胺，即还原橙 6RTK。它的结构为：

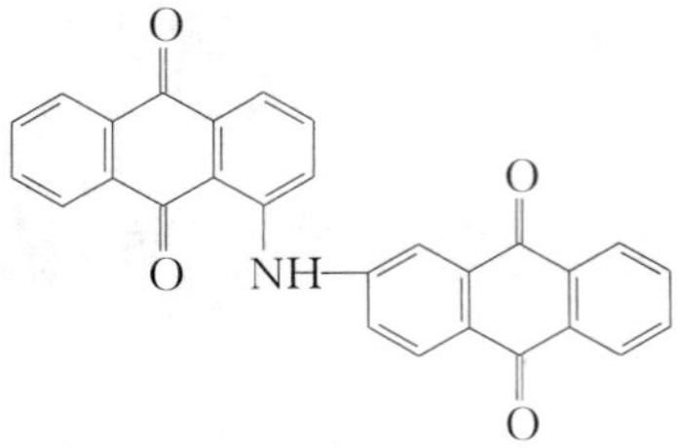

(二)咔唑系

咔唑系染料的主要特征是染料的隐色酸钠盐对纤维素纤维有较好的直接性，匀染性好，各项坚牢度优良，其色谱包括黄、橙、棕和橄榄绿色。其中还原黄 FFRK(黄 28 号)的结构为：

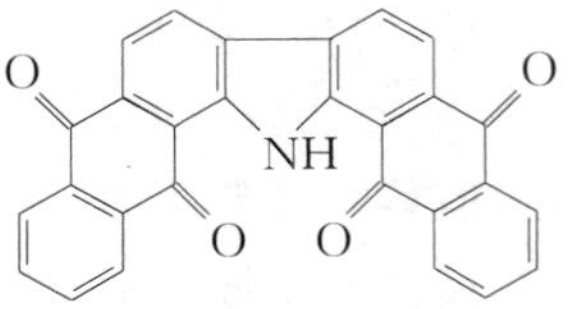

(三)蓝蒽酮系

蓝蒽酮(蓝 4 号)的商业名称是还原蓝 RS、RSN，是在 1901 年合成的第一个蒽醌类还原染料。它的色泽为宝石蓝色，非常鲜艳，而且各项牢度很高。它是一种具有氢化吖嗪结构的化合物，其合成方法和结构如下：

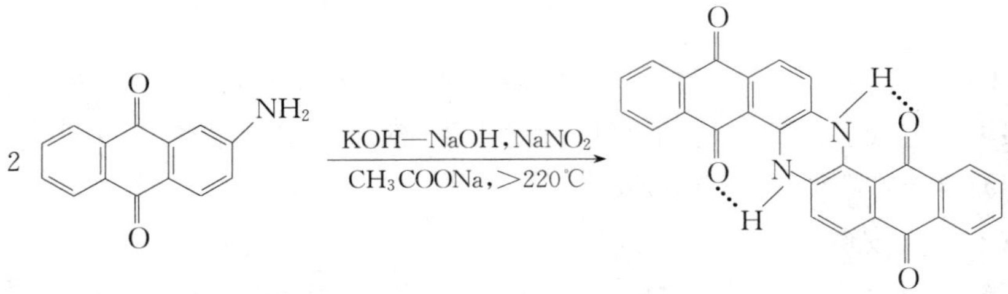

$$2 \xrightarrow[CH_3COONa,>220℃]{KOH—NaOH,NaNO_2}$$

蓝蒽酮不耐氯漂，如用次氯酸钠或漂白粉处理则由鲜明的蓝色转变成暗绿色。

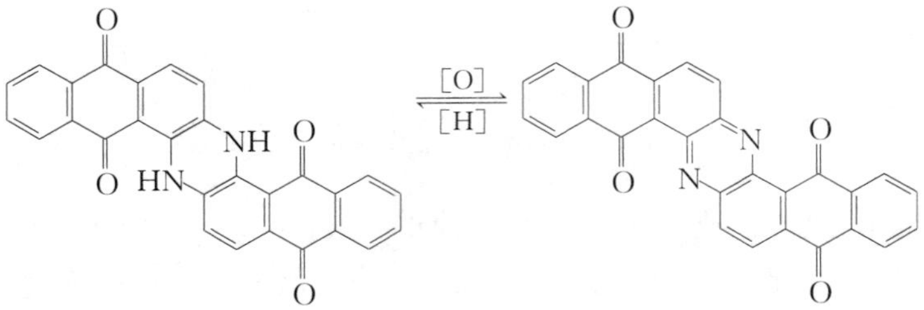

$$\underset{[H]}{\overset{[O]}{\rightleftharpoons}}$$

蓝蒽酮的卤化衍生物具有较高的耐氯漂能力。如二氯蓝蒽酮，即还原蓝 BC(蓝 6 号，69825)，它能经受氯漂而不致变色。另一种常用的卤化衍生物为一氯蓝蒽酮，即还原蓝 GCDN(蓝 14 号，69810)。这些衍生物的色泽都比蓝蒽酮明亮，且带青光。

带有羟基的蓝蒽酮衍生物，常用的有含一个羟基的还原蓝 3G(蓝 12 号，69840)以及具有两个羟基的还原蓝 5G(蓝 13 号，69845)等，它们都是带有绿光的蓝色染料。

此外，还有一个绿色的蓝蒽酮衍生物，即还原绿 BB(绿 11 号，69850)，它是 4，4′-二氨基-3，3′-二氯蓝蒽酮。

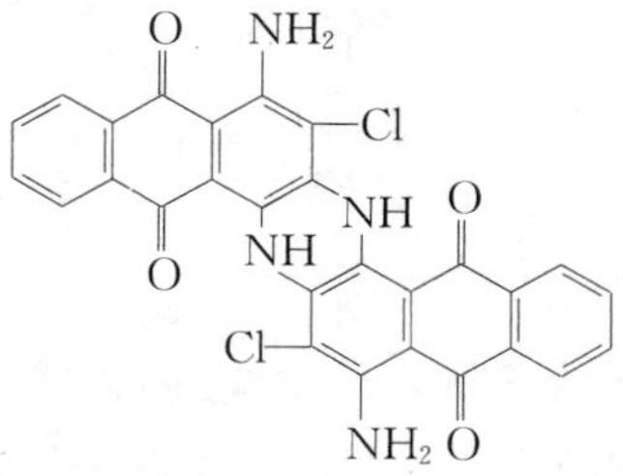

(四)黄蒽酮和芘蒽酮系

黄蒽酮和芘蒽酮系染料亲和力好、上染率达 90%以上、匀染性也好，尤其是耐晒牢度高。该系染料的色泽大多是黄色和橙色。黄蒽酮(还原黄 G，70600)及其衍生物大部分为黄色，无光敏脆损现象，芘蒽酮(还原金橙 G，59700)及其衍生物大部分为橙色。它们的结构式非常相似，如：

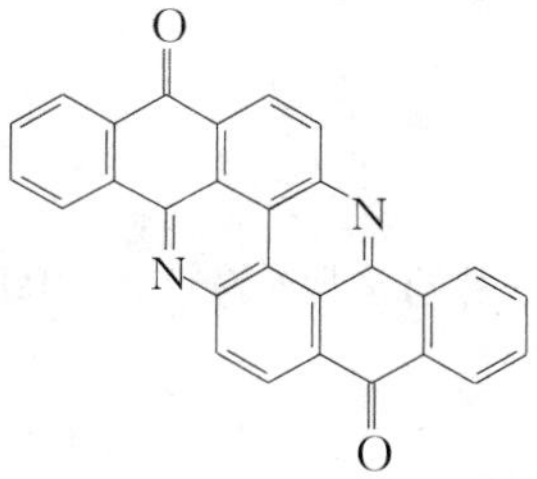

黄蒽酮 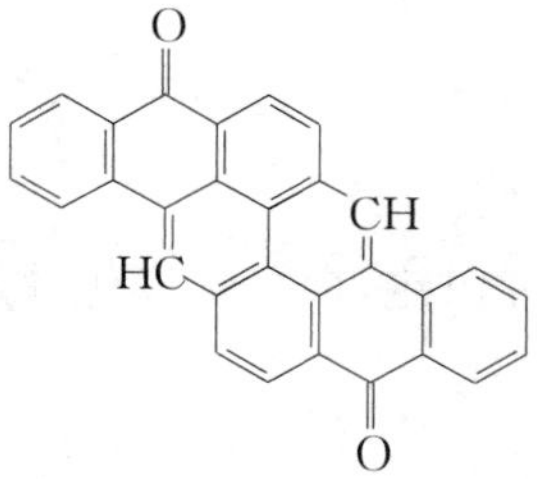　　　　芘蒽酮

芘蒽酮及其衍生物大多数为鲜艳的橙色，其卤化物与芳胺等发生缩合反应后，能获得深色品种。该系还原染料染色的棉织物，受日光作用后会出现光敏脆损现象，而黄蒽酮及其衍生物染色后的棉织物则无此种现象。

(五)二苯嵌蒽酮系

二苯嵌蒽酮系染料主要可分为：紫蒽酮及其衍生物和异紫蒽酮及其衍生物。

紫蒽酮的结构为：

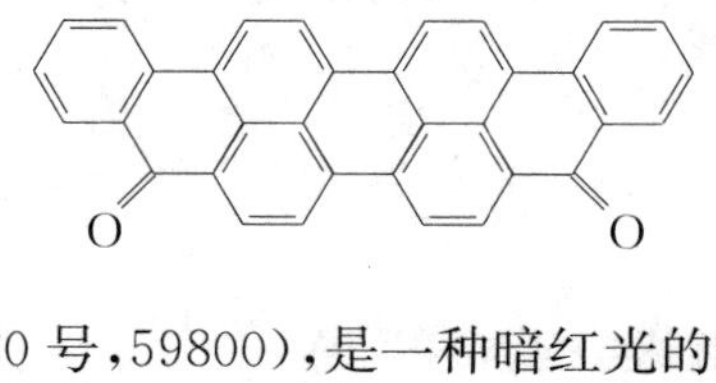

紫蒽酮即还原深蓝 BO(蓝 20 号，59800)，是一种暗红光的深蓝染料，色泽很不鲜艳，但是染色坚牢度却很好。

紫蒽酮的卤化物如四氯紫蒽酮，是还原深蓝 RB(蓝 22 号，59820)。

紫蒽酮在特定条件下硝化，可生成 7，8 -二硝基紫蒽酮，它是一种绿色染料(绿 9 号，

59850)。但是它的商品名称为还原黑 BB,因为染后用次氯酸钠溶液处理后成为具有吖嗪结构的紫蒽酮,是一种蓝光黑色。其结构为:

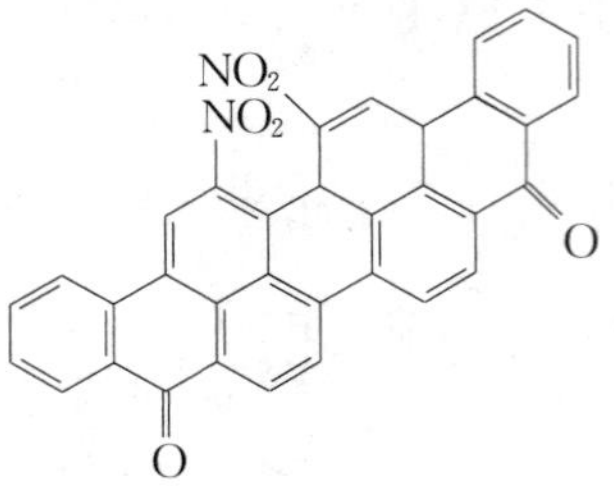

紫蒽酮的衍生物中以二甲基氧紫蒽酮为最重要,因为将紫蒽酮氧化后生成二羟基紫蒽酮,再经甲基化后就呈一种十分鲜艳的嫩绿色,即还原艳绿 B(绿 1 号,59825),它的精制品称为还原艳绿 FFB,结构为:

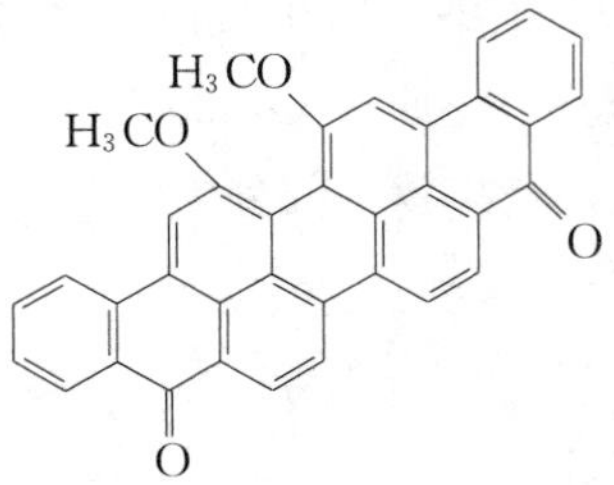

这种染料不仅色泽鲜艳,而且牢度优异。可广泛用于织物的染色和印花,且在纱线染色中占很大的比重。

异紫蒽酮的结构为:

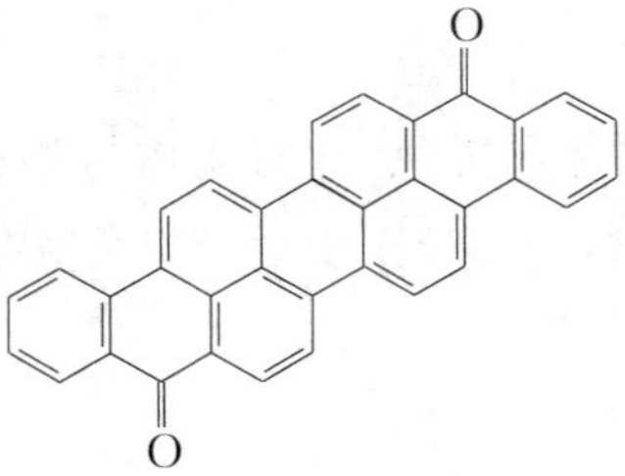

它是一种性能优良的紫色染料,即还原紫 R(紫 10 号,60000)。如将它卤化成二溴异紫蒽酮,即得还原亮紫 3B(紫 9 号,60005);如将它卤化成二氯异紫蒽酮,即得还原亮紫 RR(紫 1 号,60010),其结构为:

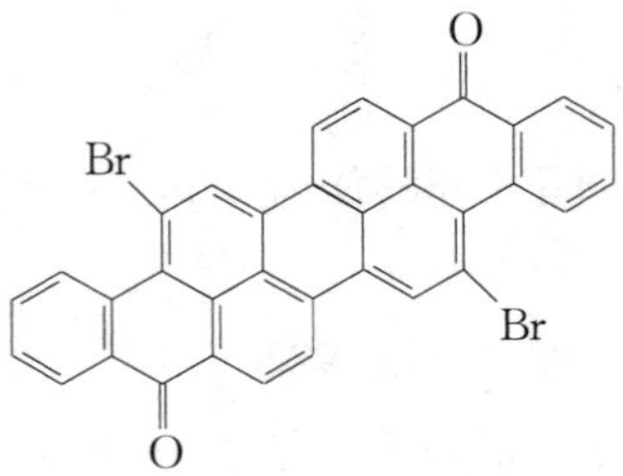

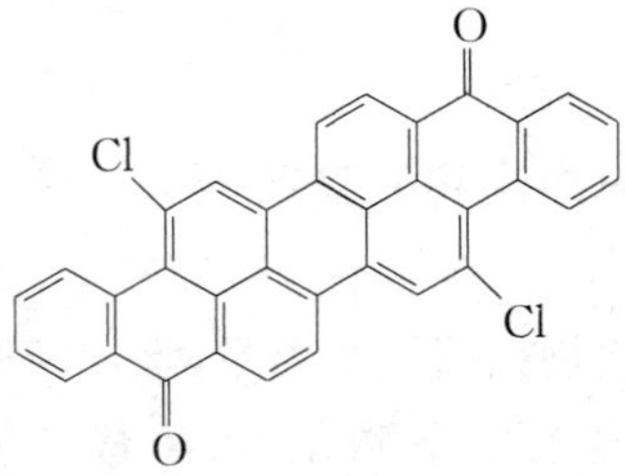

(六)吖酮系

吖酮系染料大部分都是红色和紫色，少数为绿色、蓝色和棕色。还原红紫 RRK(紫 14 号，67895)，它的结构为：

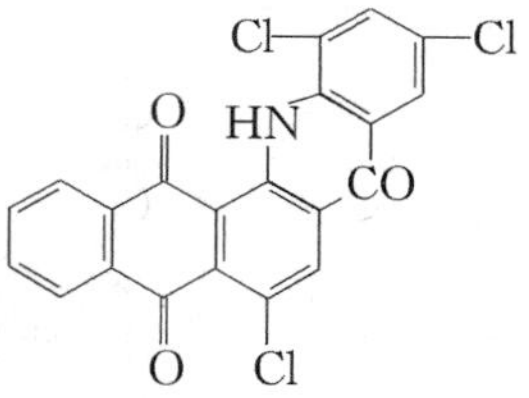

(七)噻唑结构系

噻唑结构系染料的色谱在黄色到紫色的范围内，对棉的亲和力高，各项坚牢度优良。还原黄 GC(黄 2 号，67300)，它的结构为：

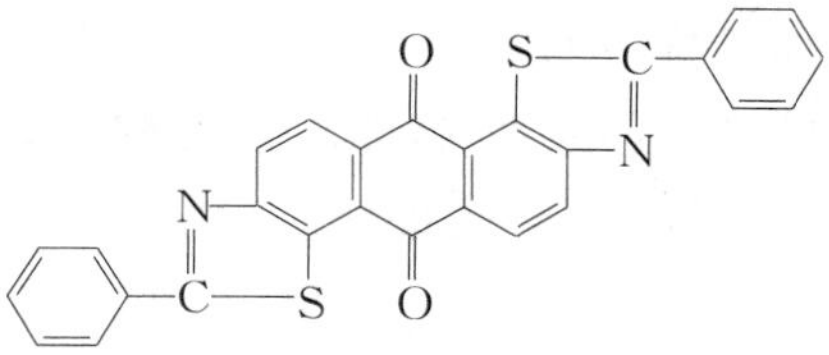

这是还原染料中最艳丽的嫩黄色，染料上染率高，匀染性好，但单独应用时存在光敏脆损性。主要用于和还原艳绿 FFB 拼成果绿色，且拼色后能显著降低其光脆性，并提高耐日晒牢度。

二、靛族类还原染料

靛族类还原染料不仅指靛蓝及其衍生物，还包括硫靛及其衍生物和各种具有靛蓝和硫靛混合结构的对称或不对称的还原染料。

靛族类还原染料和蒽醌类最显著的不同之处，就是不论它们原来是什么色泽，还原后的隐色酸钠盐都是无色或者仅含很浅的黄色或杏黄色。染料的隐色体钠盐对纤维的亲和力较小，所以不易染得深浓色；染色后织物如遇高温处理，会发生升华现象。

按照结构，靛族类还原染料可分成：

(一)靛蓝系

靛蓝系中最基本的染料是靛蓝(蓝 1 号，73000)，其合成方法及结构如下：

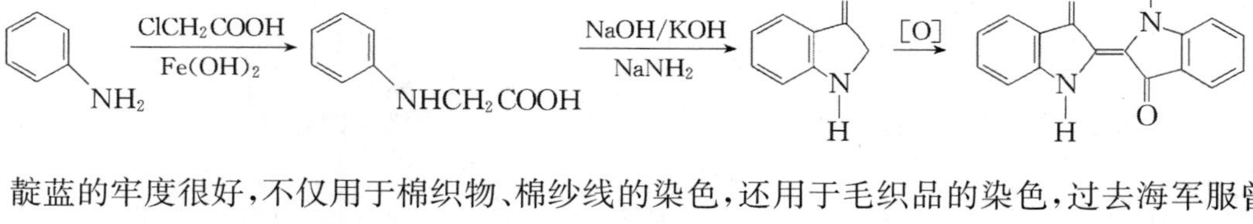

$$\text{C}_6\text{H}_5\text{NH}_2 \xrightarrow[\text{Fe(OH)}_2]{\text{ClCH}_2\text{COOH}} \text{C}_6\text{H}_5\text{NHCH}_2\text{COOH} \xrightarrow[\text{NaNH}_2]{\text{NaOH/KOH}} \text{吲哚酮} \xrightarrow{[\text{O}]} \text{靛蓝}$$

靛蓝的牢度很好，不仅用于棉织物、棉纱线的染色，还用于毛织品的染色，过去海军服曾用靛蓝染色。国外的海军蓝(Navy Blue)就是指这种暗蓝色泽。

靛蓝的色泽晦暗并不鲜艳，它的隐色体钠盐对纤维素纤维的直接性很小，无法一次染得深色。此外，靛蓝染色后的织物在遇到高温时，染料会有升华现象产生。

这些缺点可以通过卤化的方法得到改善。卤化后的靛蓝色泽比较鲜艳明亮,而且染料卤化后,提高了染料隐色体钠盐对纤维素纤维的直接性。其中最突出的是还原蓝 2B(蓝 5 号,73065),由于色泽鲜艳和坚牢度优异,在染色和印花中应用较多。它的结构一般写成 5,5′,7,7′-四溴化靛蓝:

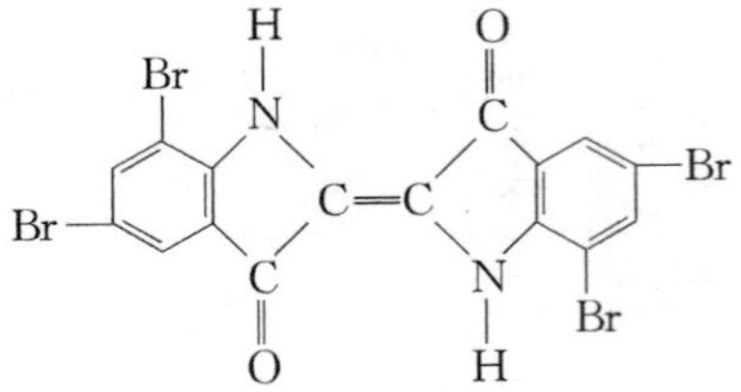

(二)硫靛系

硫靛系染料大部分都是红色,与靛蓝一样,硫靛本身色泽都不够鲜艳,而且耐日晒牢度也差;可是它的衍生物却很鲜艳,而且各项牢度都很高。

硫靛本身就是一种带蓝光的红色还原染料,即还原红 5B(红 41 号,73300)。它的结构和靛蓝十分相似,只要将两个—NH—换成—S—,即成:

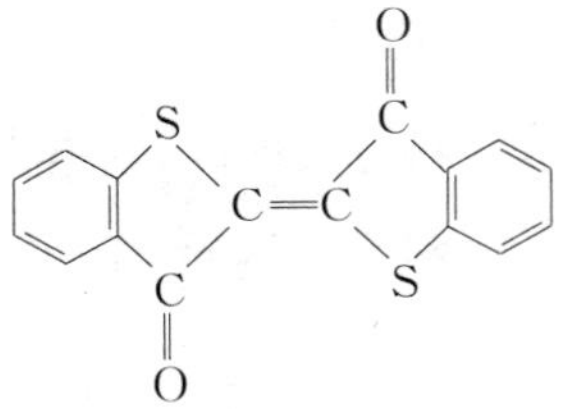

硫靛的衍生物一般有对称和不对称两种结构。

对称的硫靛衍生物,在硫靛两侧芳香环上所具有基团的种类、数量和位置完全相似。如还原桃红 R(红 1 号,73350)、还原棕 RRD(棕 5 号)、还原红紫 RH(紫 2 号)和还原红紫 RRN(紫 3 号)等。

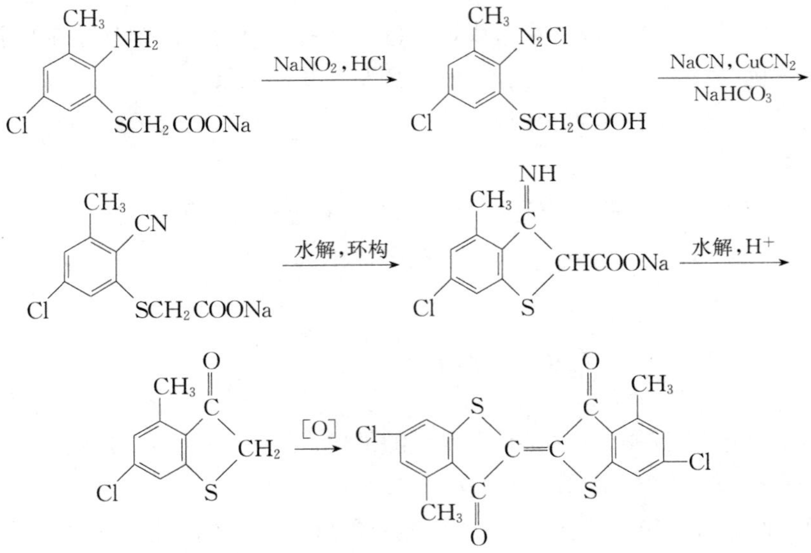

还原桃红 R

不对称的硫靛衍生物，则在硫靛两侧芳香环上取代基的种类、数量和位置并不相同，如还原粉红 FFB(红 5 号)、还原猩红 B(红 6 号)等。

蒽醌类还原染料的红色品种稀少，而且都不鲜艳。硫靛系染料中一些比较鲜艳的红色衍生物在一定程度上弥补了它的不足，且它们的坚牢度好，可以与蒽醌类还原染料媲美。

(三)对称靛蓝—硫靛系

对称靛蓝—硫靛系染料的一半是靛蓝结构，另一半是硫靛结构。大部分染料的色泽和它们的结构一致。由于一半是蓝色的靛蓝，而另一半是红色的硫靛，结果呈现紫色。如还原紫 BBF(紫 5 号，73596)，它的结构为：

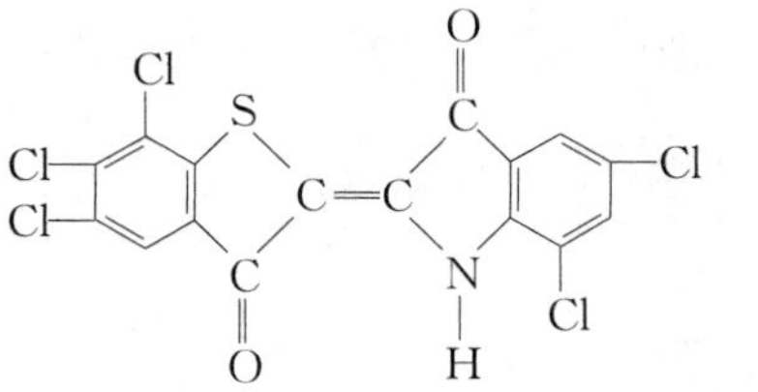

O
Cl　S　C
Cl　C=C　Cl
Cl
C　N　Cl
O　H

(四)不对称的靛蓝—硫靛系

该系染料也是一半为靛蓝结构，另一半为硫靛结构，但不对称。如还原猩红 R：

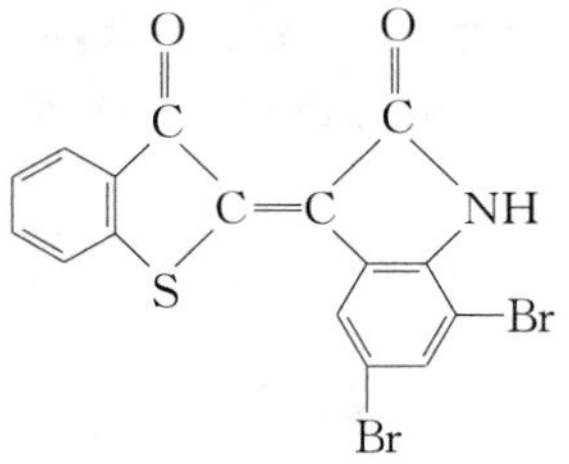

O　O
C　C
C=C　NH
S　Br
Br

(五)半靛系

半靛系染料的结构特征是：一半为靛蓝或硫靛的结构，另一半为醌类结构。如还原黑 B(黑 2 号，73830)：

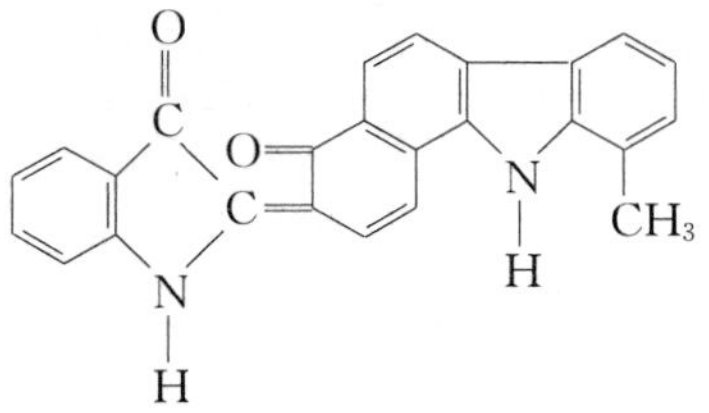

O
C　O
C　N
N　H　CH_3
H

三、稠环类还原染料

凡是不属于上述两类的还原染料，在本书中均归入稠环类还原染料。这类染料中比较重要的有：

(一)二苯并芘醌系

二苯并芘醌系染料的构造和蒽醌还原染料相近。它们的隐色酸钠盐同样由于共轭双键的增加,色泽比还原前深,同时,对纤维素纤维的直接性也高。

二苯并芘醌本身就是黄色的染料,即还原金黄 GK(黄 4 号,59100),其结构为:

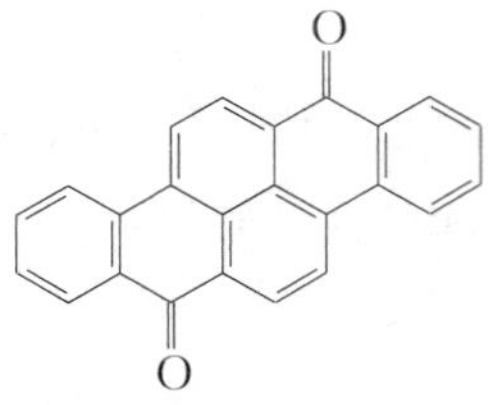

将二苯并芘醌卤化成二溴二苯并芘醌,得到还原金黄 RK(C. I. 59105),其结构为:

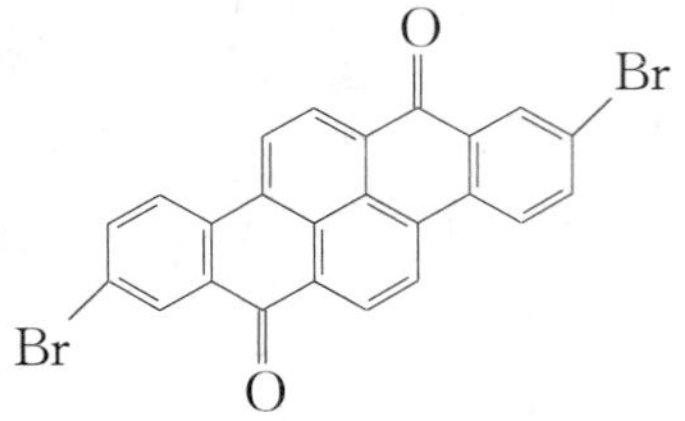

(二)蒽缔蒽酮的卤化物系

该系染料不论结构或染色的性质,都与蒽醌类十分近似。但是蒽缔蒽酮本身却不能作为染料,原因是它的隐色酸钠盐对纤维素纤维的直接性很低,必须通过卤化才能成为一些橙色或红色的还原染料。如二氯衍生物为还原亮橙 GK(橙 19 号,59305),其结构为:

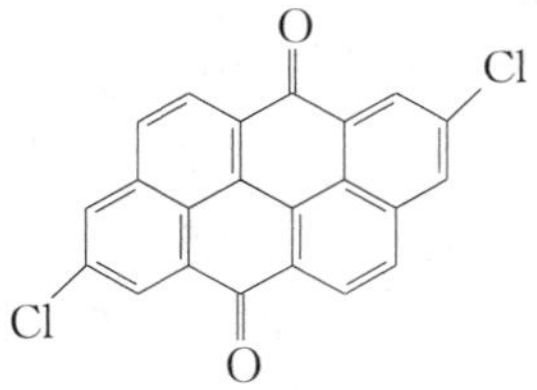

将 Cl 用 Br 取代得到的二溴衍生物为还原亮橙 RK(C. I. 59300),其结构为:

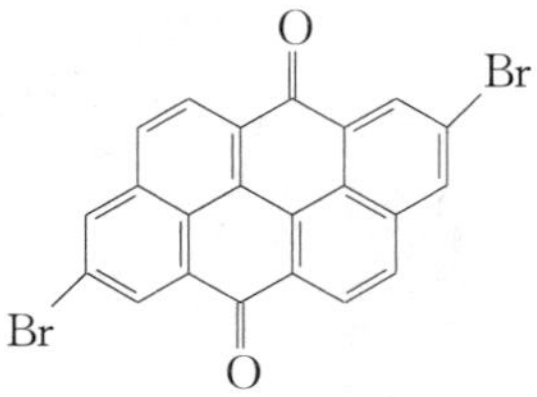

又如:

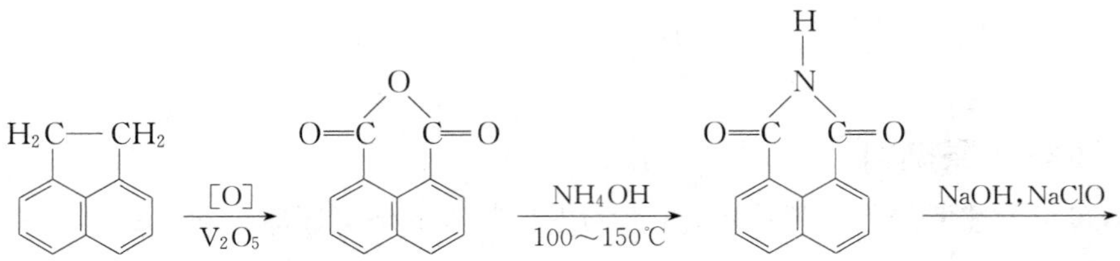

$$\xrightarrow[V_2O_5]{[O]} \quad \xrightarrow[100\sim150^\circ C]{NH_4OH} \quad \xrightarrow{NaOH, NaClO}$$

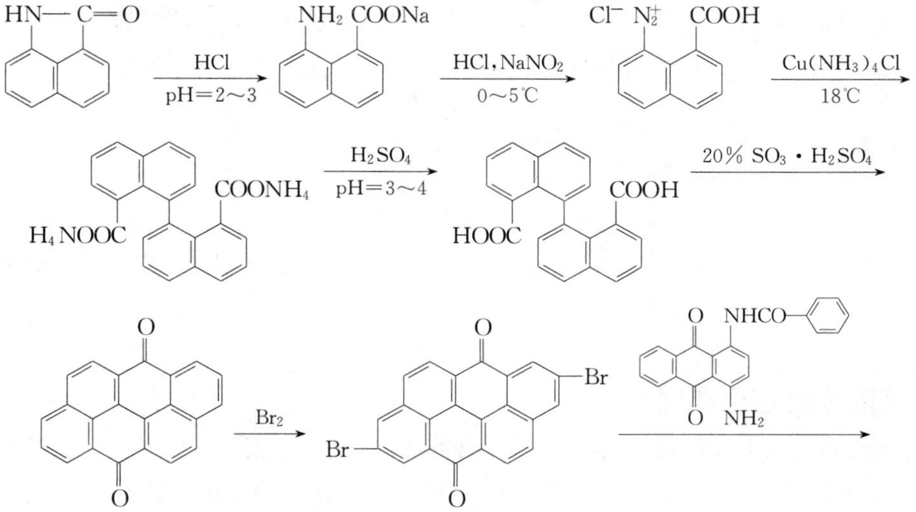

还原艳橙 RK

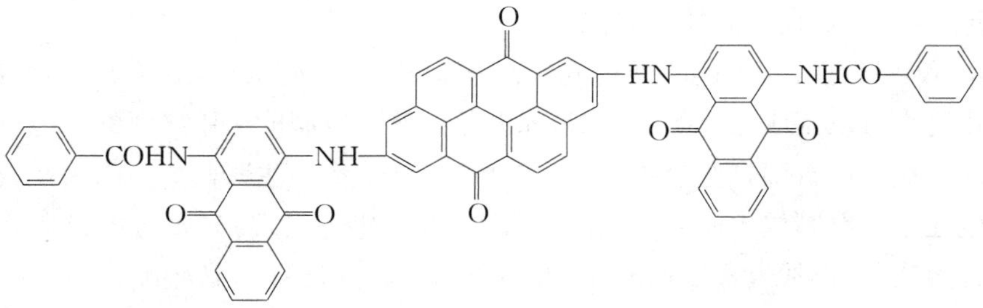

还原灰 BG

(三)酞菁系

酞菁的钴络合物能被碱性保险粉溶液还原，还原后的隐色酸钠盐也比较稳定。它对纤维素纤维有一定的直接性，匀染性很好，而且各项染色坚牢度都比较优良，氧化后能获得漂亮的绿光蓝色，因此也可以作为还原染料使用。还原亮蓝 4G(蓝 29 号，74140)的结构为：

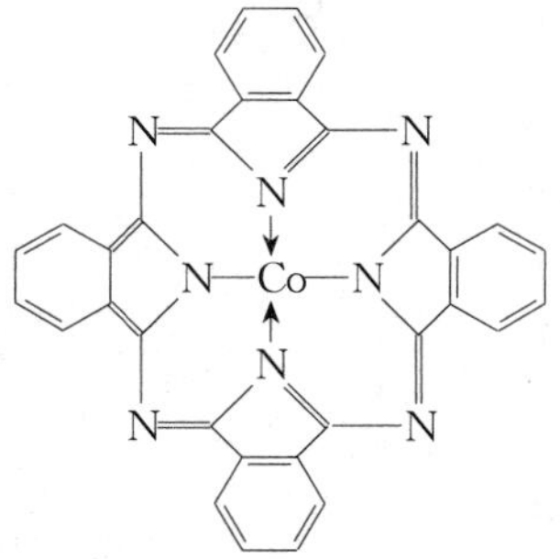

(四)硫化系

硫化系还原染料的分子结构一般与硫化染料相似，但所含硫键比硫化染料坚牢和稳定，色光比硫化染料鲜艳，且耐氯牢度较好。它们一般难溶于普通的硫化钠溶液中，但可用碱性保险粉还原后染色，也可用硫化钠、氢氧化钠和保险粉混合染色。硫化系还原染料介于硫化染料和还原染料之间。一般蓝色的习称海昌蓝(Hydron Blue)，黑色则称作印特黑(Indocarbon Black)。

蓝色的硫化系染料主要有海昌蓝R(蓝43号,53630),它的结构可能是:

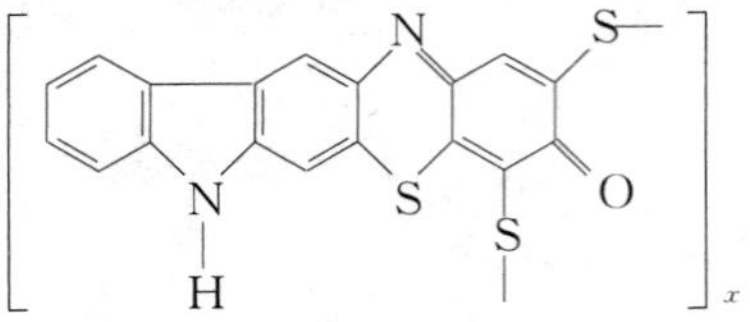

此外,还有海昌蓝G(蓝42号,53640)等。海昌蓝G比海昌蓝R的色光鲜艳,但溶解度较低。

四、可溶性类还原染料

还原染料的染色牢度优良,但使用复杂,而且强碱性的染色浴难以在毛、丝等蛋白质纤维上应用。20世纪20年代将靛蓝的干燥隐色体盐,在叔胺类化合物中用氯磺酸或三氧化硫制成水溶性硫酸酯。这种硫酸酯具有水溶性和对纤维的直接性;染色后,在氧化剂如亚硝酸钠等的硫酸溶液中,发生水解和氧化而回复成靛蓝。

1924年,第一只可溶性类还原染料被命名为印地科素O(Indigosol O)。根据以上方法,凡是靛蓝的卤化物也可以制成相应的硫酸酯,如溴化靛蓝可以制成应用广泛的印地科素O4B。

最初制成的这类染料都是蓝色的,所以在染料名称中都不注明蓝色。因为在技术上难以将蒽醌类及其他还原染料制成干燥的隐色体。直到1927年才发现,只要将染料直接加入吡啶和氯磺酸的混合溶液中,再加入金属粉末,则被还原的染料立即被氯磺酸酯化。这种制造方法差不多可以将各类还原染料制成硫酸酯。

以印地科素蓝IBC(可溶性还原蓝6号)为例,它的合成反应如下所示:

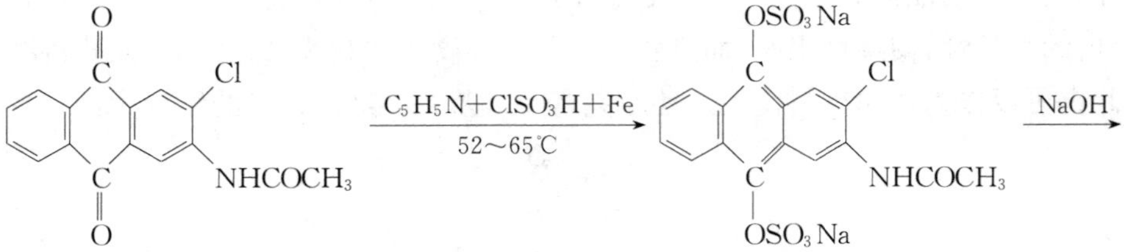

$C_5H_5N+ClSO_3H+Fe$, 52～65℃; NaOH

2-氯-3-乙酰氨基蒽醌

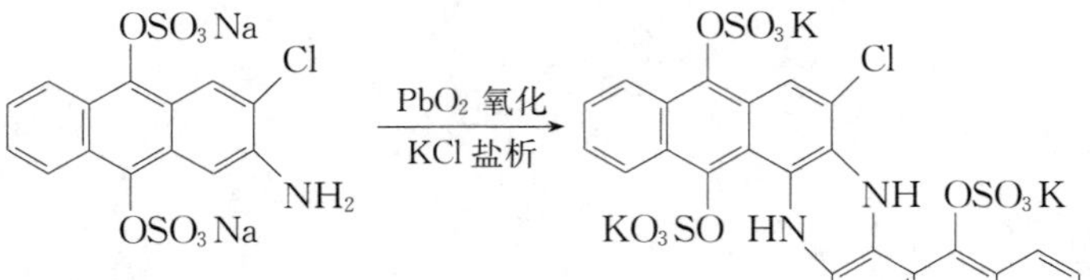

PbO_2 氧化, KCl 盐析

可溶性还原染料能溶于水,其中以钾盐的溶解度最高,铵盐最低,商品染料一般采用钠盐。染料的溶解度与可溶性基团的多少有关,可溶性基团多则溶解性强。某些基团(如含氯、溴)的引入使溶解度下降。可溶性还原染料在纤维上显色时，第一步是硫酸酯基水解脱落，生成还原染料隐色体，第二步是隐色体氧化成染料母体。显色条件若控制不当，会产生染料得色量低、色泽不鲜艳、坚牢度差等问题。

第四节　还原染料的还原原理

还原染料除可溶性类或用于涤纶染色外，都需要经过还原才能对纤维起染着作用。因此染料的还原是一个首要的问题。

还原染料还原后具有水溶解性，各种染料有着不同的还原电位值和还原速率。控制这些参数使染色处于正常状态，是保证染色质量、合理使用染化料和降低成本的一种有效手段。选择使用所谓超细粉即微粒化的染料，可以提高还原速率，对于获得满意的染色效果起着重要的作用。

一、染料隐色体

还原染料不溶于水，但在碱性溶液中受强还原剂作用而还原成隐色体（盐）（Leuco salts）后，即能成为水溶性染料，并对纤维素纤维等具有直接性，从而能达到染色的目的。为了能在纤维上采用还原染料印染，首先必须使染料得到正常的还原。

以蒽醌类还原染料为例，当受到氢氧化钠和保险粉的作用时，所生成的隐色体——隐色酸钠盐在碱性介质中就有可能完全成为电离的钠盐状态：

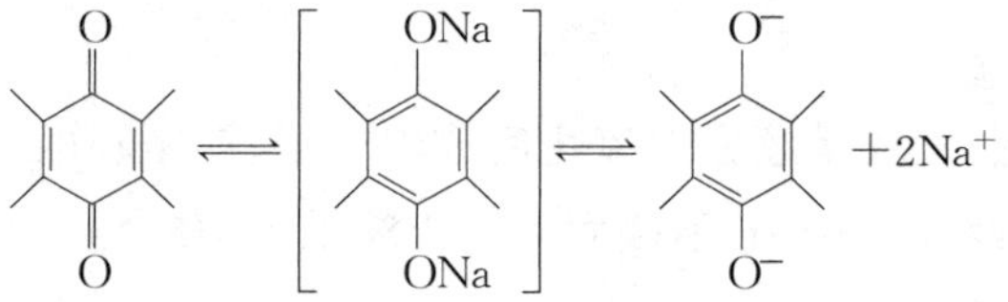

$$\text{(O=C}_6\text{=O)} \rightleftharpoons \left[\text{NaO–C}_6\text{–ONa}\right] \rightleftharpoons \text{}^{-}\text{O–C}_6\text{–O}^{-} + 2Na^{+}$$

如果染浴中的 pH 降低，则可生成非水溶性的隐色酸，也就是说隐色酸钠盐在碱性溶液中的溶解度取决于电离程度。

隐色体的名称来源于靛蓝还原染料还原后色泽变浅甚至几乎无色的现象，如靛蓝还原后的隐色体接近无色：

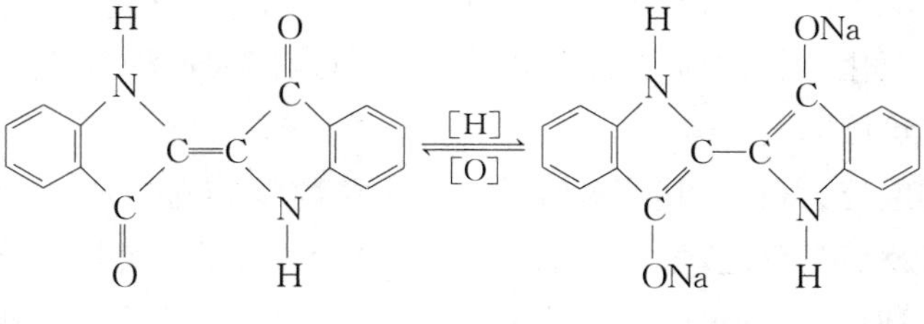

$$\text{靛蓝} \underset{[O]}{\overset{[H]}{\rightleftharpoons}} \text{靛白}$$

靛蓝（暗蓝色）　　　　靛白—靛蓝隐色酸钠盐（接近无色）

蒽醌类还原染料的情况与靛蓝相反，绝大部分品种还原后色泽却变深，因此用隐色体来说

明它们的还原体有点名不副实。如以常用的蒽醌为例,它的变化如下:

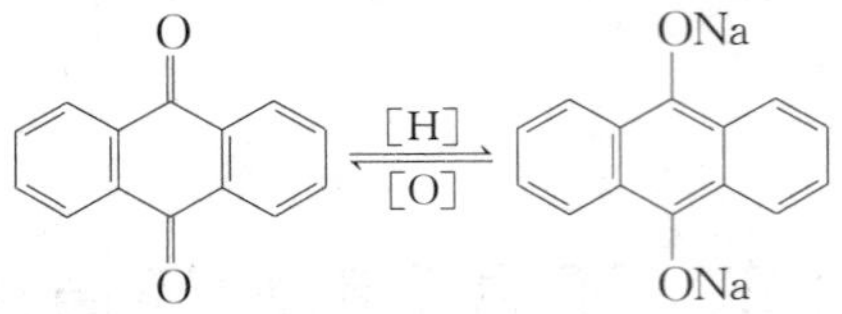

$$\text{O} \quad \underset{[O]}{\overset{[H]}{\rightleftharpoons}} \quad \text{ONa}$$

蒽醌(浅黄色)　　　　蒽醌隐色酸钠盐(红色)

从上述反应中可以看出,蒽醌本身整个分子是没有共轭双键连接起来的,而蒽醌经还原成为隐色体盐后,共轭双键却连贯了整个分子,所以出现了深色效应。而靛蓝的共轭双键是贯穿和环绕着整个分子的,但是当其还原成隐色体时,共轭键的数目减少了,而且还失去了吸电子基团(即发色团),因此便不再吸收可见部分光线。蒽醌隐色体的深色效应,可以代表所有蒽醌类还原染料在还原浴中的深色现象,因为绝大多数蒽醌类还原染料成为隐色体后,都能增加共轭双键。

共轭双键的增减,不仅可以解释蒽醌类和靛类还原染料的隐色体色泽的不同变化,而且也可以解释这两类染料对纤维具有不同的亲和力。因为染料对纤维的亲和力与共轭双键的数量成正比关系,所以靛类还原染料对纤维的亲和力比蒽醌类为差。即使同为蒽醌类还原染料,由于隐色体形成共轭双键数的不同,对纤维的亲和力也不相同。为了有效地利用这种优点并防止发生缺陷,人们创造了悬浮体轧蒸染色法和隐色酸染色法。另外,在浸染法中可以加入匀染剂,对降低染料对纤维的亲和力也有一定的效果。

二、隐色体电位

还原染料的还原作用,主要是还原剂氧化后放出电子,使染料的羰基接受电子还原成醇式,再在碱的作用下成为可溶性的醇式的钠盐而染着于纤维上,整个反应都是属于电子转让与接受的过程。

隐色体电位就是指染料在该还原电位值时,正好转变为隐色体。如果不到这个电位,它就不能以隐色体状态溶解于染液中。因此,要使染料发生正常的染色作用,就必须借还原剂的作用,使染浴经常保持这一电位。

可以用还原电位来表示染料的还原特性及还原剂的活力等。但是在实践中发现,正确测量电位势是极其困难和复杂的,有时其结果也不易分析和解释。有人认为这种测定并不能正确反映染色过程中的物质变化,因此对此持相反的意见。但是作为一种参考用数据,测定和讨论隐色体电位还是有一定价值的。

还原染料隐色体电位为负值,其绝对值越小表示染料越容易被还原,即可用较弱的还原剂还原,且还原状态比较稳定;反之,隐色体电位绝对值越大,表示该染料氧化状态比较稳定,难以被还原,需要较强的还原剂。染料的隐色体电位是选择适当还原剂的重要依据,只有当还原剂的还原电位绝对值大于该染料隐色体电位时,才能使染料被还原。因此,测定染料的隐色体电位,是衡量还原染料还原难易的一种手段。

还原染料的还原难易性是染色中的一个主要问题，但在实际生产中，常常没有得到应有的重视。这是因为：在保险粉出现以后，便有了一种还原能力强而价格低廉的还原剂。其次，在隐色体染色法中，遇到较难还原的染料，都可采用干缸还原法。所谓干缸法，就是采用浓浴（小浴比）来提高浴中氢氧化钠和保险粉的含量，以提高还原能力；或者还可以再采用提高温度和延长时间等措施来促使染料得到充分的还原。但是，在采用悬浮体连续染色和一般的印花过程中，由于染料的还原及其在纤维上的吸附和扩散，需要在短促的时间内同时完成，因此染料的还原难易程度就成为一个必须重视的问题。

染浴中的还原能力，取决于碱性溶液中保险粉的浓度。例如，当保险粉浓度为 0.055 mol/L，NaOH 浓度为 0.5 mol/L 时，在 60℃下，它们组成的还原—氧化电位可达 −1137 mV，这样高的还原—氧化电位负值足可以还原所有的还原染料。但由于保险粉在染浴中不断地消耗，必然使还原电位随之下降。当降低到与染料的隐色体电位相等时，亦即染浴中的保险粉已经没有剩余的时候，就达到正常的平衡状态。如果电位数值继续下降到低于隐色体电位时，则表示保险粉含量已不足以使染料保持全部还原状态，也就是说已不能正常地进行染色，这时就必须补充保险粉，以提高电位负值，使之重新回到染料的隐色体电位。

一些常用的还原染料的隐色体电位如表 7－1 所示。

表 7－1　各种染料隐色体的还原电位

染　料	C.I. 编号	隐色体电位/－mV	染　料	C.I. 编号	隐色体电位/－mV
黄 G	黄 1	640	蓝 GCDN	蓝 14	815
黄 CC	黄 2	860	暗蓝 BOA	蓝 20	830
金黄 GK	黄 4	770	亮绿 FFB	绿 1	865
黄 6GK	黄 27	790	亮绿 GC	绿 2	860
橙 RF	橙 5	780	亮绿 3B	绿 4	830
粉红 R	红 1	730	棕 RRD	棕 5	770
亮紫 RR	紫 1	870	灰 M	黑 8	760
红紫 RH	紫 2	720	橄绿 R	黑 27	927
蓝 RSN	蓝 4	850	灰 BC	黑 29	910
蓝 2B	蓝 5	690	—	—	—

注　还原条件　染料：0.5%；氢氧化钠：4g/L；温度：60℃；保险粉：4g/L。

在实际生产中，采用电位计测定法有时会感到操作困难。简易的方法是采用试纸来测定，常用的是还原黄 1 号试纸。也可在已知隐色体电位值的各种染料中，选择一种电位稍高于所用染料的染料制成试纸来控制染色。当试纸变成染料的隐色体色泽时，表明染浴中的染料已经充分还原。

三、还原速度

染料还原的另一个重要的问题是还原速度。由于大多数还原染料与其隐色体在色泽上有较显著的差异，因此可以用光学的方法来测定还原速度。

还原速度一般在习惯上以染料到达完全还原状态所需时间的半量——半还原时间来表示。还原速度与染料隐色体电位虽然都是用来显示染料的还原性能的，但很难说明两者之间有任何直接的联系。一般规律是靛族染料的隐色体电位负值较小，但它们的还原速度却很缓慢；蒽醌类染料的隐色体电位负值较大，但还原速度却很快。如还原橙5号(靛类)，它的隐色体电位是-752mV，在温度40℃，保险粉、氢氧化钠浓度各为20g/L的条件下，半还原时间长达50min；而还原橙9号(蒽醌类)的隐色体电位虽为-892mV，半还原时间却只有36s。

由于染料的还原是一种多相反应，不仅染料的结构决定着染料内在的还原特性，而且染料分散体颗粒的物理形态和大小也会影响染料还原的速度。因为分散体的颗粒直接决定着发生反应的固液界面接触面积的大小和反应的能力。根据研究结果，染料颗粒物理状态对还原速度的影响，比染料化学结构差异的影响一般为小。如还原绿1号的试样虽然在粒子上较还原黄1号的试样为小，但是还原速度却比后者慢得多，一般只有后者的十分之一左右。实验还发现，对于同一种染料，还原反应的速度并不与颗粒的表面积成正比关系，还原反应速度的增长慢于颗粒表面积的增长。如还原橙9号分别采用0～0.7μm、0.7～1μm、1～3μm和大于3μm四种规格的染料颗粒，在同样条件下还原，测得的数据如表7-2所示。

表7-2 染料颗粒大小与还原速度的关系

颗粒平均大小/μm	＜0.7	0.7～1.0	1.0～3.0	＞3.0
实测半还原时间/s	50	75	68	120
按颗粒表面积计算的半还原时间/s	53	75	176	350
计算时采用的平均颗粒大小/μm	0.6	0.85	2.0	4.0

计算值和实测值有较大的差异，表明较大颗粒的还原速度远较预期的快。分析这种现象的原因，可能是染料的大颗粒实际上由较小的结晶所堆成，在还原过程中很容易裂开，因此还原速度要比估计的迅速得多。因此可以认为，对于还原速度来说，染料结晶的性质比颗粒大小更为重要。

实践证明：决定染料还原速度的主要因素是温度和保险粉的含量；而染料本身的性质和物理形态以及染浴中氢氧化钠的浓度对还原速度仅有一定的影响。通过系统研究，证实了大致所有的还原染料都存在着同样的情况。表7-3是14种浆状商品的还原染料在40℃和60℃下，分别采用4 g/L氢氧化钠及20 g/L保险粉的还原液所测得的还原速度，以半还原时间(s)表示。

表7-3 还原条件与还原速度的关系 单位：s

温度/℃	40		60		增加的倍数	
$NaOH/g \cdot L^{-1}$	4	20	4	20	由于还原剂用量的增加	由于还原温度的提高
$Na_2S_2O_4/g \cdot L^{-1}$	4	20	4	20		
黄1号	＜5	＜5	—	—	—	—
黄13号	114	27	—	8	4.2	3.4

续表

温度/℃	40		60		增加的倍数	
橙 5 号	—	3000	—	840	—	3.8
橙 9 号	95	36	—	15	2.6	2.4
红 1 号	—	2880	1620	660	2.4	4.4
红 19 号	—	390	375	124	3.1	3.0
红 35 号	14	<5	—	—	—	—
红 41 号	345	113	—	54	3.1	2.1
红 42 号	996	503	—	142	2.0	3.5
红 43 号	690	181	—	59	3.8	3.1
紫 17 号	77	33	—	12	2.3	2.7
蓝 18 号	121	31	—	8	3.9	3.9
绿 1 号	145	50	—	13	2.9	4.1
棕 5 号	—	780	—	203	—	3.8

从表 7－3 可以看到，还原黄 1 号和还原橙 5 号两者半还原时间竟相差达 600 倍。保险粉和氢氧化钠用量增加 5 倍后，还原速度平均可提高 3.03 倍；而温度从 40℃提高到 60℃，相差仅 20℃，就能使还原速度提高 3.35 倍。因此，在生产中提高染料的还原速度最经济的办法是提高还原温度。不过，有些染料在高温反应时会产生一些副反应，对于这些染料，不能采取提高温度的办法。

测定还原速度对确定还原条件具有实际意义。表 7－4 是根据染料的还原速度，由马歇尔(Marshall)等推荐采用的还原温度。

表 7－4　各染料的半还原时间与推荐还原温度

染　料	半还原时间/s 温度：40℃；还原液浓度：NaOH 和 $Na_2S_2O_4$ 各 5 g/L	推荐还原温度/℃
黄 13 号	27	50
橙 5 号	3000	80
橙 9 号	36	50
红 1 号	2880	80
红 35 号	<5	30
红 41 号	113	60
蓝 18 号	31	60
绿 1 号	50	45
棕 5 号	780	80

采用悬浮体法染色时，染料的还原和染料隐色体被吸附需要在短促的时间内完成，此时还原速度有着更重要的意义。

在印花工艺中，一般规律是还原速度较慢和隐色体电位负值较大的染料适宜采用预还原法制备色浆，这是因为还原速度缓慢的染料在印花后蒸化时不能完全成为隐色体钠盐而无法达到充分上染的目的。

四、过度还原现象

稠环酮类还原染料分子中的羰基都能被还原。对于某些含氮苯环结构的还原染料(如黄蒽酮和蓝蒽酮类还原染料)，在正常情况下它们分子结构中的羰基并不全部被还原，但在还原条件剧烈时，如还原温度过高，还原时间过长或烧碱—保险粉浓度过高，染料分子中的四个羰基都被还原，使得染料隐色体钠盐对纤维的直接性显著降低。

例如还原蓝 RSN(蓝蒽酮)正常还原时，只有两个羰基被还原，得到亲和力较强，色光较好的二羟蓝蒽酮隐色体。但如果还原条件激烈，四个羰基都被还原生成棕色的四钠盐，对纤维的直接性大为降低，而且进一步还原会生成对纤维几乎没有亲和力的产物，氧化后也不能恢复成原来的染料。过度还原造成色光萎暗、颜色变浅、染色牢度低。

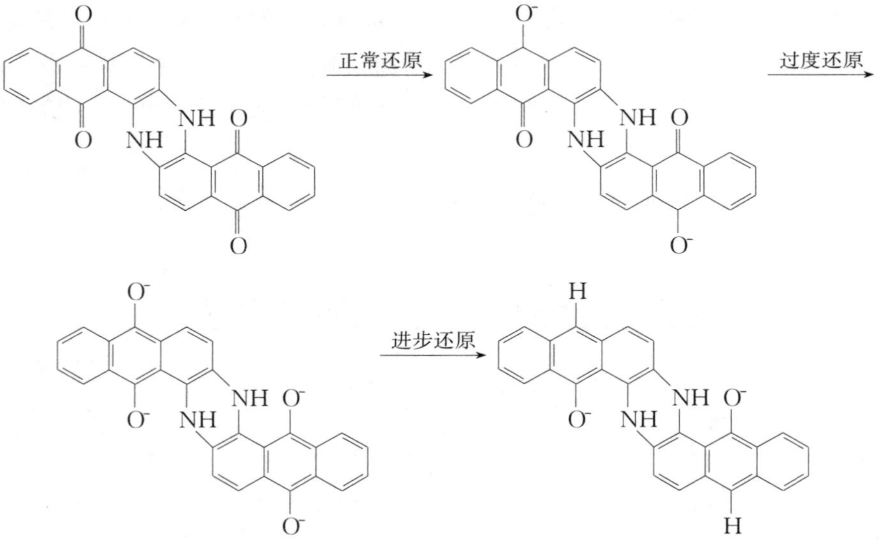

第五节　还原染料的光敏脆损作用

一、还原染料的光敏脆损现象

一些用还原染料印染的织物，日久会出现光敏脆损现象。这种现象的产生原因，主要是这些染料吸收光线中某一波段的能量转移给其他物质时，在纤维上引起了光化学反应所致。

根据世界上1975年生产的423种还原染料分析，其中在染后能产生强烈或比较显著的光敏脆损现象的有27种，占总数的6.38%。其中以黄色系统最为严重，在49种黄色染料中有12种染料具有光敏脆损现象。在8个色泽系统中，只有蓝色、绿色和黑色没有这种现象。易产生光敏脆损的染料如表7－5所示。

表7－5 产生光敏脆损的染料统计

色泽	染料总数	光敏脆损染料数	占染料总数/%	光敏脆损染料
黄	49	12	24.49	2,3,4,9,11,14,18,21,26,28,44,49
橙	28	1	3.57	5
红	61	10	16.39	1,2,6,11,13,36,42,45,47,48
紫	21	2	9.52	2,3
蓝	73	0	0	—
绿	48	0	0	—
棕	81	2	2.47	5,42
黑	62	0	0	—
总计	423	27	6.38	—

采用以上有光敏脆损现象的染料染色或印花的棉织物，在穿着过程中会发生纤维脆损现象。如用还原橙5号（还原橙RF）印成的夏日穿着的白地黄花布，日久在花纹处能形成破洞。这种光敏脆损现象是还原染料的一种特征，光脆过程是复杂的，目前尚无确切的结论，涉及的机理参见第四章有关光敏反应的内容。

二、还原染料的光敏脆损作用与其结构的关系

光敏脆损现象的产生与染料的结构是否有关，目前还缺乏足够的论证。但有些情况具有一定的规律性。

在还原染料中，黄色、红色和橙色是产生光敏脆损现象比较严重的色泽系统。芘蒽酮（还原橙9号）及其卤化物、具有噻唑结构的黄色蒽醌类还原染料、二苯并芘醌系及蒽缔蒽酮系染料都会产生光敏脆损。这些染料的化学结构如下：

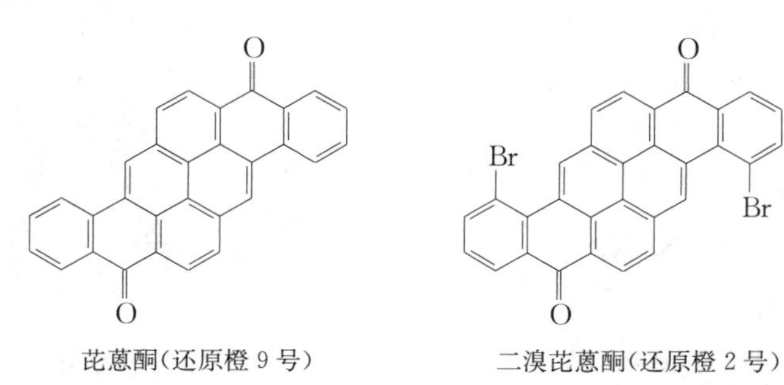

芘蒽酮（还原橙9号）　　二溴芘蒽酮（还原橙2号）

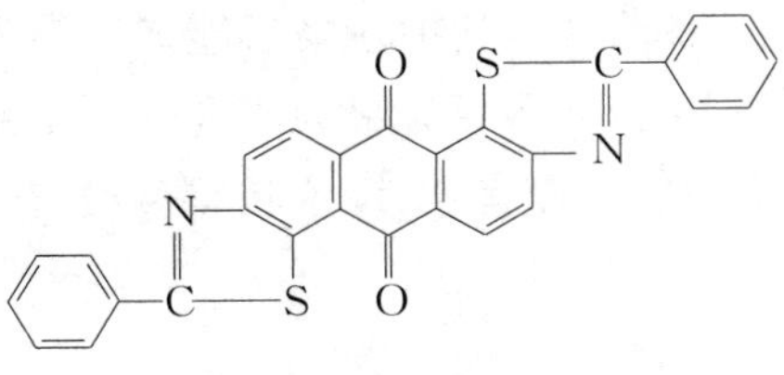

还原黄 2 号

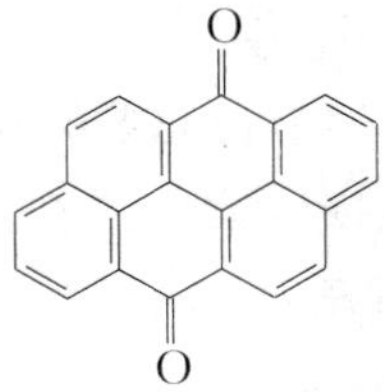

蒽缔蒽酮

其中以还原橙 9 号及其卤化物(如还原橙 2 号)以及还原黄 2 号等,产生光敏脆损现象最为严重。

但有趣的是,与芘蒽酮结构非常相似的黄蒽酮(还原黄 1 号)却无光敏脆损现象。它们在结构上所不同的仅仅是以两个 N 代替芘蒽酮中的两个 CH。黄蒽酮的结构式为:

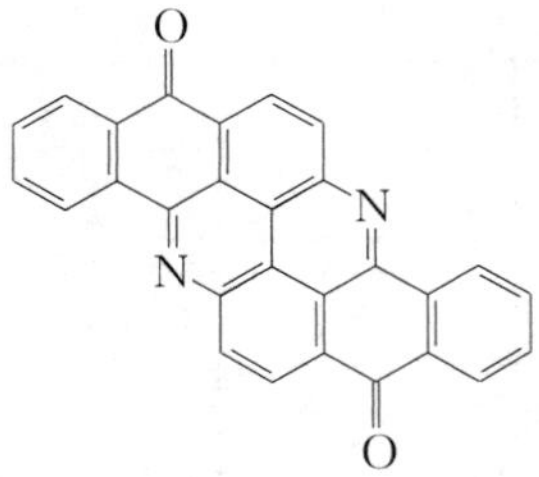

黄蒽酮

其他如芘蒽酮、二苯并芘醌、蒽缔蒽酮等,只要分子上具有吡啶结构,就不会产生光敏脆损现象。它们的结构如下:

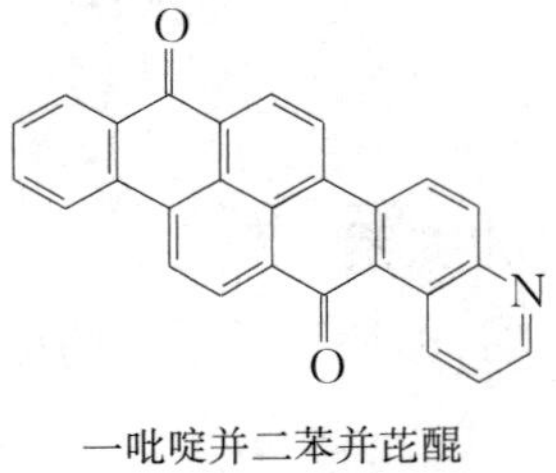

一吡啶并二苯并芘醌

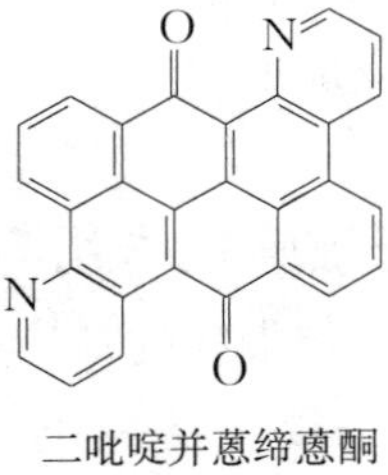

二吡啶并蒽缔蒽酮

在蒽醌环上具有嘧啶结构的染料也不会产生光敏脆损,其结构如下:

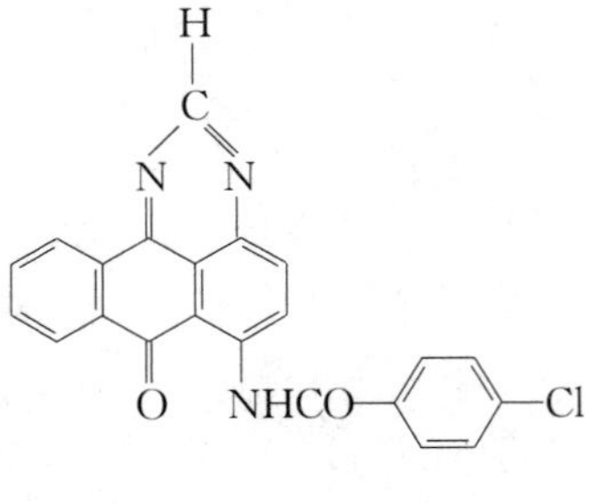

还原黄 29 号

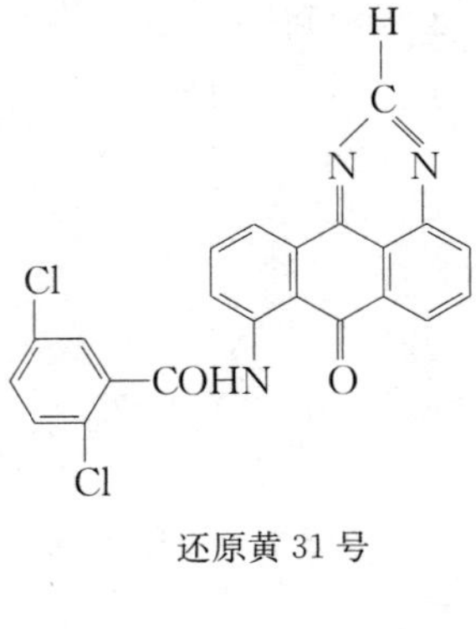

还原黄 31 号

具有咔唑结构的黄色、橙色和棕色的蒽醌类染料中，只有还原黄28号、还原橙15号等略有光敏脆损现象。

在靛类染料中，一部分硫靛系结构的染料也有光敏脆损现象，虽然硫靛本身对纤维的纤维素光敏脆损作用很微弱。但是，还原橙5号(6,6′-二乙氧硫靛)却具有强烈的光敏脆损现象。又如6,6′-二氯硫靛无明显的光敏脆损作用，而还原红1号(6,6′-二氯-4,4′-二甲硫靛)却有严重的光敏脆损作用。其他如在 >C=O 基两侧存在甲基的硫靛结构染料，差不多都会引起光敏脆损。如还原紫3号就有严重的光敏脆损现象，它的结构式为：

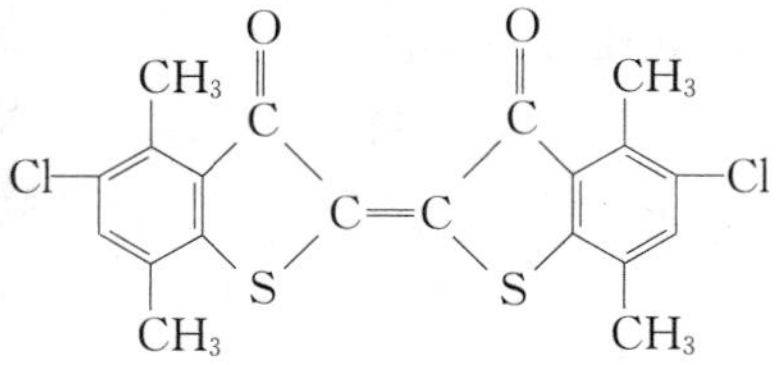

O O
CH_3 ‖ ‖ CH_3
C C
Cl— C=C —Cl
S S
CH_3 CH_3

复习指导

1. 掌握还原染料的结构特征、分类方法和应用性能。
2. 掌握还原染料在染色过程中涉及的化学反应及其影响因素。
3. 了解蒽醌类和靛类还原染料的合成途径以及它们的结构对染料颜色和牢度的影响。
4. 了解可溶性还原染料的制备方法和应用性能。
5. 了解还原染料产生光敏脆损现象的机理及其与染料结构的关系。

思考题

1. 试述还原染料的结构特征，写出以下还原染料在染色过程中涉及的反应方程式，描述染料在纤维中的状态和染色坚牢度。

①
O
NH
O HN O
O

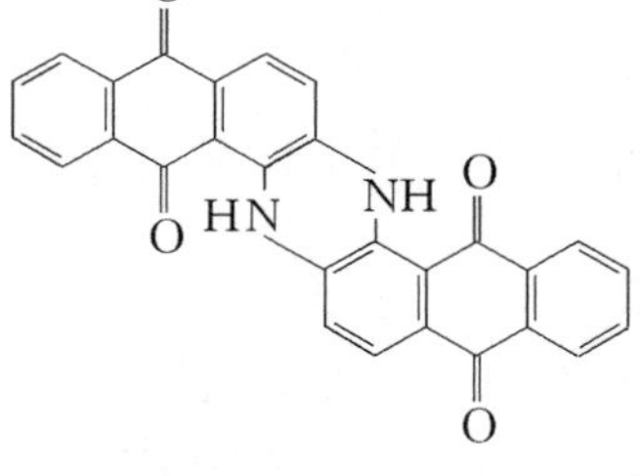

② O S—C
N
N
C—S O

③ O NHCO—
O NHCO—

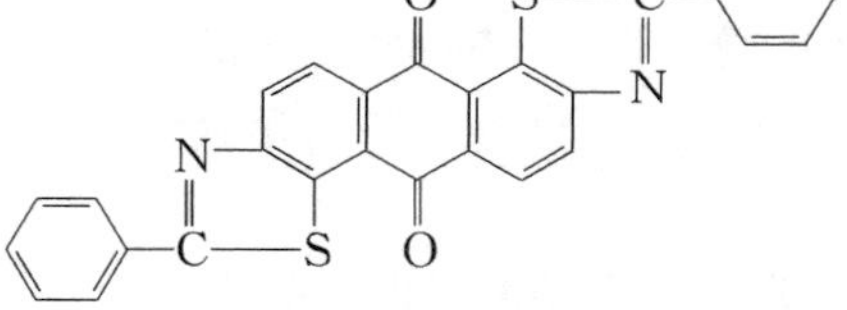

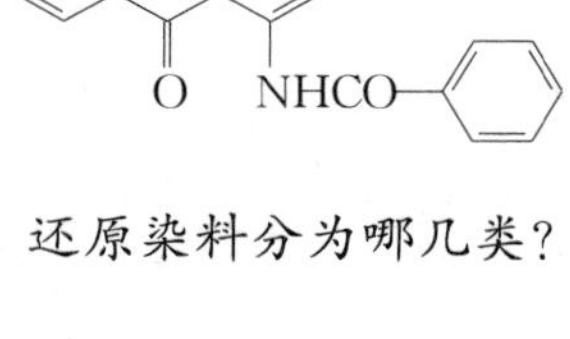

2. 还原染料分为哪几类？它们的色牢度如何？

3. 合成蒽醌还原染料的主要原料和中料有哪些？举例说明蒽醌还原染料是如何进一步分类的？

4. 写出靛蓝、硫靛的合成途径，按结构比较它们及其衍生物的色泽和应用性能。

5. 试述影响还原染料还原速度的主要因素及其影响。

6. 什么是还原染料的光敏脆损作用？分析其产生的可能原因。

参考文献

[1] 沈永嘉．精细化学品化学[M]．北京：高等教育出版社，2007.

[2] 何瑾馨．染料化学[M]．北京：中国纺织出版社，2004.

[3] 王菊生．染整工艺原理(第三册)[M]．北京：纺织工业出版社，1984.

[4] 侯毓汾，朱振华，王任之．染料化学[M]．北京：化学工业出版社，1994.

[5] 上海市印染公司．染色[M]．北京：纺织工业出版社，1975.

[6] 钱国坻．染料化学[M]．上海：上海交通大学出版社，1987.

[7] 赵维绳，陈彬，汪维凤．还原染料[M]．北京：化学工业出版社，1993.

[8] 上海市印染工业公司．印染手册(上、下册)[M]．北京：纺织工业出版社，1978.

[9] 黑木宣彦．染色理论化学[M]．陈水林，译．北京：纺织工业出版社，1981.

[10] 杨锦宗．染料的分析与剖析[M]．北京：化学工业出版社，1987.

[11] 沈阳化工研究院染料情报组．染料品种手册[M]．沈阳：沈阳化工研究院，1978.

[12] C D Weston，W S Griffith. Dykolite Dyestuff for Cellulosic Fibers，T. C. C. 1969，1(22)：67－82.

[13] Griffiths J. Colour and Constition of Organic Molecules[M]. New York：Academic press，1976.

[14] Bird C L，Boston W S. The Theory of Coloration of Textile[M]. Dyers，1975.

[15] Venkatarman K. The Chemistry of Synthetic Dyes[M]. New York：Academic Press，1952.

[16] Peters R H. Textile Chemistry，Vol. Ⅲ，The Physical Chemistry of Dyeing[M]. Elsevier，1975.

[17] 潘淑华．还原染料及其应用[J]．印染译丛，1992(6)：33－37.

[18] 董良军，李宗石，乔卫红，等．还原染料的近期发展[J]．染料与染色，2005，42(2)：9－12.

[19] 朴理哲．还原染料的发展状况及前景[J]．吉化科技，1995(3)：16－21.

[20] 杨新玮．分散和还原染料的发展概况[J]．化工商品科技情报，1993(1)：3－11.

[21] 许捷，张红鸣．染料和颜料实用着色技术——纺织品的染色和印花[M]．北京：化学工业出版社，2006.

[22] 章杰，晓琴．还原染料现状和发展[J]．印染，2005(20)：43－47.

[23] Hihara Toshio，Okada Yasuyo. Photo－oxidation and－reduction of vat dyes on water：swollen cellulose and their lightfastness on dry cellulose[J]. Dyes and Pigments，2002，53(2)：153.

[24] Kamel M M，Morsy M. Fading characteristics and fastness properties of selected dyes. Part III. Vat dyes[J]. Journal of the Textile Association，2001，62(1)：29.

[25] 薛运生，贡雪东．新型硫靛染料发色体吸收光谱的理论研究[J]．化学研究与应用，2008，20(4)：433.

*第八章　硫化染料

第一节　引言

硫化染料是一类水不溶性染料，一般是由某些芳胺类或酚类化合物与硫黄或多硫化钠混合加热制成的，这个过程叫做硫化。染色时，它们在硫化碱溶液中被还原为可溶性隐色体钠盐，上染纤维后，经过氧化又成为不溶状态固着在纤维上。所以，硫化染料的染色过程与还原染料基本相同，只是选用的还原剂不同。还有一类含硫染料，也是通过硫化方法制得的，但染色时同样用保险粉作还原剂，于是这类染料便被称为硫化还原染料。相比之下，硫化染料对棉纤维的上染率没有还原染料高，颜色不如还原染料鲜艳，牢度也稍差一些，而硫化还原染料的性能及染色牢度则介于硫化染料与还原染料之间。

硫化染料的发现与应用已有一百多年的历史。世界上第一只硫化染料是在 1873 年由法国人克鲁瓦桑(Croissant)等通过木屑、兽血、泥炭等物质，与硫黄、硫化钠一起熔融焙烧而制得。1893 年，维达尔(Vidal)又用对苯二胺(或对氨基苯酚)与硫黄、硫化钠共熔制得黑色硫化染料，并于 1897 年由德国凯塞拉(Cassella)公司正式生产出第一只硫化黑染料。随后，人们在此基础上用其他芳胺、酚类等有机化合物逐步开发出蓝色、黄色和绿色等硫化染料，硫化方法有了很大改进，并且开发出各种液体硫化染料及可溶性硫化染料。赫斯特公司、日本化药公司等相继又开发出超细分散体的硫化染料和硫化还原染料(类似于超细粉还原染料)，更适合于采用悬浮体轧染工艺对涤棉混纺织物进行染色。

硫化染料的生产工艺比较简短，成本低廉，使用方便，而且具有较好的耐水洗牢度和耐日晒牢度，因此硫化染料的需求量相当大。硫化染料主要用于纤维素纤维的染色，特别是棉纺织物深色产品的染色，其中以黑、蓝两种颜色的应用最广。此外也可将其用于维纶染色，由于硫化染料需在碱性染浴中染色，故不适宜染蛋白质纤维。通常，硫化染料在棉纤维上的耐日晒牢度以黑色最高，可达到 6～7 级；蓝色品种次之，也可达到 5～6 级；黄色品种一般只有 3～4 级。硫化染料的皂洗牢度一般为 3～4 级，而且不耐氯漂。一些黄、橙色品种对纤维也有光敏脆损作用。

硫化染料常用的主要是蓝色品种。其色泽较为鲜艳，耐氯漂牢度也比较好。

硫化染料的确切结构至今还不很清楚。不过，研究已表明：硫化染料中的硫是以含硫化杂环或以开链的形式存在的。含硫杂环结构对染料的颜色起决定作用。黄、橙、棕色硫化染料含有硫氮茂(噻唑)结构；黑、蓝、绿色硫化染料含硫氮蒽(噻嗪)和酚噻嗪酮结构；红棕色硫化染料除含硫环外，还含有对氮蒽(吖嗪)结构。此外，还有二苯并噻吩和噻蒽结构。这些含硫杂环结构如下：

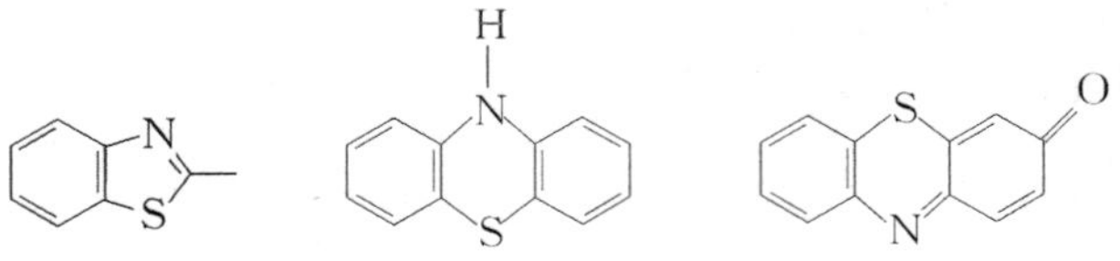

苯并噻唑　　硫氮蒽　　酚噻嗪酮

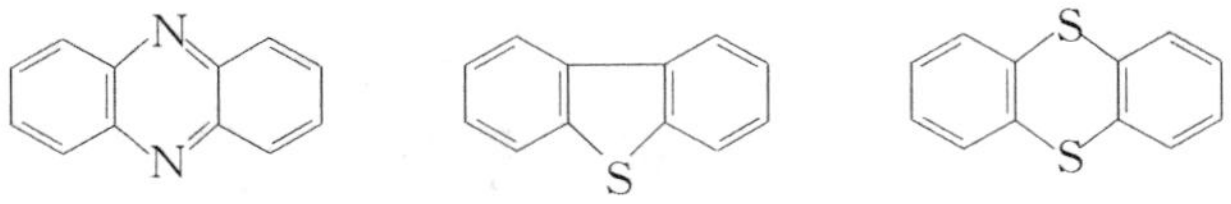

对氮蒽　　二苯并噻吩　　噻蒽

开链的含硫链状结构主要决定染料的还原、氧化等染色性能。—S—S—，═S═O等基团在染色过程中被还原成—SH从而使染料生成隐色体而溶于碱溶液中。硫的链状结构主要有下列几种形式：

—SH　—S—S—　—S—　—S_n—　—S(═O)—　—S(═O)—S(═O)—　多硫环

巯基　二硫链　硫链　多硫链　亚砜基　二亚砜基　多硫环

硫化还原染料是比较高级的硫化染料，其染色性质介于硫化染料和还原染料之间。该类染料不溶于普通硫化钠溶液中，染色时需要在碱性溶液中用保险粉代替一部分硫化钠作还原剂。硫化还原染料分子结构与一般硫化染料有相似之处，但所含硫链比较稳定，因而各项牢度，尤其是耐氯牢度较硫化染料好。硫化还原染料的品种少，蓝色和黑色品种较重要。

第二节　硫化染料的制造方法和分类

一、硫化染料的制造方法

制造硫化染料的方法和条件随所用的中料而不同，大致可以分成熔融硫化法和溶剂蒸煮硫化法两种。

(一)熔融硫化法

熔融硫化法是将芳香族化合物与硫黄或多硫化钠在不断搅拌下加热，在200～250℃下熔融，直到产品获得应有的色泽为止。硫化完毕，有的直接将产物粉碎，混拼即得成品；有的则将产物溶于热烧碱溶液中，再除去剩余的硫黄，并吹入空气使染料氧化析出，过滤，最终得到具有较高纯度的产品。

熔融硫化的条件比较剧烈，适用于如2,4-二氨基甲苯等中料的硫化，所得产品为黄、橙、棕等颜色的硫化染料。

(二)溶剂蒸煮硫化法

溶剂蒸煮硫化法是将硫化钠先溶于溶剂中，加硫黄配成多硫化钠溶液，然后加入中料，加热回流进行硫化。可选用水或丁醇作溶剂。硫化完毕,有的吹入空气使染料氧化析出;有的直接蒸发至干,粉碎拼混成为产品。

溶剂蒸煮硫化法主要适用于氨基苯酚、对芳氨基苯酚等中料的硫化,所得产品大都为黑、蓝色染料。

硫化过程中,硫化钠的纯度、硫化温度的高低及硫化时间的长短都会影响产品的质量,此外,由于硫化反应过程中有硫化氢气体放出,需要用烧碱溶液加以吸收。

硫化染料的储存稳定性较差,特别是在与空气接触的条件下,容易发生放热分解。商品染料中除了需要加入如元明粉等稀释剂外,有时还会加入硫化钠防止染料的氧化。即便如此,硫化染料在长时间的储藏过程中也会逐渐丧失其有效成分。

二、硫化染料的分类

硫化染料可以按所用中料的不同进行分类。主要分类有以下几种:

(一)由对氨基甲苯、2,4-二氨基甲苯等中料合成的硫化染料

将对氨基甲苯、2,4-二氨基甲苯等中料进行熔融硫化可制得黄、橙和棕色硫化染料。它们具有苯并噻唑结构。如将对氨基甲苯和硫黄焙烘可得2-(对氨基苯)-6-甲基苯并噻唑,即脱氢硫代对甲苯胺,将它和联苯胺、硫黄在190~220℃下熔融硫化可得硫化黄2G。

脱氢硫代对甲苯胺和硫黄熔融会进一步发生缩合,生成具有两个、三个苯并噻唑结构单元的缩合物:

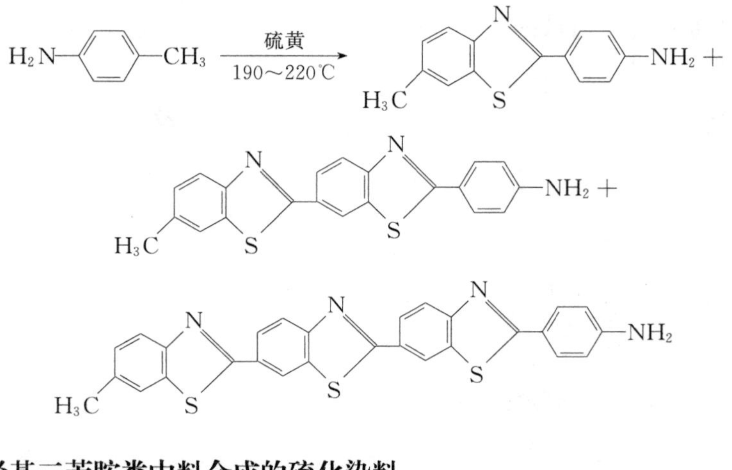

H_2N—C₆H₄—CH_3 →(硫黄, 190~220℃) 6-甲基-2-(对氨基苯基)苯并噻唑（H_3C, N, S, NH_2）+ 双苯并噻唑缩合物（H_3C, N, S, N, S, NH_2）+ 三苯并噻唑缩合物（H_3C, N, S, N, S, N, S, NH_2）

(二)由4-羟基二苯胺类中料合成的硫化染料

4-羟基二苯胺类中料包括4-氨基-4′-羟基二苯胺的N-取代和苯环取代衍生物以及相应的萘氨基苯酚中料。如:

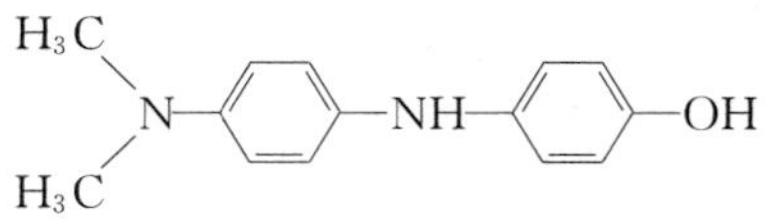

$(H_3C)_2N$—C₆H₄—NH—C₆H₄—OH

硫化艳蓝CLB的中料

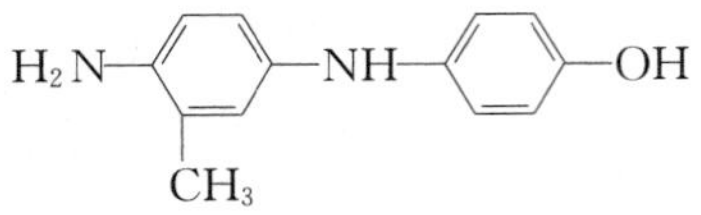

硫化蓝 RN、BN、BRN 的中料

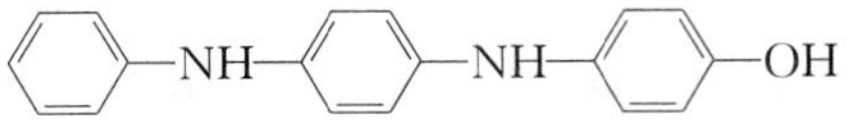

硫化新蓝 BBF 的中料

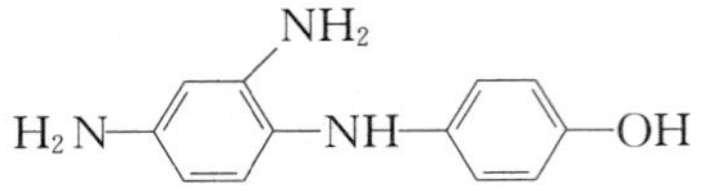

硫化深蓝 3R、RL 的中料

4-羟基二苯胺类中料的硫化,采用溶剂蒸煮硫化法进行。

用 4-氨基-4′-羟基二苯胺类中料可制得各种蓝色硫化染料。它们的硫化是在水溶液中进行的。硫化蓝是很重要的硫化染料。它的耐日晒牢度和耐皂洗牢度较好,消费量很大,在硫化染料中仅次于硫化黑。4-(2-萘氨基)苯酚在丁醇中以多硫化钠硫化可制得具有较好耐氯漂牢度的黑色硫化染料"应得元 GLG"。它对纤维的储藏脆损现象不显著,人们往往把它看成一个硫化还原染料。它主要用于纤维素纤维织物的印花。

(三)由吩嗪衍生物中料合成的硫化染料

一般的暗红色和暗紫色硫化染料是由吩嗪衍生物进行硫化制得的。将 2,4-二氨基甲苯和对氨基苯酚制得的吩嗪在水溶液中硫化可得硫化红棕 3B,其合成过程如下:

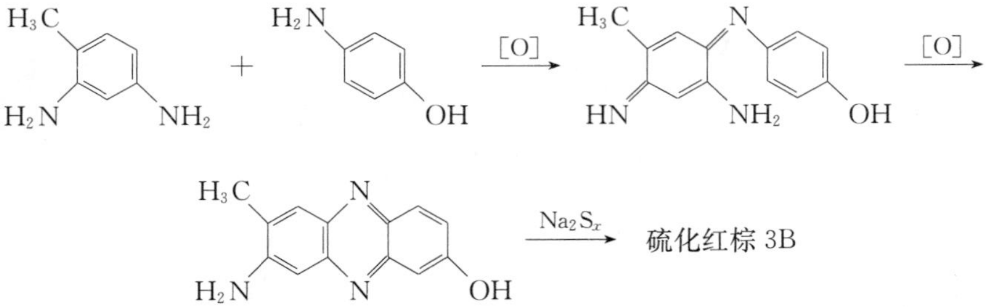

$\xrightarrow{[O]}$ $\xrightarrow{[O]}$

$\xrightarrow{Na_2S_x}$ 硫化红棕 3B

硫化红棕 3B 可能有如下式所示的结构:

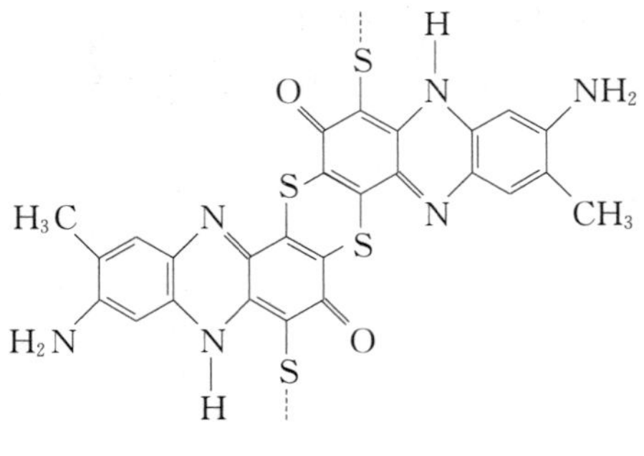

(四)由2,4-二硝基苯酚合成的硫化黑染料

硫化黑是用2,4-二硝基苯酚和多硫化钠在水溶液中沸煮而成。我国生产的硫化黑,根据色光和性能的不同有:硫化黑BN(青光),硫化黑RN(红光),硫化黑BRN(青红光),硫化黑B2RN(青红光)。这类硫化黑染料是我国产量最大的染料。它们价格低廉,有较好的耐日晒和耐皂洗牢度,但一般都易产生储藏脆损。

由2,4-二硝基苯酚制得的硫化黑染料产量虽大,但它们的主要结构尚未能够得到肯定。有人认为当硫化温度高于110℃时,所生成的染料含有下列结构:

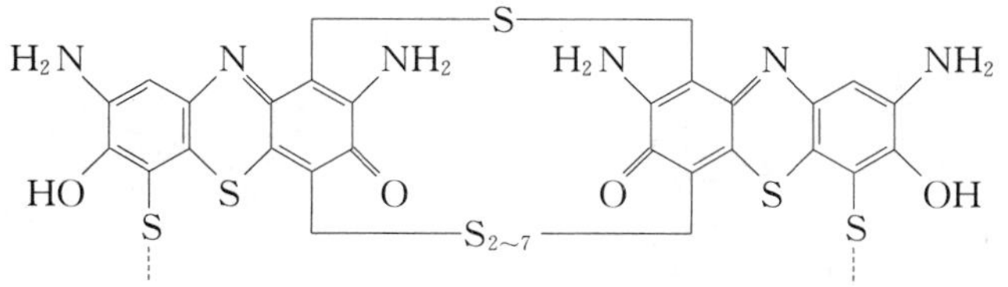

(五)硫化还原染料

硫化还原染料一般是用多硫化钠在丁醇溶液中经沸煮硫化制得。它在染色时需要在保险粉和氢氧化钠,或硫化钠和氢氧化钠而另加保险粉的染浴中还原、溶解。

硫化还原染料的品种少,蓝色和黑色两个品种较重要。

1. 硫化还原蓝R　硫化还原蓝R又称为海昌蓝R,色光优异,耐晒及耐水洗牢度较高。

它是由*N*-咔唑对醌亚胺在丁醇中硫化制成的。*N*-咔唑对醌亚胺是由咔唑和对亚硝基苯酚合成的。

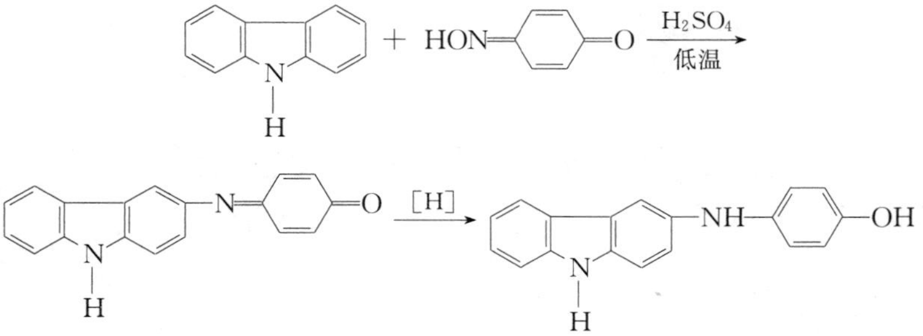

$$\xrightarrow[\text{低温}]{H_2SO_4}$$

$$\xrightarrow{[H]}$$

硫化还原蓝R的结构式如下:

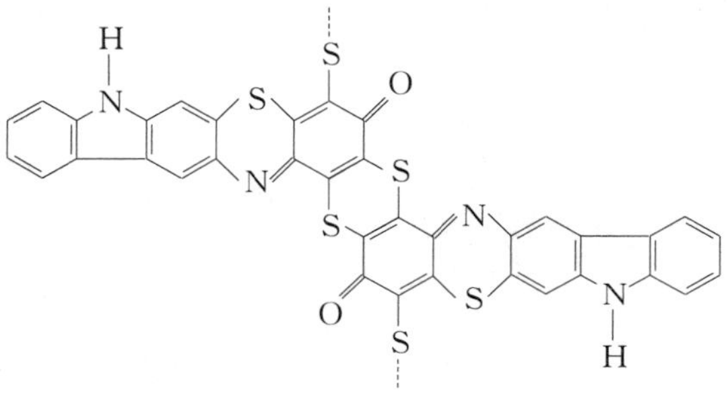

2. 硫化还原黑 CLN 硫化还原黑 CLN 的色泽比硫化黑鲜明而乌黑，对棉纤维无脆化作用，染色牢度较好，在印染工业中常用来代替黑色还原染料。

硫化还原黑 CLN 是对氨基苯酚和 2 -萘酚的缩合产物，再加 2，4 -二氨基甲苯、亚硝酸钠，在丁醇中用多硫化钠沸煮硫化制得的。

$$\text{2-萘酚} + H_2N-C_6H_4-OH \xrightarrow[180\sim190℃]{\text{真空下脱水}} C_{10}H_7-NH-C_6H_4-OH$$

$$C_{10}H_7-NH-C_6H_4-OH \xrightarrow{\text{2,4-二氨基甲苯}(CH_3,\ NH_2,\ NH_2),\ NaNO_2,\ Na_2S_7} \text{硫化还原黑 CLN}$$

硫化染料按照染料索引可分为三类：

(1)硫化染料。即普通的粉状硫化染料，它是水不溶性染料，所含的硫在发色团上或附在多硫链上。在碱性条件下染色，以硫化钠溶液还原成可溶的还原形态(隐色体)，随后在纤维上被氧化成不溶性状态。

(2)隐色体硫化染料。即预还原的液体硫化染料，隐色体硫化染料全部是液体剂型，是将硫化染料浆状物溶解于含硫氢化钠和碱的还原剂中，预还原成隐色体并含有助溶剂和微过量的还原剂。它们是真正的水溶液，使用时只需用水稀释即可。

(3)可溶性硫化染料。即硫化染料的硫代磺酸盐，可溶性硫化染料是硫化染料的硫代磺酸衍生物，可溶于水，但在加入还原剂之前，它们对棉纤维没有直接性。染色时需先加入还原剂，使其转化成有直接性的、碱可溶解的硫醇形式。

第三节 硫化染料的染色机理

硫化染料的染色过程可以分为下列四个步骤。

一、染料的还原溶解

硫化染料还原时，一般认为染料分子中的二硫(或多硫)键、亚砜基及醌基等都可被还原：

$$D-S-S-D' \underset{[O]}{\overset{[H]}{\rightleftharpoons}} D-SH + D'-SH$$

$$D-\overset{O}{\overset{\|}{S}}-\overset{O}{\overset{\|}{S}}-D' \underset{[O]}{\overset{[H]}{\rightleftharpoons}} D-SH + D'-SH + 2H_2O$$

$$D-N{=}C_6H_4{=}O \underset{[O]}{\overset{[H]}{\rightleftharpoons}} D-NH-C_6H_4-OH$$

还原产物一般含巯基(—SH),可溶于碱性溶液中,以钠盐形式存在,通常称为染料隐色体。

$$D—SH \xrightarrow{NaOH} D—SNa + H_2O$$

硫化染料的还原比较容易,常用价廉的硫化钠作为还原剂,它还起碱剂的作用。在染浴中可发生以下一些反应:

$$Na_2S + H_2O \longrightarrow NaSH + NaOH$$

$$2NaSH + 3H_2O \longrightarrow Na_2S_2O_3 + 8H^+ + 8e$$

或:

$$2NaSH \longrightarrow Na_2S + 2H^+ + 2e$$

为了防止隐色体被水解,可适当地加入纯碱等物质。染浴碱性不能过强,否则会减慢还原速率。从上述反应可以看出,碱性越强,生成的硫氢化钠就越少。同理,在染浴中加入适当的小苏打,既可提高电解质浓度,又可降低染浴 pH,使硫化钠水解加快,从而加快还原,提高上染速率,使硫化染料充分上染纤维。加纯碱还有利于抑制硫化氢气体的产生,一般染浴必须保证 pH 大于 9,在 pH 为 9 时开始有 H_2S 的恶臭产生;pH 低于 7 时也会有大量的 H_2S 产生,必须防止。

二、染液中的染料隐色体被纤维吸着

硫化染料隐色体在染液中以阴离子状态存在,它对纤维素纤维具有直接性。除了蓝色硫化染料隐色体直接性较高外,一般硫化染料隐色体对纤维素纤维的直接性较低,因此可采用小浴比,加入适当的电解质,染色的温度高一些,以提高染料的上染速率,改善匀染和透染性。

三、氧化处理

上述隐色体染料在纤维上通过氧化工序生成不溶性的染料,并充分发色。硫化染料的整个还原氧化过程如下:

$$\underset{\text{硫化染料}}{D—S—S—D} \underset{NaOH}{\xrightarrow{NaSH}} \underset{\text{隐色体}}{D—SNa} \xrightarrow{\text{氧化}} \underset{\text{硫化染料}}{D—S—S—D}$$

大多数硫化染料隐色体的氧化比较容易,染色后经水洗和透风就能被空气氧化,如硫化青;但一部分染料较难氧化,如硫化蓝、硫化黄棕、硫化红棕等,需用氧化剂氧化。最早都采用红矾(重铬酸钠)为氧化剂,后因它会造成水质的严重污染,近年来已基本被淘汰。目前通常采用的氧化剂有过氧化氢、过硼酸钠、碘酸钾、溴酸钠、亚氯酸钠等。从上述反应式可看出,硫化染料还原成隐色体,使染料发生分裂,而在氧化时又缩合成相对分子质量较大的染料分子。

四、后处理

后处理包括净洗、上油、防脆和固色等。

硫化染料染后一定要充分水洗，以减少纺织品上残留的硫，防止纺织品发生脆损。为了防脆，可采用醋酸钠、磷酸三钠或尿素等微碱性药剂，以中和纺织品上残留的硫氧化生成的硫酸。

硫化青染后用红油处理，可以改善色泽和手感。

红棕色硫化染料染后用硫酸铜处理，可提高耐日晒牢度，但硫酸铜残留在织物上，对纤维的脆损有很强的催化作用，处理后要充分水洗。

第四节 缩聚染料

一、缩聚染料概述

缩聚染料是一类在上染过程中或上染以后，染料本身分子间或与纤维以外的化合物能够发生共价键结合，从而增大分子的染料。缩聚染料分子中含有硫代硫酸基（—SSO_3Na），它们在硫化钠、多硫化钠等作用下，能将亚硫酸根从硫代硫酸基上脱落下来，并在染料分子间形成—S—S—键，使两个或两个以上的染料分子结合成不溶状态而固着在纤维上。这类染料又被称为硫化缩聚染料，目前品种尚不多，可染棉、麻、黏胶纤维及涤棉混纺织物。

二、缩聚染料的结构

就硫代硫酸基在染料分子中的连接情况来看，有的染料的硫代硫酸基是直接连在发色体系的芳环上的，有的则是连在芳环的烷基或乙氨基等取代基的碳原子上的。前一种类型的染料以缩聚黄3R为例，它是由对氨基苯硫代硫酸盐重氮化，与1－苯基－3－甲基吡唑酮偶合而制成的，它的结构式如下：

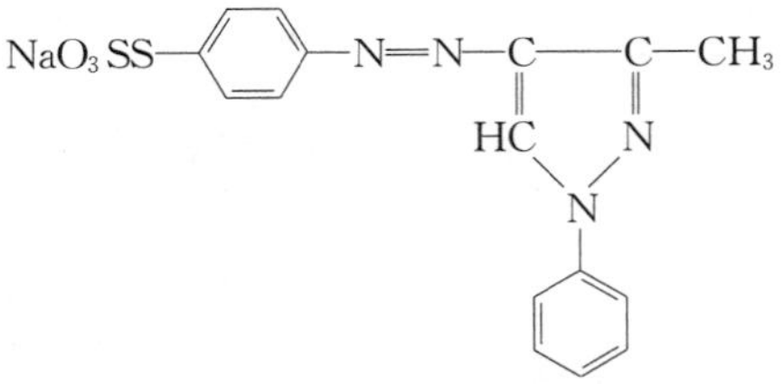

NaO_3SS—⟨苯环⟩—N═N—C———C—CH_3
HC N
N
⟨苯环⟩

后一种类型的染料可以缩聚翠蓝I3G为例，它是由铜酞菁磺酰氯和2－氨基乙基硫代硫酸盐（$H_2NCH_2CH_2SSO_3Na$）缩合制成，它的结构式如下：

$$CuPc(SO_2NHCH_2CH_2SSO_3Na)_n$$

式中：CuPc代表铜酞菁结构，n＝3.3～3.5。

☞ 复习指导

1. 掌握硫化染料的结构特征、分类方法和应用性能。
2. 了解硫化染料在染色过程中涉及的化学反应及其影响因素。

3. 掌握硫化染料的结构类型和制备方法。
4. 了解缩聚染料的结构特征和应用性能。

思考题

1. 什么是硫化染料？试述染料的制备方法。
2. 举例说明硫化染料的结构类型。
3. 简述硫化染料的染色过程。
4. 简述缩聚染料及其结构特征。

参考文献

[1] 沈永嘉．精细化学品化学[M]．北京：高等教育出版社，2007.

[2] 何瑾馨．染料化学[M]．北京：中国纺织出版社，2004.

[3] 王菊生．染整工艺原理(第三册)[M]．北京：纺织工业出版社，1984.

[4] 侯毓汾，朱振华，王任之．染料化学[M]．北京：化学工业出版社，1994.

[5] 上海市印染公司．染色[M]．北京：纺织工业出版社，1975.

[6] 上海市印染工业公司．印染手册(上、下册)[M]．北京：纺织工业出版社，1978.

[7] Weston C D, Griffith W S. Dykolite Dyestuff for Cellulosic Fibers, T. C. C. 1969,1(22):67－82.

[8] Griffiths J. Colour and Constition of Organic Molecules[M]. New York: Academic press, 1976.

[9] Bird C L, Boston W S. The Theory of Coloration of Textile[M]. Dyers, 1975.

[10] Venkatarman K. The Chemistry of Synthetic Dyes[M]. New York: Academic Press, 1952.

[11] 沈阳化工研究院染料情报组．染料品种手册[M]．沈阳：沈阳化工研究院，1978.

[12] Shankarling G, Paul R, Thampi J, et al. Application methods and dyeing effluent treatments[J]. Colourage, 1997, 44(5): 37－40.

[13] Shankarling G, Paul R, Thampi J, et al. Novel dyes and commercial forms [J]. Colourage, 1997, 44(4): 71－74.

[14] A Spland J R. Practical application of sulfur dyes[J]. Text Chem Color, 1992, 24 (4): 27－31.

[15] James Robinson Ltd.. Sulphur dyes and the environment [J]. Journal of the Society of Dyers and Colourists, 1995, 111(6): 172－175.

[16] Domingo M J. Dry leuco sulfur dyes in particulate form[P], USP 5 611 818, 1997.

[17] 王梅，杨锦宗．含葡萄糖基水溶性硫化黑的研究[J]．大连理工大学学报，2002，42(4)：428.

[18] 房兴远，吴昊，能开华，等．山德士第五代液体硫化黑 4G—EV 的应用实践[J]．现代纺织技术，2000，8(4)：13－15.

[19] 林诗钦，摘译．不含溶剂、硫化物的生态型硫化染料[J]，上海染料，2001，29(4)：40－41.

第九章　酸性染料

第一节　引言

传统的酸性染料是指含有酸性基团的水溶性染料，而且所含酸性基团绝大多数是以磺酸钠盐形式存在于染料分子中，仅有个别品种是以羧酸钠盐形式存在。早期的这类染料都是在酸性条件下染色，故通称酸性染料。

酸性染料具有色谱齐全、色泽鲜艳的特点，主要用于羊毛、真丝等蛋白质纤维和锦纶的染色和印花，也可用于皮革、纸张、化妆品和墨水的着色，少数用于制造食用色素和色淀颜料。由于酸性染料对纤维素纤维的直接性很低，所以一般不用酸性染料染纤维素纤维。

酸性染料在结构上大多是芳香族的磺酸基钠盐，其发色体结构中偶氮和蒽醌占有很大比重，另外还有三芳甲烷、吖嗪、呫吨、靛蓝、喹啉、酞菁及硝基亚胺等各类发色体。各种结构中偶氮类酸性染料在品种和产量上都占首位，尤其是单偶氮和双偶氮的最多，包括黄、橙、红、藏青以及黑色等各色品种。蒽醌类的耐日晒牢度较好，色泽也鲜艳，主要是一些紫、蓝、绿色染料，尤其以蓝色最为重要，某些蒽醌结构的酸性染料可在酸性媒介染料的染色中起增艳作用。三芳甲烷类以红、紫、蓝、绿色为主，一般耐日晒牢度较差，有些艳蓝品种不耐氧漂，但色泽十分浓艳，湿处理牢度较好。氧杂蒽类酸性染料的色泽和应用性能与三芳甲烷类相似，一般不单独使用，主要用于酸性媒染染料的拼色增艳。

酸性染料的匀染性和湿处理牢度随染料结构变化而不同。按染料对羊毛的染色性能，酸性染料可分为强酸浴、弱酸浴和中性浴染色的三类酸性染料。

1. 强酸浴染色的酸性染料　该类染料分子结构较简单，分子中磺酸基所占的比例高，一般为2～5个。在水中溶解度较高，在常温染浴中基本上以离子状态分散，对羊毛纤维的亲和力较低，染色需在强酸浴中进行(pH＝2.5～4)。这类染料湿处理牢度较差，耐日晒牢度较好，色泽鲜艳，匀染性良好。

2. 弱酸浴染色的酸性染料　该类染料分子结构稍复杂，分子中磺酸基所占比例相对较低，溶解度稍差，在常温染浴中基本上以胶体分散状态存在，对羊毛纤维的亲和力较高，染色在弱酸浴中进行(pH＝4～5)。这类染料的湿处理牢度较好，匀染性稍差。

3. 中性浴染色的酸性染料　该类分子结构更复杂，磺酸基所占比例更低，疏水性部分增加，溶解度更差些，在常温染浴中主要以胶体状态存在，对羊毛纤维的亲和力更高，染色需在中性浴中进行(pH＝6～7)。这类染料匀染性较差，色泽不够鲜艳，但湿处理牢度好。

习惯上又将强酸性浴染色的酸性染料称为匀染性酸性染料，将弱酸性浴染色的酸性染料和中性浴染色的酸性染料统称为弱酸性染料，又称耐缩绒酸性染料。

酸性染料在羊毛、蚕丝、锦纶上的染色匀染性和湿处理牢度并非一致。通常情况下，染锦纶的匀染性差，而湿处理牢度则较好；染蚕丝的匀染性比较好，但湿处理牢度逊于羊毛染色牢度。在生产中，强酸性浴染色的酸性染料主要用来染羊毛，而弱酸性浴和中性浴染色的酸性染料，除了染羊毛，还可用于蚕丝和锦纶的染色。这是由于蚕丝的氨基（$—NH_2$）较羊毛少，无须太多的 H^+ 将其离子化形成染座（$—NH_3^+$），而锦纶结构中除了含有氨基，还含有酰氨基，若酸性太强，酰氨基成为第二染座而发生超当量吸附。

第二节　酸性染料的化学结构分类

酸性染料具有各种不同的化学结构，按其化学结构特征可分为偶氮类、蒽醌类、三芳甲烷类、氧杂蒽类、亚硝基类等。

一、偶氮类酸性染料

这类染料大多为单偶氮和双偶氮结构的染料，虽然三偶氮结构的湿处理牢度较好，但色泽比较灰暗，匀染性差，应用不多。

（一）单偶氮类酸性染料

这类染料包括黄、橙、红及蓝等各色品种。早期的偶氮类酸性染料都属于单偶氮类，湿处理牢度较差，后来通过采用 H 酸、γ 酸等氨基萘酚磺酸为偶合组分，尤其是通过在分子中引入脂肪链、环烷基、芳基等疏水性基团的方法，湿处理牢度有了很大的提高。

用于染羊毛的第一个红色酸性染料是 1877 年制成的酸性红 A，它是由 1-氨基萘-4-磺酸重氮化后与 β-萘酚偶合制得的：

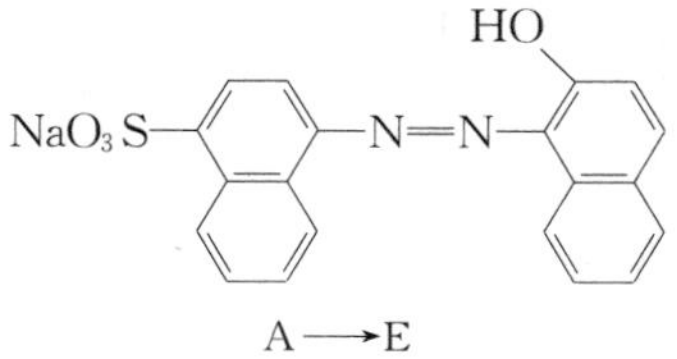

NaO_3S—(萘)—N=N—(2-羟基萘)

A ⟶ E

酸性红 A

酸性红 A 染料应用性能一般，耐晒牢度仅为 2 级。

如果以苯胺衍生物为 A 组分，以萘系衍生物为 E 组分，则可制得橙、红一系列染料。如酸性橙Ⅱ，它是由对氨基苯磺酸重氮化后，在弱碱性介质中与 β-萘酚偶合，其反应式如下：

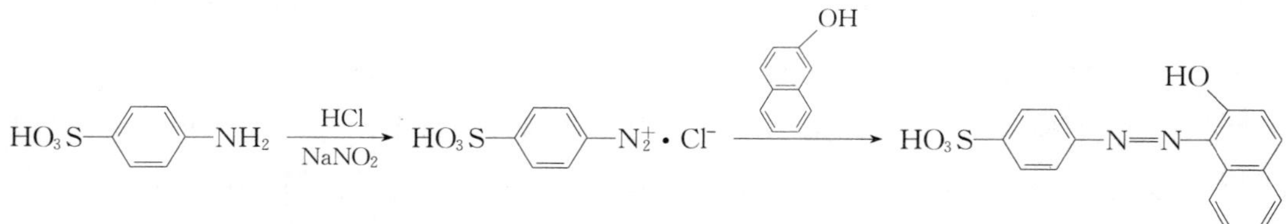

$$HO_3S-C_6H_4-NH_2 \xrightarrow[NaNO_2]{HCl} HO_3S-C_6H_4-N_2^+ \cdot Cl^- \xrightarrow{\beta\text{-萘酚 (OH)}} HO_3S-C_6H_4-N{=}N-C_{10}H_6-OH$$

酸性橙Ⅱ

以萘胺衍生物为A组分，将其重氮化后与萘酚类偶合组分偶合可制得一系列红色染料，如：

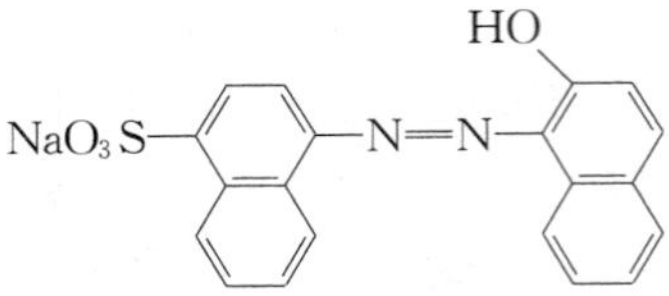

酸性红 AV

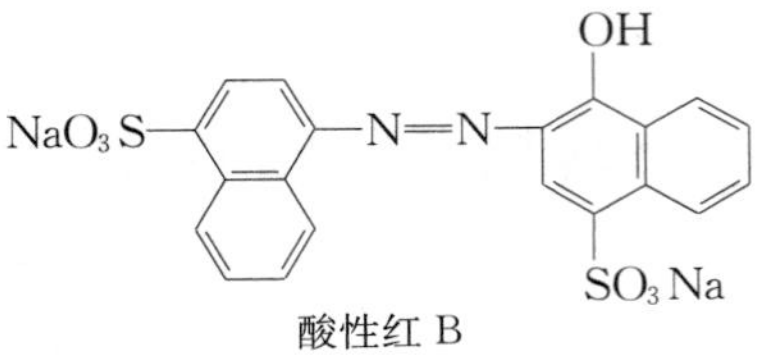

酸性红 B

酸性红B可在强酸性浴中染羊毛，其耐晒牢度为3～4级。用重铬酸盐后处理则可得到红光藏青，并可提高其染色牢度。

酸性红BG具有优良的耐晒牢度，可在酸性浴(pH=2～4)中染羊毛、蚕丝，色光鲜艳，匀染性好，其制备过程如下：

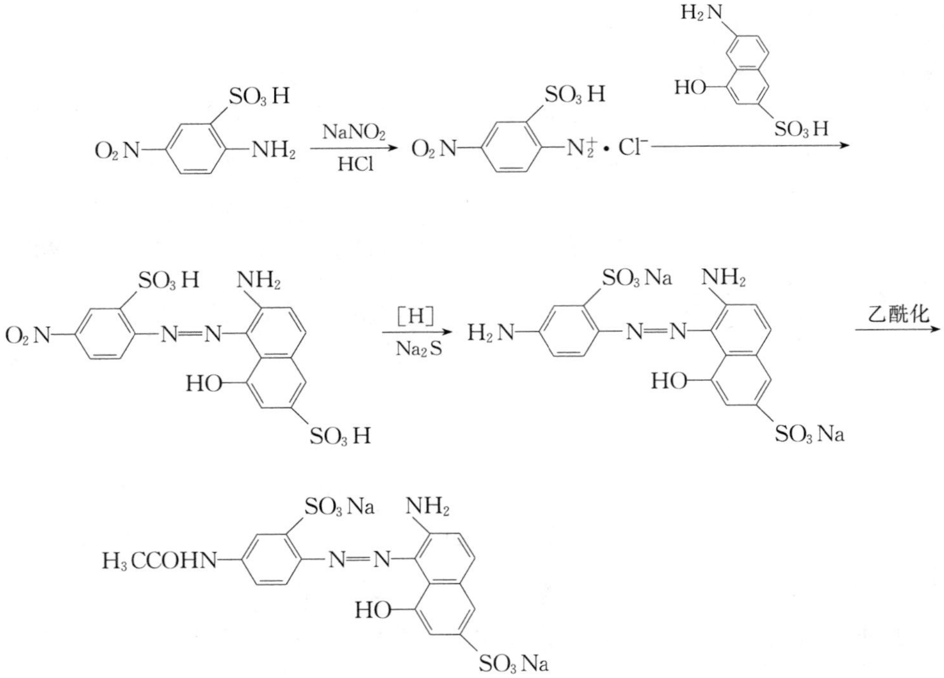

改变不同的重氮组分、偶氮组分，可以制得不同色光的红色染料。

在常用的由各种氨基羟基萘磺酸所衍生的偶氮类酸性染料中，不论是重氮组分还是偶氮组分，当改变取代基的性质时均可明显地影响染料的颜色，如以变色酸为偶合组分，在重氮组分引入给电子基团，则可发生深色效应，由红色变为天蓝色：

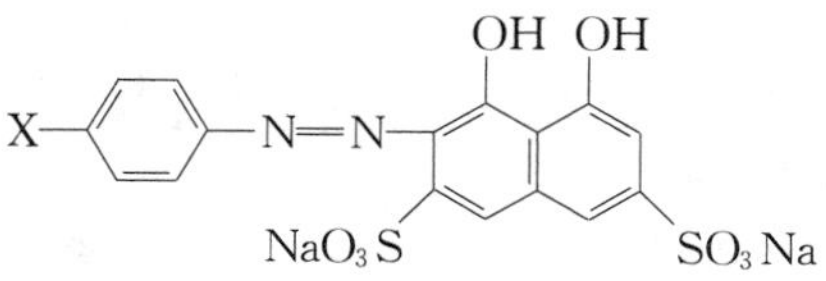

X	λ_{max}(nm)	颜色
H	529.5	红色
$-NH_2$	579.5	紫色
$-N(CH_3)_2$	584.0	天蓝色

又如以H酸为重氮组分与不同取代的周位酸偶合时，其取代基的性质也可导致染料颜色的变化：

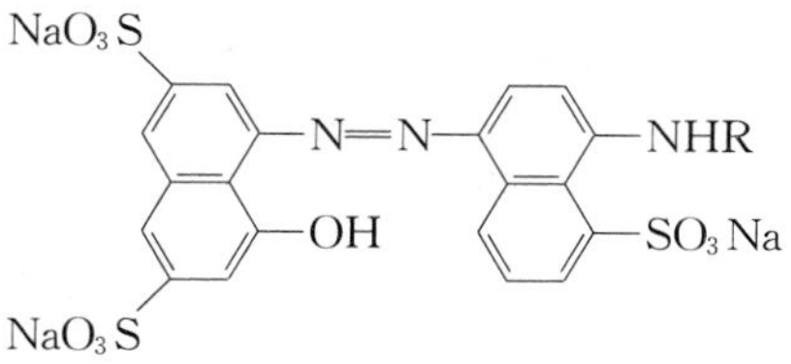

R	颜色
$-C_2H_5$	紫色
$-C_6H_5$	蓝色
$-C_6H_4CH_3$	天蓝色

以H酸为A组分和*N*-苯基-1-萘胺-8-磺酸偶合可得蓝色的酸性染料酸性蓝R。

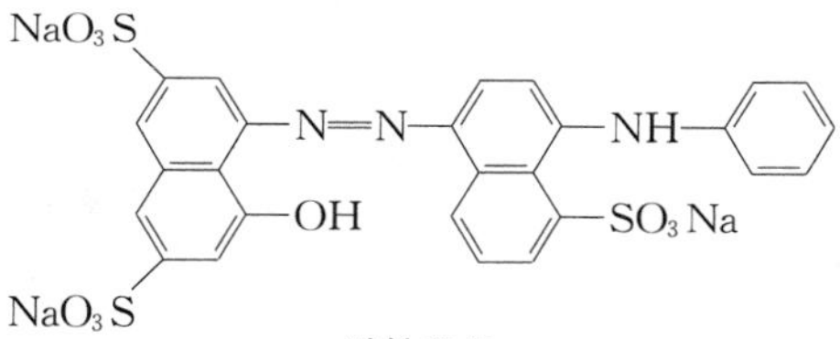

酸性蓝R

吡唑酮也是合成黄色偶氮酸性染料最重要的偶合组分，所得染料的色泽鲜艳，耐日晒牢度和匀染性都较好。如酸性嫩黄2G，它是由对氨基苯磺酸(组分A)的重氮盐和吡唑酮(组分E)偶合而成的。其反应式如下：

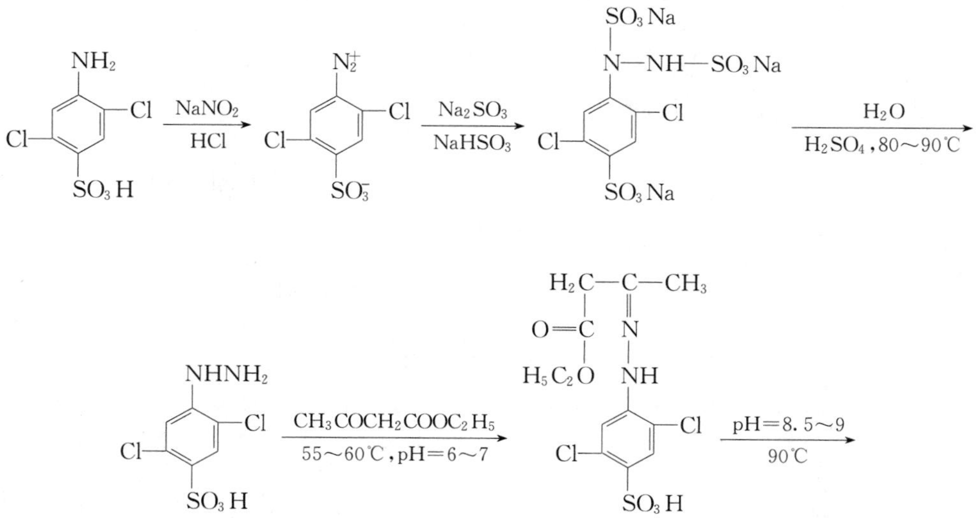

$\xrightarrow[HCl]{NaNO_2}$ $\xrightarrow[NaHSO_3]{Na_2SO_3}$ $\xrightarrow[H_2SO_4,80\sim90℃]{H_2O}$

$\xrightarrow[55\sim60℃,pH=6\sim7]{CH_3COCH_2COOC_2H_5}$ $\xrightarrow[90℃]{pH=8.5\sim9}$

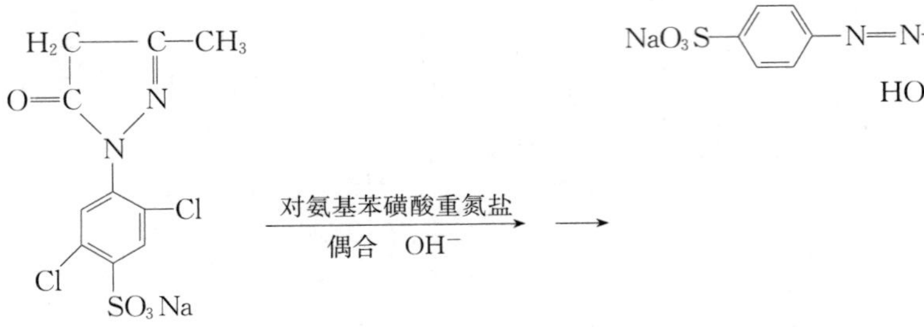

对氨基苯磺酸重氮盐

偶合 OH^-

酸性嫩黄2G

(二)双偶氮类酸性染料

双偶氮酸性染料的合成途径主要有以下三种：

(1)$A_1 \rightarrow Z \leftarrow A_2$，$A_1 = A_2$ 或 $A_1 \neq A_2$。

(2)$A \rightarrow M \rightarrow E$。

(3)$E_1 \leftarrow D \rightarrow E_2$，$E_1 = E_2$ 或 $E_1 \neq E_2$。

$A_1 \rightarrow Z \leftarrow A_2$ 的合成途径是由具有两个偶合位置的偶合组分(Z组分)和两个相同或不同的重氮组分(组分 A_1 及 A_2 的重氮化合物)偶合，制成双偶氮染料。它们最常用的偶合组分是间苯二酚、间苯二胺和H酸。如：

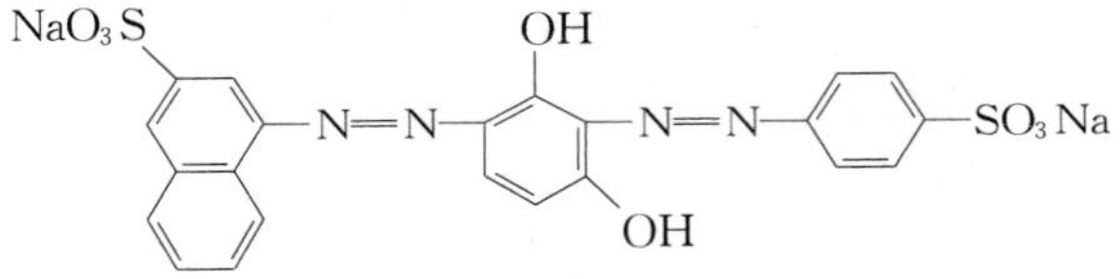

酸性棕SRN

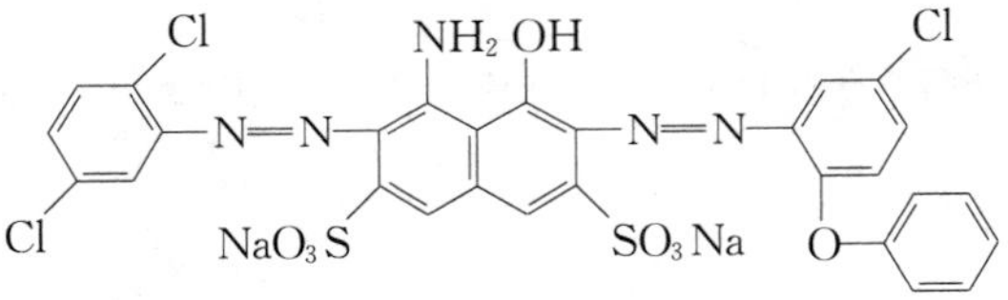

酸性坚牢绿BBL

酸性黑B的合成方法及结构如下：

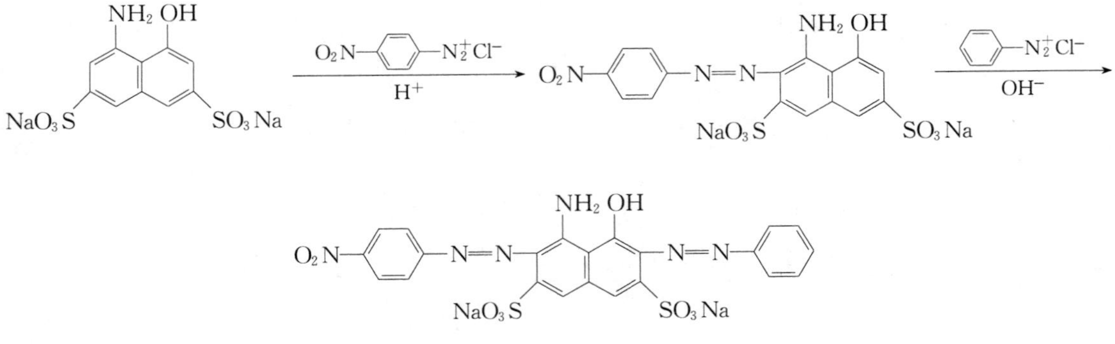

酸性黑B

酸性黑为灰黑色粉末，在水中呈红光蓝至黑色，在弱酸性或中性浴中染羊毛、蚕丝与锦纶；也可在中性浴与直接耐晒染料同浴染羊/黏，锦/黏织物。具有良好的湿处理牢度，耐晒牢度6～7级，应用广泛。

A→M→E 的合成途径是将一个重氮组分（A 组分的重氮化合物）先和芳伯胺（M 组分）偶合制成单偶氮染料，再进行重氮化，使之与另一个偶合组分（E 组分）偶合。苯胺、1-萘胺及其磺酸衍生物是常用的 M 组分。这类染料主要为蓝、黑色，它们的湿处理牢度和耐日晒牢度较好，但匀染性较差，多属弱酸性浴和中性浴染色的酸性染料。如：

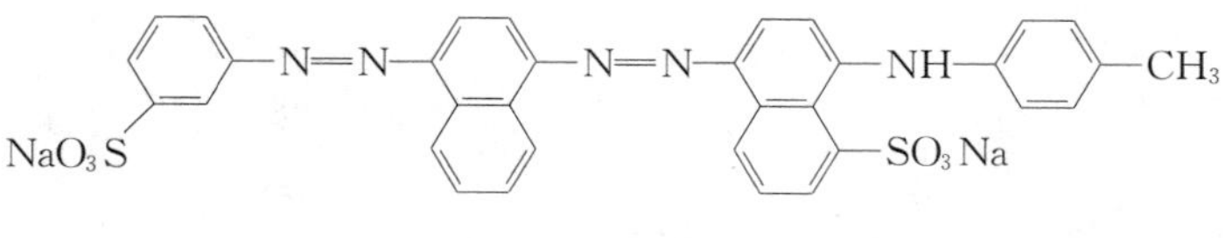

弱酸性深蓝 GR

E_1←D→E_2 的合成途径是由二氨基芳烃的两个伯氨基重氮化后（D 组分）与两分子相同或不相同的偶合组分（E_1 及 E_2 组分）偶合，制成双偶氮染料。最常用的 D 组分是联苯胺、联邻甲苯胺及其磺酸衍生物。这类染料的色泽主要为黄、橙及红色。如：

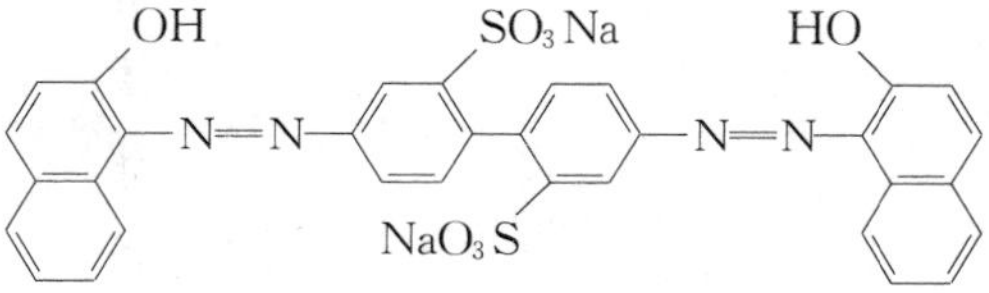

酸性大红 G

用 4，4′-二氨基二苯硫醚-2，2′-二磺酸双重氮盐，与苯酚偶合，然后在一定压力下用氯乙烷使羟基乙基化，得到的 C.I. 酸性黄 38，其结构如下。

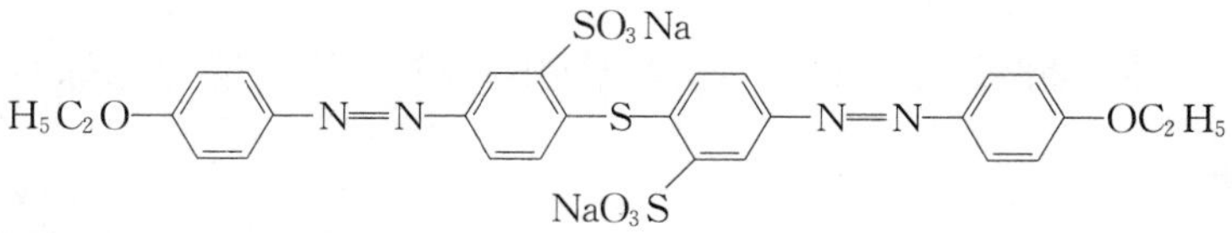

二、蒽醌类酸性染料

蒽醌类酸性染料在 19 世纪 90 年代就已经发展起来。这类染料具有良好的耐日晒牢度，主要有红、紫、蓝、绿、黑等色品种，其中以蓝色的最为重要。

蒽醌类酸性染料分子中具有磺酸基。按结构主要有 1,4-二氨基蒽醌、氨基羟基蒽醌、杂环蒽醌衍生物等几类。

（一）1,4-二氨基蒽醌衍生物类酸性染料

这类染料主要有紫、蓝、绿和黑色品种。它们大多是由 1,4-二羟基蒽醌、1-氨基-4-溴蒽醌和溴胺酸等中料合成的。溴胺酸是合成蒽醌酸性染料的重要中料。它和苯胺及其衍生物、环己胺等胺类在铜盐催化剂的存在下发生缩合，可以制得一系列的 1-氨基-4-取代氨基蒽醌-2-磺酸酸性染料。如溴胺酸和苯胺缩合可得酸性蓝 R，其反应式如下：

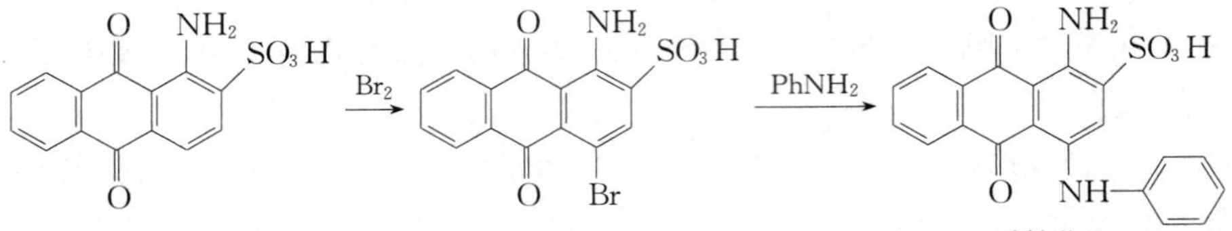

溴胺酸

酸性蓝 R

酸性蓝 R 染羊毛只有中等的湿处理牢度。如果在苯环上引入一定的脂肪链，能显著改善湿处理牢度，颜色更为鲜艳。如酸性蓝 N—GL 的湿处理牢度就比上述染料好。

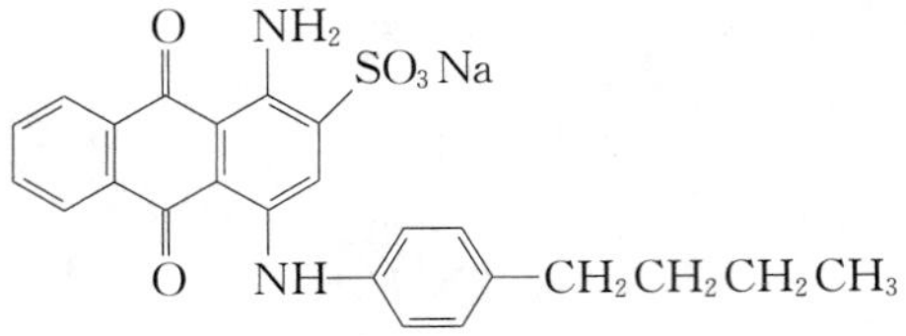

酸性蓝 N—GL

溴胺酸和 2，4，6 -三甲基苯胺缩合可制得酸性艳天蓝 BS，其结构式如下：

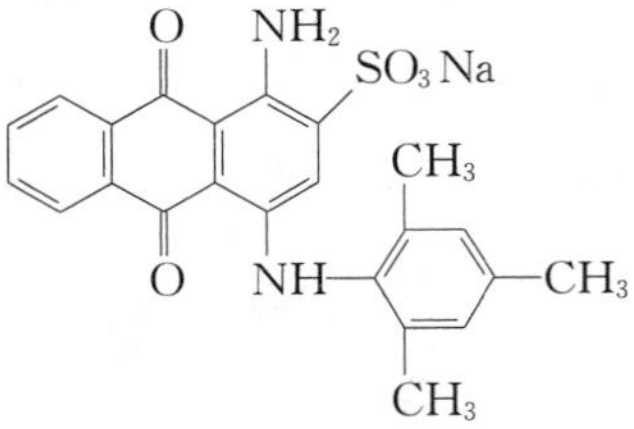

酸性艳天蓝 BS

酸性艳天蓝 BS 具有较好的耐日晒牢度。由于苯胺取代基的邻位有两个甲基，阻碍了苯环和蒽醌环的共平面排列，深色效应比较弱。

再如，将 1，4 -二羟基蒽醌还原，和对甲基苯胺作用，再磺化可得到酸性蓝绿 G。其反应式如下：

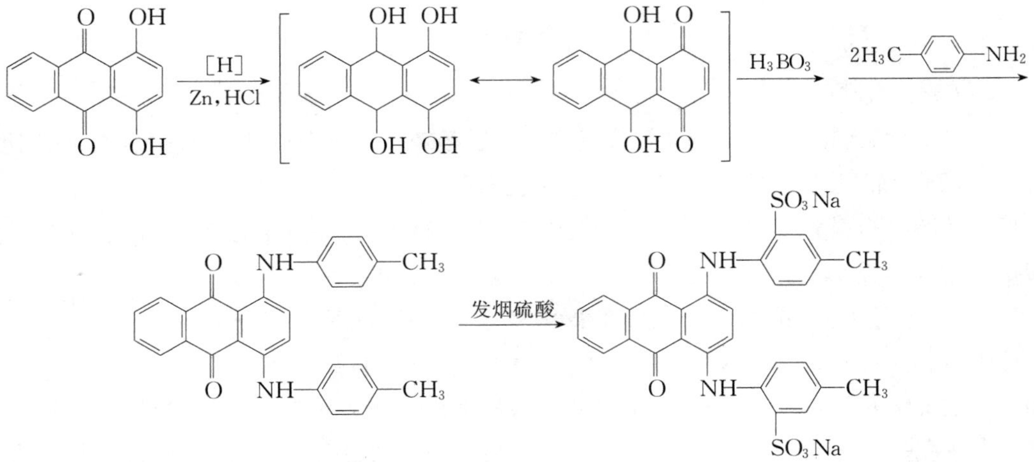

酸性蓝绿 G

酸性蓝绿 G 在羊毛上有很高的耐日晒牢度，优异的湿处理牢度和耐缩绒牢度。

将 1,4 -二氨基蒽醌和 1 -氨基- 4 -溴蒽醌缩合再磺化，可得酸性耐晒灰 BBLW(C. I. 酸性黑 48)，它是一种耐日晒牢度很高的耐缩绒酸性染料。其结构如下：

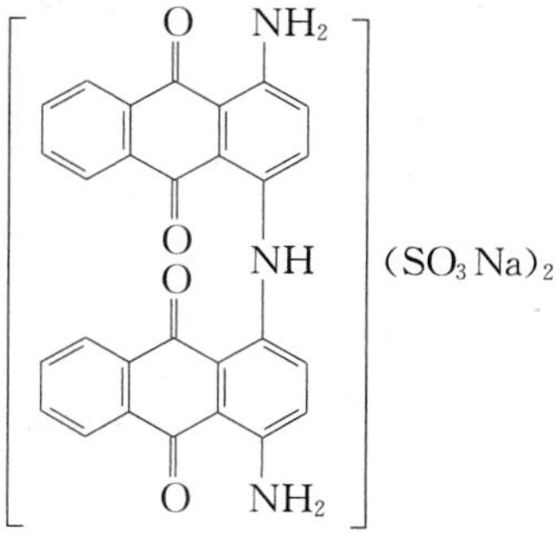

O NH_2 NH O O NH_2 $(SO_3Na)_2$

酸性耐晒灰 BBLW

(二)氨基—羟基蒽醌酸性染料

这类染料的品种相对较少，主要是一些紫色、蓝色染料。它们在羊毛上有较好的匀染性，耐日晒牢度也较好，如酸性宝蓝 B，它是由 1,5 -二羟基蒽醌经磺化、硝化再还原制得的。其反应式如下：

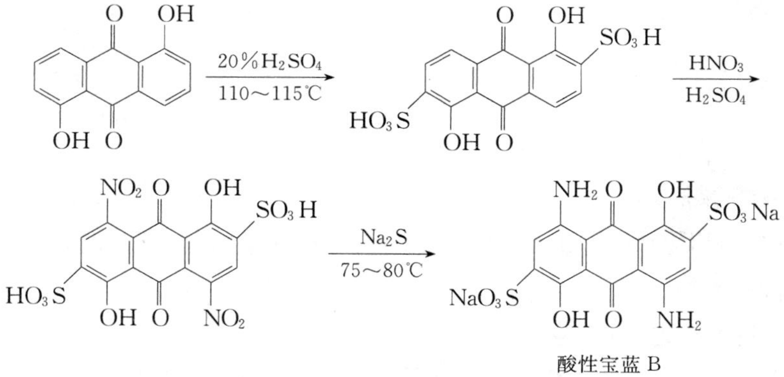

O OH OH O $\xrightarrow[110\sim115℃]{20\%H_2SO_4}$ O OH SO_3H HO_3S OH O $\xrightarrow[H_2SO_4]{HNO_3}$

NO_2 O OH SO_3H HO_3S OH O NO_2 $\xrightarrow[75\sim80℃]{Na_2S}$ NH_2 O OH SO_3Na NaO_3S OH O NH_2

酸性宝蓝 B

又如弱酸性蓝绿 5G 也属于这类染料，它的合成过程如下：

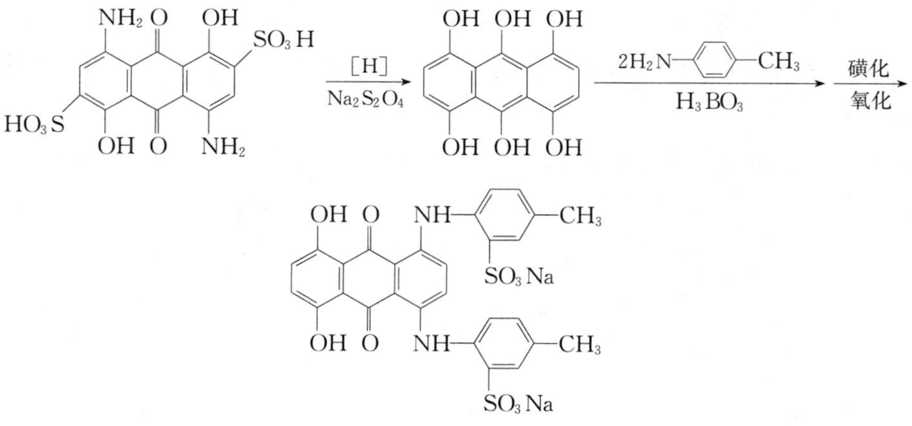

NH_2 O OH SO_3H HO_3S OH O NH_2 $\xrightarrow[Na_2S_2O_4]{[H]}$ OH OH OH OH OH OH $\xrightarrow[H_3BO_3]{2H_2N-C_6H_4-CH_3}$ $\xrightarrow[氧化]{磺化}$

OH O NH—CH_3 SO_3Na OH O NH—CH_3 SO_3Na

弱酸性蓝绿 5G

该染料在 pH=3.5～4.5 可染羊毛,亦可在羊毛、蚕丝或锦纶织物上直接印花。

(三)杂环蒽醌类酸性染料

1-氨基蒽醌衍生物可以在蒽醌的1位和9位或1位和2位上并构氮杂环。如1-乙酰甲氨基-4-溴蒽醌的乙酰基和9位羰基发生缩合、闭环,再和对甲苯胺缩合可制得酸性红3B。

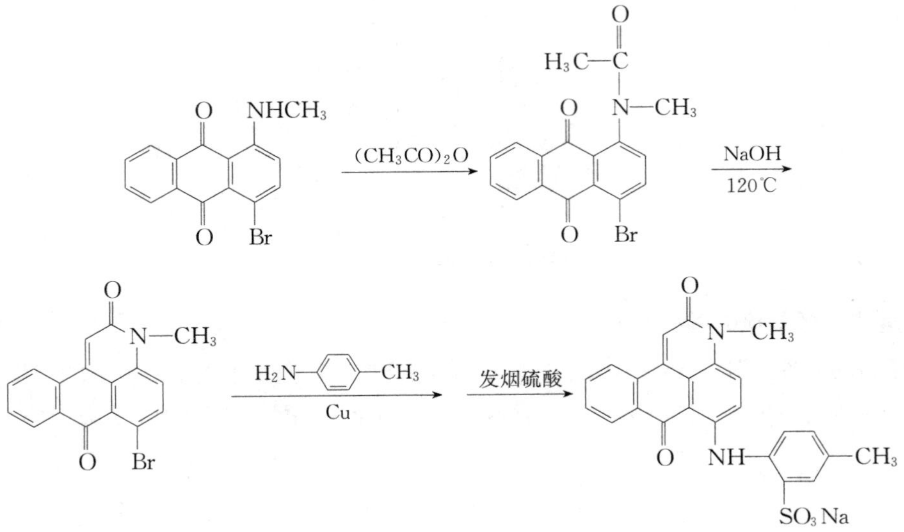

$(CH_3CO)_2O$; NaOH, 120℃ ; H_2N—C₆H₄—CH_3, Cu ; 发烟硫酸

酸性红3B

三、其他酸性染料

除了偶氮和蒽醌类的以外,还有一些其他结构的酸性染料,如三芳甲烷类、氧蒽类、氮蒽类及硝基酸性染料等。

(一)三芳甲烷类酸性染料

三芳甲烷类酸性染料在19世纪60年代便已出现在市场上,包括紫、蓝、绿色的品种。它们的色泽鲜艳,具有很强的染色能力,但不耐晒、不耐洗,对酸、碱不稳定,所以只有少数品种应用于纺织纤维染色。近年来,人们通过在分子中引入特定的基团以及杂环,使其耐晒牢度有明显的改进,如β-羟乙基、对甲氧基苯氨基,对甲苯氨基及吲哚等。而为了使染料具有满意的溶解能力,可以引入若干个 *N*-取代的β-羟乙基。

如酸性绿2G便属于这类染料。利用苯甲醛与两分子的 *N*-间磺酸基苄基-*N*-乙基苯胺缩合、氧化可制得:

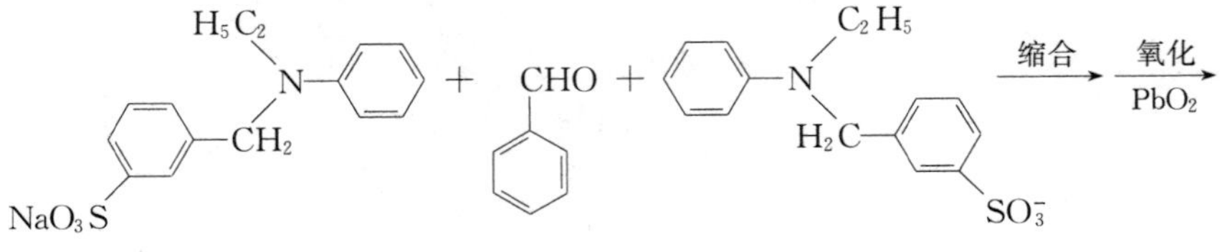

缩合 ; 氧化 PbO_2

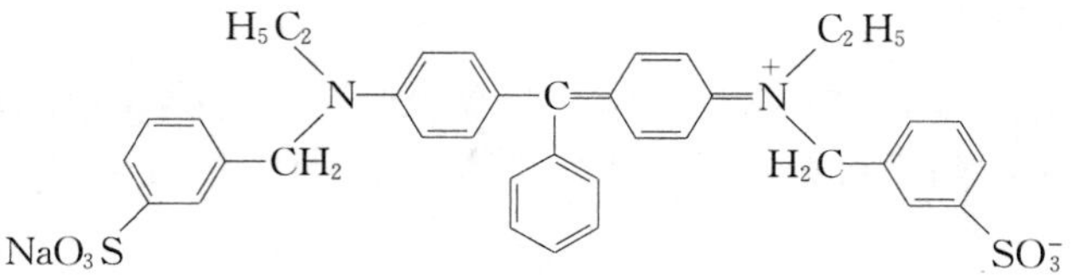

酸性绿 2G

该染料目前较少用于染羊毛、丝等，多用于染皮革及纸张。

(二)氧蒽类酸性染料

氧蒽类酸性染料是在染料分子中含有氧蒽(二苯并吡喃)结构的一类酸性染料。如含羟基的荧光黄系列染料便属此类，只是荧光黄牢度很低，很少用于纺织品染色。荧光黄氯化后再和邻甲基苯胺缩合、磺化，可制得紫色酸性染料酸性紫 R(C. I. 酸性紫 9)，其反应式如下：

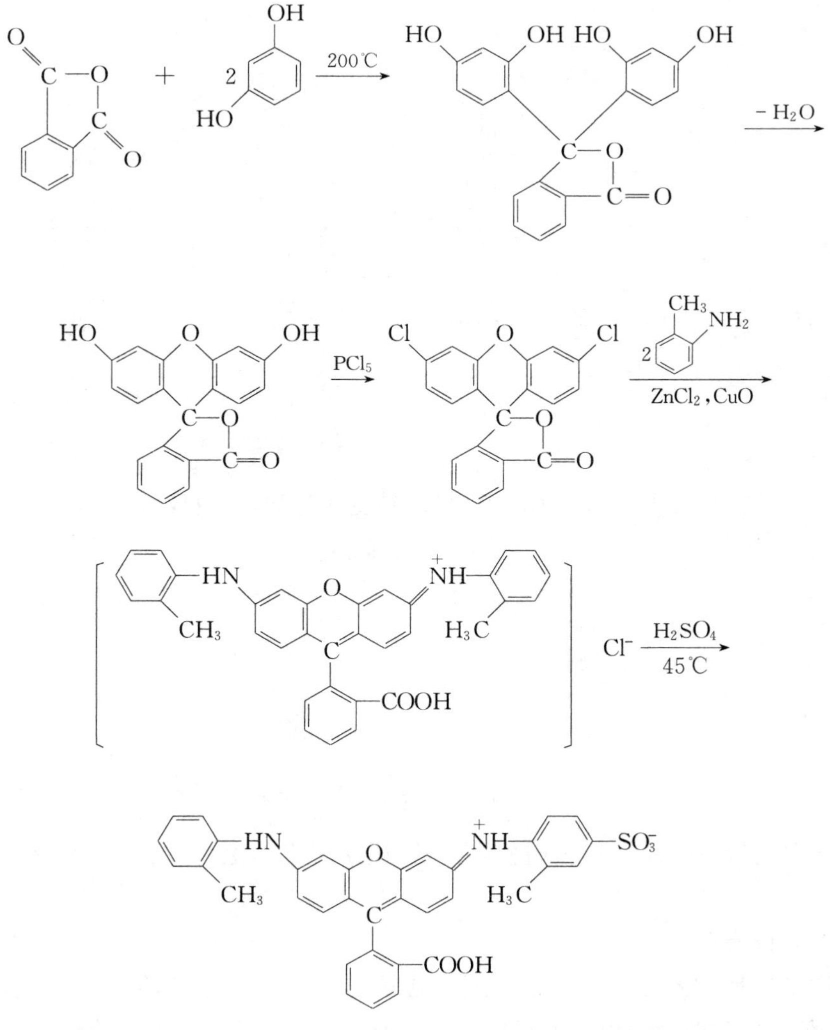

酸性紫 R

(三)对氮蒽类酸性染料

对氮蒽类酸性染料的母体化合物是二苯并吡嗪或吩嗪。这类染料的品种不多，以紫色、蓝色为主。历史上最早生产的染料品种苯胺紫就是 N -苯基对氮蒽类衍生物，其结构式如下：

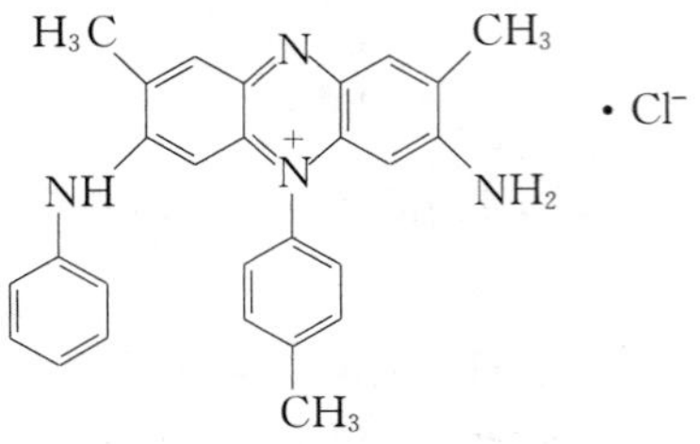

H_3C　N　CH_3　$\cdot Cl^-$
NH　$\overset{+}{N}$　NH_2
CH_3

另一个应用广泛的对氮蒽类染料是碱性藏红 T(Safranine T)，亦称碱性藏花红，其合成过程如下：

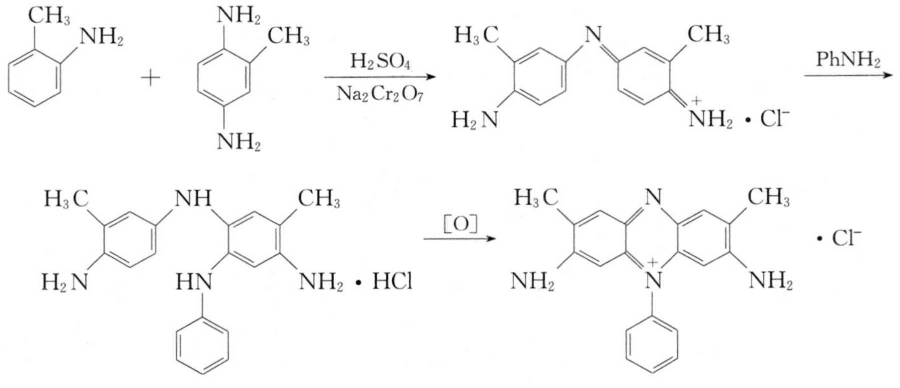

CH_3　NH_2　+　NH_2　CH_3　NH_2　$\xrightarrow[Na_2Cr_2O_7]{H_2SO_4}$　H_3C　N　CH_3　H_2N　$\overset{+}{N}H_2 \cdot Cl^-$　$\xrightarrow{PhNH_2}$

H_3C　NH　CH_3　H_2N　HN　$NH_2 \cdot HCl$　$\xrightarrow{[O]}$　H_3C　N　CH_3　NH_2　$\overset{+}{N}$　NH_2　$\cdot Cl^-$

碱性藏花红(C. I. Basic Red 2，50240)

如果在对氮蒽染料分子中引入磺酸基，可以转变成为酸性染料，如：

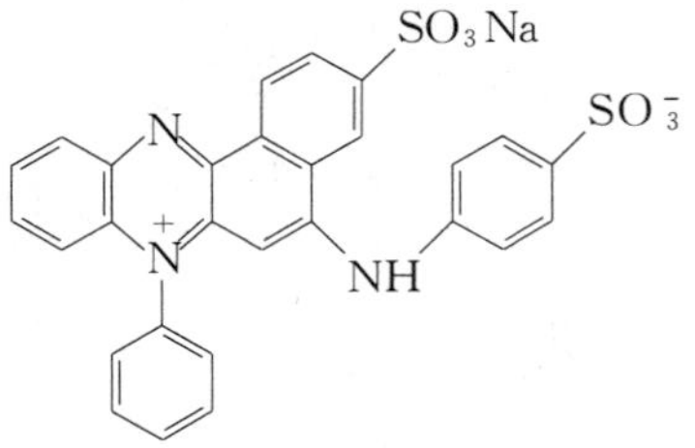

SO_3Na　SO_3^-　N　$\overset{+}{N}$　NH

C. I. Acid Red 101，50085

而且对氮蒽类蓝色酸性染料应用相当广泛，适用于染羊毛、蚕丝以及锦纶，具有中等耐光牢度。

(四)硝基酸性染料

硝基酸性染料具有比较简单的化学结构，通常也只有 1～3 个芳环，染料色谱范围主要是黄色、橙色和棕色。作为商品的第一个硝基染料是苦味酸(Picric acid)，其结构为 2，4，6 -三硝基苯酚。

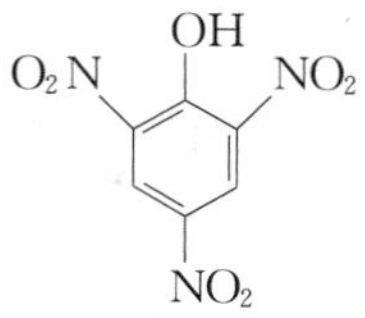

苦味酸

由于这类染料牢度很低，所以只有少数品种还在使用。其中酸性橙 E 耐日晒牢度较好，其结构式为：

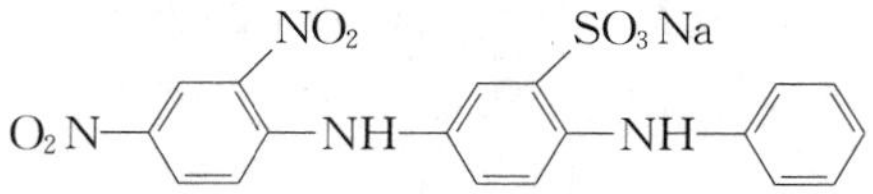

第三节 酸性染料结构与应用性能的关系

染料分子结构与染料在纤维上的应用性能，如耐光、耐湿处理（水洗、皂洗）、耐缩绒性能，匀染性能以及染料在染色过程中的上染率等有着十分密切的关系。所以，染料分子结构与应用性能之间的某些规律一直为染料工作者所重视。

酸性染料的染色性能以及染料在纤维上的牢度性能，尽管与染色纤维的类别、性质有一定的关系，但最主要的影响因素还是染料分子本身的结构。

一、染料分子结构与耐光性能的关系

染料在纤维上的耐光牢度与许多因素有关，如染色纤维的类型、性质，光源特性，温度，湿度以及染色深度，染料分子结构特征等。

在染料分子结构中，主要是母体结构、取代基的性质以及它们所处的相对位置对其耐光牢度有直接影响。通常染料分子中氨基、羟基的存在不利于耐光性能的提高，而卤素（—Cl、—Br）、硝基、磺酸基、氰基以及三氟甲基等有助于耐光坚牢度的提高。

以 H 酸为偶合组分所合成的单偶氮酸性染料，当氨基被酰化转变为酰氨基时，降低了氨基的碱性（或给电子性），可改进染料在纤维上的耐光性能。如下述染料类：

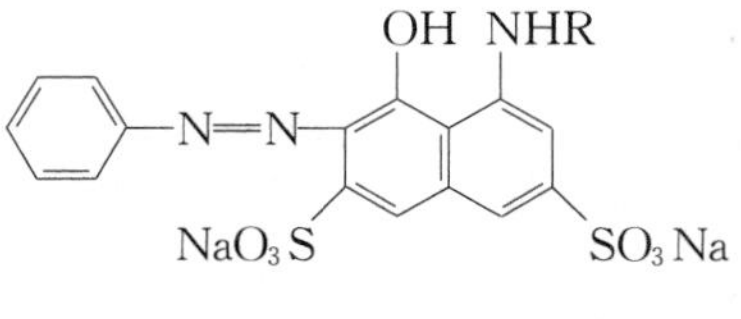

R	耐光牢度(级)
H	2～3
CH_3CO—	5
$CH_3(CH_2)_6CO$—	6
$CH_3(CH_2)_{14}CO$—	3～4

分子中氨基酰化均能提高酸性染料在羊毛上的耐光坚牢度，但是，当脂肪链过长时，将导致耐光牢度的降低。

又如，由一R盐作为偶合组分与苯胺取代衍生物的重氮盐偶合得到的酸性染料类，其耐光牢度以偶氮基邻位具有取代基的染料最佳。

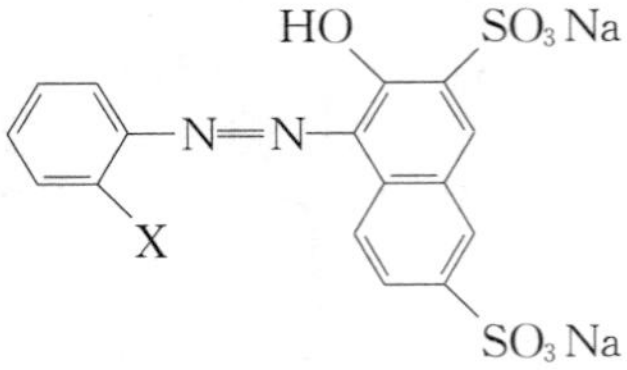

上述结构中的 X 可以为—OH、—OCH_3、—SO_3H及—Cl等。

对于提高酸性染料耐光牢度的另一个比较有效的方法，是在染料分子中引入某些特殊基团，使染料分子结构的稳定性提高，或者是影响染料分子在染色纤维中的物理状态，进而提高其耐光牢度。典型的取代基团是不同的磺酰氨基，如—SO_2NR_2、—$NHSO_2Ph$、—SO_2NHCH_3等，它们可以引入到酸性染料以及金属络合染料分子中。

在实际应用中，更多的是把脂肪族碳链引入到酸性染料分子中，不仅对染料的耐光牢度有所提高，而且也可改进湿处理性能。测定的结果表明，随着引入脂肪碳链长度的增加，其耐光牢度提高，通常 C_4～C_8 为佳，如果引入更长的脂肪链如 C_{16}，则耐光牢度降低。

分子中含有脂肪族碳链的长度对染色织物耐光牢度的影响，可以认为与染料分子在纤维中的物理状态有关。具有中等长度碳链的染料比较容易形成聚集状态或胶束，这样可以比较容易地在染料分子光化学分解之前消除或分解掉染料激发状态的能量，或降低激发状态染料分子存在的时间，或者是使得受到 O_2、游离基、H_2O_2 等反应质点进攻的面积减小，从而提高染料的耐光牢度。而含有更长的脂肪族碳链，可以增加这些染料分子的表面活性，降低染料聚集体的稳定性，使染料在纤维内部以单分子存在。因此必须依据应用要求，选择适当长度的脂肪链。

由氨基蒽醌磺酸衍生的酸性及弱酸性染料染羊毛的耐光牢度均较好，这是由蒽醌母体结构所决定的。与氨基蒽醌分散染料相似，当在氨基的邻位引入磺酸基、甲基或其他取代基团时，降低了蒽醌1位的氨基对光氧化作用的活泼性，提高了其耐光稳定性。如以下染料均具有较好的耐光牢度：

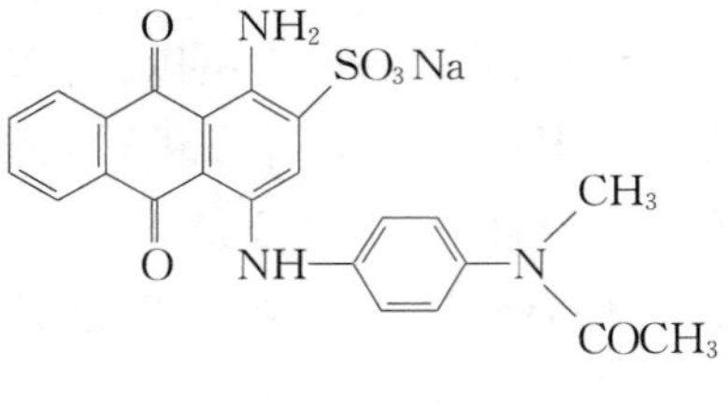

酸性蓝 BR
耐光牢度：5～6 级

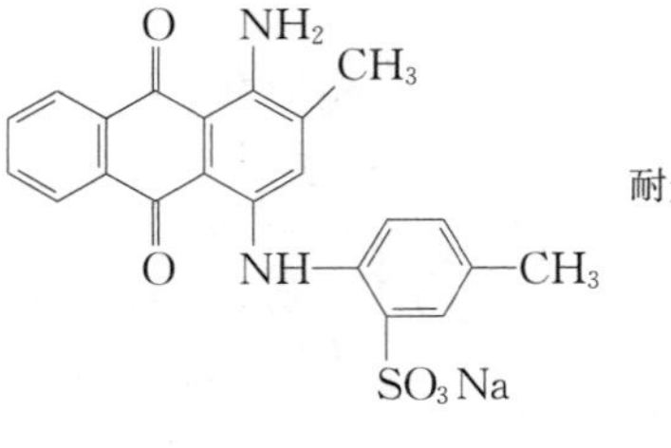

酸性蓝 2R
耐光牢度：5～6 级

同时，如果在蒽醌类酸性染料分子中引入脂肪族碳链时，则以 C_8～C_{12} 为宜，否则耐光牢度也会降低。

三芳甲烷类染料具有强度高、色光鲜艳等优点，但通常在天然纤维上，如羊毛、丝或棉纤维上耐光牢度可有 1 级至 4～5 级，平均为 2 级。

有效改进三芳甲烷类酸性染料的途径，除了在分子中引入适当数目的磺酸基外，还可以通过在三芳甲烷分子结构中心碳原子的邻位引入某些特定的取代基团，如—Cl、—CH_3 及—SO_3H，由于这些基团的存在，产生了空间位阻效应，使三个苯环不处于同一个平面，降低了中心碳原子的反应活性，增加了染料分子的光化学稳定性，提高了染料在纤维上的耐光牢度。典型的品种如酸性紫 4BNS 的耐光牢度只有 1 级，而引入取代基的染料酸性艳绿 B 耐光牢度可提高至 2～3 级：

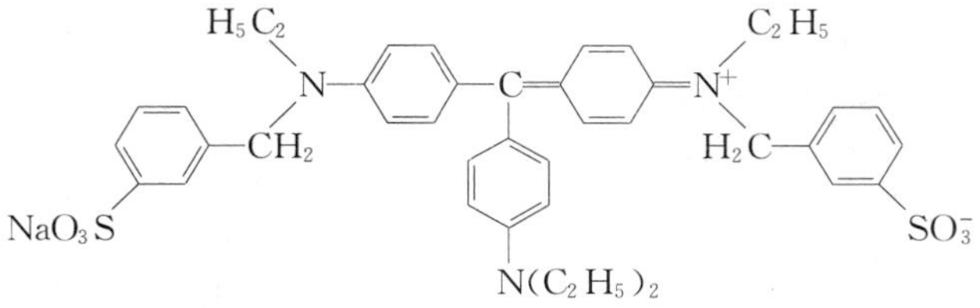

酸性紫 4BNS
耐光牢度：1 级

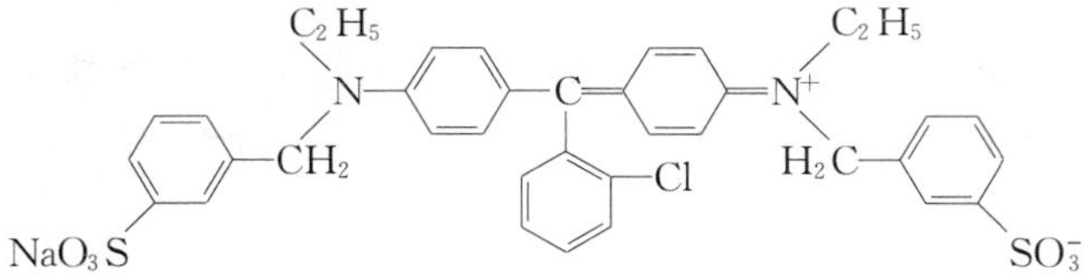

酸性艳绿 B
耐光牢度：2～3 级

二、染料分子结构与湿处理坚牢度的关系

染料必须具有一定的湿处理坚牢度，包括耐水洗、皂洗、湿摩擦、碱煮以及耐缩绒牢度等。湿处理牢度与染着在纤维内的染料分子扩散性能、染料的相对分子质量、分子构型以及染料与纤维之间的结合力有直接关系。

染料分子结构决定了对染色纤维结合力的大小，该结合力越大，亲水性越弱，染着在纤维内部的染料分子保留在纤维之中，不易向外扩散，则湿处理牢度越高。某些酸性染料从羊毛纤维向碱性缓冲溶液中解吸附的速度是随着"染料—纤维"结合力的增长而降低，同时染料的解吸附的速度也随溶液的碱性降低而下降。

酸性染料分子中含有一定数量的亲水性基团，如—SO_3H、—COOH、—NH_2、—OH 等，染料分子具有较强的亲水性。当分子中含有较多的—SO_3H 时，染色纤维在碱性水溶液中，由于解离的—SO_3^- 与纤维内带负电荷区域之间的静电排斥力，更容易造成染料向碱性水溶液中的解吸。因此，尽管酸性染料染着羊毛、丝及锦纶时可以与纤维之间形成盐键，但其结合强度仍比较低，所以染料在纤维上的湿处理牢度不是十分理想。

改进酸性染料湿处理牢度的途径之一是增加染料相对分子质量。可以预期，具有相同磺化程度，即含有相同磺酸基数的染料分子，其湿处理牢度将随着染料相对分子质量或分子体积的加大而得到改善。从实用角度来看，采用相对分子质量比较大的染料，可以防止染料从染色纤维中解吸。但从染色者来看，更喜欢使用相对分子质量较小、扩散性能良好的染料，以达到满意的匀染效果。

增加染料相对分子质量可以有不同的方法，早期应用联苯胺为重氮组分合成的偶氮染料，包括某些酸性染料品种，由于具有较好的分子共平面性，比起只考虑相对分子质量大小的影响因素，更能改进酸性染料的湿处理牢度，这种平面结构可以有更多的机会产生染料分子与纤维之间的范德华力与氢键作用。

更具有实际意义的增加相对分子质量的方法，是在染料分子中引入脂肪族烷基、环烷烃及芳烃等憎水性基团。这些基团的引入，不仅可以降低酸性染料在水中的溶解度和亲水性能，而且还能增加染料分子与蛋白质纤维分子间的引力，明显地提高染料湿处理牢度。如用不同碳链的对烷基苯胺作重氮组分，与H酸酰化产物合成的酸性染料，当碳链长度、相对分子质量增加时，耐皂洗牢度也随之提高。

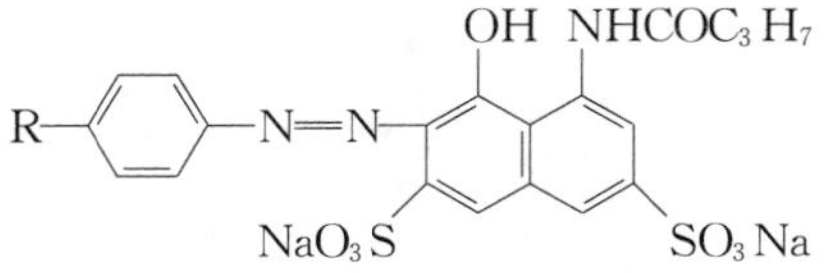

R	耐洗牢度/级 40℃	耐洗牢度/级 100℃
H	1	1
$-CH_3$	4	1
$-C_4H_9$	5	2
$-C_{12}H_{25}$	5	3

可见，通过引入疏水链改变染分子结构、增加其相对分子质量或降低磺酸基等水溶性基团的比例，有助于湿处理牢度的改进。

三、染料分子结构与匀染性能的关系

染料除具有一定的耐光及湿处理坚牢度外，为了获得良好的染色效果，还应该具备必要的匀染性能。

在染料分子中引入较多的水溶性基团，如磺酸基、羧基，以提高染料在水中的溶解度，加大染料分子的亲水性，降低染料对纤维的亲和力，可有效地增加染料的匀染性能。酸性染料由于分子较小，在水中多以分子状态存在，因此在染色过程中，染着在纤维上的分子仍可能发生迁移作用，离开染着的位置而在纤维的其他位置重新固着，即在纤维内部存在一个染料不断运动的过程，以致最终达到均一分布。

对于酸性染料而言，增加相对分子质量，引入特殊的基团如脂肪族碳链等，可以降低染料的亲水性，增加染料对纤维的亲和力，提高其湿处理牢度，但会影响染料的匀染性。其中尤以含长碳链的弱酸性染料更为明显，由于染料与纤维之间的范德华力较大，影响染料分子在纤维上的移染性能，因此匀染性差。如下列染料：

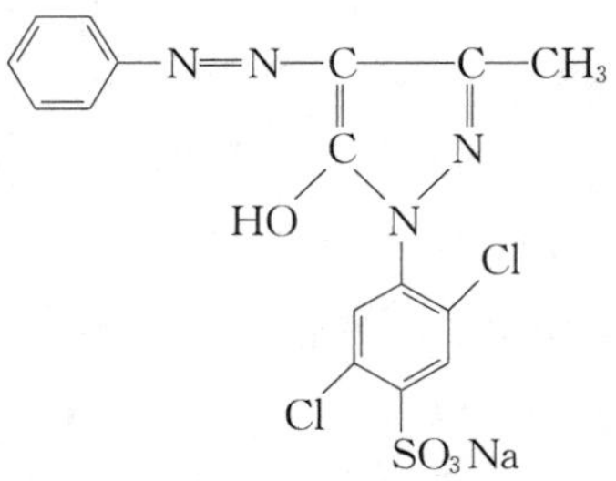

酸性嫩黄2G
匀染性：4～5级
耐洗牢度：4级
耐缩绒牢度：1级

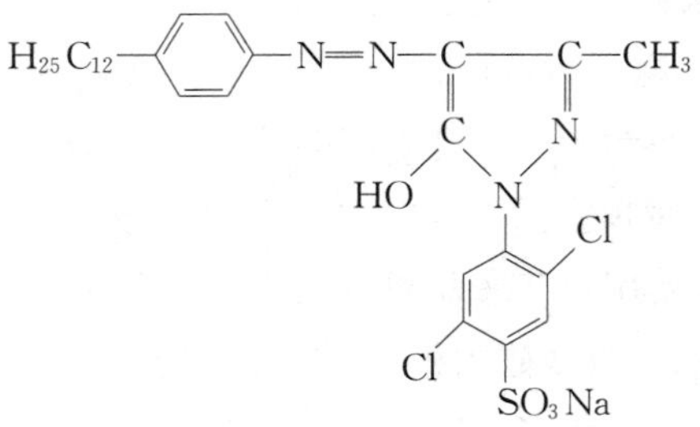

弱酸性黄3GS
匀染性：2级
耐洗牢度：4级
耐缩绒牢度：4～5级

为解决上述矛盾，通常是使相对分子质量增加到一定程度，可用芳环或环烷烃代替脂肪链，同时引入极性较强的基团，如取代的磺酰氨基、酯基，以赋予染料一定的亲水性能，在增加与纤维结合能力的同时，还可以具有较好的匀染性。如染料弱酸性黄 5G（C. I. 酸性黄 40）：

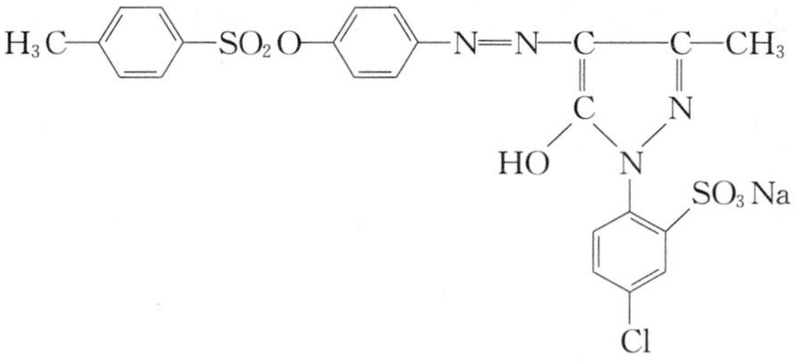

弱酸性黄 5G
匀染性：4～5 级
耐洗牢度：4～5 级
耐缩绒牢度：2～3 级

第四节　酸性染料的发展趋势

近年来，国内外对酸性染料的研究和开发工作很活跃，仅次于分散染料，其品种增加很快。由于对羊毛、蚕丝和锦纶等纺织品的需求量日益增多，酸性染料的使用量也相应增大。强酸性染料，由于湿处理牢度较差，其使用量逐渐降低；弱酸性染料是需求量较大的品种，也是今后发展的重点，从品种到数量均应有所增长。

当前，酸性染料的主要课题是提高产品的染色牢度，减少纤维损伤，降低能耗，提高生产率和减少环境污染。近年来，发展了匀染性能和染色牢度兼优的毛用酸性染料新品种以及染羊毛、锦纶用的含杂环结构的酸性染料，开发了锦纶专用系列酸性染料，并在改进现有产品的生产工艺、开发新用途以及发展现有染料的新剂型等方面进行了研究。

我国对酸性染料的研究开发不断深入，其生产有较大增长，相继投产了一些性能优良的强酸性和弱酸性染料品种，并在助剂配备上取得了进展。酸性染料的研究与开发主要集中在以下几个方面。

一、发展现有染料的新剂型

染料新剂型包括液态，低粉尘、易溶于水、对溶液稳定及高浓度的粒状和粉状等。

液态染料可降低粉尘对印染厂工人的危害，并可给计算机控制的染色设备提供使用方便和精确性较高的染液。如由电子计算机控制的地毯用喷射印花设备，不仅需要储存稳定、质量高、强度均匀的酸性染料溶液，而且还要求这些染料具有相应的上染率和耐日晒、湿处理、耐臭氧牢度，在各种光照条件下还应具有令人满意的光泽、色调以及合理的价格。

将微溶型的单偶氮和双偶氮酸性染料在带有分散剂（如木质素磺酸铵）的条件下制成冷水可溶的制剂，由于其很易溶解于冷的硬水中，在制备制剂或染浴时可节省大量时间和能源。

二、开发含杂环基团的新型酸性染料

分子中含氮、硫等杂环结构的染料，具有相当高的摩尔消光系数、高的染色强度、更鲜艳的颜色及优良的染色性能。近年来研究和开发了许多含有杂环基团或发色体系的强酸性染料和弱酸性染料，这些基团主要包括噻唑、异噻唑、噻吩、苯并噻吩、四氢喹啉、苯并吲哚及吡啶酮等衍生物。它们既可作为重氮组分，也可作为偶合组分，合成各种结构不同的偶氮类强酸性染料和弱酸性染料。

另一发展趋势是在染料分子中引入砜基或磺酰氨基等基团，如 $—SO_2^-$、$—SO_2CH_3$、$—SO_2C_6H_4X$、$—SO_2NHR(Ar)$ 等，以进一步提高染料的匀染性能，改进耐日晒、气候与湿处理牢度。

三、开发新型染色匀染剂

酸性染料品种较多，但以往各种染料都有特定的匀染剂以解决匀染问题，工厂使用时比较复杂。近年来各化工厂开发出通用型毛用匀染剂，可以适应各种毛用酸性染料。这种匀染剂大部分属于非离子/弱阳离子(或两性)表面活性剂的混合体，它要求有合适的环氧乙烷数量，以便使染料与助剂的络合物具有足够的溶解度，不致于凝聚过多，且有利于缓染，不影响上染率。毛用匀染剂 WE 以及匀染剂 Eganol GES，Albegal A、B，Lyogen UL 等均有优良的匀染效果，通用性很强。

随着 ISO 14000 的颁布与实施以及国内外市场对生态纺织品和环境保护的要求越来越高，环保型助剂成为国内外纺织助剂厂商竞相开发的产品。常用匀染剂中有些品种因含有烷基酚聚氧乙烯醚类和可吸附的有机卤化物，这些物质已经被要求禁用。而环糊精、烷醇酰氨磺基琥珀酸单酯盐和膨润土匀染剂等都是新开发的环保型匀染剂。

利用表面活性剂的协同复配增效作用，通过将两种或两种以上具有不同性能的助剂复配制成的新品种具有比单组分更优异的性能，这是开发新型匀染剂的重要方式。酸性染料用匀染剂中大量使用的都是此类，并获得了优良的使用效果。

四、锦纶专用酸性染料的进展

目前，弱酸性染料的需求量在增加，除了衣用织物的染色所需以外，其中相当大的部分是用于锦纶地毯和室内装饰物的染色。酸性染料根据应用的需要向专用方向发展，如卜内门公司的 Nylomine 染料有 A、B、C 和 P 组之分。A 组染料中，所有的深度都具有良好的耐日晒牢度、相容性和条花盖染性，适用于地毯、家具用装饰物以及浅、中色妇幼锦纶织物的染色。B 组染料具有良好的匀染性和相容性，适用于变形锦纶和针织物的染色。C 组染料具有优良的湿处理牢度，可用于鲜艳的游泳衣和妇幼衣物的染色。P 组染料适用于印花，近年来又补充了许多新品种，其中 Nylomine 红 A—4B 成本低，性能好，具有高度的匀染性和重现性。Nylomine 红 B—B 和蓝 B—2R 可以在锦纶织物上产生高对比的效果，且具有优异的重现性能，与黄 B—2G、橙 B—C 配合使用具有突出的应用性能，用途相当广泛。

在新开发的锦纶专用酸性染料中，比较典型的是美国C&K公司的Nylonthrene和Multinyl染料。Nylonthrene染料具有良好的耐日晒、湿处理牢度和匀染性能，还有较高的耐臭氧牢度，染色条件容易控制，染浅、中色不需要添加助染剂，染深色也仅需加少量助染剂。Nylonthrene B染料主要用于卷染。Multinyl染料用于地毯、室内装饰品和针织物的染色，其染浴容易调制，染色时间短，各项牢度及匀染性、重现性良好，适用于快速连续染色。

此外，美国大西洋公司开发了Atanyl Floxine染料，可染锦纶和羊毛，具有很好的匀染性、耐日晒牢度和拔染性。该公司还推出了Atlantic Acid Fast染料，羊毛染深色时耐日晒牢度可达6～7级，并推荐用于锦纶外衣的染色。汽巴(Ciba)精化公司后来又推出Tetilon染料，用于锦纶染色和印花。拜耳公司在原有Telon Fast和Telon L染料的基础上，又介绍了Telon Fast A和Telon S染料。A组染料具有优异的提升率、湿处理牢度和盖染性能，适用于锦纶衣料的染色，S组染料则适用于快速染色。山德士公司所生产Nylosan染料的新品种以E组和N组为多，这些品种都具有较好的日晒和湿处理牢度以及优异的匀染性能和盖染性能。

在开发锦纶专用酸性染料的过程中，还应重视三原色品种和配套助剂的发展。

五、酸性染料的应用领域

近年来，在酸性染料的染色领域采用各种新技术、新设备、新助剂、新工艺，围绕着减少羊毛纤维损伤、节约能源、减少公害等方面进行了很多研究，逐步打破了原来的传统工艺，低温染色、小浴比染色、一浴一步法染色等新工艺迅速发展。低温染色的方法多种多样，应用比较多的是加入表面活性剂一类的助剂，主要起解聚染料、膨化纤维的作用，促使染料均匀上染纤维。有的将氯化稀土与表面活性剂组成配套助剂，除可起到解聚染料和膨化纤维的作用以外，还可提高纤维吸收染料的能力，节约染化料，降低残液中的BOD和COD值。还有一种是羊毛先进行预处理，以提高纤维对染料的吸收能力，然后进行低温染色。其他的低温染色方法在实际生产中很少应用。适合小浴比染色的新设备越来越多，如不同类型的喷射溢流染色机、筒子纱染色机等。目前生产的常压溢流充气式染色机的浴比只有(1∶4)～(1∶5)。

复习指导

1. 掌握酸性染料的结构特征、应用分类及其应用性能。

2. 了解偶氮型和蒽醌型酸性染料的合成途径。

3. 了解酸性染料的结构对染料颜色、耐光牢度、湿处理牢度和匀染性能的关系。

4. 掌握偶氮型酸性染料和直接染料在结构、染色对象、染色性能(匀染性，牢度)及合成染料中间体的异同点。

5. 了解酸性染料的发展趋势。

思考题

1. 什么是酸性染料，按应用性能酸性染料可分为哪三类？

2. 举例说明双偶氮酸性染料和蒽醌型酸性染料的主要合成途径。

3. 试述酸性染料结构与其应用性能的关系，举例说明提高皂洗牢度的可能途径。分析如下结构中的取代基 X、Y 对染料在羊毛上的应用性能的影响。

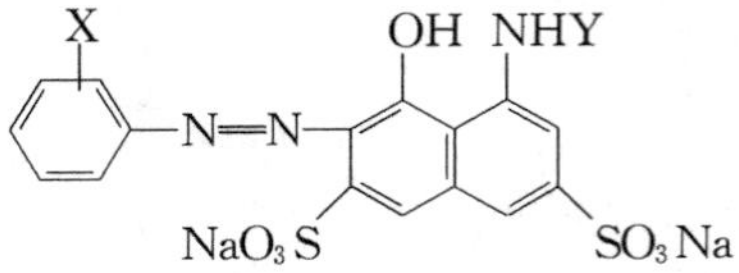

4. 比较偶氮型酸性染料和直接染料在结构、染色对象、染色性能(匀染性，牢度)及合成染料中间体的异同点。

5. 指出下列染料是什么种类的染料，分别指出各自的应用对象，颜色和牢度，并说明理由。

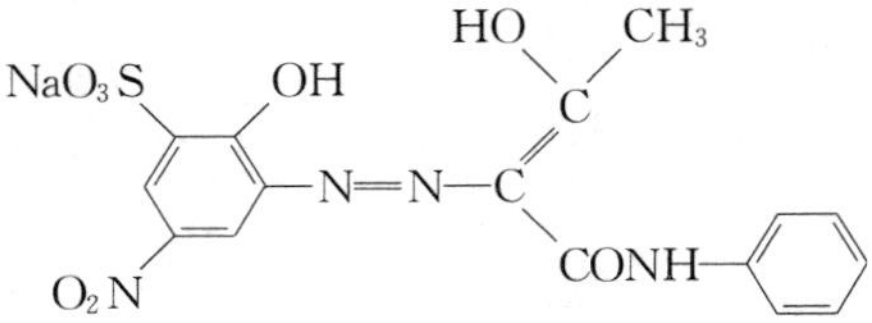

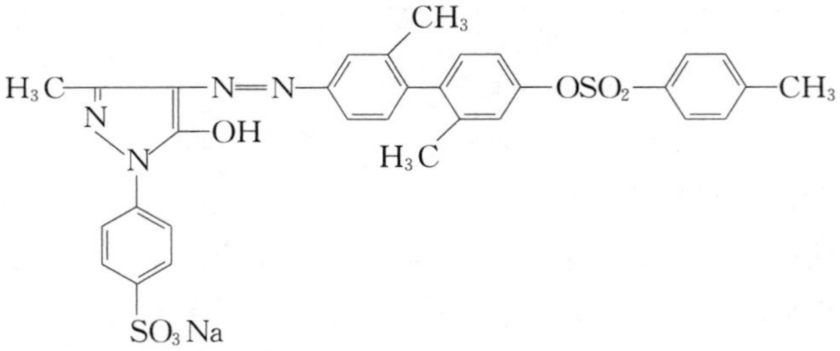

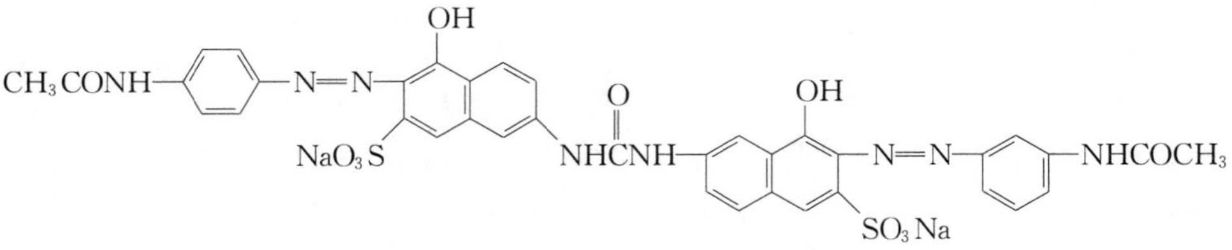

参考文献

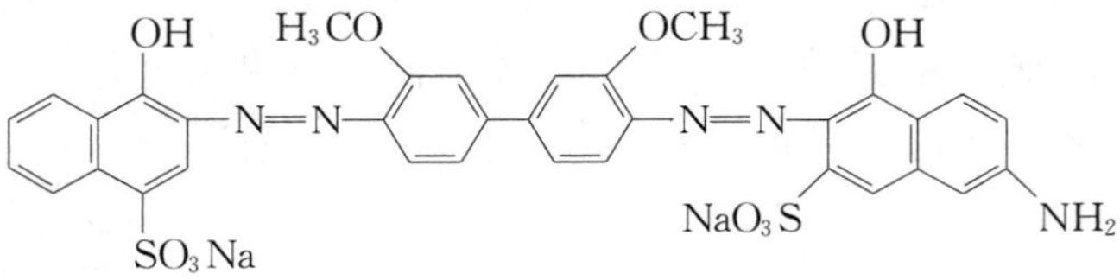

[1] 沈永嘉．精细化学品化学[M]．北京：高等教育出版社，2007.

[2] 何瑾馨．染料化学[M]．北京：中国纺织出版社，2004.

[3] 王菊生．染整工艺原理(第三册)[M]．北京：纺织工业出版社，1984.

[4] 侯毓汾，朱振华，王任之．染料化学[M]. 北京:化学工业出版社,1994.

[5] 上海市印染公司．染色[M]. 北京:纺织工业出版社,1975.

[6] 周春隆．酸性染料及酸性媒染染料[M]. 北京:化学工业出版社,1989.

[7] 上海市印染工业公司．印染手册(上、下册)[M]. 北京:纺织工业出版社,1978.

[8] 黑木宣彦．染色理论化学[M]. 陈水林,译．北京:纺织工业出版社,1981.

[9] Peters R H. Textile Chemistry, Vol. Ⅲ, The Physical Chemistry of Dyeing [M]. Amsterdam: Elsevier, 1975.

[10] J. Griffiths, Colour and Constition of Organic molecules [M]. New York: Academic press, 1976.

[11] Bird C L, Boston W S. The Theory of Coloration of Textile [M]. Bradford: Dyers, 1975.

[12] Venkatarman K. The Chemistry of Synthetic Dyes[M]. New York: Academic Press, 1952.

[13] 杨新玮．国内外酸性染料的进展[J]. 染料与染色,2006,(2):1-6.

[14] 张继彤，杨新玮．近年我国酸性染料的进展[J]. 染料工业,1999,(3):10-14.

[15] 张继彤，杨新玮．近年我国酸性染料的进展[J]. 染料工业,1999(4): 8-11.

[16] 张治国,尹红,陈志荣．酸性染料常用匀染剂研究进展[J]. 纺织学报,2005(4):134-136.

[17] 钱国坻．酸性和分散染料的染色性能与商品化[J]. 染料工业,2001(2): 21-23.

[18] 肖刚，王景国．染料工业技术[M]. 北京:化学工业出版社,2004.

[19] 夏勃士尼科文．有机颜料[M]. 北京:化学工业出版社,1965.

[20] 上海市纺织工业局．染料应用手册(第二分册).[M]:北京:纺织工业出版社,1983.

第十章　酸性媒染染料与酸性含媒染料

第一节　引言

酸性媒染染料可溶于水，能在酸性溶液中上染蛋白质和聚酰胺纤维，可以按染料的染色方法上染，但在染色过程中要用金属媒染剂处理，使染料与金属媒染剂在纤维上形成络合物，因此称为酸性媒染染料。由于常用的媒染剂是重铬酸盐，所以又将这类染料称为铬媒染料。

酸性媒染染料经媒染剂处理后，在羊毛上具有良好的耐光、耐洗和耐缩绒坚牢度，虽然染料色光不如酸性染料鲜艳，但颜色加深且成本低廉，因此仍为蛋白质纤维广泛应用的深色染料。

酸性媒染染料主要应用于羊毛、蚕丝及锦纶的染色，通常酸性媒染染料在羊毛上的耐光及耐湿处理牢度较酸性染料高，耐缩绒煮呢牢度较中性染料好。同时由于相对分子质量较小，水溶性好，具有良好的匀染性，不仅用于精、粗梳毛纺织品，还用于羊毛地毯纱的染色。目前，酸性媒染染料仍是染深色精纺和粗纺呢绒的主要染料，对于蚕丝、锦纶染色也具有较好的牢度，但由于蚕丝很细，长时间染色处理易使丝断裂、起毛；在染锦纶时由于亲和力高、低不等，而且染色后，织物上残余金属媒染剂经日光暴晒还会导致纤维强度的降低，故不如在羊毛纤维上应用广泛。

酸性媒染染料在实际应用中，由于染料与金属生成络合物是在染色过程中发生的，不免使染色工艺繁复，而且在生成络合物时，织物色光往往变化很大，不易调整从而影响染色的重现性。为了克服上述困难，人们设法将媒染剂金属离子预先引入染料分子中，成为含金属的络合染料。习惯上将这类染料称为酸性含媒染料，又称为金属络合染料。所引入的金属离子一般是铬离子，少数是钴离子。

用酸性含媒染料染色，工艺大为简化，仿色较方便，色泽较酸性媒染染料鲜艳，染品的耐日晒牢度也很好，耐洗牢度比匀染性酸性染料好，但不及酸性媒染染料。排水污染情况也有所改善。酸性含媒染料有黄、橙、红、蓝、紫、绿、黑等各色品种。和酸性染料一样，除羊毛外，也可用于蚕丝和锦纶的染色。

酸性媒染染料染色有三种方法：

(1)后媒法：即先染色后媒染，是生产上常用的方法，染色过程与常规中度匀染酸性染料的染色方法相同。常用的媒染剂为铬酸钠或重铬酸钾，用量大约为染料用量的一半。染料在酸性介质中上染纤维，然后将媒染剂水溶液直接加入染浴中媒染处理。

(2)预媒法：即先媒染后染色，一般媒染剂用纤维质量的1.5%，对纤维进行处理，使纤维吸收，用水清洗后再加入所需要的染料和醋酸，对羊毛进行染色。此法工艺复杂，产品质量不稳定，已被淘汰。

(3)同媒法:一些媒介染料可与媒染剂同浴一步完成染色和媒染过程。通常是先加媒染剂、硫酸铵和渗透剂,然后加入所需的媒介染料。此法过程简单,成本低,但对染料有一定要求,不宜染浓色。

第二节　酸性媒染染料的结构分类

酸性媒染染料按其化学结构分类主要包括偶氮、蒽醌、三芳甲烷及氧蒽等类型。染料分子中一般具有强酸性染料的基本结构,同时含有能与金属元素形成络合物的结构(配位体)。

一、偶氮类酸性媒染染料

酸性媒染染料以偶氮类的品种最多,它们对染色方法的适应性也最好,同一种染料往往可以用不同的媒染方法进行染色。按照配位体的结构特征,偶氮类酸性媒染染料可以分成两类:一类是配位基在分子的一端,偶氮基不参加络合的染料;另一类是偶氮基参与络合的染料。偶氮类酸性媒染染料包括整个色谱,唯有蓝、紫及绿色品种较少。多数偶氮型酸性媒染染料采用后媒法染色。

(一)配位基在分子末端的酸性媒染染料

这类染料大多数是用水杨酸作偶合组分,或以氨基水杨酸为重氮组分与相应的重氮组分或偶合组分制备而成的,绝大多数的黄、橙色酸性媒染染料属此类。由于形成的金属络合物不直接参与染料分子的共轭体系,这类染料媒染后颜色变化不大,耐日晒牢度不及偶氮基参与络合的染料。

水杨酸结构的染料的配位体结构通式为:

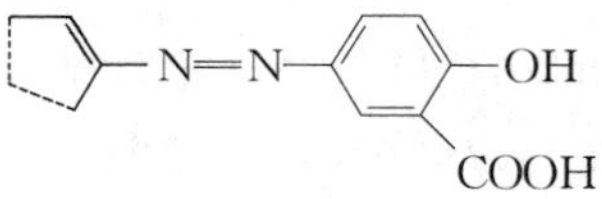

N=N—OH
COOH

这类染料中应用最早的一个品种是酸性媒染黄 2G,结构如下:

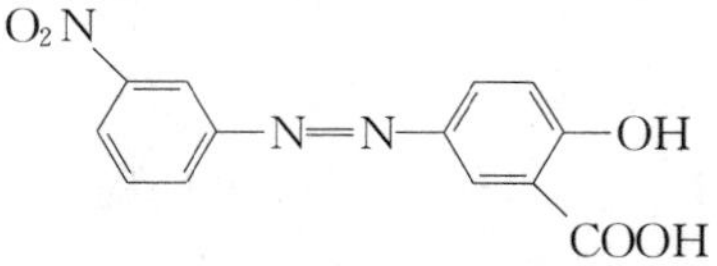

O_2N
N=N—OH
COOH

另一个具有实用意义的染料为酸性媒染深黄 GG,结构如下:

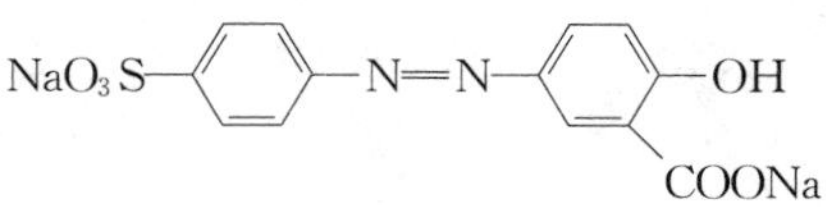

NaO_3S—N=N—OH
COONa

有的酸性媒染染料在分子两端都有配位体结构,如酸性媒染黄 A:

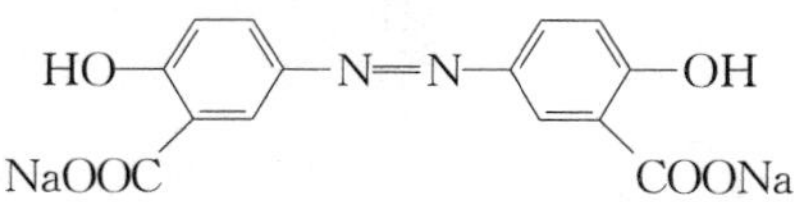

HO—N=N—OH
NaOOC　COONa

分子中含有水杨酸结构的双偶氮类型染料，其偶氮苯类主要为橙色、棕色的。如酸性媒染橙 R，可按下列反应制得：

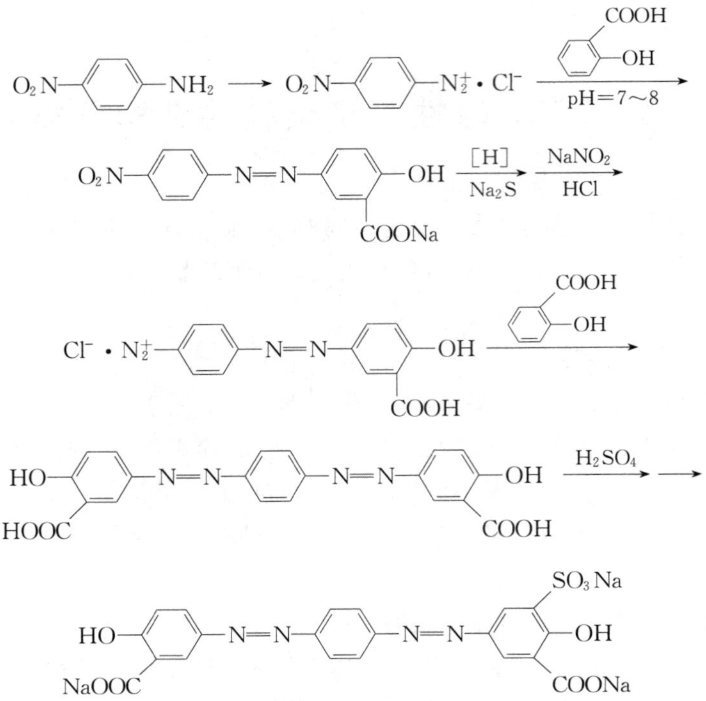

O_2N—⟨苯环⟩—NH_2 ⟶ O_2N—⟨苯环⟩—$N_2^+ \cdot Cl^-$ —(COOH, OH 水杨酸；pH=7～8)⟶

O_2N—⟨苯环⟩—N=N—⟨苯环⟩—OH (COONa) —([H] / Na_2S)⟶ —($NaNO_2$ / HCl)⟶

$Cl^- \cdot N_2^+$—⟨苯环⟩—N=N—⟨苯环⟩—OH (COOH) —(COOH, OH 水杨酸)⟶

HO—⟨苯环⟩(HOOC)—N=N—⟨苯环⟩—N=N—⟨苯环⟩—OH (COOH) —(H_2SO_4)⟶ ⟶

HO—⟨苯环⟩(NaOOC)—N=N—⟨苯环⟩—N=N—⟨苯环⟩—OH (SO_3Na, COONa)

酸性媒染橙 R

耐光牢度：4～5 级

(二)偶氮基参与络合的酸性媒染染料

这类酸性媒染染料在其偶氮基的 o,o' 位各有一个羟基，或者一个为羟基，另一个为甲氧基、氨基或羧基等，其中以带有两个羟基的为最多，它们和偶氮基一起参与对金属离子的络合反应。这类染料经过铬媒处理后可获得优良的耐光、耐缩绒及湿处理牢度，染料配位体结构通式为：

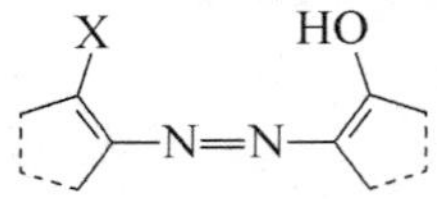

X　　　HO

—N=N—

其中，X 可为—OH 、—OCH_3 、—NH_2 、—COOH 等。

用邻氨基苯酚- 4 -磺酸的重氮盐与 1 -苯基- 3 -甲基- 5 -吡唑酮偶合，可以制备酸性媒染红光橙 RL，具有以下结构：

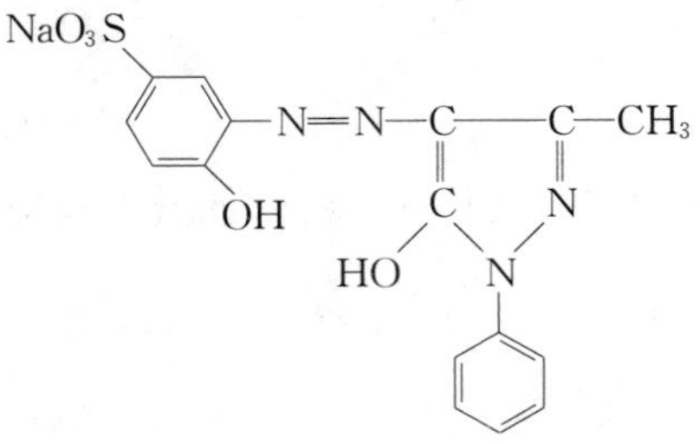

NaO_3S—⟨苯环⟩(OH)—N=N—C—C—CH_3

C(HO)—N(⟨苯环⟩)—N

该染料经铬媒处理后，呈现橙色，有较好的应用性能。

如果偶合组分为萘系衍生物，所得多为红、绿、蓝和黑染料。如：

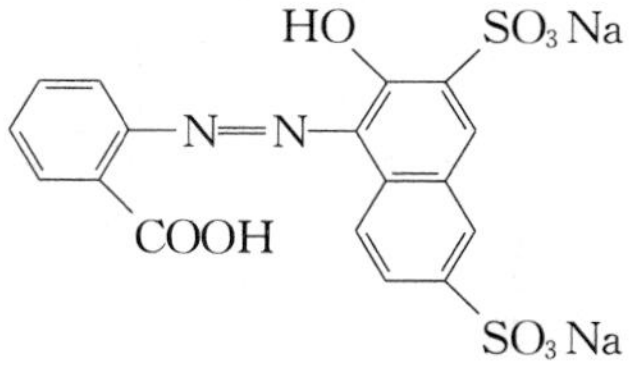

酸性媒染红 B

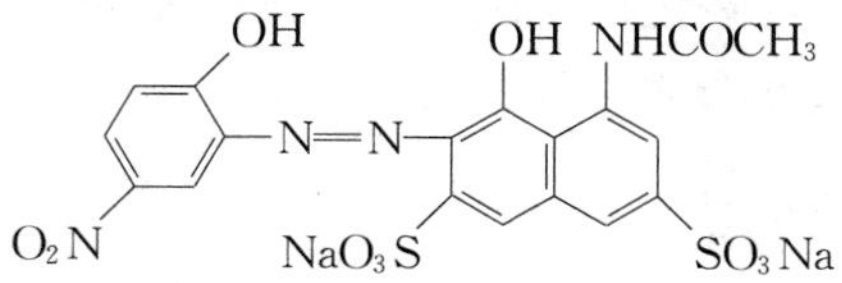

酸性媒染坚牢绿 G

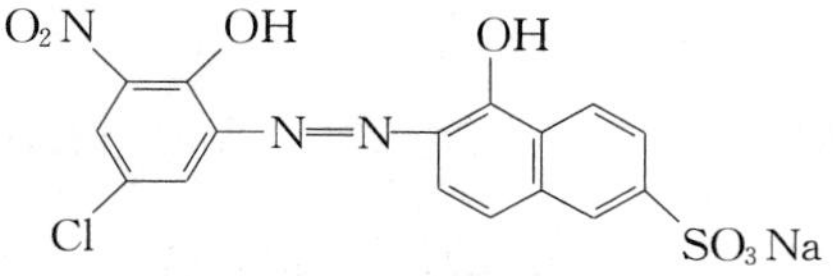

酸性媒染蓝黑 2BX

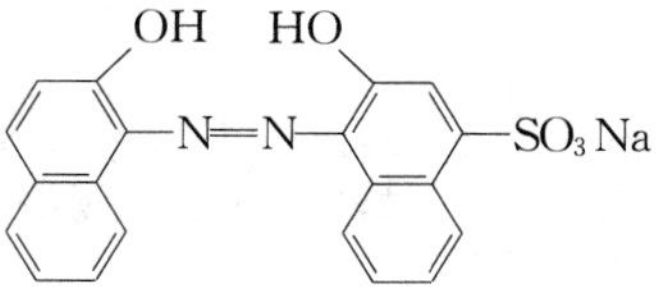

酸性媒染蓝黑 R

在偶氮基的邻位一侧为羟基，另一侧为氨基，也可以与金属媒染剂形成螯合物，这一类染料大多是以邻氨基苯酚取代衍生物作为重氮部分，与苯系氨基磺酸、萘系氨基磺酸等衍生物偶合制得。经过媒染后的颜色多为棕色、绿色等。

如酸性媒染红光棕 RH，可按下列反应制得：

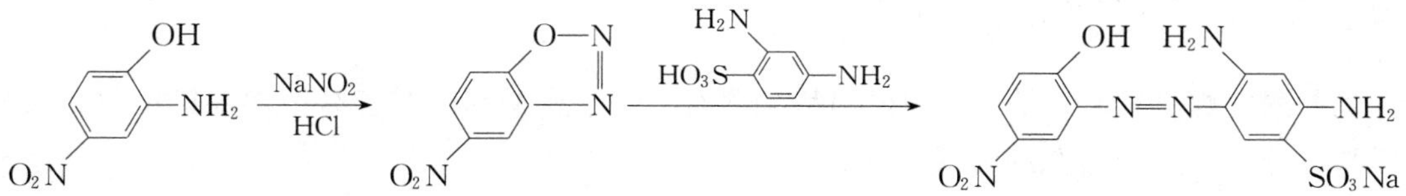

$\xrightarrow[HCl]{NaNO_2}$

酸性媒染红光棕 RH

还有的酸性媒染染料在其偶氮基的一侧为羟基，另一侧为羧基。如具有下列结构的酸性媒染黄光棕 PGA，其结构如下：

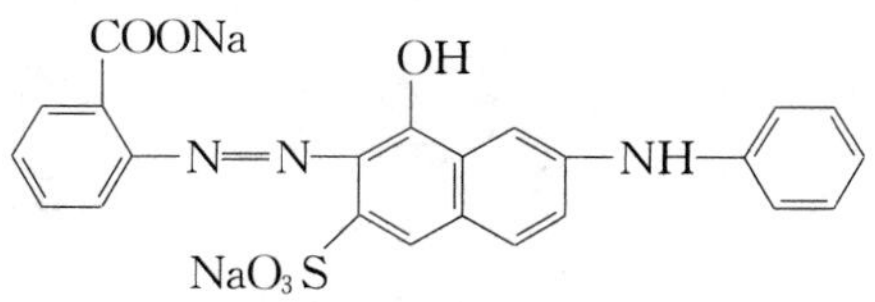

以及具有重要应用价值的酸性媒染紫 RE,其结构式如下：

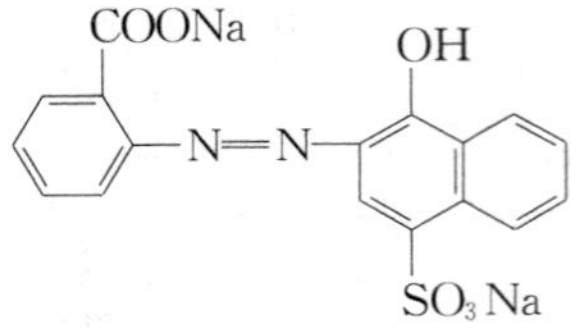

COONa
OH
N=N
SO_3Na

二、蒽醌酸性媒染染料

茜素(1,2 -二羟基蒽醌)经过磺化在 3 位上引入磺酸基便成为酸性媒染红 S。这类染料中比较重要的是酸性媒染蓝黑 B,其合成过程如下：

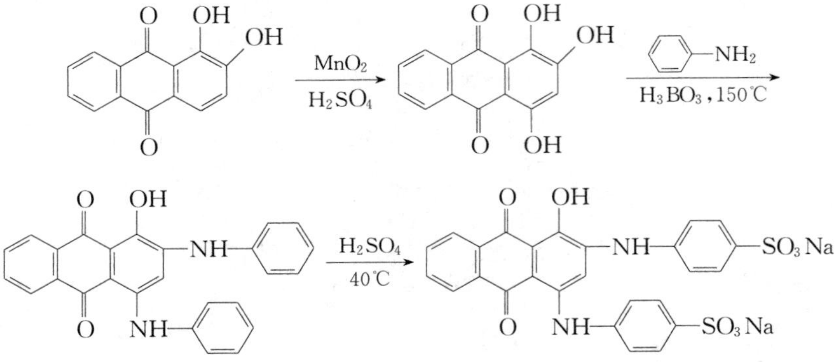

O OH OH
MnO_2 / H_2SO_4
O OH OH / O OH
NH_2 / H_3BO_3,150℃

O OH NH / O NH
H_2SO_4 / 40℃
O OH NH SO_3Na / O NH SO_3Na

酸性媒染蓝黑 B

茜素用发烟硫酸磺化,并转化为钠盐后就得到 C. I. 媒介红 3,结构如下：

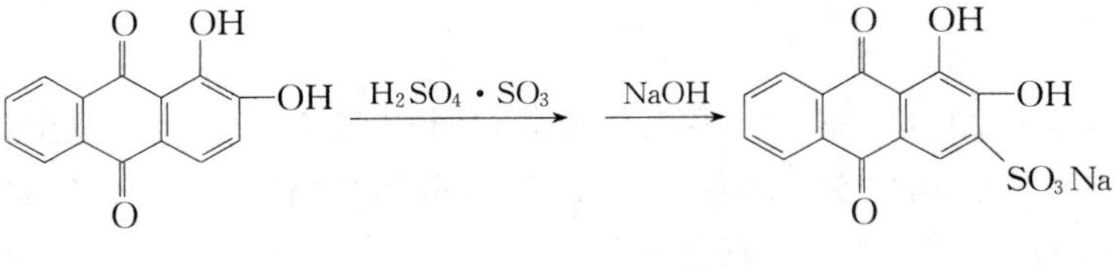

O OH OH / O
$H_2SO_4 \cdot SO_3$
NaOH
O OH OH SO_3Na / O

三、三芳甲烷类酸性媒染染料

染料分子中含有水杨酸结构,主要为蓝、紫色,颜色鲜艳,匀染性好,耐水洗牢度好,耐日晒牢度中等。

例如酸性媒染紫 CG 是最简单的对称型含有三个水杨酸基团的三芳甲烷媒染染料,可以用甲醛与三分子的水杨酸在浓硫酸中缩合制得。

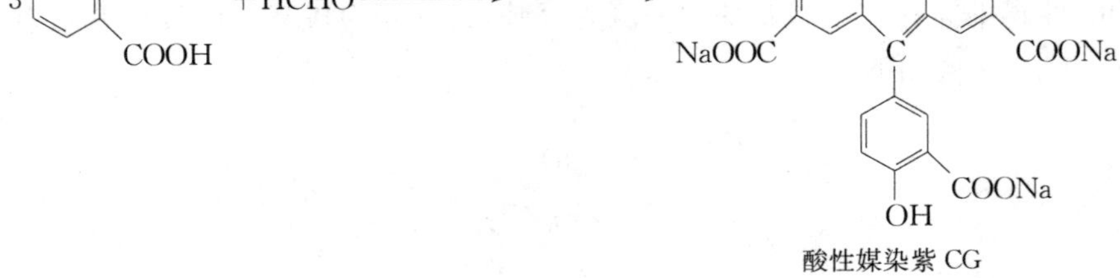

3 OH COOH +HCHO
浓 H_2SO_4
Na_2SO_4
HO O NaOOC C COONa COONa OH

酸性媒染紫 CG

有实用价值的三芳甲烷媒染染料，主要是紫色、蓝色及绿色品种，通常分子中含有水杨酸基团、取代氨基等。如酸性媒染紫 R，具有如下结构：

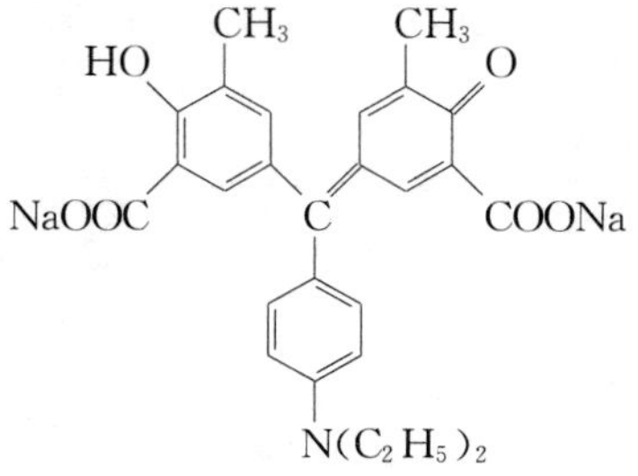

CH_3　CH_3　HO　O　NaOOC　C　COONa　$N(C_2H_5)_2$

由四甲基米氏醇与 5 -氨基水杨酸缩合，然后将产物氧化后得产品 C. I. 媒介红 29，合成方法及结构式如下：

H_2N　COOH　OH　缩合、氧化

H_3C　H　CH_3　N　C　N　H_3C　OH　CH_3

H_2N　COO^-　OH　C　H_3C　CH_3　N　$\overset{+}{N}$　CH_3　CH_3

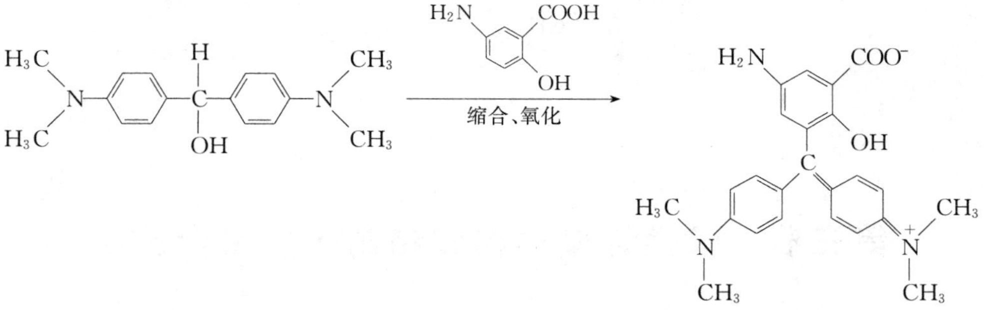

C. I. 媒介红 29

5 -甲酰基- 3 -甲基水杨酸（1mol）与水杨酸（2mol）缩合，其产物用亚硝酰硫酸氧化得到 C. I. 媒介紫 17，结构式如下：

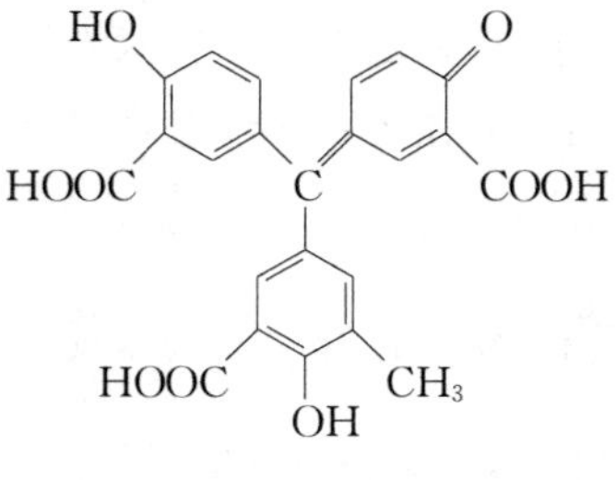

HO　O　HOOC　C　COOH　HOOC　CH_3　OH

2，6 -二氯苯甲醛与 3 -甲基水杨酸缩合，将产物氧化，并转化成钠盐就得到 C. I. 媒介蓝 1，合成方法及结构式如下：

CHO　Cl　Cl　+　OH　H_3C　COOH　缩合、氧化

CH_3　CH_3　HO　O　HOOC　C　COOH　Cl　Cl

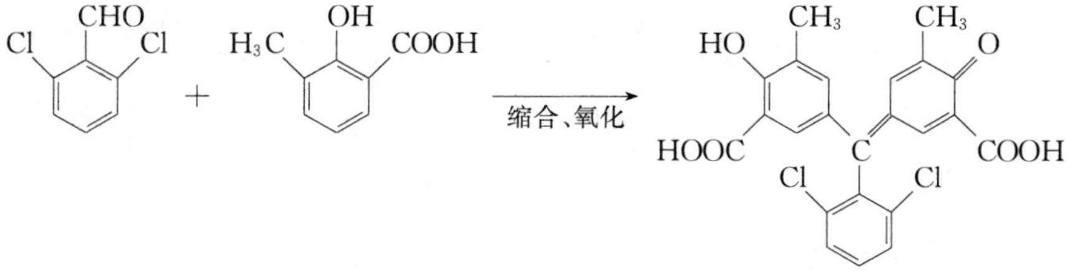

C. I. 媒介蓝 1

四、氧蒽类酸性媒染染料

氧蒽类型染料分子中含有水杨酸基团或者可以与金属离子络合的结构，也可以作为媒染染料应用。这类品种中一个广泛应用的氧蒽类型媒染染料是酸性媒染桃红3BM，可由下列反应制得：

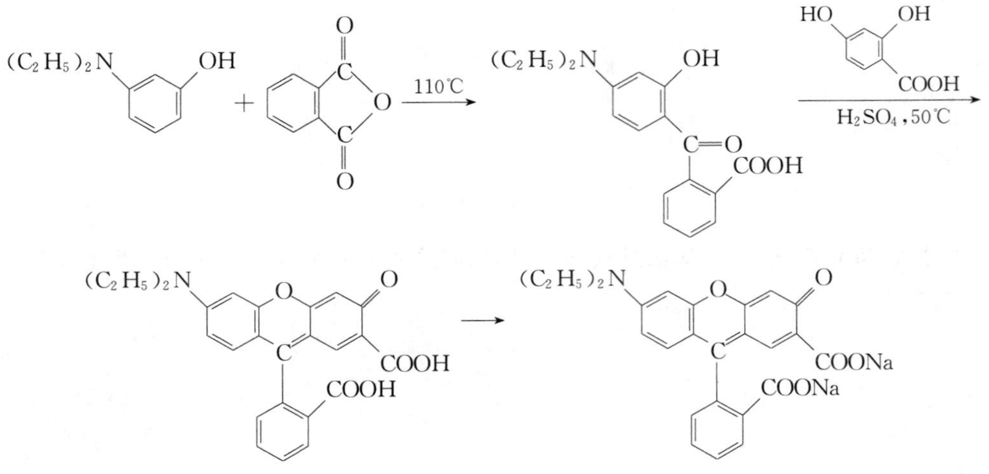

$(C_2H_5)_2N$ OH + O C O C O $\xrightarrow{110℃}$ $(C_2H_5)_2N$ OH C=O COOH + HO OH COOH $\xrightarrow{H_2SO_4, 50℃}$

$(C_2H_5)_2N$ O O C COOH COOH $\longrightarrow$ $(C_2H_5)_2N$ O O C COONa COONa

酸性媒染桃红3BM

第三节 酸性媒染染料和铬离子的络合反应

目前对于酸性媒染染料和铬离子在纤维上发生络合反应的研究还不够，大多数研究的是染料在溶液中的络合反应。

铬离子和染料的络合反应分子物质的量比取决于染料的配位体结构和反应条件。众所周知，三价铬离子的配位数是6，而每个水杨酸结构具有两个配位基。所以理论上铬离子和具有水杨酸结构的染料可以形成1∶3、1∶2和1∶1(络合物分子中的中心金属离子数和染料分子的摩尔比)三种类型的络合物。

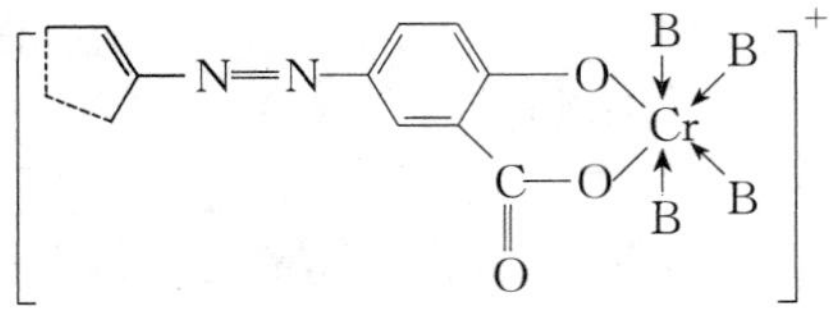

N=N O C—O O B B Cr B B $^+$

1∶1型

N=N O C—O O B Cr B O O—C O N=N $^-$

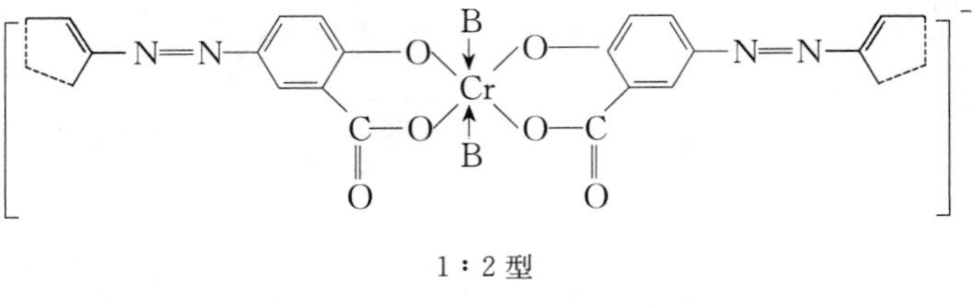

1∶2型

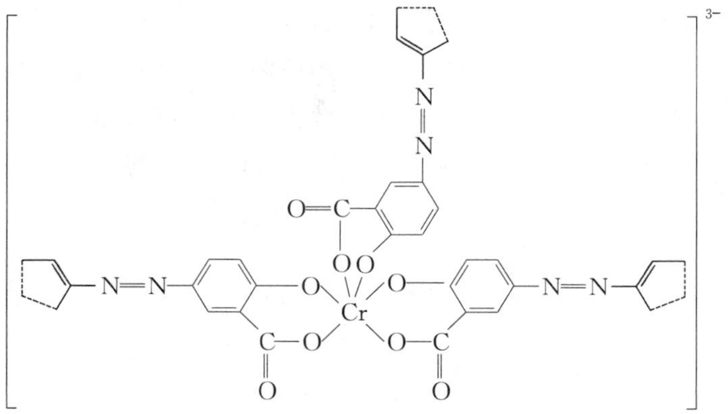

1∶3 型

有人认为羊毛上主要形成 1∶2 型的络合物。上述结构式中 B 表示其他配位体，如水分子。在纤维上反应时，纤维中具有孤对电子的基团也可作为配位基参加反应。

三价铬离子和 o,o'-二羟基偶氮染料在溶液中的络合反应随 pH 不同可以生成 1∶1 型和 1∶2 型两种络合物。在 pH<4 的溶液中主要生成 1∶1 型的络合物，在弱酸或近中性溶液中主要生成 1∶2 型的络合物。染料和三价铬的络合是一个亲核取代反应的过程，在此过程中有质子放出，溶液 pH 越低，越不利于络合反应向正方向进行。所以 1∶1 型的络合物在较低的 pH 时形成，而 1∶2 型的络合物在较高的 pH 时形成。

染料在纤维上发生络合反应时，由于蛋白质纤维的有关基团（羧基、氨基等）也可参加反应，特别是在预媒染色时，Cr^{3+} 和羊毛是呈络合物的形式与染料反应的。染料分子中的配位基取代纤维上铬络合物中水分子 B 和羊毛上的配位基而与三价铬结合。按照罗威等的意见，酸性媒染染料在羊毛上最可能是以 1∶1 型的形式存在，而且羊毛与三价铬离子间是以配位键结合。和酸性染料一样，羊毛和染料间还存在离子键和其他分子间力的结合。也有人认为，在纤维上染料和三价铬离子形成 1∶2 型的络合物。此时，羊毛虽然不参加络合，但和染料之间仍存在离子键和其他分子间力的结合。在纤维内形成 1∶2 型络合物后，染料体积显著增大，较难扩散出来，所以湿处理牢度也很好。

第四节　酸性含媒染料的结构

酸性媒染染料的染色牢度虽好，但需要经过染色和媒染两步，操作繁复、染色时间长、色光不易控制。因此设法将媒染剂金属离子预先引入染料分子中，成为含金属的含媒染料。酸性含媒染料绝大多数是含有水溶性基团的偶氮型染料，类似酸性媒染染料，在分子中含有水杨酸基团或在偶氮基两侧邻位上具有可以与金属形成络合物的羟基、氨基母体染料，通过与铬、铜等金属离子形成稳定性比较高的染料金属络合物。在染色过程中，借助铬离子分别与染料、纤维通过共价键、配位键结合在一起，使染色织物具有优良的各项牢度。

一般按照染料分子与金属原子的比例不同可将这类染料分为1∶1型酸性含媒染料和1∶2型酸性含媒染料。1∶1型酸性含媒染料一般是用单偶氮染料和铬盐(如硫酸铬、甲酸铬等)溶液在高压锅中加热合成的。所用偶氮染料绝大多数为*o*,*o*′-二羟基偶氮染料,也有少数是*o*-羟基-*o*′-羧基偶氮染料。它们具有一个或两个磺酸基。如酸性含媒蓝GGN和酸性含媒红R的结构如下:

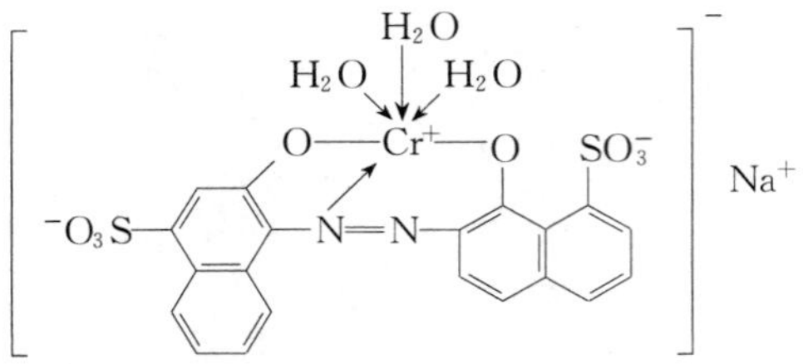

酸性含媒蓝GGN

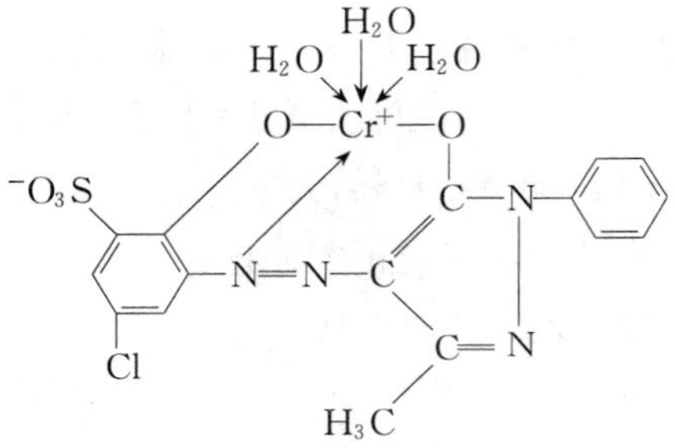

酸性含媒红R

1∶1型酸性含媒染料的染色性能与染料分子所带电荷和亲水性的大小有关,还受磺酸基的位置的影响。如酸性含媒蓝GGN染羊毛具有极好的匀染性,但当8位的磺酸基移至4位、5位、6位或7位后,匀染性显著降低,但在强酸性介质中的上染率很高。又如下式染料在羟基的邻位存在第二个磺酸基,在加有甲酸的染液中上染有良好的匀染性。磺酸基增多,染料亲水性增加,更具有酸性染料的特点。

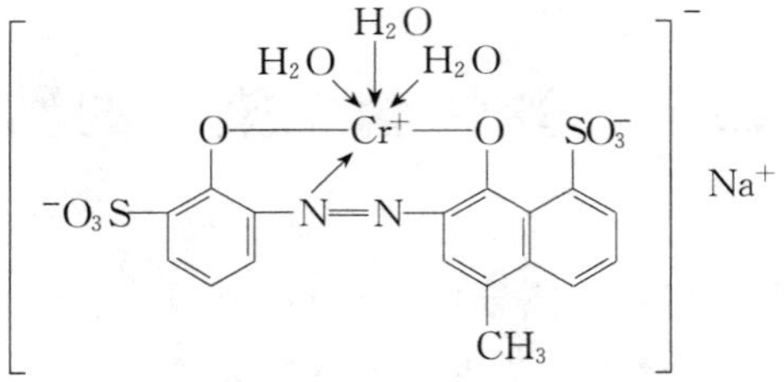

染料与纤维的结合,一般有以下三种情况:

①染料中的磺酸基与离子化的氨基间以盐式键结合。

②纤维上未离子化的氨基与染料中铬原子成配位键结合。

③羊毛纤维上离子化的羧基与铬原子成盐式键结合。

以酸性络合蓝 GGN 与羊毛结合为例，表示如下：

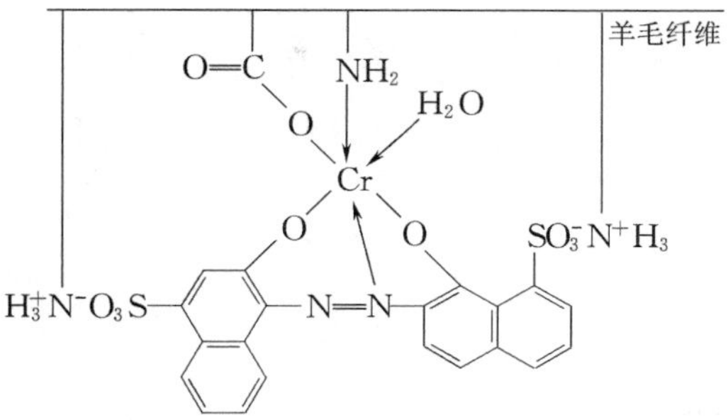

染料与羊毛结合的几种方式并非都同时存在，需视染料结构和染色情况而定，否则染料与羊毛的结合过快，容易造成染色不匀。为了达到匀染的目的，染色时要加入大量的酸，使羊毛上的氨基充分离子化，未离子化的氨基与铬原子之间生成配位键的可能性减小，同时，酸又可抑制羊毛上羧基的离解，减少了与铬原子之间的结合，这样，延缓了染料的上染，使染色均匀。染后水洗，酸性降低，染料中的铬原子又可与羊毛上的游离氨基（$—NH_2$）以及与离子化的羧基结合，使羊毛与染料结合得更牢。

1∶1 型酸性含媒染料的染色与强酸浴染色的酸性染料相似，采用浓硫酸，用酸量约为纤维质量的 8%。大量的浓硫酸会使羊毛损伤，为了减少羊毛的损伤，可在染浴中加入少量的非离子型表面活性剂来代替部分硫酸，如平平加 O，它可以与染料结合成一种不十分稳定的疏松的聚集态，在染色沸煮的过程中会缓慢释出染料而染着于纤维，从而减缓染料的上染速度，获得匀染效果。1∶1 型酸性含媒染料又称酸性络合染料，耐日晒牢度在 5 级以上，水洗、汗渍牢度较优良。但由于染色时使用大量的浓硫酸，不仅使羊毛纤维受损，还会影响织物手感、光泽和强度，设备也易腐蚀，因此，目前较少应用。

1∶2 型酸性含媒染料是由单偶氮染料在近中性溶液中和如水杨酸铬钠等铬的络合物一起加热合成的。1∶2 型染料比 1∶1 型对纤维的亲和力和湿处理牢度高，但匀染性、水溶性较差，颜色鲜艳度比 1∶1 型低。它们主要由 o,o'-二羟基偶氮染料螯合而成。如在中性条件下染色的酸性含媒灰 BL 的结构为：

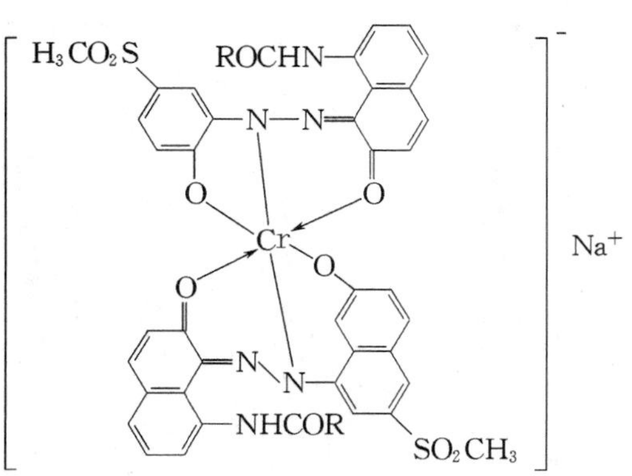

酸性含媒灰 BL

这类染料的结构式公开发表得不多，只散见于专刊文献的记载。

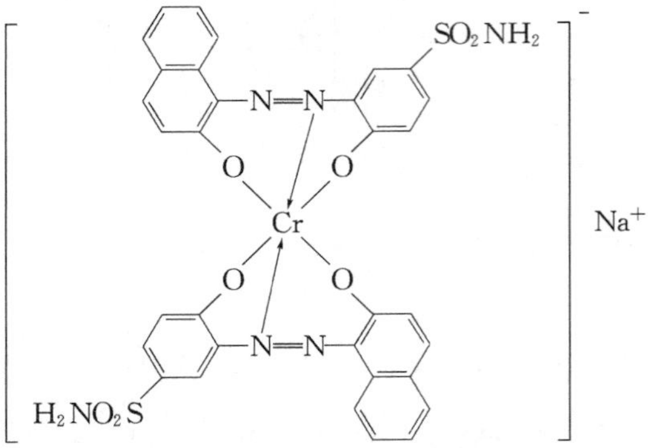

SO_2NH_2 N=N O O Cr O O N=N H_2NO_2S Na^+

中性紫 BL

这类染料的分子中含有不电离的亲水基团，如磺酰氨甲基（$—SO_2NHCH_3$）、磺酰甲基（$—SO_2CH_3$）等。染料的亲水性小、溶解性差、牢度好、相对分子质量大、匀染性差。染料和纤维的结合主要是靠氢键和范德华力。它们的染色机理与中性浴染色的酸性染料很相似。在中性浴中染色用醋酸铵或硫酸铵作助染剂，染色时间短、染品光泽较好、手感柔软、染法简便，但价贵，色泽不及 1∶1 型酸性络合染料鲜艳，色光偏暗。

用钴盐难以合成 1∶1 型染料，但可合成 1∶2 型染料，其色泽比相应的铬络合染料鲜艳。如用下述单偶氮染料和钴盐反应可合成 1∶2 型的青光蓝色染料：

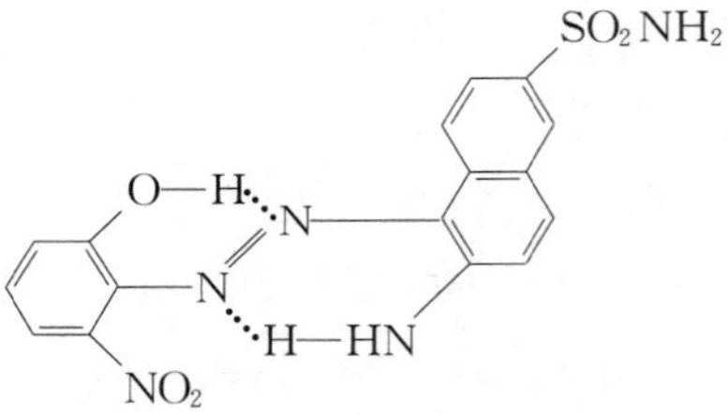

SO_2NH_2 O—H N N H—HN NO_2

近年来，为了提高 1∶2 型染料的水溶性，对磺酸基与染料的稳定性关系又进行了进一步研究，发现某些染料分子中引入一定数量的羧基或磺酸基，对稳定性影响不很大，而且制成了一些商品供应市场。下式所示便是一个这类染料的色素离子：

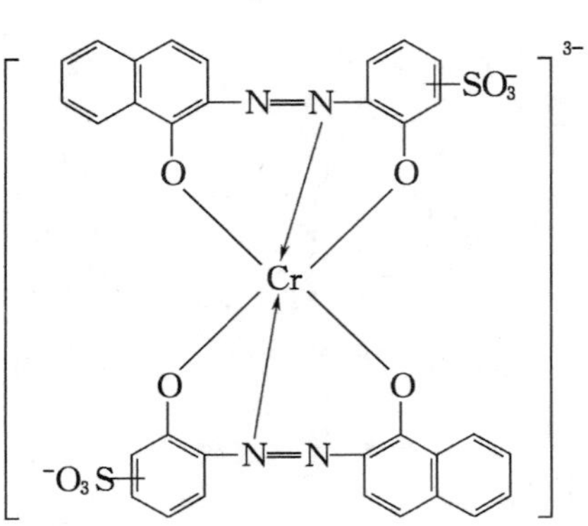

N=N SO_3^- O O Cr O O ^-O_3S N=N $3-$

这种含磺酸基的染料只要 pH 不低于 2，染色温度不非常高，就不会发生分解，加入一些特殊助剂后，稳定性可更高。这些助剂不仅起到控制 pH 的作用，还可加快上染速度，降低染色温度，提高匀染性。这类染料染色性能很像直接染料，操作十分方便。

1∶2 型酸性含媒染料一般是在中性染浴中染色的，因而又把它们称为中性染料。

复习指导

1. 掌握酸性媒染染料和酸性含媒染料的结构特点和应用性能。
2. 了解酸性媒染染料的结构类型和合成途径。
3. 了解染料在络合反应时染料的分子构型和颜色变化。
4. 了解酸性媒染染料和酸性含媒染料的发展趋势。

思考题

1. 试述酸性媒染染料和酸性含媒染料的结构特点和应用性能。

2. 举例说明酸性媒染染料的结构类型，试述染料的络合反应及其分子结构和颜色变化。

3. 试从下列酸性染料的结构和应用性能差异，分别指出它们属于何种类型的酸性染料，比较染料的匀染性、湿处理牢度，并说明理由。

① OH　NHCOCH$_3$　—N=N—　NaO$_3$S　SO$_3$Na

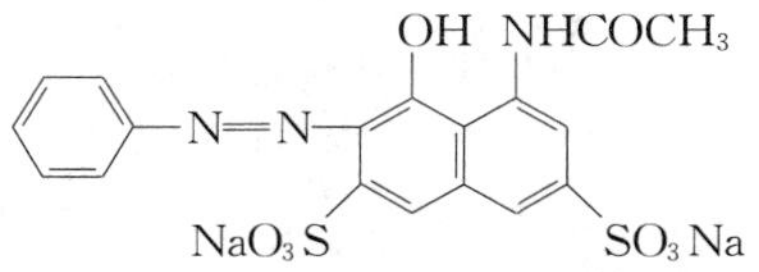

② H$_{25}$C$_{12}$—　—N=N—　OH　NHCOCH$_3$　NaO$_3$S　SO$_3$Na

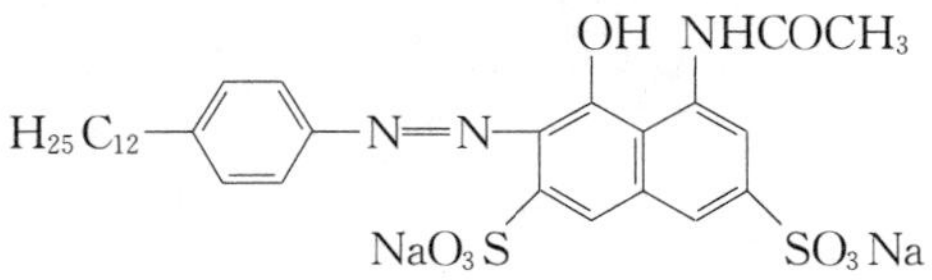

③ [H$_2$O　H$_2$O　H$_2$O　O—Cr—O　SO$_3^-$　$^-$O$_3$S—　—N=N—]$^-$ Na$^+$

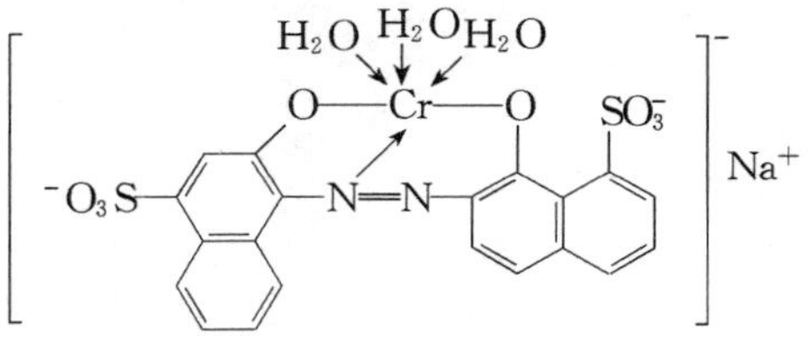

④ NaO$_3$S　OH　—N=N—C　OH　CH$_3$　C　CONH—　O$_2$N

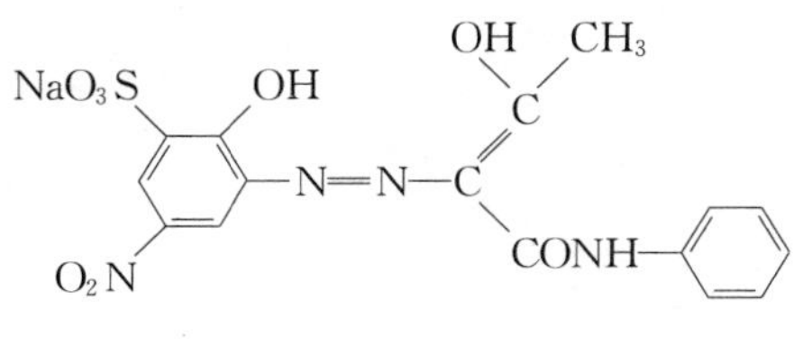

4. 查阅相关的文献资料，指出在酸性染料、酸性媒染染料和酸性含媒染料研究开发方面有哪些新进展？

参考文献

[1] 沈永嘉．精细化学品化学[M]. 北京：高等教育出版社，2007.
[2] 何瑾馨．染料化学[M]. 北京：中国纺织出版社，2004.
[3] 王菊生．染整工艺原理(第三册) [M]. 北京：纺织工业出版社，1984.
[4] 侯毓汾，朱振华，王任之．染料化学[M]. 北京：化学工业出版社，1994.
[5] 上海市印染公司．染色[M]. 北京：纺织工业出版社，1975.
[6] 周春隆．酸性染料及酸性媒染染料[M]. 北京：化学工业出版社，1989.
[7] 上海市印染工业公司．印染手册(上、下册)[M]. 北京：纺织工业出版社，1978.
[8] 黑木宣彦．染色理论化学[M]. 陈水林，译．北京：纺织工业出版社，1981.
[9] Peters R H. Textile Chemistry, Vol. Ⅲ, The Physical Chemistry of Dyeing[M]. Elsevier, 1975.
[10] Griffiths J. Colour and Constition of Organic molecules[M]. New York: Academic press, 1976.
[11] Bird C L, Boston W S. The Theory of Coloration of Textile[M]. Dyers, 1975.
[12] Venkatarman K. The Chemistry of Synthetic Dyes[M]. New York: Academic Press, 1952.
[13] 杨新玮．国内外酸性染料的进展[J]. 染料与染色，2006(2)：1-6.
[14] 张继彤，杨新玮．近年我国酸性染料的进展[J]. 染料工业，1999(3)：10-14.
[15] 张继彤，杨新玮．近年我国酸性染料的进展[J]. 染料工业，1999(4)：8-11.
[16] 张治国，尹红，陈志荣．酸性染料常用匀染剂研究进展[J]. 纺织学报，2005(4)：134-136.
[17] 钱国坻．酸性和分散染料的染色性能与商品化[J]. 染料工业，2001(2)：21-23.
[18] 肖刚，王景国．染料工业技术[M]. 北京：化学工业出版社，2004.

第十一章　活性染料

第一节　引言

早在一个多世纪之前，人们就希望制得能够与纤维形成共价键的染料，从而提高染色织物的耐洗牢度。直到1954年，卜内门公司的拉蒂（Rattee）和斯蒂芬（Stephen）在应用中发现含二氯均三嗪基团的染料在碱性条件下可与纤维素上的伯羟基发生共价键结合，进而坚牢地染着在纤维上，就此出现了一类能与纤维通过化学反应生成共价键的反应性染料（Reactive dye），亦被称为活性染料。活性染料的出现，为染料的发展史揭开了崭新的一页。

活性染料自1956年问世以来，其发展一直处于领先地位。目前世界上纤维素纤维用活性染料的年产量占全部染料年产量的20%以上。活性染料是取代禁用染料如不溶性偶氮染料以及其他纤维素纤维用染料如硫化染料和还原染料等的最佳选择之一。虽然毛用活性染料的产量远小于纤维素纤维用活性染料的产量。但由于重金属离子残量对人体和环境都有影响而受到严格控制，活性染料用于羊毛和聚酰胺纤维，取代酸性含媒染料的趋势也在增加。

活性染料之所以能迅速发展，是因为染料具有如下特点：

（1）活性染料可与纤维反应以共价键结合，结合能达252～378kJ/mol，在一般条件下这种结合键不会离解，所以活性染料在纤维上一经染着，就有很好的染色牢度，尤其是湿处理牢度。此外，活性染料染着于纤维后，不会像某些还原染料那样产生光脆损。

（2）具有优良的湿处理牢度和匀染性能，而且色泽鲜艳度、光亮度好，使用方便，色谱齐全，成本低廉。

（3）国内已能大量生产，能充分满足印染行业的需要；且适用于新型纤维素纤维产品如Lyocell等印染的需要。

但是，纤维素纤维用活性染料在使用中还存在着一些问题，如染色时为了得到高的染料吸尽率，需要耗用大量食盐或硫酸钠等电解质，这样染色后的废水成为有色含盐污水，盐浓度高。近年来为解决这个问题，一般从提高纤维素纤维对染料的吸尽率和反应固着率两方面进行。此外，活性染料耐氯漂和耐日晒牢度一般来说不及还原染料，蒽醌结构的蓝色品种有烟气褪色现象，有的还会和纤维素纤维发生不同程度的共价键断裂，并且在染色过程中染料会发生水解而失去和纤维反应的能力，降低染料的利用率。但由于活性染料具有的特点，能够很好地满足用户需求，所以活性染料现已成为棉用染料中最重要的染料类别。

第二节　活性染料的发展

早在1895年,黏胶纤维的发明人克罗斯(Cross)和比文(Bevan)曾用浓烧碱溶液处理纤维素纤维,获得碱纤维素,然后又用苯甲酰氯等一系列处理,获得纤维素的有色酯化合物。这是纤维素分子与有色化合物之间建立共价键结合最早的探索,但由于方法复杂,当时印染界对此未发生兴趣。后有施罗特(Schroeter)用活性基团、氟磺酰化衍生物做试验,但未获成功。

20世纪20年代开始,汽巴公司开始了有关三聚氯氰染料的研究,这种染料的性能优于所有其他直接染料,其中Chloratine Fast Blue 8G特别引人注目。它是将一个含有氨基的蓝色染料与带有三聚氯氰环的黄色染料缩合成绿色调的蓝色染料,其结构式如下:

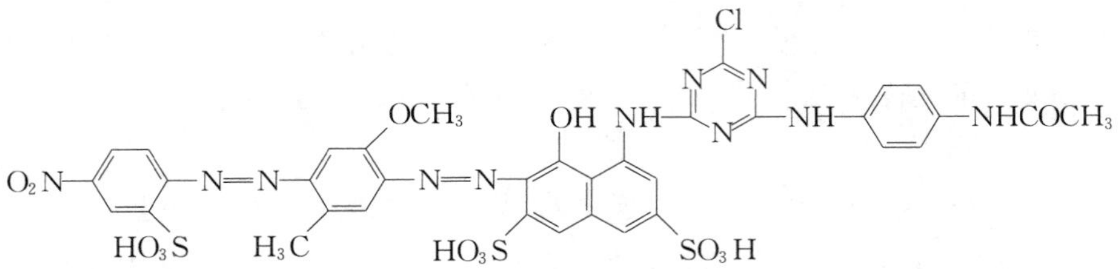

Cl
N N
OCH_3　OH　NH　N　NH　$NHCOCH_3$
O_2N　N=N　N=N
HO_3S　H_3C　HO_3S　SO_3H

该染料具有一个未被取代的氯原子,在一定条件下,能与纤维素反应形成共价键,可是当时未被认识。实际上,这些染料与以后发展起来的一氯均三嗪活性染料结构很相似。

1923年,汽巴公司发现了含一氯均三嗪酸性染料上染羊毛能获得高的湿处理牢度。这是染料与羊毛上的伯氨基或亚氨基形成羊毛—染料共价键结合的结果,从而在1953年发明了Cibalan Brill型染料。同时,在1952年,赫斯特公司亦在研究乙烯砜基团的基础上,生产了用于羊毛的活性染料,即Remalan染料。但是当时这两类染料的应用,并不很成功。这些研究却引起卜内门公司拉蒂和斯蒂芬的兴趣,他们从研究羊毛活性染料和三聚氯氰的反应活泼性转到用于染纤维素纤维的活性染料,并在1956年终于生产了第一个棉用商品活性染料,称为普施安(Procion),即现在的二氯均三嗪活性染料。

在这以后,活性染料的研制、生产和应用有了很大的发展,活性基团类型和品种不断增加,染料化学理论工作不断深入,染料性能也不断改进。

1957年,卜内门公司又开发了Procion H一氯均三嗪型活性染料。这是因为二氯均三嗪型虽然反应活泼性高,但容易水解,只适合于低温染色,而一氯均三嗪型活泼性低,稳定性则较好,更适合于高温染色与印花。

1958年,赫斯特公司又将Remazol乙烯砜型活性染料成功地用于纤维素纤维的染色。

1959年,山德士公司和嘉基公司分别正式生产了Drimarene和Reacton三氯嘧啶型活性染料。1971年,又在这一基础上开发出性能更好的二氟一氯嘧啶型活性染料。

1966年,汽巴公司研制出以α-溴代丙烯酰胺为活性基的Lanasol活性染料,它在羊毛染色上具有较好的应用性能,这为以后在羊毛上采用高牢度的染料奠定了基础。

1972年，卜内门公司又在一氯均三嗪型活性染料基础上研制出具有双活性基团的Procion HE活性染料。这类染料在反应性、固色率等性能上又有进一步的改进。

1976年，卜内门公司又生产了一类以膦酸基为活性基团的染料，它可以在非碱性条件下和纤维素纤维形成共价键相结合，特别适合于与分散染料同浴染色或同浆印花，商品名称为Procion T。说明活性染料的应用已渗透到化纤混纺产品的染色中。

1980年，日本住友公司在乙烯砜型Sumifix染料基础上又开发出乙烯砜与一氯均三嗪双活性基团的染料，与单活性基染料相比，这类染料不仅固色率有所提高，而且具有优异的坚牢度。

1984年，日本化药公司在均三嗪环上加入烟酸取代基，研制出一种商品名为Kayacelon React的活性染料。它可以在高温和中性条件下与纤维素纤维以共价键结合，因而特别适合用于分散/活性染料高温高压一浴染色法染涤棉混纺织物。

国内活性染料的开发始于1957年，在20世纪50年代末到60年代初，我国的染料工作者以极大的热情开始活性染料的研制与生产。经过多年的努力，我国的活性染料生产已经在染料工业中占有十分重要的地位。上述一些主要类别的活性基团及母体结构，我国已均可生产。

1958～1965年，我国主要生产X型、K型和KD型共33个品种。20世纪60年代后期至70年代初相继发展了KN型和M型活性染料。70年代中期开发了含膦酸基的P型活性染料。80年代初期又开发了含氟氯嘧啶的F型活性染料以及含甲基牛磺酸乙基砜的W型毛用活性染料。近年又开发出KE型、R型(含烟酸取代基)及含二氯喹噁啉的E型活性染料，约11个大类、150个品种，产品基本上满足国内印染工业的需要，并且每年有大量出口。活性染料如今是最有发展潜力的染料之一。为了适应生态友好的印染工艺及设备要求并使之符合Eco－Tex Standard 100标准的要求，发展的重点是：

(1)低用盐量、高溶解度、高固色率的染色型活性染料(活性染料80%用于染色)，主要是双活性基活性染料和阳离子活性染料。

(2)活性染料的新型杂环母体结构，以提高染料的鲜艳度。

(3)活性染料的商品化加工技术，提高染料的应用性能，丰富染料的商品剂型，扩大染料的应用范围。

(4)代替媒介染料的低成本毛用活性染料和适应数码喷墨印花或染色的活性染料。

(5)适用多组分混纺面料短流程染色的活性染料，如活性分散染料、活性阳离子染料等。

第三节　活性染料的结构及性能

一、活性染料的结构

活性染料与其他类染料最大的差异在于其分子结构中含有能与纤维的某些基团(羟基、氨基)通过化学反应形成共价结合的活性基(亦称反应基)。活性染料可按两种方法分类，一是按母体染料的化学结构分类，另一种是按活性基分类。按母体染料的化学结构可分为：偶氮类、蒽醌类、酞菁染料、甲□结构染料。按活性基不同可分为：均三嗪类活性基、嘧啶类活性基、乙烯砜型活性基、复合(多)活性基、其他活性基(如膦酸基)。

活性染料的结构可用下列通式表示:

S—D—B—Re

式中:S——水溶性基团,如磺酸基;

D——染料母体;

B——母体染料与活性基的连接基;

Re——活性基。

总体来说,活性染料应用在纺织纤维上至少应具备下列条件:

(1)高的水溶性。

(2)高的储藏稳定性,不易水解。

(3)对纤维有较高的反应性和高的固色率。

(4)染料—纤维间共价键的化学稳定性高,即使用过程中不易发生断键褪色。

(5)扩散性好,匀染性、透染性良好。

(6)优良的各项染色牢度,如耐日晒、气候、水洗、摩擦、氯漂等牢度均良好。

(7)未反应的染料及水解染料染后容易洗去,不易造成沾色。

(8)染色的提升性好,可染得深浓色。

上述这些条件,与活性基团、染料母体、水溶性基团等均有密切的关系,其中活性基是活性染料的核心,它反映活性染料的主要类别及应用性能。

二、活性基团

(一)活性基团的选择

活性染料中对活性基团的选用都有一定的要求。

首先,活性基团必须具备能与纤维进行共价结合的能力,即反应性。反应性的高低不仅决定染料与纤维的反应速率,而且在一定程度上还决定染料在纤维上的固色率。

活性基团与染料的稳定性有关,尤其是储存稳定性。反应性太强,活性太高,染料容易水解,无法保存。活性基团与染料—纤维结合键的稳定性有关,生成的共价键一般是稳定的,但在一定酸、碱条件下会发生裂解,即断键,造成色牢度的降低。

活性基团还决定纤维印染加工的性质和条件,如反应性高的活性染料的染色可以在较低的固色温度下进行,可以在碱性较弱或碱剂浓度较低的条件下进行固色;而反应性低的活性染料则恰恰相反,要在较高的温度及较高的 pH 下进行固色。而在印花工艺中,为了保持印浆的反应性,一般采用反应性较低的活性染料。

此外,活性基团结构与染料的溶解度、直接性及扩散性等也有一定的关系。

因此,从染料的应用性能考虑,能用作活性基团的种类是有限的。

(二)活性基团的分类

活性染料主要有以下几种活性基团:

1. 均三嗪活性基　这类活性基团在活性染料中占主要地位。主要是二氯均三嗪（Procion MX，国产X型）和一氯均三嗪（Procion H，国产K型）两大类。

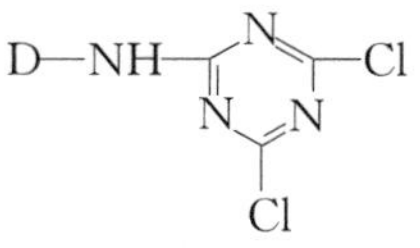

D—NH—(均三嗪环)—Cl，环上Cl

二氯均三嗪，X型

D—NH—(均三嗪环)—NHR，环上Cl

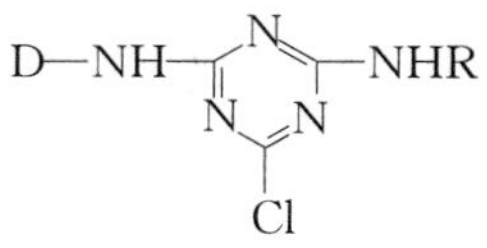

一氯均三嗪，K型

前者反应活泼性高，但容易水解，适合低温染色。后者活泼性降低，不易水解，固色率有所提高，适合高温染色与印花。这类活性基的染料—纤维键的稳定性，主要与均三嗪环上碳原子的电子云密度有关。通常环上碳原子的电子云密度越低，染料的反应性越高，染料—纤维键的耐碱水解稳定性越差。因此，均三嗪环上各种取代基均会影响染料—纤维键的耐酸或耐碱的稳定性。二氯均三嗪活性染料与纤维结合的共价键的水解稳定性较一氯均三嗪染料差，尤其是耐酸水解稳定性。这是由于均三嗪环上的氯原子水解后所生成的酸对共价键具有自动催化水解的作用。

为了解决活性染料的反应性与稳定性之间的矛盾，曾在氯代均三嗪活性基的基础上做过较多的研究与开发，如在二氯均三嗪中用一个甲氧基来取代氯原子，由于甲氧基是供电子基，提高了均三嗪环上碳原子上的电子云密度，从而使其反应性有所降低。如Cibacron Pront染料：

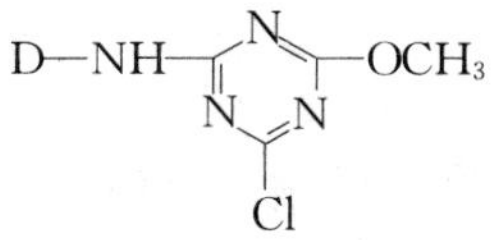

D—NH—(均三嗪环)—OCH_3，环上Cl

一氯甲氧基均三嗪

其反应性介于一氯均三嗪与二氯均三嗪之间，具有较好的印花色浆稳定性，特别适用于短蒸印花工艺。

又如在一氯均三嗪的基础上，采用负电性更强的氟来取代氯，这样可使均三嗪环上碳原子电子云密度进一步降低，从而比一氯均三嗪型活性基团更为活泼，如Cibacron F染料。它更适合中低温（40～60℃）染色的工艺，且D—F键的水解稳定性高于X型。

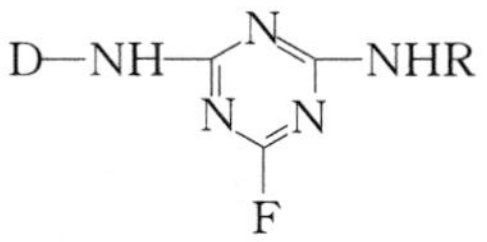

D—NH—(均三嗪环)—NHR，环上F

一氟均三嗪

2. 嘧啶活性基　嘧啶基由于是二嗪结构，环上碳原子的电子云密度较高，因而它比均三嗪结构反应性低。如二氯嘧啶或三氯嘧啶（Drimarene X，Reacton）比一氯均三嗪染料的反应性低，但稳定性最高，含这种活性基的染料最不易水解，染料—纤维键的稳定性也高，特别适合高温染色。另外，二嗪环染料的亲和力不及均三嗪环，而溶解度则较高。在三氯嘧啶基的基础上引入不同的取代基，能改变活性基团的反应性，从而改进它的一系列性能。如在2,4位氯的位置上用更活泼的氟来取代，形成二氟一氯嘧啶的活性基（Drimarene R，K），使它具有中等的反应活泼性，而有较高的固色率,更重要的是它与纤维的结合键有很好的耐酸和耐碱的水解稳定性。

主要的含嘧啶型活性基团的染料结构如下:

2,4-二氯嘧啶　　2,4,5-三氯嘧啶　　2,4-二氟-5-氯嘧啶

3. 乙烯砜活性基　赫斯特公司的Remazol、日本住友公司的Sumifix、国产KN型活性染料都是一种含β-羟乙基砜硫酸酯结构的染料,它在弱碱介质(pH=8)中即可转化成乙烯砜基而具有高的反应性,与纤维形成稳定的共价键,故这类染料统称乙烯砜型活性染料。

$$D-SO_2-CH_2CH_2-OSO_3Na \xrightarrow{OH^-} D-SO_2-CH=CH_2$$

乙烯砜活性染料具有鲜艳的色谱和良好的水溶性。乙烯砜基的反应活泼性介于二氯均三嗪和一氯均三嗪之间,染色温度50~70℃。乙烯砜型活性染料的直接性相对较低,因此这种类型的染料更适合用在冷轧堆法、连续染色法及印花工艺中。乙烯砜活性基团比一氯均三嗪的反应性高,因而印浆稳定性较差,这类染料更适合二相法印花,因为这种工艺的印浆中可不加碱剂,故染料的水解稳定性很好。同时也可以用在拔染中作为底色,这是利用染料—纤维键不耐碱水解的作用。也由于上述原因,它在印花后处理中要特别小心,防止在皂洗过程中染料发生水解。这类染料的优点在于染料—纤维键的耐酸水解性较好。

4. 复合活性基　多活性基团是在均三嗪和乙烯砜型活性基团基础上发展起来的。一般活性染料在印染过程中会发生水解副反应,固色率不太高(50%~70%),既浪费了染料,又增加了沾色的麻烦。为了提高活性染料固色率,近年出现了复合活性基的活性染料,即在一个染料大分子中含有两个相同的活性基团或两个不同的活性基团。这样不仅增加了染料与纤维的反应概率,可提高固色率至80%~90%,而且由于染料分子的增大,提高了染料对纤维的亲和力,因此在高温染色条件下有利于染料的渗透与匀染。

引入两个相同的活性基团(一般是一氯均三嗪活性基团)有三种途径:

(1)双侧型。染料的结构通式为:

(2)单侧型。染料的结构通式为:

(3)架桥型。染料的结构通式为：

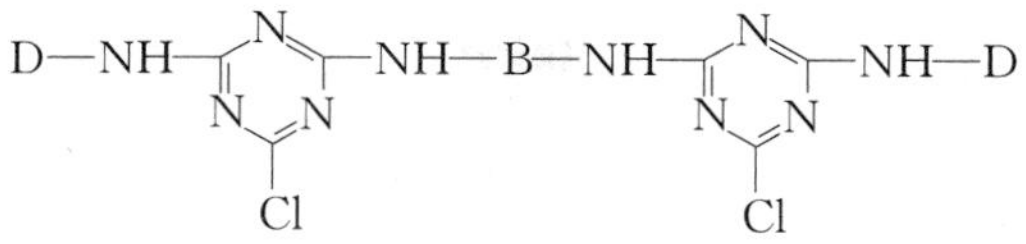

$$D-NH-\underset{\underset{Cl}{|}}{C_3N_3}-NH-B-NH-\underset{\underset{Cl}{|}}{C_3N_3}-NH-D$$

以上结构的染料，最早是由卜内门公司开发的，称 Procion SP(用于印花)及 Procion HE(用于染色)。我国生产的 KD 型、KE 型和 KP 型均属此类。

单侧型染料由于大多数呈非线型结构，染料分子的共平面性较差，直接性低，主要适用于印花，如 Procion SP、国产的 KP 型。这种染料固色率很高，染料水解少，后处理比较简单。双侧型及架桥型的染料由于呈线型结构，直接性较高，更适用于吸尽染色法，Procion HE 型及国产 KD 型、KE 型大多属于此类。

引入两个不同的活性基团时，不仅具有固色率高、色泽浓艳的优点，而且能发挥两类活性基团的长处，它既可以克服均三嗪型染料与纤维的结合键耐酸稳定性差的缺点，又可以弥补乙烯砜型染料耐碱稳定性差的问题。乙烯砜活性基直接性比较低，再引入一氯均三嗪活性基后有利于提高染料对纤维的亲和力，使之适合于浸染染色法。其反应活泼性介于乙烯砜型与一氯均三嗪之间，因而可在 50～80℃较广的染色温度范围内应用，提高染色重现性。这种复合型活性染料的结构多数是属于单侧型，其结构通式为：

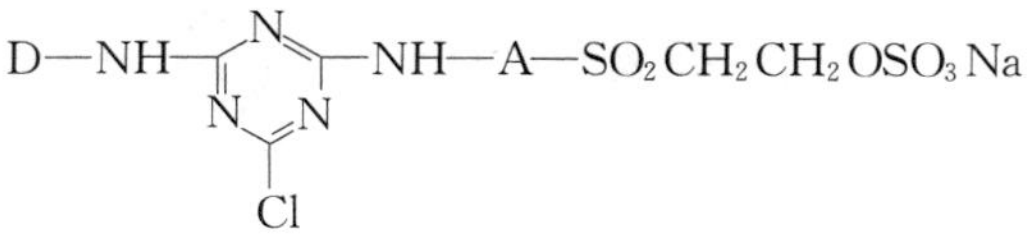

$$D-NH-\underset{\underset{Cl}{|}}{C_3N_3}-NH-A-SO_2CH_2CH_2OSO_3Na$$

日本住友公司的 Sumifix Supra 和国产的 M 型活性染料均属此类，但前者的乙烯砜基主要是间位酯，均三嗪环上的取代基有 $-OCH_3$、$-Cl$、$-OC_2H_4OCH_3$ 和 $-OPh$ 等；而后者为对位酯，性能上略有差异。国内开发的 ME 型，则与 Sumifix Supra 相同。

5. 膦酸基活性基　一般活性染料均是利用活性基团在碱性介质中与纤维素纤维发生反应而结合的，但在与分散染料拼混，应用于涤棉混纺织物印花或染色时就有问题，因为分散染料遇到碱剂会影响给色量与鲜艳度。为了克服上述缺点，卜内门公司于 1976 年开发出这种以芳香膦酸为活性基团的染料，其通式为：

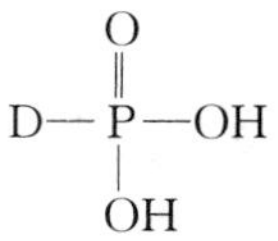

$$D-\overset{\overset{O}{\|}}{\underset{\underset{OH}{|}}{P}}-OH$$

商品名为 Procion T(英国 ICI 公司)，国产产品为 P 型。该类染料在双氰胺作催化剂存在和高温(210～220℃)下，与纤维素纤维经脱水形成酯键而结合，形成的纤维磷酸酯有很好的耐洗牢度。

6. α-溴代丙烯酰胺活性基　α-溴代丙烯酰胺活性基于 1966 年问世，典型的商品染料有 Ciba 公司的 Lanasol 系列和国产 PW 型。这一类活性染料的活性基一般由 C═C 键和卤素两个活性官能团组成,故反应性强,主要用于蛋白质纤维的染色。

三、染料母体

染料母体是活性染料的发色部分,它赋予活性染料不同的色泽、鲜艳度、染色牢度、直接性。大多数活性染料的母体结构与酸性染料相似,少数和酸性含媒染料结构相似。

通常黄、橙、红等浅色色调的染料系用单偶氮及双偶氮染料,紫、灰、黑、褐色等深色系用金属络合染料,艳蓝及绿色常用由溴胺酸合成的蒽醌衍生物或酞菁染料。近年来,在工业生产中出现了一系列新型活性染料母体结构,较为重要的有吡啶酮、甲臜和双氧氮蒽等类型。这三个系列的染料具有摩尔消光系数高、色光纯正、颜色鲜艳、染色性能和牢度优异等特点。用双氧氮蒽系活性染料代替昂贵的蒽醌系染料,具有相当好的市场前景。

(一)母体与直接性的关系

染料母体的直接性与活性染料的反应性、固色率、沾色性等关系很大。一般染料母体应对纤维有一定的直接性,直接性不宜过低,否则会影响活性染料染色时的上染率和固色率,尤其是浸染时需要用直接性较高的活性染料;但直接性也不宜过高,因为有部分活性染料在反应时会水解形成水解染料,而水解染料必须易于洗除;如果水解染料直接性过高,必然会不利于水解染料从纤维上洗净,从而形成沾色并降低色牢度。

(二)母体与鲜艳度、色牢度的关系

活性染料的颜色一般都比较鲜艳,并具有很好的色牢度,这与染料母体的结构有关。如铜酞菁结构的活性染料,以颜色鲜艳和耐日晒牢度优异著称。近年来在这方面又有进一步的提高,如采用带荧光的染料母体。铜络合的偶氮染料色光较艳,多为红、紫、蓝色,且耐晒牢度高。几乎所有红光艳蓝都是以蒽醌衍生物为母体的,色光鲜艳,亲和力小,易洗涤性好,耐日晒牢度亦佳。深蓝品种采用金属络合的甲臜型发色体,进一步提高了气候牢度和鲜艳度,已投入市场的 Drimarene 藏青 R—GL(山德士),Levafix P—RA(拜耳)和国产活性深蓝 F—4G,都是这类结构的染料。活性嫩黄耐氯牢度曾是一个棘手的问题,后来采用含吡啶酮的衍生物为母体可改进染料的耐氯牢度。

四、桥基

桥基是活性染料中染料母体和活性基团之间的连接基团。不同的桥基对活性染料的活性、稳定性都有一定的影响。最常见的桥基是亚氨基(—NH—),另外还有酰氨基(—CONH—),磺酰氨基(—SO_2NH—),烷酰氨基(—NHCO—CH_2CH_2—),—O—,—S—等。由于—O—,—S—作桥基易水解,染料稳定性较差,所以一般不被采用。

五、活性染料的性能指标

活性染料除了上述的活性基团与染料母体外,还有几个重要的性能指标。

(一)溶解度

活性染料应有良好的水溶性,尤其是印花或轧染用的活性染料,因为应用时染料浓度比较高,故要选用溶解度在 100 g/L 左右的品种。热水能加速染料的溶解,尿素有一定的增溶作用,但食盐、元明粉等电解质会降低染料的溶解度。目前,钠滤膜技术已成功用于活性染料的脱盐,可获得高溶解度的活性染料。

(二)扩散性

扩散性表征的是染料向纤维内部移动的能力。升高温度有利于染料分子的扩散,而低温染色时,纤维溶胀较困难,染料扩散慢。扩散系数大的染料,反应速率和固色率高,匀染和透染程度也好,但扩散性的影响不如染料的直接性大。扩散性能的好坏,取决于染料的立体结构和相对分子质量的大小,分子越大,扩散性能越差,铜酞菁活性染料就是一个例子。其他外部因素,如纤维的种类(棉或黏胶纤维)、电解质、助剂、染液 pH 等,都会影响染料的扩散。

(三)固色率

固色率是评定活性染料质量优劣的主要指标,活性染料的改进和发展主要在于提高染料在纤维上的固色率。

从活性染料与纤维素纤维的反应动力学和反应机理可以看出,活性染料染色时,染料活性基与纤维的反应和活性基自身的水解反应之间的矛盾与竞争,对活性染料的固色率起着决定性的作用。一般讲,为了获得高的固色率,染料在染色时的水解量降低到越低越好。

活性染料的固色率与很多因素有关,上述活性基团的结构、反应性、结合键的稳定性、染料的直接性以及染色条件(温度、pH、浴比)等都会影响染料的固色率。所以提高活性染料的固色率,要从两方面着手:一是从染料结构、母体染料的直接性、活性基团的改进以及采用多活性基团等途径去考虑;二是采用合适的印染加工工艺及条件,以提高染料在纤维上的固色率。降低染料水解的措施有:

1. 低温 温度对染料反应速率影响很大,温度越高,反应速率越快。虽然固色速率与水解速率均相应增加,但温度高,水解速率增加更快,这样就影响固色率的提高。近年国外较多介绍冷轧堆工艺,其固色率确实较其他工艺高,这就证明低温措施的重要性。同样在浸染中,温度越高,染料的亲和力或直接性越低,而水解速率常数则越高,固色率相应较低。

2. 加盐类 盐类作为电解质加到活性染料染浴中,能相应增强染料的反应性与直接性,有利于染料在染浴中的吸尽,从而提高固色率。盐用量的多少,除与染料用量有关,还与染料自身的分子结构和染色性能有关,特别是与染料的直接性(亲和力)、移染性有关。

3. 小浴比 染浴浴比越大,越不利于吸尽。根据维克斯塔夫的测定,浴比为 1∶30 时,仅有 10%吸尽,而在 1∶1 的浴比下,几乎有 80%吸尽。吸尽率高,则固色率亦高,因此近年染色工艺的发展主要是采用小浴比染色工艺,浸染的浴比可以提高到 1∶5 左右,包括采用筒子纱染色、卷染和新的浸染法。轧染、轧卷法的浴比则可以达到 1∶1。

4. pH 的控制 一般情况下,pH 越高,纤维带的负电荷越多,同性离子间的斥力降低。阴离子活性染料对纤维的亲和力在 pH 为 11～12 时,是一个转折点,此时,染料的水解速率迅速增加而亲和力或直接性则明显降低,固色效率也明显降低。所以,为了提高固色率,就要控制好

pH的范围,一般不要大于11.5。

各类活性染料固色率的比较见表11-1。

表11-1　各类活性染料固色率的比较

染料商业名称	活性基团	固色率/%
Procion MX，国产X型	二氯均三嗪	50～70
Procion H,国产K型	一氯均三嗪	55～75
Levafix E	二氯喹噁啉	50～70
Drimarene K,R	二氟一氯嘧啶	70～85
Drimarene X	三氯嘧啶	55～75
Remazol,国产KN型	乙烯砜	55～75
Procion HE,国产KE型、KD型	两个一氯均三嗪	75～90
Sumifix Supra,国产M型、ME型	一氯均三嗪+乙烯砜	60～80
Cibacron F	一氟均三嗪	50～70
Cibacron C	一氟均三嗪+乙烯砜	85～95
Procion T,国产P型	膦酸型	70～85
Lanasol	α-溴代丙烯酰胺	85～90
Kayacelon React	烟酸均三嗪	60～80

(四)安全性

染料废弃物可能包含一些有毒的、致癌的、诱导有机体突变的、致畸的化学物质。因此,若不能完全降解,染料所具有的毒性较大。活性染料问世以来,已成为棉用染料中最重要的染料类别,由于溶解度较大,而且通过一般处理方法难以除去,对人体有一定的危害。如活性黑KN—B自身的毒性较小,但研究表明其水解产物毒性明显提高。因此,在染料开发时,要选用高效安全的染料,并有效改善活性基团,提高固色率。

通过分析活性染料的生态毒理特性，可以采取技术措施来解决活性染料存在的一些生态毒理方面的问题。如活性染料的过敏性问题，可通过开发低粉尘或无粉尘的颗粒状染料或液状染料来改进;开发不含卤素原子的新型活性染料来解决现有染料的AOX(可吸收有机卤化物)问题;通过开发不含重金属的新结构活性染料来解决可萃取重金属问题。另外，为了改善活性染料的生态环境特性，降低染色废水中的COD值等，需开发高固色率以及低盐染色的新型活性染料，同时开发活性染料节水、节能的染色新技术。

第四节　活性染料的合成

一、含氮杂环活性染料

在含氮杂环活性基中,三聚氯嗪衍生物染料是最早发现和发展的一类活性染料,其色谱较齐全，品种也较多，主要是一氯和二氯均三嗪染料（分别为国产 K 型和 X 型染料）。这类染料的合成主要有两种工艺：一是先合成母体染料，然后将活性基直接引入到母体染料中而得到活性染料的工艺；二是先合成带有活性基的中料，然后合成染料的工艺。对偶氮型染料，两种合成途径均有采用，活性基可以在重氮组分，也可以在偶合组分。由于三聚氯氰非常活泼，偶氮型金属络合活性染料一般在母体染料金属络合后再引入活性基。

在偶氮型活性染料分子中采用氨基萘酚作偶合组分时，为了避免在氨基邻位发生偶合以致产生副产物，影响色光，一般先在氨基上引入活性基，然后合成染料。如活性艳红 K—2BP（C. I. Reactive Red 24，18208），其合成方法及结构如下：

Na_2CO_3，0～5℃；$pH=6.5$，6℃；Na_2CO_3，40～42℃

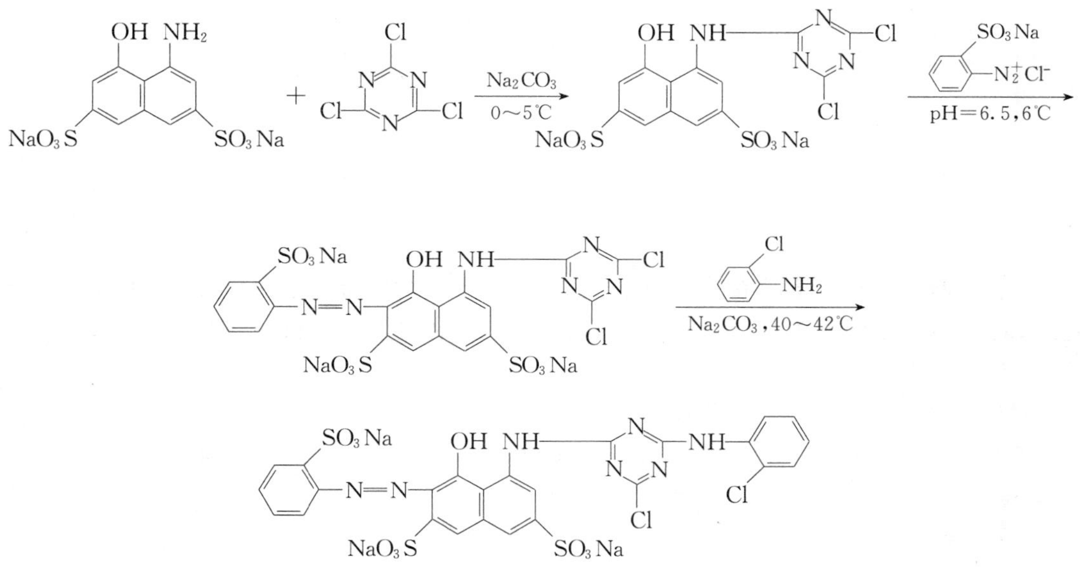

活性艳红 K—2BP

活性基连接在重氮组分上的活性染料，重氮组分通常是芳二胺衍生物。其中一个氨基与三聚氯氰进行酰化反应引入活性基，另一个氨基进行重氮化，然后再与偶合组分偶合得到活性染料。如活性嫩黄 K—6G（C. I. Reactive Yellow 2，18972），其合成方法及结构如下：

Na_2CO_3，0～5℃；$NaNO_2$，HCl，0～5℃

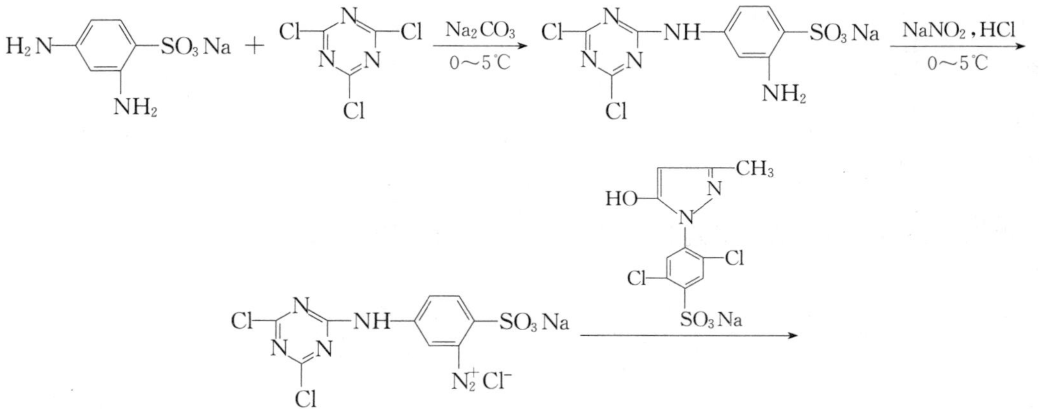

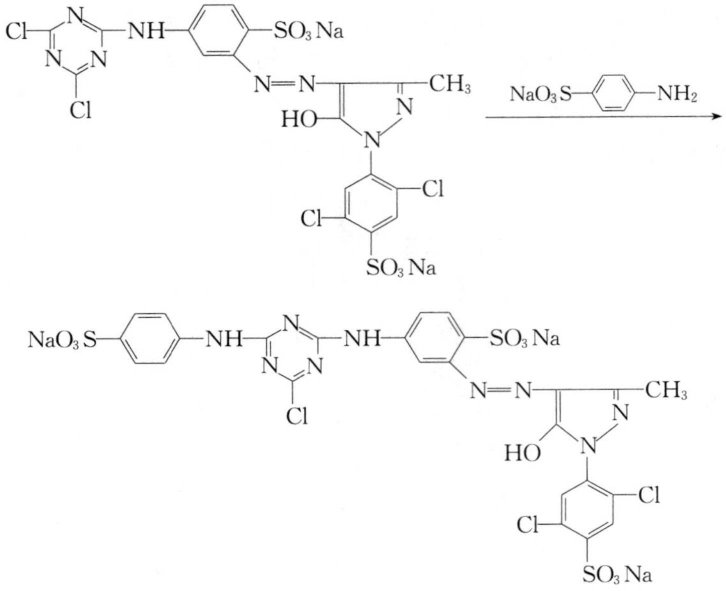

活性嫩黄 K—6G

对蒽醌型活性染料大都直接将三聚氯氰引入到母体染料中，如活性艳蓝 X—BR(C. I. Reactive Blue 4,61205)和活性艳蓝 K—GR(C. I. Reactive Blue 5,61205:1)，它们的合成方法及结构如下：

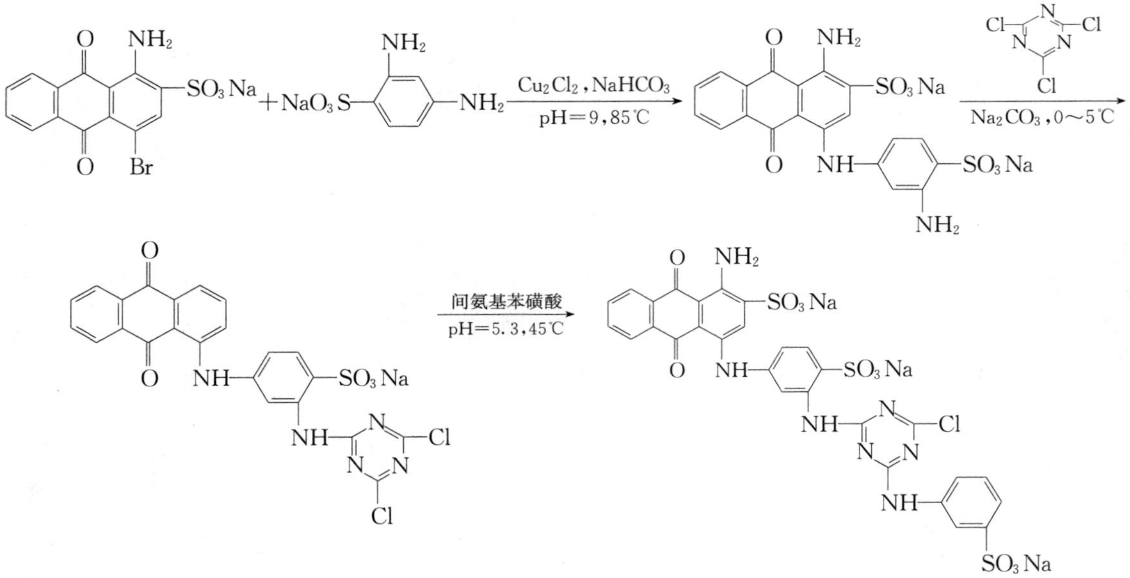

$\xrightarrow[\text{pH}=9,85℃]{Cu_2Cl_2,NaHCO_3}$ $\xrightarrow[Na_2CO_3,0\sim5℃]{}$ $\xrightarrow[\text{pH}=5.3,45℃]{\text{间氨基苯磺酸}}$

活性艳蓝 X—BR　　　　活性艳蓝 K—GR

以铜酞菁为母体的活性翠蓝 K—GL(C. I. Reactive Blue 14)的合成路线为：

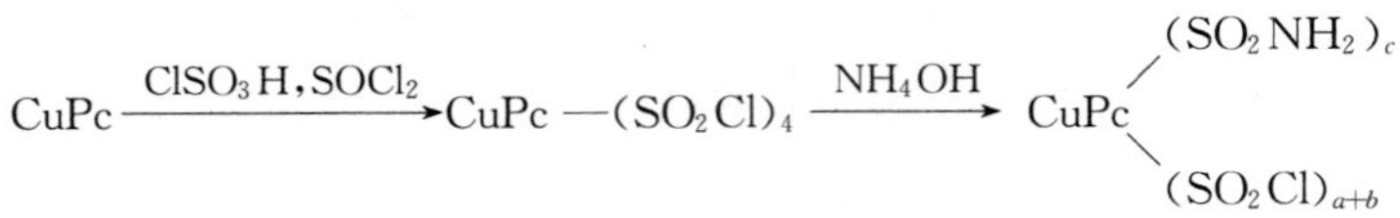

$$\text{CuPc} \xrightarrow{ClSO_3H,SOCl_2} \text{CuPc}-(SO_2Cl)_4 \xrightarrow{NH_4OH} \text{CuPc}\begin{cases}(SO_2NH_2)_c \\ (SO_2Cl)_{a+b}\end{cases}$$

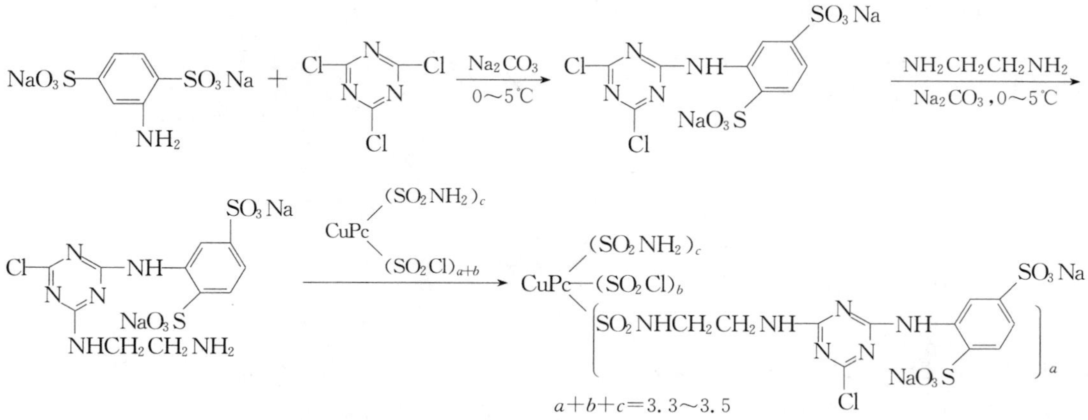

$$NaO_3S-C_6H_3(NH_2)-SO_3Na + C_3N_3Cl_3 \xrightarrow[0\sim5℃]{Na_2CO_3} \text{(二氯均三嗪基)}-NH-C_6H_3(SO_3Na)_2 \xrightarrow[Na_2CO_3, 0\sim5℃]{NH_2CH_2CH_2NH_2}$$

$$\text{Cl-(均三嗪)(NHCH_2CH_2NH_2)}-NH-C_6H_3(SO_3Na)_2 \xrightarrow{CuPc(SO_2NH_2)_c(SO_2Cl)_{a+b}} CuPc\begin{cases}(SO_2NH_2)_c\\(SO_2Cl)_b\\ \left[SO_2NHCH_2CH_2NH-\text{(氯代均三嗪)}-NH-C_6H_3(SO_3Na)_2\right]_a\end{cases}$$

$a+b+c=3.3\sim3.5$

活性翠蓝 K—GL

对嘧啶型活性染料可采用带有氨基的中料在 pH＝4～4.6 的条件下与 2，4，6 -三氟- 5 -氯嘧啶缩合，然后合成染料；也可用 2，4，6 -三氟- 5 -氯嘧啶直接引入带有氨基的母体染料。如 C. I. Reactive Red 118，其合成方法及结构如下：

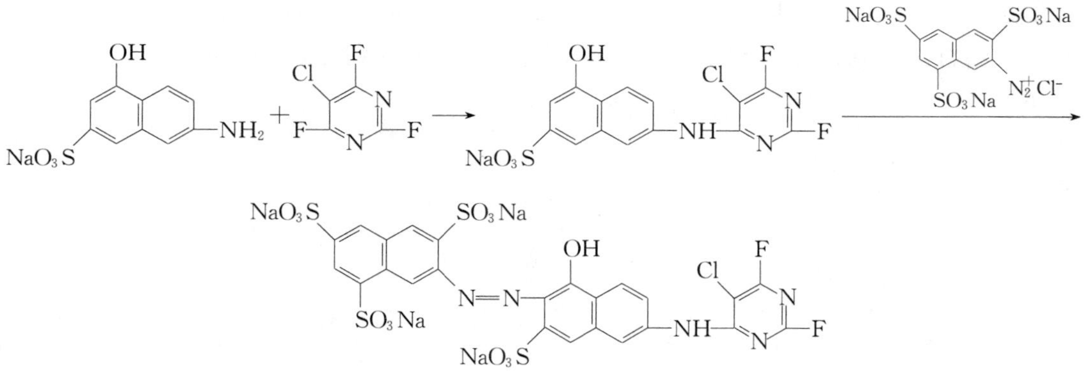

$$\text{(5-羟基-7-磺酸钠基-2-萘胺)}-NH_2 + \text{2,4,6-三氟-5-氯嘧啶} \longrightarrow \text{(5-羟基-7-磺酸钠基-2-萘基)}-NH-\text{(5-氯-2,6-二氟嘧啶-4-基)} \xrightarrow{\text{(NaO}_3\text{S)}_3C_{10}H_4N_2^+Cl^-}$$

$$\text{(NaO}_3\text{S)}_3C_{10}H_4-N{=}N-\text{(1-羟基-3-磺酸钠基萘)}-NH-\text{(5-氯-2,6-二氟嘧啶-4-基)}$$

C. I. Reactive Red 118

二、乙烯砜型活性染料

由于含 β-羟乙基砜硫酸酯染料的溶解度比相应的乙烯砜型染料好，乙烯砜型活性染料（国产 KN 型）均是以 β-羟乙基砜硫酸酯为活性基。这类染料主要采用对或间- β-羟乙基砜硫酸酯苯胺两种活性基中料来合成的，合成路线如下：

（1）$$C_6H_5-NHCOCH_3 \xrightarrow[60℃]{ClSO_3H} CH_3CONH-C_6H_4-SO_2Cl \xrightarrow{Na_2SO_3}$$

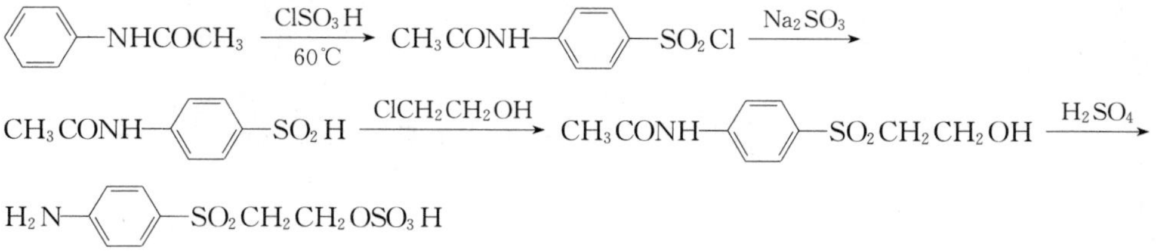

$$CH_3CONH-C_6H_4-SO_2H \xrightarrow{ClCH_2CH_2OH} CH_3CONH-C_6H_4-SO_2CH_2CH_2OH \xrightarrow{H_2SO_4}$$

$$H_2N-C_6H_4-SO_2CH_2CH_2OSO_3H$$

(2) 间硝基苯 $\xrightarrow{ClSO_3H}$ 3-硝基苯磺酰氯（SO_2Cl） $\xrightarrow{Na_2SO_3}$ 3-硝基苯亚磺酸（SO_2H） $\xrightarrow{ClCH_2CH_2OH}$ 3-硝基苯基 $SO_2CH_2CH_2OH$ $\xrightarrow{Fe, CH_3COOH}$

3-氨基苯基 $SO_2CH_2CH_2OH$ $\xrightarrow{H_2SO_4}$ 3-氨基苯基 $SO_2CH_2CH_2OSO_3H$

用对或间-β-羟乙基砜硫酸酯苯胺作重氮组分进行重氮化后与偶合组分偶合，如活性艳橙 KN—4R(C. I. Reactive Orange 7,17756)。个别染料的活性基团在偶合组分上。

$HO_3SOCH_2CH_2O_2S$—C₆H₄—N=N—（1-OH，3-SO_3Na，6-$NHCOCH_3$ 萘）

活性艳橙 KN—4R

β-羟乙基砜硫酸酯苯胺活性基中料的氨基邻位无羟基，一般采用氧化络合的方法合成偶氮型金属络合活性染料，如活性艳紫 KN—4R(C. I. Reactive Violet 5,18097)，其合成方法及结构如下：

（OH，$NHCOCH_3$，NaO_3S，SO_3Na 萘） $\xrightarrow[0\sim5℃]{^{-}Cl^{+}N_2—C_6H_4—SO_2CH_2CH_2OSO_3H}$ $HO_3SOCH_2CH_2O_2S$—C₆H₄—N=

=N—（OH，$NHCOCH_3$，NaO_3S，SO_3Na 萘） $\xrightarrow[pH=6\sim6.7, <30℃]{CuSO_4, H_2O_2}$ $HO_3SOCH_2CH_2O_2S$—C₆H₃(O—Cu—O)—N=N—（$NHCOCH_3$，NaO_3S，SO_3Na 萘）

活性艳紫 KN—4R

蒽醌型活性染料采用β-羟乙基砜苯胺先与溴胺酸缩合，然后在浓硫酸中进行酯化的过程。如活性艳蓝 KN—R(C. I. Reactive Blue 19,61200)，其合成方法及结构如下：

溴胺酸（O，NH_2，SO_3Na，O，Br） + 3-氨基苯基 $SO_2CH_2CH_2OH$ $\xrightarrow{Cu_2Cl_2, NaHCO_3}$

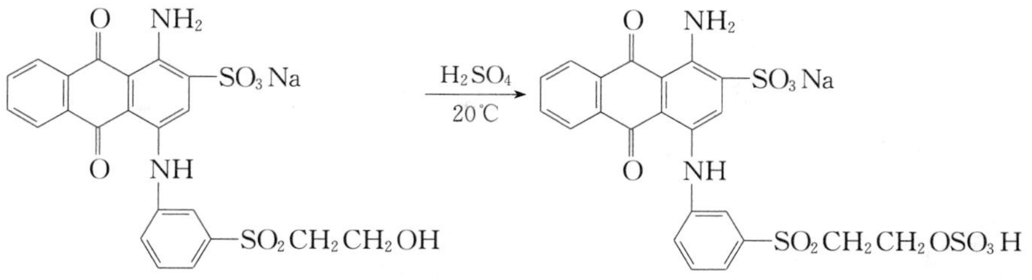

活性艳蓝 KN—R

三、含复合(多)活性基的活性染料

国产 M 型活性染料含有均三嗪活性基和 β-羟乙基砜硫酸酯活性基，这类染料主要采用二氯均三嗪活性染料上的第二个活泼氯原子的反应性，采用对或间-β-羟乙基砜硫酸酯苯胺进行缩合而生成染料，如 C. I. Reactive Red 240，其结构如下：

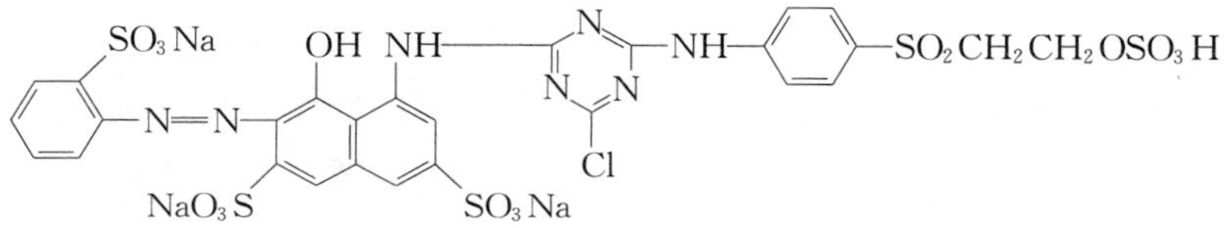

三聚氯氰多活性基染料的合成途径主要有以下三种：

(1)带有氨基的 K 型活性染料与二氯均三嗪衍生物缩合，如 C. I. Reactive Blue 171，其结构如下：

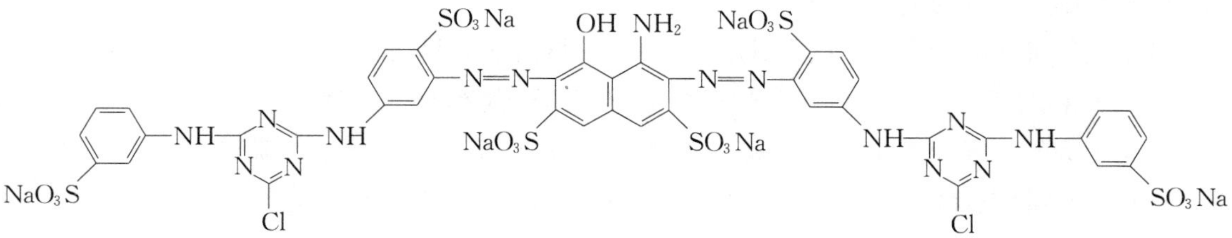

(2)在带有氨基的染料母体上通过亚氨基连接交替地引入三聚氯氰，如活性艳红 KP—5B，其结构如下：

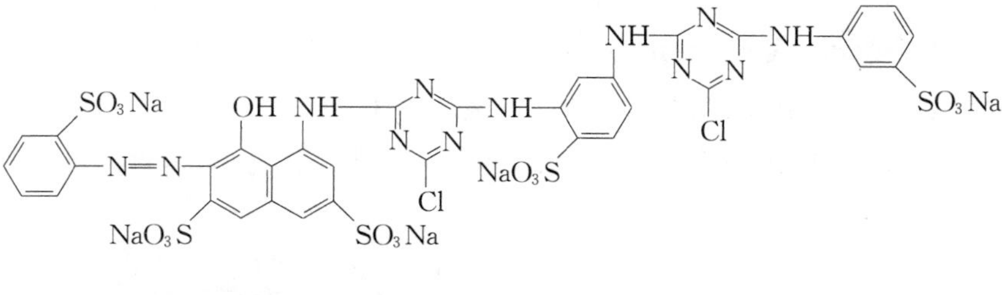

(3)通过二胺衍生物将两个 K 型活性染料连接在一起，如 C. I. Reactive Orange 20，其结构如下：

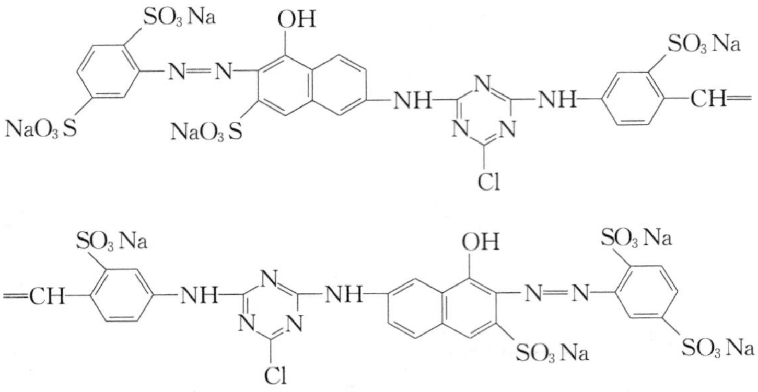

第五节　活性染料与纤维的固色机理

活性染料的固色(染色)是一种化学反应,是纤维与染料分子间的共价结合。活性染料与其他染料不同,由于它与纤维间存在着共价键,具有很高的湿处理牢度。这种共价结合的形式,根据活性基团的不同,可用两种反应历程来解释:一种是亲核取代反应,另一种是亲核加成反应。由于纤维结构性质和所含反应基团的不同,所以按纤维素纤维与蛋白质纤维分别加以叙述。

一、纤维素纤维的固色机理

(一)纤维素纤维的离子化

纤维素纤维在一般中性介质中是不活泼的,它与活性染料及其他染料之间关系一样,只是一种吸附关系,不可能产生牢固的化学结合,只有当纤维素纤维在碱性介质中,才能发生共价结合。这是因为纤维素纤维在此时形成了纤维素负离子,而其离子化浓度随着 pH 的增加而增加。在这里也可解释为纤维素纤维作为一种弱酸而与碱剂发生中和反应。

$$\text{Cell—CH}_2\text{—OH} \xrightarrow{\text{NaOH}} \text{Cell—CH}_2\text{—O}^- + \text{Na}^+ + \text{H}_2\text{O}$$

(二)染料与纤维的反应历程及染料—纤维共价键

1. 亲核取代反应　卤代均三嗪型及嘧啶型活性染料与纤维的反应均可用这种机理来解释。由于活性基团的芳香杂环上氮原子的电负性较碳原子强,因此使杂环上各个碳原子电子云密度较低而呈现部分正电荷。它的正电性不仅与杂环本身性质有关,而且还受环上取代基的影响。

由于与碳原子连接的氯原子电负性也很强,电子诱导的结果使碳原子呈现更强的正电性:

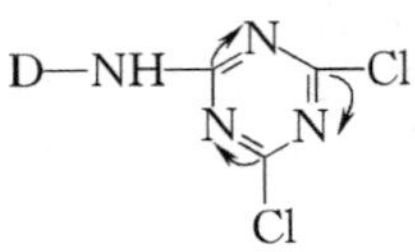

这样，芳香杂环上的碳原子更易受到亲核试剂的攻击，发生亲核取代反应。固色时，纤维素纤维在碱性介质中的离子化，生成纤维素负离子（亲核试剂），它能与活性染料的活性基团发生亲核取代反应：

$$D{-}NH{-}C_3N_3(Cl){-}NHR + Cell{-}CH_2{-}O^- \longrightarrow$$

$$D{-}NH{-}C_3N_3(Cl \leftarrow O^-{-}CH_2{-}Cell){-}NHR \longrightarrow D{-}NH{-}C_3N_3(O{-}CH_2{-}Cell){-}NHR + Cl^-$$

上述生成的染料—纤维共价键是酯键。

碱液中的 OH^- 也是一种亲核试剂，同样可以与活性染料发生亲核取代反应，成为水解染料。

$$D{-}NH{-}C_3N_3(Cl){-}NHR + OH^- \longrightarrow D{-}NH{-}C_3N_3(Cl \leftarrow OH^-){-}NHR \longrightarrow$$

$$D{-}NH{-}C_3N_3(OH){-}NHR + Cl^-$$

活性染料上的氯原子被取代后，产生的 HCl 溶于水生成盐酸，遇碱剂即被中和。因此碱剂也具有中和染色中所产生的盐酸的作用。

卤代氮杂环活性基的反应性能和杂环的 π 电子云密度分布有关，根据计算，常见氮杂环的 π 电子云密度分布如下：

吡啶：0.979，1.010，0.951，1.100

哒嗪：0.987，0.957，1.049

嘧啶：0.926，1.026，0.899，1.112

吡嗪：0.960，1.080

均三嗪：0.883，1.116

氮原子的电负性越强，和氮原子相邻的碳原子电子云密度越低。杂环中氮原子数目越多，碳原子电子云密度就越低。在上述各杂环当中，以均三嗪环中碳原子的电子云密度最低，嘧啶环中两个氮原子中间的碳原子的电子云密度也较低。碳原子电子云密度越低，活性基的反应性就越强。亲核取代的位置主要发生在电子云密度最低的碳原子上。

卤代氮杂环活性基的反应性，除了和杂环中的杂原子数目有关，还与杂环上取代基的性质、数目和位置有关。在杂环上引入吸电子基，将降低杂环碳原子的电子云密度，增强活性基的反应性；引入供电子基，则反应性降低。因此在杂环中引入氯和氟原子等吸电子基团，可提高活性基的反应性,引入数目越多,卤素的电负性越强,反应性就提高越多(表 11-2)。由表可以看出,二氯均三嗪类活性染料的反应性最强。这是由于杂环中有三个氮原子和两个氯取代基的缘故。二氟一氯嘧啶类的反应性也很强,虽然杂环中只有两个氮原子,但杂环上有两个电负性强的氟原子及一个氯原子。甲砜基也是一个强电负性的取代基,故具有这种取代基的活性染料也具有较强的反应性。如果卤代杂环(如均三嗪环)上引入—NH_2、—NHAr、—OCH_3 等供电子基,则反应性有不同程度的降低,如表 11-3 所示。

表 11-2 各类卤代杂环活性染料的水解反应性(pH=10,60℃)

染料 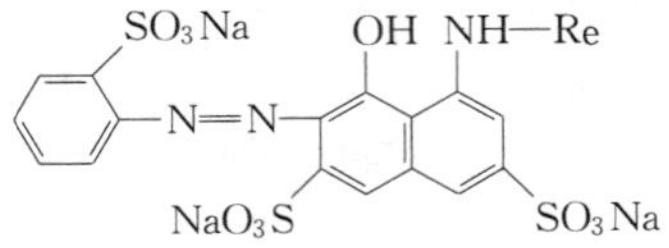	SO_3Na, OH, NH—Re, N=N, NaO_3S, SO_3Na		
活性基,Re	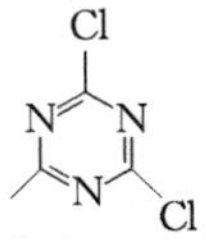 Cl, N, N, N, Cl	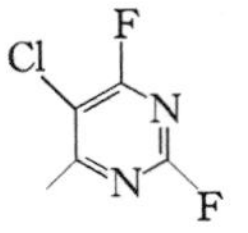 Cl, F, N, N, F	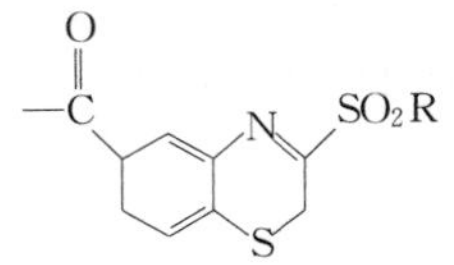 O, —C, N, SO_2R, S
假一级水解反应常数/min^{-1}	3.3×10^{-1}	6.0×10^{-2}	3.5×10^{-2}

活性基,Re	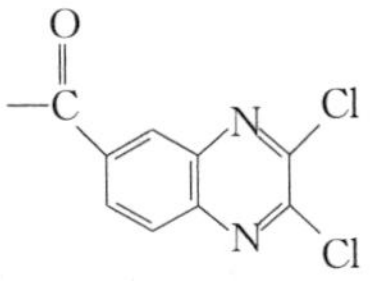 O, —C, N, Cl, N, Cl	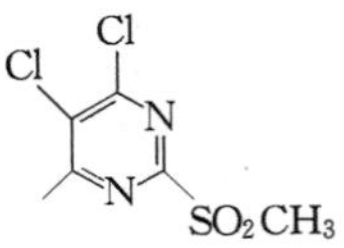 Cl, Cl, N, N, SO_2CH_3	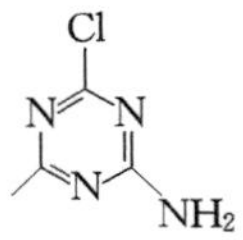 Cl, N, N, N, NH_2	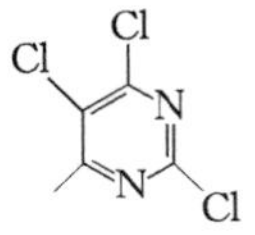 Cl, Cl, N, N, Cl
假一级水解反应常数/min^{-1}	1.7×10^{-2}	9.5×10^{-3}	4.7×10^{-4}	3.5×10^{-4}

表 11-3 均三嗪活性染料活性基中 R 基团对水解反应性的影响

(染料浓度 6mmol/L,pH=11.2, 40℃)

染料	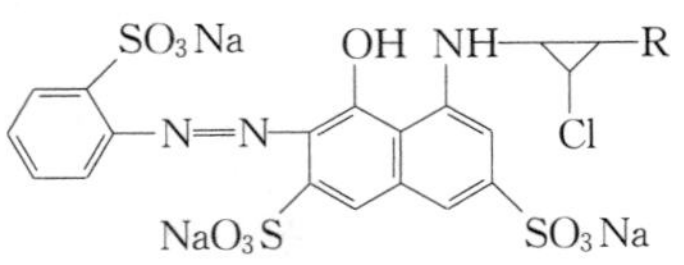 SO_3Na, OH, NH—R, Cl, N=N, NaO_3S, SO_3Na				
取代基,R	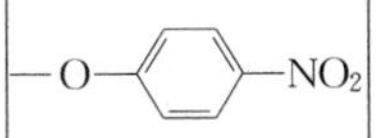 —O—C₆H₄—NO_2	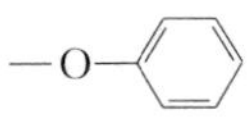 —O—C₆H₅	—OCH_3	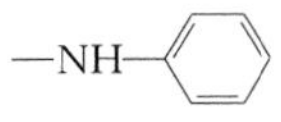 —NH—C₆H₅	—$N(CH_3)_2$
假一级水解速率常数/min^{-1}	1.04×10^{-1}	3.65×10^{-2}	1.40×10^{-2}	5.0×10^{-4}	6.7×10^{-5}
相对水解速率	208	73	28	1	0.13

由表 11－3 可知，随着均三嗪环上 R 基团的供电子能力不同，染料的水解反应性有显著差别。同理，二氯均三嗪环上的一个氯原子被纤维素阴离子或—OH 取代后，第二个氯原子便不易被取代了。

取代基的位置和反应性也有关系。如在 2，3－二氯喹噁啉活性基的 6 位上引入吸电子基后，可大大提高 2 位碳原子的反应性，而对 3 位上碳原子的反应性影响较小，其原因在于 6 位吸电子基通过共轭效应降低 2 位碳原子电子云密度比 3 位上降低得多，故亲核取代反应主要发生在 2 位上。根据计算，在 6 位上引入吸电子羰基后，喹噁啉环上的 π 电子云密度分布如下：

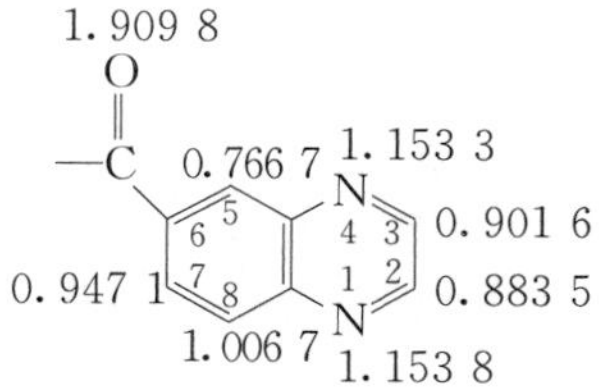

1.909 8 (O)　—C　0.766 7　N 1.153 3　0.901 6　0.883 5　N 1.153 8　1.006 7　0.947 1

它和其衍生物的水解反应性如表 11－4 所示。

表 11－4　二氯喹噁啉化合物的水解反应性(22℃，pH＝13)

化合物	假一级水解速率常数/min^{-1}	化合物	假一级水解速率常数/min^{-1}
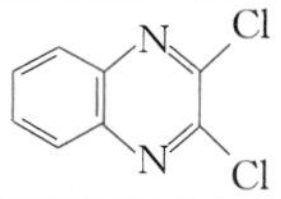 N, Cl, N, Cl	5.2×10^{4}	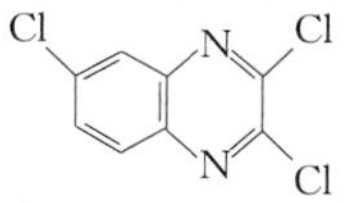 Cl, N, Cl, N, Cl	2.6×10^{6}
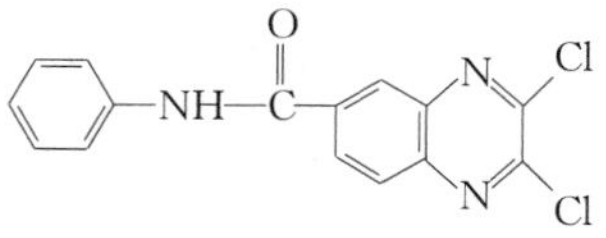 NH—C(=O)—, N, Cl, N, Cl	3.9×10^{5}	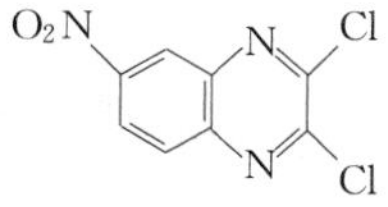 O_2N, N, Cl, N, Cl	7.3×10^{9}

亲核取代反应中的离去基也是取代基，它不仅可通过改变杂环上碳原子的电子云密度影响染料的反应性，其本身的离去倾向也直接和反应速率有关，离去倾向越大，取代反应速率越快。一般来说，离去基的电负性越强，越容易获得电子成阴离子离去。卤素原子既是吸电子基，又是离去倾向较强的基团，故氟、氯原子是最常见的离去基。氟原子的离去倾向虽然比氯小，但吸电子能力强，降低活性基杂环电子云密度比氯原子大得多，故杂环具有氟原子的反应性比氯原子活泼得多。值得注意的是，这些增强反应活性的吸电子基(—Cl、—F)在反应过程中会被取代而离去，因此这种活性是暂时性的，与杂环中的氮原子不同。

2. 染料的亲核加成反应　另一种重要类型的活性染料具有碳碳双键活性基。这种双键一般在染色过程中形成，它们可以与亲核试剂发生亲核加成反应，其反应历程为：

$$D—Z—CH_2CH_2—X \underset{K_{-1}}{\overset{K_1(-HX)}{\rightleftharpoons}} D—Z—CH═CH_2 \underset{K_{-2}}{\overset{K_2(+Y^-)}{\rightleftharpoons}}$$

$$D—Z—CH^-—CH_2—Y \underset{K_{-3}}{\overset{K_3(+H^+)}{\rightleftharpoons}} D—Z—CH_2—CH_2—Y$$

式中:Z为吸电子的连接基,X为—OSO_3Na等离去基团,Y为亲核试剂(如纤维素阴离子等)。

活性基的反应性主要取决于吸电子的连接基,也与离去基性质有关。反应分两步进行,先发生消除反应形成碳碳双键,然后发生亲核加成反应。

乙烯砜型活性染料与纤维的结合就是一种亲核加成反应。乙烯砜型商品活性染料的结构是β-羟乙基砜硫酸酯,它在中性介质中具有较好的水溶性和化学稳定性。染色时,染料在碱的作用下生成含活泼双键的乙烯砜基(—$SO_2CH{=}CH_2$),由于—SO_2为吸电子基,电子诱导效应的结果使β-碳原子呈现更强的正电性,遂能与纤维素负离子发生亲核加成反应,H^+由水供给,反应后产生OH^-,其反应过程如下:

$$D{-}SO_2{-}CH_2CH_2{-}O{-}SO_3Na \xrightleftharpoons{OH^-} D{-}SO_2{-}\overset{-}{C}H{-}CH_2{-}O{-}SO_3Na \longrightarrow$$

$$D{-}SO_2{-}CH{=}CH_2 \xrightleftharpoons{Cell{-}CH_2{-}O^-} D{-}SO_2{-}\overset{-}{C}H{-}CH_2{-}O{-}CH_2{-}Cell \xrightarrow{H^+}$$

$$D{-}SO_2{-}CH_2{-}CH_2{-}O{-}CH_2{-}Cell$$

以上反应所形成的染料—纤维共价键是一种醚键,即R—O—R′,在染料—纤维键的牢度上与酯键结合是有区别的。

常用各类活性染料相对反应性强弱如下:

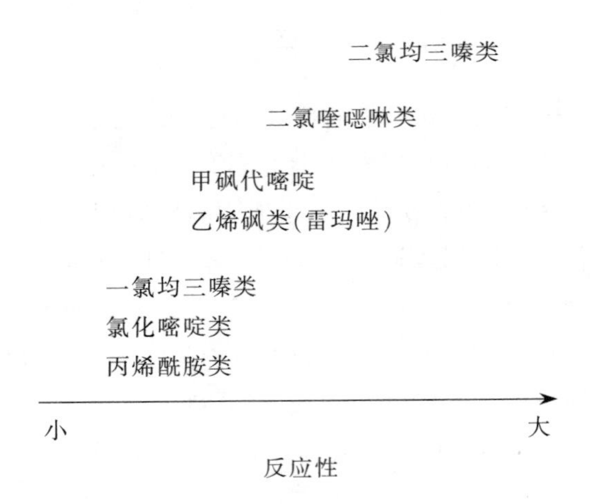

二、影响活性染料与纤维素纤维反应速率的因素

活性基团与纤维的反应性一般通过反应速率来表示,简单来说,即反应的快慢。它与温度、pH、浴比等均有关系。反应速率的快慢不能完全说明染料的优劣,反应太快或太慢都不一定适

宜，反应太慢，染料不能与纤维起反应；反应太快，则影响染料的稳定性，在储存及应用中也造成困难，如染色不匀和染色水解率高。

活性染料与纤维的反应速率一般总是和水解速率成正比例。当然，染料与纤维的反应，在正常条件下总是大于与水的反应速率，这可以从活性染料反应动力学上得到答案。染料与纤维的反应速率及与水的反应速率的关系如下：

$$R_F = K_F[D_F][\mathrm{CellO^-}]$$

$$R_W = K_W[D_W][\mathrm{OH^-}]$$

$$\frac{R_F}{R_W} = \frac{K_F}{K_W} \cdot \frac{[D_F]}{[D_W]} \cdot \frac{[\mathrm{CellO^-}]}{[\mathrm{OH^-}]}$$

式中：R_F——染料与纤维的反应速率；

K_F——染料与纤维反应速率常数；

R_W——染料与水的反应速率；

K_W——染料水解反应速率常数；

$[D_F]$——纤维中染料浓度；

$[\mathrm{CellO^-}]$——纤维素负离子浓度；

$[D_W]$——染浴中染料浓度；

$[\mathrm{OH^-}]$——氢氧根离子浓度。

由上可知，染料与纤维的反应速率与染料水解反应速率的比值大小取决于三个因素，即：K_F/K_W，$[\mathrm{CellO^-}]/[\mathrm{OH^-}]$，$[D_F]/[D_W]$。

第一个因素，从原子的立体结构来分析，两者的反应常数不可能有很大的差异，因此 $K_F/K_W \approx 1$，对反应速率比影响较小。

第二个因素，$[\mathrm{CellO^-}]/[\mathrm{OH^-}]$，由表 11－5 可知，当 pH 在 7～11 时，这个比值基本上是恒定的，约在 30 左右，即$[\mathrm{CellO^-}]$大于$[\mathrm{OH^-}]$30 倍；pH 超过 11 后，pH 越高，比值越小。这就是说，固色反应虽然加快，但水解反应比固色反应增加得更快，这就是通常固色时 pH 要控制在 11 以下的原因，此时既可获得较快的固色反应速率，又能得到较好的固色率。

表 11－5　pH 与纤维素纤维离子浓度的关系

pH	$[\mathrm{OH^-}]/\mathrm{mol \cdot L^{-1}}$	$[\mathrm{CellO^-}]/\mathrm{mol \cdot L^{-1}}$	$[\mathrm{CellO^-}]/[\mathrm{OH^-}]$
7	10^{-7}	3×10^{-6}	30
8	10^{-6}	3×10^{-5}	30
9	10^{-5}	3×10^{-4}	30
10	10^{-4}	3×10^{-3}	30
11	10^{-3}	2.8×10^{-2}	28
12	10^{-2}	2.2×10^{-1}	22
13	10^{-1}	1.1	11

第三个因素，$[D_F]/[D_W]$是决定反应速率比的一个很重要的因素。根据维克斯塔夫在染色实验中的测定(表11－6)，在1∶30的浴比下，染料由于反应性及亲和力等条件不同，可以使染料被纤维吸收的值有很大的变化，这样，$[D_F]/[D_W]$值变化就大。当染料的吸收率在10%时为15，染料吸收率达到90%时为1 227。这样，染料在纤维上与在水中的反应速率比应该是：

$$R_F/R_W = 1\times(15\sim1\ 227)\times30 = 450\sim37\ 000$$

这个因素可以说明，在正常染色条件下，染料与纤维的反应速率总要比水解速率大得多。

表11－6　染料吸收率与反应速率比的关系(浴比1∶30，pH为8～11)

染料吸收率/%	$[D_F]/[D_W]$	$[CellO^-]/[OH^-]$	R_F/R_W
10	15	30	450
20	34	30	1 000
30	58	30	1 700
40	91	30	2 700
50	137	30	4 100
60	204	30	6 100
70	318	30	9 500
80	545	30	16 400
90	1 227	30	37 000

除了以上的一些因素外，反应速率与温度、pH、活性基团的关系如下：

(1)据测定，染料与纤维反应速率R_F与温度的关系：

温度	0	10℃	20℃	30℃	40℃
相应反应速率	1	2	5	15	40

由上可知，温度每增加10℃，反应速率R_F要提高2～3倍。但需要指出的是，升高温度同样可以增加染料水解反应的速率，且对其影响更为显著。

(2)反应速率R_F与pH的关系从表11－5可知，按照纤维离子化浓度来计算，pH每增加1，反应速率增加10倍。

(3)反应速率与染料活性基团的关系。染料活性基团的反应速率一般不易直接求得，往往需要通过染料的水解速率求得其相关值。水解速率数值大，则反应速率快；数值小，则反应速率慢。一般反应速率快，固色温度低；反应速率慢，固色温度要高。这在实际应用中是很有意义的，这方面的关系如表11－7所示。

表11－7　各类染料活性基团反应速率与固色温度、键稳定性的关系

活性基团	反应速率(水解常数)/min^{-1} (pH＝11，40℃)	固色温度/℃ (纯碱条件)	键稳定性/min^{-1} (pH＝6，60℃)
二氯均三嗪	3.3×10^{-1}	20～40	1.3×10^{-5}

续表

活性基团	反应速率(水解常数)/min^{-1} (pH=11,40℃)	固色温度/℃ (纯碱条件)	键稳定性/min^{-1} (pH=6,60℃)
二氟一氯嘧啶	2.61×10^{-2}	30~50	1.2×10^{-7}
二氯喹噁啉	1.7×10^{-2}	30~50	1.1×10^{-6}
一氟均三嗪	6.50×10^{-2}	40~60	1.4×10^{-4}
乙烯砜	4×10^{-3}	50~70	1.1×10^{-6}
一氯均三嗪	4.7×10^{-4}	70~90	1.2×10^{-7}

三、蛋白质纤维的染色机理

活性染料过去主要应用于棉纤维染色,近年来正在向棉纤维以外的天然纤维(毛、丝)以及合成纤维中的锦纶的染色方面发展,应用范围不断扩大,并取得了较好的效果。

蛋白质纤维如毛、丝结构中亦有较多的亲核基团,如氨基、羟基、巯基(—SH),均可与活性染料形成共价键结合,其中氨基的比例最高,所以主要的反应是以氨基为主。和纤维素纤维染色一样,活性染料染羊毛、蚕丝和锦纶也包含吸附、扩散和固色的过程。对这些纤维,活性染料能够在酸性介质中发生吸附。均三嗪类活性染料在酸性介质中会发生水解;由于羊毛鳞片层的存在,使染料充分扩散进入纤维内部需要较高的温度。在这种情况下,一般活性染料不但容易水解,产生大量水解染料吸附在纤维上,造成浮色,而且与纤维的反应过于迅速,容易造成染色不匀。这些情况与纤维素纤维的染色有很大区别。

因此,人们一方面利用常规活性染料在较适当的染色条件下,对蛋白质纤维进行染色;另一方面则根据上述特点合成一些反应性比较低、扩散性能较好,专供蛋白质纤维染色用的活性染料。

活性染料与蛋白质纤维的结合过程中也存在着两种亲核反应机理,即亲核取代与亲核加成。

(一)亲核取代反应的染料

有的均三嗪型和嘧啶型活性染料可以与羊毛形成共价键结合。国外开发较多的为二氟一氯嘧啶型活性染料(如 Drimalan F,Verofix),它与羊毛的亲核取代反应如下:

```
              N                                        N
            //  \                                    //  \
D—NH—C        C—F + H₂N—W  ⟶   D—NH—C        C—NH—W
        |          ‖                           |          ‖
        C          N                           C          N
      /   \\     /                           /   \\     /
   Cl        C                            Cl        C
             |                                      |
             F                                      F
```

(二)亲核加成反应的染料

乙烯砜类活性染料亦可与羊毛形成共价键结合,它与羊毛的结合是一种亲核加成反应。

如赫斯特公司生产的 Hostalan 染料是乙烯砜和 N-甲基牛磺酸钠的加成物,当温度升到

80℃以上,pH 为 5～6 时,逐渐形成活泼的乙烯砜基而与羊毛纤维发生加成反应:

$$\mathrm{D{-}SO_2{-}CH_2{-}CH_2{-}\underset{}{\overset{CH_3}{\overset{|}{N}}}{-}CH_2{-}CH_2{-}SO_3Na} \longrightarrow$$

$$\mathrm{D{-}SO_2{-}CH{=}CH_2 + H\overset{CH_3}{\overset{|}{N}}{-}CH_2{-}CH_2{-}SO_3Na}$$

$$\mathrm{D{-}SO_2{-}CH{=}CH_2 + H_2N{-}W \longrightarrow D{-}SO_2{-}CH_2{-}CH_2{-}NH{-}W}$$

(三)存在亲核加成与亲核取代两种反应的染料

汽巴公司开发的 Lanasol 毛用活性染料含有 α-溴代丙烯酰胺的活性基团,反应机理如下:

$$\mathrm{D{-}NH{-}\overset{O}{\overset{\|}{C}}{-}\underset{Br}{\underset{|}{C}}{=}CH_2 + H_2N{-}W}$$

$$\swarrow \qquad \searrow$$

$$\mathrm{D{-}NH{-}\overset{O}{\overset{\|}{C}}{-}\underset{NH-W}{\underset{|}{C}}{=}CH_2} \qquad \mathrm{D{-}NH{-}\overset{O}{\overset{\|}{C}}{-}\underset{Br}{\underset{|}{CH}}{-}CH_2{-}NH{-}W}$$

$$\searrow \qquad \swarrow$$

$$\mathrm{D{-}NH{-}\overset{O}{\overset{\|}{C}}{-}CH{-}CH_2} \quad (\mathrm{CH}\text{与}\mathrm{CH_2}\text{经}\ \mathrm{N{-}W}\ \text{成环})$$

上述反应说明,一方面原来的乙烯基双键由于羰基和溴原子的影响,反应能力增强,使亲核试剂加成在 β-碳原子上形成加成产物;另一方面,碳原子由于溴原子的诱导效应发生了亲核取代,且最终可能形成乙烯亚胺与羊毛的结合。

可见,Lanasol 染料实质上也是一个含双活性官能团的染料,反应速率高,水解速率低,所以具有较高的固色率,在羊毛上为 90%以上,在丝绸上为 85%左右。

染料与蛋白质纤维的结合,无论是加成反应还是取代反应,所形成的酰胺键或亚胺键都是比较稳定的,所以羊毛或丝绸的染色成品不存在断键问题,染色牢度都很高。近年来采用毛用活性染料已成为毛纺织染整工作者提高色牢度的主要手段。

第六节 活性染料和纤维间共价键的稳定性

活性染料和纤维间形成酯键或醚键,在一定条件下都可被水解,发生断键反应。水解染料对纤维的亲和力较小,易于洗去,因而造成染色纺织品的褪色。

讨论活性染料与纤维素纤维间的共价键的稳定性，可以均三嗪和乙烯砜类活性染料为例加以阐述。

二氯均三嗪类活性染料和纤维素的反应，随反应条件不同，可生成以下三种结构的产物，如下所示：

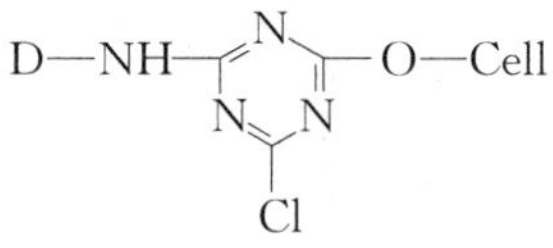

D—NH—(均三嗪环)—O—Cell，环上取代 Cl

（Ⅰ）

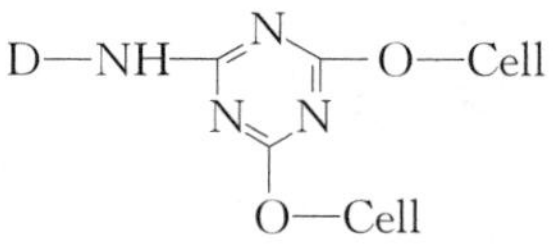

D—NH—(均三嗪环)—O—Cell，环上取代 O—Cell

（Ⅱ）

D—NH—(均三嗪环)—O—Cell，环上取代 OH $\underset{OH^-}{\overset{H^+}{\rightleftharpoons}}$ D—NH—(均三嗪环，NH)—O—Cell，环上 =O

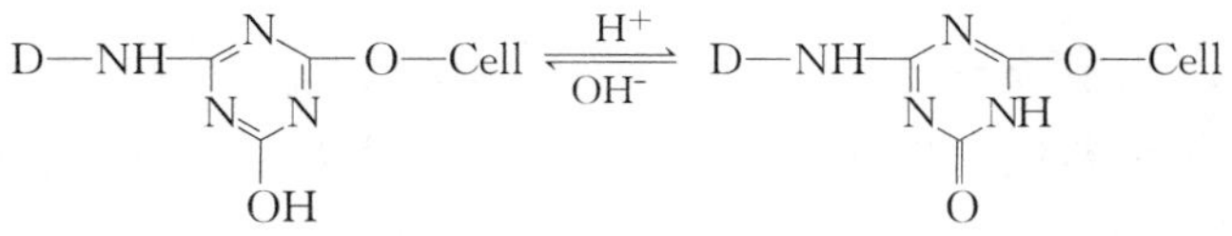

（互变异构）

（Ⅲ）

在温和条件（如以 $NaHCO_3$ 为碱剂）下，生成的是（Ⅰ）式结构产物。在稍强一些的碱性介质（如以 Na_3PO_4 为碱剂）中，（Ⅰ）式结构产物将进一步和纤维素发生反应，生成（Ⅱ）式结构产物。当反应条件更为剧烈的时候（如在 100℃，1%NaOH 溶液中），氢氧根离子会将（Ⅱ）式结构中的一个纤维素分子取代下来，从而生成（Ⅲ）式结构产物。在碱性介质中，氢氧根离子对纤维素分子的取代也是 S_N2 反应，取代反应的难易与C—O键上碳原子的电子云密度有关。就上述三种结构而言，以（Ⅱ）式结构最稳定，（Ⅲ）式结构次之，（Ⅰ）式结构最不稳定。在酸性介质中，染料与纤维素间的共价键也以（Ⅱ）式结构最为稳定，但（Ⅲ）式结构最不稳定。这与（Ⅲ）式结构异构体均三嗪环上羰基的吸电子性有关。如果将（Ⅰ）式结构中均三嗪环上的氯原子代之以供电子的氨基，染料和纤维素间共价键的稳定性便可提高。

从实际应用来看，常见的是染料—纤维键酸性水解的问题。因为染色织物在空气中会经常接触到酸性气体和水分，从而引起染料和纤维素间的断键，降低染色牢度。

如前所述，上述均三嗪染料的水解反应和成键反应一样，是亲核取代反应。均三嗪环和纤维素连接的碳原子上电子云密度越低，越容易断键，这和活性染料的反应活泼性是矛盾的。解决这个矛盾的一个方法是采用吸电子性强的离去基接在二氮杂环上（如在嘧啶环上接—F、—SO_2CH_3 等取代基团）。染料和纤维结合，这种离去基脱去以后，碳原子上的电子云密度便有所增加，从而获得比较良好的C—O（染料—纤维）键的稳定性。另一方法是选用反应性低的均三嗪类活性染料，染色时加入叔胺催化剂和染料结合，以提高染料的反应性能。和纤维反应后，催化剂脱去，便可获得较为稳定的染料和纤维间的共价键。

乙烯砜类染料和纤维素反应生成醚键结合。这种醚键的酸水解比纤维素的酸水解稳定。但在碱性介质中却可以发生 β-消除反应，生成乙烯砜，后亲核加成生成水解染料。

常见各类活性染料在酸、碱介质中的键稳定性比较如表 11－8 所示。

表 11-8 各类活性基团的染料与纤维所形成的化学键稳定性

活性染料类型	键稳定性/级	
	酸性水解	碱性水解
乙烯砜型	4～5	2～3
一氯均三嗪型	3	4
二氯均三嗪型	2～3	3～4
二氯喹噁啉型	2～3	3～4
三氯嘧啶,二氟一氯嘧啶	4	4～5

注 酸性水解条件:HAc,pH为3.5,40℃,1h;碱性水解条件:Na_2CO_3,pH为11.5,90℃,1h,最后用褪色卡评级。

由表可见,乙烯砜型耐酸稳定性好,而均三嗪型耐碱稳定性好。

活性染料和蛋白质纤维的共价键的断键问题比纤维素复杂,因蛋白质和染料反应的基团种类比较多。与氨基反应形成的键稳定性较高,而与羟基反应形成的键稳定性就较低。总的来说,活性染料染蛋白质纤维断键率不是很高,最高也只在10%左右,大多数都在2%～3%。从活性基来看,以二氟一氯嘧啶类的稳定性最高,乙烯砜类的其次,一氯均三嗪类的也较好,二氯均三嗪类和三氯嘧啶类的较差些。它们的耐酸断键稳定性也较好,在pH低至2时水解24h,断键百分率也只有2%左右,与在中性介质中水解结果接近。

第七节 节能减排型活性染料

我国纺织业年耗水量已超过100亿吨,废水排放量占全国所有行业的第六位,其中以印染行业排放废水量最为严重,约占80%,用水量按单位重量纺织品计是国外的2～3倍。染整加工大多是在较高温度下进行,能耗大。节能减排是国家制定的一项重要方针,把节能减排落实好是纺织印染和染料生产行业的责任和使命。

近年来,新型的活性染料品种已相继出现。如冷轧堆染色的活性染料、短流程湿蒸连续轧染工艺的活性染料、小浴比竭染染色工艺的活性染料和低温低盐型活性染料等。

复习指导

1. 掌握活性染料的结构特征以及染料母体、活性基团、连接基和水溶性基团对活性染料应用性能的影响。

2. 了解各类活性染料与纤维素纤维和蛋白质纤维的反应机理、反应活泼性、染色条件和形成的染料—纤维共价键的酸碱稳定性。

3. 掌握各类活性染料的合成方法和途径。

4. 了解活性染料的发展趋势。

思考题

1. 活性染料的通式可写成 S—D—B—Re，试述各组成部分对活性染料应用性能的影响；写出 X 型、K 型、KN 型和 M 型活性染料与纤维素纤维的反应机理并比较所形成的染料—纤维共价键的酸碱稳定性。

2. 写出一氯均三嗪，二氯均三嗪，一氯甲氧基均三嗪和二氟一氯嘧啶，甲基砜嘧啶，三氯嘧啶两组活性染料的结构式。比较它们的反应活泼性的大小并说明理由。写出下列染料与纤维素纤维的反应机理并比较说明它们的反应活泼性及染料—纤维键的水解稳定性。

① 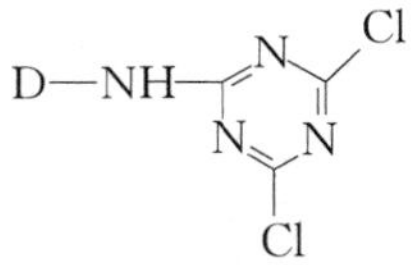　　　　②

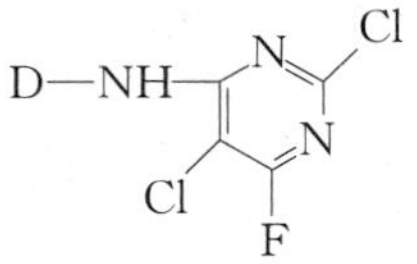

试从这些机理出发，对近年来在改进和提高卤代杂环活性染料的反应性能和提高染料—纤维键的稳定性方面的品种发展，讨论并举例说明。

3. 比较下列 β-羟乙基砜类型活性染料在碱性介质中的反应活泼性，并说明理由。

①D—$NHSO_2CH_2CH_2OSO_3Na$

②D—$SO_2CH_2CH_2OSO_3Na$

③D—NR—$SO_2CH_2CH_2OSO_3Na$

4. 写出下列活性染料在染色过程中所涉及的反应方程式并讨论染料在棉织物上的染色坚牢度，并以中料为原料写出它们的合成反应方程式。

①

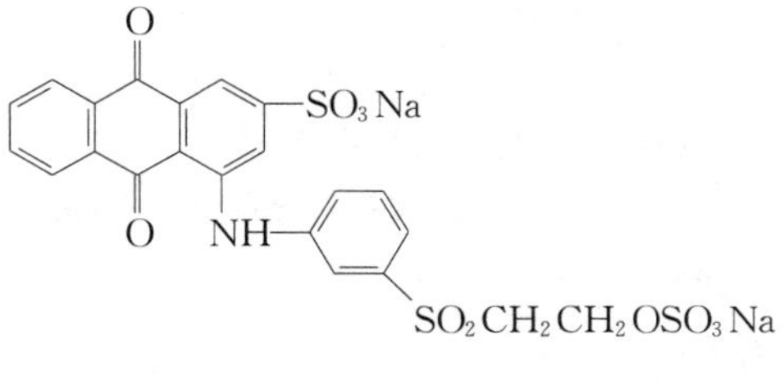

②

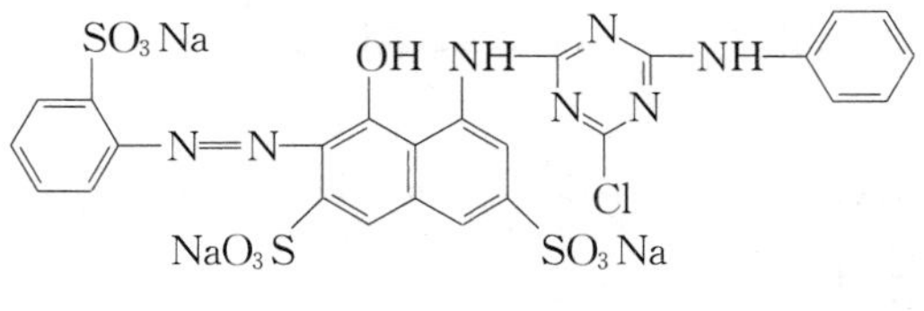

③

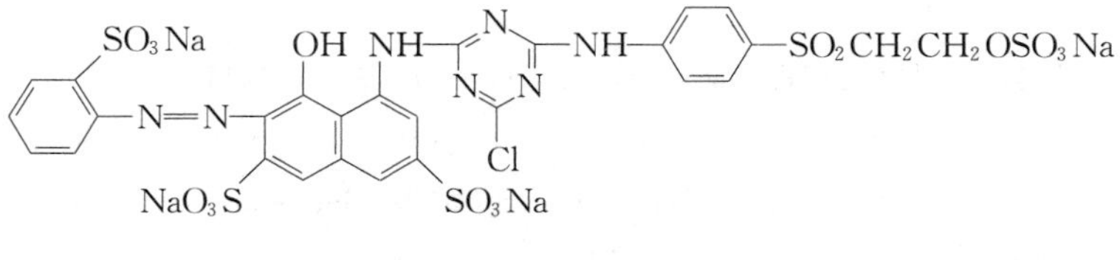

5. 试阐述下列活性染料的活性基团结构与染料染色性能的关系，并从染料结构讨论提高

染料固色率的途径。

R
S—D—NH—N—Y—
N N
X

式中:X=—F、—Cl、—SO_2CH_3;Y=—O—、—NH—;R=—SO_3Na、—CH_3。

参考文献

[1] 沈永嘉.精细化学品化学[M].北京:高等教育出版社,2007.

[2] 何瑾馨.染料化学[M].北京:中国纺织出版社,2004.

[3] 王菊生.染整工艺原理(第三册)[M].北京:纺织工业出版社,1984.

[4] 侯毓汾,朱振华,王任之.染料化学[M].北京:化学工业出版社,1994.

[5] 钱国坻.染料化学[M].上海:上海交通大学出版社,1987.

[6] 黑木宣彦.染色理论化学[M].陈水林,译.北京:纺织工业出版社,1981.

[7] 杨锦宗.染料的分析与剖析[M].北京:化学工业出版社,1987.

[8] Weston C D,Griffith W S. Dykolite Dyestuff for Cellulosic Fibers. T. C. C. 1969,1(22):67-82.

[9] Peters R H. Textile Chemistry, Vol. Ⅲ, The Physical Chemistry of Dyeing[M]. Elsevier,1975.

[10] Griffiths J. Colour and Constitution of Organic molecules[M]. New York:Academic press, 1976.

[11] Bird C L, Boston W S. The Theory of Coloration of Textile[M]. Dyers, 1975.

[12] Rattee N. Reactive dyes in the coloration of cellulosic materials, A Review paper[J]. J. S. D. C. 1969,(85):23-31.

[13] 沈阳化工研究院染料情报组.染料品种手册[M].沈阳:沈阳化工研究院,1978.

[14] Duk Jong Joo, Won Sik Shin, Jeong-Hak Choi,et al. Decolorization of reactive dyes using inorganic coagulants and synthetic polymer[J]. Dyes and Pigments. 2007, 72(1): 59-64.

[15] 余晖.低盐染色活性染料简介[J].上海染料,2006,34(6):19-23.

[16] Nagarajan G, Annadurai G. Biodegradation of reactive dye (Verofix Red) by the white-rot fungus Phanerochaete chrysosporium using Box-Behnken experimental design[J]. Bioprocess Engineering, 1999(20): 435-440.

[17] Wu C H. Adsorption of reactive dye onto carbon nanotubes: Equilibrium, kinetics and thermodynamics[J]. Journal of Hazardous Materials, 2007, 144(1-2): 93-100.

[18] Gülbahar Akkaya, Ilhan Uzun, Fuat Güzel. Kinetics of the adsorption of reactive dyes by chitin[J]. Dyes and Pigments, 2007, 73: 68-177.

[19] 章飞芳.化学氧化活性染料及其降解机理的研究[D].北京:中国科学院,2003.

[20] Soleimani Gorgani A,Taylor J A. Dyeing of nylon with reactive dyes. Part 3:Cationic reactive dyes for Nylon[J]. Dyes and Pigments, In Press, Accepted Manuscript,Available online 22 December 2006.

[21] Soleimani Gorgani A,Taylor J A. Dyeing of nylon with reactive dyes. Part 2:The effect of changes in level of dye sulphonation on the dyeing of nylon with reactive dyes[J]. Dyes and Pigments, 2006, 68

(2－3)：119－127.

[22] Soleimani Gorgani A，Taylor J A. Dyeing of nylon with reactive dyes. Part 1：The effect of changes in dye structure on the dyeing of nylon with reactive dyes[J]. Dyes and Pigments，2006，68(1－2)：109－117.

[23] Son Y A，Jin Pyo Hong，Hyeong Tae Lim，et al. A study of heterobifunctional reactive dyes on nylon fibers：dyeing properties，dye moiety analysis and wash fastness[J]. Dyes and Pigments，2005，66(3)：231－239.

[24] 杨新玮．我国几类重要染料的发展现状[J]．化工商品科技情报，1994，17(3)：3－8.

[25] 肖刚．活性染料的绿色化进程[J]．上海染料，2002，30(2)：33－42.

[26] 吴祖望，吴国栋，王德云，等．双活性基活性染料发展中一个值得注意的倾向——利用空间效应改进染料性能[J]．染料工业，1999，36(2)：1－5.

[27] 宋心远．活性染料染色的理论和实践[M]．北京：纺织工业出版社，1991.

[28] Avad Mokhtari，Duncan A S. Phillips，Taylor J A. Synthesis and evaluation of a series of trisazo heterobifunctional reactive dyes for cotton[J]. Dyes and Pigments，2005，64(2)：163－170.

[29] Jiang Limin，Zhu Zhenghua. Studies on new reactive dyes having two vinylsulfone groups. Part I：Synthesis and application properties[J]. Dyes and Pigments，1998，36(4)：347－354.

[30] Nahed S E Ahmed. The use of sodium edate in the dyeing of cotton with reactive dyes[J]. Dyes and Pigments，2005，65(3)：221－225.

[31] 曾军英，汪澜，雷彩虹．FN型活性染料的低盐染色工艺[J]．印染，2004，30(4)：20－32.

[32] 沈志平．Cibacron LS染料低盐染色工艺[J]．纺织导报，2005(7)：83－84.

[33] 陈峡华，姚胜，贺振宇．HN型高固色率活性染料的低盐染色法[J]．染料工业，2002，39(2)：21－23.

[34] 陈荣圻．印染行业需要的节能减排型活性染料[J]．染料与染色，2008，45(3)：1－11.

第十二章　分散染料

第一节　引言

分散染料是一类结构简单，水溶性极低，在染浴中主要以微小颗粒的分散体存在的非离子染料。它在染色时必须借助分散剂将染料均匀地分散在染液中，才能对各类合成纤维进行染色。

分散染料与水溶性染料的最大区别是染料水溶性极低。分散染料作为聚酯纤维的专用染料，须具备以下三方面的要求，以适应聚酯纤维染色：

(1) 由于聚酯纤维分子的线型结构较好，分子上没有大的侧链和支链，而且经过纺丝过程中拉伸和定型作用，使分子排列整齐、结晶度高、定向性高、纤维分子间空隙小，染料不易渗入。因此，必须采用分子结构简单、相对分子质量小的染料。通常至多只能是有两个苯环的单偶氮染料，或是比较简单的蒽醌衍生物，杂环结构较少。

(2) 由于聚酯纤维的高疏水性，大分子链上没有羟基、氨基等亲水性基团，只有极性很小的酯基。因此要求分散染料具有与纤维相应的疏水性。染料分子中往往引入非离子及—OH、—NH_2 等极性基团。

(3) 染料应具有良好的耐热性和耐升华牢度。分散染料是随着疏水性纤维的发展而兴起的一类染料，早在 20 世纪 20 年代初便已问世，当时主要应用于醋酯纤维的染色，因此也被称为醋纤染料。随着合成纤维特别是聚酯纤维的迅速发展，分散染料逐渐成为发展最快的染料之一。分散染料主要用于聚酯纤维的染色和印花，同时也可用于醋酯纤维以及聚酰胺纤维的染色。经分散染料印染加工的化纤纺织产品，色泽艳丽，耐洗牢度优良，用途广泛。由于分散染料不溶于水，对天然纤维中的棉、麻、毛、丝均无染色能力，对黏胶纤维也几乎不沾色，因此化纤混纺产品通常需要用分散染料和其他适用的染料配合使用。

分散染料有两种分类方法：一种是按应用性能分，主要是按升华性能；另一种是按化学结构分。按应用性能分类还缺少统一的标准，各染料厂商都会按自己的一套方法进行分类，通常是在染料名称的字尾前加注字母。如瑞士山德士公司(Sandoz)的 Foron 染料分为 E、SE、S 三类：E 类升华牢度低，而匀染性好；S 类则相反，升华牢度高，而匀染性差；SE 类的性能介于两者之间。又如英国帝国化学公司(ICI)的 Dispersol 染料分为五类：A 类升华牢度低，主要适用于醋酯纤维和聚酰胺纤维；B、C、D 类适用于聚酯纤维，分别相当于低温、中温和高温类三种；P 类则专用于印花。

升华牢度低的染料适用于载体染色；升华牢度中等的染料适用于 125～140℃的高温染色；

而升华牢度高的，由于匀染性差，主要用于热熔染色。当然，染料的应用性能分类是随着染料品种和应用工艺的发展而不断变化的。选用染料时要注意商品类别。

按化学结构分，分散染料绝大部分属偶氮和蒽醌两类。目前生产的分散染料总量的一半以上为单偶氮类，其次为蒽醌类，占25%左右。从色谱来看，偶氮类主要有黄、红、蓝以及棕色等品种，蒽醌类主要有红、紫和蓝色品种。其他杂环类结构的主要有芳酰乙烯苯并咪唑类、苯乙烯类、氨基萘亚酰胺类、硝基二苯胺类等。杂环结构的分散染料由于色泽鲜艳，近年来品种增长很快。

染料—纤维之间的亲和力包括：氢键和范德华力。分散染料分子中含有氢原子，可以与纤维中的氧和氮原子形成氢键。这些作用力对聚酯纤维染色来说是非常重要的。

部分分散染料对人体有致敏作用，当人们穿着或使用含有这类染料的纺织品时，有可能对健康造成潜在威胁。德国作为相关法案的提出国，曾于2000年提出过一项有关纺织品上分散染料检测方法的标准草案DIN m 512草案5－21300(纺织品分散染料的检测)。纺织品上致敏性分散染料的检测已经成为纺织品服装国际贸易中一项重要的质量监控项目。它不仅迎合了当今世界“绿色消费”的发展潮流，也反映了国际贸易中愈演愈烈的绿色壁垒发展态势。

为了提高分散染料的应用性能并适应环保要求，国内外染料企业致力于开发新品种。这些分散染料新品种的主要特点是：色泽鲜艳、发色强度高，染色重现性好，具有优异的提升性能、上染率和染色牢度等。

采用吡唑啉酮、吲哚、吡啶酮等杂环偶合组分，可改善黄色偶氮型分散染料存在的颜色互变现象；另一方面，在染料分子中引入氰基，用于涤纶超细纤维织物的染色，以达到提高染深性和耐日晒或升华牢度的目的。为了提高分散染料染色应用性能和保护人类免受紫外线辐射，合成了含内置光稳定基多氮分散染料。

近年来，还合成开发了众多含杂环的分散染料，主要品种有：含吡啶酮、吡啶、四氢喹啉、咔唑等含氮杂环分散染料、以噻吩为主的含硫杂环分散染料、以苯并呋喃酮类为主的含氧杂环分散染料、以噻唑类为主的含氮、硫等多个杂原子的分散染料以及含氟杂环分散染料。

目前，分散染料的研究开发重点主要集中在：

(1)适用超细聚酯纤维的高提升性和高色牢度的分散染料。

(2)适用于新型合成纤维染色的分散染料及其应用技术。

(3)禁用分散染料的替代染料。

(4)分散染料的绿色合成技术。

(5)特殊用途的高性能分散染料，如运动服和汽车内装饰织物专用染料。

(6)高性能分散染料的商品化加工技术和复配技术。

同时，分散染料的发展还必须充分考虑到染色废水(含大量分散剂等表面活性剂)对环境的污染问题，并致力于减少污染物的研究。

第二节 分散染料的结构分类和商品加工

一、分散染料的结构分类

分散染料的化学结构以偶氮和蒽醌类为主,近年来杂环类分散染料的数量也增长很快。分散染料的结构可分为下列几类:

(一)偶氮类

1. 单偶氮型 单偶氮型染料的相对分子质量一般为350~500,约占分散染料总量的50%。它们具有生产简便,价格低廉,色谱齐全及牢度较好的优点。这类染料具有下列通式:

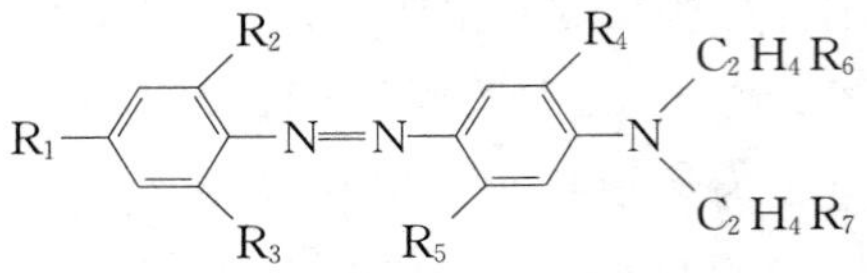

$$R_1-C_6H_2(R_2)(R_3)-N=N-C_6H_2(R_4)(R_5)-N(C_2H_4R_6)(C_2H_4R_7)$$

式中:R_1多为吸电子基团,如$-NO_2$等;R_2、R_3为H或吸电子基团,如$-Cl$、$-Br$、$-CN$、$-CF_3$、$-NO_2$、$-COOCH_3$等;R_4、R_5为H或供电子基团,如$-CH_3$、$-OCH_3$、$-NHCOCH_3$等;R_6、R_7为H或$-CH_3$、$-OH$、$-CN$、$-OCOCH_3$、$-OC_2H_5$等。

如分散黄棕2RFL的结构为:

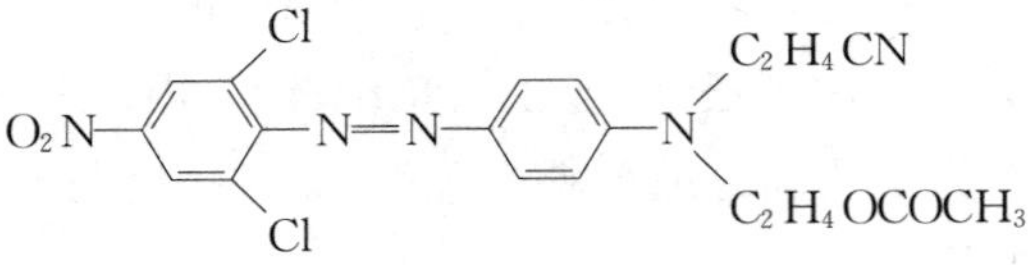

$$O_2N-C_6H_2(Cl)_2-N=N-C_6H_4-N(C_2H_4CN)(C_2H_4OCOCH_3)$$

这类染料如固定其偶合组分,改变其重氮组分,可以得到自黄到蓝的色谱。固定重氮组分,变化偶合组分,对染料的色光亦有影响。

又如分散艳蓝2BLS,它由下列两种组分组成:

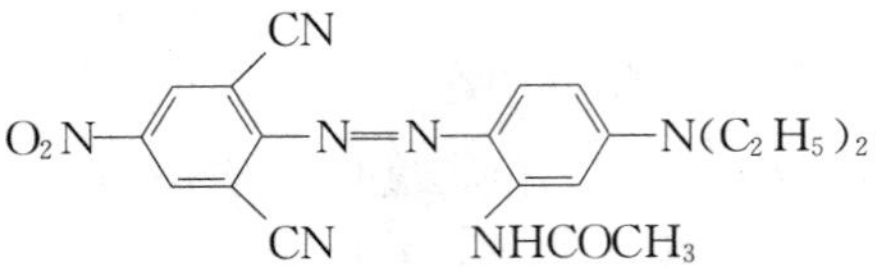

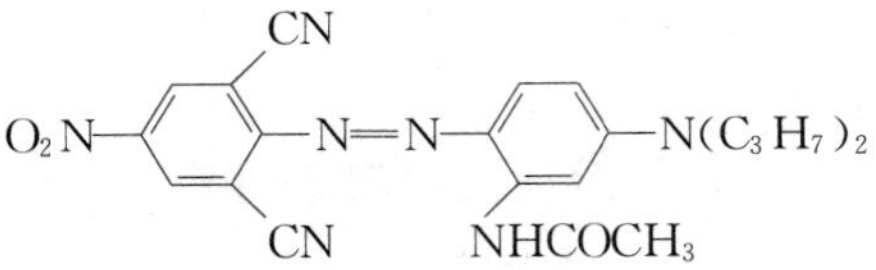

$$O_2N-C_6H_2(CN)_2-N=N-C_6H_3(NHCOCH_3)-N(C_2H_5)_2$$

$$O_2N-C_6H_2(CN)_2-N=N-C_6H_3(NHCOCH_3)-N(C_3H_7)_2$$

该染料色泽鲜艳,酷似凡拉明蓝,而且耐晒牢度优良。

日本三菱公司的Dianix Blue KB—FS的结构为:

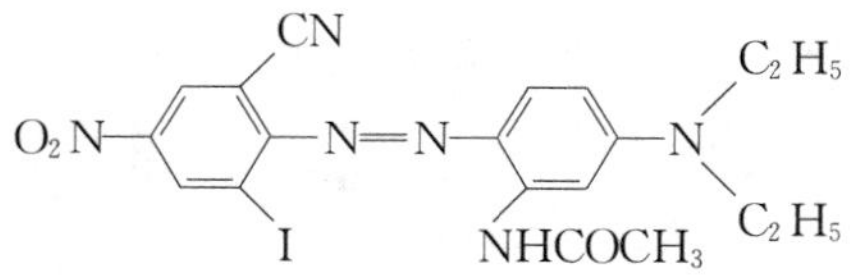

该染料的匀染性优良，提升力高，染色牢度也不错。而且热熔染色时对温度的敏感性较小。

2. 双偶氮型 双偶氮型染料占整个分散染料的10%左右，其结构通式为：

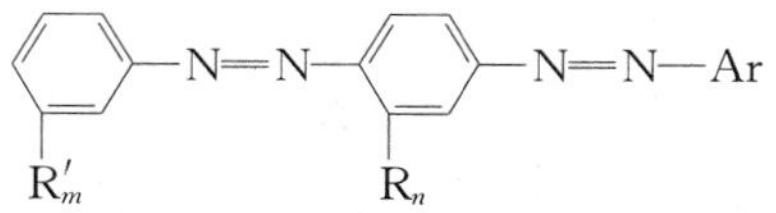

式中：Ar为苯或萘或它们的衍生物；R为H、$-OCH_3$、$-OH$、$-CH_3$、$-Cl$、$-NO_2$等基团；R′为H、$-CH_3$、$-OCH_3$、$-NH_2$等基团；m、n为1～2。

如分散黄RGFL的结构为：

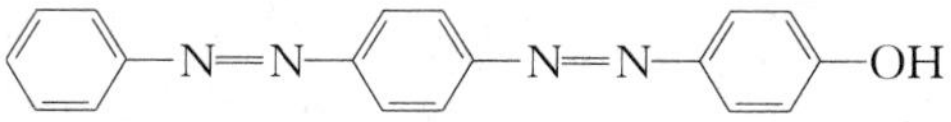

又如散利通黄5R的结构为：

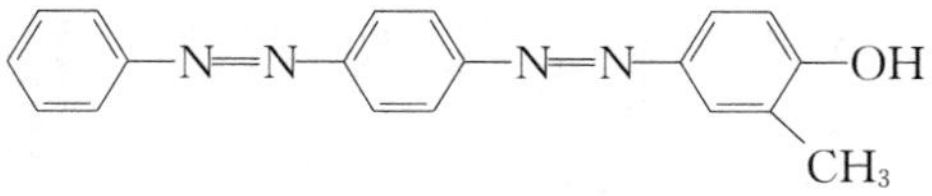

双偶氮型染料的品种较多，如黄、橙、红、紫、蓝等。由于偶氮基的增多，增加了染料对纤维素纤维的亲和力。这类染料主要用于高温染色法及载体染色法染色，耐日晒性能尚可，但升华牢度较差。如在分子中导入极性基团或增大相对分子质量，可以提高染料的升华牢度。偶合组分上带有杂环，能够改进染料的坚牢度。

(二)蒽醌类

蒽醌类染料在整个分散染料中的比例在25%左右。这类染料色光鲜艳，匀染性能良好，耐日晒牢度优良。

鲜艳度良好是蒽醌类染料的一个突出优点。从化学结构来说，它较偶氮类更为耐晒、耐热和耐还原，所以更加稳定。但如果遇到一氧化氮、二氧化氮，染料便会产生变色，在梅雨季节更为显著。

蒽醌类分散染料按结构可大致分为四类：

1. 1-羟基-4-氨基蒽醌及其衍生物

如分散蓝RRL：

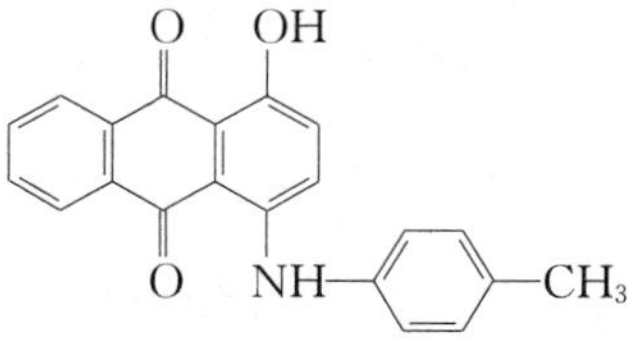

2. 1,4-二氨基蒽醌及其衍生物

如分散桃红 R3L：

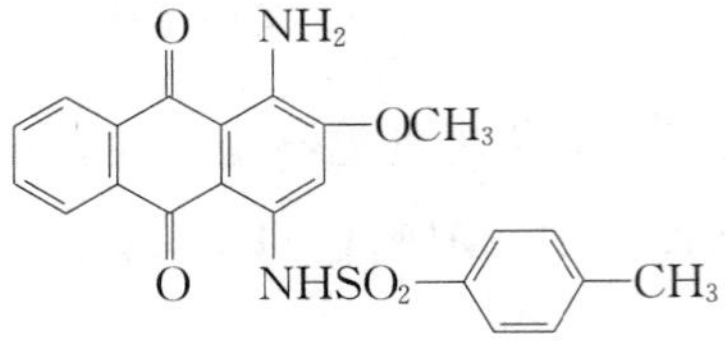

3. 1,5-二羟基-4,8-二氨基蒽醌及其衍生物

如分散蓝 2BLN，由下面两种组分组成：

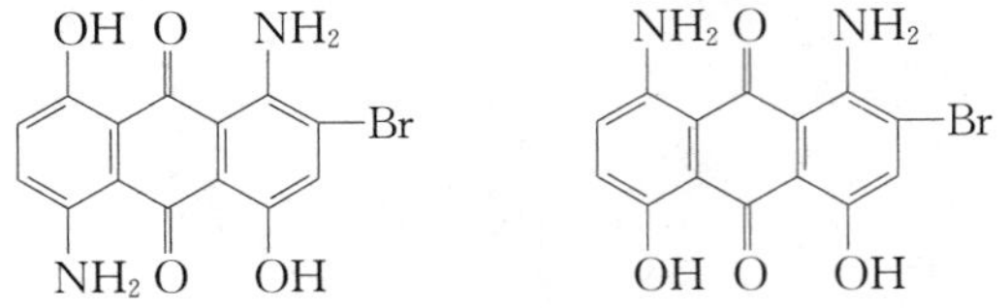

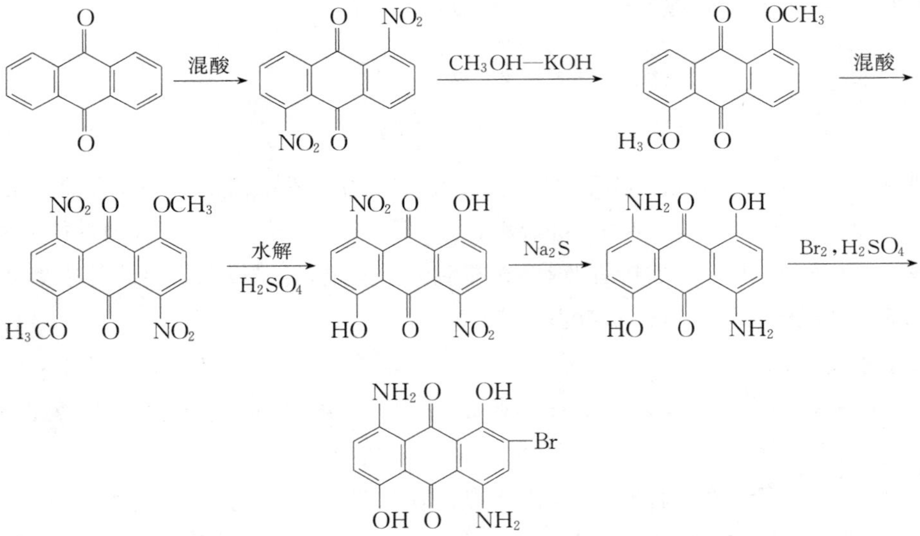

4. 带杂环蒽醌型分散染料

如分散翠蓝 HBF：

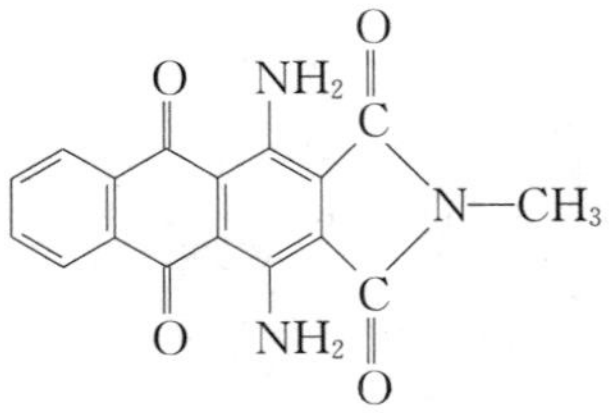

在早期的分散染料中，紫色、蓝色品种都是以蒽醌类为主。近年来黄、橙、红色品种显著增

加。其中尤以红色品种开发最多，这是由于它们色泽鲜艳并耐还原和水解。

蒽醌类和单偶氮类分散染料相似，取代基对染色牢度和染色性能有影响，但规律性较差。增大相对分子质量比导入极性基团更能提高耐晒和耐升华牢度，但增大相对分子质量有一定的极限，否则会影响染色性能。

分散染料中缺乏纯绿色染料，因此绝大多数为拼色。但含有下列结构的却为优良的纯绿色染料。该类染料的结构通式如下：

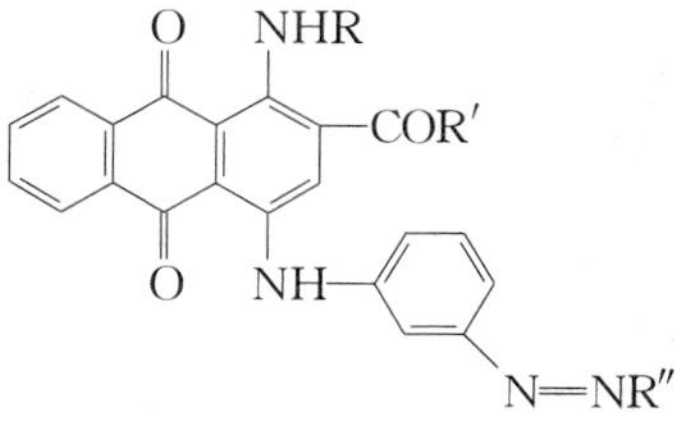

式中：R 为 H、—Me，R′为—OCH_3、—OC_2H_5、—NH_2，R″为吡唑基等。

（三）杂环类

杂环类染料具有独特的性质，染料结构较多，目前很难分类。主要包括以下类型：

1. 乙烯型

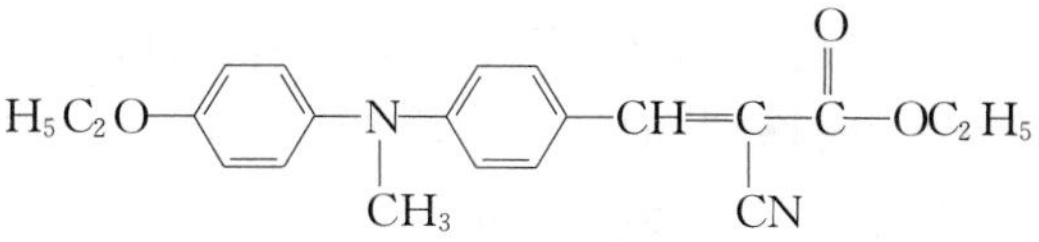

黄色染料

2. 苯并咪唑型

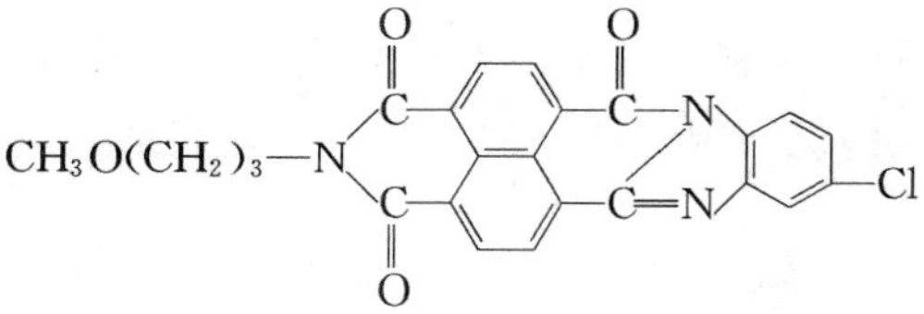

橙色染料

3. 硝基二苯胺型

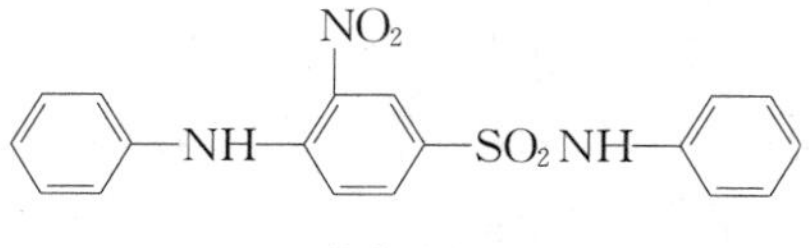

黄色染料

4. 氨基萘酰亚胺型

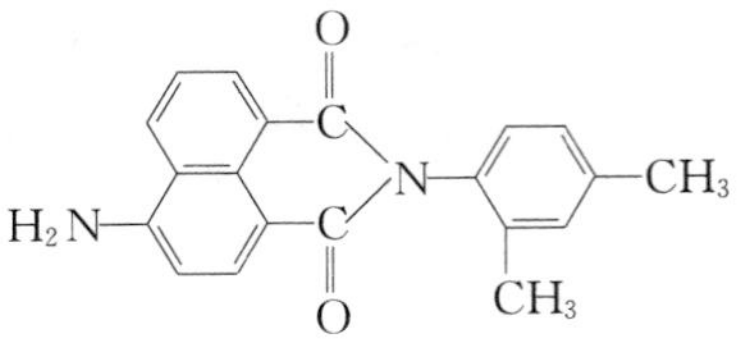

黄色染料

5. 氨基萘醌亚胺型

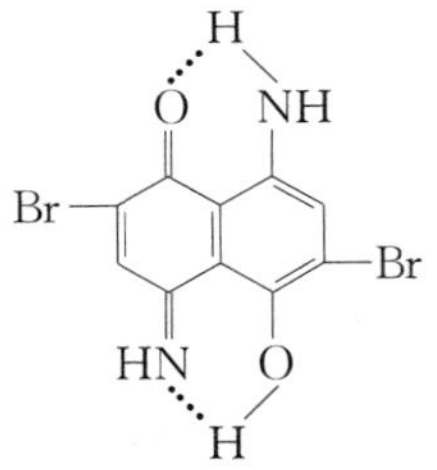

蓝色染料

其他还有苯并二呋喃型、喹啉型等。

杂环类分散染料色光鲜艳、发色强度高、牢度性能好，具有较好的深色效应和较高的摩尔消光系数，并有良好的染色性能，是目前研究较多的一个领域。同时，在开发、筛选聚酯超细纤维用染料过程中，也发现杂环分散染料较其他类分散染料具有更好的应用性能。

除以上三大类分散染料外，目前处于发展中的还有：

(1)暂溶性分散染料。这类染料在结构中引进暂溶性基团，在染液中先呈水溶性，然后在染色过程中逐步分解，而上染纤维，从而可以防止染料在染色过程中产生凝聚。

(2)可聚合的高分子分散染料。这类染料结构中含有可聚合基团，通过这些基团的聚合，使染料在涤纶上的牢度有所提高。

(3)溶剂型分散染料。这类染料在有机溶剂中有良好的溶解度，可用于制造转移印花纸用色墨和溶剂染色。染料的结构仍以偶氮和蒽醌类为主。它们都有较好的耐晒和耐升华牢度，其中黄色的更好。

二、分散染料的商品化加工

合成的分散染料并不具备良好的应用性能，此时的染料称为原染料。原染料根据不同的应用要求，进行不同的加工，并加入不同的助剂才能成为商品染料。这些加工过程称为染料的商品化加工。对于分散染料来说，商品化加工尤为重要，因为分散染料在水中的溶解度很低，应用过程中大部分染料是固体分散在染浴中，因此染料固体的物理性质，即颗粒周围助剂对应用性能影响较大，而且分散染料应用范围较广，使用温度较高，所以对染料商品化要求显得更高。

目前分散染料最主要的加工工作是将原染料充分研磨，选择适当的助剂(主要为分散剂)制成易于形成高度分散和稳定悬浮液的染料商品。研磨时，将染料、分散剂和其他助剂等与水混合均匀，配成浆状液，送入砂磨机进行砂磨，直到取样观察细度并测试扩散性能达到要求，然后进行喷雾干燥，再经混配、标准化，达到商品规格。分散染料的应用方式主要有：原浆着色、载体法染色、高温高压法染色、热熔法染色、热转移印花等。根据染色工艺确定染料的商品化加工工艺，要特别注意染料晶型、研磨方式、无机盐含量、助剂选择等方面的问题。

（一）晶型

分散染料应该是稳定的晶体，晶体的形状直接关系着染色性能。往往同一化学成分的染料，可能生成多种晶型，不同的晶型表现为在水中溶解度、硬度、外观、熔点、热稳定性等物理性能的差异。这些将会直接影响染料的研磨、干燥，更重要的是影响染料的储存和使用。如果在储存或应用过程中晶型发生改变，轻则影响上染速度；严重时，出现染料的黏流态，使染料生成焦油状物黏附在织物或染色设备上，影响染色质量。

（二）颗粒的分布与研磨

商品分散染料的颗粒必须在较窄的范围，过大的颗粒不但会造成色斑，而且影响分散染料的上染率；若颗粒过小，大量的细小颗粒容易在分散液中晶体增长并聚集形成大颗粒，还能引起悬浮体轧染后焙烘时小颗粒染料的泳移。

商品分散染料必须满足分散性、细度及稳定性三个方面的要求，即染料在水中能迅速分散，成为均匀稳定的胶体状悬浮液；染料颗粒平均直径在 1μm 左右；染料在放置及高温染色时，不发生凝聚或焦油化现象。要达到上述要求，必须适当控制研磨时的浓度、温度及分散剂的用量。

（三）分散剂

分散染料在研磨和使用中，微小颗粒的分散体可能发生结晶增长、聚集、凝聚等现象，影响染料的应用性能，因此要选择合适的分散剂。常用的分散剂是萘磺酸与甲醛的缩合产物，如分散剂 NNO。木质素磺酸钠也是常用的一种分散剂，其相对分子质量比分散剂 NNO 高，还具有一定的保护胶体作用。在研磨过程中，分散剂的作用一方面促使粗颗粒分散，另一方面防止细颗粒的再凝。在染色过程中，分散剂还起到稳定的作用，保证染液处于高度分散的悬浮液状态。

在选用分散剂和其他助剂的时候，不仅要考虑它们的分散能力，还要注意它们对染料的晶体状态、色泽鲜艳度等方面的影响。一种分散剂对不同分散染料的分散能力是不完全相同的。有时同一种商品牌号的分散染料所用的分散剂也不一样，有的甚至选用几种分散剂来拼用。

分散剂和染料晶面间主要通过分子间力相互吸引，随着温度升高，颗粒热运动加剧，分散剂保护层变薄，染料容易发生集结。因此制备染液时，温度不能太高，搅拌也不能过于剧烈。

目前，商品分散染料剂型很多，有浆状、粉状、液状和颗粒状等。浆状和液状使用方便，但运输成本较高；粉状容易造成粉尘污染；颗粒状染料是通过造粒加工而成的均匀的空心小球，配液时容易分散，不易飞扬，是比较理想的剂型。

（四）干燥

在分散染料研磨及湿拼混操作完成之后，要尽快进行干燥。

（五）拼混

具有以下优点：按照色光强度要求拼混成标准品，方便用户使用；加入不同的助剂来提高染料的储存稳定性和应用性能;经过严格的选择,将不同结构的染料拼混在一起染色,可以获得加和增效作用。

第三节　分散染料的基本性质

一、溶解特性

分散染料的结构中不含如—SO_3H、—COOH等水溶性基团,而具有一定数量的非离子极性基团,如—OH、—NH_2、—NHR、—CN、—CONHR等。这些基团的存在决定了分散染料在染色条件下具有一定的微溶性,约为直接染料的0.01%。尽管如此,分散染料在染色时仍必须依靠分散剂才能均匀分散在染浴中。一些分散染料的溶解度见表12-1。

表12-1　一些分散染料的物理性质

染料结构	相对分子质量	熔点/℃	颜色(在醋纤上)	在水中溶解度/$mg \cdot L^{-1}$	
				25℃	80℃
O_2N—⬡—N=N—⬡—$N(C_2H_4OH)_2$	330	206	红	0.4	18.0
O_2N—⬡(OCH_3)—N=N—⬡—$N(C_2H_5)_2$	327	139	红	<0.1	1.2
O_2N—⬡(OCH_3)—N=N—⬡—$N(C_2H_4OH)_2$	360	155	红	7.1	240.2
蒽醌(O, O; NH_2, OH)	239	211	蓝光红	0.2	7.5
蒽醌(H_2N, O, NH_2; H_2N, O, NH_2)	268	>300	蓝	0.9	6.0
蒽醌(O, $NHCH_3$; O, NH—⬡)	328	148	蓝	<0.2	<0.2

由上表可看出，具有—OH等极性基团的染料溶解度较高，而相对分子质量大、含极性基团少的染料溶解度较低。增加温度是提高染料溶解度最简捷的方法，但各种染料之间差异较大。一般来说，溶解度大的，随温度的增加提高得多一些，反之则较少。

染料溶解度好坏，除与染料大小、极性基团性质和数量、分散剂性质和用量等因素有关外，还与染料颗粒大小和晶格结构有关。对商品固体分散染料颗粒大小有一定的要求，最好在1μm左右。染料分散到染液中，细小颗粒有可能发生结晶增长，选用适当的分散剂将染料颗粒稳定分散在溶液中，防止染料沉淀、凝聚和结晶非常重要。分散剂除了能使染料以细小晶体分散在染液中呈稳定的悬浮液外，当超过临界胶束浓度后，还会形成微小的胶束，将部分染料溶解在胶束中，发生增溶现象，从而增加染料在溶液中的表观浓度。分散剂的增溶作用随着染料结构的不同而有很大差别，一般阴离子型表面活性剂可以使溶解度提高好几倍，有些非离子型表面活性剂，使分散染料的溶解度提高很多，但是它们对温度十分敏感，随着温度升高提高的程度反而下降。此外，染料溶解度也会随分散剂浓度的增加而增大。

二、结晶现象

分散染料在水中的分散状态，由于受到时间、温度及染浴中其他物质的影响而发生变化。一种重要的现象是结晶的增长。染料制造工厂虽然设法使染料粒子大小均匀，但实际上很困难。当分散染料平均粒径在1μm时，肯定存在着大于1μm和小于1μm的染料粒子。在溶解时，优先溶解的是颗粒较小的染料，而大颗粒的染料却会吸附过饱和溶液中的染料，结果是晶体逐渐增大。通过周期性的升温和冷却，这种现象不仅加速而且更为剧烈。

染料结晶增长的情况还会在配制染液时发生。因为颗粒小的染料溶解度高，颗粒大的溶解度低，所以，如果染液温度降低，容易变成过饱和状态，已溶解的染料有可能析出或发生晶体增长。如果一种染料能形成几种晶型，则染料还会发生晶型转变，由较不稳定的晶型转变成较稳定的晶型。变成稳定的晶型后，一般染料的上染速率和平衡上染率都会下降。

然而，在实际染色过程中，由于染浴中的染料不断为涤纶染着而减少，所以晶体增长情况并没有这样严重。但在染深色时，染浴中存在着相当数量的染料，如果染浴温度不是逐渐下降而是突然冷却，那么在饱和染浴中已溶解的染料就会在少量尚未溶解的染料粒子周围结晶析出。从实践中发现，染浴中的分散剂能起到稳定作用，并能抑制染料晶体的增长，提高染料的分散稳定性。

三、染色特性

分散染料主要是低分子的偶氮、蒽醌及二苯胺等的衍生物。从染料分子结构来看是属于非离子型的，但含有羟基、偶氮基、氨基、芳香氨基、芳香亚氨基、甲氧基、乙氧基、二乙醇氨基等极性基团，这些基团使染料分子带有适当的极性，赋予染料对涤纶的染着能力。

分散染料的低水溶性是一个十分重要的性质，因为只有溶解了的染料分子（直径为1～2nm）才能进入涤纶微隙，在纤维内部进行扩散而染着。分散剂可以提高染料的溶解度，但是分散染料在水中的溶解度不能过大,否则不易上染。所以,在染浴中添加助剂以增加染料的溶解度,可以起到缓染甚至剥色作用。

分散染料对涤纶的染色过程为:首先,分散染料在水中主要以微小颗粒呈分散状态存在,且染料微小晶体、染料多分子聚集体、分散剂胶束中的染料和染浴中的染料分子处于相互平衡之中。染色时,染料分子吸附在纤维表面,最后进入纤维空隙(自由体积)而向内部扩散。决定染色作用的基本因素是染料对纤维的相对亲和力、扩散特性和结合能力。分散染料在涤纶中的扩散阻力很大,因此要在高温下进行染色。

分散染料对涤纶的染着,主要依靠范德华力相互吸引。由于染料分子结构上某些极性基团(如—OH、—NH_2、—NHR等)的存在可以供给质子,与涤纶分子中的 $>C=O$ 可以形成氢键结合:

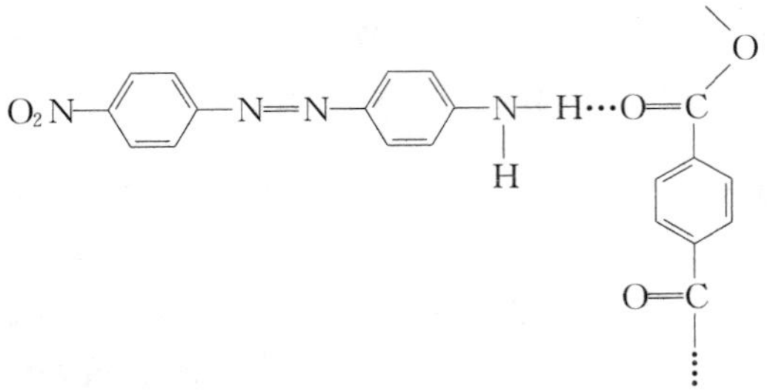

此外,染料分子上供电子基团与吸电子基团使染料分子偶极化,这样与纤维中的 $>C=O$ 形成偶极矩:

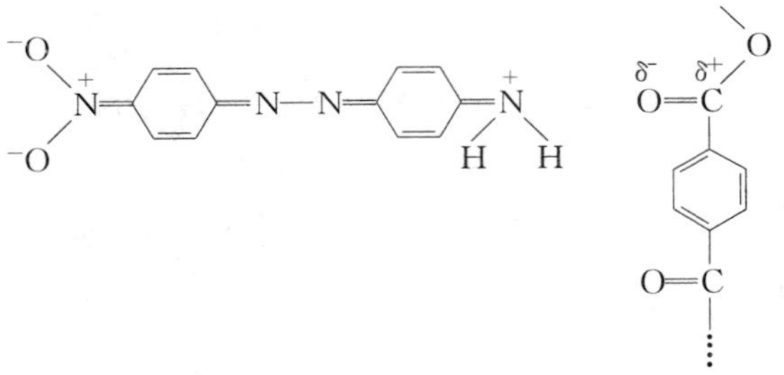

涤纶无定形区约占40%。无定形区和结晶区边缘的分子链都有可能和染料结合。分散染料在涤纶上的染色饱和值很高,可以染得深色。但在实际生产中,要获得深色需要耗用大量分散染料,因此染深色时分散染料的利用率较低,也就是说染料得色深度与耗用染料的数量不是线性关系,这就是染料提升力的问题。造成这种染深色困难的原因主要是涤纶的分子结构太紧密,阻碍染料分子的扩散。

涤纶和分散染料之间的亲和力比锦纶与酸性染料间和腈纶与阳离子染料间的亲和力要小,所以要达到匀染的效果,从理论上来讲应该是比较容易做到的。在染色过程中,染料的迁移性对减少色差有显著的影响。因此采用低迁移性的染料染色时,可以加入助剂,以促进染料迁移。这类助剂如扩散剂NNO等,一般可以提高迁移率20%左右,它们的基本作用在于改变染料在纤维与水之间的分配关系。采用非离子型表面活性剂作为染色助剂,则在高温达到它们的浊点时就失去作用，反而导致染料凝聚，以致形成焦油状物。为了解决这种矛盾，可以采用非离子型表面活性剂和阴离子型表面活性剂的混合物，但用量过多，会降低上染率。

分散染料不仅分子结构较为简单，而且不含电离性基团，所以有一定的蒸气压，易出现升华现象，且升华的速率与温度成正比。由于分散染料具有这种独特的性能，因而可以将其用于气相染色、热熔染色、转移印花和转移染色。在分散染料系统中，凡是相对分子质量较小、极性基团较少的偶氮类及相对分子质量较小的蒽醌类品种，都是容易升华的染料，即升华牢度较低。一般来说，升华牢度好的高温型染料移染性差，染料不易在涤纶上获得匀染的效果。而升华牢度较差的低温型染料移染性较好，相应地在涤纶上匀染性也好。所以在实际染色中，必须根据采用的染色方法，选择性质相似的染料配伍才能获得良好的染色效果。

第四节　分散染料的化学结构和染色性能

分散染料的染色性能和化学结构关系密切。本节主要介绍偶氮染料和蒽醌染料的结构与染料的颜色、耐日晒牢度、升华牢度等的关系。

一、化学结构与染料颜色的关系

在偶氮分散染料中，染料颜色的深浅与染料分子的共轭系统以及它的偶极性有关，染料分子偶极性的强弱又与重氮组分上取代基以及偶合组分上取代基的性质有关。

重氮组分上有吸电子取代基，染料颜色加深，且加深的程度随取代基的数目、位置和吸电子的能力大小而变化。如果没有空间阻碍，吸电子取代基数目越多，吸电子能力越强，深色效应越显著。吸电子取代基在偶氮基的对位效果最强。下述基团深色效应的强弱依次为：

$$—NO_2 > —CN > —COCH_3 > —Cl > H$$

在重氮组分和偶合组分都是苯系衍生物的单偶氮染料中，重氮组分重氮基的对位有一个硝基的染料多为橙色；对位有一个硝基，邻位有一个氰基的为红色、紫色；如果在对位有一个硝基，在两个邻位都有氯原子的则多为棕色；邻位的一个或两个氯原子换成氰基后，则多为蓝色。如果重氮组分的苯环换成杂环，颜色显著变深。如杂环中再具有吸电子基，深色效应更强。如下述两只染料，偶合组分相同，重氮组分是氨基噻吩衍生物，在染料（Ⅰ）的 3 位引入吸电子基—NO_2，使其变为染料（Ⅱ），则最大吸收波长由 502 nm 增加到 603 nm：

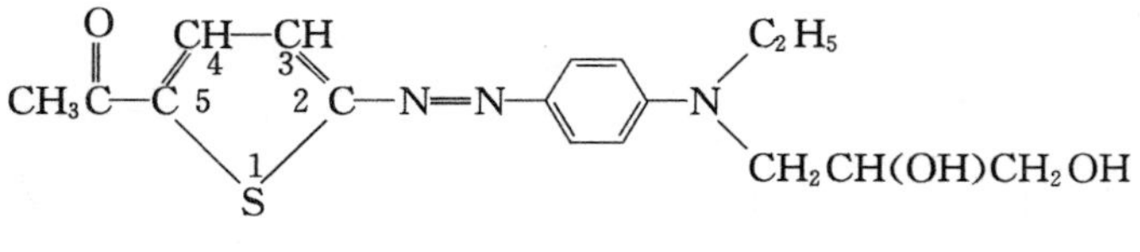

O　CH—CH
‖　4　3
CH_3C—C 5　2 C—N═N—⟨苯环⟩—N(—C_2H_5)(—$CH_2CH(OH)CH_2OH$)
1
S

λ_{max}＝502nm(红色)

（Ⅰ）

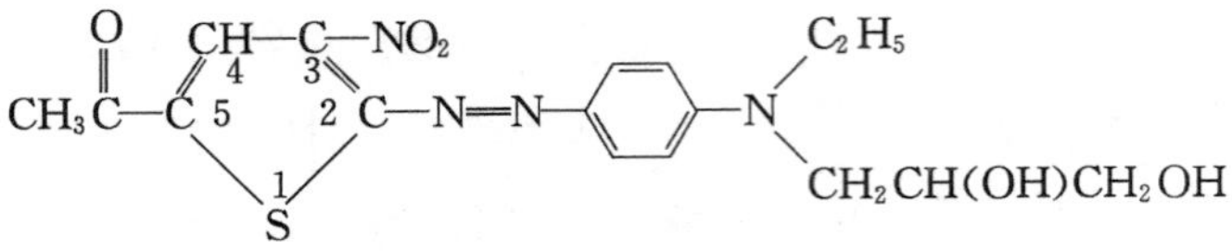

λmax=603 nm(绿蓝色)

(Ⅱ)

已经指出,单偶氮染料的偶合组分主要是 N-取代苯胺衍生物。在氨基的邻位和间位引入取代基对颜色也有影响,间位的影响比邻位更大一些。供电子基产生深色效应,吸电子基产生浅色效应,与重氮组分的情况正好相反。如:

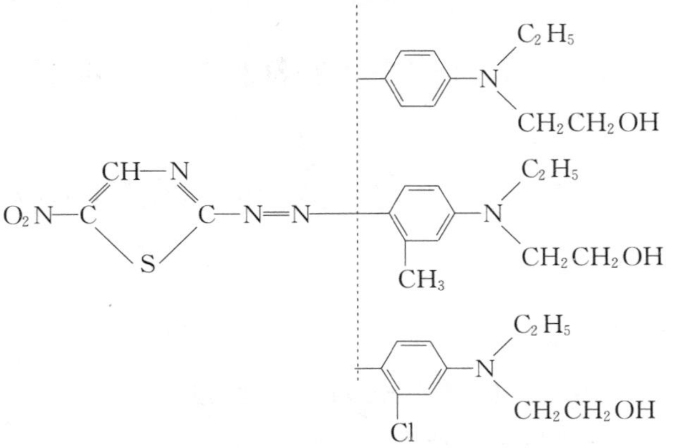

λmax=580 nm(紫色)

λmax=600 nm(蓝色)

λmax=577 nm(紫色)

同理,改变偶合组分氨基上的取代基,也会引起深色或浅色效应,如:

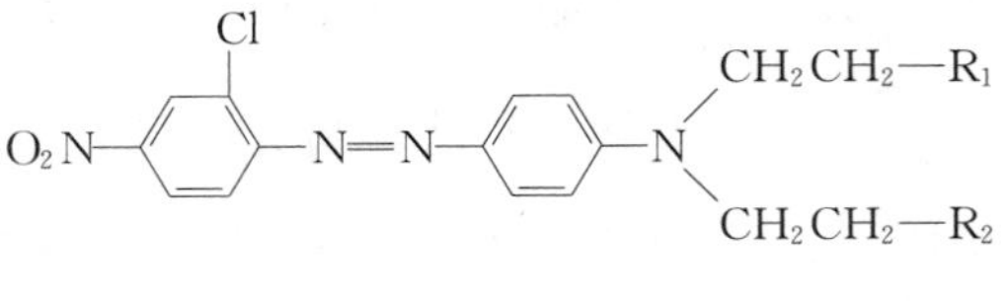

R_1	R_2	λ_{max}/nm
—CN	—CN	474(橙色)
—CN	H	499(红色)
—OH	H	525(紫色)

在苯环的一定位置上,如果取代基的体积较大,则可能会产生空间位阻。如在偶合组分氨基邻位存在体积较大的取代基时,氨基氮原子的孤对电子很难和苯环的 π 电子云重叠,深色效应减弱。如:

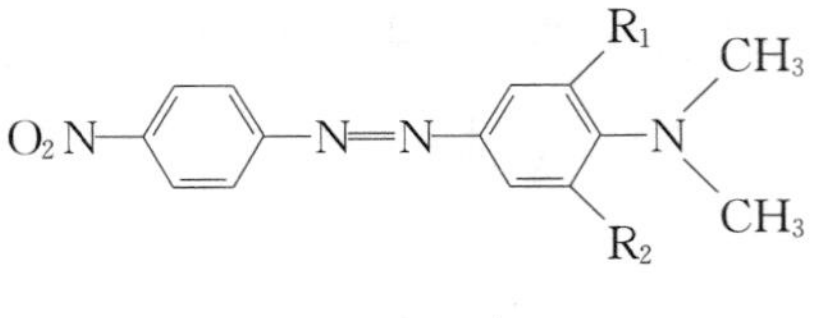

R_1	R_2	λ_{max}/nm
H	H	475
H	—CH_3	438
—CH_3	—CH_3	423

由此可以看出,在氨基邻位取代基体积越大,吸收波长越短。同理,在重氮组分重氮基的邻位引入一些体积较大的取代基,也会因空间阻碍而降低深色效应。如:

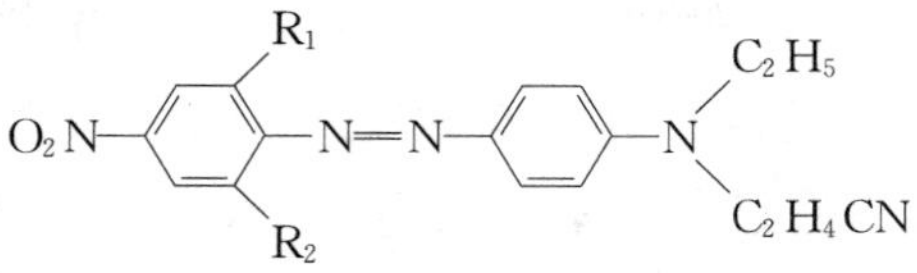

O_2N—(苯环, R_1, R_2)—N═N—(苯环)—N(C_2H_5)(C_2H_4CN)

R_1	R_2	λ_{max}/nm
H	H	453
—NO_2	—Br	498
—CN	—Br	506
—CN	—CN	540

由此可以看出,体积小的吸电子基团产生的深色效应最好。

蒽醌型分散染料 α 位供电子基(如氨基)的深色效应比 β 位的强。

二、化学结构与染料耐日晒牢度的关系

染料在织物上的光褪色作用很复杂,除染料结构外,还和染料在纤维上的聚集状态,所染纤维的性质以及大气条件等因素有关。

偶氮染料在有氧气存在下,在非蛋白质纤维上的光化学反应首先生成氧化偶氮化合物,然后发生瓦拉西(Wallach)重排,生成羟基偶氮染料,再进一步发生光水解反应,生成醌和肼的衍生物:

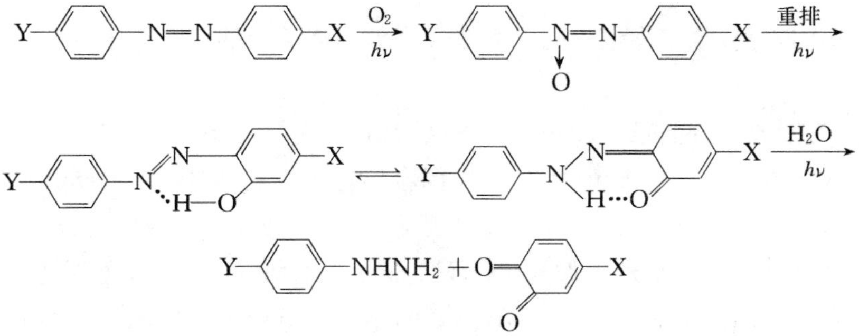

Y—(苯环)—N═N—(苯环)—X $\xrightarrow[h\nu]{O_2}$ Y—(苯环)—N(→O)═N—(苯环)—X $\xrightarrow[h\nu]{重排}$

Y—(苯环)—N═N—(苯环, O—H)—X (N⋯H—O) ⇌ Y—(苯环)—N(H⋯O)—N═(环己二烯酮)—X $\xrightarrow[h\nu]{H_2O}$

Y—(苯环)—$NHNH_2$ + O═(邻苯醌, ═O)—X

生成的醌和肼的衍生物还会进一步发生反应。由于偶氮染料分子中偶氮基的光化学变化是一个氧化反应,偶氮基氮原子的电子云密度越高,将越易发生反应,所以在苯环上引入供电子基(如—NH_2、—OCH_3 等)往往会降低分散染料的耐日晒牢度,引入吸电子基(如—NO_2、—Cl等)则可提高耐日晒牢度。如:

O_2N—(苯环)—N═N—(苯环)—NH_2　　耐日晒牢度:5~6 级

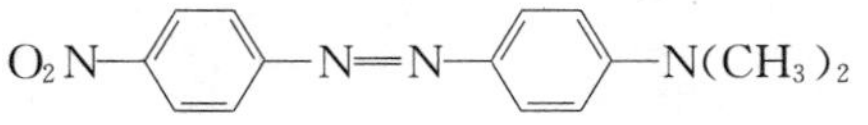

O_2N—(苯环)—N═N—(苯环)—$N(CH_3)_2$　　耐日晒牢度:4~5 级

—$N(CH_3)_2$ 的供电子能力比—NH_2 强,故耐日晒牢度低一些。同理,在重氮组分上引入吸电子基,除了个别情况外,耐日晒牢度随吸电子性增强而提高,如:

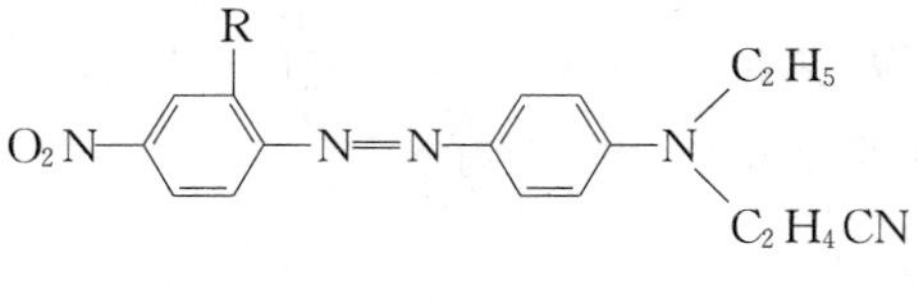

O_2N—(苯环, R)—N═N—(苯环)—N(C_2H_5)(C_2H_4CN)

R基团和耐日晒牢度的关系为：$-CN > -Cl > H > -CH_3 > -OCH_3 > -NO_2$。

硝基是一强吸电子基，这里硝基却使耐日晒牢度降低。有人认为这是由于在邻位硝基会被还原为亚硝基的缘故。六环结构通过分子内氧化作用，生成邻位有亚硝基的氧化偶氮化合物，后者较容易进一步发生光化学反应，故耐日晒牢度下降。如果在苯环6位上再引入一个吸电子基，耐日晒牢度又可以变得很好。这可能是在6位上具有这些基团后，难以发生上述反应的缘故。如分散藏青S—2GL在涤纶上的耐日晒牢度可以达到6～7级，其结构为：

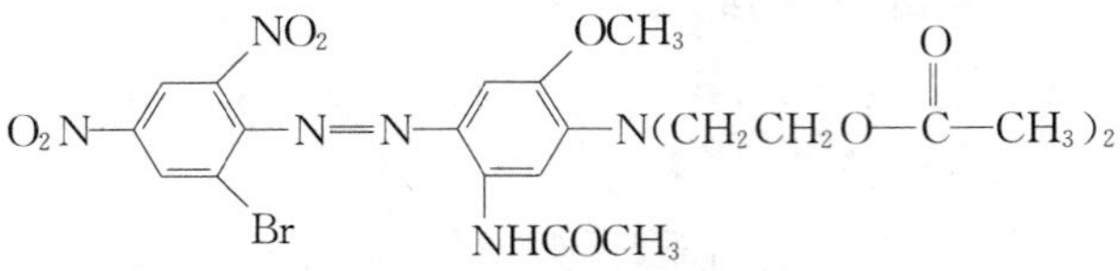

NO_2　OCH_3　O

$O_2N-\text{C}_6\text{H}_2-N{=}N-\text{C}_6\text{H}_2-N(CH_2CH_2O-\overset{\|}{C}-CH_3)_2$

Br　NHCOCH$_3$

重氮组分为杂环的染料的耐日晒牢度一般较高，引入吸电子基后，其染料的耐日晒牢度更高。

纤维材料不同，耐日晒牢度也不同。大多数染料在涤纶上的耐日晒牢度比在锦纶和醋酯纤维上的要好。

如前所述，为了改善分散染料的耐日晒牢度，常在染料分子中引入适当的吸电子基，由于在偶氮组分上引入吸电子基会起浅色效应，而且偶合反应也变得困难，因此吸电子基多半引入在重氮组分上。这样既可提高耐日晒牢度，又可起深色效应，使偶合反应容易进行。

蒽醌分散染料的光褪色机理更加复杂。氨基蒽醌在有氧气存在下，光褪色的第一阶段可能是生成羟胺化合物。因此蒽醌环上氨基碱性越强，染料耐日晒牢度就越差。如下列染料的耐日晒牢度和取代基R的关系为：

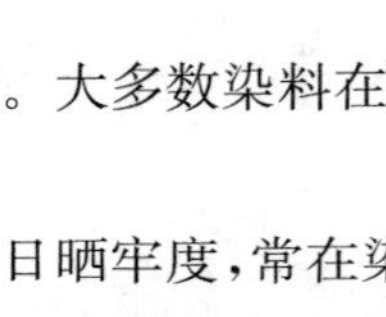

O　NH_2

O　R

式中：R为 $-OCH_3 < -NHCH_3 < -NH_2 < -NH-C_6H_5 < -S-C_6H_5 < -NHCO-C_6H_5 <$

—S—C(苯并噻唑基，N、S)。

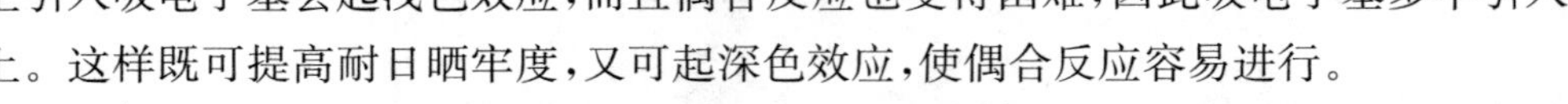

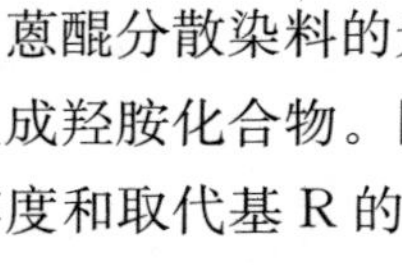

对于1-氨基-4-羟基蒽醌来说，虽然氨基和羟基都是供电子基，由于羟基和氨基都可以和羰基形成分子内氢键，染料耐日晒牢度仍然较好。

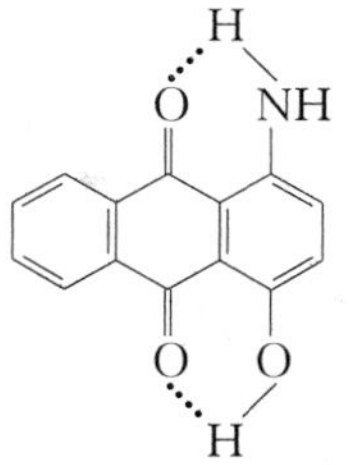

同理，在2位上引入吸电子基，如—Cl、—Br、—CF_3 等可提高染料的耐日晒牢度。如分散红3B，在涤纶上耐日晒牢度在6级以上，其结构式如下：

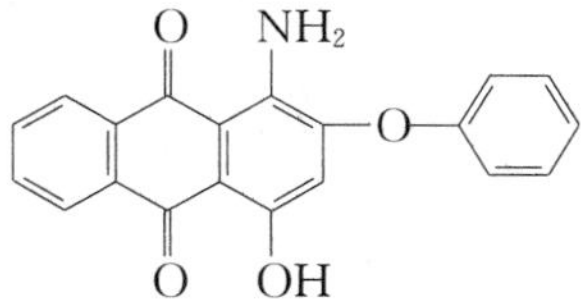

三、化学结构与升华牢度的关系

分散染料染涤纶或涤棉混纺织物时，主要采用热熔法和高温高压法，尤以热熔法更为普遍，因此要求染料具有较高的耐升华牢度。作为重要性能指标，升华牢度是指染料在高温染色时由于升华而脱离纤维的程度。

分散染料分子简单，含极性基团少，分子间作用力弱，受热易升华。染料的升华牢度和其应用性能关系非常密切。升华牢度较低的染料常选择在常压染浴中作载体染色，而用于转移印花的染料则要求有一定的升华性能。

分散染料的升华牢度主要和染料分子的极性、相对分子质量大小有关。极性基的极性越强、数目越多，芳环共平面性越强，分子间作用力就越大，升华牢度也就越好。染料相对分子质量越大，越不易升华。此外，染料所处状态对升华难易也有一定的影响，颗粒大、晶格稳定的染料不易升华。在纤维上还和纤维分子间的结合力有关，结合力越强，越不易升华。

若改善染料的升华牢度，可在染料分子中引入适当的极性基团或增加染料的相对分子质量。如下式，染料随着重氮组分上取代基R的极性增加，染料的升华牢度也相应增高。

其顺序为：

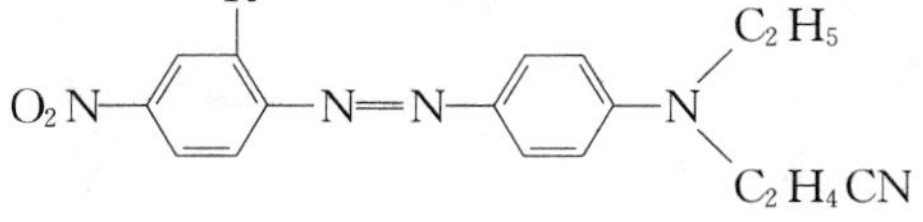

式中：R为 $—NO_2 \approx —CN > —Cl \approx —OCH_3 > H \approx —CH_3$ 。

同理，在偶合组分中引入极性取代基，也可提高染料的升华牢度。如下式染料随氨基上的 R_1 和 R_2 的极性不同，染料的升华牢度也不相同，升华牢度与取代基的极性有以下关系：

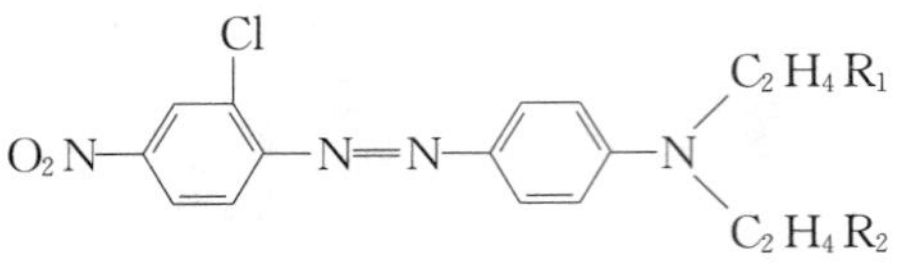

Cl

$O_2N-C_6H_3-N=N-C_6H_4-N(C_2H_4R_1)(C_2H_4R_2)$

式中：$R_1=R_2=H < R_1=H, R_2=-OH < R_1=-OH, R_2=-CN < R_1=R_2=-CN$。

下式蒽醌型分散染料，随着 R 基团的变化，升华牢度有以下规律：

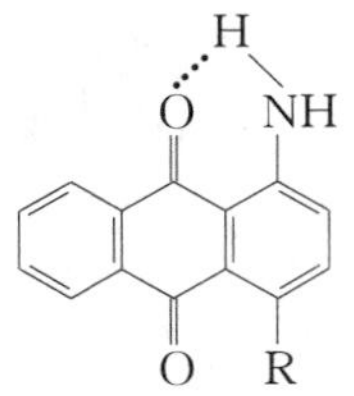

H
O NH
O R

式中：R 为 $-OH \approx -OCH_3 < -NH_2 \approx -NHCH_3 < -S-C_6H_5 \approx -NH-C_6H_5 <$

$-NHCO-C_6H_5 < -S-C$（N、S 苯并噻唑环）。

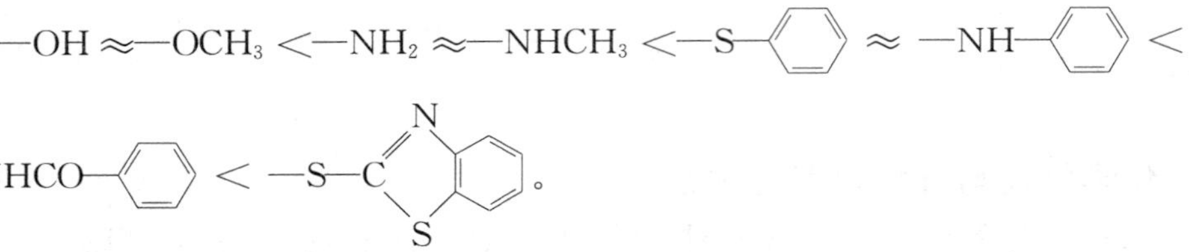

$-OH$、$-NH_2$ 等基团的极性虽然较强，但升华牢度却较低。一方面是由于它们可和羰基形成分子内氢键，另一方面也和它们相对分子质量的增加不多有关。

增加分散染料取代基的极性和相对分子质量都有一定的限度。极性基团过多、极性过强，不但会难以获得所需的色泽，而且还会改变染料对纤维的染色性能，降低对疏水性合成纤维的亲和力。增加相对分子质量则往往会降低染料的上染速率，使染料需要在更高的温度下染色。如前所述，除了改变染料的化学结构外，染料在纤维上的分布状态也会影响升华牢度。染色时，应该提高染料的透染程度，来获得良好的升华牢度。

四、化学结构与热迁移牢度的关系

分散染料热迁移性与染料本身的分子结构有关，而与染料的耐升华牢度没有绝对的关系，因为两者产生的机理不同。升华是染料先气化，呈单分子状态再转移；热迁移是染料以固态凝聚体（或单分子）向纤维表面迁移。因此耐升华牢度好的分散染料的热迁移并不好。

染后泳移是指涤纶采用分散染料染色后，在高温处理（如定形等）时，由于助剂的影响，分散染料能产生一种热泳移，这种泳移现象也可能出现在染色物长期储存中。

热迁移现象是分散染料在两相溶剂（涤纶和助剂）中的一种再分配现象。因此所有能溶解分散染料的助剂，都能产生热迁移作用。如果无第二相溶剂存在，就不可能产生热迁移现象；如果第二相溶剂对染料的弱溶性，或者是第二相溶性数量很少，则热迁移现象也相应减弱。热迁移现象的原因是由于纤维外层的助剂在高温时对染料产生溶解作用，染料从纤维内部通过纤维毛细管高温而迁移到纤维表层，使染料在纤维表面堆积，造成一系列的影响，如色变，在熨烫时沾污其他织物，耐摩擦、耐水洗、耐汗渍、耐干洗和耐日晒色牢度下降等。在生产实践中发现广泛应用的非离子表面活性剂，是导致分散染料热泳移现象的主要原因，但不同结构的分散染料在非离子表面活性剂中溶解度也不同。如 C. I. 分散黄 58 在脂肪醇聚氧乙烯醚中，于 130℃，5min 内能全部溶解。而 C. I. 分散橙 20 在同样的条件下 30min，仅有 10%溶解。氨基有机硅微乳液柔软剂是目前使用最多的柔软剂，因为要制成微乳液，需施加有机硅总量为 40%～50% 的脂肪醇聚氧乙烯醚或烷基酚聚氧乙烯醚等非离子表面活性剂作为乳化剂。由于涤纶和分散染料都是非离子性，大量存在的非离子乳化剂作为分散染料的第二溶剂。随着氨基有机硅微乳液的广泛使用，分散染料的染后热迁移更严重，成为染料、助剂和印染部门的研究热点。

染料市场对这一问题非常重视，最近一些世界著名染料公司纷纷推出防热泳移分散染料，如 Ciba 公司开发 Terasil W 系列有 11 个品种，Clariant 公司 2000 年推出 Foron S—WF 有 7 个品种，具有很高的提升力和吸尽率，特别是染色物热固着后具有很好的湿处理牢度(S—WF 即为 super wet fastness)；同样的还有 DyStar 公司的 Dianix HF 系列，BASF 公司的 Dispersol XF 系列，英国 L. J. Specialities 公司的 Itoeperse HW 型染料及 Lumacron SHW 型染料。这些分散染料结构特殊，如：

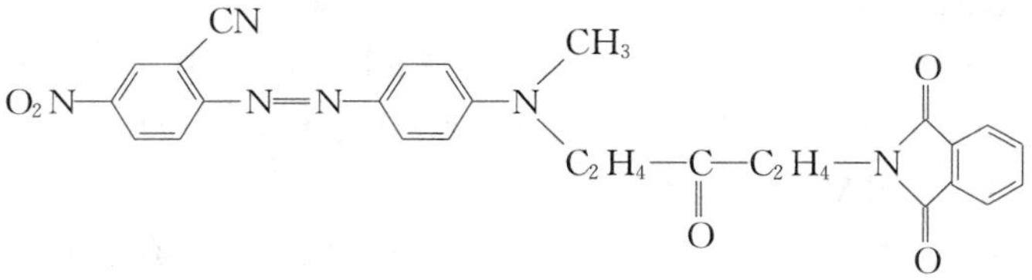

Foron Scarlet S—WF

这类分散染料分子结构的特点是相对分子质量大。偶合组分内含有邻苯二甲酰胺或酯的结构，与聚酯纤维亲和力大。已固着的染料即使在高温下，也不易从纤维内部泳移到表面，从而保持良好的染色牢度。分子结构中含有酯键的分散染料，它们与聚酯纤维因有结构相似性有很好的亲和力，不易发生热迁移。染后用热碱液洗涤，使酯水解为羧酸钠盐，易被热碱水洗净，但在涤棉混纺织物上会沾染于棉纤维。

应用耐热迁移的分散染料和不含非离子表面活性剂作为乳化剂的氨基硅油，可以较好地解决分散染料在涤纶上染色后的热迁移问题。

复习指导

1. 掌握分散染料的结构特征、应用特性和分类方法。

2. 了解分散染料商品化加工对提高染料应用性能的重要性以及分散染料的商品化具体要求。

3. 掌握分散染料结构与染料颜色、耐光牢度和升华牢度的关系。

4. 了解分散染料的发展趋势。

思考题

1. 试述分散染料的结构特征和应用特性;按化学结构分散染料可分为哪几类,我国按分散染料的应用性能是如何进行分类的?

2. 简述分散染料商品化加工对提高染料应用性能的作用及其重要性以及分散染料的商品化具体要求。

3. 试述分散染料结构与颜色和染色牢度的关系,分析如下偶氮型分散染料结构中的取代基对染料颜色和耐日晒及升华牢度的影响。

R_1　R_3

O_2N—(苯环)—N═N—(苯环)—$N(CH_2CH_2OCOCH_3)_2$

R_2　R_4

4. 查阅相关的文献资料,阐述在分散染料的研究开发方面有哪些新进展。

参考文献

[1] 沈永嘉．精细化学品化学[M]. 北京:高等教育出版社,2007.

[2] 王菊生．染整工艺原理(第三册) [M]. 北京:纺织工业出版社,1984.

[3] 侯毓汾,朱振华,王任之．染料化学[M]. 北京:化学工业出版社,1994.

[4] 上海市印染公司．染色[M]. 北京:纺织工业出版社,1975.

[5] 上海市纺织工业局．染料应用手册(第五分册分散染料)[M]. 北京:纺织工业出版社,1985.

[6] 黑木宣彦．染色理论化学[M]. 陈水林,译．北京:纺织工业出版社,1981.

[7] 陈荣圻,王建平．禁用染料及其代用[M]. 北京:中国纺织出版社,1996.

[8] 沈阳化工研究院染料情报组．染料品种手册[M]. 沈阳:沈阳化工研究院,1978.

[9] Bird C L,Boston W S. The Theory of Coloration of Textile[M]. Dyers,1975.

[10] Peters R H. Textile Chemistry, Vol. Ⅲ, The Physical Chemistry of Dyeing[M]. Elsevire,1975.

[11] Griffiths J. Colour and Constition of Organic molecules[M]. New York:Academic press, 1976.

[12] 格里菲思 J. 颜色与有机分子结构[M]. 侯毓汾,吴祖望,胡家振,等译．北京:化学工业出版社,1985.

[13] 赵雅琴,魏玉娟．染料化学基础[M]. 北京 :中国纺织出版社, 2006.

[14] Cristiana Rădulescu,Hossu A M,I Ionită. Disperse dyes derivatives from compact condensed system 2-aminothiazolo pyridine: Synthesis and characterization [J]. Dyes and Pigments, 2006, 71(2): 123－129.

[15] 王建平．纺织品致敏性分散染料检测方法的德国标准草案[J]. 印染, 2004(8) : 31－34.

[16] Kamaljit Singh, Sarbjit Singh,John A Taylor. Monoazo disperse dyes part 1: synthesis, spectroscopic studies and technical evaluation of monoazo disperse dyes derived from 2-aminothiazoles[J]. Dyes and Pigments, 2002, 54(3): 189－200.

[17] Towns A D. Developments in azo disperse dyes derived from heterocyclic diazo components[J]. Dyes

and Pigments，1999，42(1)：3－28.

[18] 杨新玮，张澎声．分散染料[M]. 北京：化学工业出版社，1989.

[19] 章杰．加快我国分散染料商品化进程[J]. 染料与染色，2004，41(1)：47－51.

[20] Dominic T Claus，William J Koros. A rapid feedback characterization technique for polymeric hollow fiber membranes using disperse dyes [J]. Journal of Membrane Science，1997，129(2)：237－242.

[21] Anna Ujhelyiova，Eva Bolhova，Janka Oravkinova，et al. Kinetics of dyeing process of blend polypropylene/polyester fibres with disperse dye[J]. Dyes and Pigments，2007，72(2)：212－216.

[22] Peters R H. The physical chemistry of dyeing[J]. Textile chemistry，1975(3)：143－180.

[23] Wang P Y，Ma J F. The kinetics of the dyeing and fading of coloured poly (ethylene-2，6-naphthalenedicarboxylate) fiber[J]. Dyes and Pigments，1998，37 (2)：12－17.

[24] Etters J N. Adventures in textile chemistry[J]. Textile Chemist and Colorist，1994，26(12)：17－23.

[25] Park K H，Koncar V. Diffusion of disperse dyes into supermicrofibres[J]. AUTEX Research Journal，2004，4(1)：45－51.

[26] Sawada K，Ueda M. Chemical fixation of disperse dyes on protein fibers [J]. Dyes and Pigments，2006，75(3)：580－584.

[27] 鹏博．分散染料新发展前景[J]. 上海染料，2005，33(2)：17－22.

[28] 鲍萍．分散染料各种纤维染色研究近况[J]. 印染，2002(4)：42.

[29] Yanfeng Sun，Defeng Zhao，Harold S Freeman. Synthesis and properties of disperse dyes containing a built-in triazine stabilizer[J]. Dyes and Pigments，2007，74 (3)：608－614.

[30] 晓琴，章杰．我国分散染料发展趋势[J]. 印染，2006 (10)：44－48.

第十三章　阳离子染料

第一节　引言

阳离子染料是在碱性染料的基础上发展起来的。1856 年，美国的 W. H. Perkin 合成的苯胺紫和随后出现的结晶紫和孔雀石绿，都是碱性染料。碱性染料对丙烯腈系纤维以及单宁酸媒染处理的棉纤维具有直接性，在水溶液中能电离出色素阳离子。碱性染料在棉、羊毛、蚕丝上的染色牢度很差，而在腈纶上的染色牢度较好，皂洗、摩擦、熨烫、汗渍牢度可在 4 级以上，只是耐晒牢度较差。由于碱性染料在牢度、品种等方面尚不能满足腈纶染色的需要，人们在碱性染料的基础上开发出了能适合腈纶染色的新一类染料，即阳离子染料。

腈纶是仅次于涤纶和锦纶的重要合成纤维，以丙烯腈（$CH_2=CH-CN$）为主要单体（含量≥85%），也称为第一单体；第二单体是含酯基的化合物，用来改善纤维的弹性、韧性和柔软性；第三单体为各种可离子化的酸性基团，可达到改善纤维的亲水性和染色性能的目的。目前阳离子染料是腈纶染色的专用染料。

随着腈纶性能的改进、应用领域的拓展、现代纺织印染技术的发展以及对环境和生态保护的要求，对阳离子染料的生产和应用性能也提出了更高的要求。对现有的阳离子染料的性能和剂型等改进并开发新结构阳离子染料是当前阳离子染料发展的重要内容：

(1)无锌阳离子染料。锌是欧洲染料制造工业生态学和毒理学学会（ETAD）和美国染料制造协会（ADMI）限制的一种对人体有害的重金属。按照 ETAD 的规定，染料中锌的允许限量应在 1500 mg/kg 以下。阳离子染料制造时，通常采用氯化锌使染料成为复盐而沉淀析出，致使阳离子染料商品中的锌含量大大超过 ETAD 的规定限量。因此，研究和开发无锌的阳离子染料在国际市场上自 20 世纪 80 年代以来一直很活跃，也取得了一些成果。

(2)染料的商品化加工技术。开发适用腈纶原液着色的液状阳离子染料。如 DyStar 公司开发的新型 Astrazon 液状染料，我国也生产改进液状阳离子染料。为了减少和消除阳离子染料的粉尘飞扬，Ciba 公司在 20 世纪 90 年代初开发了出 Maxilon Pearl 染料，即珍珠状阳离子染料，它们没有粉尘飞扬，溶解度很好。DyStar 公司推向市场的 Astrazon micro 染料几乎无尘，可在染料自动计量系统中使用，对染料的色泽、溶解度和牢度等性能无影响。

(3) 新型阳离子染料。分散型阳离子染料已有 20 多年的历史，具有较好的牢度性能，大部分品种耐晒牢度不低于 5 级，耐皂洗、耐摩擦和耐熨烫牢度为 4～5 级。近年还在不断改进染料的应用性能，开发对混纺纤维沾染性很小的新品种。另外，随着阳离子染料可染型涤纶（CDP 和 ECDP）的发展，研发了能满足 CDP 和 ECDP 染色要求的新型阳离子染料。

(4)高性能阳离子染料。开发具有高 pH 和湿热稳定性的阳离子染料，以满足印染技术的发展和对织物性能要求。另外，阳离子染料的毒性一般较大，特别是对水生物如鱼、藻类等，因此迫切需要开发低毒性的阳离子染料，尤其是可取代属于急性毒性染料的阳离子染料。

第二节　阳离子染料的分类

一、按化学结构分类

染料分子中带正电荷的基团与共轭体系以一定方式连接，再与阴离子基团成盐。阳离子染料分子中带正电荷的基团与共轭体系(发色团)以一定方式连接，再与阴离子基团成盐。阴离子部分除对染料的溶解度有重要作用外，对染色性能的影响不大。阳离子染料的母体分为偶氮型、蒽醌型、三芳甲烷型及菁类等。

根据带正电荷基团(即鎓离子)在共轭体系中的位置，阳离子染料可以分为两大类。

(一)隔离型阳离子染料

这类染料母体和带正电荷的基团通过隔离基相连接，正电荷是定域的，相似于分散染料的分子末端引入季铵基($—N^+R_3$)。可用下式表示：

$$D—CH_2CH_2—\overset{+}{N}(CH_3)_3$$

因正电荷集中，容易和纤维结合，上染百分率和上染速率都比较高，但匀染性欠佳。一般色光偏暗，摩尔吸光度较低，色光不够浓艳，但耐热和耐晒性能优良，牢度很高，常用于染中、淡色。

按染料母体不同，隔离型阳离子染料可分为：

1. 隔离型偶氮阳离子染料

(1)重氮组分中有鎓离子。如阳离子红 M－RL，其结构式如下：

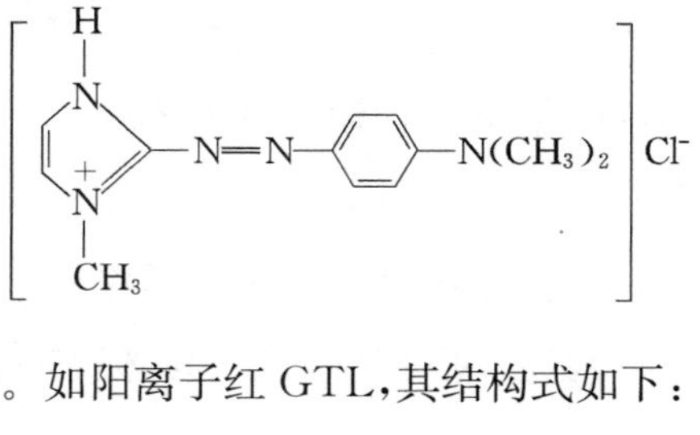

$$\left[\text{1-H-3-}CH_3\text{-咪唑鎓-2-基}—N{=}N—C_6H_4—N(CH_3)_2\right]Cl^-$$

(2)偶合组分中有鎓离子。如阳离子红 GTL，其结构式如下：

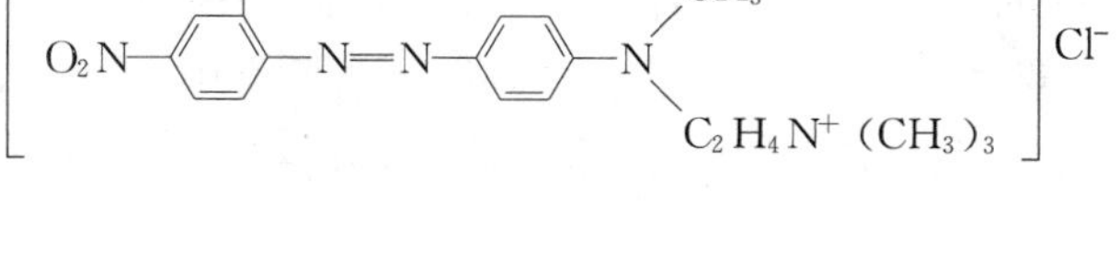

$$\left[O_2N—C_6H_3(Cl)—N{=}N—C_6H_4—N(CH_3)—C_2H_4N^+(CH_3)_3\right]Cl^-$$

其合成过程为：

$$C_6H_5-NHCH_3 + H_2C\underset{O}{—}CH_2 \longrightarrow C_6H_5-N(CH_3)CH_2CH_2OH \xrightarrow{POCl_3}$$

$$C_6H_5-N(CH_3)CH_2CH_2Cl \xrightarrow{N(CH_3)_3} \left[C_6H_5-N(CH_3)C_2H_4N^{+}(CH_3)_3\right]Cl^{-} \xrightarrow{O_2N-C_6H_3(Cl)-N_2^{+}Cl^{-}}$$

$$\left[O_2N-C_6H_3(Cl)-N{=}N-C_6H_4-N(CH_3)C_2H_4N^{+}(CH_3)_3\right]Cl^{-}$$

这类染料具有优良的耐晒牢度和 pH 稳定性,但颜色不及共轭型阳离子染料那样浓艳,着色力也差些。

2. 隔离型蒽醌阳离子染料 如阳离子蓝 FGL,其结构式如下:

$$\left[\text{1-}NHCH_3\text{-4-}NHCH_2CH_2CH_2\overset{+}{N}(CH_3)_3\text{-蒽醌}\right]CH_3SO_4^{-}$$

其合成过程为:

$$\text{1-}NHCH_3\text{-4-Br-蒽醌} \xrightarrow{H_2NCH_2CH_2CH_2N(CH_3)_2} \text{1-}NHCH_3\text{-4-}NHCH_2CH_2CH_2N(CH_3)_2\text{-蒽醌} \xrightarrow[\text{氯苯},60℃]{(CH_3)_2SO_4}$$

$$\left[\text{1-}NHCH_3\text{-4-}NHCH_2CH_2CH_2\overset{+}{N}(CH_3)_3\text{-蒽醌}\right]CH_3SO_4^{-}$$

(二)共轭型阳离子染料

共轭型阳离子染料的正电荷基团直接连在染料的共轭体系上,正电荷是离域的。

共轭型阳离子染料的色泽十分艳丽,摩尔吸光度较高,但有些品种耐光性、耐热性较差。在使用种类中,共轭型的占 90%以上。

共轭型阳离子染料的品种较多,主要有三芳甲烷、噁嗪、多甲川结构等。

1. 三芳甲烷类 三芳甲烷染料以甲烷分子中的碳原子为中心原子,三个氢原子被芳烃所取代,具有平面对称的结构,与中心碳原子相连的碳碳键具有部分双键的特征,如阳离子蓝 G,其结构式为:

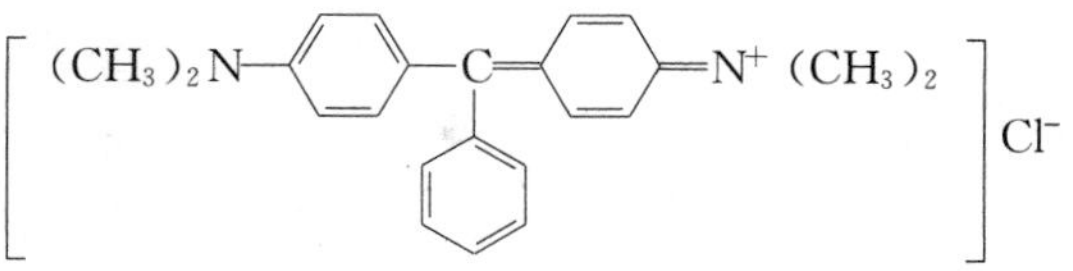

三芳甲烷类染料色泽鲜艳，价格比较低廉，在棉纤维上染色，耐日晒牢度极差，用在腈纶上，耐日晒牢度可提高 2～3 级。要改善三芳甲烷染料的耐光牢度，通常可在染料分子上引入氰乙基等基团，以降低氨基的碱性；或制备分子结构不对称的染料。如将三芳甲烷分子中一个苯环用吲哚基取代，均可提高染料的耐光牢度。如：

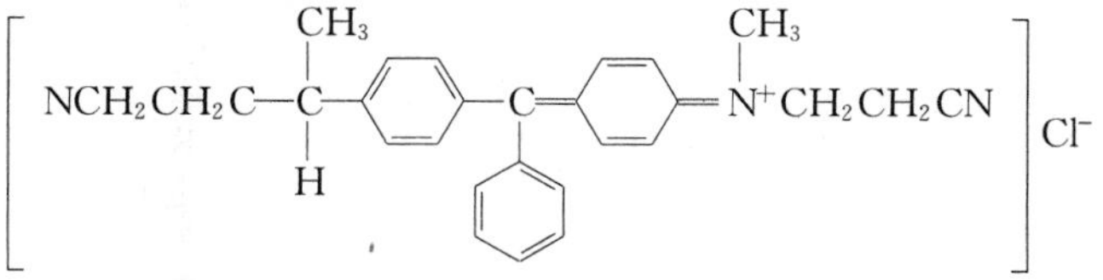

绿色，耐光牢度 6 级

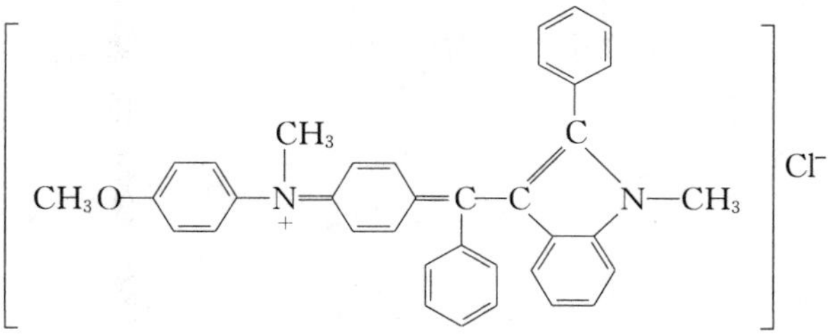

绿色，耐光牢度 5 级

2. 杂环类阳离子染料　杂环类阳离子染料分子中，由氧、硫、氮等组成杂环蒽类结构，用下式表示：

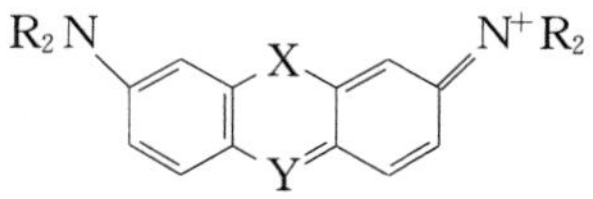

杂环类阳离子染料主要有以下几种类型：

(1)吖嗪类(二氮蒽)结构。染料分子中氮原子对位连接一个氨基或取代氨基后，颜色变深，大多为红色、蓝色和黑色。较重要的是藏红花 T，其结构如下：

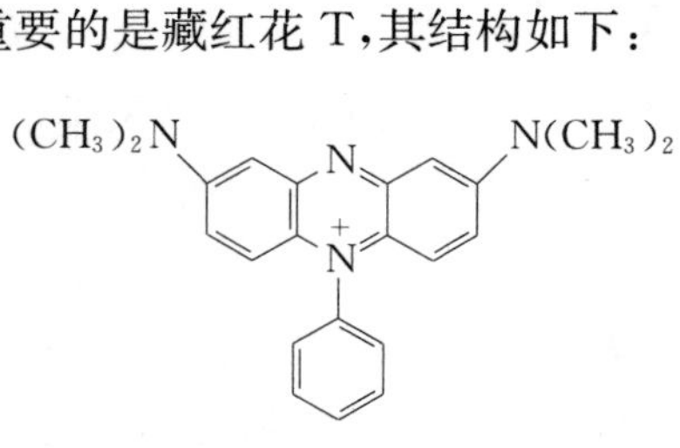

藏红花 T 染料具有鲜艳的蓝光粉红色，但耐光牢度差，多用于皮革和纸张的着色。

(2)噻嗪结构。噻嗪结构的阳离子染料较少，多数为蓝色和绿色，其中有实用价值的是亚甲

基蓝,其结构式如下:

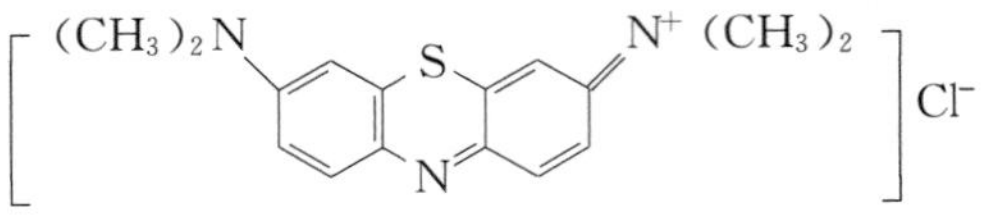

$$\left[(CH_3)_2N\text{—[吩噻嗪环, S, N]}=N^+(CH_3)_2\right]Cl^-$$

亚甲基蓝的颜色很鲜艳,但耐光牢度不佳,多用于皮革和纸张的着色,有时也染丝绸,还可以作为生化着色剂和杀菌剂。

(3)噁嗪结构。噁嗪结构染料是一类具有实用价值的阳离子染料,其色泽以蓝色为主,少量是紫色的,比较鲜艳。在腈纶上有较好的耐光牢度,也可以用于蚕丝染色。常用的噁嗪类染料是阳离子翠蓝GB,其结构式如下:

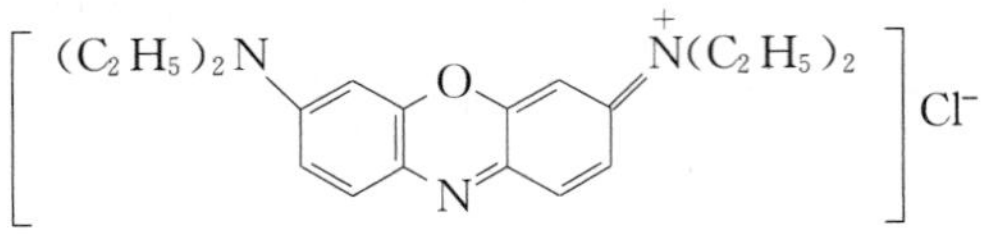

$$\left[(C_2H_5)_2N\text{—[吩噁嗪环, O, N]}=\overset{+}{N}(C_2H_5)_2\right]Cl^-$$

阳离子翠蓝GB的色光十分鲜艳,耐光牢度较好,一般能够达到5级。将氰乙基引入氨基氮原子,降低分子中氨基的碱性,可以提高染料的耐日晒牢度。如下式结构的染料耐日晒牢度较高。

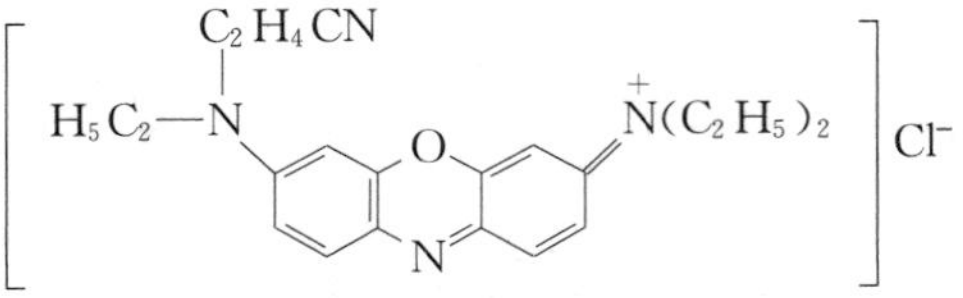

$$\left[H_5C_2\text{—}N(C_2H_4CN)\text{—[吩噁嗪环, O, N]}=\overset{+}{N}(C_2H_5)_2\right]Cl^-$$

3. 菁类阳离子染料 以—CH═C—作为发色体系的染料称为多甲川染料,一端有含氮的给电子基,另一端是含氮的吸电子基,相当于脒离子(—N═CH—N═)的插烯物。当两端氮原子与多甲川链上碳原子组成杂环时,成为菁(Cyanine, Cyan是蓝色)染料。

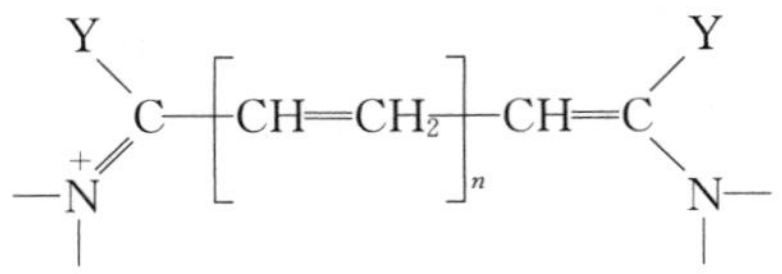

$$\overset{+}{N}(\text{—})=C(Y)\text{—}\left[CH=CH_2\right]_n\text{—}CH=C(Y)\text{—}N(\text{—})$$

Y是组成杂环的杂原子或碳原子,n为零或正整数。在1856年首先由G. Williams合成的蓝色染料就是菁染料,最早用于感光材料中。其结构如下:

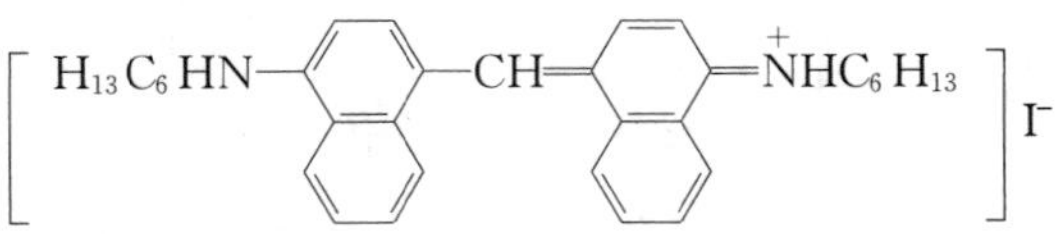

$$\left[H_{13}C_6HN\text{—[萘环]—}CH=\text{[萘环]}=\overset{+}{N}HC_6H_{13}\right]I^-$$

菁类染料中含吡啶、喹啉、吲哚、噻唑、吡咯等各种杂环,以喹啉、苯并噻唑和吲哚杂环最多。根据次甲基(甲川基)两端杂环的性质和甲川基中一个或几个碳原子被氮取代的情况,作为阳离子染料使用的可分为以下五类。

(1)菁(碳菁)。菁的通式表示如下:

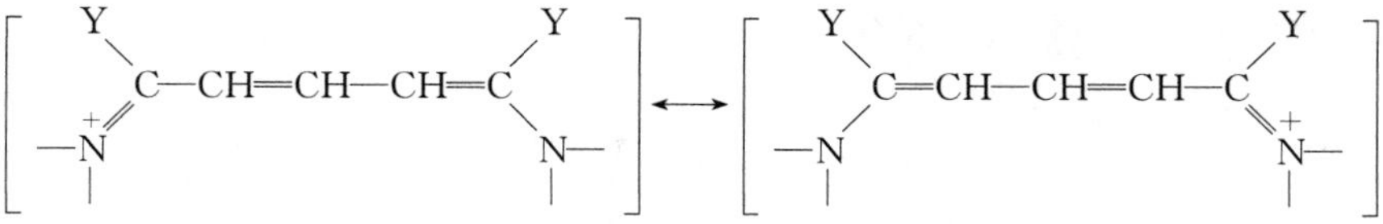

两个杂环相同的为对称菁，如阳离子桃红 FF；不相同时为非对称菁，如阳离子橙 R。

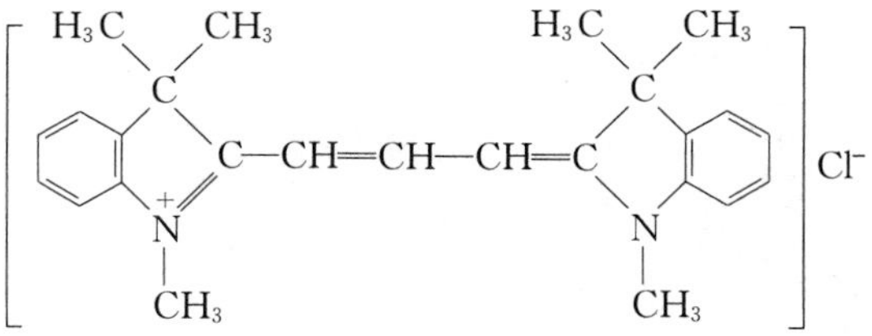

阳离子桃红 FF

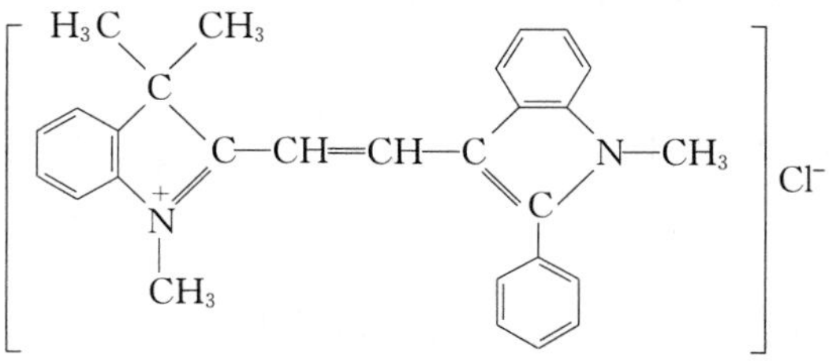

阳离子橙 R

对称菁染料的色泽十分浓艳，但不耐晒，在纺织品染色中应用很少，主要作增感剂。

(2)半菁。菁染料分子中只有一个氮原子是杂环的组成部分，成为半菁，其通式为：

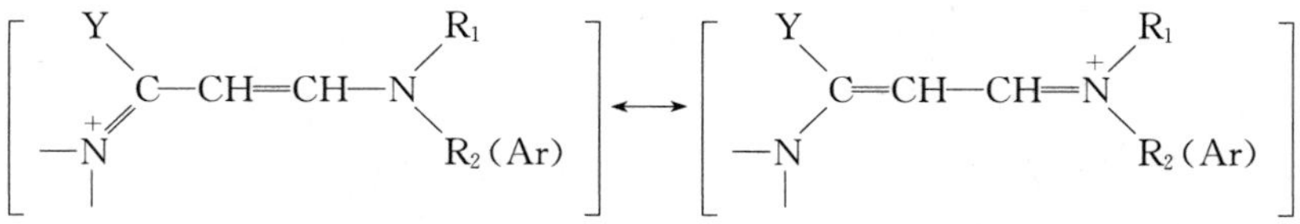

如阳离子黄 X—6G：

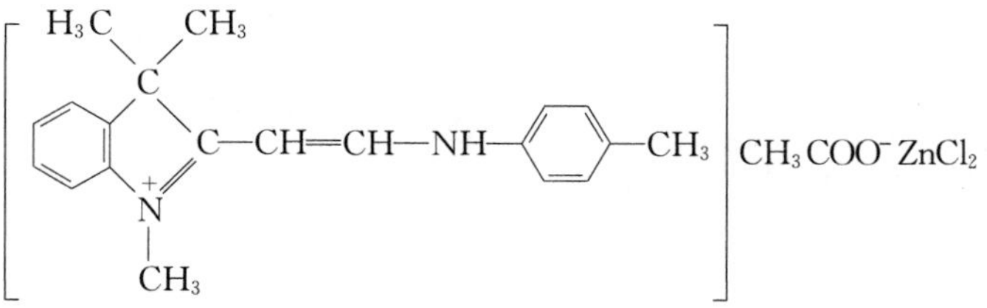

由于半菁的共轭体系较短，故颜色较浅，多为黄色。

(3)苯乙烯类。苯乙烯类分子结构中有苯乙烯结构，也是半菁，其通式如下：

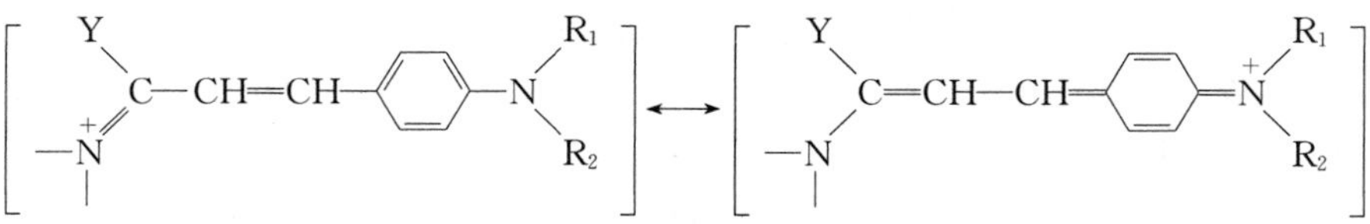

如阳离子桃红 FG 具有这样的结构：

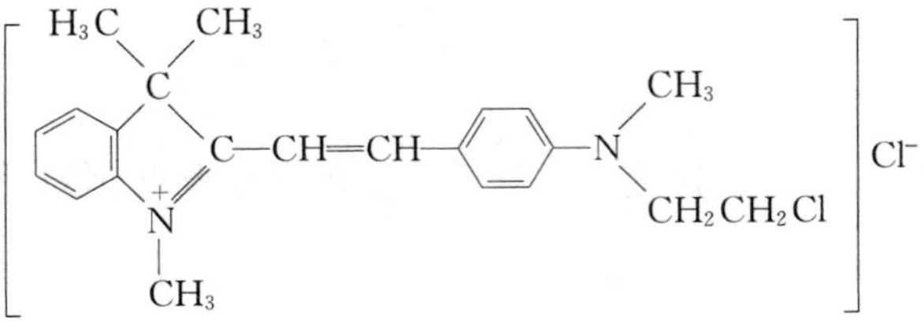

这类染料分子中只有一个吲哚杂环，共轭双键体系比菁类短，而比半菁长，故主要是红色。色泽比较鲜艳，但耐日晒牢度不佳，是腈纶常用的染料。

(4)氮杂菁。三甲川菁类染料分子中一个或几个甲川基被氮原子取代，得到氮杂菁染料。根据甲川基取代数不同，分别称为一氮杂菁、二氮杂菁和三氮杂菁。二氮杂菁又有对称型和非对称型两种，以非对称型比较重要，结构通式表示如下：

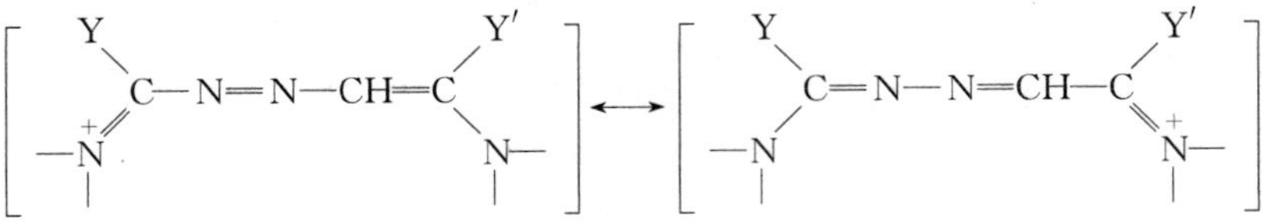

如阳离子嫩黄 X—7GL(C.I. 碱性黄 24，11480)，其结构式如下：

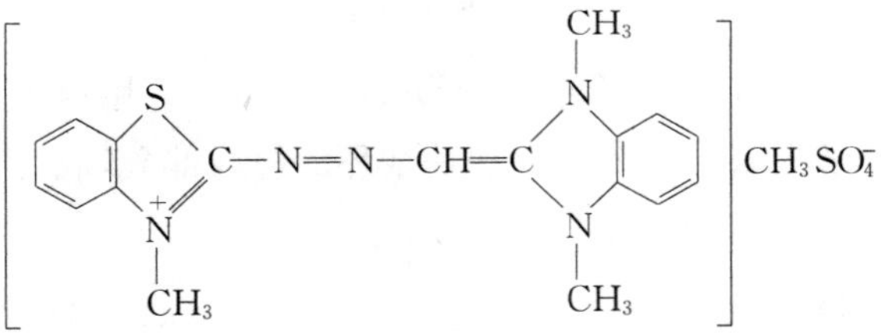

这类染料的颜色多为黄、橙、红色。染料分子中的甲川基被氮原子取代后，使耐日晒牢度显著提高，对酸的稳定性也比较好。

(5)二氮杂苯乙烯菁。苯乙烯菁分子中两个甲川基均被氮原子取代，称为二氮杂苯乙烯菁。其通式如下：

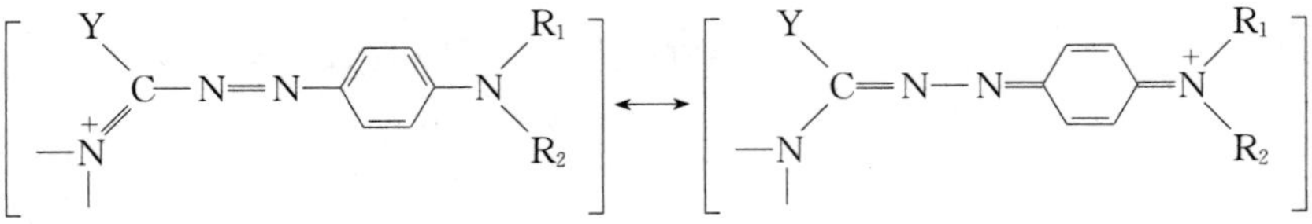

如阳离子艳蓝 RL，其结构式如下：

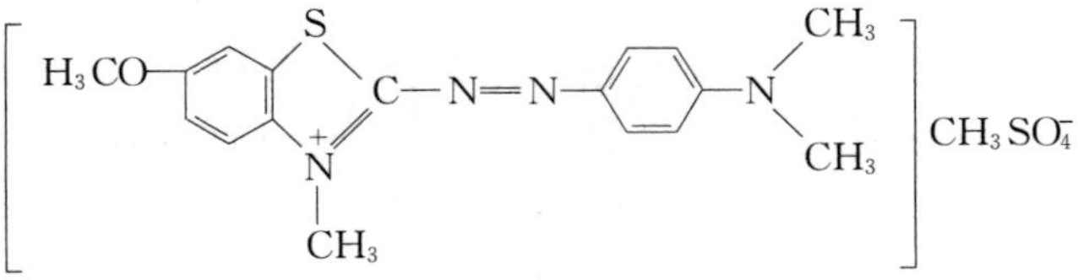

染料分子中的乙烯基（—CH═CH—）被偶氮基（—N═N—）取代，实际上是偶氮染料，不仅产生明显的深色效应，耐日晒牢度也得到提高。选用不同的重氮组分和偶氮组分，可以得到从黄到蓝、绿各种色谱，色泽鲜艳，着色力强，耐日晒牢度大多优良，合成比较方便，在阳离子染料中占有重要的地位。我国生产的阳离子染料品种中，此类结构占半数以上。

4. 迫萘内酰胺类阳离子染料　这类染料用 N-取代的迫萘内酰胺作原料，与各类芳胺加热缩合而成。其耐日晒牢度优良，对羊毛沾色不严重，以色泽鲜艳的红、蓝色调为主。如阳离子蓝的合成过程如下：

NH_2 + ClCOCl —$AlCl_3$→ O═C—NH —烷基化→ O═C—N—CH_3 —CH_3MgI, HCl→

H_3C—C═$\overset{+}{N}$—CH_3 + OHC—C₆H₄—N(CH_3)(CH_2CH_2CN) —$POCl_3$→ H_3C—$\overset{+}{N}$═C—CH═CH—C₆H₄—N(CH_3)(CH_2CH_2CN)

阳离子蓝

二、按应用分类

国产阳离子染料分为普通型、X 型、M 型（或 E 型）、SD 型（分散型）、活性阳离子型。

1. 普通型　配伍值 K=1～2 或 4，前者适于染中深色腈纶针织内衣、腈纶条散纤维、腈纶膨体纱及腈纶毛毯的印花等。后者适于中浅色腈纶膨体纱，且于拼色增艳，相容性好。

2. X 型　配伍值 K=2.5～3.5，适于腈纶膨体纱、毛腈混纺纱、腈黏混纺纱，匀染性中等，X 型阳离子染料是国产阳离子染料中主要类别，品种较多。

3. M 型　配伍值 K=3～4，一般相对分子质量<300，迁移性好，适合于中、浅色腈纶匹染，匀染性好，也称为迁移性阳离子染料，染色时可以少加或不加缓染剂。

4. SD 型（分散型）　同前所述的分散型阳离子染料。用芳香族磺酸取代染料的阴离子，封闭了染料的阳离子基团，使其溶解度几乎为零，使染料的分散性增加，扩散性提高，借以改善阳离子染料的匀染性。

5. 活性阳离子型　既能上染羊毛，又能上染腈纶，色泽鲜艳、匀染性好，适宜 pH 为 5，通过氨水后处理，可以进一步提高上染率和固色率。

国外阳离子染料中 DyStar 公司的 Astrazon 染料按配伍值 K 可分为五类，即浅色，K=5，染料上色慢；中色，K=2～3，染料耐晒、耐汽蒸；中、深色，K=2～3.5，染料各项牢度较高；深色，K=1.5～3，染料得色深，耐日晒牢度较差；深色，K=1，染料上色快，缓染剂用量适当增加。

汽巴（现巴斯夫）公司的 Maxilon 染料分为四类，即普通型（K=2.5～3.5）、鲜艳型（K=3～3.5）、迁移型（M 型，K=3）、快速型（BM 型，K=3，104℃快速染色）。

日本保土谷化学工业株式会社（Hodogaya Chemical Co.）的 Aizen Cathilon 染料中 K 型

(K=3.5)用于中浅色;SG型(K=3)用于中深色或毛腈混纺物;T型可与SG型拼用且耐日晒牢度好;鲜艳类(K=3~4)用于增艳;拔染印花类主要用于拔染印花的底色。

第三节　新型阳离子染料

随着腈纶的开发,对阳离子染料的研究也更加深入。为了改善染料的染色性能,提高染色牢度,并适应其他纤维的染色,又开发了一些新的阳离子染料。

一、迁移型阳离子染料

迁移型阳离子染料是指一类结构比较简单,相对分子质量和分子体积均较小,而扩散性和匀染性能良好的染料,目前已经成为阳离子染料中的一个大类。其优点如下:

(1) 具有较好的迁移性和匀染性,对腈纶无选择性,可以应用于不同牌号的腈纶,较好地解决了腈纶染色不匀的问题。

(2) 缓染剂用量少(由原来的2%~3%降至0.1%~0.5%),染单色甚至可以不加缓染剂,因而可以降低染色成本。

(3) 可以简化染色工艺,大大缩短染色时间(由原来的45~90 min降至10~25 min)。

根据阳离子染料对腈纶染色物理化学过程的研究了解到,染料在腈纶中的迁移性能与阳离子部分的相对分子质量、亲水性和空间结构有关。1974年,汽巴—嘉基公司首先推出各种不同染色速率的迁移性(Maxilon)染料;1978年,德国赫斯特(Hostal)公司制造了匀染性良好的阳离子染料(E型);1981年以后,我国在此方面也有发展。

部分结构如下:

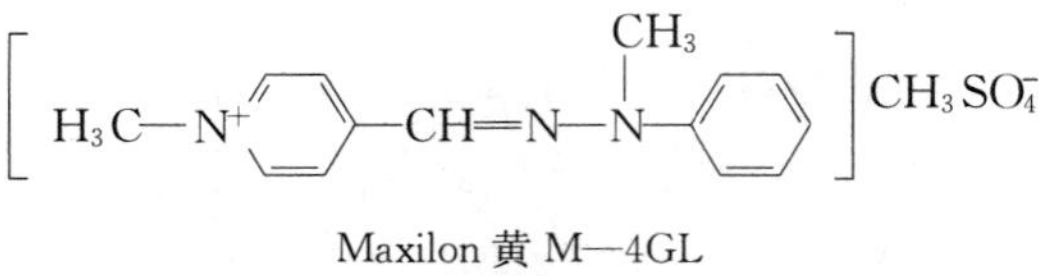

CH_3　$H_3C—N^+$　$—CH═N—N—$　$CH_3SO_4^-$

Maxilon黄M—4GL

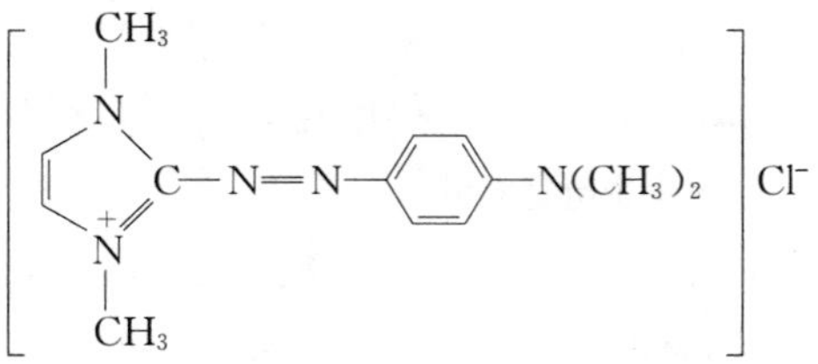

CH_3　N　C—N═N—　—$N(CH_3)_2$　Cl^-　$\overset{+}{N}$　CH_3

Maxilon红RL

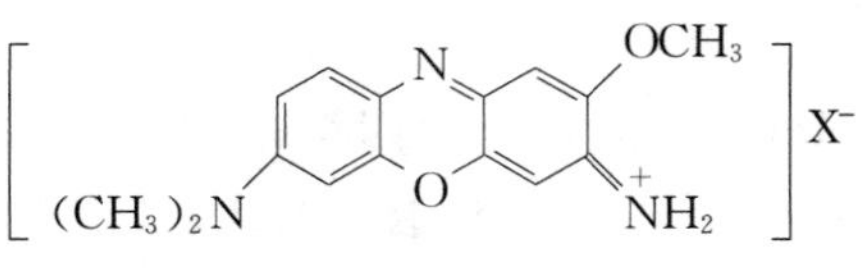

N　OCH_3　X^-　$(CH_3)_2N$　O　$\overset{+}{N}H_2$

Maxilon蓝M—2G

二、改性合成纤维用阳离子染料

阳离子染料在腈纶上着色力强，色泽浓艳，牢度优良，为其他类染料所不及。腈纶上含有带阴离子基团的第三单体，才能使阳离子染料上染。根据这样的原理，DuPont 公司等对聚酯纤维和聚酰胺纤维的改性进行了研究，并于 1960 年生产阳离子可染型聚酯纤维（CDP）和聚酰胺纤维（CDN）。采用一般阳离子染料染改性合成纤维，可以达到染腈纶的鲜艳程度，但耐热稳定性和耐晒牢度不够好。腈纶上存在大量氰基，可以阻止染料发生光氧化反应。

为了适应改性合成纤维的染色，筛选并合成了专用阳离子染料。适应改性聚酯纤维的阳离子染料有下列一些结构，黄色主要是共轭型甲川系染料，红色为三氮唑系或噻唑系偶氮染料和隔离型偶氮染料，蓝色则是噻唑系偶氮染料和噁嗪系染料。它们的分子结构举例如下：

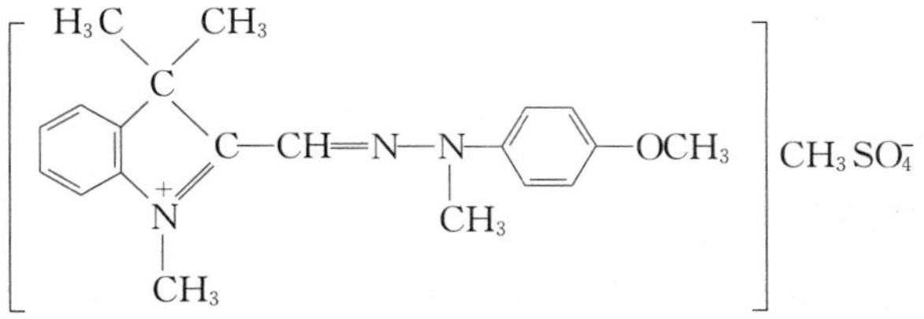

$CH_3SO_4^-$

黄色

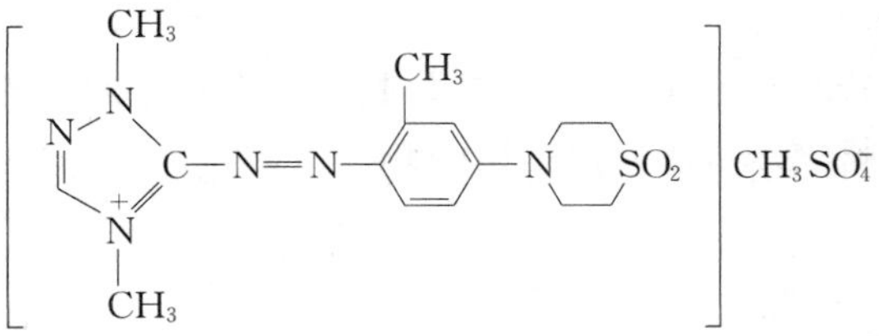

$CH_3SO_4^-$

红色

Cl^-

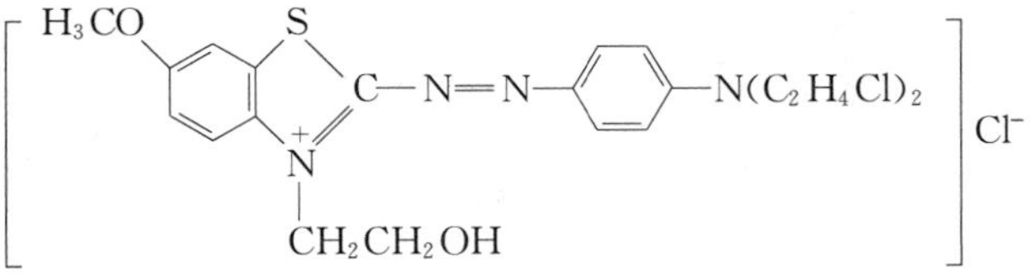

蓝色

适用于改性聚酰胺纤维的阳离子染料有下列结构：黄色是共轭型甲川系染料，红色为隔离型偶氮染料，蓝色是隔离型蒽醌染料，尤以双阳离子染料比较好，对未改性纤维有防染性。它们的结构举例如下：

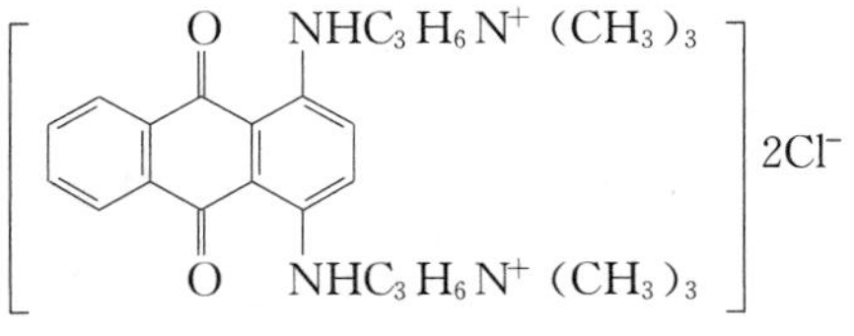

$2Cl^-$

蓝色

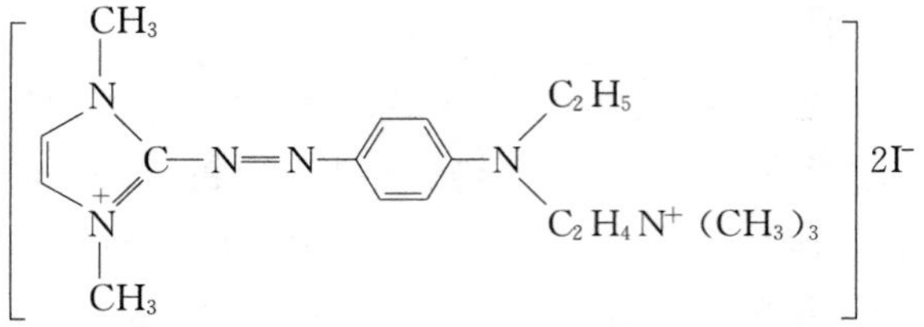

红色

下式结构的染料,对于改性聚酯纤维和聚酰胺纤维均适用。

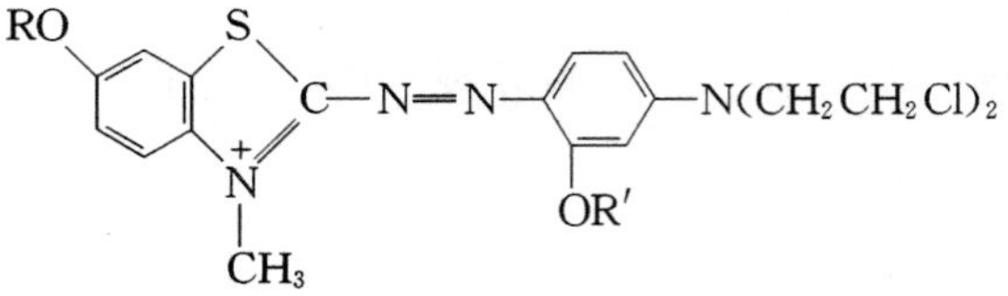

三、分散型阳离子染料

为了适应腈纶和其他合成纤维混纺织物的染色,出现了一种分散型阳离子染料,即将阳离子染料中的阴离子(Cl^-、$CH_3SO_4^-$、$ZnCl_3^-$ 等)置换成相对分子质量较大的基团,如萘磺酸衍生物、4-硝基-2-磺酸甲苯衍生物和无机盐 $K_3[Cr(SCN)_6]\cdot 4H_2O$ 等,使其溶解度下降到几乎不溶,再加入扩散剂进行砂磨后形成分散状态,与其他类染料同浴时不产生沉淀,仅上染腈纶和改性合成纤维,与分散染料同浴可染涤腈混纺织物。三原色结构如下:

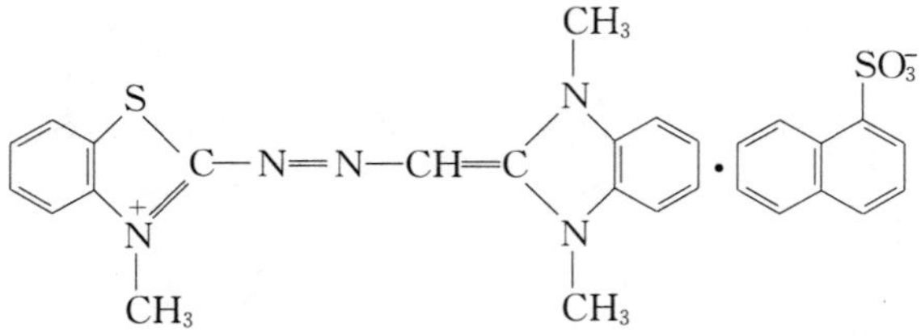

黄色

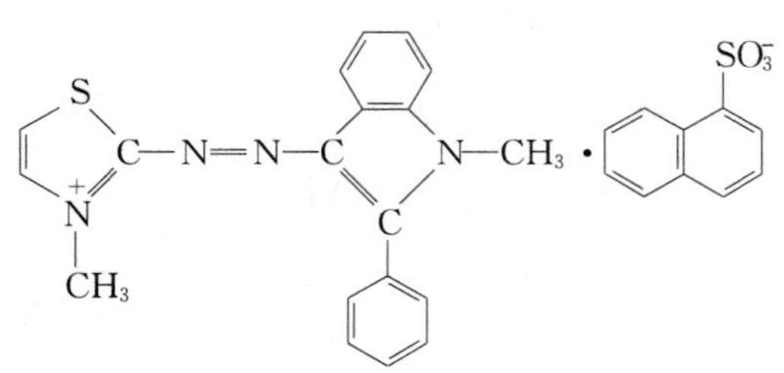

红色

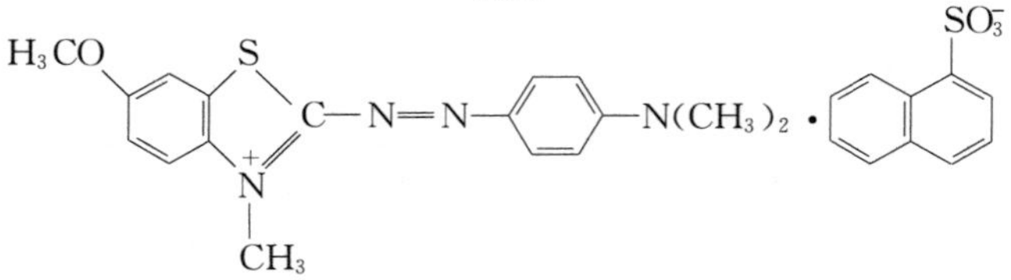

蓝色

四、活性阳离子染料

活性阳离子染料是一类新型阳离子染料。在共轭型或隔离型染料分子上引入活性基后，赋予这类染料以特殊的性能，尤其在混纺纤维上不但仍保持鲜艳的色泽，同时可染多种纤维。如下几种形式的结构较多。

（一）用亚甲基或亚乙基将活性基酰氨基连接在染料分子的季铵基上

以下是结构为蓝色的活性阳离子染料：

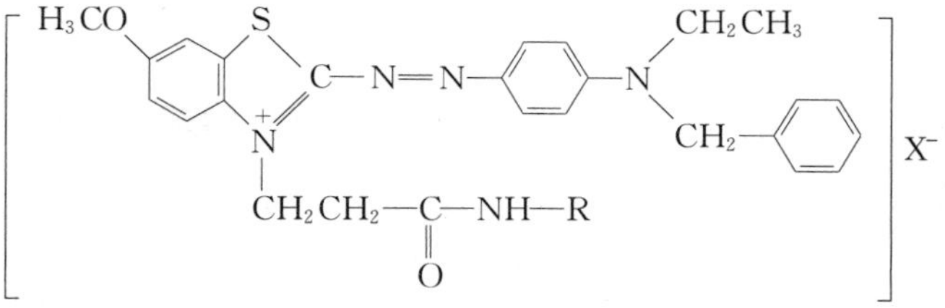

H_3CO　S　CH_2CH_3
C—N═N—N
$\overset{+}{N}$　CH_2—
CH_2CH_2—C(═O)—NH—R　X^-

此类染料可以广泛地用于纤维素纤维、蛋白质纤维和聚酰胺纤维的染色，且牢度优良。

（二）含 *N*-氯乙酰基的多甲川活性阳离子染料

此类染料的结构如下：

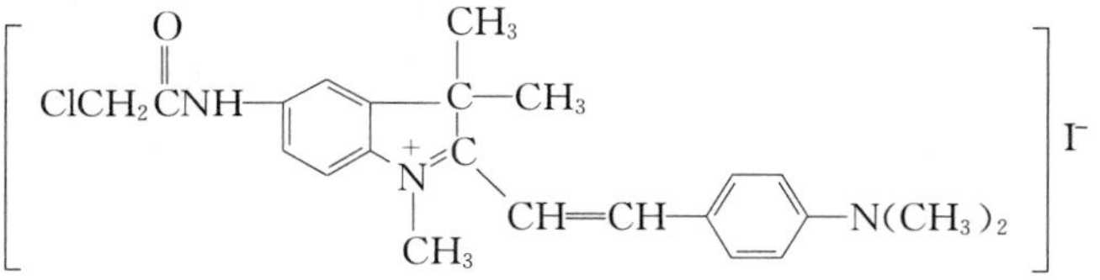

$ClCH_2C(═O)NH$—　CH_3　C—CH_3
$\overset{+}{N}$═C　CH═CH—　—$N(CH_3)_2$
CH_3　I^-

此类染料对毛的耐洗牢度有显著提高。非活性阳离子染料的耐洗牢度仅为 1 级，而活性阳离子染料的耐洗牢度可提高至 4 级。

（三）乙烯砜活性阳离子染料

乙烯砜活性阳离子染料有如下结构的形式：

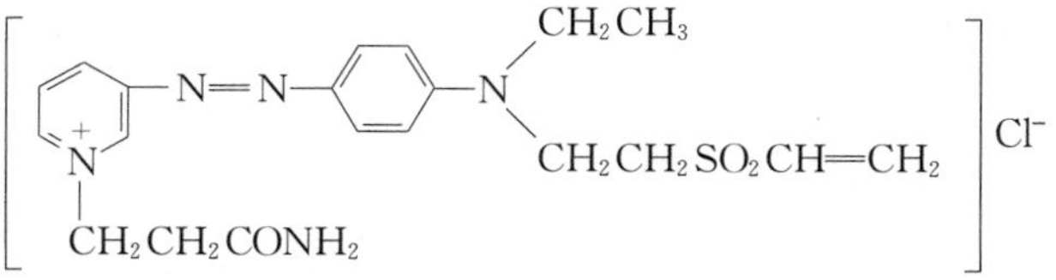

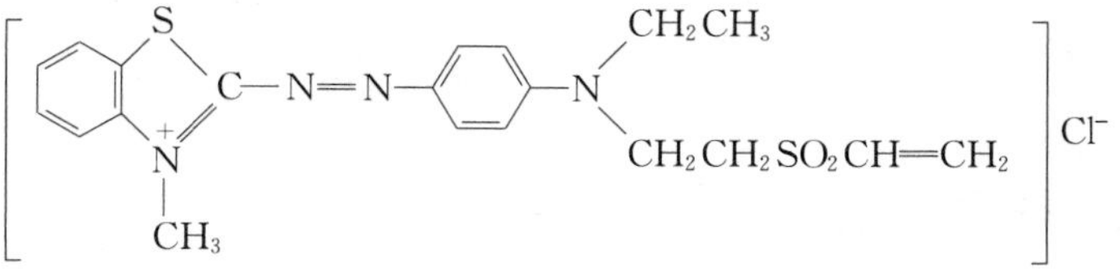

—N═N—　—N　CH_2CH_3
$\overset{+}{N}$　$CH_2CH_2SO_2CH═CH_2$
$CH_2CH_2CONH_2$　Cl^-

S　C—N═N—　—N　CH_2CH_3
$\overset{+}{N}$　$CH_2CH_2SO_2CH═CH_2$
CH_3　Cl^-

乙烯砜型活性阳离子染料在棉、毛、腈纶及其混纺织物上均有较好的匀染性，其耐晒牢度也比较好。

(四)三嗪型活性阳离子染料

三嗪型活性阳离子染料有氟三嗪型、氯三嗪型和溴三嗪型。染料母体通过三嗪基与鎓离子相连接，或者三嗪基接在染料分子的共轭系统上。如下列几种染料均属于此类型。

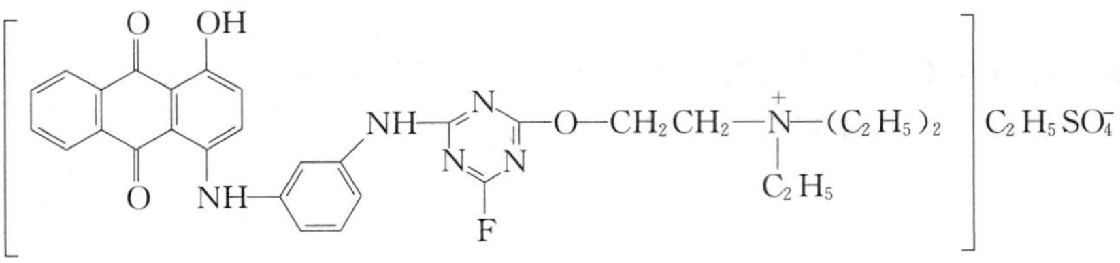

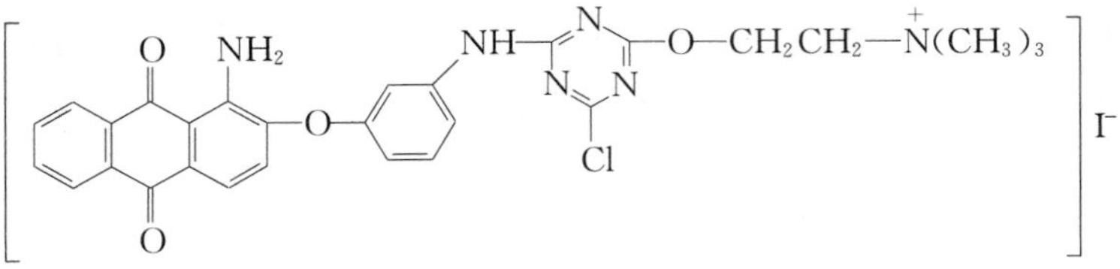

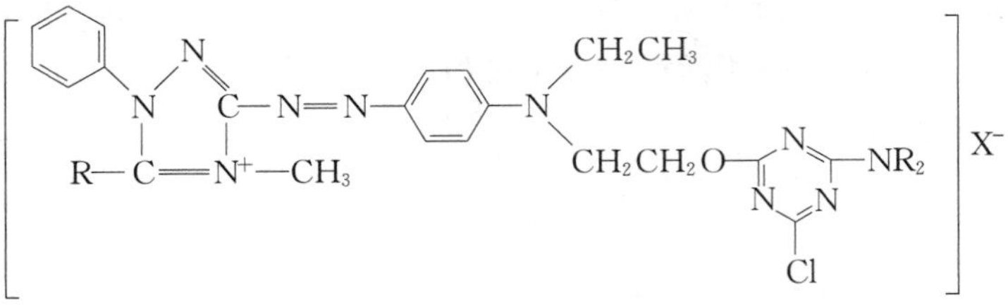

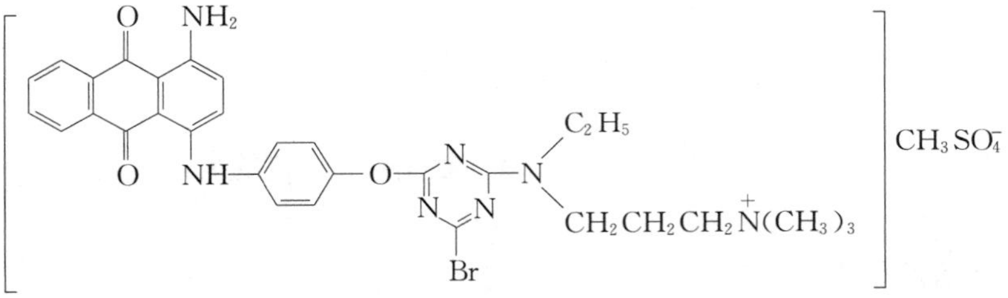

为了改善染料的染色性能或得到鲜艳的颜色，又开发了一些新结构的染料。

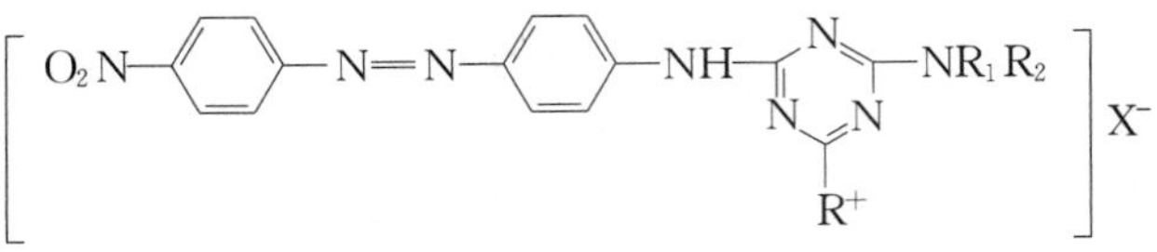

式中：R^+是鎓离子基团。

聚丙烯腈纤维、阳离子可染型聚酯纤维以及含羟基或氨基的纤维均可用此类活性阳离子染料染色，得到均匀、鲜艳且湿处理牢度优良的染色物。

五、新型发色团阳离子染料

(一)香豆素阳离子染料

香豆素阳离子染料结构如下：

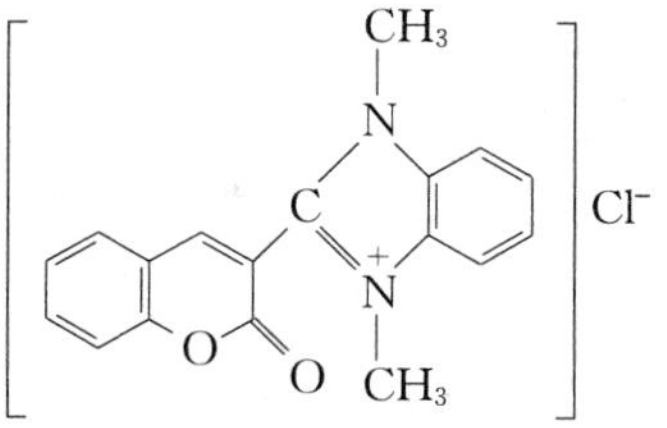

CH_3 N C N CH_3 O O Cl^-

该染料为黄色阳离子染料，具有很强的绿色荧光。

(二)荧啶阳离子染料

荧啶阳离子染料结构如下：

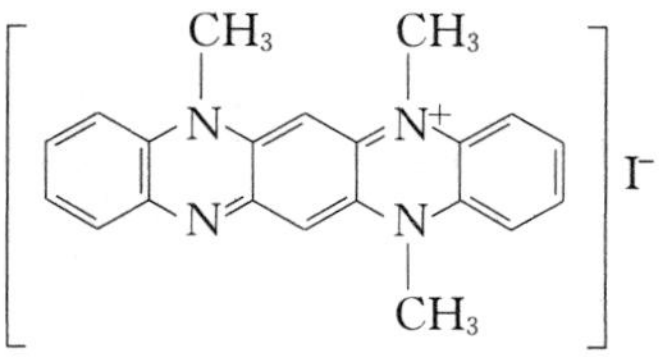

CH_3 CH_3 N N^+ N N CH_3 I^-

该染料为蓝色，具有宝石红色的荧光。

(三)氧鎓染料

一般阳离子染料分子中带正电荷的基团为氮鎓离子，现又开发了一类氧鎓离子。重要的氧鎓离子染料有下列几种结构：

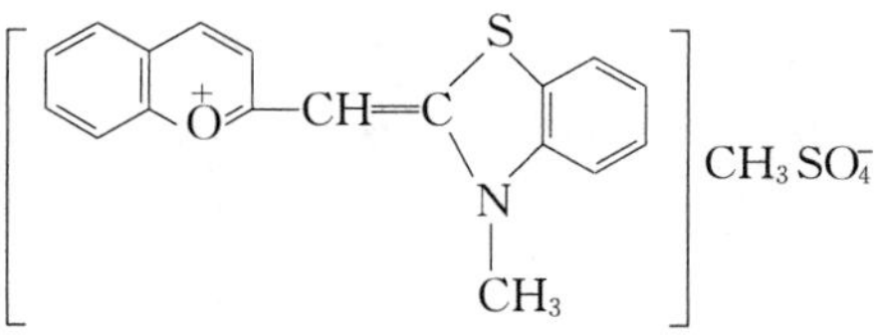

$\overset{+}{O}$ CH=C S N CH_3 $CH_3SO_4^-$

金黄色

$\overset{+}{O}$=C N—CH_3 $CH_3SO_4^-$

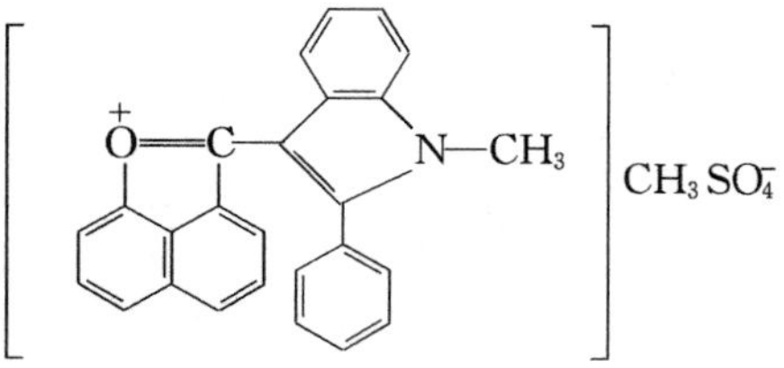

蓝光紫

第四节　阳离子染料的性质

一、阳离子染料的溶解性

阳离子染料分子中的成盐烷基和阴离子基团影响染料的溶解性。此外，染色介质中如果有阴离子化合物，如阴离子型表面活性剂和阴离子染料，也会与阳离子染料结合形成沉淀。毛腈、涤腈等混纺织物不能用普通阳离子染料与酸性、活性、分散等染料同浴染色，否则将产生沉淀。一般加入防沉淀剂来解决此类问题。

二、对 pH 的敏感性

一般阳离子染料稳定的 pH 范围是 2.5～5.5。当 pH 较低时，染料分子中的氨基被质子化，由给电子基转变为吸电子基，引起染料颜色发生变化；若 pH 较高，阳离子染料可能形成季铵碱，或结构被破坏，染料发生沉淀、变色或者褪色现象。如噁嗪染料在碱性介质中转变为非阳离子染料，失去对腈纶的亲和力而不能上染。

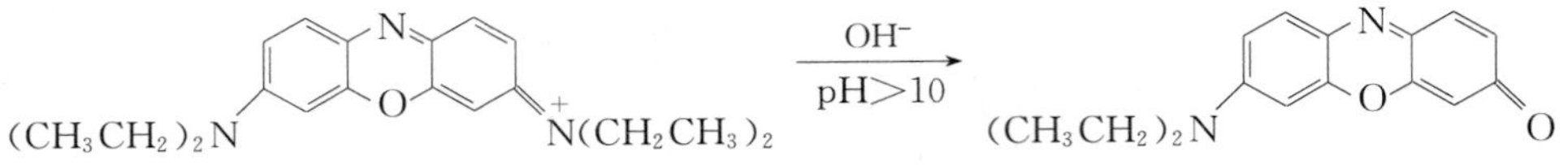

$$(CH_3CH_2)_2N\text{-[噁嗪]}=\overset{+}{N}(CH_2CH_3)_2 \xrightarrow[pH>10]{OH^-} (CH_3CH_2)_2N\text{-[噁嗪]}=O$$

三、阳离子染料的配伍性

阳离子染料对腈纶的亲和力比较大，在纤维中的迁移性较差，难以匀染。不同染料对同一纤维的亲和力不同，在纤维内部的扩散速率也不相同。当上染速率差别较大的染料进行拼混时，染色过程中容易发生色泽变化、染色不匀的现象；而上染速率接近的染料拼混时，它们在染浴里浓度比例基本不变，使产品的色泽保持一致，染色比较均匀。这种染料拼染的性能称为染料的配伍性。

阳离子染料的配伍性一般通过比较而得到，通常用配伍值(K)来表示。配伍值(K)是反映阳离子染料的亲和力大小和扩散性好坏的综合指标。英国染色家协会(SDC)用数值 1～5 表示染料的配伍值，其中配伍值为 1 的染料亲和力大，上染速率最快；配伍值为 5 的染料亲和力小，上染速率最慢。

染料拼染时，应选用配伍值相同或相近的染料，则染料的亲和力及扩散速率相似，易获得匀染效果。测定染料配伍值时，采用黄、蓝两色标准染料各一套，每套有五个上染速率不同的染料组成，共有五个配伍值(1, 2, 3, 4, 5)，将待测染料与标准染料逐一进行拼染，然后对染色效果给予评价，即可获得待测染料的配伍值。

染料的配伍值和其分子结构存在一定的关系。

(1)染料分子中引入亲水性基团，水溶性增加，对纤维的亲和力下降，染色速率降低、配伍值增大，在纤维上的迁移性和匀染性提高，给色量降低。

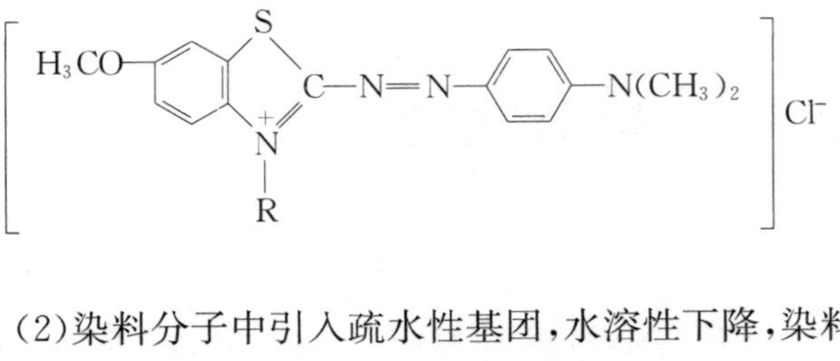

$$\left[H_3CO\text{-[苯并噻唑]}\overset{+}{N}(R)\text{-}C\text{-}N{=}N\text{-}C_6H_4\text{-}N(CH_3)_2\right]Cl^-$$

R	K
$-CH_3$	1.5
$-CH_2-CH(OH)-CH_3$	3.5
$-CH_2CH_2COOH$	5

(2)染料分子中引入疏水性基团，水溶性下降，染料对纤维的亲和力上升，上染速率提高，配伍值减小，在纤维上的迁移性和匀染性降低，给色量增加。

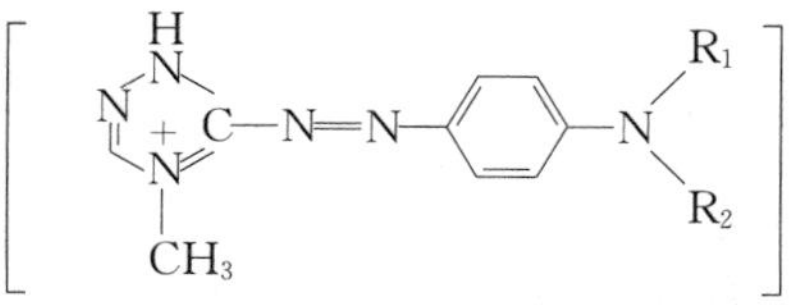

H N N C N=N N R_1 R_2 X^- N CH_3

R_1	R_2	K
$-CH_2-C_6H_5$	$-CH_2-C_6H_5$	2.0
$-C_2H_5$	$-CH_2-C_6H_5$	3.0
$-C_2H_5$	$-C_2H_5$	5.0

染料分子中某些基团因几何构型而引起空间位阻效应，也使染料对纤维的亲和力下降，配伍值增加。

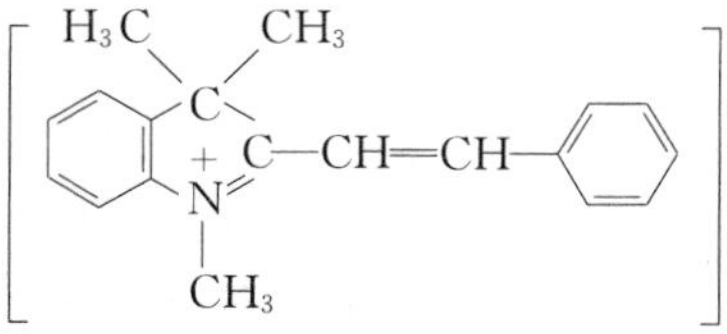

H_3C CH_3 C C—CH═CH— N CH_3 Cl^-　$K=1.0$

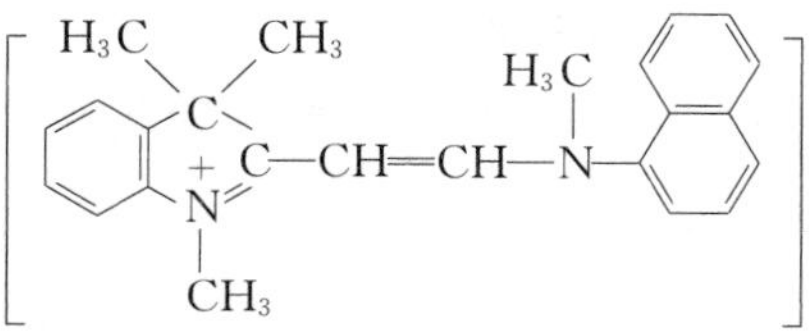

H_3C CH_3 C H_3C C—CH═CH—N N CH_3 Cl^-　$K=2.5$

四、阳离子染料的耐日晒性能

染料的耐日晒性能与其分子结构有关。共轭型阳离子染料分子中，阳离子基团是比较敏感的部位，受光能作用后易从阳离子基团所处位置活化，然后传递至整个发色系统，使之遭受破坏而褪色。共轭型三芳甲烷类、多甲川类和噁嗪类耐日晒牢度都不好。隔离型阳离子染料分子中的阳离子基团与共轭系统间被连接基隔开，即使在光的作用下被活化，也不易将能量传递给发色的共轭系统，所以耐日晒牢度优于共轭型。共轭型阳离子染料中三氮杂碳菁、不对称的二氮杂碳菁和氮杂半菁、迫萘内酰胺类的耐日晒牢度较为优良。前面提到过，染料的耐日晒牢度还和分子对称性和氨基的碱性有关。引入氰乙基或丁二酰亚氨基，降低分子的对称性，增加正电荷的定域程度；或用二官能团组分将两个发色体系连接，均可提高染料的耐日晒性能。如下列结构的染料比较耐日晒。

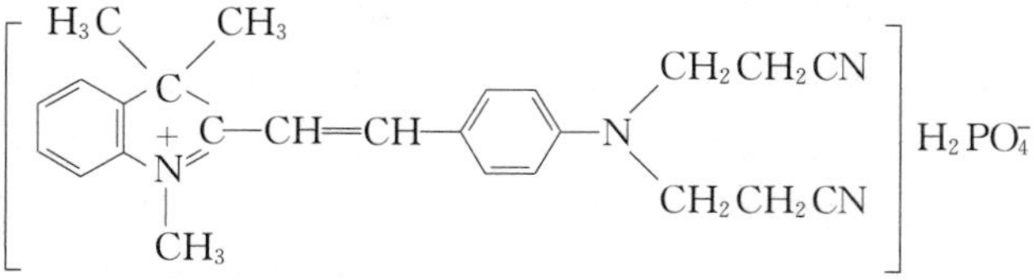

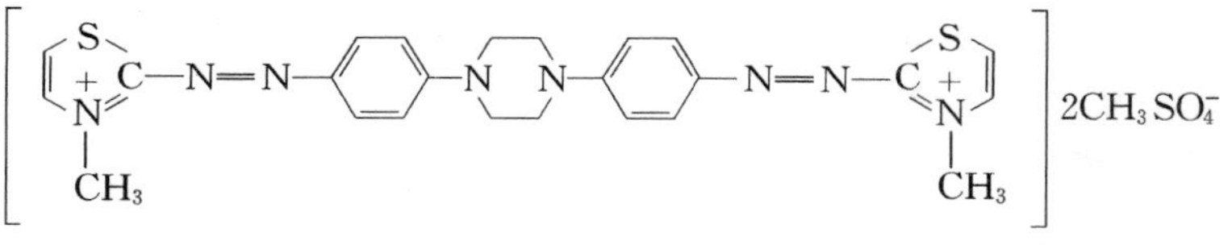

H_3C CH_3 C C—CH═CH— N CH_2CH_2CN CH_2CH_2CN N CH_3 $H_2PO_4^-$

S C—N═N— N N —N═N—C S N CH_3 N CH_3 $2CH_3SO_4^-$

阳离子染料的耐日晒牢度还和纤维的性能有关。阳离子染料在天然纤维上耐日晒牢度极差，在腈纶上却好得多。腈纶的第三单体不同，也会改变阳离子染料的耐日晒性能，采用衣康酸作为第三单体,一般比用丙烯磺酸及其衍生物要低一级左右。

复习指导

1. 掌握阳离子染料的结构特征、应用对象以及染料与纤维的作用力。
2. 了解阳离子染料的配伍值及其测定方法。
3. 了解阳离子染料的分类方法及其主要结构类别。
4. 了解阳离子染料的发展趋势。

思考题

1. 简述阳离子染料的结构特征、应用对象和染料与纤维的作用力。
2. 什么是阳离子染料的配伍值? 试述阳离子染料配伍值的测定方法。
3. 阳离子染料如何分类? 染料的主要结构类别有哪些?
4. 查阅相关的文献资料,阐述在阳离子染料的研发方面有哪些新进展?

参考文献

[1] Aspland J R. Textile Dyeing and Coloration[M]. USA:AATCC,Research Triangle Park,1996.
[2] Shore J. Colorants and Auxilianries[M]. Society of Dyes and Colourists,1990.
[3] Holme I. Coloration of technical textiles, Handbook of Technical Textiles, Ed. AR Horrocks and S C Anand,2000.
[4] Zollonger H. Colour chemistry: synthese, properties and application of organic dyes and pigments [M]. Weinheim: VCH,1987.
[5] 沈永嘉. 精细化学品化学[M]. 北京:高等教育出版社,2007.
[6] 侯毓汾,朱振华,王任之. 染料化学[M]. 北京:化学工业出版社,1994.
[7] 黑木宣彦. 染色理论化学[M]. 陈水林,译. 北京:纺织工业出版社,1981.
[8] 杨薇,杨新玮. 国内外阳离子染料的进展(下)[J]. 化工物资,1997(6): 19 - 21.
[9] 杨新玮. 近两年我国染料新品种的发展[J]. 染料与染色,2004,41(1): 51 - 57.
[10] 章杰. 我国阳离子染料市场现状和发展趋势[J]. 纺织导报,2006(5): 66 - 70.
[11] Soleimani Gorgani A,Taylor J A. Dyeing of nylon with reactive dyes. Part 3:cationic reactive dyes for Nylon[J]. Dyes and Pigments,2006(11): 10.
[12] 傅忠君,于鲁汕. 聚丙烯腈纤维及织物染色技术进展[J]. 染料与染色,2005,42 (1): 27 - 31.
[13] 冉华文. 分散型阳离子染料新品投放市场[J]. 上海染料,2002,30(4): 49 - 50.

*第十四章　天然染料

第一节　引言

天然染料是指从植物或动物资源中获得的，很少或没有经过化学加工的染料。天然染料来源于植物、动物和矿物，其中植物染料是天然染料的主体。通常植物的根、茎、皮、花、果实的汁液均可作为染液用于染色，因此用作染料的植物很多，有四五千种。使用最广泛的天然染料有：茜草、紫草、苏木、靛蓝、红花、栀子、冬青、茶、桑等，其中茜草、靛蓝、苏木、红花的使用历史极为悠久。动物染料有虫（紫）胶、胭脂红虫等。按化学组成可分为类胡萝卜素类、蒽醌类、萘醌类、类黄酮类、姜黄素类、靛蓝类、叶绿素类共七种。

我国对纺织品进行染色或涂色加工有着悠久的历史。早在旧石器时代晚期，我们的祖先就已了解着色加工技术，那时多采用矿石（研成粉末状而成颜料），这类颜色统称为矿物色。大约在夏代至战国时期不仅能研制出各种矿物颜色，同时也开始生产植物染料。在先秦时期，我们的祖先已掌握了采集和种植蓝草作为染料的技艺。北魏贾思勰的《齐民要术・种蓝》就专门记述了从蓝草中提取蓝靛的方法。到了明清时期，天然染料的应用获得了极大的发展，达到了较高的工艺水平。染色艺人通过大量的实践和不断摸索，创造并积累了天然染料提取、染色的一套完整技艺，这些技艺一般通过父传子或在家族中口头流传。

自 1856 年英国化学家 W. H. Perkin 从煤焦油中发现了第一个合成染料之后，以其丰富多彩的颜色、低廉的价格以及优良的色牢度得到了广泛的应用。天然染料在迅速崛起的合成染料面前逐渐失去了昔日的辉煌，古老的提取天然染料染色的技术也被慢慢摒弃，几近绝迹。我国只有一些僻远山区的少数民族仍沿用少数几种的天然染料，如云南大理白族自治州周城乡至今还保留着古老的制作靛蓝的技艺。我国藏族人民特有的手工艺品和生活用品藏毯，其工艺独特，以手工纺纱、天然染料染色和手工编织而著称，已有 600 年的历史。其染色工艺以天然染料为主，具有色调柔和、质朴仿古的特点，深受国外客商的青睐。

染料应用的历史长河缓缓流到了今天，人们注意到合成染料除色谱齐全，生产和染色工艺可工业化、标准化外，同时也导致了严重的环境污染、大量能源和资源的不可逆转性消耗，有的合成染料还会引发皮肤病，重者可致癌。在全球性绿色革命浪潮的影响下，人们对环境和健康问题日益关注，部分合成染料对人类健康和生态环境所产生的负效应愈来愈受到关注。近年的研究表明，有 100 多种常用染料可能产生致癌物质。1994 年，德国等发达国家颁布了禁用这些染料的法规。不仅如此，随着地球石油资源的消耗，合成染料的原料问题也已暴露出来，因此科研人员开始致力于开发天然环保染料和环保清洁染色工艺，天然染料又开始被世人所重视：它与环境的亲和性好,废物、废水极易分解和利用,基本上没有污染;资源极为丰富,可再生利用;对人体无毒、无害,有的还可杀虫抗菌,带有天然的芳香,对皮肤病有一定的预防和治疗作用;色泽美丽、自然、典雅、柔和、耐久。基于这些优点,对天然染料的研究和应用也日渐兴盛。

我国虽然资源丰富,但由于长期使用合成染料,对天然染料的植物资源已知之不多。《中国经济植物志》对纤维类、芳香油类、树脂及树胶、药用类等都有系统编写,唯独植物染料却是空缺。在中国昆虫资源利用和产业化的众多项目中,虽然有紫胶的加工和利用,但并不涉及发展紫胶染料。全世界胭脂虫的年产约400吨,而我国目前尚未开发,由其体液加工的洋红色素,国内几乎还是靠进口。由于技术信息的缺乏,要重新开发和利用植物和动物资源生产天然染料是一个漫长复杂的过程,有待于人们去寻找、筛选,并制订一整套比较标准的染色工艺。

如果片面地认为所有天然染料均是无毒、安全、对健康无影响的,这是不科学的。这一提法对某些天然染料如靛蓝是正确的,确实值得开发和利用。靛蓝植物染料染色有许多合成染料难以达到的作用,蓝草根是制作感冒冲剂"板蓝根"的原料,据称穿土靛蓝布对人体皮肤有益,特别是对有皮肤炎症的人来说更有益处。而对某些天然染料却有待进一步的研究。一个染料是否对环境有害,不在于它的来源,而在于它的分子结构和生物作用,对于天然染料毒性的评价工作,现在还做得甚少。多数天然染料在使用时,需要用 $KAl(SO_4)_2$、$CuSO_4$、$K_2Cr_2O_7$、$FeSO_4$、$SnCl_2$ 等来进行媒染处理。当用这些媒染剂时,纺织品和染色废液中肯定会存在残留的金属离子,包括 Eco—Tex Standards 所禁止使用的重金属离子。另外,在植物中提取天然染料,也会消耗能源和水,同时产生废弃物和废水。

天然染料多来源于动植物,尤其是植物染料,即使是同一种植物由于产地不同、气候条件不同以及采集时间的不同,都会影响色素的组成及色泽,这就会导致染色重复性差。其次,一些染料的耐晒牢度较低,特别是在丝织物上更为明显;还有一些染料对于纤维素纤维的亲和力很小,只能染浅色,而且水洗牢度也较低。最后,自然界中动植物的数量虽然很多,但由于植物中的色素含量较小,要想获得一定数量的天然染料,就必须砍伐大量的植物,造成生态环境的破坏。这些问题在开发天然染料时都是需要慎重考虑和重视的。

第二节　天然染料的近代研究与应用开发

尽管在公元前2600年,我国就有关于天然染料对丝绸染色的记载,但是自从合成染料替代天然染料以后,除了以上提及的一些少数民族地区仍沿用植物染料进行手工艺品的染色外,国内很少有人致力于这方面的研究,政府部门也没有组织有系统地开发和利用植物染料资源。近年来,我国对天然染料的应用也正在积极地探索之中。中科院已制得用于棉和丝绸染色的天然黄 TR—Y 和天然绿 TR—G;北京铜牛集团的"铜牛牌"系列童装选用纯天然植物染料系列染制成衣;东华大学与江苏海澜集团从2002年起承担了国家863高新技术项目"天然染料制备及其在生态纺织品开发与羊毛清洁生产中的应用技术"课题,在许多方面达到了产业化水平。如用植物染料制成的低特(高支)天素丽绿色环保型高档面料,既符合国内外精纺毛料低特(高支)轻薄化、功能多样化的要求，又符合目前国际上倡导的环保型天然面料的要求。

国际上对天然染料染色性能的研究，主要集中在亚洲，特别是印度、日本。关于天然染料的研究是作为发展中国家间技术合作联合国发展方案（UNDP）计划的一部分，已举行过两个国际专题讨论会，分别在尼泊尔和印度进行。印度的全国织机发展协会（NHDC）对天然染料应用的复兴起着促进作用。印度紫胶研究所（ILRI）在研制紫胶染料的同时，开发了 8 种天然染料，并计划把数量扩展到 30 种。日本设立了专门的植物染料研究机构，进行植物染料的利用和基础研究，并开发了一系列称为“草木染”的纺织品。国外研究的文献资料表明，天然染料可适用于各类纤维的染色。在羊毛染色中，与活性染料、酸性染料相比，天然染料的耐洗牢度稍差一些，通过使用媒染剂可以提高其耐洗牢度，天然染料具有较好的耐光牢度，给羊毛织物的外观和质地方面带来较好的效果。有人也试图将天然染料应用于聚酯纤维染色，经载体处理后，用植物染料染色（称载体法）或用单宁类物质和媒染剂处理后的织物经植物染料染色后，进行热定型处理（称热定型法），结果显示天然染料对合成纤维具有相容性。日本与韩国的研究人员，曾用低温等离子体对羊毛进行处理，然后用天然染料对羊毛进行染色，比较各种不同类型（阳离子、阴离子、非离子等）的植物染料对等离子体处理的羊毛纤维染色效果。

为改善天然染料染色重复性差及牢度低的缺点，日钟纺公司采取集中购入原料，经过提取、浓缩及适当处理制成均一染料，然后与一定量的合成染料拼混，这样可改善染色牢度及染色重复性。目前已开发出含有茜素、石芹及胡萝卜等 80 多种不同颜色的植物染料商品，可用于棉、毛、丝及锦纶等纤维的染色。这些染料在棉织物上水洗牢度为 4 级，耐日晒牢度为 3～4 级，深受消费者的欢迎。除此之外，为提高天然染料在丝织物上的耐日晒牢度，还可以在染浴中加入紫外线吸收剂和丝绸防泛黄剂。

提高天然染料的产量是工业化应用的首要问题。利用生物工程的方法人工培养植物细胞组织已在某些方面取得成功，用培养液已培育出花麒麟、紫根、茜草根等多种植物，经人工培育的植物组织中天然色素的含量比天然植物中的色素含量高。以紫根为例，细胞组织培养 23 日，干燥后原料中含近 20％的紫草宁，而天然生长的紫根干燥后仅含 1％紫草宁，而且需要四年的生长。生物培养的方法可使细胞组织的生长速度大大加快，这样天然染料的生产可以不依靠自然植物，产量大大提高。通过生物方法可以避免大量砍伐自然界中的植物，同时又可获得与天然生长植物相似的色素。改进传统的染色方式或对纤维进行改性，可改善天然染料的染色效果。有些天然染料在水中的溶解性小，染色时为了达到一定深度往往需染几次。经试验对此类染料采用分散染法效果很好，分散法就是用阴离子或非离子表面活性剂使染液中处于悬浊状态的色素颗粒得到分散，染液形成较稳定的分散体系。染色时织物和染料颗粒接触机会增多，染料被吸附的速度也大大加快，因而染色时间和染料的浓度可以减小到最低限度，降低了染色成本。

棉、蚕丝织物经过阳离子化改性可以增加天然染料的上染率，对棉织物来说阳离子化更有实际意义。除阳离子化外，还可用脱乙酰甲壳质（Chitosan）的醋酸溶液来处理棉织物，同样可以提高染色深度，而且这种方法较阳离子化更为方便实用。

除此之外，许多天然色素还因其特殊的成分及结构而应用于新型功能性纺织品的开发。如大黄防紫外线织物,日本青森试验厂生产的可医治皮炎的艾蒿色织物以及印、韩、日等国用茜草、靛蓝、郁金香和红花染成的具有防虫、杀菌、护肤及防过敏功能的新型织物等。

天然染料由于其良好的环境相容性和药物保健性能,引起了许多国家染料研究和应用机构的关注,其应用也已涉及多个领域。一些天然染料,尤其是一些植物染料本身就来源于药用植物。因而它们在卫生及医药领域都有着广泛的应用。如槲皮苷被用作口腔卫生用品的抑菌剂;茜草根入药能够收疹、止血、抗痢,兼具滋补强身的功效;姜黄对治疗传染性肝炎、胆结石及皮肤病有独到的效果。

第三节　天然染料的分类、结构及性能

一、天然染料的颜色及种类

天然染料中以植物色素种类最多,而且颜色的种类也多,一般植物的叶、花、皮和根中都含有一定量的色素,少数动物体内也含有色素(如虫红)。在各类植物中以黄色和黑色的天然染料种类最多,而紫色和蓝色的天然染料种类较少。由于自然界中具有色素的植物很多,表14－1仅列举了部分动植物中的色素。各种植物中所含有的天然染料成分并不是单一的,往往是多种化合物,其中有一些色素是基本结构相同而取代基不同的一类化合物。如红花中除含有红色素外,还含有黄色素,其他植物也有类似情况。天然染料在植物体中常以配糖体(苷类)的形式存在,这类配糖体是可以溶于水的。根据苷键原子不同,主要可分为氧苷和碳苷,其中氧苷最为常见。氧苷在一定条件下(强酸性)可以发生水解,使配糖体和色素分离。

表14－1　天然色素的种类、特点和提取方法

分　类	颜　色	分　布	结构特点	溶剂提取法
类胡萝卜素类	主要是黄、橙、红色	胡萝卜、番茄和栀子等	组成上主要是碳和氢	极性较小的有机溶剂提取
黄酮类	以黄、红色调为主	分布广泛,如大黄、茜草、槐花、杨梅、黄芩、红花、紫杉等	具有黄酮结构	醇、沸水
蒽醌类	红色	茜草、紫胶、胭脂红等植物,昆虫等动物	具有蒽醌结构	可溶于碱液,加酸后又沉淀析出,故可用此法提取;还可用苯、乙醚等有机溶剂提取
萘醌类	主要为紫色,也有黄、棕、红色	紫草根,散沫花的叶、核桃壳	具有萘醌结构	可溶于水
苯并吡喃类	以红、紫、蓝色调为主	植物的花、叶、果中,如苏枋等	色素母体结构带正电荷,颜色随介质的pH而变化	水溶性较大,可用水作为溶剂提取

续表

分　类	颜　色	分　布	结构特点	溶剂提取法
单宁类	与金属络合后主要呈灰、深棕、黑色	许多植物的果实、果皮、树皮中都含有此类化合物，如石榴根、槟榔子、棕儿茶树皮、栗树皮、杨梅树皮等	羟基、羧基数目多，具有较强的极性	可溶于水、乙醇、丙酮等极性强的溶剂，也可溶于乙酸乙酯，不溶于极性小的溶剂
生物碱类	以黄至紫色为主	黄连等植物细胞中以配糖体的形式存在	具有水溶性	可用水或酸提取法，醇类溶剂提取法
叶绿素类	绿色	植物的叶	—	乙醇、乙醚、丙酮等有机溶剂，不溶于水

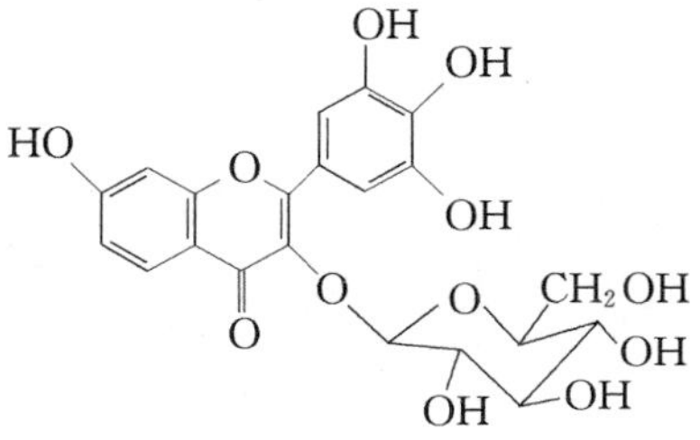

氧苷（杨梅酮苷）

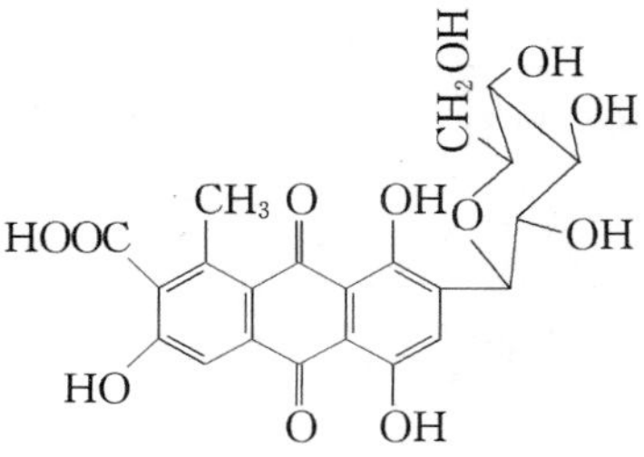

蒽醌碳苷（胭脂酸）

二、天然染料的应用分类

天然染料根据来源可分为两大类：植物染料和动物染料。植物和动物染料能溶于水或在适当的条件下可溶于水，在性能上与合成染料最接近，在一定的条件下可以上染天然纤维。

按天然染料与纤维间的亲和力可分为：直接染色（不需媒染）的天然染料，如靛蓝、姜黄、海石蕊等；间接染色的（需媒染）天然染料，如茜草、苏木、胭脂红、胭脂虫粉、黄颜木等。

按天然染料的应用性能可分为：媒染染料型（绝大多数天然染料），如茜草、苏木、胭脂红等；直接染料型（多数天然染料），如姜黄、红花、胭脂红、石榴等；酸性染料型，如藏红花等；碱性染料型，如小檗碱等；还原染料型，如靛蓝、菘蓝、泰尔红紫等；分散染料型，如指甲花等。

三、天然染料的化学结构分类

天然染料主要有以下几大类：类胡萝卜素类、黄酮类、蒽醌类、萘醌类、苯并吡喃类、单宁类、生物碱类及其他。各类色素由于化学结构不同，其发色体系也不同，故色素的颜色也不同，上染天然纤维后的色牢度也不尽相同。

（一）类胡萝卜素类

主要是黄、橙、红色，自然界中分布较广，如胡萝卜、番茄和栀子等含有这类色素，其骨架结构为：

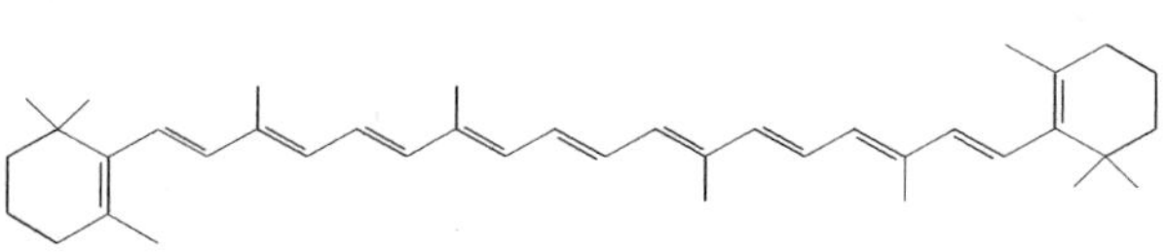

由于在化学组成上主要是碳和氢,这类化合物在水中的溶解度小,易溶于油性溶剂中。

(二)黄酮类

以黄、红色调为主,在自然界中分布较广,色素在植物细胞中以配糖体存在,可溶于水。如大黄、茜草、槐花、杨梅、黄芩、红花、紫杉等含有这类色素,其骨架结构为黄酮。

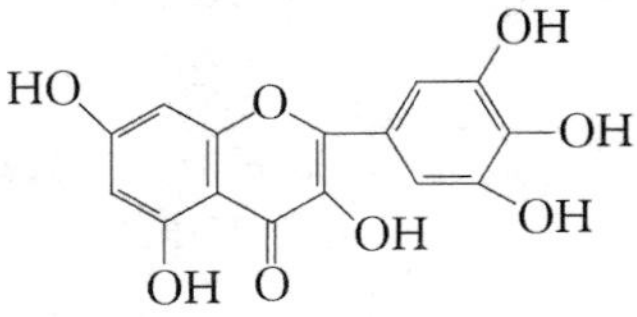

杨梅酮 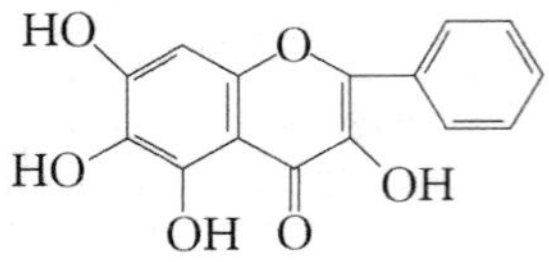　　黄芩黄酮 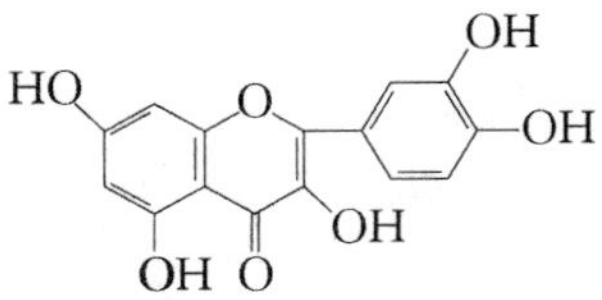　　槲皮酮

(三)蒽醌类

该类色素为黄至红色调,存在于植物的根和动物体内,如大黄、茜草、虫漆、胭脂等。其结构中含有蒽醌母体,另有一定数量的羟基或羧基。

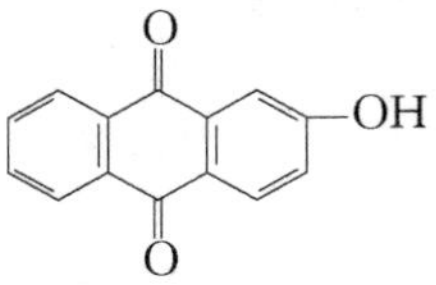

印度茜素 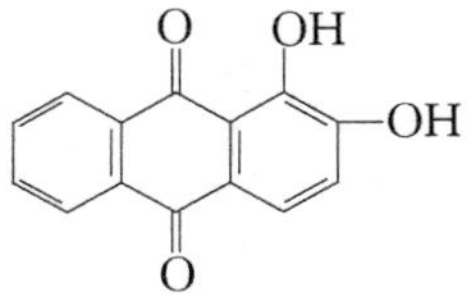　　大黄素(西洋茜素) 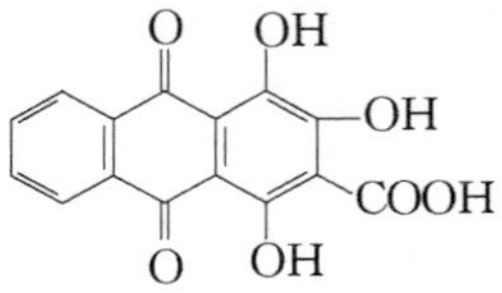　　日本茜素 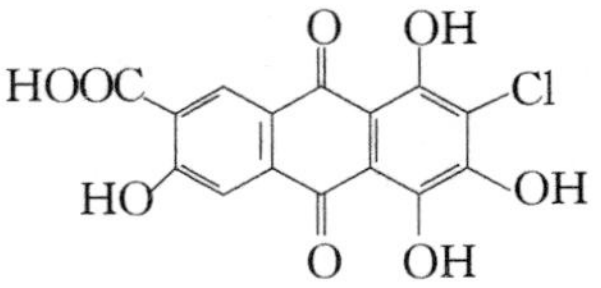　　胭脂酸配体

(四)萘醌类

这类天然染料主要是紫色,存在于紫草根、散沫花的叶子、核桃壳中(或贝类体内),其中 R 为 CH_2COO—,$(CH_3)_2CHCOO$—,$(CH_3)_2C(OH)CH_2COO$—,$(CH_3)_2CHCH_2COO$—和 H。母体结构为:

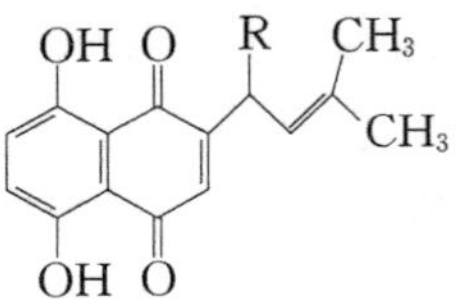

紫草宁

(五)苯并吡喃类

以红、紫、蓝色调为主,这类色素在自然界中分布广,存在于植物的花、叶及果中,具有水溶性。色素母体结构带正电荷,颜色随介质的 pH 而变化,强酸性下为红色,中性条件下为紫色,碱性下为蓝色。

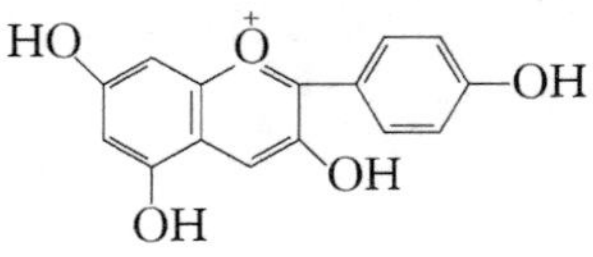

花葵素 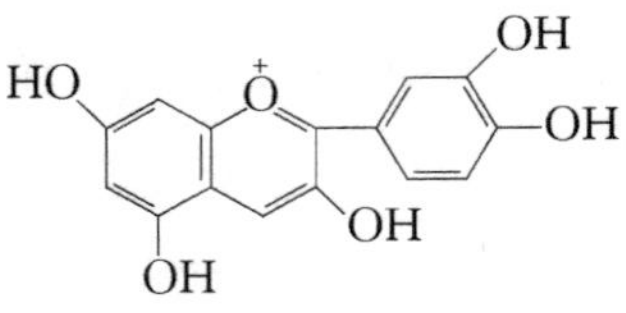　　花青素 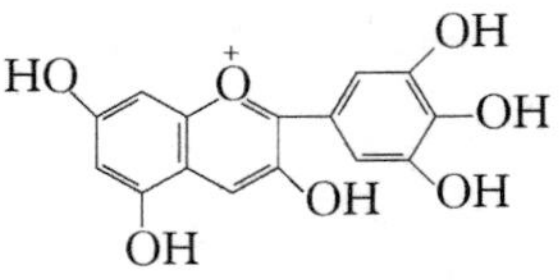　　花翠素

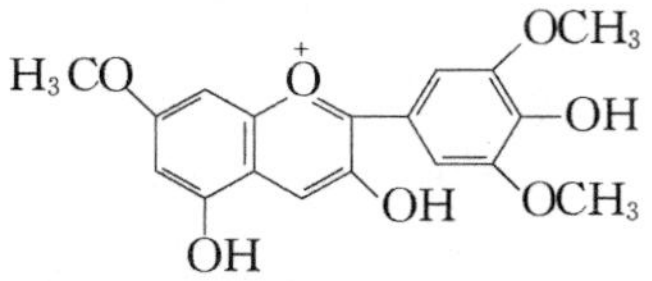

锦葵色素 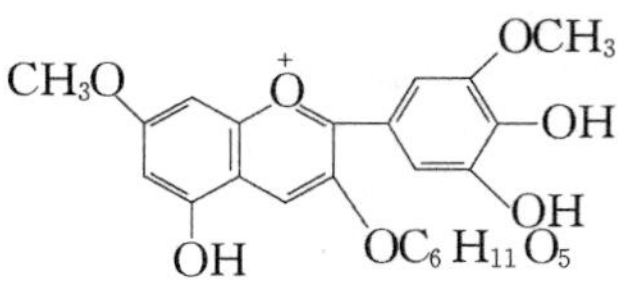　　　　碧冬茄配质

苏木又名苏枋木、红紫、赤木，属豆科云实属常绿小乔木。其色素成分有两种，分别以隐色体的形式存在于木材之中。

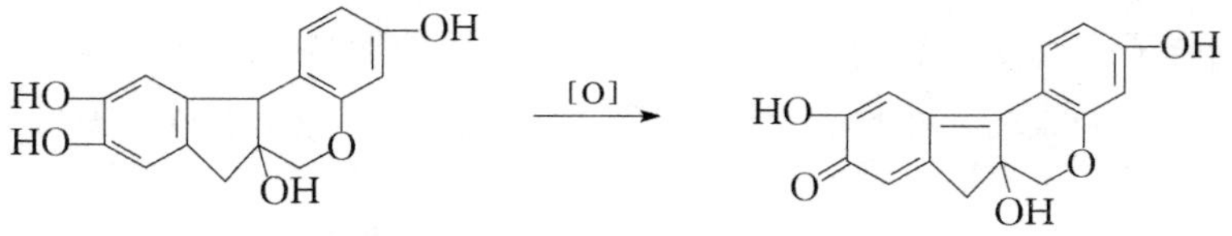

巴西苏木素（黄色）　　　　巴西苏木红素（红色）

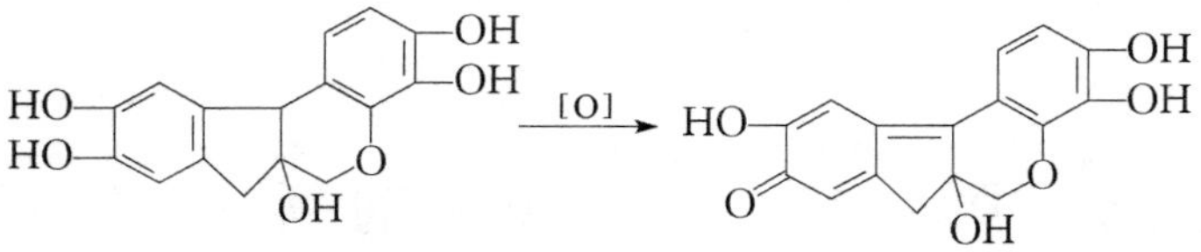

苏木精（无色）　　　　氧化苏木精（红棕色）

（六）单宁类

自然界中许多植物的果实、果皮、树皮等都含有这类化合物，其结构特点为多酚类化合物。由于羟基、羧基数目多，易与多价金属离子络合，与重金属离子络合后主要为灰、深棕至黑色。

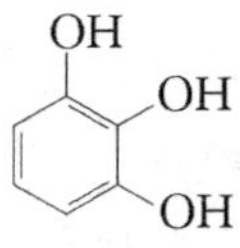

1,2,3-三羟基苯酚 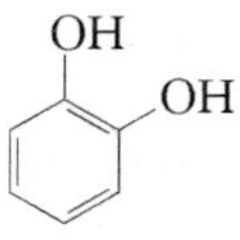　　　　邻苯二酚 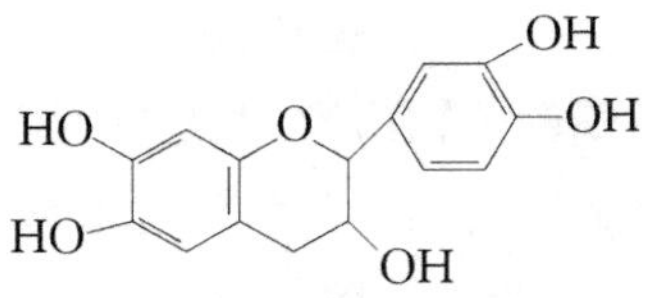　　　　儿茶素

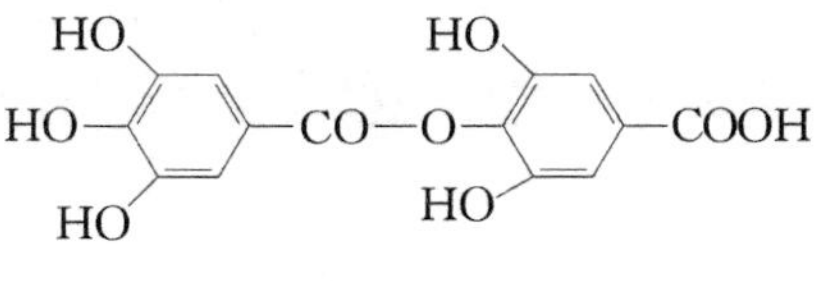

单宁酸 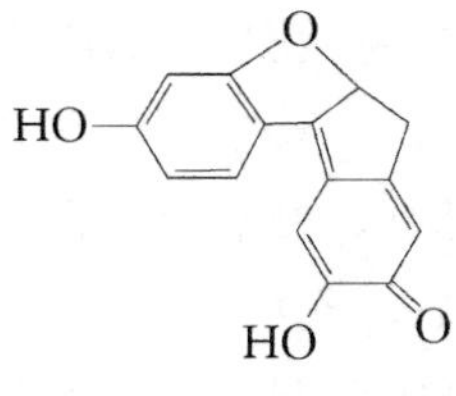　　　　巴西灵酮

（七）生物碱类

生物碱类天然染料是一类含氮的色素，以黄、紫色为主，大部分在植物细胞中以配糖体的形式存在，如黄檗、黄连等植物中含有这类色素，这类染料具有水溶性，其结构如下：

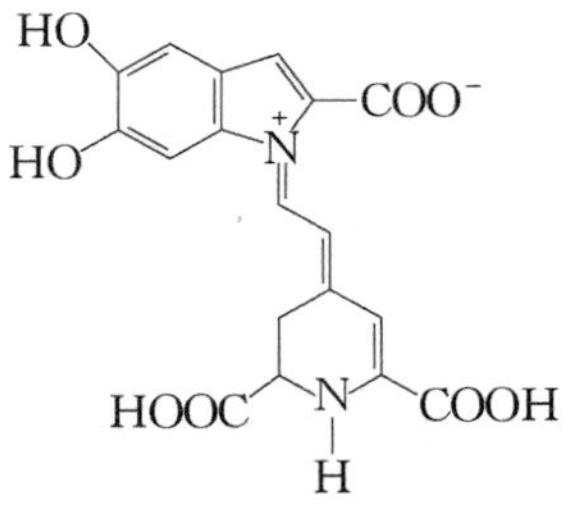

甜菜苷 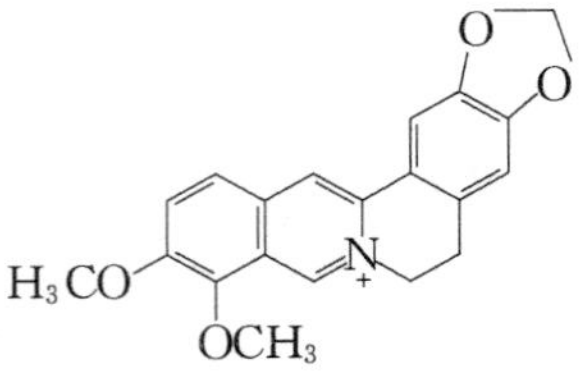　　小檗碱

甜菜苷生物合成是对由二羟丙苯氨酸的氧化产生的甜菜醛氨酸进行二羟丙苯氨酸和脯氨酸等氨基酸的缩合而形成的。小檗碱是中药黄柏的主要有效成分,约为10%。

(八)其他类

自然界中还有一些天然色素,如藻胆色素、血红素、叶绿素及靛蓝等。其中以靛蓝最重要,而且靛蓝的应用已为大家所熟知,其他类则应用较少,这里不作详述。

第四节　天然染料的制备

一、天然染料的提取

天然染料的化学结构不同,提取方法也有所不同。如土靛的制取方法是:将收割的蓝草放入木桶,加水浸泡,气温高时一般沤一周左右,气温低时则需半个月左右,这时蓝草里的颜色便被泡出。把茎叶捞出后,加入石灰,然后用打靛耙子抨击水面,促使水和靛蓝分离,然后放掉上面的水,沉淀在下面的便是膏状土靛。

天然染料中的植物染料,其色素存在于花、果、皮、茎、叶和根中,如何提取色素是天然染料应用时首先要解决的问题。天然色素最常用的提取方法为溶剂提取法,就是根据原料中被提取成分的极性,共存杂质的理化特性,遵循相似相溶的原则,使有效成分从原料固体表面或组织内部向溶剂中转移的传质过程。

溶剂提取方法包括浸渍法、渗漉法、煎煮法、回流提取法。以水为溶剂提取天然色素可考虑使用浸渍法和煎煮法,其中煎煮法适用于有效成分能溶于水,对湿、热均稳定且不易挥发的原料。以有机溶剂提取,可采用回流提取法。溶剂提取法是传统提取方法,具有处理时间长、操作步骤多、误差较大、污染环境的缺点。

近年来,发展较快的提取技术有以下几种:

(一)超临界流体萃取技术

超临界流体(SCF)是处于临界温度和临界压力以上的非凝缩性的高密度流体。超临界流体没有明显的气液分界面,性质介于气体和液体之间,具有优异的溶剂性质,黏度低,密度大,有较好的流动、传质、传热和溶解性能,并且随流体压力和温度的改变发生十分明显的变化,而溶质在超临界流体中的溶解度随超临界流体密度的增大而增大。超临界流体萃取(SFE)正是利用这种性质，在较高压力下，将溶质溶解于流体中，然后降低流体溶液的压力或升高流体溶液的温度，使溶解于超临界流体中的溶质因其密度下降溶解度降低而析出。目前在 SFE 技术中使用最普遍的溶剂是 CO_2，它是一种无毒，不燃和化学惰性的物质，价格便宜，纯度高，对环境无污染。其临界温度为 31.3℃，临界压力为 7.18MPa，临界条件容易达到。与传统的化学溶剂萃取法相比，SFE 技术特点是：

(1)操作温度低。能较完好地使萃取物的有效成分不被破坏，不发生次生化，可在接近常温下完成萃取工艺，对热敏性食品以及食品的风味不会产生影响；特别适合那些对热敏感性强、容易氧化分解、破坏成分的提取和分离。

(2)在高压、密闭、惰性环境中，选择性萃取分离天然物质精华。在最佳工艺条件下，能将提取的成分几乎完全提出，从而大大提高了产品的收率和资源的利用率，并且达到分离的目的。

(3)萃取工艺简单，效率高且无污染。分离后的超临界流体经过精制可循环使用。

SFE 技术的缺点是：样品量受限，回收率受样品中基体的影响，要萃取极性物质需加入极性溶剂以及需在高压下操作，设备投资较高等。

(二)超声波提取技术

超声波是一种弹性波，它能产生并传递强大的能量，大能量的超声波作用在液体里，在振动处于稀疏状态时，声波在植物组织细胞里比电磁波穿透更深，停留时间也更长，使液体被击成很多的小空穴，这些小空穴一瞬间就闭合，闭合时产生高达 3000MPa 的瞬间压力，即产生空化作用，使植物细胞破裂。此外，超声波还具有机械振动、乳化扩散、击碎等多级效应，有利于使植物中有效成分的转移、扩散及提取。因此将超声波用于提取色素，操作简便快速、无须加热、提取效率高、速度快、效果好，且结构未被破坏，显出明显的优势。

李云雁，宋光森运用了超声波技术从板栗壳中提取棕色素，并与常规提取方法进行了比较，结果表明超声波具有省时、节能、提取率高等优点。利用超声波提取桑葚红色素也取得了较好的效果。

(三)微波提取技术

微波技术是利用电磁场等微弱能量对食品及农产品等进行加工、储藏等处理的高新技术，具有升温快、易控制、加热均匀、节能等优点，可强化浸取过程，缩短周期、降低能耗、减少废物、提高产率和提取物纯度。既降低了操作费用，又保护了环境，具有良好的发展前景。微波辅助萃取是利用微波能来提高萃取率的一种新技术。微波在传输过程中遇到不同的物料会依物料性质不同而产生反射、穿透、吸收现象。由于不同物质介电常数不同，吸收微波能的程度也不同，由此产生的热能及传递给环境的热能也不同。在微波场中，吸收微波能的差异使萃取体系中某些组分被选择性加热，被萃取物从体系中分离，进入到介电常数较小、微波吸收能力相对较差的萃取剂中。由于微波加热的热效率较高，升温快速而均匀，故显著缩短了萃取时间，提高了萃取效率。常规的索氏萃取通常需 12～14h 才能处理的一个样品，而微波萃取可将萃取时间缩短到 0.5h 内，有机溶剂的消耗量可降至 50mL 以下。

目前，微波技术用于提取色素的报道不断涌现，已涉及生物碱、黄酮、单宁类等。姚中铭、吕晓玲等对栀子黄色素提取的传统浸提工艺进行了改进，通过单因素和正交实验确定优化工艺条件。应用该法色素提取率达98.2%,色价为56.94,优于传统工艺相应的92.1%和50.50。

(四)酶法提取

植物色素往往被包裹在细胞壁内,而大部分植物的细胞壁由纤维素构成,用纤维素酶可以破坏β-D-葡萄糖苷键,使植物细胞壁被破坏,有利于成分的提取。根据这一原理,在提取植物成分前,先用纤维素酶酶解,使植物细胞壁破坏后再进行提取,可以大大提高活性成分的提取率。总体来说,加酶与不加酶提取出的成分一致,说明酶解没有破坏植物的成分。酶解反应还可将杂质、淀粉、果胶等分解除去。

(五)空气爆破法

利用植物组织中的空气受压缩后突然减压时释放出的强大压力冲破植物细胞壁,撕裂植物组织,使植物结构疏松,有利于溶剂渗入植物内部,大幅度增加接触表面积,从而提取有效成分,适用于植物的根、茎、皮、叶等多纤维组织。目前,此法的研究还不多。

二、天然染料的提纯

天然色素的提纯方法有很多,其中包括:

(一)萃取法

此法根据萃取两相状态的不同可分为液—固萃取、液—液萃取。液—液萃取法,即两相溶剂提取,是利用混合物中各组分在两种互不相溶的溶剂中分配系数的不同而达到分离的方法。萃取时各成分在两相溶剂中分配系数相差越大,分离效率越高。

(二)膜分离法

此法是利用天然或人工合成的高分子膜,以外界能量或化学位差为推动力,对混合物进行分离、分级、提纯和浓缩的方法。在色素的分离中利用色素与杂质分子大小的差异,采用纤维超滤膜和反渗透膜,可阻留各种不溶性大分子如多糖、蛋白质等。其工艺简单,效能提高,如可可色素、红曲色素的分离。

(三)柱层析法

此法是利用不同吸附剂或固定相通过柱层析分离提纯色素。如离子交换树脂柱层析纯化葡萄皮色素,可除去糖、有机酸等杂质;聚酰胺层析适用于黄酮类、醌类、酚类色素的分离,如红花黄色素、红色素;硅胶柱层析适用于小分子脂溶性色素的分离;活性炭层析主要用于分离水溶性成分,如苯并吡喃类色素(花青素、花葵素、花翠素等)。其中,大孔吸附树脂对色素的吸附作用较强,对多种天然色素具有良好的吸附和提纯效果。传统工艺制备的大部分天然色素具有较强的吸湿性,而经大孔吸附树脂柱色谱处理后,可有效地去除水提或醇提液中大量的糖类、无机盐、黏液等吸湿成分,增强产品的稳定性。

(四)薄层色谱法

此法的原理、吸附剂与柱色谱基本相似。主要区别在于薄层色谱要求吸附剂的粒度更细,一般应大于250目,并要求粒度均匀。薄层色谱法用于单个色素或一类色素的分析,如花青素、黄酮类色素、类胡萝卜素等。有人利用薄层色谱法对红心萝卜中的色素进行分离分析,色素完全分离,斑点清晰集中。

（五）纸色谱法

此法是以纸为载体的液相色谱法，滤纸上吸着的水分作为固定相，与水不相溶的有机溶剂作为移动相的分配色谱。纸色谱可检查某一有效部位的主要成分及成分的复杂程度，作为衡量所选用的分离方法是否恰当的考查手段，对某些极性较大的化合物，纸色谱有其独特的分离效果。

（六）高速逆流色谱法

高速逆流色谱（HSCCC）法是依靠四氟乙烯蛇形管的方向性及特定的高速行星式旋转所产生的离心力场作用，使无载体支持的固定相稳定地保留在蛇形管内，并使流动相单向、低速通过固定相，实现连续萃取分离物质的目的。其优点是不需要用载体，可消除由此带来的不可逆吸附、试样变性污染及色谱峰畸形拖尾，试样可定量回收；适宜于分离非极性和极性成分。国外已有人用此法从红葡萄酒中分离出花青素，从栀子中分离出类胡萝卜素。

（七）离心液相色谱法

此法是对常规柱色谱的一种重大改进。采用皿式圆盘来代替柱，在圆盘上铺制吸附剂，然后加样及洗脱，借助离心力的作用，各成分依次分开，并通过检出器分段收集，全部操作自动化。该法分离周期短、操作简便，可根据色带收集。所用吸附剂除了普通薄层层析用硅胶、氧化铝外，可采用离子交换剂、葡聚糖凝胶等。

第五节　天然染料的染色

天然染料主要用于染天然纤维，天然染料对蛋白质纤维的亲和力大于对纤维素纤维的亲和力。一般情况下，天然染料对纤维素纤维的上染率很低，虽然对蛋白质纤维的亲和力较大，但比合成染料仍低得多。除对纤维的亲和力较低外，天然染料的摩尔吸光系数也比较小。因此，若用天然染料将纤维染成一定深度的颜色，必须使用媒染剂或其他处理方法。

常用媒染剂中多为过渡金属元素的盐，主要有铝、锡、铜、铁、铅醋酸盐或硫酸盐及重铬酸钾等。金属离子通过内层（外层）的 d 轨道和外层（内层）的 s、p 轨道可以形成杂化轨道，金属离子杂化后与染料分子中的—OH、$\gt C{=}O$ 等形成内轨（外轨）型络合物。金属离子除能与染料络合外还可以与纤维中的—OH、—NH_2 及 $\gt C{=}O$ 形成络合物，通过金属离子在染料和纤维之间形成桥梁，提高了染料对纤维的上染率，产生深色效应并改善了水洗牢度。染料、纤维与金属离子形成的络合物越牢固，染料的水洗牢度越好。Al^{3+} 和 Cu^{2+} 与染料、纤维结合方式如下：

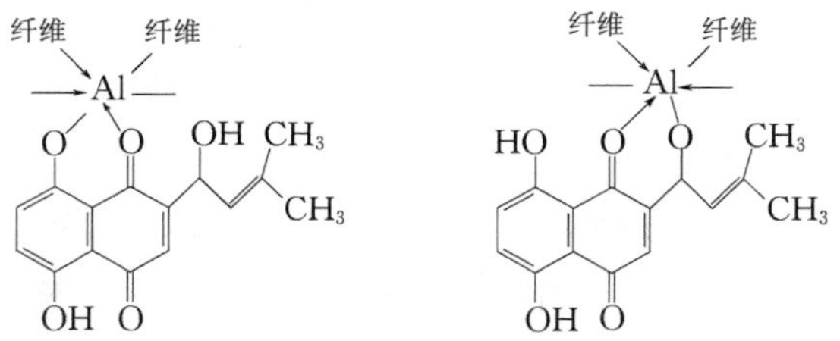

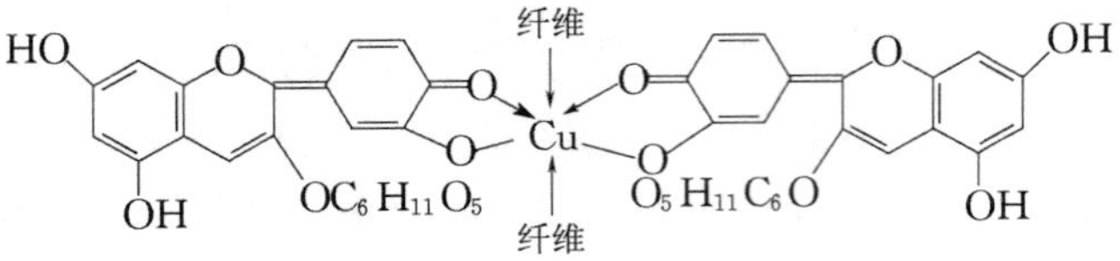

用作天然染料媒染剂的媒染方法分为先媒和后媒处理，先媒处理一般是用 3%～5%(owf)的媒染剂溶液处理织物 20～180min，后媒处理时媒染剂浓度在 10%(owf)左右，处理时间为 20～60min；媒染的温度由染色深度、纤维类别决定。对于同种天然染料，不同的媒染剂及媒染方式对织物的颜色、染色深度都有影响。

因天然染料的化学结构各不相同，其染色牢度也有很大差异。由于天然染料对丝和毛纤维的亲和力比对棉纤维高，因而天然染料在丝、毛织物上的水洗牢度一般优于在棉织物上的牢度，但是总的来讲，天然染料的耐晒牢度比较差，经媒染处理后对于染色牢度也有影响。

尽管媒染方法和某些后处理方法能提高天然染料的牢度，但天然染料因其发色团固有的不稳定性而使其耐光牢度和水洗牢度不理想。一些染料在水洗时会因为洗液中有少量的碱而产生显著的色调变化，因此在清洗天然染料染色的纺织品时，必须要控制含碱溶液的 pH。

从天然植物中提取的黄色染料所染的颜色通常比较暗淡、深度不佳、褪色较快。染色中使用的媒染剂会影响染料的褪色情况。如用洋葱等染黄色时，使用明矾和锡媒染剂比使用铬、铁、铜媒染剂褪色更严重。红色的天然染料大多对光照和水洗是稳定的，但是在某些情况下，媒染剂的选择可能影响耐光牢度，如用醋酸亚铬媒染的胭脂红染色的羊毛，其水洗牢度要比用明矾媒染的高得多。最重要的蓝色染料——靛蓝，水洗牢度优良。它是以可溶的隐色体上染，然后在织物内部氧化成不溶的形态，与织物紧密结合。靛蓝在羊毛上的耐光牢度(7～8 级)比在真丝上略高，比在棉上高得多。用富含鞣质的石榴皮及亚铁盐媒染所获得的灰色、灰褐色的耐光牢度和水洗牢度通常较好。某些天然染料具有良好的耐光牢度；而某些天然染料具有良好的水洗牢度，但两者兼具的天然染料很少。随着对天然染料应用技术的研究不断深入，天然染料中存在的一些问题是完全有可能解决的。

一、媒染染料型

(一)茜素

主要有如下两种茜素：

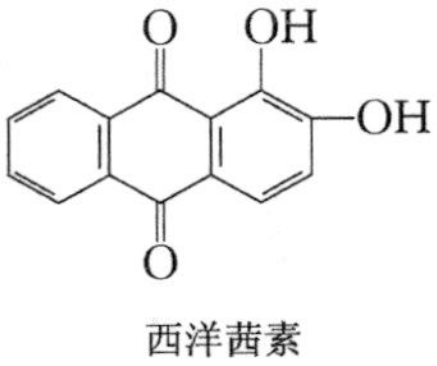

西洋茜素 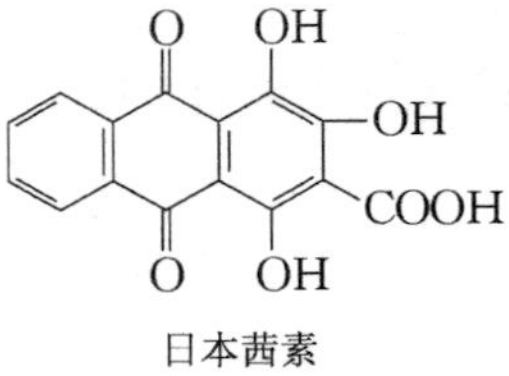　　日本茜素

西洋茜素以铝盐作媒染剂可染得红色。茜素本身就具有不同的色调，另外，由于提取和染色方法不同，所得到的颜色也不同。日本茜素(1，2，4 -三羟基蒽醌- 3 -羧酸)由于其含有

一个羧基，因此较西洋茜素有更好的水溶性，经媒染后可得浅红颜色，在这种场合，作为媒染剂的铝离子主要与染料分子中的羟基和羧基形成络合物，但也有羟基之间发生络合形成色淀的可能性。

（二）紫草红

紫草红是一种取自紫草中的色素，其化学结构如下。它容易与金属离子络合，又由于其水溶性不太好，因此大多采用先媒染的方法进行染色，并且与茜素混合染色，可得到红紫色。值得一提的是，该色素在 80℃以上时易分解，故应在提取和应用时注意。

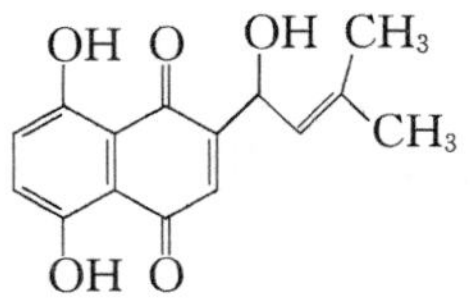

（三）巴西灵酮

此色素来自苏枋中，水溶性不太好，易于配位结合，与媒染剂形成络合物后，色调变化很大，如色素本身是浅橘色，与 Al^{3+} 配位络合后变为紫红色，与铁离子配位结合后变为暗紫色。其化学结构为：

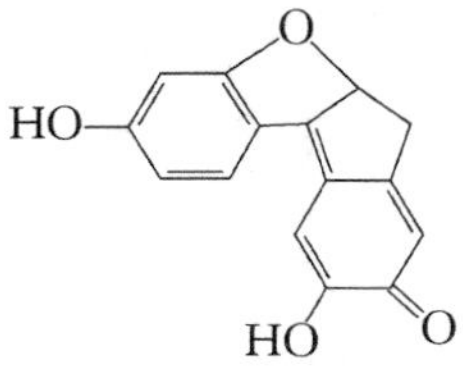

二、还原染料型

蓝草叶中含有蓝苷（$C_{14}H_{17}NO_6$），浸入水中发酵，其水解溶出，即成吲哚酚，然后在空气中进一步氧化缩合成靛蓝色素，其化学结构为：

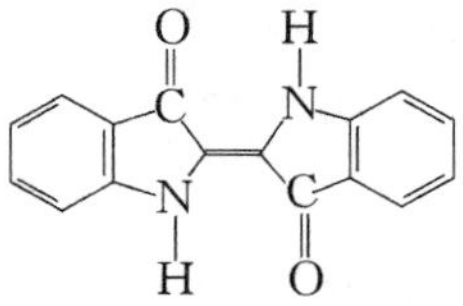

天然靛蓝的染色物含有很强的气味，据说有一定的防虫和防蛇功效，在染后的水洗过程中时常伴有强烈的臭味放出。产生气味和药效的原因经分析是因为其中含有生物碱所致。靛蓝染料染色时，必须进行多次染色才能染得较深的蓝色。

三、染料组合型

在这类色素中以 6，6′-二溴靛蓝最具代表性，它一般从贝类动物的鳃下腺中提取。贝类体中的提取物经紫外线作用进行脱砜化，然后发生缩合生成色素。其化学反应为：

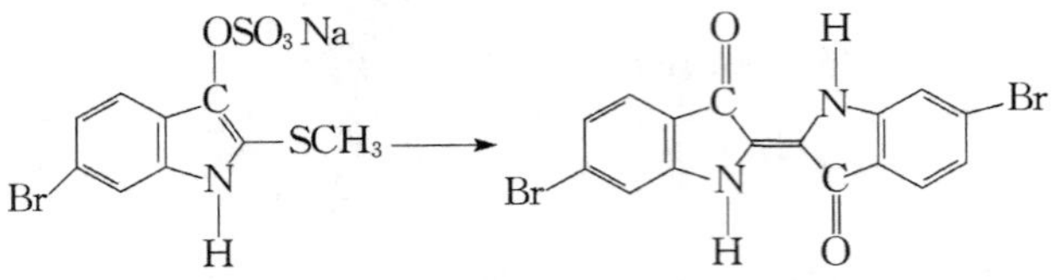

贝类提取物　　　　6,6′-二溴靛蓝

采用化学方法合成二溴靛蓝时，一般仅能得到5,5′-二溴靛蓝而难以得到6,6′-二溴靛蓝。

四、再生型

这类色素具有溶于碱而不溶于酸的特性，因此，人们用碱液进行色素的提取，而在酸性条件下进行染色。其基本结构为：

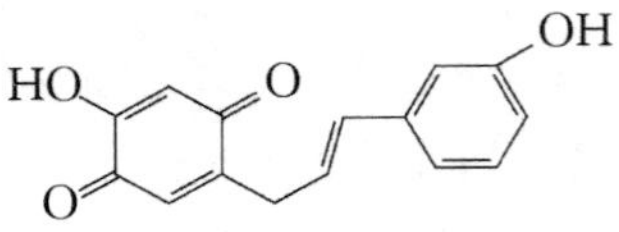

染色机理大致介于还原染料和分散染料之间。一般在染浴中析出不溶性色素的同时，被纤维吸收。

五、亲水型

(一)洋红酸

洋红酸通常取自胭脂红中，其化学结构与日本茜素类似，即：

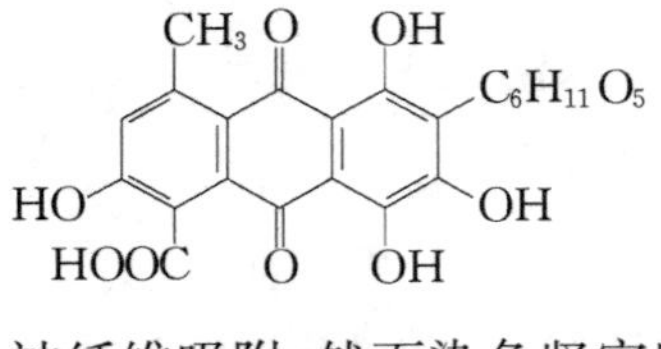

其水溶性好，在水溶液中容易被纤维吸附，然而染色坚牢度低，常常需进行媒染。

(二)小檗碱

小檗碱是一种从黄柏中提取的色素，具有在天然色素中罕见的阳离子型结构，其结构式如下：

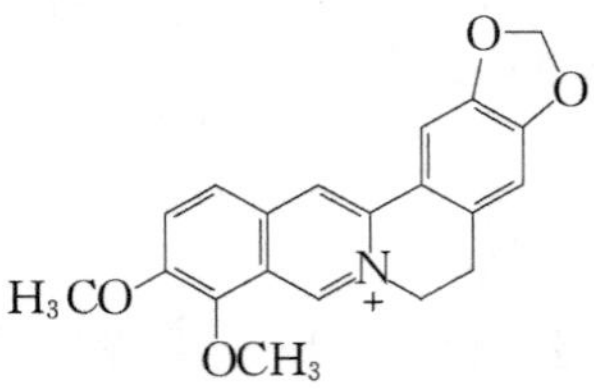

这种色素具有很好的水溶性，可用于染丝绸。

六、配糖体染色型

这类色素本身几乎不溶于水，但其配糖体形式却具有一定的水溶性。其通常以其化学结合态（色素配糖体）存在于染料植物中，提取出的色素配糖体经稀硫酸煮沸后，其中的葡萄糖类易脱落后形成色素。

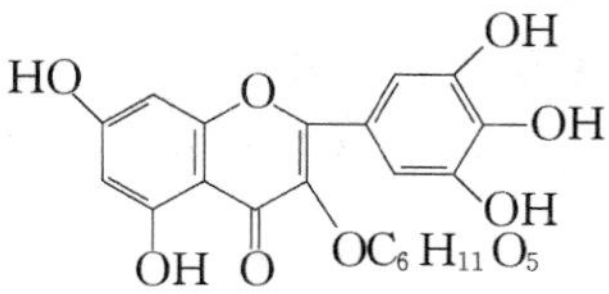

采用这种染料染丝绸时，其平衡上染量受 pH 的影响强烈，当 pH＝3～4 时，其上染量较高，当 pH 升高时急剧下降，染浴中 pH 超过 7 时上染量几乎为零。

天然染料的上染机理因染料和所染纤维类型而异。由于天然染料品种繁多、结构复杂，目前对各类纤维的染色热力学和动力学方面的研究还很不充分。印度的 Dr. Deepti Gupta 研究了 5 种天然染料对合成纤维的上染机理，研究结果表明：萘醌类染料 Juglone、Alkannin 和 Bixin 染锦纶、涤纶织物的吸附等温线属于朗格缪尔（Langmuir）型，而 Berberine 染料与腈纶织物之间可形成离子键。天然小檗碱类染料上染聚丙烯腈纤维标准亲和力相当高，其牢度性能与碱性染料类似，水洗牢度良好，但耐光牢度只有 1 级。上述 5 种染料与合成纤维的染色焓均是正值，说明染色是吸热过程。随着染色温度的升高，染料上染率会继续增加。此外，染料在水中是部分溶解的，可能是因染料发生聚集所致，因此容易在高浓度时染得深色。日本也有一些研究天然染料上染蚕丝和棉纤维机理方面的文献报道。紫草宁、苏枋等媒染型天然染料，对纤维的直接性很低，通过媒染剂与染料分子形成络合物上染，但媒染前后色调有些变化。靛蓝等还原染料型天然染料，是通过染料分子的聚集吸附在纤维上，因而摩擦牢度较低。胭脂红酸等亲水型天然染料，水溶性好，具有阳离子型的化学结构，可以上染蚕丝。李清蓉等人研究了天然染料等同体茜素的染色热力学，并对茜素上染丝绸、羊毛、涤纶和锦纶等 4 种纤维织物进行了染色的吸附平衡试验，结果表明：这 4 种纤维对茜素的吸附属于能斯特（Nernst）吸附，符合分配机理，具有分散染料的特性。李辉芹等人认为利用紫草、胡桃等萘醌型天然染料对聚酯纤维进行染色时，其吸附机理非常符合分散染料染聚酯时的 Nernst 吸附；而用胭脂红染色时，因其色素为线型、离子型分子，则不止出现一种机理，但 Langmuir 机理占优势。对小檗碱上染聚丙烯腈纤维的热力学研究结果表明，其染色机理符合 Langmuir 吸附等温线，这表明带正电荷的染料可以和带负电荷的纤维形成离子键，使染料吸附在纤维上。

☞ 复习指导

1. 掌握天然染料的分类方法和主要的结构类型。
2. 分析天然染料现代开发和应用的现实意义以及可能存在的问题。
3. 了解天然染料常规制备方法及其近代发展情况。

4. 了解天然色素主要的提纯方法。

5. 了解各类天然染料的染色性能和方法。

思考题

1. 什么是天然染料?按应用性能天然染料可分为哪几类?并举例说明。

2. 按结构分类,试述天然染料主要的结构类型。

3. 通过查阅相关的文献资料,阐述天然染料现代开发和应用的现实意义以及可能存在的问题。

4. 试述天然染料常规制备方法及其近代发展,并简述超临界流体萃取技术提取天然染料的原理。

5. 天然色素的提纯主要采用哪些手段?

6. 为什么天然染料染色一般需要加媒染剂?常用的媒染剂有哪些?

参考文献

[1] 邓一民. 天然植物染料在真丝绸上的应用[J]. 四川丝绸, 2003(4) :23 - 26.

[2] 王潮霞. 天然染料的研究应用进展[J]. 染整技术, 2002, 24 (6) : 15 - 18.

[3] Paul R. 天然染料的分类、萃取和牢度性能[J]. 国外纺织技术, 1997, 10.

[4] Gogoi A, Barua N. Natural dyes and silk [J]. The Indian Textile Journal, 1997 (8): 64.

[5] 钱红飞. 天然染料的现状及前景[J]. 上海染料, 1999(6) : 13 - 15.

[6] 王吉华, 崔俊巧. 天然染料的应用及其研究进展[J]. 染料工业, 1995, 32(5): 14 - 19.

[7] 李辉芹, 巩继贤. 天然染料的应用现状与研究新进展[J]. 染料与染色, 2003, 40(l): 36 - 38.

[8] Gulrajani M L, Deepti Gupta, Maulik S R. Studies on dyeing with natural dyes [J]. Indian Journal of Fibre Textile, 1996(2): 69.

[9] 郑光洪, 杨东洁, 李远惠. 植物染料在天然纤维织物中的媒染染色研究[J]. 成都纺织高等专科学校学报, 2001, 18 (4): 8 - 10.

[10] 赵学恒, 于伯龄. 丝绸的天然染料[J]. 北京服装学院学报, 1998, 18(2): 6 - 10.

[11] 中川黎戈郎. 利用草木染色的商品开发[J]. 染色工业, 1987, 35(1): 18 - 21.

[12] 渡边和裕. 应用地域天然色素的高加工技术[J]. 纤维加工, 1990, 42 (2): 1 - 3.

[13] 坂田佳子. 虎刺梅培养细胞中提取的颜料[J]. 染色工业, 1991, 39 (12): 2 - 12.

[14] 莺泉. 利用天然染料紫根染色[J]. 染色工业, 1988, 36(11): 9 - 17.

[15] 莺泉. 各类茜草色素及其在丝织物上的得色量研究[J]. 染色工业, 1993, 41(7): 12 - 22.

[16] 冯新星, 陈建勇. 天然染料大黄防紫外线性能的研究[J]. 纺织学报, 2004, 25 (1): 13.

[17] 黄秋宝, 余志成. 姜黄染料在毛织物中的应用[J]. 毛纺科技, 2003(4): 25 - 28.

[18] Verhccken A. Dyeing with kermes is still alive[J]. J. S. D. C., 1989, 105(11): 389 - 391.

[19] 孙鑫, 译, 程万里, 校. 天然染料的利与弊[J]. 国外丝绸, 2001(6): 13 - 19.

[20] 汪茂田, 谢培山, 王忠东, 等. 天然有机化合物提取分离与结构鉴定[M]. 北京: 化学工业出版社, 2004.

[21] 陈业高.植物化学成分[M]. 北京:化学工业出版社，2004.
[22] 陈文伟，王震宙. 超临界萃取技术的应用研究进展[J]. 西部粮油科技，2003(6).
[23] 孙庆杰，顾琼芬. 超临界流体萃取技术在天然色素中的应用[J]. 农牧产品开发，1997(12)：3－5.
[24] 王振宇，赵鑫. 超声波提取大花葵色素的工艺研究[J]. 林产化学与工业，2003，23(2)：65－67.
[25] 左爱仁，范青生. 超声波萃取番茄红素的研究[J]. 食品工业，2003(5)：36－37.
[26] 李云雁，宋光森. 超声波协助提取板栗壳色素的研究[J]. 食品科技，2003(8)：57－58.
[27] 陈小全，周鲁，左之利，等. 超声波作用下桑葚红色素的提取及其稳定性实验[J]. 西南民族大学学报(自然科学版)，2004，30(4)：458－459.
[28] 黎彧，刘敏锐，杜友珍，等. 微波场协同提取野菊花黄色素的研究[J]. 广东微量元素科学，2004，11(9)：48－52.
[29] 蔡金星，刘秀凤，李兆蒙，等. 以微波—超声波法提取草毒色素及对其理化性质的研究[J]. 生产与科研经验，2003，29(5)：69－73.
[30] 姚中铭，吕晓玲. 栀子黄色素提取工艺的研究——微波提取法与传统浸提法的比较[J]. 天津轻工业学院学报，2001(4)：20－23.
[31] 王熊. 膜分离技术在食品工业中的应用[J]. 食品科学，2000，21(12)：178－180.
[32] 沈勇根，上官新晨. 紫红薯色素的提取和精制[J]. 江西农业大学学报，2004，26(6)：912－916.
[33] 茹克也木・沙吾提，郑慧雯，黄玉萍，等. 山城紫苕天然色素的提取和分离[J]. 西南师范大学学报(自然科学版)，2003，18(4)：590－593.
[34] 杨家玲，刘艳伟. 柱层分离法分级提取菠菜色素的研究[J]. 广西师范大学学报，2002：28－30.
[35] Forgacs E. Thin－layer chromatography of natural pigments：New advances [J]. Journal of Liquid Chromatography and Related Technologies，2002，25(10－11)：1521－1541.
[36] 傅正生，薛华丽，王长青，等. 薄层色谱法和柱层析法分离兰州红心萝卜色素的研究[J]. 食品科学，2004，25(6)：49.
[37] Degenharctt A. Isolation of natural pigments by high speed CCC [J]. Journal of Liquid Chromatography and Related Technologies，2001，24(11－12)：1745.
[38] 王吉华，崔俊巧. 天然染料的应用和研究进展[J]. 染料工业，1995，32(2)：15－18.
[39] 小柴辰幸. 植物染料对棉的染色性能研究[J].纤维加工，1990，43(8)：22－32.
[40] Deepti Gupta. Mechanism of dyeing synthetic fibres with nature dyes[J]. Colourage，2000，31(23).
[41] 李清蓉，陈宁娟. 天然染料等同体茜素的染色热力学研究[J]. 北京服装学院学报，1999，19(2)：31－35.
[42] 侯学妮，王祥荣. 天然染料在纺织品加工中的应用研究新进展[J]. 印染助剂，2009，26(6)：8－12.

*第十五章　有机颜料

第一节　引言

有机颜料是有色的不溶性有机物，但是并非所有的有色物都可作为有机颜料使用。有色物质要成为颜料，它们必须具备下列性能：

(1)色彩鲜艳，能赋予被着色物(或底物)坚牢的色泽。

(2)不溶于水、有机溶剂或应用介质。

(3)在应用介质中易于均匀分散，而且在整个分散过程中不受应用介质的物理和化学影响，保留它们自身固有的晶体构造。

(4)耐日晒、耐气候、耐热、耐酸碱和耐有机溶剂。

与染料相比，有机颜料在应用性能上存在一定的区别。染料的传统用途是对纺织品进行染色，而颜料的传统用途却是对非纺织品(如油墨、油漆、涂料、塑料、橡胶等)进行着色。这是因为染料对纺织品有亲和力(或称直接性)，可以被纤维分子吸附、固着；而颜料对所有的着色对象均无亲和力，主要靠树脂、黏合剂等其他成膜物质与着色对象结合在一起。染料在使用过程中一般先溶于使用介质，即使是分散染料或还原染料，在染色时也经历了一个从晶体状态先溶于水成为分子状态后再上染到纤维上的过程。因此，染料自身的颜色并不代表它在织物上的颜色。颜料在使用过程中，由于不溶于使用介质，所以始终以原来的晶体状态存在。因此，颜料自身的颜色就代表了它在底物中的颜色。正因为如此，颜料的晶体状态对颜料而言十分重要，而染料的晶体状态就不那么重要，或者说染料自身的晶体状态与它的染色行为关系不密切。颜料与染料虽是不同的概念，但在特定的情况下，它们又可以通用。如某些蒽醌类还原染料，它们都是不溶性的染料，但经过颜料化后也可用作颜料。这类染料，称为颜料性染料，或染料性颜料。

近年来，有机颜料的发展极为迅速，这是因为与无机颜料相比，有机颜料有一系列的优点。有机颜料通过改变其分子结构，可以制备出繁多的品种，而且具有比无机颜料更鲜艳的色彩，更明亮的色调。大多数有机颜料品种的毒性较小，而大多数无机颜料含有重金属，如铬黄、红丹、朱红等均有一定的毒性。一些高档的有机颜料品种(如喹吖啶酮颜料、酞菁颜料等)不仅具有优异的耐日晒牢度、耐气候牢度、耐热性能和耐溶剂性能，而且在耐酸、碱性能方面要优于无机颜料。有机颜料的品种、类型、产量以及应用范围都在不断增长和扩大，已成为一类重要的精细化工产品。

第二节 有机颜料的历史和发展

人类使用颜料,有着悠久的历史。考古工作者发现,人类在距今三万年前就已经开始使用有色的无机物,如将赭石、赤铁矿等作为一种"色材"应用于绘画等,这可由古代的壁画、岩画得到证明。这种作为色材使用的赭石、赤铁矿,实际上就是最原始的无机颜料。

有机颜料的使用究竟从何时开始,人们很难确定其准确的年代,因为古代的有机颜料很容易褪色,难以保留至今。在远古时代,作为对无机色材的补充,当时的人类使用了植物性的色材(如茜草、靛草)或动物性的色材(如泰尔紫,来自一种海螺)。由于当时的着色剂都是从动植物中提取出来的,生物学家把它们叫做 Pigment,即今天的颜料一词。Pigment来源于拉丁文 Pigmentum,它是从一种名为 Pingere 植物的根中提取出来的色素。现代的科学研究表明:茜草的有色成分主要为茜素(1,2-二羟基蒽醌),靛草的有色成分主要是靛蓝(Indigo)。这两种物质或者它们的衍生物至今仍然作为色素被使用着。当然,从今天的观点来看,这些有机色材都具有溶解性,它们应该被归类为染料而不是有机颜料,但至少它们是现代有机颜料的起源。

到 18 世纪中叶,合成染料大规模兴起,这也为有机颜料的合成工业奠定了基础。有机颜料是伴随着染料工业的发展而逐渐发展起来的。

1856 年,英国化学家 W. H. Perkin 制备了第一个合成染料,即苯胺紫(Mauveine);1858 年,德国化学家 Griess 发现了苯胺的重氮化反应;1861 年,Mene 发现了苯胺重氮盐与芳胺或芳香酚的偶合反应后,才开始人工合成染料和有机颜料。

第一个用水溶性染料制备的颜料是在 1899 年合成的立索尔红(Lithol Red),并且是以钠盐形式出售的。如果把水溶性染料从钠盐转变为水不溶性的钡盐或钙盐,可以明显提高其着色强度,因此自立索尔红颜料问世之后不久,许多水不溶性的钡盐及钙盐等色淀类红色颜料相继上市。1903 年,色淀红 C (Lake Red C,C. I. 颜料红 53:1) 问世,这个颜料至今仍被大量生产与使用。

在以可溶性偶氮染料通过色淀化合成颜料的基础上,人们开始直接利用不含水溶性基团的原料合成不溶性的偶氮颜料,如 1895 年合成的邻硝基苯胺橙,1905 年合成的 C. I. 颜料橙 5(二硝基苯胺橙)。1909 年发表了许多有关黄、橙色单偶氮颜料的专利,其代表性的品种即为 1910 年投放市场的汉沙系颜料,如 C. I. 颜料黄 1(Hansa Yellow G)。1911 年,以 3,3′-二氯联苯胺代替一元胺与乙酰乙酰苯胺偶合得到了重要的双偶氮黄色颜料 C. I. 颜料黄 12(联苯胺黄 G),这类颜料的着色强度相当于汉沙系颜料的 2 倍,且较少发生颜色的迁移现象,至今仍为调制印刷油墨用主要的黄色着色剂。

作为有机颜料发展的另一个里程碑是 1935 年蓝色的酞菁颜料问世,以及在 1938 年问世的绿色酞菁颜料,填补了性能优异的蓝、绿色有机颜料的空白。酞菁颜料的合成工艺非常简便且生产成本低,其色光鲜艳,着色强度高,还具有优异的耐日晒和耐气候牢度,耐热和耐化学试剂稳定性,因此产量不断增加。如今已研究开发出系列的、不同晶型的酞菁颜料产品。

从 1950 年起，在有机颜料的主要色谱基本齐全的基础上，又开始开发与蓝、绿色谱具有相近应用牢度的黄、橙、红和紫色的颜料。1954 年，瑞士汽巴—嘉基(Ciba - Geigy)公司开发了耐热性能和耐迁移性能良好的黄色和红色偶氮缩合型颜料，商品牌号为 CROMOPHTAL。1955 年，美国 DuPont 公司开发出喹吖啶酮类红、紫色颜料(以后生产权被瑞士汽巴—嘉基公司买断)。20 世纪 60 年代，德国赫斯特公司将黄、橙、红色苯并咪唑酮类颜料推向市场。70 年代，瑞士汽巴—嘉基公司和德国巴斯夫公司共同开发出了黄色的异吲哚啉酮和异吲哚啉颜料。80 年代，瑞士汽巴公司推出了新产品 1,4 -吡咯并吡咯二酮(即 DPP 类)红色颜料等。近年来，德国巴斯夫公司推出了变色魔幻颜料，我国则推出了作为荧光标识材料用的无色荧光颜料。

有机颜料工业技术发展至今，随着应用领域工业技术的发展，不断地对有机颜料产品提出更新、更高的要求，从而大幅度地促进相关技术向纵深发展。同时，为了适应某些应用领域对高性能有机颜料的需求，生产具有优异的耐久性能(如耐光、耐气候牢度、耐热稳定性、耐迁移性等)以及高着色强度和良好的应用性能的有机颜料，而研发出了一些新化学结构的有机颜料品种。

1. 苯并咪唑酮—二噁嗪类颜料 C. I. 颜料蓝 80 属于此类颜料，其化学结构为：

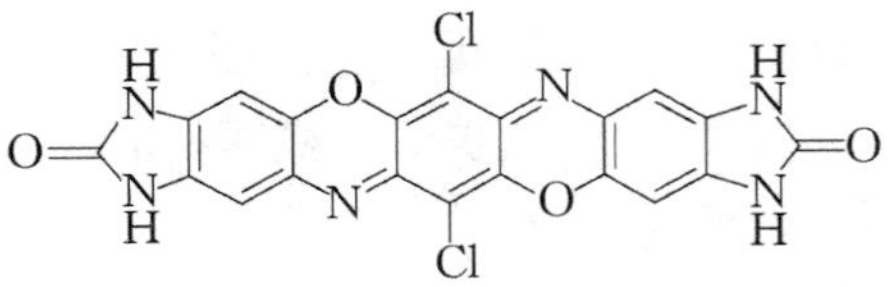

二噁嗪母体是一个平面型的稠环芳烃，这种结构的化合物本身就有很好的热、光和化学稳定性，将它们制成颜料，则赋予了它们各项良好的耐热、耐日晒等应用牢度。此外，在现有的有机颜料品种中，二噁嗪颜料的着色力是最强的。另一方面，在分子中引入苯并咪唑酮的结构会大大降低分子在有机溶剂中的溶解性，提高产品质量。

2. 苯并噻嗪—靛蓝类颜料 反- 2,2′-双-(4H - 1,4 -苯并噻嗪)——靛蓝类颜料的母体结构如下：

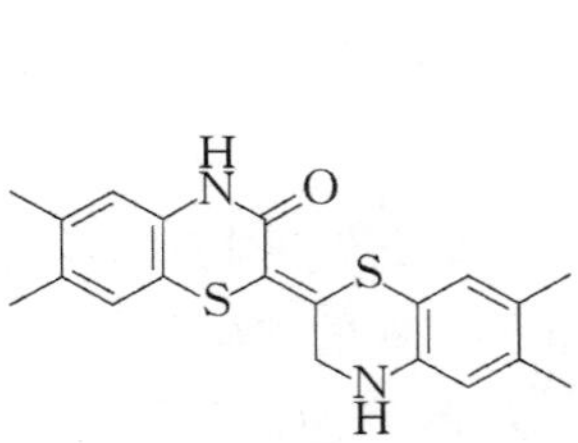

这类颜料的色光为黄光红，典型的品种是 C. I. 颜料红 279(结构未公开)，它适用于塑料尤其是电缆绝缘材料的着色，具有相当高的耐日晒牢度和耐热性能。

3. 喹噁啉二酮类颜料 喹噁啉二酮类颜料的母体结构如下：

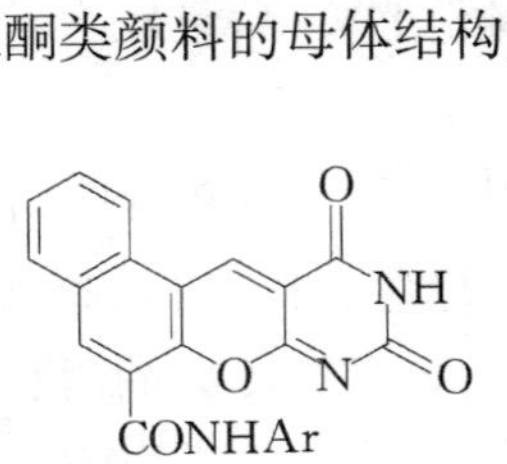

尽管该结构类型的化合物早在1977年就已在专利中出现，但近几年黄色有机颜料才开始商品化，典型的品种是C. I. 颜料黄213，它呈现强绿光黄色，主要应用领域为：汽车原装漆和修补漆、卷钢涂料、工业漆、粉末涂料等。

近几年，除了开发新型化学结构的有机颜料，研究者们在有机颜料的应用性能方面也做出了大量研究，开发了新型易分散颜料和无粉尘或低粉尘有机颜料。

1. 新型易分散颜料 对于塑料的着色通常都是采用色母粒的方法，近年开发出分散在合适的塑料载体介质中的颜料，使用时在挤出或模塑操作中把它们直接加入即可，不需要制成色母粒。这种新颖制备物还能有效地用于种子涂色、蜡烛着色、紫外光/电子束固化加工处理的油墨着色、混凝土着色和颜色笔用墨水等。另外，用各种新颖表面处理剂如高分子分散剂等对有机颜料进行表面处理可以大大改进颜料的可分散性、光泽、流变性、透明性和体系稳定性等。

2. 无粉尘或低粉尘有机颜料 过去有机颜料多数是以干粉或含水的滤饼供应市场，这样在颜料干燥、包装和使用时容易对工作环境造成污染，而含水的滤饼还增加了运输水的费用。为了适应市场对环境和生态保护的要求以及保证在化学加工的所有工序准确地进行计算机控制而把批次间的误差减到最小的需要，成功开发了用于制造平版印刷油墨的颗粒状有机颜料，它们可用在捏和机和双螺杆挤出机两种不同的制造工艺中，是一种近乎无粉尘的有机颜料。

第三节 有机颜料的分类

有机颜料品种繁多，有多种方法可对它们进行分类。较为常用的分类方法有：

(1)按色谱不同分类，可分为：黄、橙、红、紫、棕、蓝、绿色颜料等。

(2)功能性分类，可分为：普通颜料、荧光颜料、珠光颜料、变色颜料等。

(3)按应用对象分类，可分为：油漆和涂料专用颜料、油墨专用颜料、塑料和橡胶专用颜料、化妆品专用颜料等。

(4)按化学结构分类，可分为：偶氮类、酞菁类、杂环类、三芳甲烷类和其他类颜料。按颜料分子的发色体可大致将颜料分为偶氮类和非偶氮类颜料两大类。

一、偶氮类颜料

偶氮类颜料的品种结构最多，产量最大，色谱丰富，主要为黄、橙、红色，依其结构所含有的偶氮基数目，或是重氮组分和偶合组分的结构特征可进一步进行分类。

(一)单偶氮黄色和橙色类颜料

单偶氮黄色和橙色颜料是指颜料分子中只含有一个偶氮基，而且它们的色谱为黄色和橙色，组成这类颜料的偶合组分主要为乙酰乙酰苯胺及其衍生物和吡唑啉酮及其衍生物。以前者为偶合组分的单偶氮颜料一般为绿光黄色，而以后者为偶合组分的单偶氮颜料一般为红光黄色和橙色。单偶氮黄色和橙色颜料的制造工艺相对较为简单，品种很多，大多具有较好的耐日晒牢度，但是由于相对分子质量较小等原因，使其耐溶剂性能和耐迁移性能不太理想。单偶氮黄色和橙色颜料主要用于一般品质的气干漆、乳胶漆、印刷油墨及办公用品。典型的品种有汉沙黄10G(C. I. 颜料黄3),其结构如下。

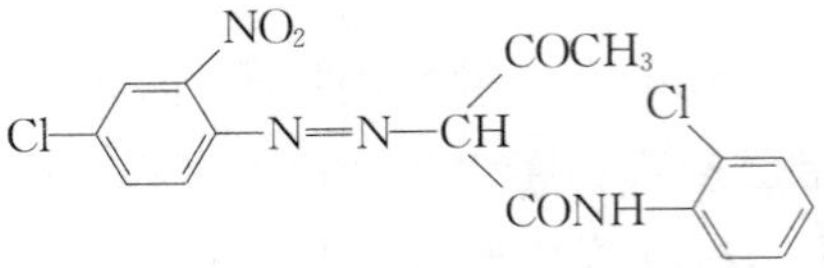

(二)双偶氮类颜料

双偶氮颜料是指颜料分子中含有两个偶氮基的颜料。在颜料分子中导入两个偶氮基一般有以下两种方法:

(1)以二元芳胺的重氮盐(如3,3′-二氯联苯胺)与偶合组分(如乙酰乙酰苯胺及其衍生物或吡唑啉酮及其衍生物)偶合。

(2)以一元芳胺的重氮盐与二元芳胺(如双乙酰乙酰苯胺及其衍生物或双吡唑啉酮及其衍生物)偶合。

双偶氮颜料的生产工艺相对要复杂一些,色谱有黄色、橙色及红色,其耐日晒牢度不太理想,但耐溶剂性能和耐迁移性能较好。主要应用于一般品质的印刷油墨和塑料,较少用于涂料。典型的品种有联苯胺黄(C. I. 颜料黄12),其结构如下。

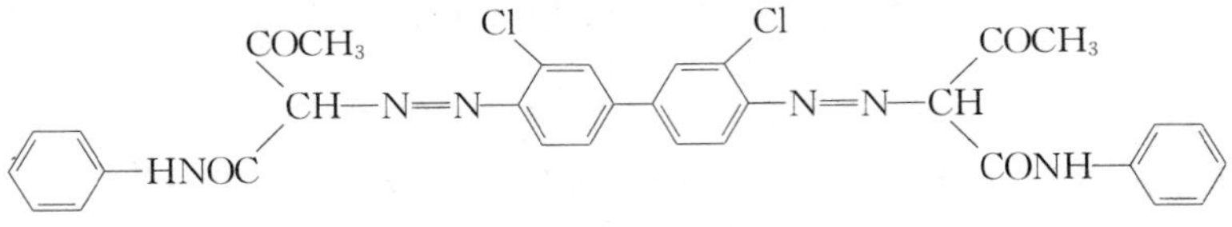

(三)β-萘酚系列颜料

从化学结构上看,β-萘酚系列颜料也属于单偶氮颜料,只是其以β-萘酚为偶合组分,且色谱主要为橙色和红色,为将其与黄色、橙色的单偶氮颜料相区分,故将其归类为β-萘酚系列颜料。其耐日晒牢度、耐溶剂性能和耐迁移性能都较理想,但是不耐碱,生产工艺的难易程度同一般的单偶氮颜料,主要用于需要较高耐日晒牢度的油漆和涂料。典型的品种有甲苯胺红(C. I. 颜料红3),其结构如下。

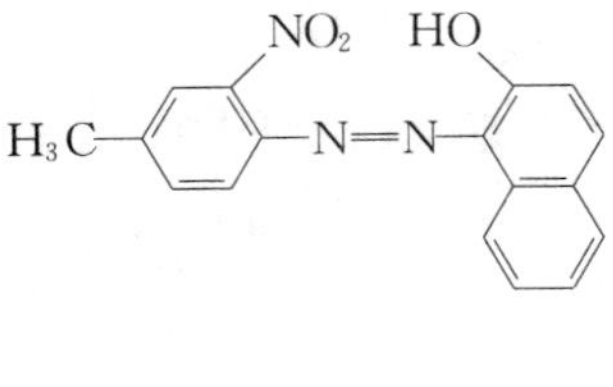

(四)色酚AS系列颜料

色酚AS系列颜料是指颜料分子中以色酚AS及其衍生物为偶合组分的颜料。需要指出的是,以色酚AS及其衍生物为偶合组分的颜料既有单偶氮的,也有双偶氮的,习惯上将那些双偶氮的归类为偶氮缩合颜料,故色酚AS系列颜料一般指那些单偶氮的、以色酚AS及其衍生物为偶合组分的颜料。这类颜料的色谱有黄、橙、红、紫酱、洋红、棕和紫色。其耐日晒牢度、耐溶剂性能和耐迁移性能一般，主要用于印刷油墨和油漆。典型的品种有永固红 FR(C. I. 颜料红 2)，其结构如下。

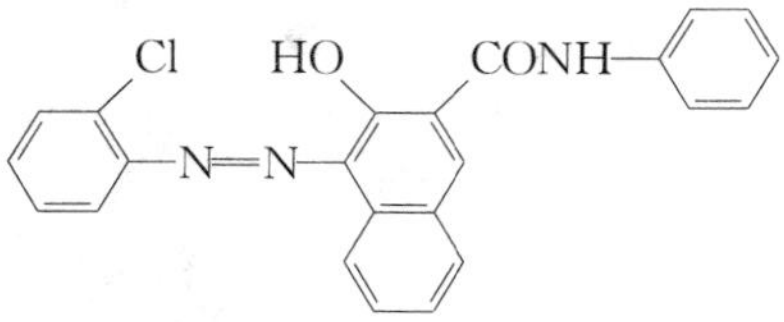

(五)偶氮色淀类颜料(难溶性偶氮颜料)

偶氮色淀类颜料的前体是水溶性的染料，分子中含有磺酸基和羧酸基，经与沉淀剂作用生成水不溶性颜料。所用的沉淀剂主要是无机酸、无机盐及载体。此类颜料的生产难易程度同一般的单偶氮颜料，色谱主要为黄色和红色，其耐日晒牢度、耐溶剂性能和耐迁移性能一般，主要用于印刷油墨。典型的品种有金光红 C(C. I. 颜料红 53)，其结构如下。

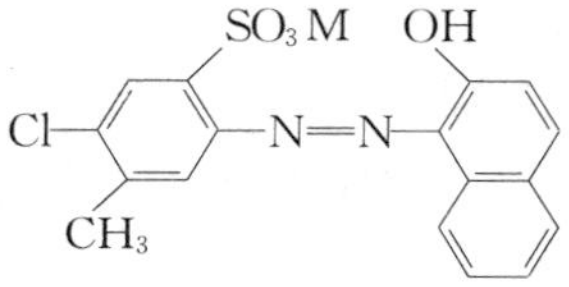

(六)苯并咪唑酮类颜料

苯并咪唑酮颜料得名于分子中所含的 5－酰氨基苯并咪唑酮基团，其结构如下。

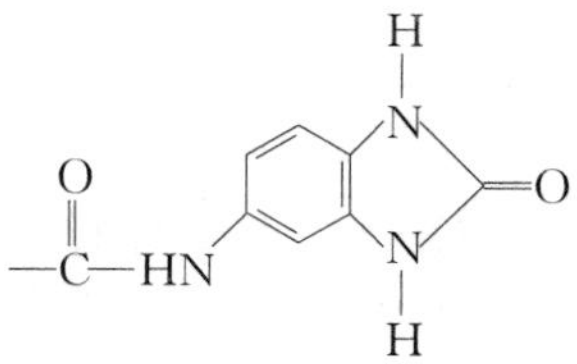

严格来讲，将该类颜料命名为苯并咪唑酮偶氮颜料更为确切，但因习惯上一直称其为苯并咪唑酮颜料。其色谱有黄、橙、红等品种。具有很高的光和热稳定性以及较高的耐溶剂牢度和耐迁移牢度。苯并咪唑酮类有机颜料是一类高性能有机颜料，但由于价格的原因，它们主要被应用于高档的场合，如轿车原始面漆和修补漆、高层建筑的外墙涂料以及高档塑料制品等。典型的品种有永固黄 S3G(C. I. 颜料黄 154)，其结构如下。

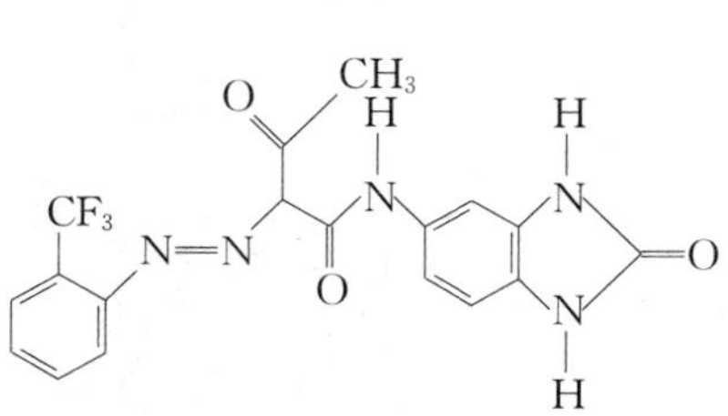

(七)偶氮缩合类颜料

由于偶氮缩合类颜料的相对分子质量比普通偶氮颜料大，且分子结构中都带有 2 个或 2 个以上酰氨基团,因此对颜料的各项物理性能有较好的改进。耐光牢度达到7级,并具有优异的耐热性和耐溶剂性,属高性能颜料品种。典型的品种有固美脱黄3G(C. I. 颜料黄93),其结构如下。

O CH$_3$ CH$_3$ H$_3$C O
Cl N NH— —HN N Cl
N O Cl O N
CH$_3$ CH$_3$
Cl Cl
HNCO CONH

(八)金属络合类颜料

金属络合有机颜料是指以某些过渡金属为中心离子,有色的染料(离子或分子)为配位体所形成的不溶性配位化合物,一般作为颜料的大多为螯合物。一般是偶氮类化合物及氮甲川类化合物与过渡金属的络合物,已商业化生产的品种数较少。络合的优点在于赋予偶氮类化合物及氮甲川类化合物很高的耐日晒牢度和耐气候牢度。现有的此类颜料所用的过渡金属主要是镍、钴、铜和铁,其色谱大多是黄色、橙色和绿色,主要用于需要较高耐日晒牢度和耐气候牢度的汽车漆和其他涂料。典型的品种有C. I. 颜料黄150,其结构如下。

OH HO
N N
O N—N O Ni
N N
H O O H
2

二、非偶氮类颜料

非偶氮类颜料一般指多环类或稠环类颜料。这类颜料一般为高级颜料,具有很高的各项应用牢度,主要用于高品位的场合。除了酞菁类颜料外,它们的制造工艺相当复杂,生产成本也很高。

(一)酞菁类颜料

酞菁颜料的色谱主要是蓝色和绿色,它们具有很高的各项应用牢度,适合在各种场合使用。金属以共价键方式与酞菁结合,其中稳定性较好的有铜、钴、镍、锌等。金属酞菁几乎不溶于一般有机溶剂,但是可以通过取代反应或改变金属元素来改进溶解性。用稀无机酸处理,能脱除金属生成无金属酞菁。典型的品种有酞菁蓝B(C. I. 颜料蓝15),其结构如下。

N N
N
N—Cu—N
N
N N

(二)异吲哚啉酮颜料

这类颜料一般是通过 1mol 双亚氨基异吲哚啉和 2mol 具有活泼亚甲基的化合物缩合反应而制得。具有极好的耐光牢度，耐溶剂性能以及耐热稳定性能，但是耐气候牢度不高。颜料主要结构为：

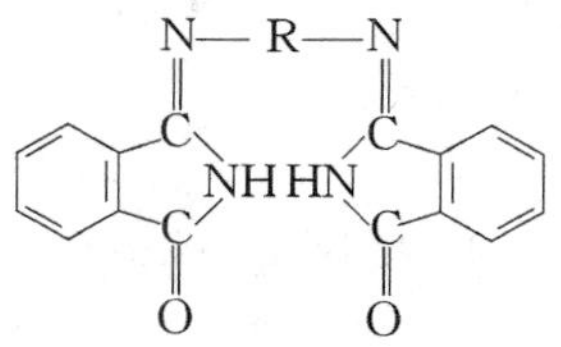

典型的品种有 C. I. 颜料黄 109。

(三)喹吖啶酮类颜料

喹吖啶酮颜料的化学结构是四氢喹啉二吖啶酮，但习惯上都称其为喹吖啶酮。

喹吖啶酮颜料为一类高性能有机颜料，具有较佳的化学和光化学稳定性，非常低的溶解度，高遮盖力，良好的耐光和耐气候牢度，优异的耐溶剂性和耐热稳定性能。主要用于塑料、涂料、树脂、涂料印花、油墨、橡胶的着色，也适用于合成纤维的原浆着色。因它们的色谱主要是红紫色，所以在商业上，常称其为酞菁红。典型的品种有酞菁红(C. I. 颜料紫 19)，其结构如下。

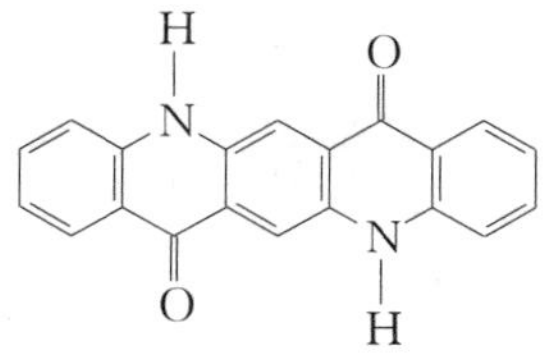

(四)硫靛系颜料

硫靛是靛蓝的硫代衍生物，硫靛本身在工业上无多大价值，但它的氯代或甲基化的衍生物作为颜料使用较有价值，一度深受消费者的欢迎。这类颜料具有很高的耐日晒牢度、耐气候牢度和耐热稳定性能，其生产工艺并不十分复杂，色谱主要是红色和紫色，常用于汽车漆和高档塑料制品。由于它们对人体的毒性较小，故又可作为食用色素使用。典型的品种有 Cosmetic Pink RC 01(C. I. 颜料红 181)，其结构如下。

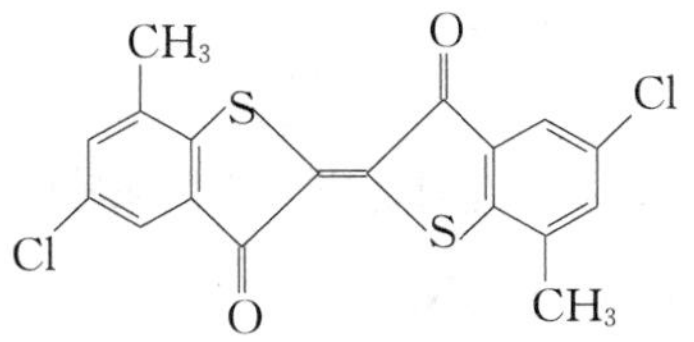

(五)蒽醌类还原颜料

蒽醌类还原颜料是指分子中含有蒽醌结构或以蒽醌为原料的一类颜料，该类颜料具有优异的耐光牢度(至少 6～7 级)、耐气候牢度(经过 9 周的暴晒耐气候牢度仍能达到 4～5 级)，光泽鲜亮，透明度高，化学性能稳定，易分散，耐热，耐酸碱以及耐有机溶剂等优良性能。根据它们的

结构,可再将其划分为以下四个小类别:

1. 蒽并嘧啶类颜料 典型的品种有 C. I. 颜料黄 108,其结构如下:

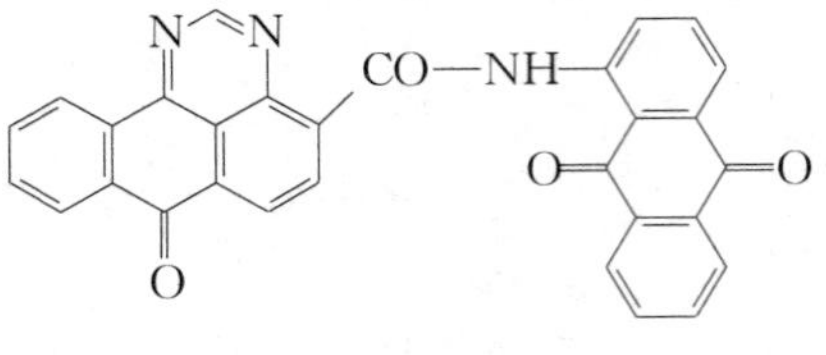

2. 阴丹酮颜料 典型的品种有 C. I. 颜料蓝 60,其结构如下:

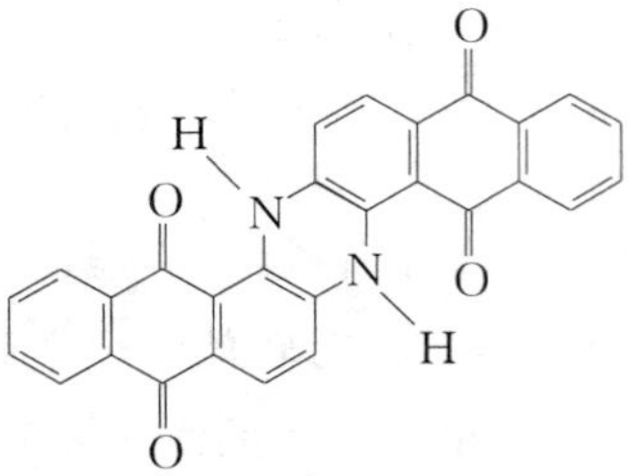

3. 芘蒽酮颜料 典型的品种有 C. I. 颜料橙 40,其结构如下:

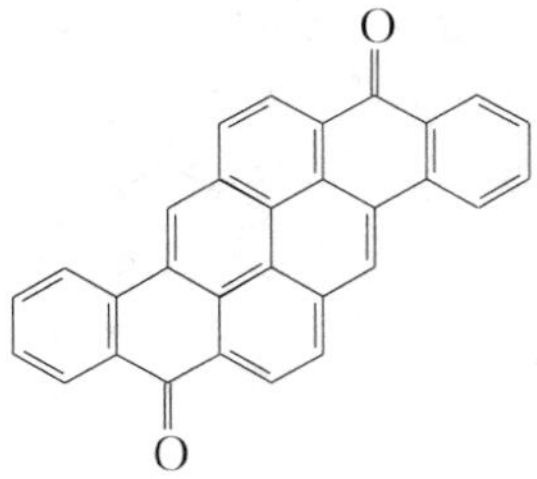

4. 二苯并芘二酮颜料 典型的品种有 C. I. 颜料红 168,其结构如下:

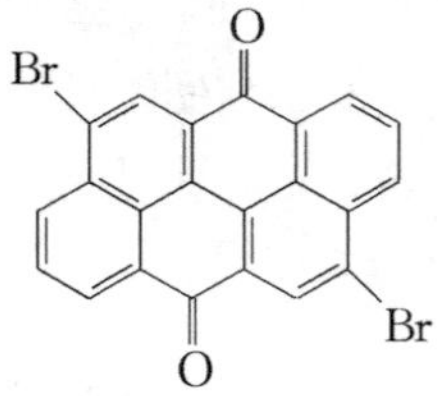

(六)二噁嗪类颜料

二噁嗪颜料的母体为三苯二噁嗪,其结构如下,它本身是橙色的,没有作为颜料使用的价值。

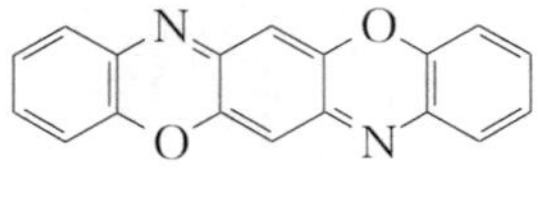

它的 9,10-二氯衍生物,经颜料化后可作为紫色的颜料使用。现有的二噁嗪颜料品种较少,最典型的品种是永固紫 RL(C. I. 颜料紫 23),其结构如下。该颜料几乎耐所有的有机溶剂,所以在许多应用介质中都可使用,且各项牢度都很好。该颜料的基本色调为红光紫,通过特殊

的颜料化处理也可得到色光较蓝的品种。它的着色力在几乎所有的应用介质中都特别高，只要很少的量就可给出令人满意的颜色深度。

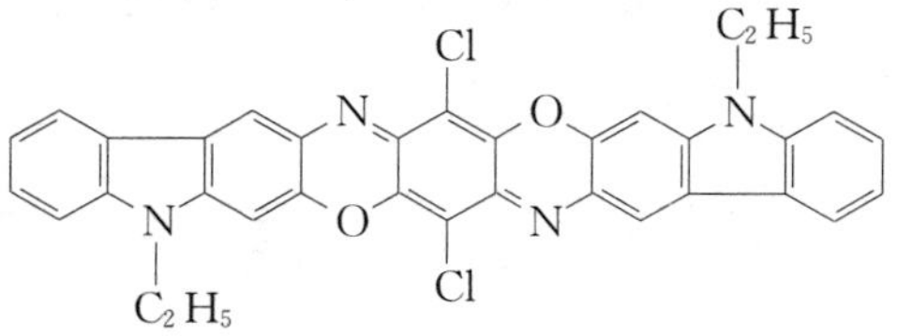

(七)三芳甲烷类颜料

甲烷上的三个氢被三个芳香环取代后的产物称作三芳甲烷。准确地说，作为颜料使用的三芳甲烷实际上是一种阳离子型的化合物，且在三个芳香环中至少有两个带有氨基(或取代氨基)。这类化合物也较为古老，有两种类型，一是内盐形式的，即分子中含有磺酸基团，与母体的阳离子形成内盐；二是母体的阳离子与复合阴离子形成的盐。其特点是颜色非常艳丽，着色力非常强，但是各项牢度不太好，色谱为蓝、绿色，主要用于印刷油墨。典型的品种有射光蓝 R(C. I. 颜料蓝 61)和 C. I. 颜料紫 3。

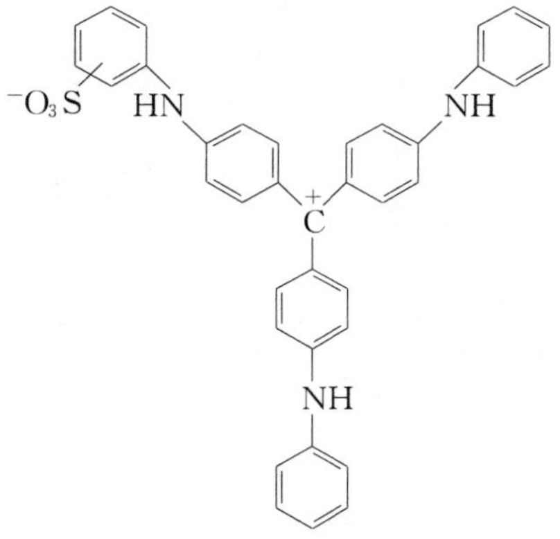

C. I. 颜料蓝 61

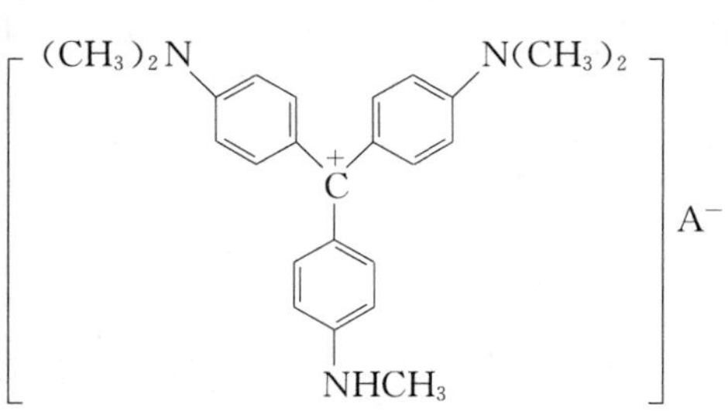

C. I. 颜料紫 3

其中，C. I. 颜料蓝 61 是分子内盐，由分子中的阳离子与磺酸基组成，C. I. 颜料紫 3 是染料母体的阳离子与复合阴离子形成的盐。

(八)1,4-吡咯并吡咯二酮系颜料

1,4-吡咯并吡咯二酮系颜料(即 DPP 系颜料)是近年来最有影响的新发色体颜料，是由汽巴公司在 1983 年研制成功的一类具有全新结构的高性能有机颜料,生产难度较高。DPP 系颜料属交叉共轭型发色系,色谱主要为鲜艳的橙色和红色,具有很高的耐日晒牢度、耐气候牢度和耐热稳定性能,但不耐碱。常单独或与其他颜料拼混使用以调制汽车漆,典型的品种有 DPP 红(C. I. 颜料红 255),其结构如下。

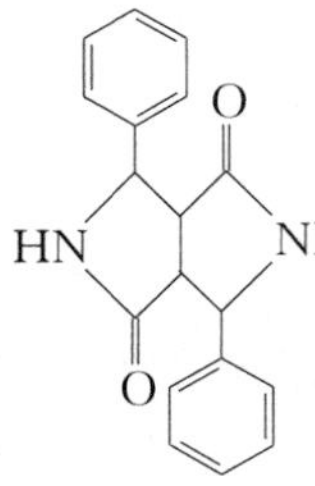

(九)喹酞酮类颜料

喹酞酮本身是一类较古老的化合物,但是作为颜料使用的历史不长。喹酞酮类颜料具有非常好的耐日晒牢度、耐气候牢度、耐热性能、耐溶剂性能和耐迁移性能,色光主要为黄色,颜色非常鲜艳,主要用于调制汽车漆及塑料制品的着色,典型的品种有 C. I. 颜料黄 138,其结构如下。

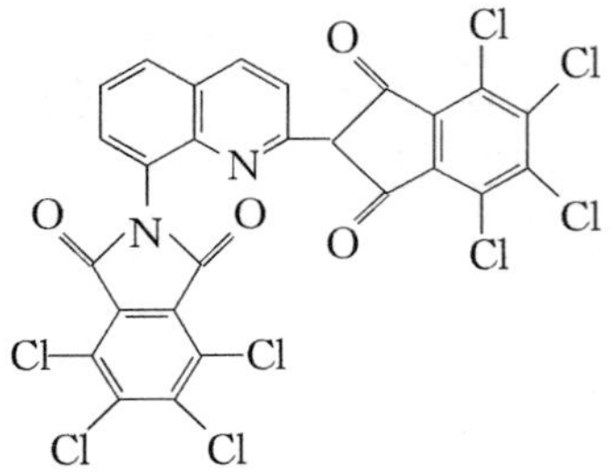

(十)苝系颜料

苝系颜料是一类高档有机颜料,是由 3, 4, 9, 10 -苝四甲酸酐和不同的胺类缩合反应制得,色谱以红色为主。苝系颜料具有优异的耐日晒、耐高温和耐溶剂性能,可用于耐高温塑料、合成纤维的原浆着色、高级汽车漆及涂料印花浆等。苝系颜料还具有荧光性能和光电转化性能,还可用作功能颜料。

苝系颜料结构通式如下:

如 C. I. 颜料红 123,其中 R 为:

第四节　有机颜料化学结构与应用性能的关系

一、有机颜料的化学结构与耐日晒牢度和耐气候牢度的关系

有机颜料耐日晒牢度和耐气候牢度的实质，是它的光化学稳定性问题。对于偶氮类型的有机颜料，它的光褪色表现为光氧化反应。由于有机颜料在各种介质中的溶解度都非常小，所以欲直接研究有机颜料分子的光氧化反应有一定的困难。为此，有人研究了分子结构与其相似的偶氮型分散染料的光氧化反应。研究者发现：在光照射下，同时又在水和氧的存在下，偶氮化合物会生成氧化偶氮苯的衍生物。

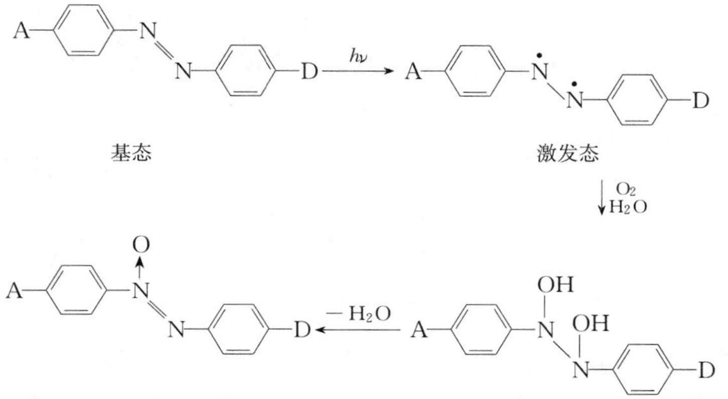

基态　　激发态

$hν$　O_2　H_2O　$-H_2O$

氧化偶氮苯的衍生物在上述条件的作用下，会进一步发生分子的重排和水解反应，从而将分子中原有的偶氮键断裂，使原来的化合物生成邻苯二醌和苯肼的衍生物，由此使得有色化合物褪色。

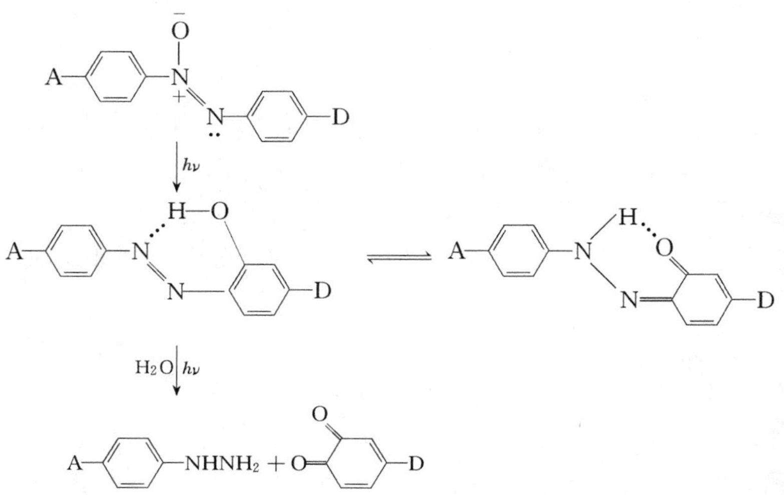

$hν$　H_2O $hν$

多环类型有机颜料的光褪色较为复杂,且每一种类各不相同。对于蒽醌类型的,据推测可能与分子中氨基与氧原子结合生成羟氨基类化合物有关,故氨基的碱性越大,电子云密度越高,则它的光化学稳定性越差。如下列 4 位取代的氨基蒽醌的耐日晒牢度和耐气候牢度与取代基的性质密切相关,取代基的给电子性越强,衍生物的耐日晒牢度和耐气候牢度越低。

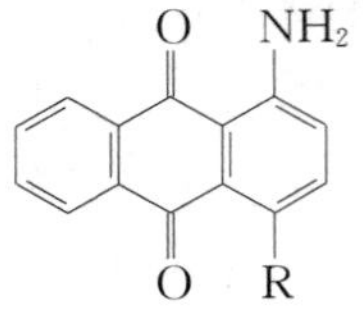

式中:R 为—$NHCH_3$、—NH_2、—NHC_6H_5、—$NHCOC_6H_5$。

在上述化合物中,耐日晒牢度和耐气候牢度的次序按—$NHCH_3$<—NH_2<—NHC_6H_5<—$NHCOC_6H_5$逐渐升高。当取代基为羟基时,尽管它的给电子性较高,但是该衍生物的耐日晒牢度和耐气候牢度仍较高。这是因为羟基易于与其相邻的羰基形成氢键的缘故。

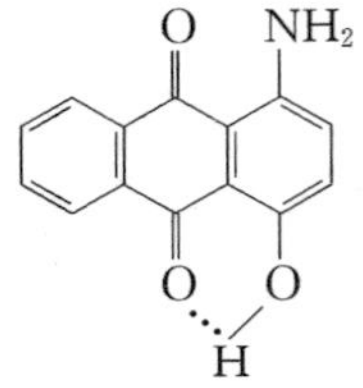

分子内氢键的形成对化合物的耐日晒牢度和耐气候牢度有影响,同样分子间的氢键对化合物的耐日晒牢度和耐气候牢度也有影响。如喹吖啶酮类颜料的耐日晒牢度和耐气候牢度与其分子间氢键的距离有关。

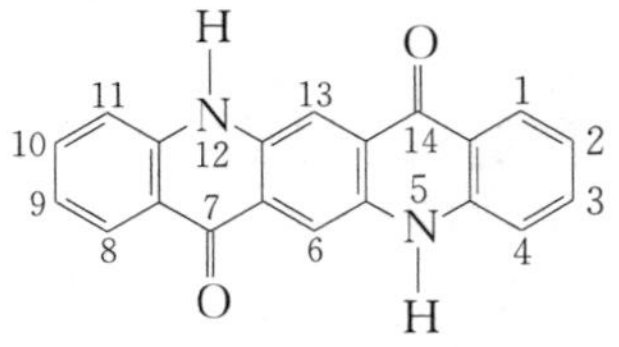

分别在分子的 2 位和 9 位、3 位和 10 位、4 位和 11 位引入相同的取代基,则衍生物的耐日晒牢度和耐气候牢度按此次序递减,这是因为取代基与亚氨基(—NH—)间的距离按此次序递减,它们的存在干扰了化合物间氢键的生成。尤其值得一提的是,若在 5,12 位上引入取代基,则衍生物的耐日晒牢度和耐气候牢度极差,很明显,在 5,12 位上引入取代基使得分子间不再可能形成氢键。

上面的讨论主要是从分子的角度展开的,要注意的是,影响有机颜料的耐晒牢度和耐气候牢度的因素不仅仅是化学结构,它的晶体构型以及它所处的环境都对其有重要的影响,有时甚至是决定性的影响。事实已经证明,颜料晶体的构型可受外界能量的影响而改变,如对颜料进行热处理或球磨时均可通过热能与机械能改变颜料的晶型。光也是一种能量,它照射到颜料晶体也会改变颜料的晶型。

二、有机颜料的化学结构与耐溶剂性能和耐迁移性能的关系

有机颜料的耐溶剂性能与耐迁移性能涉及它在有机溶剂或应用介质中的溶解度，毫无疑问，颜料的物理性能也与它的化学结构密切相关。然而，这种内在的联系并不十分直观。考虑到讨论有机颜料的化学结构与耐溶剂性能和耐迁移性能的关系主要是为了提高有机颜料的耐溶剂性能和耐迁移性能，因此，以下着重讨论如何提高有机颜料的耐溶剂性能和耐迁移性能。

(一)增加颜料的相对分子质量

有这样一些事实:单偶氮黄色颜料和结构与其相近的双偶氮黄色颜料相比，前者的耐溶剂性能和耐迁移性能比后者要低得多，如C. I. 颜料黄 1 和C. I. 颜料黄 12。

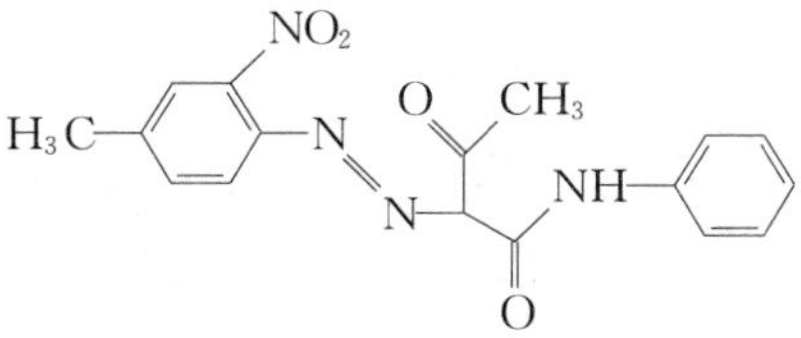

C. I. 颜料黄 1

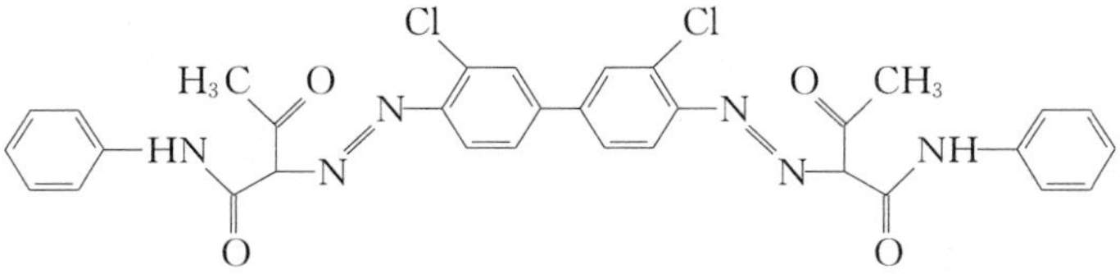

C. I. 颜料黄 12

又如，单偶氮红色色酚 AS 颜料和结构与其相近的红色缩合偶氮颜料相比，前者的耐溶剂性能和耐迁移性能比后者也要低得多，如C. I. 颜料红 2 和C. I. 颜料红 166。

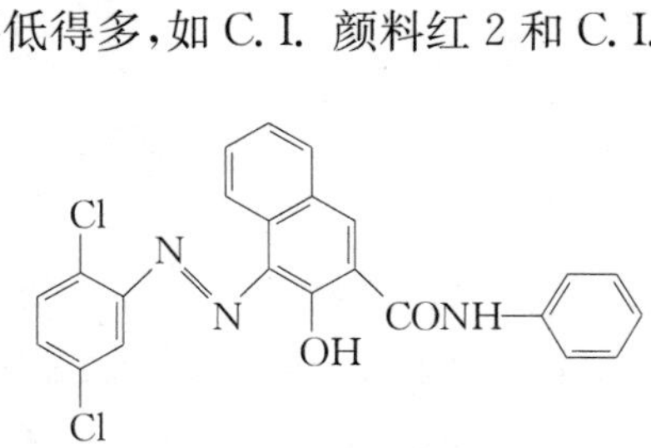

C. I. 颜料红 2

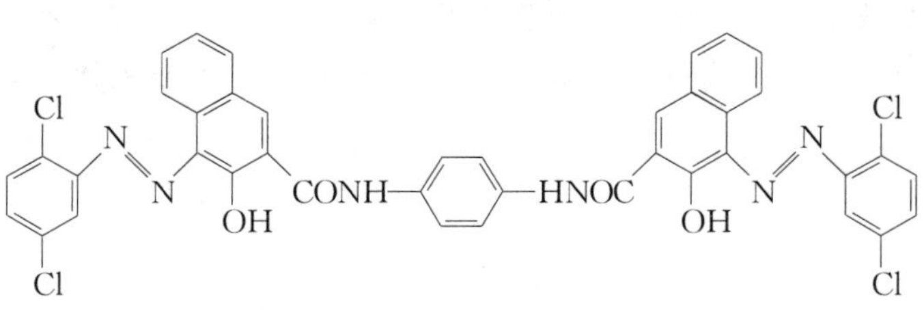

C. I. 颜料红 166

从上述事实中不难看出，增大颜料的相对分子质量能改进各项牢度，如在耐溶剂、耐迁移等

性能上联苯胺黄比耐晒黄好。一般单偶氮颜料的相对分子质量只有300～500,而缩合型偶氮颜料的相对分子质量为800～1100,因此耐溶剂性、耐迁移性有很大的改进。

(二)降低有机颜料在应用介质中的溶解度

对一个有机颜料分子进行化学修饰,既可提高衍生物在应用介质中的溶解度,又可降低衍生物在应用介质中的溶解度,最简单的化学修饰是在有机颜料分子中引入取代基。已知在有机颜料分子中引入长碳链的烷基、烷氧基及烷氨基,有助于提高它在有机溶剂中的溶解度,而在有机颜料分子中引入磺酸基或羧基的钠盐,则有助于提高它在水中的溶解度。相反,在有机颜料分子中引入酰氨基、硝基及卤素等极性基团,则会降低它在有机溶剂中的溶解度。如对C. I. 颜料红3、C. I. 颜料红13、C. I. 颜料红170而言,它们在有机溶剂中的溶解度随分子中酰氨基团数目的增多而递减。

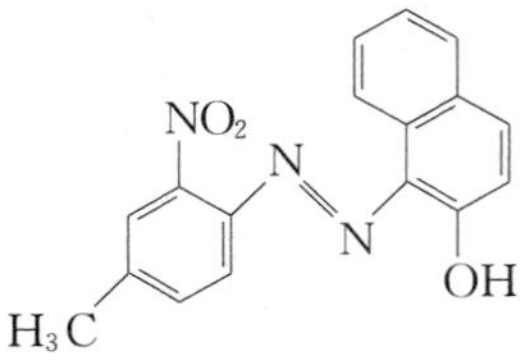

C. I. 颜料红3

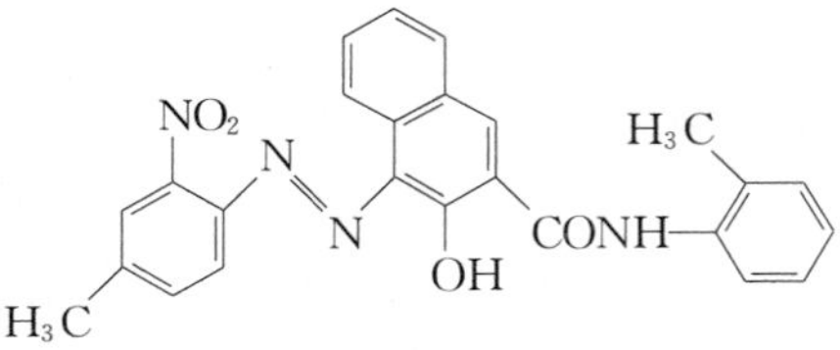

C. I. 颜料红13

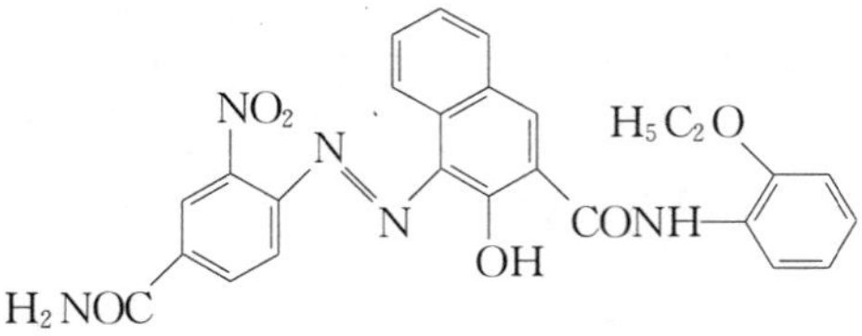

C. I. 颜料红170

根据在有机颜料分子中引入酰氨基对降低它在有机溶剂中的溶解度有显著效应,人们又设计了一些杂环类构造的酰氨基团,并将其引入到偶合组分中,结果这种分子设计对降低颜料在有机溶剂中的溶解度效果十分明显。根据上述思路设计的杂环类构造的酰氨基团有:苯并咪唑酮类、邻苯二甲酰亚胺类、苯并四氢呔嗪酮类、苯并四氢嘧啶酮类及苯并四氢吡嗪酮类。

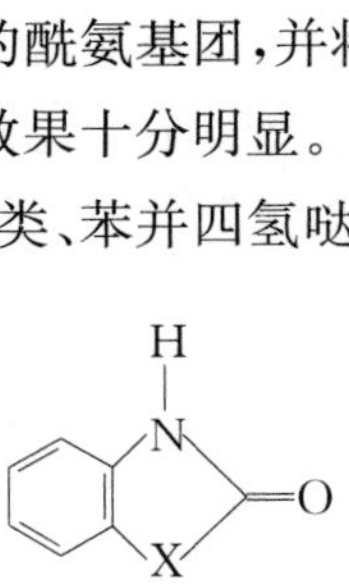

X = NH,O
苯并咪唑酮

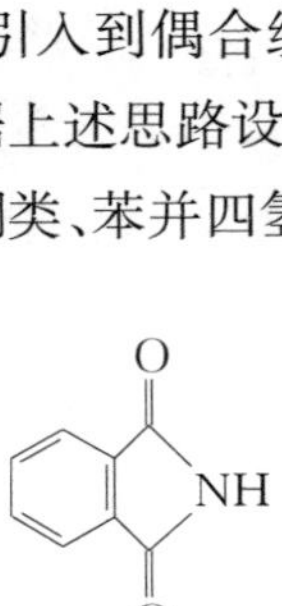

邻苯二甲酰亚胺

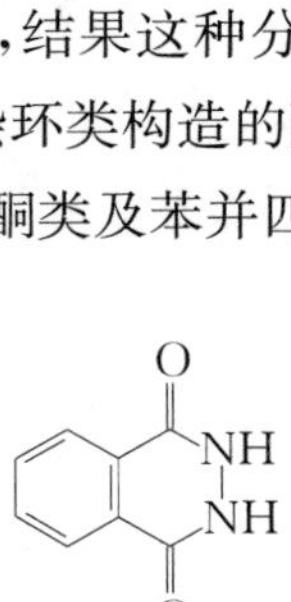

苯并四氢呔嗪酮

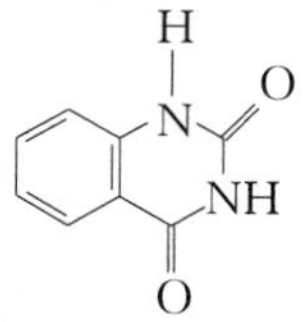

苯并四氢嘧啶酮 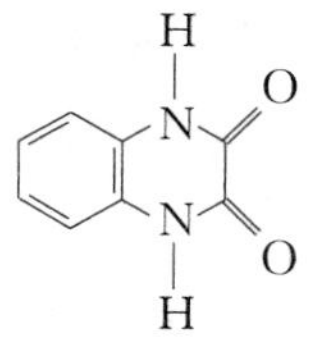　　苯并四氢吡嗪酮

其中，尤其是以苯并咪唑酮类为偶合组分的颜料在有机溶剂中的溶解度最低，并具有非常优异的耐溶剂性能和耐迁移性能。

(三)生成金属盐或络合物

对分子中含有磺酸基或羧基钠盐的有机颜料，若欲降低它们在水中的溶解度，可通过生成色淀的方法，即用钙、镁、钡、锰离子代替钠离子。这些离子与磺酸基或羧基生成的盐不仅在水中的溶解度相当低，而且在有机溶剂中的溶解度也相当低。

对在分子中偶氮基两个邻位含有羟基或羧基的有机颜料，若欲降低它们在水中的溶解度，可通过与过渡金属离子生成络合物的方法。这种金属络合物在有机溶剂中的溶解度非常低，从而使得所生成的颜料具有非常优异的耐溶剂性能和耐迁移性能。而颜料一旦与过渡金属离子生成络合物后，它的色光就会变得晦暗。

(四)在分子中引入特定的取代基

不同类型化学结构的颜料(不溶性偶氮、偶氮色淀、酞菁及杂环类)，依据特定的发色体系、分子的刚性平面或近似于平面型的骨架结构，有利于π电子间的相互作用，并增强其共振稳定特性，使其显示不同的颜色光谱特性。由于分子中特定的取代基团存在，除了分子间存在范德华力外，还可导致形成分子内及分子间的氢键、改变分子间作用力强度与聚集方式，或形成金属络合物，直接影响其耐久性、耐溶剂性及耐迁移等性能。

例如，当在红色偶氮系列颜料分子中引入不用的特定取代基，—Cl、$—OCH_3$、$—OC_2H_5$、$—NO_2$、$—CONH_2$、—CONHR(Ar)、—CO—、—NH—、环状—CONHCO—基等，可以明显改进其耐久性、耐热稳定性及耐溶剂性能。

复习指导

1. 掌握有机颜料与染料的异同点。
2. 掌握有机颜料的分类方法及其主要的结构类型。
3. 掌握有机颜料的结构与其应用性能的关系。
4. 了解商品化加工对改善颜料应用性能的作用。
5. 了解颜料的发展趋势。

思考题

1. 什么是有机颜料？试述成为有机颜料的条件及其与染料的异同点。
2. 阐述有机颜料的结构与其应用性能的关系。

3. 按结构分类,试述有机颜料的主要结构类型。

4. 查阅相关的文献资料,阐述颜料的商品化加工技术在提高颜料应用性能方面的作用。

参考文献

[1] 沈永嘉. 精细化学品化学[M]. 北京:高等教育出版社,2007.

[2] 何瑾馨. 染料化学[M]. 北京:中国纺织出版社,2004.

[3] 侯毓汾,朱振华,王任之. 染料化学[M]. 北京:化学工业出版社,1994.

[4] 沈永嘉. 有机颜料——品种与应用[M]. 北京:化学工业出版社,1992.

[5] 沈永嘉. 酞菁的合成与应用[M]. 北京:化学工业出版社,2001.

[6] 莫述诚,陈洪,施印华. 有机颜料[M]. 北京:化学工业出版社,1988.

[7] 缪建明. 有机颜料概况及应用性能[J]. 涂料工业, 2004, 34(9) : 20 - 23.

[8] Kaul B L. Coloration of plastics using organic pigments[J]. Review of Progress in Coloration and Related Topics, 1993(23):19 - 35.

[9] 沈永嘉. 高性能有机颜料[J]. 上海染料, 2003, 31(3):26 - 31, 42.

[10] 曾卓, 林原斌. 金属络合有机颜料的研究和开发[J]. 精细化工中间体,2001, 31(3):7 - 8, 20.

[11] Moser F H, Thomas A L. The Phthalocyanine[M]. Boca Raton : CRC Press, 1983.

[12] Fasiulla M H, Moinuddin Khan, Harish M N K, et al. Synthesis, spectral, magnetic and anti - fungal studies on symmetrically substituted metal(II) octai - minophthalocyanine pigments[J]. Dyes and Pigments, 2007: 1 - 7.

[13] Herbst W, Hunger K. Industrial organic pigments, production, properties, applications[M]. wiley-vch,1997.

[14] 穆振义. 喹吖啶酮类颜料及其衍生物[J]. 上海染料, 2003, 31(6):31 - 38, 43.

[15] Thetford D, Chorlton A P. Investigation of vat dyes as potential high performance pigments[J]. Dyes and Pigments, 2004 (61):49 - 62.

[16] Sapagovas V J, V Gaidelis, V Kovalevskij, et al. 3, 4, 9, 10 - Perylenete tracarboxylic acid derivatives and their photophysical properties[J]. Dyes and Pigments, 2006 (71):178 - 187.

[17] Peters A T, Freeman H S. Advances in color chemistry series - Volume 4, physico - chemical of color chemistry[J]. Blackle Academic & Professonal, 1996:107.

[18] Clariant. Pigments, the process of their manufacturing and their use [P]. US6375372. 2002:4 Clariant. Hybrid pigments [P]. US 648 28 17. 2002: 11.

[19] 章杰, 张晓琴. 世界有机颜料市场现状和发展趋势[J]. 江苏化工, 2003, 31(6) : 25 - 29, 48.

[20] Achi S S, Apperley T W J. Macromolecular azo pigments [J]. Dyes and Pigments, 1986, 5(7): 319 - 340.

[21] 周春隆. 有机颜料物理化学特性及其未来发展趋势[J]. 染料工业, 2000, 37(4) : 1 - 6.

*第十六章　荧光增白剂

第一节　引言

织物经漂白后，为了进一步获得满意的白度，或某些浅色织物要增加鲜艳度，通常采用能发出荧光的有机化合物进行加工，这种化合物称为荧光增白剂(Fluorescent Whitening Agent 或 Fluorescent Brightener)。由于它利用光学作用，显著地提高了被作用物的白度和鲜艳度，所以又被称为光学增白剂(Optical Whitening Agent)。目前，荧光增白剂在纺织、造纸、塑料及合成洗涤剂等工业中都有着广泛的应用。全世界生产的荧光增白剂现已有十五种以上的结构，其商品已经超过一千多种，年总产量达十万吨以上，占染料总产量的 12%左右，而且其产量年增长率大于染料或颜料的年增长率。

荧光增白剂在使用过程中，就像纤维染色所用的染料一样，可以上染到各类纤维上。在纤维素纤维上它如同直接染料可以上染纸张、棉、麻、黏胶纤维，在羊毛等蛋白质纤维上如同酸性染料上染纤维，在腈纶上如同阳离子染料上染纤维，在涤纶和醋酯纤维上如同分散染料上染纤维。荧光增白剂在 1939 年 I. G. 公司正式供应市场后至今已有七十多年的历史，早期合成的产品现在已经被淘汰，新开发的化学结构也只有一部分有实用价值，但荧光增白剂的发展还是十分迅速的。近年来，随着染整工业的飞速发展，荧光增白剂在应用过程中又被赋予更高的要求，如树脂整理与增白同浴进行可以简化染整工艺，减少废水，节约能源，这就要求荧光增白剂具有一定的耐酸碱性。同样，在造纸工业中，也要求增白与树脂涂层一浴进行，所以需生产出耐酸性且遇硫酸铝不产生沉淀的增白剂。

将荧光增白剂无定形产品转化为晶形产品以及尽可能提高纯度，是今后的发展方向之一。因为产品中的杂质或副产品会削弱和抵消荧光效果，所以通过转化与提纯，既能使产品外观有所改进，又能提高增白效果，同时还可以在一定程度上防止变黄。

用多组分荧光增白剂取代单组分荧光增白剂也是发展方向之一，因为多组分增白剂会产生荧光增白的协同作用，提高增白效果，故越来越受到人们的关注。

提高荧光增白剂的染色牢度，特别是耐日晒牢度已成为研究的重点，如何在合成纤维上提高耐升华牢度也将成为重要的研究方向。

第二节　荧光增白剂的发展历史

许多材料，如天然纤维(棉、毛、麻和丝等)和合成纤维(聚酰胺、聚酯和聚丙烯腈纤维等)，都不是完全的白色，随着时间的推移会泛黄或呈现更深的颜色。如何消除物体表面的黄色有多种方法，1852 年，杰出的物理学家 G. G. Stokes 详细地叙述了荧光定律，它是荧光增白新方法的理论基础。G. G. Stokes 证明，许多物质在吸收光线后，会发出强烈的辐射，而在分子内部却没有发生任何化学变化，这一现象被称作荧光或光激发发光。在 1921 年，V. Lagorio 发现荧光染料可以传递比吸收的可见光还多的可见光，他认为这一现象是转化部分的紫外光成为可见光的结果。1929 年，德国科学家 Paul Krais 第一个进行了荧光增白实验，用天然化合物增白亚麻织物。观察到被染色的亚麻织物在紫外光下产生强烈的荧光。Krais 通过萃取天然化合物，即马栗树皮苷，得到了可产生荧光的物质 6,7-二羟基香豆素的糖苷，但增白后的亚麻织物耐光性能很差，很快变成黄棕色，没有实用价值。

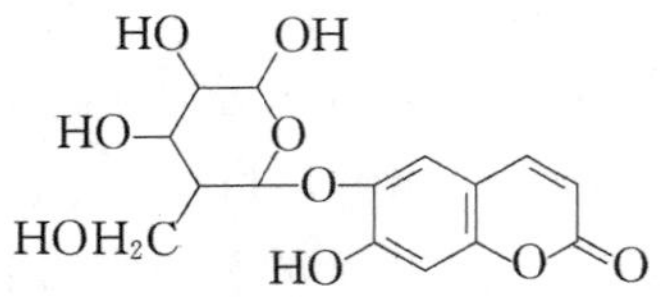

6,7-二羟基香豆素的糖苷

1930 年，人类首先用人工合成的方法得到香豆素结构的荧光增白剂，但应用性能仍不理想。

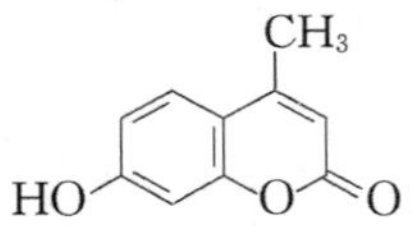

1934 年，英国 ICI 公司合成出第一只具有应用前景的荧光增白剂，它是 4,4′-二氨基二苯乙烯-2,2′-二磺酸双酰基的衍生物，对纤维素织物和纸张可产生明显的增白效果，并申请了专利。尽管没有得到实际的使用，但它揭示了荧光增白剂合成领域的开始。

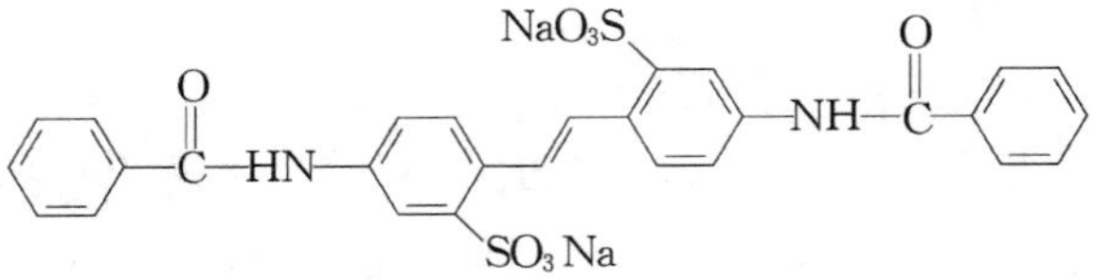

4,4′-二氨基二苯乙烯-2,2′-二磺酸双酰基衍生物

1935 年，合成了 7-羟基香豆素乙酸，进一步确认了基本的荧光体系，并在 1937 年将 7-羟基香豆素乙酸衍生物作为光过滤剂和保护剂用于食品工业。

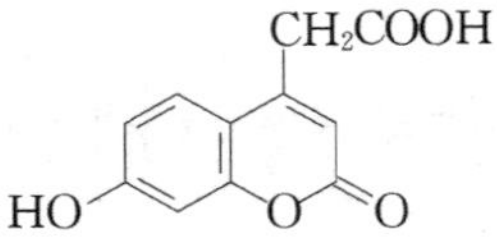

7-羟基香豆素乙酸衍生物

1940 年，德国科学家 B. Wendt 等发现了 DSD 酸双三嗪衍生物，将其作为荧光增白剂的基本结构，为荧光增白剂获得大规模的工业化生产奠定了良好的基础。

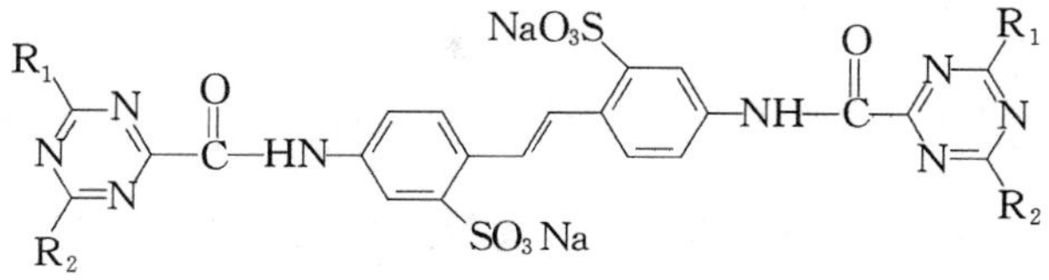

DSD酸双三嗪衍生物

1941 年，德国拜耳(Bayer)公司以商品牌号 Blankkophor B 将 4,4′-双[(4-苯氨基-6-羟基-1,3,5-三嗪)氨基]二苯乙烯-2,2′-二磺酸钠盐推向市场。从此，实现了荧光增白剂的商品化工业生产，同时带动了荧光增白剂的研究与开发工作。

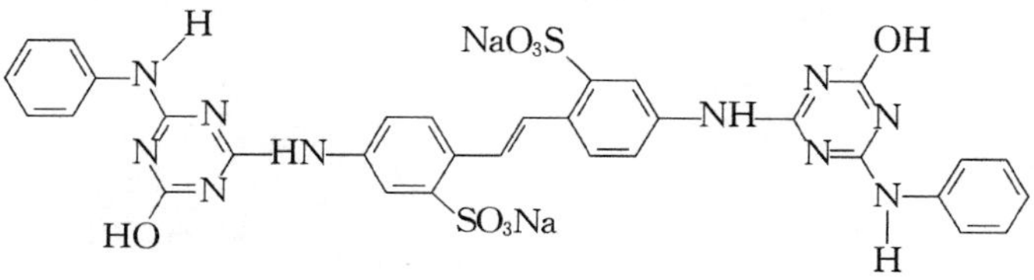

Blankkophor B

1942 年，Ciba 公司推出以双苯并咪唑为母体的荧光增白剂，用于棉和聚酰胺纤维的增白。

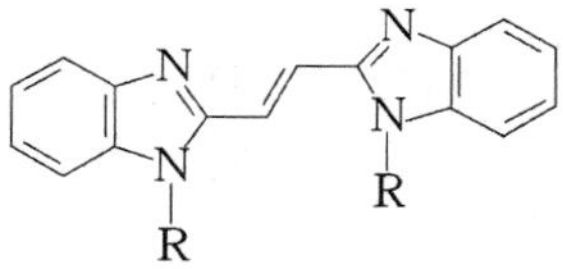

1943 年，Ciba 公司对 DSD 酸三嗪类增白剂进行了深入的研究，由于其相对简便的合成及其产品良好的使用性能，推出了许多新型的荧光增白剂。

这类水溶性荧光增白剂对纤维，特别是对纤维素纤维有良好的亲和力和优良的增白性能，并且在化学漂白期间对碱性介质稳定，可用于纤维素纤维的增白和作为洗涤用品的添加剂。

1944 年，IG 公司生产了 DSD 酸衍生物，用于洗衣粉中。

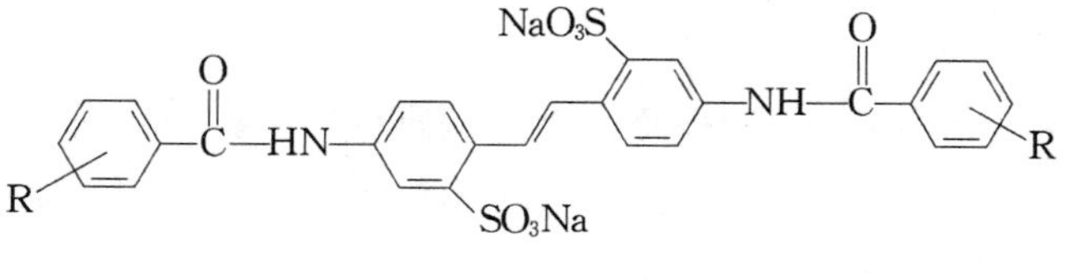

1945 年，Ciba 公司开发出双苯并咪唑衍生物，用于塑料和合成纤维增白。

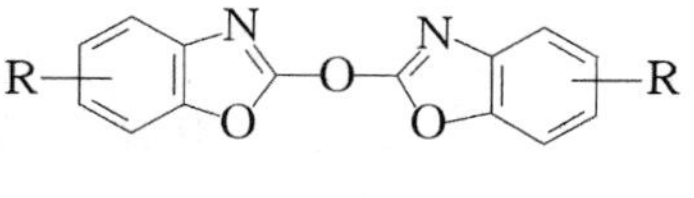

1946 年，又推出 7 -氨基香豆素的衍生物，用于羊毛和聚酰胺纤维的增白。

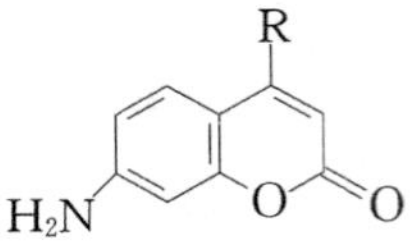

1948 年，开发出 1,4 -双苯乙烯苯和 4,4′-双萘三唑二苯乙烯为母体的衍生物，用于棉、羊毛及合成纤维的增白。

1949 年，发明了吡唑啉为母体的荧光增白剂，用于聚酰胺、聚丙烯腈纤维的增白。

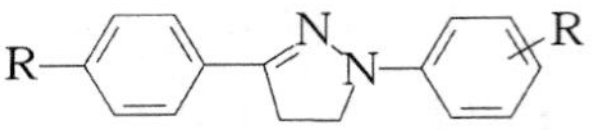

1951 年，Geigy 公司推出二苯乙烯三唑的衍生物。

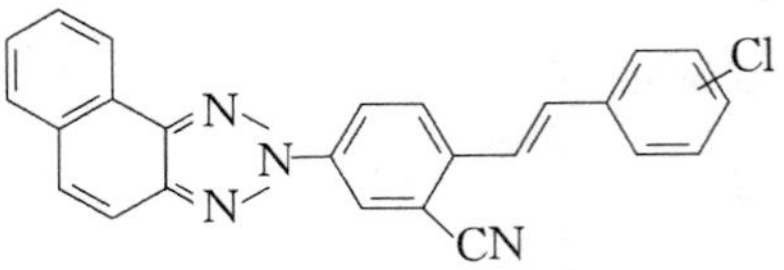

1954 年，巴斯夫(BASF)公司开发出萘酰亚胺类的衍生物。

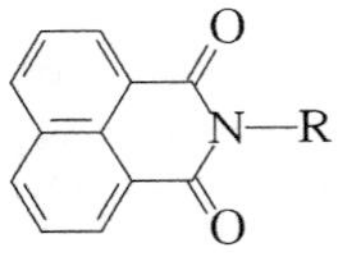

1954 年，Geigy 公司研究出 3 -苯基- 7 -氨基香豆素的衍生物。

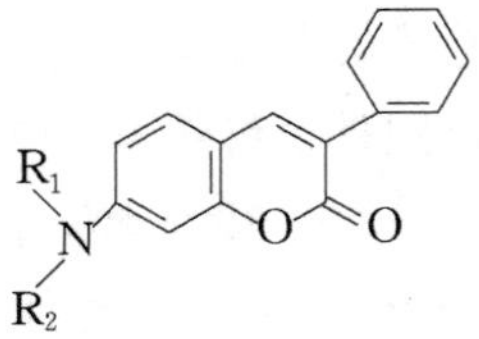

1957 年，又研究出吡嗪的衍生物。

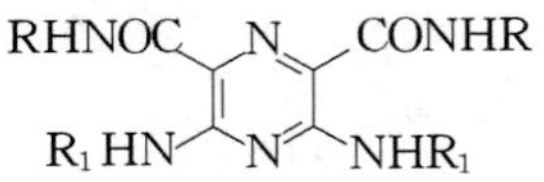

随后，荧光增白剂的衍生物不断地出现，并在不同的新领域应用进行了广泛的探索。但从母体结构上仍然以 DSD 酸、香豆素、吡唑啉、二苯乙烯唑、双苯乙烯苯、萘二酰亚胺和杂环的研究为主。

对于荧光增白剂的需求量始终是稳定地增长，应用范围也不断地拓宽，质量和纯度的要求也越来越严格。许多国家便纷纷加入到荧光增白剂的研究中，如苏联、波兰、德国和捷克等。我国荧光增白剂的生产始于20世纪80年代初，研究开发工作开始于60年代。在此之前无论从品种还是规模上与发达国家相比都有相当大的差距。随着科研院所、大专院校加大了对荧光增白剂的研究力度，与生产企业的紧密配合，在十几年的过程中相继有多个具有较大影响的新品种投入工业化生产，填补了国内空白，提高了我国荧光增白剂研究水平和产品结构档次，缩小了与发达国家之间的差距。

1956年，《染料索引》(第二版)正式将荧光增白剂列为染料的一个分类，《染料索引》(2000年版)中登录荧光增白剂的化学结构或组成已近40个。世界市场流行的商品牌号大于2500个，归属不少于15个化学结构类型，300种以上的化合物，有30多个国家生产荧光增白剂。

第三节 荧光增白剂的增白机理

为消除许多产品所不希望的黄色色调，改善产品的外观，通常采用三种方法，化学漂白、上蓝和荧光增白。化学漂白是通过氧化作用将黄色物质氧化使其褪色，变为白色产物。化学漂白的缺点在于对漂白物质的基质有一定的损伤，如漂白后的纤维织物强度下降等。上蓝是通过加入对黄色物质有光学互补作用的蓝色或蓝紫色染料，来纠正织物上的黄色，使视觉有较白的感觉。它是通过吸收光谱中的黄色光，使织物上呈现蓝色光较多，而反射光中蓝色光较多可以引起人视觉上的错觉(蓝色光多于黄色光时，织物似乎白些)而提高了白度。实际上，这样只能使织物上的反射光总量减少，因而白度反而下降了，并造成灰度增加。所以，上蓝并不能增加白度，只是为了迎合人们视觉上的需要，现在在织物的漂白整理时仍经常使用这种方法。荧光增白剂对物体的增白虽也是一种光学效应，却能够使织物上反射光的总量增加，从而提高白度。

荧光增白剂是一类含有共轭双键，且具有良好平面型特殊结构的有机化合物。在日光照射下，它能够吸收光线中肉眼看不见的紫外线(波长为300～400 nm)，使分子激发，再回复到基态时，紫外线能量便消失一部分，进而转化为能量较低的蓝紫光(波长为420～480 nm)发射出来。这样，被作用物上的蓝紫光的反射量便得以增加，从而抵消了原物体上因黄光反射量多而造成的黄色感，在视觉上产生洁白、耀目的效果。不过，荧光增白剂的增白只是一种光学上的增亮补色作用，并不能代替化学漂白给予织物真正的“白”，因此，含有色素或地色深暗的织物，若不经漂白而单用荧光增白剂处理，就不能获得满意的白度。

不同品种荧光增白剂的耐日晒牢度各不相同，这是因为在紫外线作用下，增白剂的分子会被逐渐破坏。因此，用荧光增白剂处理过的产品，长期暴晒在日光下便容易使白度减退。一般来说，涤纶增白剂的耐日晒牢度较好，锦纶、腈纶为中等，羊毛、丝的较低。耐日晒牢度和荧光效果取决于荧光增白剂的分子结构以及取代基的性质和位置，如杂环化合物中的N、O以及羟基、氨基、烷基、烷氧基的引入，有助于提高荧光效果，而硝基、偶氮基则降低或消除荧光效果而提高耐日晒牢度。

各种商品荧光增白剂的荧光色光不同，这取决于其吸收紫外光的波长范围，吸收335 nm以下的，则荧光偏红；吸收365 nm以上的，则荧光偏绿。这也是取决于分子结构上取代基的性质，必要时可以加入染料校正。

第四节　荧光增白剂的分类与命名

荧光增白剂化学结构的基本特征是具有相对大的共轭体系、平面构型和反式结构。作为荧光增白剂最少应该具备以下四个基本条件：

(1)其本身应接近无色或微黄色。

(2)可发射蓝紫色荧光，而且要有较高的荧光量子产率。

(3)有较好的光、热化学稳定性。

(4)与被增白的物质有较好的亲和力等应用性能。

荧光增白剂可按化学结构或其用途来分类。

一、按化学结构分类

按照荧光增白剂的母体分类，大致可分为碳环类，三嗪基氨基二苯乙烯类，二苯乙烯三氮唑类，苯并噁唑类，呋喃、苯并呋喃和苯并咪唑类，1,3－二苯基吡唑啉类，香豆素类，萘酰亚胺类和其他类等九类。

(一)碳环类

碳环类荧光增白剂是指构成分子的母体中不含杂环，同时母体上的取代基也不含杂环的一类荧光增白剂。组成碳环类荧光增白剂的母体分子主要有三种，即：

1. 1,4－二苯乙烯苯(1,4－Distyrylbenzene)　其结构如下：

2. 4,4′－二苯乙烯联苯(4,4′－Distyrylbiphenyl)　其结构如下：

3. 4,4′－二乙烯基二苯乙烯(4,4′－Divinylstilbene)　其结构如下：

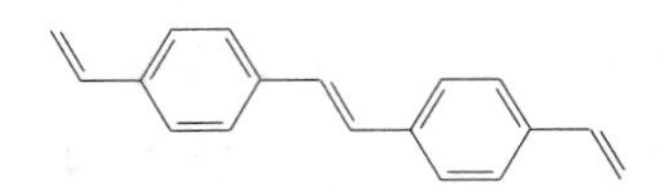

这三种分子中均含有二苯乙烯(Stilbene)的结构,二苯乙烯也称为芪,其结构如下:

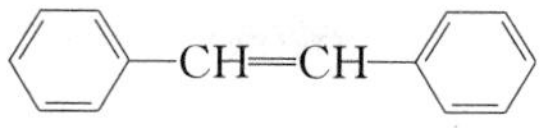

氰基取代的二苯乙烯苯具有相当高的荧光量子产率,对底物的增白效果很好,尤其适合用于塑料和合成纤维树脂。典型的品种有 Palanil Brilliant White R,该品种在我国的商品名称为荧光增白剂 ER,常用于塑料和涤纶及树脂的增白,其结构如下:

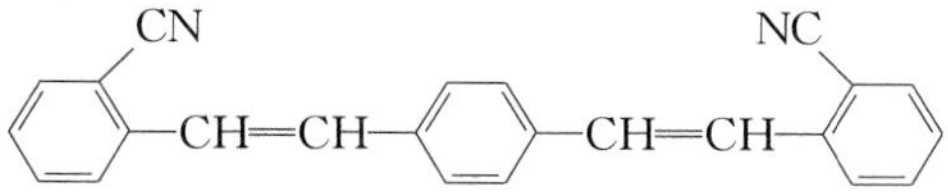

其合成方法如下:

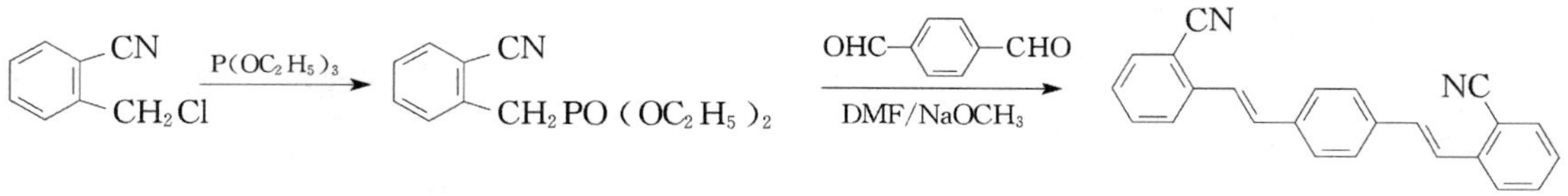

邻氰基苄氯与亚磷酸三乙酯发生 Wittig 反应,得到的 Wittig 试剂再与对苯二甲醛在 DMF 中,且在甲醇钠的存在下缩合成荧光增白剂 ER。

4,4′-二苯乙烯联苯类的荧光增白剂属于应用性能很好的一类品种,视其上的取代基性质,可用于对应用性能有较严格要求的场合。典型的品种为 Tinopal CBS—X,结构如下:

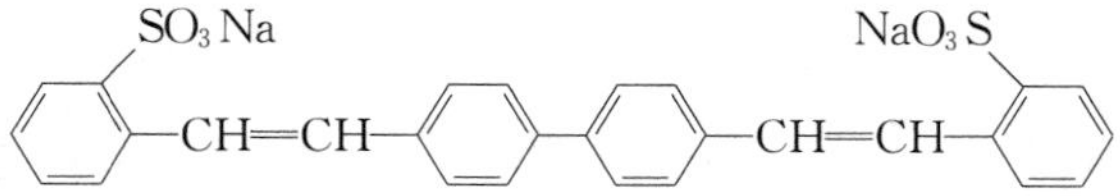

其合成方法如下:

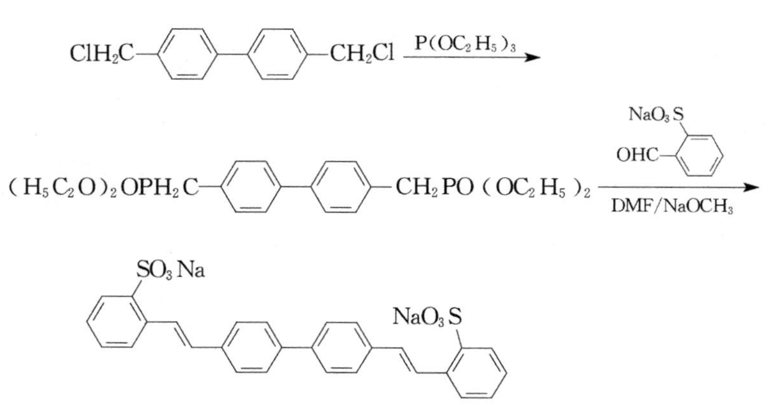

该品种在我国的商品名称为荧光增白剂 CBS—X,常用于高档洗涤剂的添加剂。

4,4′-二乙烯基二苯乙烯类具有极高的荧光量子产率,在我国未有生产。国外的典型品种有:Leukophor EHB,结构如下:

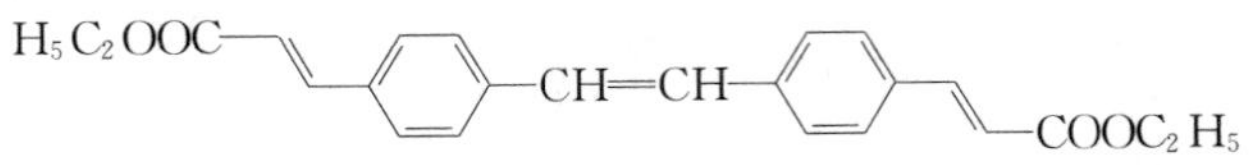

$H_5C_2OOC-CH=CH-C_6H_4-CH=CH-C_6H_4-CH=CH-COOC_2H_5$

其合成方法如下：

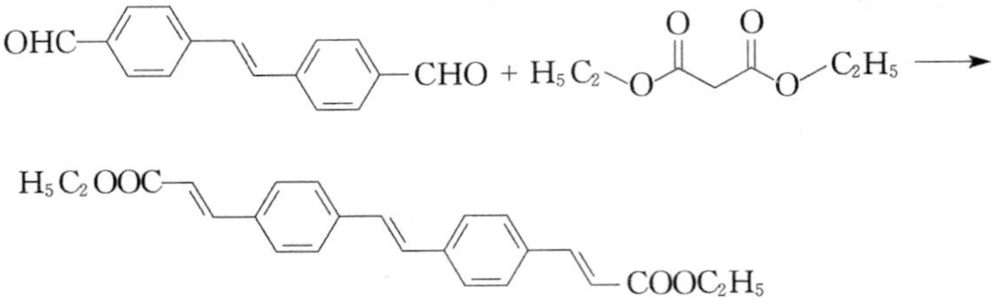

$OHC-C_6H_4-CH=CH-C_6H_4-CHO + H_5C_2OOCCH_2COOC_2H_5 \longrightarrow H_5C_2OOC-CH=CH-C_6H_4-CH=CH-C_6H_4-CH=CH-COOC_2H_5$

(二)三嗪基氨基二苯乙烯类

三嗪基氨基二苯乙烯类增白剂是由4,4′-二氨基二苯乙烯-2,2′-二磺酸(DSD酸)与三聚氯氰的缩合物,其结构通式如下：

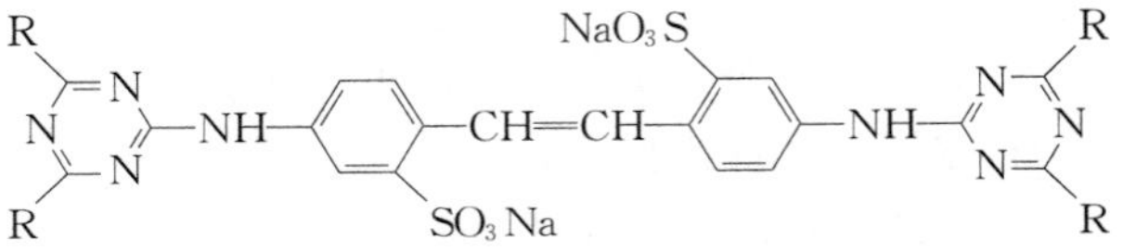

(结构通式：两个带R取代基的三嗪环经NH连接于DSD酸二苯乙烯骨架两端,苯环上带SO_3Na/NaO_3S,中间为$-CH=CH-$)

具有该结构类型的荧光增白剂是现有已商品化的荧光增白剂中品种最多的,约80%以上的荧光增白剂都属于此结构类型,改变三嗪环上的取代基,可以得到许多此类化合物,但并非所有化合物都可用作荧光增白剂。结构对称的化合物易合成,有高效增白作用、耐光牢度好,带有苯氨基与磺酸基的品种pH应用范围广,常用于棉、黏胶、毛、麻、丝、锦纶,是纺织纤维荧光增白剂主要品种之一。典型的品种有荧光增白剂DMS,其合成方法及结构如下：

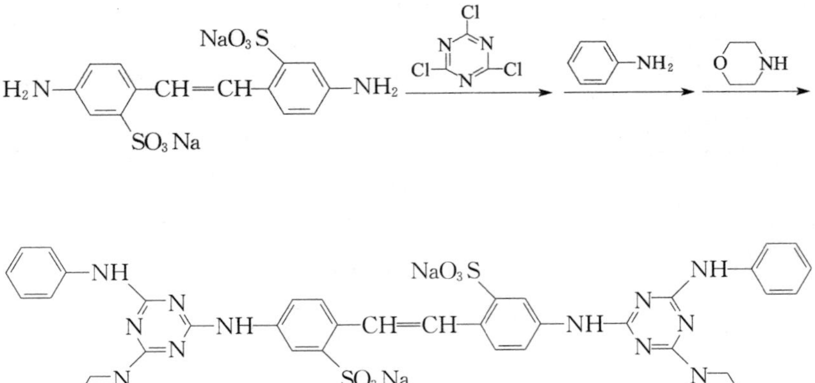

$H_2N-C_6H_3(SO_3Na)-CH=CH-C_6H_3(SO_3Na)-NH_2$ $\xrightarrow{\text{三聚氯氰}}$ $\xrightarrow{C_6H_5NH_2}$ $\xrightarrow{\text{吗啉}}$

(产物：两端三嗪环各带一个苯氨基(NH—C₆H₅)和一个吗啉基,经NH连接于DSD酸二苯乙烯骨架,苯环上带SO_3Na/NaO_3S,中间为$-CH=CH-$)

该品种在我国还被称为荧光增白剂挺进33#,常用于固体洗涤剂。

另一典型品种是荧光增白剂 VBL,化学名称为 4,4′-双[(4-羟乙氨基-6-苯氨基-1,3,5-三嗪)氨基]二苯乙烯-2,2′-二磺酸钠。其结构式为：

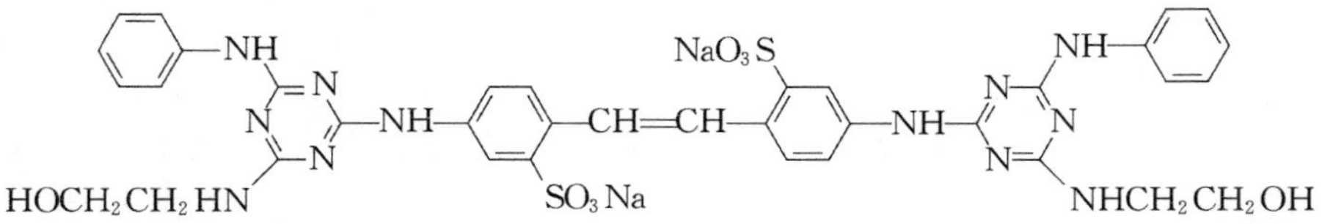

NH　NaO$_3$S　NH
N　N　NH　CH=CH　NH　N　N
N　N
HOCH$_2$CH$_2$HN　SO$_3$Na　NHCH$_2$CH$_2$OH

(三)二苯乙烯三氮唑类

该类荧光增白剂问世较早。它是由三氮唑环(或苯并三氮唑环、萘并三氮唑环)与二苯乙烯结合而产生的杂环类二苯乙烯类荧光增白剂,改善了三嗪环氨基二苯乙烯类荧光增白剂不耐氯的缺点,它们对次氯酸钠稳定,耐氯漂牢度很高,具有中等荧光增白性能,对棉和锦纶有很好的亲和力,常用于棉和锦纶的增白。其缺点是荧光色调偏绿,对纤维增白的白度不够高,现已退出市场。

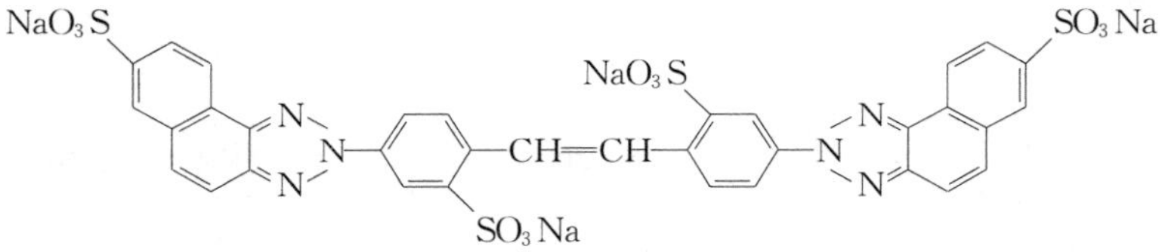

NaO$_3$S　SO$_3$Na
NaO$_3$S
N　N　CH=CH　N　N
N　N
SO$_3$Na

目前仍在使用的此类荧光增白剂有两种结构类型,即为对称结构和不对称结构。典型不对称结构的品种是 Tinopal PBS,其结构如下。它于 1953 年上市,主要用于棉纤维的增白。

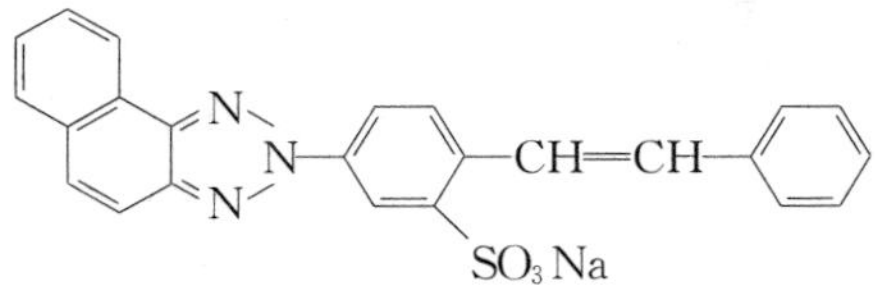

N　N　CH=CH
N
SO$_3$Na

其合成方法如下：

O$_2$N　CH$_3$　OHC　O$_2$N　CH=CH　[H]
SO$_3$H　SO$_3$Na

H$_2$N　CH=CH　HCl / NaNO$_2$　$\bar{Cl}\overset{+}{N_2}$　CH=CH　NH$_2$
SO$_3$Na　SO$_3$Na

N=N　CH=CH　CuSO$_4$
NH$_2$　SO$_3$Na

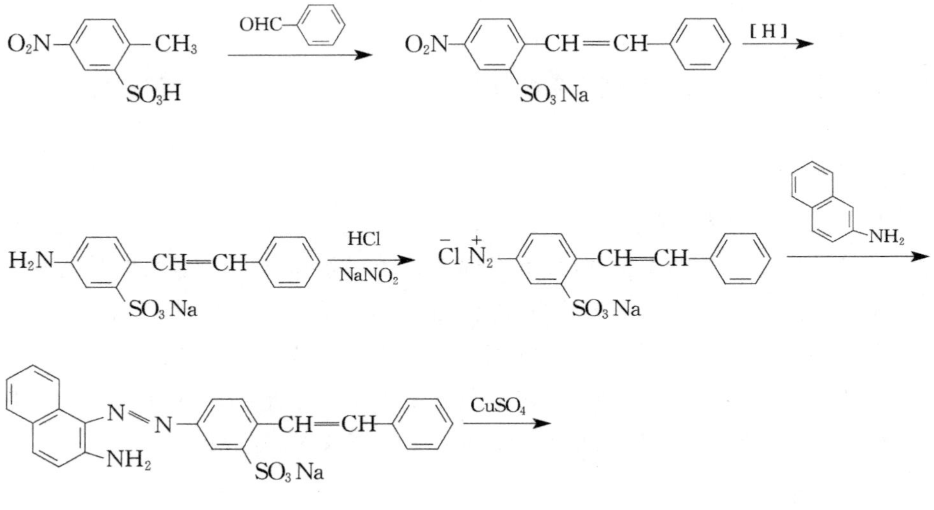

N N N SO_3Na CH═CH

典型的对称结构的品种是 Blankophor BHC,其结构如下。它于 1970 年上市,主要用于棉纤维的增白。

KO_3S N N N CH═CH N N N SO_3K

其合成方法如下:

H_2N CH═CH HO_3S NH_2 SO_3H $\xrightarrow[Na_2SO_3]{NaNO_2/HCl}$ H_2NHN CH═CH HO_3S $NHNH_2$ SO_3H $\xrightarrow[KOH]{HON=, O=}$

N H N NOH CH═CH KO_3S H N N HON SO_3K $\xrightarrow{-H_2O}$

N N N CH═CH KO_3S N N N SO_3K

它对合成纤维和塑料,特别是用于聚酯纤维具有非常高的增白强度和良好的应用性能,但仅有中等的耐光牢度。

(四)苯并噁唑类

苯并噁唑类荧光增白剂是产量上仅次于三嗪基氨基二苯乙烯类的荧光增白剂,但是此类品种中的大多数是高性能的荧光增白剂,其价格远远高于三嗪基氨基二苯乙烯类的荧光增白剂。苯并噁唑类荧光增白剂具有良好的耐日晒、耐热、耐氯漂和耐迁移等性能,它们的分子中不含磺酸基等水溶性基团,用于聚酯、聚酰胺、醋酯纤维以及聚苯乙烯、聚烯烃、聚氯乙烯等塑料的增白。苯并噁唑基团非常容易引入分子中,它们在分子中参与电子的共轭,所以将它们引入分子后,延长了分子的共轭链。典型的品种有 Eastobrite OB—1,结构如下:

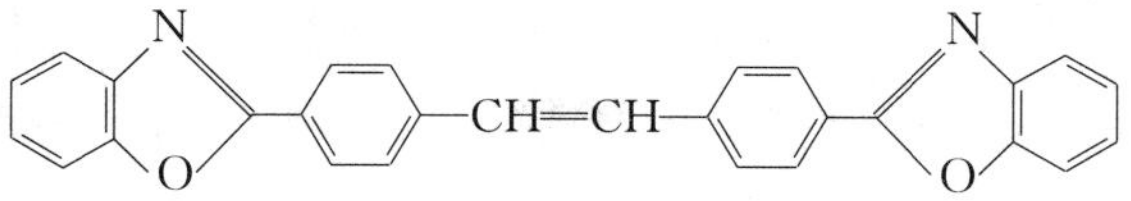

N　—CH═CH—　N
O　　　　　　O

它在我国的商品名称为荧光增白剂 OB—1，被广泛用于涤纶树脂的原液增白。

另有一类结构不对称的品种，典型品种的结构如下：

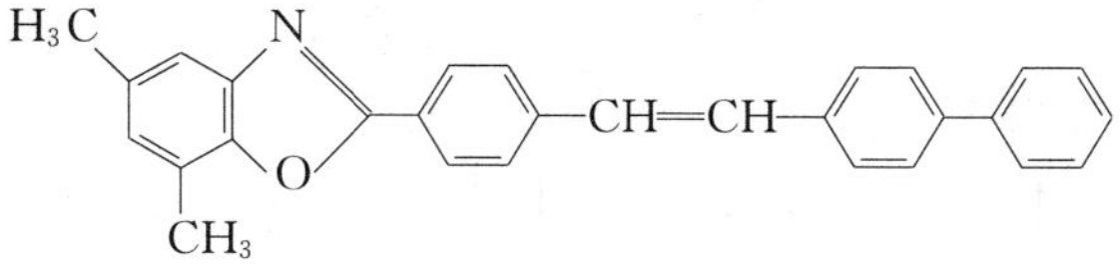

H_3C　N
—CH═CH—
O
CH_3

它不常以单一组分使用，而常与其他相似结构的荧光增白剂一起使用，构成混合型荧光增白剂。

（五）呋喃、苯并呋喃和苯并咪唑类

呋喃、苯并呋喃和苯并咪唑本身不是荧光增白剂的母体，但它们的分子共同面性好，可与其他结构单元（如联苯）形成共轭系统，从而一起组成性能良好的荧光增白剂。呋喃与联苯的组合在结构上类似于苯乙烯与联苯的组合。含磺酸基团的此类组合具有很好的水溶性，特别适合锦纶和纤维素纤维的增白。典型化合物的结构如下：

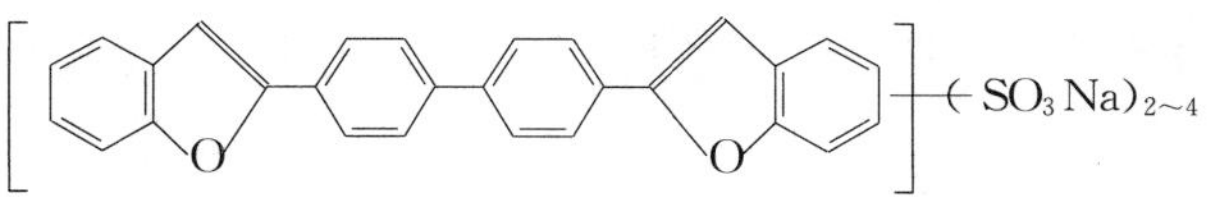

O　O　$(SO_3Na)_{2\sim4}$

其合成方法如下：

CHO　OH　$+ ClH_2C$—　—CH_2Cl　$\xrightarrow[DMF]{NaOCH_3}$

CHO　H_2C—　O　OHC　—CH_2　O　$\xrightarrow{NH_2}$

N　CH　H_2C—　O　N　HC　—CH_2　O　$\xrightarrow[DMF]{KOH}$

O　O　$\xrightarrow[②NaOH]{①H_2SO_4}$

O　O　$(SO_3Na)_2$

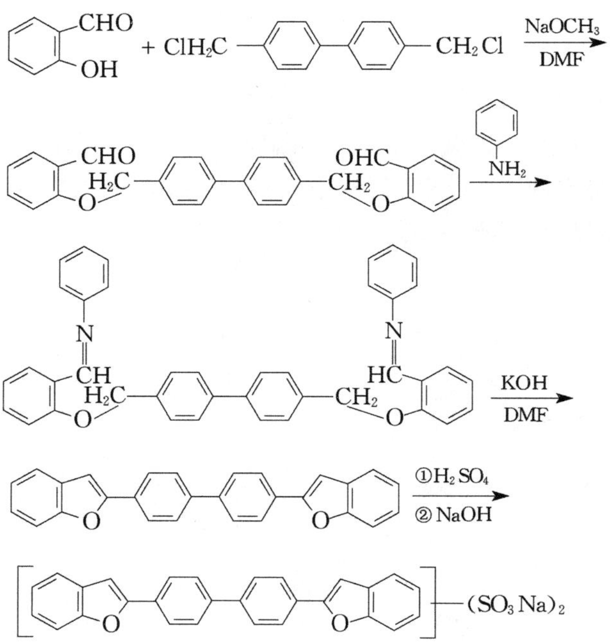

苯并咪唑基团与呋喃组合就是一类水不溶性的荧光增白剂，但它们极易生成盐，所以通常被制成阳离子形式的。Uvitex AT 的季铵盐是第一个此类阳离子型荧光增白剂，结构如下：

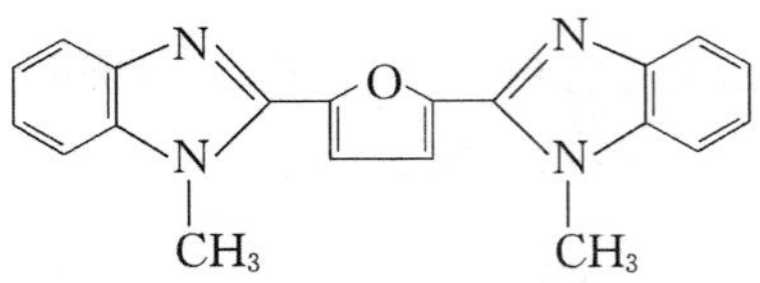

(六)1,3-二苯基吡唑啉类

1,3-二苯基吡唑啉类化合物具有强烈的蓝色荧光，其结构通式如下：

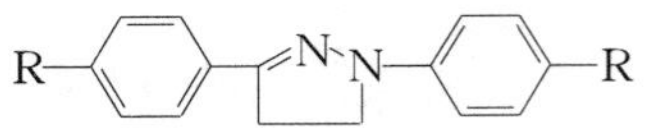

典型的品种有 Blankophor DCB，结构如下：

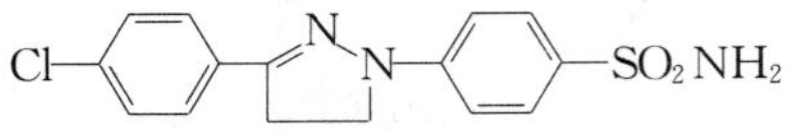

它在我国的商品名称为荧光增白剂 DCB，被大量用于腈纶的增白。

(七)香豆素类

香豆素类荧光增白剂是最早被发现和使用的荧光增白剂。香豆素又称为香豆满酮，系统命名为 α-苯并吡喃酮，其结构为：

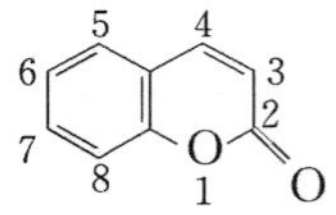

香豆素本身就具有非常强烈的荧光，在它的4位、7位上引入各种取代基团就可使其成为具有实用价值的荧光增白剂。香豆素类荧光增白剂用于蛋白质纤维、醋酯纤维、聚酰胺、聚酯、聚丙烯腈纤维等具有良好的增白效果，由于它的毒性小，可用于化妆品(防晒保护剂)和食品的增白。典型的品种有：Uvitex WGS，其结构如下：

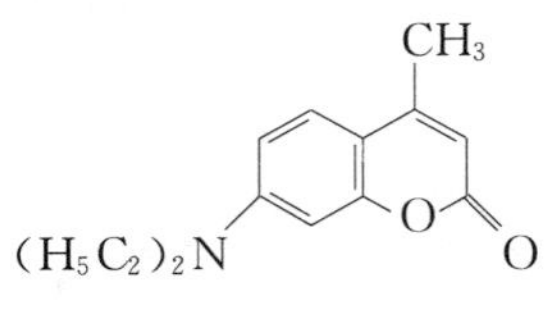

其合成方法如下：

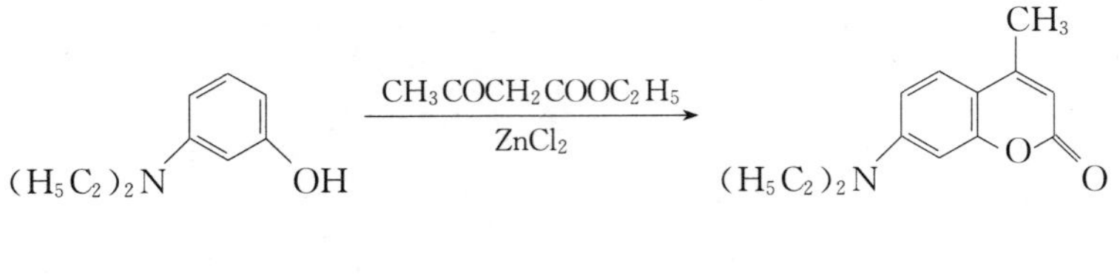

$$\xrightarrow[ZnCl_2]{CH_3COCH_2COOC_2H_5}$$

该品种在我国被称为荧光增白剂 SWN，尽管它的耐日晒牢度不好，但由于它的荧光十分强烈，故自它从 1954 年上市以来，一直被用于羊毛纤维的增白。

荧光增白剂 EGM 是一个最优秀的品种。商品牌号是 Leukophor EGM。它是由 3－苯基－7－氨基香豆素重氮盐与 2－萘胺或吐氏酸偶合、氧化，得到荧光增白剂 EGM，适合于聚酯和塑料的增白。其合成方法如下：

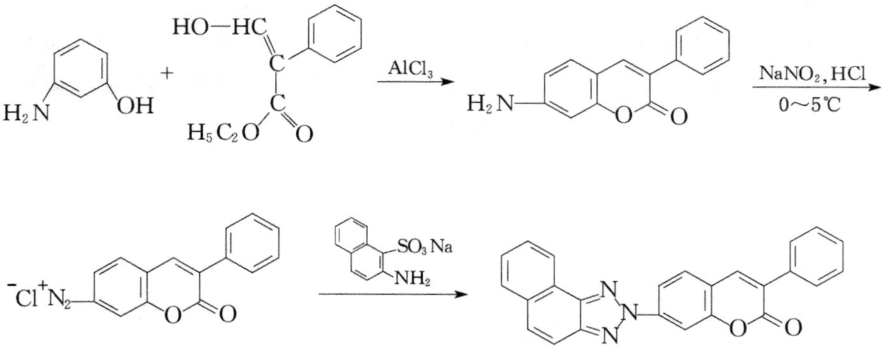

H_2N　OH　+　HO—HC　C　C　H_5C_2O　O　$\xrightarrow{AlCl_3}$　H_2N　O　O　$\xrightarrow[0\sim5℃]{NaNO_2, HCl}$

$^-Cl^+N_2$　O　O　$\xrightarrow{SO_3Na,\ NH_2}$　N　N　N　O　O

(八)萘酰亚胺类

萘酰亚胺类荧光增白剂的基本结构为：

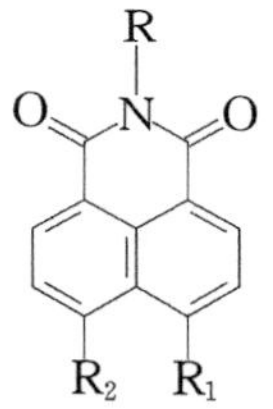

R　O　N　O　R_2　R_1

它的 R、R_1 或(和)R_2 的取代衍生物具有工业化意义。

4－氨基－1，8－萘二甲酰亚胺以及它们的 *N*－衍生物本身就具有较强烈的绿光黄色荧光，所以一直被用作荧光染料。将 4 位上的氨基酰化，则这类化合物的最大荧光波长发生蓝移，适合作为荧光增白剂使用。第一个萘二甲酰亚胺类荧光增白剂的结构如下：

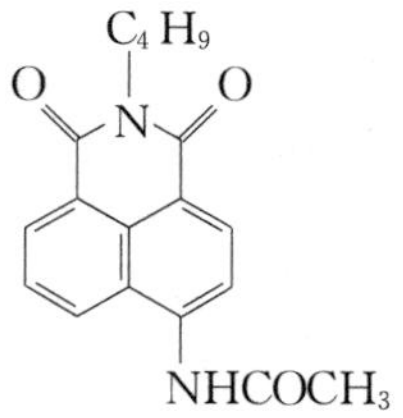

C_4H_9　O　N　O　$NHCOCH_3$

该增白剂的商品名为：Ultraphor APL。

目前使用的萘二甲酰亚胺类荧光增白剂主要是 4 位和 5 位上有烷氧基取代的衍生物，典型的品种有 Mikawhite AT，它在我国未见有生产。

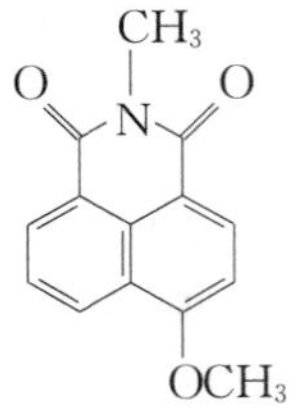

(九)其他类

前面介绍的是荧光增白剂的主要结构类型,除此之外尚有一些其他品种,如以芘为母体的荧光增白剂 XMF(BASF 公司的商品牌号为 Fluolite XMF),于 1963 年上市,除了可用于纤维的增白外,还被大量用于制作办公用品,如荧光记号笔。

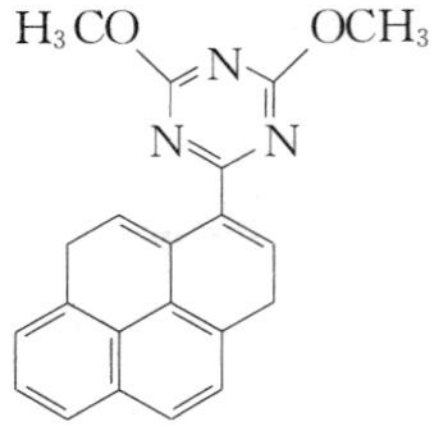

还有喹啉类化合物:

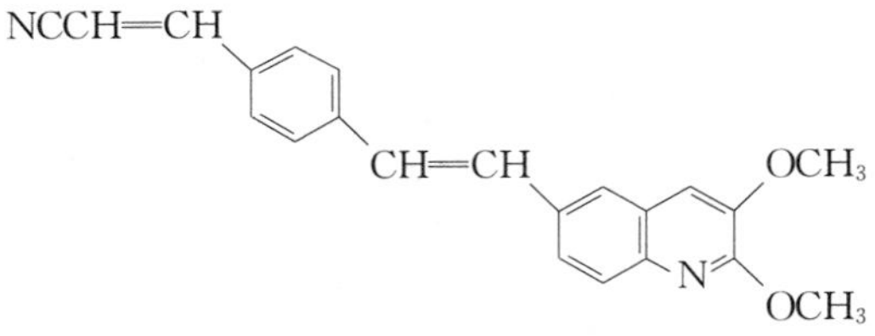

这类荧光增白剂的品种不多,而且真正实现商业化生产的则更少,主要用于涤纶、锦纶、醋酯纤维的增白,也用于聚苯乙烯和聚氯乙烯的增白。

二、按用途分类

荧光增白剂也可根据其用途分类,如用于涤纶增白的就称作涤纶增白剂,用于洗涤剂的就称作洗涤用增白剂等。如此,经常有人把荧光增白剂 DT 称作涤纶增白剂,把荧光增白剂 DCB 称作腈纶增白剂,把荧光增白剂 VBL 称作棉用增白剂。然而这种分类法也有缺陷,或者说不够严格,因为有的增白剂可以有多种用途,并且可以用于不同的行业中。如荧光增白剂 VBL 除了被大量用于棉纤维的增白以外,还被大量用于洗涤剂,而粉状的荧光增白剂 DT(在商业上常称作荧光增白剂 PF) 主要用于塑料的增白。在商业上有时还按荧光增白剂的离解性质分类,将它们分为阳离子型、阴离子型和非离子型,或者按其使用方式分为直染型、分散型等。直染型荧光增白剂是指一类水溶性的荧光增白剂,它对底物有亲和性,在水中可被织物纤维所吸附,故有直接增白的作用。这类增白剂对纤维具有优良的匀染性且使用方便,主要用于天然纤维的增白。分散型荧光增白剂是指一类不溶于水的荧光增白剂,在使用前必须先经过研磨等工序,同时借助于分散剂的作用将其制成均匀的分散液，用轧染—热熔法或高温浸染法对纤维进行增白，这类荧光增白剂主要用于合成纤维的增白。

三、荧光增白剂的命名与商品名

目前，商业上使用的荧光增白剂全都是有机化合物，其化学结构可遵循国际有机化学的系统命名原则进行命名，以母体作为主体名称，用介词连缀上取代基和官能团的名称，并按编排码法注出取代基和官能团的位置次序，由此组成化学物质的名称。但是由于荧光增白剂分子结构往往很复杂，同时又含有多个取代基和官能团，化学名称很长，在应用时不方便，因此商品荧光增白剂大都使用商品名。

我国生产的荧光增白剂，其商品名称一般为“荧光增白剂×××”形式，如荧光增白剂VBL。尾标上的英文字母有时还是照搬国外同类产品中的尾标代号，如“荧光增白剂 DCB”就是沿用国外商品“Blankophor DCB”中的名称。进口的荧光增白剂，其商品名称一般由商标加英文字母组成，商标后的英文字母一般表示它的性能和应用对象，如“荧光增白剂 DT”表示增白涤纶用的增白剂。在我国市场上，较多见到的是 Ciba、Clariant、BASF 和 Eastman 这四家公司的产品。

我国生产的荧光增白剂品种主要有 16 个，而产量超过百吨的品种仅有 7 个，它们是：荧光增白剂 VBL、荧光增白剂 DT、荧光增白剂 BSL、荧光增白剂 BSC、荧光增白剂 31#、荧光增白剂 BC 和荧光增白剂 33#，其中又以荧光增白剂 VBL 和荧光增白剂 DT 产量最大。

第五节　荧光增白剂的应用性能和商品化加工

一、荧光增白剂的一般性能

荧光增白剂对织物的处理类似于染料，但是它却与一般染料的性质不同，主要差异在于：

(1)染料对织物染色的给色量与染料的用量成正比，而荧光增白剂在低用量时，它的白度与用量成正比，但是超过一定极限，再增加用量不仅得不到提高白度的效果，而且会使织物带黄色，即泛黄。

(2)染料染色越深，越能遮盖织物上的疵点，而荧光增白剂的增白效果越好，疵点却越明显。

(3)荧光增白剂本身及它的水溶液在日光下的荧光效果不明显，只有染在纤维上才呈现强烈的增白作用。

荧光增白剂根据其性能不同，可以分为阳离子型、阴离子型和非离子型三种。阳离子型和阴离子型的荧光增白剂一般都是淡黄色的固体粉末，易溶于水，在水中呈微黄色有荧光的溶液并能被纤维吸附。它们对纤维具有优良的直接性和匀染性，使用起来较为方便。离子型增白剂不能与同它离子性相反的染料或助剂同浴应用，否则会降低增白效果，甚至会完全失去增白作用。此外，介质的 pH 对离子型增白剂的增白效果影响也很大。非离子型的增白剂是一类不溶于水或微溶于水的化合物,它的商品剂型有分散悬浮体、有机溶液及超细粉三种。它不仅可以用于织物的增白,而且还可直接加入合成纤维的树脂原液中,成为一种“永久增白剂”。

荧光增白剂的应用范围极广,需求量也日益增加,已经渗透到各个工业部门,与人们的生活息息相关。它们的主要用途是:

(1)用于各种纺织制品的增白和增艳。

(2)用于合成洗涤剂,增加洗涤剂的洗涤效果。

(3)用于纸张的增白,提高纸张的白度与商品价值。

(4)用于塑料的增白,增加它的美观性。

二、影响荧光增白剂性能的因素

荧光增白剂本身的性能好坏是影响增白效果的关键因素,但是如果使用不当,也会影响荧光增白剂性能的充分发挥。只有充分注意到影响荧光增白剂性能的各因素,才能使荧光增白剂充分发挥其效果。

(一)前处理

荧光增白剂不能代替化学漂白,在应用荧光增白剂之前,织物必须先经退浆、煮练、漂白等前处理,以除去织物上的杂质,并使织物的白度达到一定的要求。原材料的白度越高,则增白效果越好。漂白时,织物上残留的氯和酸必须充分洗净,否则将影响增白效果。

此外,如羊毛制品用漂白粉和增白剂及腈纶产品用亚硫酸钠和增白剂同浴处理,这种与增白同时进行的方法,在处理时需加强清洗工作。

(二)荧光增白剂的用量

荧光增白剂品种繁多,各种牌号的品种有效成分和最高增白效果各不相同。每种荧光增白剂的饱和浓度都有其特定的极限,超过某一固定的极限值,不但增白效果不会增加,反而还会出现泛黄现象,使得增白变成了“染黄”。泛黄点在使用荧光增白剂时是应特别注意的,不同的荧光增白剂有不同的泛黄点;同一增白剂在不同的织物上,泛黄点也不相同。荧光增白剂的浓度与增白效果的关系如图16-1所示:

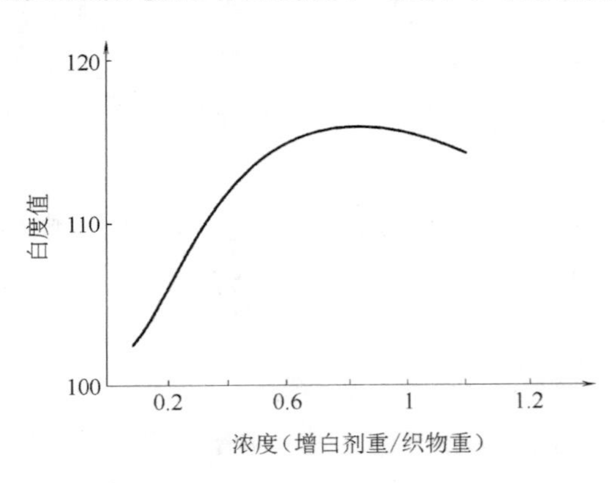

图16-1 不同浓度的荧光增白剂DT对涤纶织物白度的影响

从图中的曲线可以看出:荧光增白剂的增白效果在饱和值以下时,与它的浓度成正比;超过饱和值,其增白效果反而下降。为了知晓某一荧光增白剂的泛黄点,一是向生产厂商了解,二是在使用前做小样试验。

(三)酸碱度(pH)的影响

不同pH的染浴将直接影响到荧光增白剂的化学稳定性和溶解度。对纺织品的增白来说，要特别注意染浴的 pH 与纤维亲和力的关系。pH 对离子型荧光增白剂的吸光度影响较大。阳离子型荧光增白剂在 pH>9 时，吸光度明显下降，而阴离子型荧光增白剂在酸性条件下，吸光度急剧下降。

(四)无机添加物的影响

有些增白剂在使用时添加氯化钠（或硫酸钠），可以提高（或控制）其在纤维上的吸附率。增白剂在染浴与织物之间的分配随溶液中无机盐的浓度而变化，增加无机盐的浓度可以提高增白剂的上染率。在增白剂用量较低时，加入无机盐可提高其增白效果；在增白剂用量较高时，加入无机盐则会降低增白剂的泛黄值，对增白不利。一些需添加无机盐才能上染到纤维上的增白剂，不宜用在洗涤剂中。

(五)溶液配制

即使是水溶性的荧光增白剂，大都在水中的溶解度也较低，为 10 g/L 左右。溶解时宜用室温或 30～40℃ 的温水，同时要求水中不含铜、铁等离子。对一些不溶于水的分散型荧光增白剂，可酌情加入匀染剂、分散剂等以获得均匀的增白效果。配制好的增白剂溶液或分散液，不宜长时间暴露在强光下，最好是随配随用，并置于阴暗处。分散型荧光增白剂在加水稀释时，应先搅匀或摇匀后计量，因分散型荧光增白剂久置后易生成沉淀。

(六)表面活性剂的影响

在离子型的荧光增白剂溶液中加入表面活性剂，对荧光增白剂的增白效果有影响。加入带相反电荷的表面活性剂时，会降低溶液的吸光度，有时甚至会导致荧光的猝灭作用；加入同电荷的表面活性剂则无影响或影响极小。非离子型的荧光增白剂通常要配备表面活性剂后才能使用，它们在一定程度上起着防沉淀及匀染的作用。

(七)后处理

使用荧光增白剂增白后的织物，通常还有一道后处理工序。后处理的方法有物理方法、化学方法及热处理方法等。

非离子型荧光增白剂处理织物，后处理通常采用热处理，焙烘时间和温度对白度有一定的影响，如荧光增白剂 DT 对纯涤纶织物要获得较好的增白效果，其焙烘温度和时间以 180℃ 时不超过 50s，200℃时不超过 40s，220℃时不超过 30s 为宜。焙烘温度有时也叫做荧光增白剂的“发色”温度。不同的荧光增白剂具有不同的发色温度。后处理时没有达到发色温度和预定的时间，也就达不到理想的增白效果。

用亚硫酸氢钠和抗坏血酸钠处理用香豆素类增白剂增白过的羊毛织物，可提高该织物的耐日晒牢度 1～2 级，这是因为亚硫酸氢钠有还原作用，它可抑制引起羊毛发黄的氧化过程。用硫代硫酸钠溶液处理荧光增白剂增白过的棉纤维，能提高棉纤维的耐日晒牢度。

(八)色光调节

荧光增白剂与不同印染助剂同时应用时，其色调将随助剂的不同而稍有影响。为达到同一色调，必要时可加微量染料进行调节。如棉纤维增白时，加直接染料或活性染料；涤纶增白时用分散染料、涂料等。

(九)荧光增白剂的复配增效

近些年出现的新结构荧光增白剂很少,研究人员将开发的重点转向复配增效的研究。荧光增白剂在增白基质上主要以单分子状态固着,复配后的增白剂使阳光的吸收和辐射互不干扰。使它们各自存在的相对浓度下降,在荧光增白剂应用浓度范围内,这一浓度的降低,使各自组分的荧光量子产率增大,总的效果是荧光强度增强,产生比各自单一组分更高的荧光增白效果。因此,将它们两种或两种以上的组分混合后使用,在相同用量的情况下可以得到比使用单一化合物更好的白度,改善荧光色调,达到事半功倍的效果。

(十)荧光猝灭剂

某些物质,即使是极少量的存在也会使荧光强度明显降低以致使荧光完全消失,这些物质称为荧光猝灭剂。如卤素离子、重金属离子、单线态氧分子及硝基化合物等。因此要避免织物上有以上物质的存在,降低荧光强度。

三、荧光增白剂的商品化加工

荧光增白剂根据本身的性质和应用对象的不同,可加工成不同物理形态及各种不同的商品形式。这些形式有:粉状、液状和分散体及微胶囊状等数种形式。

粉状增白剂是用增白剂滤饼与氯化钠、元明粉、尿素配成所需要的力份,制成浆状,再喷雾干燥而成粉状。根据用途不同,可以加或不加添加剂。在合成材料中,如合成纤维、有机玻璃、塑料等,需要高纯度的增白剂,有的制成多孔的形式。可以将增白剂加入环已烷中,少加些水,将生成的0.3~3 μm颗粒从二相体系中分离干燥,制成的粒子无粉尘,且润湿快,在冷水中即可溶解。第二种方法是将增白剂悬浮在四氯化碳中,与水一起研磨,然后从二相系统中分离干燥。前者适用于增白剂DT等不溶性增白剂,后者适用于可溶性荧光增白剂。

液状荧光增白剂是指一种与水能完全混合的荧光增白剂。常用的制备方法是,在增白剂盐析分离后,与添加剂混合,再用水调节浓度;也有将反应液浓缩,与乙二醇甲醚混合或加三乙醇胺和其他有机碱浓缩。在液状商品中,增白剂含量大约为15%,分散剂含量约为50%。

分散状荧光增白剂是指不溶于水的荧光增白剂以极细小的微粒高度分散在水中的悬浮体,此时具有活性的荧光物质并非溶解于水中,而是经过研磨后在分散剂的帮助下以固体状态存在于水中。因此,为了使荧光增白剂的分散体具有足够的稳定性,在研磨的同时需加入大量的分散剂、扩散剂和胶体保护剂,借助于它们的帮助才使得直径较大的颗粒能够稳定地分散在水中。目前,常用的添加剂有酰胺、亚胺、尿素及其衍生物,二甲基亚砜和有机酸等。

微胶囊荧光增白剂也是为了减少生产和使用中的粉尘污染而设计的一种商品形式。它的生产原理是:在适当的温度下,将油状或固体状的荧光增白剂分散加入到成膜材料溶液制成的乳浊液或分散液中,然后将这种物料用使之成形的方法处理或喷雾干燥,即可得到微胶囊化的产品。

☞ 复习指导

1. 了解构成荧光增白剂结构的基本条件。

2. 掌握荧光增白剂的增白机理以及影响增白效果的因素。
3. 掌握荧光增白剂的分类方法、主要结构类型和棉用荧光增白剂的合成途径。
4. 了解荧光增白剂与染料在应用性能方面的异同点。
5. 了解荧光增白剂的发展趋势。

思考题

1. 什么是荧光增白剂？试述构成荧光增白剂结构的基本条件及其主要应用对象。
2. 按结构分类，阐述荧光增白剂的主要结构类型。
3. 指出棉用荧光增白剂的主要结构类型及其合成途径。
4. 试述荧光增白剂与染料在应用性能方面的异同点。
5. 试述荧光增白剂的增白机理，并分析影响荧光增白剂增白效果的结构因素和外界因素。
6. 查阅相关的文献资料，阐述在提高荧光增白剂应用性能方面的最新进展。

参考文献

[1] 沈永嘉. 精细化学品化学[M]. 北京：高等教育出版社，2007.
[2] 何瑾馨. 染料化学[M]. 北京：中国纺织出版社，2004.
[3] 侯毓汾，朱振华，王任之. 染料化学[M]. 北京：化学工业出版社，1994.
[4] 黄茂福. 化学助剂分析与应用手册[M]. 北京：中国纺织出版社，2001.
[5] 宋波，沈永嘉，董黎雾. 荧光增白剂及其应用[M]. 上海：华东理工大学出版社，1995.
[6] 沈永嘉，李红斌，路炜. 荧光增白剂[M]. 北京：化学工业出版社，2004.
[7] 陈荣圻. 纺织纤维用荧光增白剂的现状与发展[J]. 印染助剂，2005，22(7)：1－11.
[8] 田芳，曹成波，主沉浮，等. 荧光增白剂及其应用与发展[J]. 山东大学学报：2004，34(3)：119－124.
[9] 王景国，容建明. 国内外荧光增白剂的状况与展望[J]. 染料工业，2002，39(1)：10－11.
[10] Cornel Vasile C，Alexandrina N. Preparation of fluorescent brightener of the stilbenestriazine type [P]. Rom：Ro111460，1993：10－31.
[11] Paul E V，Peter R，Julia V. Divinylstilbenesulfonic acid derives，their preparation and use[P]. Switz：WO 0009，471，2000－02－24.
[12] Hans T R，Helena D. Liquid fluorescent whitening agent formulation [P]. Switz：WO 0112771，2001－02－22.
[13] Thomas M. Mixtures of OB[P]. Germany：DE 19732109，1999－06－28.
[14] Dieter R，Hanspeter S. Sulfonated distyrylbiphenyls their preparation and use as FWA[P]. Switz：EP 900784，1999－03.
[15] Leon B R. Fluorescent brightener，its production and its use[P]. Switz：WO 00 46336，2000－08－10.
[16] Dieter R，Hanspeter S. Mixtures of fluorescent whitening agent for synthetic fibers[P]. Swits：WO 01311113，2001－05－03.
[17] Jan A，Mikael B，Istvan F. Dimer formation of a stilbenesulfonic acid salt in aqueous solution[J].

Physical Organic Chemistry，1999，12(3)：171－175.
[18] 王丕，刘金榜. 液体荧光增白剂的合成与应用研究[J]. 造纸化学品，1997，9(4)：2－6.
[19] 张光华，张国运，陈维腾，等 . 四磺酸基液体荧光增白剂的制备与性能[J]. 造纸化学品，2002(4)：21－24.
[20] 王永运，王小军. 荧光增白剂 VBL 水分散液的制取方法[J]. 印染助剂，1997，14(4)：12－16.
[21] 罗伦格 P R，特拉伯 H. 荧光增白剂的分散体[P]. 中国专利：CN 1180719A，1998205206.
[22] 张金发. 荧光增白剂 VBL 的无污染高效喷雾流化干燥造粉过程[J]. 污染防治技术，1996，9(3)：164－165.
[23] 董仲生. 均二苯乙烯双三嗪晶型转换[J]. 染料工业，1998，35(5)：10－11.
[24] 郭怡莹，邵玉昌. 荧光增白剂复配增效研究进展[J]. 上海染料，1998(5)：25－27.
[25] 马雅娟. 荧光增白剂 MST 在纯棉织物上的应用[J]. 印染助剂，1999，16(4)：25－26.
[26] 邓森元. 涤纶荧光增白剂[J]. 印染助剂，1996 (2)：25－26.
[27] 卫加明，朱海康. DSD 酸的应用与展望[J]. 印染助剂，1989，6(3)：910－911.
[28] 黄茂福. 荧光增白剂(三) [J]. 印染，2001 (6)：44－45.